U0342653

现代选矿技术手册

张泾生 主编

第 1 册
破碎筛分与磨矿分级

张国旺 主编

北京

冶金工业出版社

2016

内 容 简 介

本书围绕选矿过程中的破碎筛分与磨矿分级进行编写,内容主要包括粉碎理论基础、破碎与筛分、磨矿与分级,重点介绍了国内外先进的破碎筛分、磨矿分级设备,破碎磨矿工艺流程,同时也介绍了近年来国内外破碎磨矿技术的发展。

本书可供从事选矿工作及相关专业的科研、管理人员以及高等院校相关专业师生阅读使用。

图书在版编目(CIP)数据

现代选矿技术手册. 第1册,破碎筛分与磨矿分级/张泾生主编;张国旺分册主编. —北京:冶金工业出版社,2016.3
ISBN 978-7-5024-7175-0

Ⅰ. ①现… Ⅱ. ①张… ②张… Ⅲ. ①选矿—技术手册 ②破碎—筛分—技术手册 ③磨矿—分级—技术手册 Ⅳ. ①TD9-62 ②TD921-62

中国版本图书馆 CIP 数据核字(2016)第 044400 号

出 版 人 谭学余
地　　址　北京市东城区嵩祝院北巷 39 号　邮编　100009　电话　(010)64027926
网　　址　www.cnmip.com.cn　电子信箱　yjcbs@cnmip.com.cn
策划编辑　张　卫　责任编辑　杨秋奎　美术编辑　彭子赫
版式设计　孙跃红　责任校对　王永欣　责任印制　牛晓波
ISBN 978-7-5024-7175-0
冶金工业出版社出版发行;各地新华书店经销;北京画中画印刷有限公司印刷
2016 年 3 月第 1 版,2016 年 3 月第 1 次印刷
787mm×1092mm　1/16;37 印张;892 千字;571 页
138.00 元
冶金工业出版社　投稿电话　(010)64027932　投稿信箱　tougao@cnmip.com.cn
冶金工业出版社营销中心　电话　(010)64044283　传真　(010)64027893
冶金书店　地址　北京市东四西大街 46 号(100010)　电话　(010)65289081(兼传真)
冶金工业出版社天猫旗舰店　yjgycbs.tmall.com
(本书如有印装质量问题,本社营销中心负责退换)

《现代选矿技术手册》
编辑委员会

《现代选矿技术手册》
各册主编人员

《现代选矿技术手册》前言

进入新世纪以来，国民经济的快速发展，催生了对矿产资源的强劲需求，也极大地推动了选矿科学技术进步的步伐。选矿领域中新工艺、新技术、新设备、新药剂大量出现。

为了提高我国在选矿科研、设计、生产方面的水平和总结近十年选矿技术进步的经验，推动选矿事业的进一步发展，冶金工业出版社决定出版《现代选矿技术手册》，由中国金属学会选矿分会的挂靠单位——长沙矿冶研究院牵头组织专家编写。参加《现代选矿技术手册》编写工作的除长沙矿冶研究院的专业人士外，还邀请了全国知名高校、科研院所、厂矿企业的专家、教授、工程技术人员。整个编写过程，实行三级审核，严格贯彻"主编责任制"和"编辑委员会最终审核制"。

《现代选矿技术手册》全书共分8册，陆续出版。第1~8册书名分别为：《破碎筛分与磨矿分级》、《浮选与化学选矿》、《磁电选与重选》、《黑色金属选矿实践》、《有色金属选矿实践》、《稀贵金属选矿实践》、《选矿厂设计》以及《环境保护与资源循环》。《现代选矿技术手册》内容主要包括金属矿选矿，不包括非金属矿及煤的选矿技术。

《现代选矿技术手册》是一部供具有中专以上文化程度选矿工作者及有关人员使用的工具书，详细阐述和介绍了较成熟的选矿理论、方法、工艺、药剂、设备和生产实践，相关内容还充分考虑和结合了目前国家正在实施的有关环保、安全生产等法规和规章。因此，《现代选矿技术手册》不仅内容丰富先进，而且实用性强；写作上文字叙述力求简洁明了，希望做到深入浅出。

　　《现代选矿技术手册》的编写以 1988 年冶金工业出版社陆续出版的《选矿手册》为基础，参阅了自那时以来，尤其是近十年来的大量文献，收集了众多厂矿的生产实践资料。限于篇幅，本书参考文献主要列举了图书专著，未能将全部期刊文章及企业资料一一列举。在此，谨向文献作者一并致谢。由于时间和水平的关系，本书不当之处，欢迎读者批评指正。

　　《现代选矿技术手册》的编写出版得到了长沙矿冶研究院、冶金工业出版社及有关单位的大力支持，在此，表示衷心的感谢。

《现代选矿技术手册》编辑委员会

2009 年 11 月

《现代选矿技术手册》各册目录

第 4 册　黑色金属选矿实践

第 5 册　有色金属选矿实践

第 6 册　稀贵金属选矿实践

第7册 选矿厂设计

第8册 环境保护与资源循环

《破碎筛分与磨矿分级》编写委员会

（按姓氏笔画排列）

主　编　张国旺

编　委　丁亚卓　王化军　王玛斗　王泽红　王跃林

　　　　龙　渊　叶恒棣　印万忠　刘培坤　李茂林

　　　　杨松荣　肖庆飞　肖　骁　吴彩斌　张　仪

　　　　张光烈　陈典助　陈毅琳　欧乐明　赵礼兵

　　　　黄礼龙　曹亦俊　葛新建　童　雄　雷存友

　　　　樵永锋

《破碎筛分与磨矿分级》前言

由冶金工业出版社出版，中国金属学会选矿分会挂靠单位长沙矿冶研究院牵头组织编写的《现代选矿技术手册》（共8册）陆续出版，本书为该手册的第1册《破碎筛分与磨矿分级》。

本书分为4章，包括概述、粉碎理论基础、破碎与筛分和磨矿与分级等内容。尽量完整阐述破碎筛分和磨矿分级的历史发展、最新的技术进步以及在选矿厂的工业应用实践。

作为工具书，本书在编写时，力求内容的系统全面和数据的准确可靠，特别注意反映自第一部《选矿手册》出版发行20多年来破碎筛分与磨矿分级技术所取得的巨大进步。在编写上注意文字表述尽量简洁明了，尽力做到深入浅出。本书可供具有中专以上文化程度的选矿工作者及有关专业技术人员参考使用。

本书除主编外，参加编写的还有长沙矿冶研究院有限责任公司李茂林教授、王跃林教授、肖骁博士、黄礼龙博士和龙渊硕士，北京科技大学王化军教授，中国矿业大学曹亦俊教授，江西理工大学吴彩斌教授，昆明理工大学童雄教授，山东科技大学刘培坤教授，华北理工大学赵礼兵博士，中国黄金集团建设有限公司杨松荣教授级高工，中冶北方工程技术有限公司张光烈教授级高工，中冶长天国际工程有限责任公司叶恒棣教授级高工，中国瑞林工程技术有限公司雷存友教授级高工，长沙有色冶金设计研究院有限公司陈典助教授级高工，马钢集团设计研究院有限责任公司葛新建教授级高工，成都利君实业股份有限公司丁亚卓博士，甘肃酒钢集团宏兴钢铁股份有限公司选烧厂陈毅琳教授级高工，金川集团股份有限公司选矿厂王玛斗高工，云南迪庆矿业开发有限责任公司张仪教授级高工，丹东东方测控技术股份有限公司樵永锋高工等。中南大学欧乐明教授，东北大学印万忠教授、王泽红博士，昆明理工大学肖庆飞博士仔细审阅了全部书稿。

由于时间和编写人员水平所限，书中存在的不当之处，敬请读者批评指正。

《破碎筛分与磨矿分级》编写委员会

2015年3月9日

《破碎筛分与磨矿分级》目录

1 概　述

1.1 破碎筛分与磨矿分级的定义

粉碎（commiuntion，size reduction）是依靠外力（人力、机械力、电力等）将大块物料粒度变小的过程。大块物料破成小块，称为破碎；将小块物料磨成细粉，称为磨矿。根据物料粉碎过程中形成的产品粒度特征和在此过程中粉碎设备施力方式的差别，可将物料粉碎分为四个阶段：破碎（crushing）、磨矿（grinding）、细磨矿（fine grinding）、超细磨矿（superfine grinding）。在破碎或磨矿后的粒度集合混合物料分成若干不同粒度级别的过程，称为筛分（screening）和分级（classification）。

粉碎各个阶段的产品粒度特征见表 1-1。

表 1-1　粉碎各个阶段的产品粒度特征

阶　段		给料最大粒度/mm	产品最大粒度/mm
破　碎	粗　碎	1500~300	350~100
	中　碎	350~100	100~40
	细　碎	100~40	30~5
磨　矿	第一段磨矿	30~10	1~0.3
	第二段磨矿	1~0.3	0.1~0.075
	细磨矿	0.1	0.045~0.010
	超细磨矿	0.075	0.010~0.005 或更细

由于细磨和超细磨应用于不同领域，产品粒度特征至今还没有统一的划分。目前较认同和较合理的划分是：（1）细粉碎：粒径为 $10~45\mu m$；（2）微米粉碎：粒径为 $1~10\mu m$；（3）亚微米粉碎：粒径为 $0.1~1\mu m$；（4）纳米粉碎：粒径为 $0.001~0.1\mu m$（即 $1~100nm$）。亚微米粉碎和纳米粉碎主要用于新材料领域，本书不作详细介绍。

不同的粉碎阶段要使用不同的粉碎设备，例如粗碎段用颚式破碎机或旋回破碎机，中细碎段则分别用标准型圆锥破碎机和短头型圆锥破碎机，或液压圆锥破碎机；粗磨段用格子型球磨机，细磨段用溢流型球磨机或塔磨机，超细磨段用立式搅拌磨机或艾萨磨机等。因为一定的设备只有在适宜的粒度范围内才能高效率地工作，实际生产所需要的破碎和磨矿段数，要根据矿石性质和所要求的最终产物粒度来确定。

为了控制破碎和磨矿产物的粒度，并将那些已符合粒度要求的物料及早分出，以减少不必要的粉碎，使破碎磨矿设备能更有效地工作，破碎机常与筛分机械配合使用，磨矿机常与分级机配合使用。它们之间不同形式的配合组成了各种各样的破碎磨矿工艺流程。

1.2　破碎筛分与磨矿分级的目的和任务

在矿物加工（选矿）过程中，有两个最基本的工序：一是解离，就是将大块矿石进行破碎筛分和磨矿分级，使各种有用矿物颗粒从矿石中解离出来，磨矿分级几乎贯穿整个矿物分选（精选、扫选和中矿再磨）过程之中；二是分选，就是将已解离出来的矿物颗粒按其物理化学性质差异分选为不同的精矿产品。由于自然界中绝大多数有用矿物都是与脉石紧密共生在一起，且常呈微细粒嵌布分布，如果不首先使各种矿物充分有效解离，让它们的性质有较大的差别，也就无法进行分选。因此，让有用矿物和脉石充分解离或有用矿物之间的解离（例如铜钼解离、铜铅锌解离和铜硫解离等），是采用任何分选方法的先决条件，而破碎筛分和磨矿分级的目的就是为了使矿石中有用矿物和脉石或几种有用矿物之间充分地解离。

粉碎过程就是使矿石粒度逐渐减小的过程。各种有用矿物粒子的解离正是在粒度减小的过程中产生的。如果粉碎的产物粒度不够细，有用矿物与脉石没有充分解离，分选效果不好；而粉碎产物的粒度太细了，产生过磨的细粒太多，尽管各种有用矿物都得到充分的有效解离，但分选的指标也不见得就好。这是因为任何选别方法能处理的物料粒度都有一定的下限，低于该下限的颗粒（即过粉碎微粒）就难以有效分选。例如，浮选法对于 $5 \sim 10 \mu m$ 以下的矿粒，重选法对于 $19 \mu m$ 以下的矿粒，目前还不能很好地回收。所以，选矿厂破碎和磨矿的基本任务就是要为选别作业制备好解离充分且过磨程度较轻的入选物料，而且这种物料的粒度要适合于所采用的选别方法，即解离与分选要达到和谐一致，才能追求整个选矿厂的好的技术经济指标。

矿产资源是当代人类生存和发展的物质基础，即使是在信息技术高速发展的今天，矿产资源仍然在人类日常生活中发挥着不可替代的作用。破碎和磨矿是选矿厂的重要组成部分，除了个别处理海滨砂矿的选矿厂外，任何一个选矿厂均设置有破碎和磨矿作业。破碎和磨矿是选矿厂的领头工序，选矿厂生产能力的大小实际上是由磨矿决定的，因此破碎筛分和磨矿分级作业在很大程度上决定选矿的经济效益。破碎与磨矿作业是矿产资源加工工艺过程中一个重要的环节，也是投资巨大、能耗极高的作业。就金属矿山而言，破磨作业的设备投资占全厂总投资额的 65% ~ 70%，电能消耗为 50% ~ 65%，钢材消耗高达50%。因此，如何改进破碎和磨矿作业设备性能，研发高效节能设备，获得更大的破碎比，达到更细的破碎产品粒度，降低钢耗，就成为选矿工作者共同追求的目标。破碎和磨矿的节能降耗非常重要，破碎和磨矿工段设计及操作的好坏，直接影响到选矿厂的技术经济指标。

除了金属选矿厂中有破碎磨矿作业外，冶金、化工、建材、煤炭、火电和材料等若干国民经济基础行业中均有破碎和磨矿作业。

1.3　破碎筛分与磨矿分级的研究内容

众所周知，粉碎（破碎磨矿）技术历史悠久，但是粉碎技术伴随现代高新技术、计算机技术、自动化技术和新材料技术的迅速发展得到了新的提高，产生了新型破碎磨矿技术和装备，也实现了设备的大型化和智能化。

粉碎技术涉及颗粒学、数学、断裂力学、岩石力学、散体力学、热力学、流体力学、固体物理、胶体化学、工艺矿物学、矿物加工、机械学、计算机应用、自动化工程、现代仪器仪表分析和测试技术等学科。

粉碎技术不但要研究岩石中矿物粒径减小过程和岩石中矿物的晶体结构和物理化学性质的变化规律等，而且要研究破碎磨矿过程中的矿物解离技术，破碎磨矿过程中的能耗规律、筛分动力学、磨矿动力学、磨矿介质运动学和大型破碎磨矿设备的放大设计及其应用工艺过程的规律。

同时应对非机械力作用的粉碎技术及相关技术进行研究。例如：对超声波粉碎、高压水射流粉碎、水电效应破碎、减压破碎、高频电磁波破碎和热力粉碎技术等进行研究。于是，探索新的粉碎方法就成了粉碎领域中一个重要的研究课题。

1.4 破碎筛分与磨矿分级的工业应用

1.4.1 分选前共生矿物中有用矿物的解离

通过对原矿的粉碎，使物料中的不同组分在粉碎后单体分离，并使物料粉碎加工至适宜的选别方法和设备的粒度分布范围，且尽量减少过磨现象。例如，将铁矿石粉碎后通过磁选或浮选来获得铁精矿粉，将铜、铅锌矿石粉碎后通过浮选分选出铜精矿粉、铅精矿粉和锌精矿粉。

湿法冶金原料的解离磨矿，例如，金被黄铁矿包裹，以显微金、次显微金或固熔体存在的含金矿石，是难溶浸提金的一类金矿石，提金的关键是破坏黄铁矿包裹，使金充分解离。

1.4.2 原料制备

将物料粉碎后筛分为不同粒度级别的小块、细粒或粉末，要求将原料粉碎成一定粒度，供下一步处理加工或直接应用，如在烧结球团、水煤浆、陶瓷、玻璃、材料和化工等工业领域应用，例如：混凝土和筑路工程制备块石、碎石和人造砂，将原煤按用户需要粉碎为中块、小块和煤粉等。

1.4.3 增加物料比表面积

增加物料的比表面积以提高其物理作用的效果或化学反应的速度。例如粉碎有待人工干燥的物料以加快其干燥速度，粉碎触媒剂和吸附剂以分别加强其触媒效能和吸附作用，将煤块磨成煤粉以提高其燃烧速度和燃烧的完全程度，铁精矿球团前的润磨以提高生球、预热球和成品球的强度等。

湿法冶金浸出的原料要求具有一定的比表面积和粒度分布，以提高反应速度。

1.4.4 粉体材料

功能材料、储能材料、矿物材料和非金属粉体在国民经济中占有相当重要的位置。例如，石灰石或方解石粉磨至 $-2\mu m$ 的重质碳酸钙可作为造纸工业的涂料，石灰石、滑石、硅灰石和伊利石等粉磨至 $-10\mu m$ 可作为塑料、橡胶工业的填料，采用超细粉碎与添加外加剂改性的技术制备改性填料。5μm 以下的固体颗粒对塑料的增韧性能已经被应用所证实，钴酸锂用作电池正极材料，粉体粒度要求在 10μm 左右。

1.4.5　环境保护

城市矿产的处理，二次资源的利用，均需要通过破碎磨矿方法将其预先碎解。

1.5　破碎筛分与磨矿分级的发展历史

在远古时代，矿石破碎、磨细和用水洗去脉石矿物就已经实现了，如古人先用手拿硬石头撞碎矿石，以后又用金属锤子敲碎矿石。再后来人们用杠杆机构操作研钵和杵来破碎矿石，到中世纪由于要破碎的矿石量增多了，开始采用捣矿机。磨石在矿石细磨中起着重要作用，做圆圈运动的动物带动磨石运动来破碎矿石。用含有少量黏土和石灰石的高强度石英砂岩制成磨石，一般将石头切成直径为 2m、厚度为 30cm 的圆盘，质量约为 2t。在它的中心钻一个孔，将一根长木棒安在孔中，用动物拉动它。很早人类就应用粉碎机粉碎食物，主要目的是为了减轻劳动强度，开始出现了兽力、风力、水力带动的轮碾机。大约在 9 世纪矿业的发展出现了干法掏碎磨。到 1512 年出现了湿法捣碎磨，当时应用捣磨机与回收黄金的混汞法结合在一起，直到现在它已成为一个古老的方法。

在中国，公元前 2000 多年就出现了最简单的粉碎工具——杵臼。杵臼进一步演变为公元前 200 年~前 100 年的脚踏碓（图 1-1）。

这些工具运用了杠杆原理，初步具备了机械的雏形，不过，它们的粉碎动作仍是间歇的。最早采用连续粉碎动作的粉碎机械是公元前 4 世纪由公输班发明的畜力磨（图 1-2）。

另一种采用连续粉碎动作的粉碎机械是辊碾，它的出现时期稍晚于畜力磨。公元 200 年之后，中国杜预等在脚踏碓和畜力磨的基础

图 1-1　脚踏碓

上，研制出了以水力为原动力的连机水碓（见连机碓）、连二水磨、水转连磨等，把生产效率提高到一个新的水平。这些机械除用于谷物加工外，还扩展到其他物料的粉碎作业上。

由于当时受原动力的限制，这些工具一直没有本质的变化，直到蒸汽引擎的广泛应用，用蒸汽机代替了马和水轮。在 1790 年出现了第一台辊式磨（roller grinding mills），1858 年布莱克（Jo shua H. Blake）发明了颚式破碎机（jaw crusher），应用于硬质物料的粗碎。1877 年锤式破碎机出现，1883 年盖茨（Gates）发明了圆锥破碎机，1891 年 Konow 和 Davidson 申请了第一台连续生产的管式球磨机专利，19 世纪初期出现了用途广泛的球磨机；1870 年在球磨机的基础上，发展出排料粒度均匀的棒磨机；1908 年又创制出不用研磨介质的自磨机，开始了碎磨设备的兴旺时期。破磨技术重要时期的发展情况见表 1-2。

图 1-2 畜力磨

表 1-2 破磨技术重要时期的发展情况

时 期	发明者	粉 碎 机 械
公元前 500 年		绞盘磨（capstan mill），轮碾机的先驱者，用于谷物，亦可能在希腊 Laurion 银矿应用
约 900 年		干法捣碎磨（dry stamp mill）
1512 年	Stigismund von Maltiz	湿法捣碎磨（wet stamp mill）
		间歇式鼓形磨（drum mills for batch grinding）
约 1790 年		辊式磨（英国 cornwall，roller mill）
1842 年	US 专利	冲击磨（impact mill）
约 1850 年	美国 Griffin	离心摆动磨（centrifugal pendulum mill）
1858 年	美国 Blake	颚式破碎机（jaw crusher）
1876 年	德国 Gebr. Sachsenberg	筛板卸料球磨机（screen-discharge ball mill）
1883 年	美国 Gates	圆锥式破碎机（cone crusher）
1891 年	法国 Konow&Davidson	连续式管磨机（continous tube mill）
约 1925 年	德国 Loesche	弹簧加载辊式磨
1935 年	美国 Harding	瀑布式自磨机（autogenous cascade mill）
1952 年	日本河端重胜	塔磨机（tower mill）
1969 年	德国 Feige	双辊细粉磨（fine grinding between two mill）
1977 年	德国 SchÖnert	高压辊磨机（high-pressure grinding mill）

1910 年 Fasting 发明了振动磨机，1932～1934 年 Hoechst 公司进行了系统的研制工作，1940 年德国学者 Bachmann 系统地研究了振动磨机。1920 年美国 Andrew Szegvari 博士发明了搅拌磨机，在 1946 年创办了 Union process 公司，专业生产各种超细搅拌磨机，至今仍领导世界潮流。1952 年日本河端重胜博士发明了塔磨机（tower mill），该设备现已广泛用于金属矿山再磨细磨作业。1880 年 Baker 提出对流式气流磨专利，1934 年 Andrews 发明了微粒子气流磨（Micronizer），现在气流磨逐步完善。1906 年 C. V. Grueber 在柏林南郊创建

Curt Von Grueber 机械制造厂，利用其专利制造雷蒙磨，E. C. Loesche 于 1928 年发明了莱歇磨，此后立式辊式磨得到了大力发展。

1.6　破碎筛分与磨矿分级的发展趋势

破碎和磨矿是国民经济中许多基础行业的重要工序，已经受到高度重视，随着世界经济技术的发展，矿业也得到了大的发展，破碎及磨矿技术和装备得到较快发展。总的趋势是：研制和应用大型破碎和磨矿设备，研制高效节能的新型破磨设备，将新技术和新材料引入破碎和磨矿设备，研究破碎和磨矿过程的机理及提高工艺过程效率的途径，以及研究新的破碎和磨矿方法等。

1.6.1　多碎少磨技术

20 世纪 70～80 年代，粉碎界一致认识到破碎作业的单位能耗大大低于粉磨作业，因此为了节约能量，尽量减小破碎产品（即磨矿给料）的粒度。图 1-3 所示为破碎产品粒度与磨机处理量的关系。为了高效节能降耗，必须"多碎少磨"。主要有两个途径：（1）采用先进技术和设备；（2）现有流程和设备的技术改造，改进性能，提高效率。

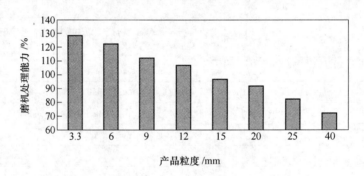

图 1-3　破碎产品粒度与磨机处理量的关系

破碎和磨矿粒度与单位产品的能耗如图 1-4 所示。曲线 1 为破碎单位产品电耗，它随排料粒度减小而增加；曲线 2 为磨矿单位电耗，它随给料粒度减小而降低；而曲线 3 为综合电耗，近似于抛物线。由此可见，在一定的工况条件下，一定有最佳的入磨粒度。

在相当长时期，各行业都把入磨粒度界定为 25mm，即破碎机排料小于或等于 25mm 进入磨机。这是鉴于当时的破碎机技术水平。在没有引入新的技术、新的材料等的情况下，如果刻意地把入磨粒度降为最小（如 10mm），对难破碎物料将会造成破碎机增加的能耗大于磨机的节能而得不偿失。自从料层辊压破碎理论在破碎机械上运用之后，入磨粒度的界定值变小成为现实，入磨粒度可以控制为

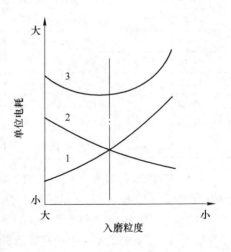

图 1-4　破碎和磨矿粒度与
单位产品能耗的关系

6～8mm，若再进一步降低入磨粒度，就要在设备技术上再有所创新。

当前，比较理想的多碎少磨设备主要有新型圆锥破碎机、高压辊磨机、柱磨机和立式辊磨机等。

1.6.2 选择性矿物解离技术

金属矿的磨矿是一种解离性磨矿，以解离有用矿物为其主要任务，并使粒度特性适合选矿要求，力求粒度均匀，减少过磨级别的矿物，只有采用合理及先进的磨矿技术，才能有高的矿物单体解离度及良好的粒度特性。为了利用矿石中矿物界面及不同矿物之间的结构性质差异，在相对较粗粒度下实现矿物的选择性解离，会大大提高矿物分选效果，并大幅度降低能耗。

选择性磨矿就是利用矿物的选择性解离以及选择性磨碎所进行的磨矿，可以通过对磨矿方式或操作条件加以调节，造成磨矿作业具有某种选择性。破磨作业的主要目的不是使矿石粒度减小，而是让有用矿物从脉石矿物中解离出来，因此磨矿作业的最终发展目标是利用最小的能量输入，获得最高的单体解离度。选择性磨矿在金属矿、非金属矿以及煤矿等矿业生产中均得到广泛应用，尤其在铝土矿、铜钼矿、铅锌矿和其他有色金属矿中有更多的研究和生产实践，发挥着更加重要的作用。

例如：我国铝土矿资源丰富，但铝硅比很低。随着富矿资源的日趋枯竭，我国氧化铝生产企业将被迫采用低铝硅比的原料。目前生产流程多采用烧结法、混联法工艺技术，但其生产耗能高、流程长、生产成本高，氧化铝生产工业生存和发展面临严峻挑战。为了解决这个难题，科研工作者研发出了拜耳法等新工艺生产氧化铝。拜耳法生产氧化铝，选矿精矿不仅要求铝硅比达到 10 以上，而且要求 +0.075mm 粒级不小于 25%，-0.300mm 粒级大于 90%，-0.700mm 粒级为 100%。为降低磨矿作业成本，选择性磨矿为最佳选择。铝土矿的选择性磨矿是利用我国一水硬铝石型铝土矿中含铝矿物与含硅矿物之间可磨性的差异，研究适宜于铝土矿选择性磨矿的粉磨方式及磨矿条件，以期实现一水硬铝石和含硅矿物在粗磨条件下的选择性解离。搅拌磨机也有望成为选择性磨矿的新设备，但需进行大量研究和工业实践。

以球径精确化来强化磨矿时，矿物单体解离技术的应用效果显著，是当前磨矿中提高矿物单体解离度及改善产品粒度特性的重要途径之一。

1.6.3 设备大型化、智能化和绿色化

国内外粉碎设备和技术不断发展，其特点是大型化、结构优化、采用先进技术和新材料以及技术性能优化。发展目标是提高生产能力、减小产品粒度和节能降耗。其中设备大型化是一个重要发展特点。国外不同行业都有相应的大型先进粉碎设备在持续发展，国内近年来在大型化方面也有进步，较突出的是筒式磨机，已可制造世界最大规格的设备。德国蒂森克虏伯 Fördertechnik 公司的大型旋回破碎机、瑞典山特维克集团和芬兰美卓公司等高能化的圆锥破碎机、德国克虏伯伯利休斯公司的大型高压辊压机、国内外大型颚式破碎机、我国中信重工机械股份有限公司等的大型自磨（半自磨）机和球磨机、丹麦艾法史密斯公司等的大型水力旋流器以及大型搅拌磨机等粉碎设备，大多是大型先进设备，代表着相应专业的先进技术水平。

　　国内自磨（半自磨）机制造与应用已彻底摆脱 20 世纪 80 年代中期以来的基本停滞状态，获得了较快发展，已接近或达到世界先进水平。近年来，中信重工机械股份有限公司在大型筒式磨矿机设计和制造方面不断取得巨大进展。目前国内自行研制和应用的最大规格的自磨（半自磨）机是该公司设计制造的 $\phi 11m \times 5.4m$、$2 \times 6343kW$ 半自磨机，2011 年用于中国黄金集团内蒙古乌努格吐山铜矿。该磨机采用了双电机驱动和调心纯静压筒体滑动支承。目前世界最大规格的短筒形半自磨机是该公司为中信泰富澳大利亚 Sino 铁矿制造的 6 台 $\phi 12.19m \times 10.97m$、28MW 自磨机。芬兰美卓公司最新制造的 12.8m × 7.6m、28MW 半自磨机，单台设备日生产能力可达 10 万吨，也属世界最大规格的自磨（半自磨）机。世界最大规格的长筒形半自磨机规格为 $\phi 9.76m \times 10.37m$，采用环形电机驱动，功率为 16500kW，秘鲁已采用。

　　伴随磨机大型化的热潮，中信泰富 Sino 铁矿应用了 $\phi 12m$ 以上自磨机，而中铝秘鲁则采用了 $\phi 8m$ 以上球磨机。但传统的齿轮传动不适用于如此大的磨机，因而出现了环形电机无齿轮传动和组合柔性传动。

　　固体矿物 90% 以上必须经磨矿作业才能选别，矿用磨机占整个磨矿系统建设和运行成本的 70%。大型化、重型化、智能化矿用磨机能高效利用日益贫化的矿山资源，是矿业装备发展的方向，决定着矿山的现代化水平。大型化设备具有较大的生产能力、低的投资及运营成本。随着磨机规格的大型化，将在矿山有很广阔的应用前景。

1.6.4　节能降耗新技术和装备

　　近年来，新型的破碎和磨矿设备不断问世，如冲击式颚式破碎机、超细碎破碎机、惯性圆锥破碎机、离心磨矿机、立式辊磨机、搅拌磨机、艾萨磨机、行星球磨机和射流磨机等，促进了粉碎技术的发展。在创新的同时，人们也致力于采用新技术、新材料以及新制造工艺等，对传统的破碎和磨矿机械加以改进，以提高其可靠性和耐久性，改善其工艺性能和工作效率，减小其质量和金属消耗，方便操作和维修。如破碎机采用液压技术和大型滚动轴承，球磨机采用橡胶衬板、角螺旋衬板、矿层磁性衬板以及可以调整转速的环形电动机，振动筛网采用聚氨酯和尼龙材料等。为了提高磨矿回路中分级设备的效率，减少有用矿物的过粉碎，各种新型细筛相继出现，如高频振动筛、湿法立式圆筒筛、旋流细筛等，开始应用于工业生产以取代原有的分级机械（如螺旋分级机），效果很好。目前，碎矿与磨矿设备除了向大型化、高效化、可靠化和节能化发展外，人们还更加关注机电一体化和自动控制技术的发展。

　　立式辊磨机多用于水泥工业，由于水泥工业的迅速发展，立式辊磨机大型化也获得了相应的发展。目前世界上最大规格的立式辊磨机是德国 Loesche 公司的 LM63.4 型辊磨机。由于缺水和选矿冶金工艺需要，立式辊磨机已在干法选矿和湿法冶金浸出中得到工业应用，可以从给矿粒度 −25mm 一次磨至 10 ~ 38μm。

　　在金属矿山分级作业中，水力旋流器处于重要地位。国外无论粗磨还是细磨已基本使用水力旋流器进行分级。国内细磨阶段已全面使用水力旋流器。粗磨阶段新建大型选矿厂已大多选用了水力旋流器，只有一些中小型选矿厂从配置方便考虑仍选用螺旋分级机，以及一些建设多年的选矿厂还沿用螺旋分级机。从降低建设投资和操作成本角度考虑，选矿分级领域一直要求水力旋流器大型化。丹麦艾法史密斯 Krebs 公司研制了 $\phi 838mm$ 的大型水力旋流器。

国内已知最大规格的选矿分级水力旋流器是山东黄金矿业股份有限公司三山岛金矿使用的 1 台威海海王旋流器公司制造的 FX710 型水力旋流器。大型水力旋流器技术上的先进性体现为在高溢流浓度下获得合格的溢流粒度。丹麦艾法史密斯 Krebs 公司的水力旋流器在技术上仍处于国际领先地位。其新型 gMAX 型水力旋流器允许以高浓度给料达到细粒分级，并允许低压给料。我国江西铜业集团公司德兴铜矿使用了 ϕ660mm gMAX 水力旋流器组。

1.6.5 耐磨材料、橡胶衬板和磁性衬板

破碎和矿磨设备中逐步引入新材料。如聚氨酯耐磨材料应用于筛网以延长使用寿命，高强度金属材料在破碎和磨矿设备中得到应用。我国磁性衬板发展很快，由最早的橡胶磁性衬板，发展到现在的金属磁性衬板。金属磁性衬板目前只能应用于 80mm 以下的二段磨矿，今后应在 100mm 左右大球的一段磨矿取得突破。橡胶衬板及磁性衬板在磨机中的应用需要更多的研究和工业实践。

1.6.6 料层粉磨技术及高压辊磨机

以料层粉碎原理著称的高效节能粉碎设备高压辊磨机在大型金属矿山获得应用，对高压辊磨机提出了大型化的要求。1995 年 8 月，德国蒂森克虏伯伯利休斯公司制造了当时世界最大规格的 ϕ2.4m×1.4m POLYCOM Ⓡ型高压辊磨机，用于美国塞浦路斯的 Sierrita 铜矿山。其安装功率为 4500kW，给矿粒度为 -70mm，物料受到的最大粉碎力大于 300MPa，产品中 -250μm 的含量为 20% ~25%，平均处理能力 1600t/h。该公司又制造了 4 台目前世界最大规格的 POLYCOM Ⓡ 24/16-8，规格为 ϕ2.4m × 1.65m，安装功率为 5000kW，2006 年用于秘鲁 Cerro Verde 铜钼矿的第三段破碎。随后，鞍钢与澳大利亚合资的 Karara 磁铁矿项目也选用了 2 台这种最大规格的高压辊磨机作为粗磨机。高压辊磨机在矿山的应用将更加普遍。

1.6.7 细磨和超细磨技术与装备

近年来，国外金属矿再磨领域用大型搅拌磨机成功取代了常规再磨球磨机。大型金属矿山再磨的迫切需要为其大型化提供了条件。这方面最突出的有两种设备：螺旋形搅拌器的立式搅拌磨机和艾萨卧式搅拌磨机。艾萨搅拌磨机是澳大利亚 Mount Isa 铅锌矿和德国 Netzsch-Feinmahltechnik 公司于 20 世纪 90 年代共同开发的，是带盘式搅拌器的卧式搅拌磨机。该机成功地用于金属矿物湿式再磨，开路工作即可达到微米级、分布狭窄的产品粒度，能使用河砂或被磨物料颗粒作为粉磨介质进行自磨，并为后续浮选和浸出创造低活性的矿浆条件。螺旋形搅拌器的立式搅拌磨机是另一种适用于选矿再磨的大型搅拌磨机，其螺旋外缘圆周速度为 3m/s 左右，介质为直径 12 ~30mm 的钢球，产品粒度一般为 20 ~ 5μm。如芬兰美卓公司的 VertiMill 搅拌磨机、日本爱立许公司的塔磨机 Towermill 和长沙矿冶研究院的 JM 立式螺旋搅拌磨机。细磨和超细磨设备在金属矿选矿再磨和湿法冶炼细磨领域具有广阔的应用前景。

2 粉碎理论基础

2.1 粒度与粒度分布

选矿厂的各段产品粒度分析非常重要，它对磨矿产品质量评判、有用矿物和脉石在各种粒度下的解离度分析和选矿磨矿流程的优化具有重要意义。

因此，粒度分析的方法一定要精确、可靠和稳定。选矿厂根据粒度分析结果将对选厂生产进行优化，确定选别效率高的合适给矿粒度及金属损失量较少的粒度范围。

2.1.1 单个颗粒的粒度

颗粒的大小是颗粒最基本的几何参数，但只有球形颗粒和正方体颗粒才可以用一个尺寸表示其大小，其他形状规则的颗粒，如长方体、圆柱体、圆锥体颗粒的大小，则需要两个或两个以上的尺寸才能完全表示，而实际的颗粒绝大多数是不规则的，因此不可能用一个或几个尺寸完全表示其大小，通常需要选择最具有代表性的尺寸来表示。

在表示颗粒的大小时还常常使用"粒度"这一术语。"粒度"通常是指颗粒大小、粗细的程度。若将"粒径"与"粒度"加以区分的话，"粒径"具有长度的量纲，而"粒度"则是用长度量纲以外的单位，如泰勒筛的"目"等。不过，在实际应用时往往对二者不加区别，只是在习惯上表示颗粒的大小时常用"粒径"，而表示颗粒大小的分布时常用"粒度"。

对于同一颗粒，由于定义和测量方法的不同，其粒径不是唯一的值，粒径大致可以分为三轴径、当量粒径和等效粒径三种。

2.1.1.1 三轴径

用体积最小的、颗粒的外接长方体的长 l、宽 b、厚（或高） t 来定义其大小时，l、b、t 就称为三轴径，并且 l 称为长径，b 称为短径。三轴径通常用显微镜测量，这时所观察到的是颗粒处于稳定状态下的平面投影（图 2-1）。使投影夹在两平行线之间，其中间隔最大的平行线间的距离即为长径 l，而将其垂直方向上的平行线的间距作为短径 b，显微镜载玻片至颗粒最高点的距离即为厚度 t。

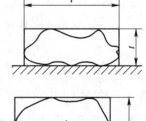
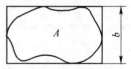

图 2-1 颗粒的三轴径

利用测得的 l、b、t，按照不同的需要，可以取不同的平均值作为颗粒的粒径，这些粒径的名称及定义列于表 2-1 中。

表 2-1 粒径的名称及定义

序号	名　称	定　义	说　明
1	长径	l	

序号	名　称	定　义	说　明
2	短径	b	通常 $t < b < l$，用标准筛测粒度时 b 是基本控制尺寸
3	二轴算术平均径	$\dfrac{l + b}{2}$	平面投影的算术平均值，反映颗粒投影的基本大小
4	三轴算术平均径	$\dfrac{l + b + t}{3}$	算术平均值，厚度 t 难以测定
5	二轴几何平均径	$\sqrt{lb}$	平面投影的几何平均值，更接近于度量颗粒的投影面积
6	三轴几何平均径	$\sqrt[3]{lbt}$	与外接长方体等体积的正方体的边长
7	三轴调和平均径	$\dfrac{3}{\dfrac{1}{l} + \dfrac{1}{b} + \dfrac{1}{t}}$	与外接长方体等比表面积的正方体的边长
		$\sqrt{\dfrac{2lb + 2bt + 2lt}{b}}$	与外接长方体等表面积的正方体的边长

2.1.1.2　当量粒径和等效粒径

粉体颗粒，例如云母、硅灰石、滑石粉、石英等颗粒，其形状是不规则的。为了正确地描述，实际上，任何一种粒度测试仪器，都是用现实颗粒同圆球颗粒相比较的方法测量颗粒大小的。当被测颗粒的某种物理特性或物理行为与某一直径的同质球体最相近时，就把该球体的直径作为被测颗粒的等效直径。在表 2-2 中列出了几种当量粒径的定义及其计算公式。

表 2-2　几种当量粒径的定义

序　号	名　称	定　义	符号	计算公式[①]
1	投影面积当量径	与颗粒的投影面积相等的圆的直径	D_c	$D_c = \sqrt{\dfrac{4A}{\pi}}$
2	表面积当量径	与颗粒的外表面积相等的球的直径	D_s	$D_s = \sqrt{\dfrac{S}{\pi}}$
3	体积当量径	与颗粒的体积相等的球的直径	D_v	$D_v = \sqrt[3]{\dfrac{6V}{\pi}}$
4	比表面积当量径	与颗粒的比表面（单位体积的表面积）相等的球的直径	D_{sv}	$D_{sv} = 6/S_v$
5	等沉降速度当量径	与颗粒在流体中的沉降速度相等的球的直径	D_{ut}	$D_{ut} = \dfrac{3\rho C_D u_t^2}{4(\rho_p - \rho)g}$
6	斯托克斯（Stokes）径（有效径）	层流区的等沉降速度当量径	D_{st}	$D_{st} = \sqrt{\dfrac{18\mu U_t}{(\rho_p - \rho)g}}$

① A、S、V、S_v 分别表示颗粒的投影面积、外表面积、体积和比表面积。

表 2-2 中的定义 1～定义 4 是从几何学的角度,而定义 5、定义 6 则是从物理学的角度来定义的。定义 5 和定义 6 认为,在同一流体中具有相同沉降速度的颗粒,其大小相等。由于流体分级多数是利用颗粒在流体中沉降速度的差别进行分级的,而且测定粉体的粒度时沉降法也用得较多,因此,等沉降速度当量径,特别是斯托克斯径在流体分级中用得最多。不过应当注意,斯托克斯(Stokes)径是一种名义上的"粒径",虽然具有长度的量纲,但绝不是表示几何意义上的大小,而只是表现颗粒的沉降速度这一物理意义上的大小,这类"粒径"又称为等效粒径。

此外,在使用"粒径"这一术语时还应注意,即使是对于同样的颗粒,如果测定粒径的原理和方法不同,那么所使用的粒径的定义就应当不同,当然所测得的粒径的含义和数值也就不同。例如,对于通过粉碎而制成的粉体,用沉降法所测得的粒径一般是用透气法测得的粒径(比表面积径)的 2 倍乃至数倍,因此,使用表示粒径的数据时,通常都要求附加说明其测定的方法。

2.1.2　粒度分布

2.1.2.1　粒度分布的概念

粒度分布是描述粒径分布状态的一种广义的用语,通常是指某一粒径或某一粒径范围的颗粒在整个粉体中占多大的比例。作为多分散系统的粉体,其颗粒的大小服从统计学规律。就某一特定的颗粒而言,其粒径在某一范围内随机地取值,是随机变量。但对整个粉体而言,某一粒径或某一粒径范围内的颗粒在粉体中所占的比例是不变的,因此可以用采样分析的方法来测量粒度分布,用统计学中的概念——概率密度函数和概率分布函数来表示粒度分布,分别称为频率分布和累积分布。

粒度分布可以取个数、长度、面积、体积(或质量)等 4 个参数中的一个作为基准,所谓个数基准的粒度分布,是指某一粒径或某一粒径范围的颗粒的个数在粉体颗粒总数中所占的比例,而质量基准的粒度分布,则表示某一粒径或某一粒径范围的颗粒的质量在粉体总的质量中所占的比例,长度基准和面积基准粒度分布可相应地作出定义。粒度分布的基准取决于粒度分布的测定方法,比如用显微镜法测定粒度分布时常用个数基准,而用沉降法时则常用质量基准。在工程中质量基准用得最多,而长度基准和面积基准则用得很少。

粉体的粒度分布通常用实测的方法获得,测得的数据可以整理成表格(表 2-3),也可以绘制成曲线,还可以归纳成相应的函数形式。

2.1.2.2　频率分布

当用个数基准表示粉体的粒度分布时,将被测粉体样品中某一粒径或某一粒径范围的颗粒的数目称为频数 n,而将 n 与样品的颗粒总数 N 之比称为该粒径范围的频率 f:

$$f = \frac{n}{N} \times 100\% \tag{2-1}$$

频数 n 或频率 f 随粒径变化的关系,称为频数分布或频率分布。

用显微镜测得的粒径的分布数据,可以用直方图或频率(频数)分布曲线(图 2-2)形象地表示出来。将被测的粒径范围分为若干组(通常 12～20 组),取每组的中间值作为一组的平均粒径。分组时可以采用等间隔的算术级数,也可以采用不等间隔的几何级数;当组间的间距较小时可用算术级数分组,而用几何级数分组时可使间距与平均粒径之比为常数。

以粒径 D_p 为横轴,频率 f 或频数 n 为纵轴,即可由实测的数据绘制直方图。将直方图各组上边的中点连成一条光滑的曲线,就可得到频率(频数)分布曲线。图 2-2 是由表 2-3 中左边部分的数据作出的按算术级数分组的等组距直方图及频率(频数)分布曲线图。

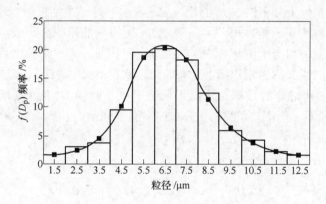

图 2-2　等组距直方图及频率分布曲线图

表 2-3　粉体颗粒大小的分布数据和累积频率

粒径范围/μm	平均粒径 $\overline{D}_p$/μm	频数 n	频率 f/%	累积频率/%	
				筛下累积	筛上累积
<1.0	0	0	0	0.00	100.00
1.0~2.0	1.5	5	1.67	1.67	98.33
2.0~3.0	2.5	9	3.00	4.67	95.33
3.0~4.0	3.5	11	3.67	8.34	91.66
4.0~5.0	4.5	28	9.33	17.67	82.33
5.0~6.0	5.5	58	19.33	37.00	63.00
6.0~7.0	6.5	60	20.00	57.00	43.00
7.0~8.0	7.5	54	18.00	75.00	25.00
8.0~9.0	8.5	36	12.00	87.00	13.00
9.0~10.0	9.5	17	5.67	92.67	7.33
10.0~11.0	10.5	12	4.00	96.67	3.33
11.0~12.0	11.5	6	2.00	98.67	1.33
12.0~13.0	12.5	4	1.33	100.00	0.00
>13.0		0			
总　和		300	100		

频率分布曲线与频数分布曲线实际上是一回事,只是纵坐标的取法不同而已。在工程

上常用频率分布曲线来表示频率分布。

2.1.2.3　累积分布

频率分布是表示某一粒径或某一范围内的颗粒在全部颗粒中所占的比例（即百分率），而累积分布则表示小于（或大于）某一粒径的颗粒在全部颗粒中所占的比例。按照频率或频数累积方式的不同，累积分布可分为两类：一类是将频率或频数按粒径从小到大进行累积（又称为负累积，用"－"表示），所得到的累积分布表示小于某一粒径的颗粒的数量或百分数，相当于用筛分法测粒度分布时，通过某一筛孔的筛下部分的百分数，这样所得到的曲线又称为累积筛下分布曲线，常用 $D(D_p)$ 表示。另一类是将频率或频数按粒径从大到小进行累积（又称为正累积，用"＋"表示），所得到的累积分布表示大于某一粒径的颗粒的数量或百分数，相当于用筛分法测粒度分布时，通过某一筛孔之后的筛余部分的百分数，这样所得到曲线又称为累积筛上分布曲线，常用 $R(D_p)$ 表示。

按照表 2-3 中右边部分的数据，作出累积筛下分布曲线 $D(D_p)$ 及累积筛上分布曲线 $R(D_p)$，如图 2-3 所示。由图 2-3 及累积分布的定义可知：

$$D(D_p) + R(D_p) = 100\% \tag{2-2}$$

$$D(D_{pmin}) = 0, D(D_{pmax}) = 100\%$$
$$R(D_{pmin}) = 100\%, R(D_{pmax}) = 0 \tag{2-3}$$

式中，D_{pmin}、D_{pmax} 分别为颗粒的最小及最大粒径。

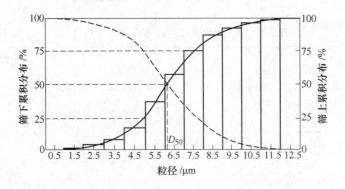

图 2-3　筛上和筛下累积分布直方图与曲线图

由频率分布 $f(D_p)$ 和累积分布 $D(D_p)$、$R(D_p)$ 定义可知，二者之间存在着积分与微分的关系，即：

$$D(D_p) = \int_{D_{pmin}}^{D_p} f(D_p) \, \mathrm{d}D_p \tag{2-4}$$

$$R(D_p) = \int_{D_p}^{D_{pmax}} f(D_p) \, \mathrm{d}D_p \tag{2-5}$$

$$f(D_p) = \frac{\mathrm{d}D(D_p)}{\mathrm{d}D_p} = -\frac{\mathrm{d}R(D_p)}{\mathrm{d}D_p} \tag{2-6}$$

因此，频率分布 $f(D_p)$ 称为粒度分布函数或粒度分布密度函数，累积分布 $D(D_p)$、$R(D_p)$ 又称为粒度分布积分函数。

在工程上，累积分布比频率分布用得更广泛。测定粒度分布所常用的筛分法、沉降法等所得到的数据，常常整理成以质量为基准的累积分布曲线，这样就不需要将粒径进行分组，而且从曲线图中可以直接得出中位径等参数，还可以通过将曲线微分求得频率分布曲线。

2.1.3 粒度分布函数表达公式

用列表法或直方图或曲线来表示粒度分布，虽然直观，但不便于进行分析。若能将实测的粒度分布数据归纳成相近的分布函数，就可以很方便地对实测数据作进一步的处理，用解析的方法求出各种平均粒径和比表面积，还可求出单位质量的颗粒数，进行质量基准和个数基准的相互转换。

2.1.3.1 正态分布

自然界和社会现象中的许多随机变量都符合正态分布，在粉体工程学中，真正服从正态分布函数的粉体极少。正态分布的分布函数 $f(D_p)$ 可用下式表示：

$$f(D_p) = \frac{100}{\sqrt{2\pi}\sigma}\exp - \frac{(D_p - D_{50})^2}{2\sigma^2} \tag{2-7}$$

$$\sigma = \sqrt{\sum_{i=1}^{n} f_i(D_p - D_{50})^2} \tag{2-8}$$

式中 D_p——粒径；

D_{50}——50%粒径，也称为中位径；

σ——分布的标准偏差，表示分布的宽度，μm。

对应的累积分布函数为：

$$D(D_p) = \int_0^\infty \exp\left[- \frac{(D_p - D_{50})^2}{2\sigma^2}\right]\mathrm{d}D_p \tag{2-9}$$

正态分布的频率曲线如图 2-4 所示。

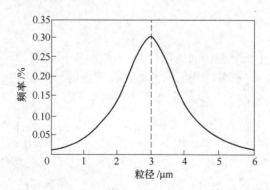

图 2-4   正态分布的频率分布曲线

2.1.3.2 对数正态分布

在工程实际中，许多粉体物料，如结晶产品、微粉碎或超细粉碎产品的粒度分布曲线不完全符合正态分布，往往是向粗颗粒方向偏斜（如图 2-5 所示）。若将粒径用对数坐标表示，就能将非对称的分布曲线变为对称的形式。这时，分布曲线 $f(D_p)$ 具有对称性，这种分布称为对数正态分布，如图 2-6 所示。

$$f(D_p) = \frac{1}{\sqrt{2\pi}\lg\sigma_g}\exp\left[-\frac{(\lg D_p - \lg D_{50})^2}{2\lg^2\sigma_g}\right] \tag{2-10}$$

式中　D_p——几何平均粒径，μm；

　　　σ_g——几何标准偏差，μm。

根据对数正态分布的性质，得：

$$\sigma_g = \frac{D_{50}}{D_{D15.87}} = \frac{D_{50}}{D_{R84.13}} = \frac{D_{D84.13}}{D_{59}} = \frac{D_{R15.87}}{D_{50}} \tag{2-11}$$

式中　$D_{R15.87}$——累积筛余为 15.87% 的粒径；

　　　$D_{D84.13}$——累积筛下为 84.13% 的粒径。

显然：　　　　　　　　　　　　$D_{R15.87} = D_{D84.13}$

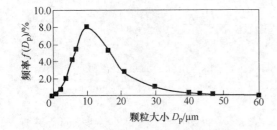

图 2-5　粉体的右偏斜频率分布曲线

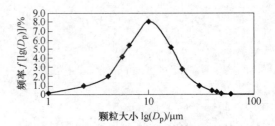

图 2-6　横坐标为对数后变为对数正态分布曲线

2.1.3.3　罗辛-拉姆勒（Rosin-Rammler）分布

煤粉、水泥等微粉产品的粒度分布往往是非对称性的，通过对大量试验研究及数据统计，其累积筛余的分布函数符合罗辛-拉姆勒分布。

$$R(D_p) = 100\exp\left[-\left(\frac{D_p}{D_e}\right)^n\right] \tag{2-12}$$

式中　D_e——特征粒径（表示粉体的粗细程度），表示累积筛余为 36.79% 时的粒径；

　　　n——分布系数，与被粉碎物质的性质及粉碎机的种类有关，表示粒度分布范围的宽窄程度，n 越大，则粒度分布的范围越窄。

2.1.3.4　高丁-舒曼（Gaudin-Schuhmann）分布

开路粉碎系统中细颗粒的分布，用罗辛-拉姆勒分布来表示时，其 n 值比粗颗粒的分布更接近于 1。因此，将罗辛-拉姆勒公式用级数展开，仅取第一项作为近似值，同时用累积筛下分布 $D(D_p)$ 代替累积筛余分布 $R(D_p)$ 就成为高丁-舒曼分布。

$$D(D_p) = 100 - R(D_p) = 100\left\{1 - \exp\left[-\left(\frac{D_p}{D_e}\right)^n\right]\right\} \approx 100\left(\frac{D_p}{D_e}\right)^n \tag{2-13}$$

在双对数坐标系中表示累积筛下质量分布 $D(D_p)$ 与粒径 D_p 的关系时，若得到一条直线，则其斜率即为 n。

2.1.4 颗粒的形状

颗粒形状不仅与粉体的物性（如堆积、流动、摩擦等性能）有着密切的关系，还直接影响粉体在操作中的行为，如在粉体的储存与输送、混合与分离、结晶与烧结、流态化等过程的设计与操作中，颗粒的形状是考虑的重要因素之一。

2.1.4.1 颗粒形状术语

颗粒形状是指一个颗粒的轮廓或表面上各点构成的图像。在工业生产中，人们往往沿用一些特定的术语来形象地描述颗粒的形状，比如球状、多角状、针状、片状、纤维状等，这些术语可以定性地表达颗粒的形状。表2-4列出一些颗粒形状的术语和定义。

表2-4 一些颗粒形状的术语和定义

术语	定义	术语	定义
针状	针状体	片状	薄片状
多角状	棱边锋利或大致呈多面体	晶粒状	在液体介质中自由生长出的几何体
枝晶状	树枝形状	不规则状	无任何对称性的形状
纤维状	规则或不规则的线状	浑圆状	不规则圆状
粒状	大体上呈等边的不规则形状	球状	球体

2.1.4.2 形状系数和形状指数

对颗粒形状的定性表达，虽可以容易地把颗粒按形状分类，但无法代入表面颗粒的几何特征和粉体的力学性能的公式中进行计算，因此，还需要定量描述颗粒形状的方法。定量描述颗粒形状的方法，大致可以分为两类：一类是用一组数来表示，而且按照这一组数据可以再现颗粒的形状，如傅里叶分析、神经回路网络法等，这类方法需要处理大量的数据，必须借助于计算机图像处理技术才能进行。另一类是用一个数从不同的角度来表示颗粒的形状，利用颗粒的各种特征粒径与其表面积、体积之间的关系，来定义各种形状系数，也可以与某一基准（通常是球）相比较，来定义各种形状指数。在工程上后者用得较多，常用的几种形状指数和形状系数介绍如下。

A 形状指数

（1）均齐度：颗粒外形两个尺寸的比值，称为均齐度。

$$扁平度\ m = 短径/厚度 = b/h$$

$$伸长度\ n = 长径/短径 = l/b$$

（2）圆形度：圆形度定义了颗粒的投影与圆的接近程度。

$$圆形度\ \psi_c = \frac{与颗粒面积相等的圆的周长}{颗粒投影轮廓的长度}$$

（3）球形度：球形度表示颗粒接近球体的程度。

$$球形度\ \psi = \frac{与实际颗粒体积相等的球的表面积}{实际颗粒的表面积}$$

（4）实用球形度（Wadell球形度），由于不规则颗粒的表面积和体积不易测量，故球形度 ψ 常以实用球形度 ψ_w 来代替。

$$\text{实用球形度}\ \psi_w = \frac{\text{与颗粒体积相等的球的表面积}}{\text{颗粒投影的最小外接圆的直径}}$$

圆形度和实用球形度 ψ_w 都表示颗粒的投影接近于圆的程度，显然有 $\psi_c \leqslant 1$，$\psi_w \leqslant 1$，而且 ψ_c、ψ_w 越接近于 1，说明颗粒的投影越接近于圆。两者的区别在于：ψ_w 侧重于从整体形状上来评价，而 ψ_c 则侧重于评价颗粒投影轮廓"弯曲"程度。

B 形状系数

不管颗粒形状如何，只要它是孔隙的，它的表面积就一定正比于颗粒的某一特征尺寸的平方。而它的体积 V 就正比于这一尺寸的立方。如果用 d_j 表示这一特征尺寸，那么有：

$$S = \varphi_s d_j^2 \tag{2-14}$$

$$V = \varphi_v d_j^3 \tag{2-15}$$

式中，φ_s、φ_v 分别为颗粒的表面积形状系数和体积形状系数。

对于球形颗粒，有：

$$\varphi_s = \frac{S}{d_j^2} = \frac{\pi d_s^2}{d_j^2} = \pi \tag{2-16}$$

$$\varphi_v = \frac{V}{d_j^3} = \frac{\pi d_v^3}{6 d_j^3} = \frac{\pi}{6} \tag{2-17}$$

显然，对于立方体颗粒，有 $\varphi_s = 6$、$\varphi_v = 1$。各种形状颗粒的 φ_s 和 φ_v 值见表 2-5。

表 2-5 各种形状颗粒的 φ_s 和 φ_v 值

各种形状的颗粒	φ_s	φ_v
圆形颗粒（水冲砂子、溶凝的烟道灰和雾化的金属粉末颗粒）	2.7 ~ 3.4	0.32 ~ 0.41
带棱的颗粒（粉碎的石灰石、煤粉等粉体物料）	2.5 ~ 3.2	0.20 ~ 0.28
薄片颗粒（滑石和石膏等）	2.0 ~ 2.8	0.10 ~ 0.12
极薄的片状颗粒（云母、石墨等）	1.6 ~ 1.7	0.01 ~ 0.03

设 S_v 为单位体积颗粒的比表面积，则：

$$S_v = \frac{S}{V} = \frac{\varphi_s d_j^2}{\varphi_v d_j^3} = \frac{\varphi_{vs}}{d_j} \tag{2-18}$$

式中，φ_{vs} 为比表面积形状系数。

2.2 粒度分析方法

粉体粒度和粒度分布对其产品的性质和用途影响很大，测定粒度和粒度分布的方法很多，每种方法的测试原理不一样，测出的粒径的定义也就不一样。粒度测量的主要方法见表 2-6。

表 2-6　粒度测量的主要方法

测量方法	测量原理	测量范围/μm	特　点
直接观察法（图像分析仪）	显微镜方法与图像技术	0.5～1200	分辨率高，可观察颗粒形貌和状态。结果受人为操作影响，不宜测量分布宽的样品
筛分法	通过筛孔直接测量	＞38	设备简单，操作方便，粒级较粗，测试筛分时间长，也容易堵塞
沉降法	沉降原理	2～100	原理直观，造价低，操作复杂，结果受环境及操作者影响较大，重复性较差
	Stokes 原理	0.01～100	
激光法	光的散射现象，颗粒越小，散射角越大	0.05～2000	动态范围大，测量速度快，操作方便、重复性好，分辨率低，不宜测量粒度均匀性很好的样品
小孔通过法	小孔电阻原理	0.4～256	分辨率高，重复性好，操作方便，易堵孔，动态范围小，不宜测量分布宽样品
流体透过法	空气透过粉体层时的压力降	0.01～100	测平均比表面积
气体吸附法	BET	0.01～10	测比表面积

2.2.1　筛析法

筛分分析是利用筛孔大小不同的一套筛子进行粒度分级。对于粒度小于 100mm 而大于 0.043mm 的物料，一般采用筛析法测定粒度组成。

对于破碎作业物料，其粒度范围较宽，由露天开采的原矿最大块粒度可达到 1300mm，最细粒级可达微米级。一般，大于 100mm 粒级物料可用套圈法或直接用尺测量其粒度。100～4.7mm 粒度可用粗粒振筛器与粗粒套筛进行筛析。

筛析法的优点是设备简单，造价便宜，易于操作。一般干筛可筛至 200 目（75μm）。但湿筛可采用光电微孔分析筛，可筛至 5μm。筛析法的缺点是受颗粒形状的影响很大。

2.2.2　显微镜法

显微镜法是光学或电子（透射式、扫描式）显微镜直接对粉体颗粒的形状和大小进行观测，是唯一能直接测量颗粒大小的方法，因此，显微镜法除了用于测定颗粒的大小、形状、粒度分布之外，还可作为其他间接测定方法的基准。

用光学显微镜测定粒径时，可利用十字刻度尺、网络刻度尺或花样刻度尺直接读数，用电子显微镜时常常先将颗粒拍照，然后进行测量。为了提高测量的精度，要注意以下几点：

（1）严格按规定制备试样，确保将试样粉体分散为单个颗粒，由于微粉的分散比较困难，因此要根据粉体颗粒的表面性质，选择合适的分散媒体，并采用超声波等方法进行强制分散。

（2）为了得到粉体的粒度分布，并减小测量误差，测量的颗粒要足够多，至少要在数百个以上。

（3）即使测量的颗粒数足够多，试样的质量也很小，因此采样时应使试样具有代表性。对于粒度分布范围较广的粉体，要先用筛分法对试样进行分级，测出各粒级的个数基准分布，经换算为质量基准后，再按试样各个粒级的质量比分别进行计算。

（4）要选择适当的放大倍数，既要能够清楚地分辨最小的颗粒，放大倍数又不宜过大。对于 1μm 以上的颗粒，要优先选用光学显微镜；当粒径小于 0.8μm 时，为避免二次成像所引起的误差，可选用电子显微镜。

（5）用显微镜法测得的粒径是统计粒径或投影面积当量径，粒度分布是个数基准的分布，但可换算成质量基准的分布。

显微镜法测试结果可靠，操作比较简便，能自动扫描、计算，也可以将测试结果以拍照的方式记录下来，观测颗粒的形状。随着计算机图像处理技术的发展，显微镜法将会更加实用和完善。

2.2.3　电阻法（库尔特法）

电阻法（小孔通过法），又称库尔特（Coulter）法，其测试原理及装置简图如图 2-7 所示。在电解质溶液中旋转一个有小孔的容器，在小孔的两边装有电极并加上电压，利用水银差压计的虹吸作用，使电解质溶液及悬浮在其中的颗粒通过小孔，颗粒通过小孔时取代了与其同体积的电解质溶液，使两电极间的电阻瞬间增加，产生一个电压脉冲，脉冲的大小与颗粒的体积成正比。颗粒依次通过小孔时可产生一连串的电压脉冲，经放大、计算、计数（图中的水银差压计可通过起止接点控制计数）后，就可测出颗粒的大小，并得到粉体试样的粒度分布。

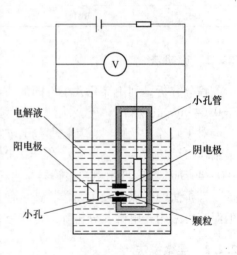

图 2-7　电阻法颗粒计数器工作原理

用小孔通过法测出的是颗粒的体积当量径，所得到的粒度分布为个数分布。用这种方法除了可以测定粉体的粒度分布外，在医药、食品等行业中还可用于测定细菌、血细胞的大小和数目。

2.2.4　激光法

激光衍射的测试原理如图 2-8 所示。由激光源射出的平行光束照射到比光的波长大得多的颗粒上，产生衍射，照射大颗粒的光衍射角度较小，而照射小颗粒的光衍射角较大，这些光线通过透镜在衍射屏上得到衍射像，其光强与颗粒的大小有关，利用环形排列的检测器，经过计算就可测得颗粒的粒径。

用激光衍射法测出的是颗粒的投影面积当量径或体积当量径，粒度分布为个数基准的分布。基于光衍射法的原理的激光粒度分析仪还可以提供质量（或体积）、表面积的频率分布和累积分布，并且能直接给出粉体试样的算术平均粒径、众数粒径和 50% 粒径等数据。这种仪器适用范围广，测试时间短，再现性好，自动化程度高，测试精度高，操作简单，因此应用比较广泛。

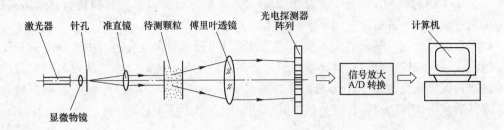

图 2-8 激光粒度仪的原理结构

2.2.5 沉降法

粉体颗粒在流体中沉降时，粒径较大的颗粒沉降速度较大，而粒径较小的颗粒沉降速度较小，利用这一沉降速度的差异，既可对粉体进行流体分级，又可用于测定粉体的粒度分布。利用粉体颗粒在液体中沉降速度的差异来测定粒度分布的方法，称为液相沉降法。图 2-9 为光透沉降法示意图。

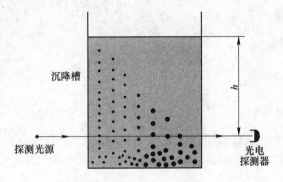

图 2-9 光透沉降法示意图

为使颗粒在液体中测试原理完全相同，只是对于粒径很小的颗粒，重力沉降需要很长的时间，这时以采用离心沉降为好。液相沉降是根据斯托克斯理论，测出颗粒的沉降速度，然后再换算成粒径的，因此，测得的是沉降粒径即斯托克斯径。

粉体颗粒在液体中分散、沉降时，形成悬浊液，在开始沉降后的某一时刻，距液面的深度不同，颗粒的粒径也不同，测出不同高度上的粉体颗粒的质量，就可以得到粉体的质量基准的粒度分布。图 2-10 为图像沉降粒度仪 1000 的原理图。

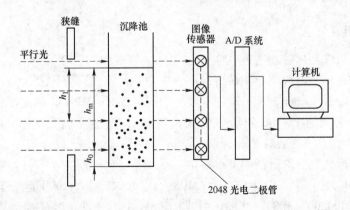

图 2-10 图像沉降粒度仪 1000 的原理图

旋流粒度分析仪利用离心力场代替重力场进行粒度分析，用于测定小于 −74μm 矿物粒度组成，也可以对 −74μm 矿物进行连续分级。北京矿冶研究总院先后研制了 XL-1、

LXF-Ⅵ、BXF 三种型号，现定型产品为 BXF 型旋流粒度分析仪，它有独特的连续给料器，可不停机连续给料，并可随时切断物料通路。

BXF 型旋流粒度分析仪利用 6 个串联的旋流器进行物料粒度分离。由于离心力强化了分级过程，大大加快了分级速度，缩短了分析时间。轴向回流的存在，使混入粗粒级产品中的细物料能够在反复淘洗中分离出来，故其分级精度高。离心力可破坏絮凝物料的絮凝，尤其适宜于细粒物料的粒度分析。其结构如图 2-11 所示。

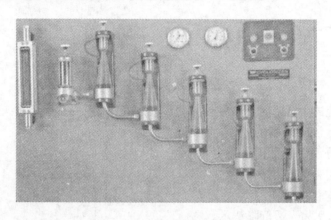

图 2-11　旋流粒度分析仪

该仪器可连续分出 74 ~ 54μm、54 ~ 41μm、41 ~ 30μm、30 ~ 20μm、20 ~ 10μm、10 ~ 8μm、-8μm 七种粒级的产品（基准物为石英），分级速度快，分级效果好。

2.2.6　颗粒形状的测量

颗粒形状的测量主要有两种方法：一是图像分析仪，系统由光学显微镜、图像板、摄像机和微机组成，它的测量范围为 1 ~ 100μm，若采用体视显微镜，则可以对大颗粒进行测量。电子显微镜配图像分析仪，其测量范围为 0.001 ~ 10μm；二是能谱仪，它由电子显微镜与能谱仪、微机组成，其测量范围为 0.0001 ~ 100μm。

2.2.7　在线粒度分析

在线粒度分析仪是矿物加工连续生产过程中关键参数的自动检测装置，在有色冶金、钢铁、水泥、化工、黄金等工业领域得到广泛应用。目前，具有代表性的仪器是美国赛默飞世尔科技（Thermo Fisher Scientific）有限公司的 PSM400-MPX 矿浆粒度分析仪、芬兰奥图泰（Outotec）公司的 PSI300 粒度分析仪、俄罗斯有色金属自动化联合公司的 ПИК-074П（PIK-074P）筒式在线粒度分析仪、马鞍山矿山研究院研制的 CLY-2000 型在线粒度分析仪、北京矿冶研究总院研制的 BPSM-Ⅰ型在线粒度分析仪、辽宁丹东东方测控技术有限公司开发的 DF-PSM 等，其中 PSM400-MPX、DF-PSM、CLY-2000 是基于超声波原理而开发的产品，而 PSI200（300）、PIK-074P 与 BPSM-Ⅰ型是基于线性检测原理直接测量粒度分布的仪器。而奥图泰的 PSI500 则是基于激光衍射测量机理的粒度分析仪。

2.2.7.1　PSM 型在线粒度分析仪

从 1971 年开始，人们基于超声波吸收现象来对矿浆的颗粒粒度进行连续测定。PSM

系统当时由 Armco Autometrics 生产，后来由 Svedala 生产，现在由 Thermo Gamma-Metrics 生产（Hathaway 和 Guthnals，1976）。由于能够快速准确地测量大流量矿浆，被广泛用于选矿厂中。目前已由最初的 PSM-100 发展到 PSM-400 系列，最新版本为 PSM-400MPX。

PSM-400MPX 是 PSM-400、PSM-400MP 的升级版本，基于超声波吸收现象来测量粒度和料浆中的固体质量分数，配备多路器后，一台分析仪可以分析三个通道，不需要对矿浆进行稀释，可以在线、实时地测量三个流道的 5 种粒级，适应于 P_{80} 为 25～290μm 的粒度分布测量。

它由以下 3 个主要部件组成：

（1）样品处理器：真空辅助矿浆离心机，进行取样和除气泡；

（2）样品分析模块：包含超声波探头流动室、一个校准取样器（同时当作一个产品混合采样器）、一套阀门系统（用于标准化和旁流）；

（3）控制和显示模块。

来自工艺流程的矿浆经取样装置进入空气消除器，除去混入矿浆中的空气泡后，流进传感器进行检测，被检测过的矿浆再返回工艺流程。为了消除矿浆浓度的影响，传感器配置了高、低频双探头，由传感器检测得到的频率衰减信号经过电子处理装置，转换成代表粒度和浓度的 4～20mA 直流标准信号输出，该标准信号送至现场指示器、记录仪和过程控制中心，从而对磨矿过程进行监视或控制（图 2-12）。

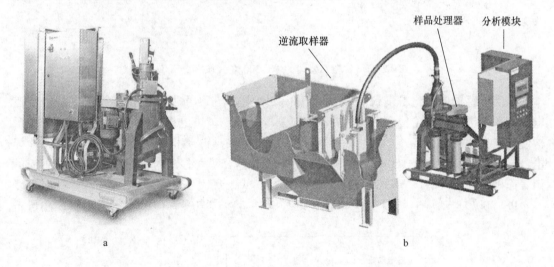

图 2-12　赛默飞世尔科技公司的 PSM-400MPX 在线粒度分析仪

a—外观；b—结构

为了提高测量精度，采用超声波测量就必须消除矿浆中的气泡，同时消除矿浆浓度对测量的影响，因此 PSM 系列的仪器配置了机构消泡装置和双测量头。

2.2.7.2　PSI200/300 系列

芬兰奥托昆普公司（Outokumpu）20 世纪 90 年代初推出了 PSI-200 型粒度分析仪，于 1991 年首次在芬兰投入工业应用后，现已在美国、加拿大、俄罗斯、澳大利亚、中国等国家推广使用数百台，为磨矿作业粒度分布的在线检测和控制创造了有利条件，是冶金矿山企业的一种新选择。PSI200 系统直接使用一个往复式卡尺传感器将颗粒的方位（进而变成粒度）转换成电信号，从而测量矿浆流中单个颗粒的粒度。目前其最新版本为 PSI-300型，由芬兰奥图泰（Outotec）公司提供。其结构如图 2-13 所示，主要由一次取样器系统、自动冲洗阀、二次取样器、粒度传感器探头及控制系统组成。

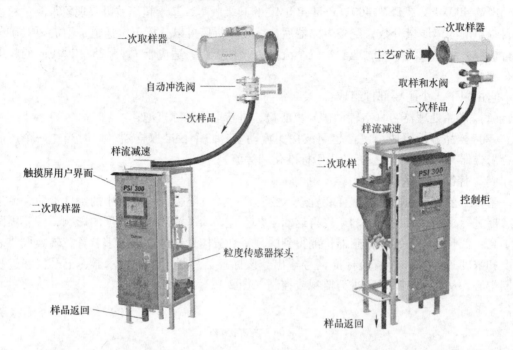

图 2-13　奥图泰公司的 PSI-300 在线粒度分析仪

　　粒度传感器探头是粒度仪的关键部件，其结构如图 2-14 所示。该装置主要是由步进电机、变速机构、凸轮传动机构和差动变压器等组成。步进电机转动时，通过机械传动机构使陶瓷夹片按每秒 2 次，一上一下垂直运动。矿浆从测量槽中平稳流过时，被夹片撞击，与夹片固定的连杆与差动变压器的铁心联动，这样就可以通过测量差动变压器感应的信号而确定测量头的位置。

　　PSI 300™ 自动从 1~3 个工艺矿流中取样，并且对矿浆中颗粒大小进行测量，测量范

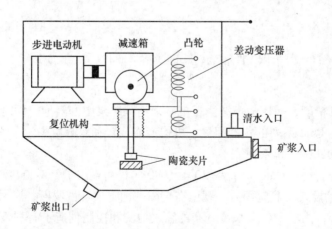

图 2-14　粒度传感器探头结构

围为 25 ~ 600μm（28 ~ 500 目），PSI 300^{TM} 特别适用于测量 P_{40} 以上的粒度。

江西铜业公司德兴铜矿大山选矿厂是一个日处理 6 万吨铜矿石的大型选矿厂，使用 8 台 5.5m×8.5m 的溢流型球磨机，2001 年引进、安装了 3 台三流道的 PSI-200 粒度仪，用于测量每台球磨机所对应的旋流器溢流粒度。根据大量的运行数据统计，测量误差为 2% 左右，完全满足了生产的要求，磨矿效率有明显的提高和改善。

2.2.7.3 PIK-074P 型筒式在线粒度分析仪

PIK-074P 在线粒度分析仪用于自动检测分析在球磨和分级工艺过程中通过输送管道或槽输送的矿浆成分的粒度。该仪器可连续自动在线分析测量泥浆流量中的矿浆粒度成分，在容器中不需要从矿浆中取样。

该仪器测量系统主要由 PIK-02 粒度探头和 MKP-2 微处理变换器组成。粒度探头安装在需要检测的输送矿浆的管道上（或槽里），通过探测杆将截取的矿石颗粒进行电感应产生电子信号。其结构如图 2-15 所示。

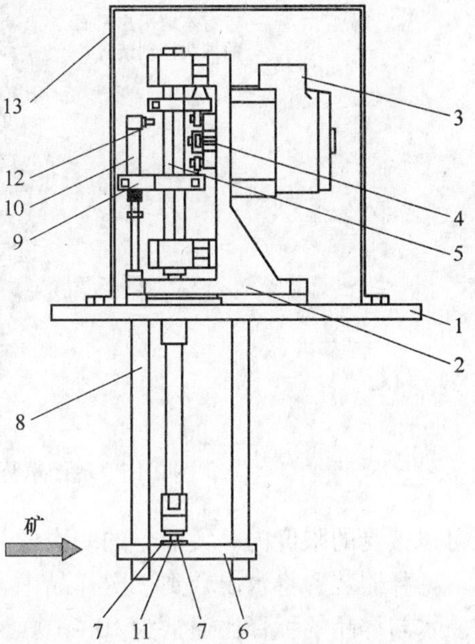

MKP-2 微处理变换器接收粒度探头传送过来的电子信号，根据给定的计算方法，计算所检测的粒度级别含量（%），并在显示屏幕上显示所测的分子粒度值，计算所分析的流量中分子粒度含量（%）值，甚至调整变换器的常数和参数。这些数据和调整变换器的参数，甚至可以在传感器的自动冲洗器上形成离散的控制信号，并通过信号通道传递测量和计算结果。可对测量结果进行打印或反馈给磨矿回路对磨矿分级作业进行自动控制。

PIK-074P 在线粒度分析仪已在山东三山岛金矿、郑州铝厂等企业成功推广应用。

图 2-15 PIK-02 粒度探头

1—台架；2—固定架子；3—电动机；4—异性卡盘；
5—探测杆；6—端轴承；7—连接板；8—固定杆；
9—摇杆；10—电感应变换器；11—被测矿浆
分子；12—变换器；13—外保护壳

2.2.7.4 PSI-500 型激光衍射在线粒度分析仪

近年基于激光衍射技术的在线粒度分析仪在矿浆粒度监测中使用，典型代表为奥图泰公司生产的 PSI-500 型激光衍射在线粒度分析仪。

PSI-500 型激光衍射在线粒度分析仪结构如图 2-16 所示，由一次取样器、二次取样系统、稀释装置、光学传感器及控制系统组成。

一次取样从工艺流中截取一个有代表性的 50 ~ 120L/min 的一次样品。PSI-500 型分析仪可以任选测量样品流，最多可以测量三个样品流。分析仪安放于靠近取样点的地方，从而使样品的传输距离较短，而且可以使用连续的重力自流。为取样器和取样线提供的自动冲洗，保证了系统的高可用性。

二次取样系统从一次样品流中截取一部分有代表性的 0.01 ~ 0.03L 样品，方法是移动样品线，使它跨过一个固定截流器。二次取样器中的第二个截流器提供标定样品或复合样品，供实验室分析。通过控制二次样品截取频率，使传感器头中的样品固体含量保持在一

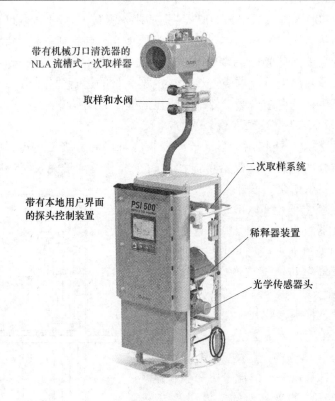

带有机械刀口清洗器的
NLA 流槽式一次取样器

取样和水阀

二次取样系统

带有本地用户界面
的探头控制装置

稀释器装置

光学传感器头

图 2-16　奥图泰公司的 PSI-500 在线粒度分析仪

个可以接受的限度内。大部分的一次样品都被舍弃，利用重力返回到工艺中。

　　稀释器装置将水混合到二次样品中，从而在传感器头的样品盒中可以有足够的光穿过它。水与样品的稀释比通常为 10 ~ 100。稀释罐的上部处于相对静止的流动状态，以便使夹带的空气上升到表面上。采用了先进的 CFD 仿真来优化稀释器设计。水箱大约有 1min 的停留时间。稀释后的样品在出口处的流量为 10L/min。

　　光学传感器头具有一个固态的二极管激光器，由它发送相干光束穿过稀释后的样品流。在测量时，样品连续地流过一个带有平行坚硬窗口的样品盒。有一个透镜将光束放大，由一个环形探测器在样品盒另一侧测量散射光分布。样品盒为样品流提供了一个平滑的输送通道。样品流处于紊乱状态，以便使较大的颗粒良好地呈现。

　　由于 PSI-500 分析仪的测量原理基于激光衍射技术，因此这种技术无须进行标定。PSI-500 可对细粒级矿浆进行测量，其可检测粒度大小为 1 ~ 600μm。已有相关的 PSI-500 在我国永平铜矿选矿厂应用的报道。

2.2.7.5　图像分析法

　　图像分析广泛应用于输送皮带上的岩石粒度测量。提供这套系统的供应商有斯普利特工程（Split Engineering）、WipFrag 和美卓（Metso）公司。图像分析系统用一个给予适度照明的固定摄像机来捕捉输送带上颗粒的图像，获得的图像用软件分割、进行适当处理后计算颗粒的粒度分布。图 2-17 所示为一个破碎机给料和产品的原始照片和经处理后的图片，以及计算出的粒度的分布曲线。成像系统常见的问题就是不能"看见"表层物料以下的物料，以及细粒探测困难，为此要使用矫正算法。尽管存在这些问题，这套系统用于检测破碎机回路的粒度变化还是很有用的，并且越来越多地应用于磨机控制部分的半自磨机给矿测量。

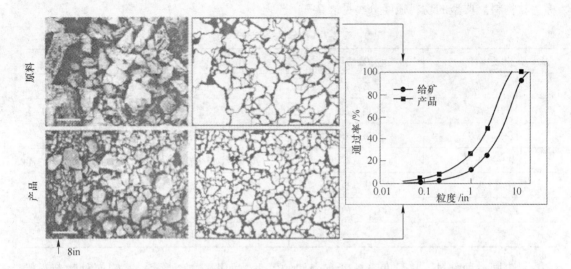

图 2-17 破碎机给料和产品的原始照片、处理后的图片以及最终估算的粒度分布曲线
（斯普利特工程公司的斯普利特在线系统）（Courtesy Split Engineering）

还有一些其他在线控制系统可用或者正处于试验阶段。例如，澳大利亚联邦科学与工业研究组织（CSIRO）开发了一种利用超声衰减原理的测试系统，在这个系统中，同时应用了速度光谱测定法和 γ 射线传播，使得测量方法在 0.1 ~ 1000 μm 范围内都有效。

2.3 矿物的力学性质

2.3.1 矿物的强度

强度是指物料抗破坏的阻力，一般用破坏应力表示，即物料破坏时单位面积上所受的力，其计量单位为 N/m^2 或 Pa。按破坏时施力方法的不同，可分成抗压、抗剪、抗弯和抗拉强度等。

物料的破坏应力以抗拉应力为最小，它只有抗压应力的 1/30 ~ 1/20，为抗剪应力的 1/20 ~ 1/15，为抗弯应力的 1/10 ~ 1/6。

不含任何缺陷的完全均质材料的强度为理论强度，它相当于原子、离子或分子间的结合力。物料的实际强度或称实测强度，低于其理论强度，一般实测强度为理论强度的 1/1000 ~ 1/100。

同一种物料，在不同的受载环境，其实测强度不同，例如，它与粒度、加载速度和所处介质环境有关。粒度小时内部缺陷少，因而强度高，加载速度快时比加载速度慢时强度高，同一材料在空气中和在水中测的抗破坏强度也不一样。如硅石在水中的抗拉强度比在空气中减小 12%。

强度高低是物料内部价键结合能的体现，粉碎过程实际上是通过外部作用力对物料施以能量足以超过其结合能时，物料才发生变形、破坏以致粉碎。

在进行粉碎时，一般称坚硬物料、中硬物料和软物料。根据测定的抗压强度，将抗压强度大于 250MPa 的，称为坚硬物料，40 ~ 250MPa 的，称为中硬物料，小于 40MPa 的，称为软物料。典型的物料强度分类见表 2-7。

表 2-7　物料的强度分类

软质物料	中硬物料	坚硬物料	最坚硬物料
石　棉	石灰石	花岗岩、石英岩	铁燧岩、硬质石英岩
石　膏	白云石	铁矿石、暗色岩	花岗岩、硬质暗色岩
板石（页岩）	砂　岩	砾　石、玄武岩	花岗岩、砾　石
软质石灰石	泥灰石	斑麻岩、辉绿岩	刚　玉
烟　煤	岩　盐	辉长岩、金属矿石	碳化硅
褐　煤	含有石块的黏土	矿渣、电石、烧结产品	硬质熟料
黏　土		韧性化工原料	烧结镁砂

对于同一种物料，其强度与粒度有密切的关系，如图 2-18 所示。不管何种物料，颗粒越细，强度越大。这是因为粒度变细，颗粒宏观和微观裂纹减小，缺陷愈少，抗破坏应力变大，因此这也是超细粉碎能耗高的原因之一。

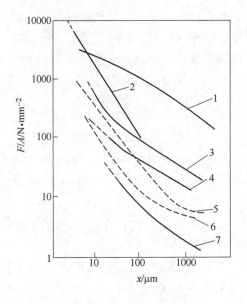

图 2-18　颗粒强度与粒度大小的关系

1—玻璃球；2—碳化硼；3—水泥熟料；4—大理石；5—石英；6—石灰；7—烟煤

2.3.2　矿物的硬度

硬度是指物料抗变形的阻力。一般用莫氏（Mohs）硬度表示，分成 10 个等级，金刚石最硬为 10，滑石最软为 1，如表 2-8 所示。

表 2-8 典型矿物莫氏硬度

莫氏硬度	典型矿物	晶格能/kcal·mol^{-1}	表面能/mJ·m^{-2}
1	滑石	—	—
2	石膏	620	40
3	方解石	648	80
4	萤石	638	150
5	磷灰石	1050	190
6	长石	2700	360
7	石英	2990	780
8	黄晶	3434	1080
9	刚玉	3740	1550
10	金刚石	4000	—

注：1kcal = 4.18kJ。

常用矿物的莫氏硬度和密度见表2-9。

表 2-9 常用矿物的莫氏硬度和密度

矿 物	密度/g·cm^{-3}	莫氏硬度	矿 物	密度/g·cm^{-3}	莫氏硬度
石 墨	2.1~2.2	1	尖晶石	3.5~4.5	8
石 膏	2.3	1.5~2	菱铁矿	3.7~3.9	3.5~4.5
水铝矿	2.35	2.5~3.5	天青石	3.9~4.0	3~3.5
正长石	2.5~2.6	6	孔雀石	3.9~4.1	3.5~4.0
斜长石	2.6~2.8	6~6.5	刚 玉	3.9~4.1	9
石 英	2.5~2.8	7	闪锌矿	3.9~4.2	3.5~4
方解石	2.6~2.8	2~3	黄铜矿	4.1~4.3	3.5~4
滑 石	2.7~2.8	1	独居石	4.2~4.3	3~3.5
白云石	2.8~2.9	3.5~4	金红石	4.2~4.3	6~6.5
菱镁石	2.9~3.1	4~4.5	重晶石	4.3~4.7	3~3.5
角闪石	2.9~3.4	5.5~6.5	硫砷铜矿	4.4~4.5	3.5
萤 石	3.0~3.2	4	硬锰矿	4.4~4.7	4~6
磷灰石	3.2	5	辉锑矿	4.6~4.7	2
蓝晶石	3.2~3.7	7~7.5	黄铁矿	4.6~4.7	4
菱锰矿	3.3~3.7	3.5~4.5	钛铁矿	4.7	5~6
金刚石	3.5	10	软锰矿	4.7~5.2	3.5~4.5

2.3.3 矿物的脆性和延展性

矿物的脆性（brittleness）是指矿物受外力作用时易发生碎裂的性质，是纯离子键矿物的一种特性。绝大多数矿物具有过渡型的离子-共价键，因此，离子键性程度的百分比越大，矿物脆性越强。脆性矿物以应变形式储存应力的能力很小，因而极易产生破裂。绝大多数非金属晶格矿物都具有脆性，如自然硫、萤石、黄铁矿等。

矿物受外力拉引时易形成细丝的性质，称为延性；而展性则是指矿物在锤击或碾压下易形变成薄片的性质。延性和展性往往同时并存，统称为延展性。它是矿物受外力作用发生晶格滑移塑性形变的一种表现，是纯金属键矿物的一种特性。金属键的模式是阳离子存在于活动的电子云中，即金属原子能够移动重新排列而不失去黏结力。这是金属键矿物具有延展性的根本原因。金属键程度不同，其延展性存在着差异。自然金属元素矿物，如自然金、自然银和自然铜等均具有延展性；某些硫化物矿物（如辉铜矿等）也表现出一定的延展性。

2.3.4　矿物的弹性和挠性

矿物在外力作用下发生弯曲变形，在外力撤除后，在弹性限度内能够自行恢复原状的性质，称为弹性。具层状结构的云母及链状结构的角闪石棉表现出明显的弹性。

而某些层状结构的矿物（如滑石、绿泥石、蛭石、石墨和辉钼矿等），在撤除使其发生弯曲变形的外力后，不能恢复原状，这种性质称为挠性。矿物的弹性和挠性取决于晶体结构特点，即矿物晶格内结构层间或链间键力的强弱。如果键力很微弱，受力时，层间或链间可发生相对位移而弯曲，由于基本上不产生内应力，故形变后内部无力促使晶格恢复到原状而表现出挠性；若层间或链间以一定强度的离子键联结，受力时发生相对晶格位移，同时所产生的内应力能在外力撤除后使形变迅速复原，即表现出弹性，然而，当键力相当强时，将表现出脆性。

2.4　矿物的解离

矿石分选的目的，是为了高效地富集并回收其中的有用矿物。为此，首先必须经由破碎、磨矿使所含矿物（特别是有用矿物和脉石矿物）相互解离。块体矿石碎、磨成粉末状颗粒产品后，其中的颗粒，有的仅含有一种（或在分选作业中可同时回收的几种）矿物；有的则是有用矿物与脉石矿物共存。前者称为已从矿石中解离出的单体（颗粒），后者称为矿物的连生体（颗粒）。产物中某种矿物的单体含量（q_m）与该矿物总含量（$q_m + q_1$）比值的百分数，称为所求矿物的单体解离度。

$$\overline{L}_0 = \frac{q_m}{q_m + q_1} \times 100\%$$

式中　$\overline{L}_0$——矿石碎、磨产品中某种矿物的单体解离度；

q_m——矿石碎、磨产品中某种矿物的单体含量；

q_1——矿石碎、磨产品中某种矿物在其自身连生体中的含量。

矿物的单体解离度受矿石中有用矿物的嵌布粒度、嵌布均匀性、连生矿物的嵌镶关系等的影响，其中，又以受有用矿物的嵌布粒度影响最大。

2.4.1　矿物的嵌布粒度

根据粒度分析的目的不同，矿物粒度分为晶体粒度和嵌布粒度两大类。

晶体粒度又称结晶粒度，指同种矿物单个结晶颗粒（单晶粒）的大小。因此，粒度单元（粒度测量单元）是同一种矿物的单个晶体（单晶体）颗粒。晶体粒度主要用于矿物和矿石的成因和矿石结构的研究。

嵌布粒度又称工艺粒度，分为颗粒粒度和复矿物粒度两种。

颗粒粒度指同一种矿物组成的颗粒（包括同一种矿物的单晶体颗粒和集合体颗粒）的大小及由大到小的相应百分含量。因此，粒度单元是同一种矿物的单晶体颗粒或集合体颗粒。一般所说的矿物嵌布粒度，是指这一种颗粒的粒度。在矿物粒度分析中，主要分析这一种颗粒粒度。

复矿物粒度是指两种或两种以上嵌镶在一起的不同矿物集合体颗粒（如方铅矿-闪锌矿颗粒、方铅矿-闪锌矿-脉石颗粒）的大小和由大到小的相应百分含量，其粒度单元就是复矿物颗粒。若需在选矿的前段流程中把此类复矿物集合体分选出来，或在选矿过程中仅需选出此类复矿物集合体颗粒送冶炼厂经冶炼分离不同的金属元素时，就要测定这种复矿物粒度。

例如，一细粒方铅矿集合体（图2-19），从矿物成因即矿物学的角度看，它是由许多很细小的方铅矿结晶颗粒（单晶体）组成的集合体，晶体粒度指的是每个结晶颗粒（单晶体）的大小，因此粒度测量单元就是每个结晶颗粒（单晶体）；从矿石工艺性质即矿石学的角度看，许多相邻的生长在一起的细小方铅矿单晶集合体是一个颗粒，颗粒粒度指的是这种集合体颗粒的大小及从大到小的相应百分含量，因此粒度测量单元就是这种集合体颗粒。这种矿石，只要经过粗略破碎，就能使方铅矿单体解离出来。相反的例子是，一个几厘米大的毒砂骸晶（图2-20），大致保留毒砂的晶体轮廓，但晶体中的许多部分被方解石交代占据，从矿物成因的角度看，它是一个很大的毒砂单晶体颗粒，但从矿石工艺性质的角度看，它是一个复矿物颗粒，需经过细磨，才能使毒砂单体解离出来。

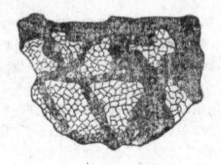

图2-19　细粒方铅矿集合体

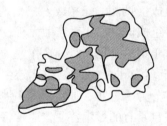

图2-20　毒砂（白色）晶体被方解石（灰色）交代后的骸晶

矿石中有用矿物的嵌布粒度，大多不相等，即有粗、中、细之分。根据矿石中有用矿物粒度的粗细情况及有用矿物粒度的粗、细程度进行有用矿物嵌布粒级的划分，虽无统一的标准，但粒级划分原则上应与分选工艺的筛析粒级一致，这样才能使粒度分析与分选工艺相吻合。表2-10列出了一种6级分级方案（引自国家矿产储量管理局矿产综合勘查综合评价专题研究组编《矿产综合勘查与评价》）。

表 2-10　有用矿物嵌布粒级的划分

粒级名称	粒级范围/mm	可选性	粒级名称	粒级范围/mm	可选性
粗　粒	+2	易选粒级	微　粒	-0.075 ~ +0.045	易选粒级
中　粒	-2 ~ +1	易选粒级	显微粒	-0.045 ~ +0.010	难选粒级
细　粒	-1 ~ +0.075	易选粒级	超显微粒	-0.010	难选粒级

2.4.2　矿物的嵌布均匀性

矿物的嵌布均匀性是指矿石中有用矿物在空间分布的均匀程度，大致分为两种情况：

（1）均匀嵌布。有用矿物呈细粒状，均匀分布在矿石的各个部位。因此，往往要求把全部矿石磨至有用矿物解离出来后，才能进行分选。

（2）不均匀嵌布。矿石中有用矿物呈局部富集产出。因此，势必存在有大量不含有用矿物的脉石块，若粗碎后先剔除大量脉石块，再进行细磨和分选，则是合理的选矿流程。例如，攀西钒钛磁铁矿的"粗粒抛尾选矿工艺"，该钒钛磁铁矿石铁品位为 21% ~31%，属中贫铁矿石。金属矿物钛磁铁矿、钛铁矿的工艺粒度一般小于 1~0.5mm，而脉石矿物的粒度大于 1mm 的占 70%，其中大于 2mm 的占 45%。这种工艺粒度的差异，构成了矿石不均匀浸染嵌布的特征，是采用"粗粒抛尾选矿工艺"的前提。粗粒抛尾工艺流程是在碎矿或粗磨矿后（一般磨至 3~0mm 以下），用磁选法分离出粗块废石或粗粒脉石并抛弃，一般可抛弃 20% ~50% 的粗粒尾矿，抛尾后再经细磨选别获得钛铁精矿。"粗粒抛尾选矿工艺"可提高粗精矿的入选品位 5% ~13%，可使表外矿变成表内矿；并且具有节省投资、成本和能耗低等特点，有显著的经济效益。

可见，有用矿物在矿石中的嵌布均匀性，对选矿工艺流程的确定产生一定的影响。

2.4.3　矿物的连生体类型

连生体是粉碎颗粒中远比单体复杂的一种矿物存在状态。对它的研究一般包括连生体的矿物组成（两相、三相或多相）；各组成矿物的含量比；各类连生体的粒度范围及粒级含量；各组成矿物的相对粒度大小；连生体中组成矿物的共生形式等。这其中的矿物共生形式，由于不易量化和对分选作业的显著影响而成为研究的重要内容。

高登（Gaudin，1939）基于连生体的分选性质和组成矿物解离难易，将含有两种矿物的连生体分为Ⅰ、Ⅱ、Ⅲ、Ⅳ等 4 种不同的类型（图 2-21）。按 4 种类型在组成矿物共生形式上各自具有的形貌特征，通常将其分别称为毗邻型、细脉型、壳层型和包裹型。

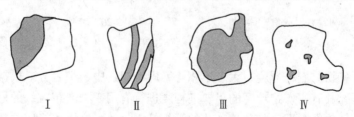

Ⅰ　　　　　　Ⅱ　　　　　　Ⅲ　　　　　　Ⅳ

图 2-21　高登分类的连生体类型

Ⅰ—毗邻型；Ⅱ—细脉型；Ⅲ—壳层型；Ⅳ—包裹型

（1）毗邻型。这是四类连生体中最常见的。它的组成矿物连生边界平直、舒缓、边界线呈线性弯曲状。一般只有当矿物结晶粒度远远超出粉碎粒度时，才会有它的产生。当然如果组成矿物自形程度愈高，且彼此间含量愈接近，那么对它的产生就愈有利。这类连生体只要再稍加粉碎，就会有矿物单体解离出来，由于各组成矿物存在状态、体积分数相近，所以连生体的分选性质介于它们之间。而各组成矿物的体积分数基本与它们各自占有的表面积相当。

（2）细脉型。细脉型也是较常见的一种连生类型。但不及毗邻型普遍。此类连生体中，一种矿物（常为有用矿物）呈脉状贯穿于含量较高的另一种矿物（多为脉石矿物）中，只有当粉碎颗粒粒度明显小于脉状矿物的脉宽时，该脉状矿物才有可能自连生体中解离出来，连生体的分选性质则与那种高含量的矿物相近。

（3）壳层型。连生颗粒矿物中，含量较低的矿物以厚薄不一的似壳层状，环绕在主体矿物外周边，多数情况下，中间的主体矿物只能局部地为外壳层所覆盖。完全理想的封闭包围虽也时有所见，但较之前者甚为稀少。一般情况下，组成矿物软硬差别大的矿石，易于在碎、磨作业时产生这类连生体。比如覆盖于黄铁矿外周边的辉铜矿（或斑铜矿、方铅矿等）。

这类连生体受到进一步粉碎时，它的二次磨矿产物常含有边缘相矿物的细粒单体、粗粒连生体以及中间主体矿物的粗粒单体等。矿物工程中，它属于难处理的那种碎磨产品。

（4）包裹型。一种矿物（多为有用矿物）以微包体形式嵌镶于另一种（载体）矿物中，包体粒径一般在 $5\mu m$ 以下、含量不到总量的 1/20。它是尾矿中金属流失的重要原因。常见的例子有硅酸盐矿物中的黄铜矿（或黝铜矿）、铁闪锌矿中的黄铜矿、磁黄铁矿中的镍黄铁矿等。

阿姆斯蒂茨（G. L. Amstutz, 1972）遵循和高登基本相似的原则，将连生体划分成具体化程度较高的"三类九式"。图 2-22 中，1a ~ 1d 为第一类，2a、2b 为第二类，3a ~ 3c 为第三类。其中：

（1）1a 为等粒毗邻连生。这是连生体中矿物结合关系最简单的一种。颗粒中不同的两种矿物不仅体积大小相当，且共用边界单一而少有变化，属于二次磨矿时组成矿物易于解离的连生体，如黑钨矿-石英、黄铜矿-闪锌矿。

（2）1b 为斑点状或港湾状连生。连生矿物共用界面起伏弯曲似港湾状，或当一种矿物呈岛状置于另一种矿物中呈斑点状。属磨矿产物中常见连生体，只要再稍加粉碎即会有新的单体产生，如黄铜矿-磁黄铁矿、方铅矿-闪锌矿、粗粒银金矿-石英。

（3）1c 为文象状或蠕虫状连生体。比较常见，通常不可能完全解离。构成这种连生体的矿物有黄铜矿-黄锡矿、石英-长石等。

（4）1d 为浸染状或乳滴状连生体。比较常见，完全解离困难或不可能。如闪锌矿中的黄铜矿、方铅矿中的黝铜矿。

（5）2a 为皮膜状、反应边状或环状连生体。由于交代、表面氧化、浸染等原因，形成的一种连生体。在这种连生体中，一种矿物环绕另一种矿物表面呈薄膜状态存在，完全解离很困难。如辉铜矿中铜蓝围绕黄铁矿、闪锌矿或方铅矿。

（6）2b 为同心圆（环）状、球粒状、复皮壳状连生体。像白铅矿与褐铁矿，赤铁矿与石英，氧化锰与铁矿的结核、解离非常困难。

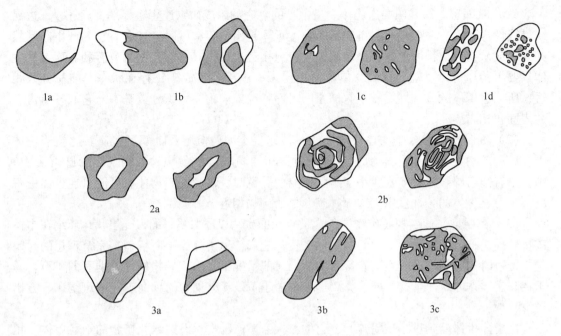

图 2-22　阿姆斯蒂茨分类的连生体类型

（7）3a 为脉状、缝状、夹心状连生体。像辉钼矿-黄铁矿连生体，完全解离比较容易。

（8）3b 为层状、片状、聚片状连生体。像磁黄铁矿-镍黄铁矿连生体。这种连生体的解离性是变化的。

（9）3c 为网状、盒状、格子状连生体。比较少见。像赤铁矿、钛铁矿-磁铁矿，黄铜矿中的斑铜矿或方黄铜矿。解离困难或不可能。

2.4.4　矿物的解离方式

矿物的单体和连生体，是矿石碎、磨产物组成颗粒的 2 种基本形态。随着磨矿细度的提高，产物中的单体量和连生体量将互为消长地上升与下降。矿石组成矿物在外力作用下演变为单体的过程，称为矿物解离。高登定义的粉碎解离，是指粒度较粗的连生体颗粒，被碎、磨成粒度小于其组成矿物单体（工艺）粒度的细粒时，颗粒体积减小使该组成矿物部分地解离成单体。此时由于不同矿物间的结合力未遭破坏，导致颗粒粒度下降的破裂面常穿过界面。这种现象也叫作随机破碎解离。发生随机破碎解离时，子颗粒具有与母颗粒相似的特征。

除随机破碎解离外，矿物还有以下几种解离方式：

（1）选择性破碎解离。由于矿物相的脆性不同，脆性物质破碎快，因此，含脆性矿物多的颗粒破碎速率快。

（2）差异性破碎解离。这种解离发生在破碎函数依赖母颗粒的组成情况下，换句话说，对于单个破碎，子颗粒的尺寸分布受母颗粒矿物组成影响。

（3）优先破碎解离。某矿物相内产生的裂缝比其他矿物相多，破碎时该矿物相先于其他矿物相破碎。优先破碎最明显的表现为粒群中不同粒径范围内颗粒的平均品位不同。这种现象很容易注意到，因为比较容易发现和测定。

（4）相界破碎解离。裂缝沿着矿物边界而不是在矿物相内传播和扩展，相界破碎破坏了新生颗粒的相界区域，可通过图像分析进行测定。

（5）脱离解离。矿物松散地键合在母体矿物颗粒上，在破碎过程中矿物从母体颗粒中脱落，产生解离度很高甚至完全解离的矿物颗粒。

相界破碎解离和脱离解离由于只需耗费不多的能量即可实现矿物解离，所以是矿物工程期望的理想解离方式。然而，实际碎、磨过程中的矿物解离往往是两种方式并存，并以粉碎解离为主。因为只有相邻不同矿物的物理性质相差悬殊，且界面结合强度远小于界面两边矿物自身强度时，矿物才有可能在外力作用下优先从界面分离。而这类矿石自然界并不多见。

如果矿物与脉石边界很弱，就可获得高的解离度。通常造岩矿物特别是沉积岩矿物就属于这种情况。沉积岩矿物很多，除了岩浆岩碎屑，常见典型自生矿物有黏土矿物、方解石、白云石、石英、玉髓、海绿石、石膏、铁锰氧化物或水合物。

2.4.5 矿物解离数学模型

破碎磨矿时，矿石中矿物的单体解离，除了从对产物的实际观测中获取外，根据磨矿细度和矿物的粒度分布，或者矿石的结构构造等特征，利用前人建立的某种解离模型，也能作出相应判断。

解离模型的基本功能，是在矿石破碎磨矿前，对不同磨矿细度下的矿物解离作出预测，从而对矿物分选起到降低能耗、节约生产用料、减少泥化、提高有用矿物回收指标的作用。同时，通过对预测结果与实际资料的对比，还可加深对矿物解离现象的本质认识。

2.4.5.1 高登模型及赛（Hsih，1994）对模型的改进

高登建立模型时，假定矿石破碎前的有用矿物是呈等大的正方形矿粒彼此相互平行、均匀地嵌布在脉石矿物基体中。矿粒的粒度（正方体边长）为 D_{cr}，颗粒数 N_{cr}。矿石破碎时，碎裂面平行于正方形矿粒表面。破碎颗粒同样也是大小相同的正方体，颗粒粒度 D_b，$D_{cr} > D_b$。破碎产物中的有用矿物单体来自于矿粒的中间部位，它是边长为 $(D_{cr} - D_b)$ 的正方体。由此，有用矿物的单体解离 $L_{(D_b)}$ 可表示为：

$$L_{(D_b)} = \frac{N_{cr}(D_{cr} - D_b)^3}{N_{cr}D_{cr}^3} = \left(1 - \frac{D_b}{D_{cr}}\right)^3 \tag{2-19}$$

令

$$D_{cr}/D_b = \phi_D$$

则式（2-19）可改写为：

$$L_{(D_b)} = \begin{cases} (\phi_D - 1)^3/\phi_D^3 & (\phi_D > 1) \\ 0 & (\phi_D \leqslant 1) \end{cases} \tag{2-20}$$

式（2-20）即为高登的矿物解离数学模型。式中分子代表有用矿物单体的颗粒量；分母代表矿石中的有用矿物总量。高登用此模型预测由随机破裂导致的粉碎解离，并引申出下面4点结论：

（1）只有当粉碎颗粒小于矿粒颗粒时（即 $\phi_D > 1$），有用矿物才有可能发生单体解离；

（2）当矿粒粒度一定时，磨矿细度愈细，解离度愈高；

（3）在一定的磨矿细度下（D_b 固定），解离度随着有用矿物粒度的上升而提高；

（4）当 $\phi_D = 10$ 时，$L_{(D_b)} = 72.9\%$。这意味着，只有磨矿粒度远小于矿粒粒度，有用矿物才产生明显的单体解离。

高登模型考虑到了矿石的结构和破碎磨矿的作用，触及到了矿物解离的主要影响因素，因而成为后来学者思考解离问题的出发点，其建模思想在此后别的解离模型中都有所体现。

然而，高登模型的缺陷也是显而易见的。它把矿石的结构和受外力时的破裂过于简化。实际上矿物颗粒和粉碎颗粒很少是呈标准的正方形；它们的粒度也并非是某个单值，而是一种分布；此外模型还完全忽视了脱离解离的存在。故高登模型未能在生产和试验分析中得到应用。

针对模型的不足，C. S. 赛按照标准筛的筛序，将有用矿物颗粒的粒度划分成 k 个粒级。用 γ_{V_i} 代表第 i 个粒级有用矿物矿粒的体积分数，D_i 表示 i 粒级的粒度几何平均值，且规定 $D_i > D_{i+1}$（即粒级划分成递降系列）。对于碎磨产物，D_j 代表粉碎颗粒第 j 级的粒度几何平均值。当 $j = i$ 时，$D_j = D_i$，此时碎磨产物中第 j 级的有用矿物粒级解离度 $L_{(D_j)}$ 可表示为：

$$L_{(D_j)} = \frac{\sum_{i=1}^{j} \mu_L \phi_i^3 \gamma_{V_i} + \sum_{i=1}^{j} (1 - \mu_L)(\phi_i - 1)^3 \gamma_{V_i}}{\sum_{i=1}^{k} \phi_i^3 \gamma_{V_i}} \tag{2-21}$$

式中　ϕ_i ——有用矿物粒度 D_i 与破碎颗粒粒度 D_j 之比，即 $\phi_i = D_i / D_j (\phi_i \geqslant 1)$；

　　　μ_L ——脱离解离系数（$\mu_L = 0 \sim 1$）。$\mu_L = 0$ 表示没有脱离解离发生，$\mu_L = 1$ 意味着单体全部来自于脱离解离。

式（2-21）中的分母，表示碎磨物料 D_j 粒级中所含有用矿物总量，它包括有矿石中各种大小不同的有用矿物矿粒。分子的左边项，表示 D_j 粒级中由脱离解离产生的有用矿物单体量；分子的右边项，是 D_j 粒级中由粉碎解离产生的有用矿物单体量。这 2 项单体均来自于矿石中粒度大于或等于 D_j 的矿粒。分子 2 项的累加上限定为 j（而不是 k），是因为只有当 ϕ_i 大于或等于 1，即 D_i 大于或等于 D_j 时，有用矿物单体才会在碎磨产物的 D_j 粒级中出现。

式（2-22）给出的是粒级解离度。碎磨产物整体的平均解离度，可通过粒级产率对粒级解离度 $L_{(D_j)}$ 的加权得出。

$$\overline{L}_0 = \sum_{j=1}^{k} L_{(D_j)} \gamma_j \tag{2-22}$$

式中　$\overline{L}_0$ ——碎磨产物的平均解离度；

　　　γ_j ——粒级 j 的产率。

改进后的高登模型，显然具有了较高的实用性。式（2-22）中有用矿物的粒度分布，可在显微镜下测量统计出来，脱离解离系数可根据矿石组成矿物性质选定（表 2-11），或在显微镜下根据对碎磨产物的观测统计计算，粒级产率则利用对碎磨产物的筛分得到。C. S. 赛用自己和别人的实验资料对模型进行了验证（图 2-23），结果表明，在 $100 \sim 400\mu m$ 的粒度范围内，模型预测与实测粒级解离度吻合得较好，从而证明了模型的可靠性。但由于其选取或测试尚存在较多的不确定性，故模型的应用仍然受到限制。

表 2-11 C. S. 赛有关矿石中的 μ_L 推荐值

样 号	有用矿物/脉石矿物	莫氏硬度		硬度差	μ_L 值区间	强度顺序
1	磁铁矿、滑石	6.00	1.00	5.00	0.70 ~ 0.75	$\sigma_{in} < \sigma_G < \sigma_P$
2	丝光沸石、斜长石	3.50	6.00	2.50	0.55 ~ 0.65	$\sigma_{in} < \sigma_P < \sigma_G$
3	黄铁矿、石英	6.25	7.00	0.75	0 ~ 0.33	$\sigma_P < \sigma_G < \sigma_{in}$
4	闪锌矿、黄铁矿	3.75	6.25	2.50	0.02 ~ 0.20	$\sigma_P < \sigma_G < \sigma_{in}$
5	方铅矿、黄铁矿	2.50	6.25	3.75	0.50 ~ 0.80	$\sigma_P < \sigma_{in} < \sigma_G$
6	黄铜矿、黄铁矿	2.75	6.25	3.50	0.70	$\sigma_{in} < \sigma_P < \sigma_G$
7	水镁石、白云石	2.00	3.75	1.75	0.40 ~ 0.70	$\sigma_{in} \approx \sigma_P < \sigma_G$
8	镁橄榄石、白云石	6.50	3.75	2.75	0.65 ~ 0.85	$\sigma_{in} < \sigma_G < \sigma_P$

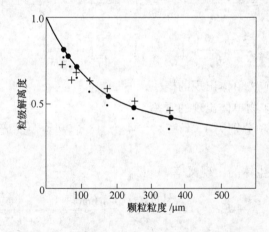

图 2-23 粒级解离度的模型预测结果和实测值比较

+—King 的实测值；●—King 的模型预测结果；·—C. S. 赛的模型预测结果

2.4.5.2 威格尔模型

威格尔和李（1967）建立随机模型的假设前提有：

（1）两种矿物的晶体颗粒，都是正方形的六面体，且结晶粒度均为 D_{cr}；

（2）矿物颗粒在矿石中以彼此平行的方式排列聚集；

（3）两种颗粒在矿石中随机分布；

（4）在破碎磨矿中，随着产品粒度的减小，矿石被分割成粒度为 D_b 的等粒状正方形颗粒。

A 粒度比大于 1 时的单体和连生体概率

粒度同为 D_{cr} 的两种矿物组成的矿石，当受外力作用破碎成粒度为 D_b 的小立方形颗粒时，产品有粒度比 $\phi_D = \dfrac{D_{cr}}{D_b}$。那么每个矿物结晶颗粒可分割成 ϕ_D^3 个小立方形颗粒。在这些

颗粒中平均有 $(\phi_D - 1)^3$ 个颗粒, 破碎前是完全处于某种单一矿物中。其余的颗粒原来则应是围绕该矿物边界排列。前者即为矿物单体; 后一类颗粒中, 单体、连生体均有可能存在。

为理解问题方便起见, 可以分析一下当 $D_{cr} = 2$ 时, 两种矿物在 n 个相邻晶体颗粒晶体中的各种可能排列方式。由于已经假设两种矿物晶粒是随机排列, 故每种配置或排列的概率可由二项式定律求得。如果定义为 ϕ_V 为两种矿物的体积比, 则某种排列出现的概率可表达成一个 ϕ_V 的函数。

由于每种排列方式都有自己相应的单体和连生体数, 将这些数和排列方式的概率结合起来, 然后将同类颗粒 (单体或连生体) 加起来, 即可得:

$$F_{g(m)} = \frac{(\phi_D - 1)^3}{\phi_D^3}\left(\frac{\phi_V}{\phi_V + 1}\right) + \frac{3(\phi_D - 1)^2}{\phi_D^3}\left(\frac{\phi_V}{\phi_V + 1}\right)^2 +$$

$$\frac{3(\phi_D - 1)}{\phi_D^3}\left(\frac{\phi_V}{\phi_V + 1}\right)^4 + \frac{1}{\phi_D^3}\left(\frac{\phi_V}{\phi_V + 1}\right)^8 \tag{2-23}$$

$$F_{P(m)} = \frac{(\phi_D - 1)^3}{\phi_D^3}\left(\frac{1}{\phi_V + 1}\right) + \frac{3(\phi_D - 1)^2}{\phi_D^3}\left(\frac{1}{\phi_V + 1}\right)^2 +$$

$$\frac{3(\phi_D - 1)}{\phi_D^3}\left(\frac{1}{\phi_V + 1}\right)^4 + \frac{1}{\phi_D^3}\left(\frac{1}{\phi_V + 1}\right)^8 \tag{2-24}$$

式中　　$F_{P(m)}$ ——有用矿物单体出现的概率;

$F_{g(m)}$ ——脉石矿物单体出现的概率。

方程式等式右边各项分别为 1 个、2 个、4 个、8 个单晶颗 (碎) 粒组成的矿物单体概率。

含有两种矿物的连生体的出现概率 $F_{(l)}$:

$$F_{(l)} = 1 - (F_{g(m)} + F_{P(m)}) = \frac{3(\phi_D - 1)^2}{\phi_D^3}\left[\frac{(\phi_V + 1)^2 - (\phi_V^2 + 1)}{(\phi_V + 1)^2}\right] +$$

$$\frac{3(\phi_D - 1)}{\phi_D^3}\left[\frac{(\phi_V + 1)^4 - (\phi_V^4 + 1)}{(\phi_V + 1)^4}\right] + \frac{1}{\phi_D^3}\left[\frac{(\phi_V + 1)^8 - (\phi_V^8 + 1)}{(\phi_V + 1)^8}\right] \tag{2-25}$$

上述各方程式中 ϕ_V 可以任意变化。当 ϕ_V 增大时, 脉石矿物单体出现的概率随之增高, 此时有用矿物单体出现的概率则随之下降。

B　粒度比小于 1 时的单体和连生体概率

当磨矿产品粒度 D_b 大于晶体粒度 D_{cr} ($\phi_D < 1$) 时, 一个单体的矿物颗粒必定是由同一矿物的若干个晶粒所组成。现设由 N_{cr} 个晶粒组成的单体的概率为 $f_{(m)}$。并将它与单晶体的二项式概率结合起来, 则可分别得到下列方程式:

$$F_{g(m)} = (1 - f_{(m)})^3\left(\frac{\phi_V}{\phi_V + 1}\right)^{(N_{cr}+1)^3} + 3f_{(m)}(1 - f_{(m)})^2\left(\frac{\phi_V}{\phi_V + 1}\right)^{(N_{cr}+2)(N_{cr}+1)^2} +$$

$$3(1 - f_{(m)})f_{(m)}^2\left(\frac{\phi_V}{\phi_V + 1}\right)^{(N_{cr}+2)^2(N_{cr}+1)} + f_{(m)}^3\left(\frac{\phi_V}{\phi_V + 1}\right)^{(N_{cr}+2)^3} \tag{2-26}$$

$$F_{P(m)} = (1 - f_{(m)})^3 \left(\frac{1}{\phi_V + 1}\right)^{(N_{cr}+1)^3} + 3f_{(m)}(1 - f_{(m)})^2 \left(\frac{1}{\phi_V + 1}\right)^{(N_{cr}+2)(N_{cr}+1)^2} +$$

$$3(1 - f_{(m)})f_{(m)}^2 \left(\frac{1}{\phi_V + 1}\right)^{(N_{cr}+2)^2(N_{cr}+1)} + f_{(m)}^3 \left(\frac{1}{\phi_V + 1}\right)^{(N_{cr}+2)^3} \tag{2-27}$$

$$F_{(j)} = 1 - (F_{g(m)} + F_{P(m)}) \tag{2-28}$$

式中　N_{cr}——$\dfrac{1}{\phi_D}$ 中的最高整数值；

　　　$f_{(m)}$——$\dfrac{1}{\phi_D}$ 中余下的分数部分，即 $\dfrac{1}{\phi_D} = N_{cr} + f_{(m)}$。

　　方程式（2-26）和方程式（2-27）中的各项假设：第一项表示单体颗粒的三维方向均由（$N_{cr} + 1$）个单晶体填充时的概率；一个单体颗粒三维中有两个方向是由（$N_{cr} + 1$）单晶粒填充，一个方向由（$N_{cr} + 2$）个单晶粒填充，它所出现的概率即为方程式的第 2 项；第 3 项是指一个方向由（$N_{cr} + 1$）个单晶粒填充，另两个方向均由（$N_{cr} + 2$）个单晶粒填充时的单体概率；最后一项是表示三个方向均由（$N_{cr} + 2$）个单晶粒填充时的概率。

　　可以证明，当 $\dfrac{1}{\phi_D} < 1$（即 $\phi_D > 1$）时，由于 $N_{cr} = 0, f_{(m)} = \dfrac{1}{\phi_D}$，方程式（2-26）和方程式（2-27）将分别演变成方程式（2-23）和方程式（2-24）。故可以认为方程式（2-26）~方程式（2-28）是适合于任何 ϕ_D、ϕ_V 值的通式。

　　随着产物中 ϕ_D、ϕ_V 的不同，与之对应的矿物单体解离度值变化见图 2-24。图中的 9 条曲线，分别代表某一体积比 ϕ_V 值（0.01、0.1、…、100）下，随粒度比 ϕ_D 的不同而变化的有用矿物单体解离度。

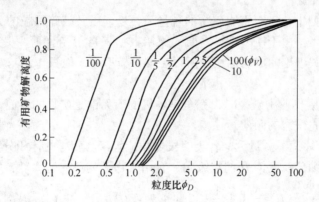

图 2-24　矿物单体解离度与 ϕ_D、ϕ_V 的对应关系曲线

C　破碎过程中的矿物解离模型

　　一个二元矿物体系的矿石在破碎磨矿过程中，随着产品粒度的下降，有 3 种类型的颗粒受到破碎。即两种矿物的单体和两者共存的连生体。单体矿物的继续破碎，仍然是矿物单体。连生体的破碎则要产生细粒级的两种矿物单体和它们的连生体。尽管新生连生体和原有连生体在矿物的组成状况上不会相同，但产品粒度的减小导致颗粒的变动趋向是不可

逆的。

粒度为 $D_{(i)}$ 的连生体，破碎成粒度为 $D_{(i+1)}$ 的颗粒时（其中既有单体也有连生体），新连生体的比例可用方向数 θ 来表征。

$$F_{g(m)i} = F_{g(m)i-1} + \theta_{g(i,i-1)} F_{(l)(i-1)} \tag{2-29}$$

$$F_{P(m)i} = F_{P(m)i-1} + \theta_{P(i,i-1)} F_{(g)(i-1)} \tag{2-30}$$

$$F_{(l)i} = \theta_{l(i,i-1)} F_{(l)(i-1)} \tag{2-31}$$

$$\theta_{g(i,i-1)} = \frac{F_{g(m)i} - F_{g(m)i-1}}{F_{(l)(i-1)}} \tag{2-32}$$

$$\theta_{P(i,i-1)} = \frac{F_{P(m)i} - F_{P(m)i-1}}{F_{(g)(i-1)}} \tag{2-33}$$

$$\theta_{l(i,i-1)} = 1 - \theta_{g(i,i-1)} - \theta_{P(i,i-1)} \tag{2-34}$$

式中　$F_{g(m)i}$ ——粒度 i 时脉石矿物单体出现的概率；

　　　$F_{P(m)i}$ ——粒度 i 时用矿物单体出现的概率；

　　　$F_{l(i)}$ ——粒度 i 时连生体出现的概率；

　　　$\theta_{P(i,i-1)}$ —— $D_{(i)}$ 连生体颗粒破碎成 $D_{(i+1)}$ 颗粒时的有用矿物方向数；

　　　$\theta_{g(i,i-1)}$ —— $D_{(i)}$ 连生体颗粒破碎成 $D_{(i+1)}$ 颗粒时的脉石方向数。

由以上各式可以看出，方向系数值的大小取决于原矿中有用矿物的体积分数 V_P、矿石中矿物结晶粒度 D_{cr} 和磨矿产品粒度 D_b。

因此，如果能准确查明矿石中矿物的嵌布特征，以及在破碎磨矿时矿石破碎颗粒大小，据此即可对矿物的单体解离状况作出判断。

2.4.5.3　钦模型

钦（King）模型中，矿石组成矿物的含量与粒度，以及破碎颗粒的大小，仍然是制约矿物解离的关键因素。由于模型运算需要的原始数据来自于光（薄）片的镜下测量结果，加之对概率统计相关理论的成功运用，所以在推导模型时，他只作了与实际偏离不大的两点假设：

（1）矿石在碎磨作业中破裂时，完全是随机的。无论是矿物的界面，还是其中的某种矿物，均不具有优先破裂的倾向。

（2）光（薄）片镜下测量到的各类线段分数应等于其相应的体积分数，即 $L_L = V_V$。

矿石碎磨产物筛分粒度为 D 的粒级中，有用矿物 P 的单体解离度：

$$L_P(D) = 1 - \frac{1}{\bar{l}_P} \int_0^{l_{max}} \left[1 - T(l/D) \right] \left[1 - T_P(l) \right] \mathrm{d}l \tag{2-35}$$

式中　$\bar{l}_P$ ——矿物 P 的平均截距长度；

　　　l_{max} ——粉碎颗粒筛析 D 粒级中的最大横向截距；

　　$T(l/D)$ ——粒级 D 中破碎颗粒的线性截距分布函数；

　　　$T_P(l)$ ——矿物 P 的线性截距长度分布函数。

钦的解离模型表明，只要在光（薄）片上测量出足够多矿物和颗粒的线性截距长度，将 $T(l/D)$ 和 $T_P(l)$ 两个分布函数确定下来，即可顺利地求解到矿物的粒级解离度。

分布函数 $T(l/D)$、$T_P(l)$ 除根据实测资料获取外，还有不少理论实验研究给出的关系方程式。钦建议采用的是安德伍德（Underwood，1970）依据球形粒子推导出的关系式：

$$T_P(l) = 1 - \exp(-l/\bar{l}_P) \tag{2-36}$$

$$T(l/D) = l^2/D^2 \tag{2-37}$$

将式（2-36）和式（2-37）代入式（2-35），并设定 $l_{max} = D$，那么有用矿物的粒级解离度可化解为：

$$L_p(D) = 2\bar{l}_P/D^2 [\bar{l}_P - (\bar{l}_P + D)\exp(-D/\bar{l}_P)] \tag{2-38}$$

此外，芬内生（Finlayson，1980）和芬奇（Finch，1984）还各自提出了自己的 $T(l/D)$ 方程式：

$$T(l/D) = 1 - \left(1 - \frac{l}{\sqrt{2}l_{max}}\right)\exp\left(-\frac{\phi_k^2 l}{\sqrt{2}l_{max}}\right) \tag{2-39}$$

式中 ϕ_k ——产物筛分所用套筛的筛比。

采用泰勒筛制时，$\phi_k = \sqrt{2}$。

$$T(l/D) = 1 - \exp(-\mu l/D) \tag{2-40}$$

式中 μ ——经验常数，其取值区间为 $\mu = 2 \pm 0.4$。

将式（2-38）和式（2-39）代入式（2-40），同样使 $l_{max} = D$，则

$$L_p(D) = 1 - D/(2\bar{l}_P + D)\{1 - \exp[-(2\bar{l}_P + D)/\bar{l}_P]\} \tag{2-41}$$

式（2-40）、式（2-41）表明，只要在光（薄）片中测量到有用矿物的平均截距长度 $\bar{l}_P$，即可对它的粒级（D）解离度作出预测。

模型预测与钦实测到的黄铁矿粒级解离度见表 2-12。

表 2-12　模型预测与钦实测到的黄铁矿粒级解离度

筛粒/μm		$-833 +415$	$-415 +295$	$-295 +206$	$-206 +147$	$-147 +104$	$-104 +74$	$-74 +61$	$-61 +43$
$\bar{D}_g/\mu m$		588	350	248	175	124	88	67	51
$V_v(p)/\%$		3.10	6.70	10.20	12.00	11.00	10.00	7.00	5.40
$L_p(D)/\%$	实测值（钦）	0.20	45.00	50.10	56.50	64.00	67.50	63.00	73.00
	钦模型	32.30	41.00	47.00	53.00	63.00	70.20	77.80	81.50
	赛模型[①]	33.00	36.00	41.10	48.20	86.60	65.10	71.30	76.90
	威格尔模型[②]	0.00	3.00	5.00	8.00	10.50	20.10	26.00	32.10
ϕ_D	φ_1	1	1.680	2.371	3.360	4.742	6.682	8.776	11.529
	φ_2		1	1.411	2.000	2.823	3.977	5.224	6.863
	φ_3			1	1.417	2.000	2.818	3.702	4.863
	φ_4				1	1.411	1.989	2.612	3.431
	φ_5					1	1.409	1.851	2.431
	φ_6						1	1.313	1.726
	φ_7							1	1.314
	φ_8								1

注：1. $\bar{D}_g$ 为破碎颗粒粒度的几何平均值；2. $V_v(p)$ 为黄铁矿的体积分数。
① 模型中的脱离系数 $\mu_L = 0.33$；② 模型中 $\phi_V = 9$，即矿石中脉石矿物的体积是黄铁矿体积的 9 倍。

2.4.6　矿物单体解离度的测定

矿物单体解离度的测定，按采用的测试技术不同，可分为矿物分离测量法和矿物显微图像测量法。

2.4.6.1　矿物分离测量法

矿物分离测量法，是利用产物中矿物间性质（密度、磁性、可浮性等）上的差别，将产物按其组分含量的不同分为一系列组分含量级别。具有密度差异的矿物组分，常用的分析手段是重液和重介质沉浮分离，有时也采用上升水流管或磁流体静力分离技术；若产物中矿物组分磁性差异明显，则采用磁力分离技术；而对于某些特定产物，也可采用浮游或浸出技术进行分析。

分离测量法通常比较简单、易行，但由于对颗粒的矿物解离只能提供一个模糊、近似的结论，因而使用的普遍性较差。

2.4.6.2　显微图像法

矿物显微图像测量法，是目前矿物单体解离度测定普遍采用的方法。它是将产物制作成可供放大后观测的样品，通过对其放大图像相关参数的测量，了解矿物的解离状况。按照所用测试仪器的不同，显微图像测量法又分为实体显微镜测定法、反光显微镜测定法和图像分析仪测定法。其中实体显微镜测定法操作简单、测量精度高，只是因对矿物分辨能力差致其应用范围有限。图像分析仪测量法，极大地提高了对矿物平面图像参数的测量速度和精度，同时还能实现对多种一维与二维参数值的测量。不足之处是设备成本高，操作难度较大，存在截面切割效应，这三种测量方法中它的矿物分辨能力最差（反射条件下）。反光显微镜测定法则是当今最具实用价值的解离度测量方法，虽耗时长，但结果精确性好。

近年，利用扫描电镜进行解离度分析得到迅猛发展，并实现了商业化应用，不仅使解离度测定实现了自动化，而且也使解离度测定的准确性和可重现性得到了很大提高。

QEMSCAN（Quantitative Evaluation of Minerals by Scanning Electronic Microscopy）由澳大利亚联邦科学与工业研究组织 CSIRO（Commonwealth Scientific and Industrial Research Organization）开发研制，已商业化。此系统由 Zeiss EVO50 扫描电镜、1～4 个具有轻元素 Gresham X 光探头的能谱、其自主研制的扫描电镜控制系统及能谱控制系统和软件组成。可通过 X 射线能谱鉴定矿物，也可通过背散射电子图像区分物相。矿物的自动识别由其软件中的 SIP（species identification program）完成，它为一个矿物能谱成分数据库，能谱分析数据与此数据库中数据比对，从而识别矿物。QEMSCAN 可以自动测定解离度、矿物嵌布粒度、矿物相对含量、矿物嵌布复杂程度等工艺矿物学参数，同时可编程得到研究者感兴趣的参数。QEMSCAN 主要用于石油天然气岩石的测定。

MLA（mineral liberation analyser）系统是一个高速自动化的矿物参数自动定量分析系统（图 2-25）。能对样品进行矿物物质组成、成分定量、矿物嵌布特征、矿物粒级分布、矿物单体解离度等重要参数进行自动定量分析，主要用于矿业、冶金、地质等领域。

MLA 软件系统是由澳大利亚昆士兰大学矿物研究中心（Julius Kruttschnitt Mineral Research Center，JKMRC）的顾鹰博士开发研制的。系统由 FEI 扫描电镜、1～2 个 EDAX 能谱和软件组成。其硬件系统采用 FEI Quanta 多用途扫描电镜，结合双探头高速、高能量 X

射线能谱仪作为系统的硬件支持，由于充分利用了扫描电镜和能谱自身的功能，不再需要附加其他硬件。得到的背散射电子图像非常清晰，这为充分利用背散射电子图像区分矿物相提供了基础，充分利用背散射电子图像，增加其单个 X 射线能谱分析的收谱时间，增加矿物鉴定的准确性，并解决了 X 射线能谱分析可能在两矿物之间产生虚假"边界相"问题。根据需要样品进行不同形式的矿物参数自动定量分析，以矿物组合及解离表面积两种算法计算矿物解离度。能自动处理数据和形成报告，可在 0.5h 内完成一个矿物样品（大约 10000 个矿物颗粒）的测量，一次最多可加载 16 个样品同时进行测量，分析速度快且精度高，效率很高。对低品位稀有元素矿物样品的测量，效果尤其好。

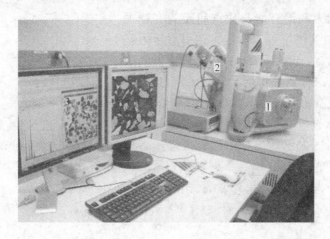

图 2-25　MLA 系统组成

1—FEI 电子扫描电镜 SEM；2—能谱仪 EDS；3—软件系统

目前已经超过 80 个 MLA 系统在运行，用户超过 40 个，包括了所有知名矿业大公司和商业实验室，如 Anglo Platinum（15）、Rio Tinto（5）、ALS Mineralogy（11）。国内用户有 10 多家，如金川集团有限公司、北京矿冶研究总院、广州有色金属研究院、云铜集团玉溪矿业有限公司、中国地质科学院矿产综合利用研究所（四川）、北京有色金属研究院、中国科学院过程工程研究所、昆明冶金研究院、长沙矿冶研究院等。

2.5　颗粒断裂力学

2.5.1　晶体破碎理论

构成晶体的基本质点是离子、原子或分子，它们在空间上按照一定的几何规律做周期性排列。质点间的吸引力主要是库仑力。当两质点足够靠近时，外围电子云之间又产生了排斥力，如果电子轨道相互侵占，还会发生更为强烈的排斥作用。引力和斥力的合力为：

$$P = \frac{Ae^2}{r^2} - \frac{nB}{r^{n+1}} \tag{2-42}$$

式中，A 为麦德隆常数，它取决于晶胞质点排列方式，一维空间正负质点穿插排列时，$A = 2\ln 2$；e 为质点电荷量；n 与晶体类型有关，离子型晶体 $n = 9 \sim 11$，分子型晶体 $n = 2 \sim 3$，为与结晶构造有关的常数。

方程（2-42）右端的第一项代表引力，第二项代表斥力。斥力属于近程力，当质点间距拉大时，迅速减小为零；引力虽然也与质点间距成反比，但减小的幅度要小得多。

把质点移至无穷处，质点间力所做的功，称为结合能。由式（2-42）可得：

$$U = \frac{Ae^2}{r} - \frac{B}{r^2} \qquad (2\text{-}43)$$

质点间的作用力和结合能与质点间距的变化关系如图 2-26 所示。从图中可以看出，在引力斥力相等的位置 $r = r_0$ 处，结合能 U 最小；无论质点的间距是增大还是减小，结合能都将增大，需要外力做功。质点在其平衡位置振动，当晶体被外力压缩时 $r < r_0$，斥力大于引力以抵抗外力的压迫；同样，当晶体受到外力拉伸时，引力大于斥力。由于引力也随着质点间距的增大而减小，因此当 $r = r_m$ 时，质点间的相互作用力 P 达到最大，此时如果外力继续增大拉伸，晶体将发生破碎。

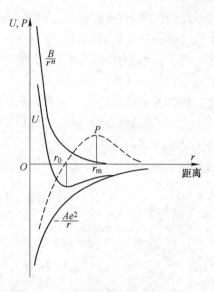

图 2-26　质点间的作用力和结合能
与质点间距的关系

2.5.2　裂纹扩展理论

应力在达到物体破坏之前，只以弹性形态储存，整个应力分布状态符合能量最低原理；当弹性能的积累达到物体破坏极限时，弹性和表面能结合起来也处于最小值。Griffith 将表面能的概念应用于弹性理论，认为材料实际强度大大低于理论数值是由于存在着极细微的裂纹。

2.5.2.1　裂纹扩展条件

单位厚度的宽平板受到单向均匀拉应力 σ 的作用，若在板的中间开有一个长轴与载荷方向垂直的小椭圆孔，则椭圆孔附近的应力分布如图 2-27 所示。

在长轴的两端点处出现了应力集中，在远离孔处，应力分布依然均匀。若椭圆的短轴减小为零，则形成了一条长度为 $2a$ 的裂纹，裂纹顶端附近的应力分布为：

$$\sigma_y = \frac{x\sigma}{\sqrt{x^2 - a^2}} \quad (x > a) \qquad (2\text{-}44)$$

实际裂纹的短轴并非为零，裂纹顶端处的应力并非按式（2-44）算得的那样为无穷大。设裂纹顶端的曲率半径为 ρ，裂纹顶端处的应力为：

$$\sigma_{max} = \sigma\left(1 + 2\sqrt{\frac{a}{\rho}}\right) \qquad (2\text{-}45)$$

当 $\rho \ll a$ 时，上式简化为

$$\sigma_{max} \approx 2\sigma\sqrt{\frac{a}{\rho}} \qquad (2\text{-}46)$$

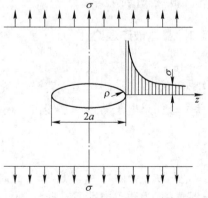

图 2-27　椭圆孔附近的应力分布

裂纹扩展时，新生表面不断增加，外力所做的功或物体的弹性能转化为表面能。如图 2-28 所示，设想一块单位厚度的薄板，两端固定，外力不做功。在板中没有裂纹时，应力均匀分布，单位面积储存的弹性能 U_0 为：

$$U_0 = \int_0^\varepsilon \sigma \mathrm{d}\varepsilon = \int_0^\varepsilon E\varepsilon \mathrm{d}\varepsilon = \frac{E\varepsilon^2}{2} = \frac{\sigma^2}{2E} \tag{2-47}$$

式中，ε 为板在载荷为 σ 时的应变；E 为板的弹性模量。

无裂纹时，半径为 a 的圆内，板储存的弹性能为：

$$U = \frac{\pi\sigma^2 a^2}{2E} \tag{2-48}$$

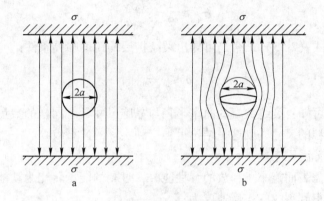

图 2-28　裂纹的性能分布
a—无裂纹；b—长度 2a 裂纹

现在板的中部若存在长度为 $2a$ 的裂纹，按照有裂纹时的应力分布，板的弹性能与无裂纹时相比将减少。

$$U = \frac{\pi\sigma^2 a^2}{E} \tag{2-49}$$

减少的量恰为无裂纹时半径为 a 的圆内储存弹性能的 2 倍。

裂纹长度越大，弹性能的减小就越多，如果裂纹的两端扩展长度为 $\mathrm{d}a$，则裂纹扩展造成的新能力释放为：

$$\mathrm{d}U = \frac{2\pi\sigma^2 a}{E}\mathrm{d}a \tag{2-50}$$

从能量平衡的角度看，如果释放的能量足以支付新生成的表面能时，裂纹就可能自行扩展。一条裂纹有两个面，裂纹的两端都扩展长度 $\mathrm{d}a$，故有：

$$\mathrm{d}U \geqslant 4\gamma\mathrm{d}a \tag{2-51}$$

将式 (2-50) 代入式 (2-51)，得到裂纹可能扩展的临界应力 σ_c 为：

$$\sigma_c = \sqrt{\frac{2\gamma E}{\pi a}} \tag{2-52}$$

式 (2-52) 为平板裂纹扩展的临界应力条件。无限体内含圆片形裂纹面时，裂纹扩展

临界条件为:

$$\sigma_c = \sqrt{\frac{\gamma E}{2\pi(1-\mu^2)a}} \tag{2-53}$$

裂纹扩展除了要满足能量平衡条件外,还必须满足裂纹的尖端应力大于材料的拉断极限强度 R,即: $\sigma_{max} \geqslant R$。由晶体理论知:

$$R = \sqrt{\frac{E\gamma}{r_0}} \tag{2-54}$$

式中, r_0 为晶胞质点的间距。由式(2-53)和式(2-54)可得:

$$\sigma_c \geqslant \frac{1}{2}\sqrt{\frac{E\rho\gamma}{r_0 a}} \tag{2-55}$$

式(2-55)与式(2-53)结合,可导出裂纹扩展的锐度临界条件:

$$\rho \leqslant \frac{8}{\pi}r_0 \tag{2-56}$$

由式(2-56)可知:裂纹尖端的曲率半径与晶胞尺寸具有同样的数量级。如果把晶胞尺寸替换为矿物颗粒的尺寸,则这一结论可推广到实际的矿石破碎。

2.5.2.2　裂纹扩展速度

当裂纹扩展所需表面能小于释放的弹性能时,过剩的能量转化为动能。裂纹将以一定的速度扩展,计算得到裂纹的扩展速度为:

$$v = 0.38v_s\sqrt{1-\left(\frac{\sigma_r}{\sigma}\right)^2} \tag{2-57}$$

当 $\sigma = \sigma_c$ 时, $v \to 0$;当 $\sigma \gg \sigma_c$ 时, $v \to 0.38v_s$。一般情况下,有:

$$0 \leqslant v \leqslant 0.38v_s \tag{2-58}$$

式(2-58)说明裂纹扩展速度一般低于声速的1/3,这一结论已为实验所证实。

2.5.3　比表面及晶格键能

固体物料经粉碎后产生了新的表面,外力所做的功一部分转化为新生表面上的表面能。因此,表面能与粉碎耗能密切相关。要求的粉碎产品粒度越细、新生表面积越大,物料的表面能也就越大,能耗也就越高。因此,表面能对研究物料的超细粉碎能耗以及分散和团聚现象非常重要。产生单位表面积所需的能量称为比表面能,这是固体表面的一种重要性质。

由表面能的热力学概念可知,增加表面积的过程,也就是增加内能、熔、自由能或自由焓的过程,所以不会自动进行,需要外力对体系做功。

影响固体比表面能的因素很多,除了物料自身的晶体结构和原子之间的键合类型之外,还有其他(如空气中的湿度、蒸汽压、表面吸附水、表面污染、表面吸附物等)类型。所以固体的比表面能不像液体的表面张力那样容易测定。表2-13所示为部分矿物材料的比表面能。

表 2-13　部分矿物材料的比表面能

材料名称	比表面能/$\mu J \cdot cm^{-2}$	材料名称	比表面能/$\mu J \cdot cm^{-2}$
石　膏	4	氧化镁	100
高岭土	50 ~ 60	磷灰石	19
二氧化钛	65	石灰石	12
长　石	36	云　母	240 ~ 250
石　墨	11	石　英	78
方解石	8	碳酸钙	65 ~ 70
氧化铝	190	玻　璃	120
滑　石	6 ~ 7		

图 2-29 所示为几种标准矿物的表面能数据的比较，其中金刚石表面能最大，石膏最小。由此可见，越是坚固和难粉碎的矿物，表面能越大。

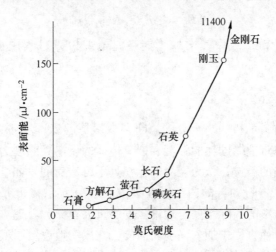

图 2-29　几种标准矿物比表面能的比较

固体颗粒表面将原子结合在一起的键合力与内部是不相同的。因此，固体物料粉碎时，系统的晶格键能也将发生变化。对于单位质量的分散体系，晶格键能 E_k 可表示为：

$$E_k = n_i e_i + n_s e_s = (n - n_s)e_i + n_s e_s = ne_i - n_s(e_i - e_s) \qquad (2\text{-}59)$$

式中　　　$ne_i = E_u$——分散体系颗粒内部的键能或聚合能；

$n_s(e_i - e_s) = \gamma A$——分散体系的表面能，其中 γ 为比表面能，A 为表面积；

$n = n_i + n_s$——分散体系的总原子数（其中 i 表示颗粒内部的原子，s 表示颗粒表面的原子）。

将 E_u 及 γA 代入式（2-59）得：

$$E_k = E_u - \gamma A \qquad (2\text{-}60)$$

在粉碎过程中，系统晶格键能的变化为：

$$\Delta E_k = \Delta E_u - \Delta(\gamma A) \qquad (2\text{-}61)$$

现在考虑超细磨矿过程的 3 个阶段，单位质量分散体系晶格键能的变化。

（1）初始阶段。颗粒的相互作用可以忽略不计。这时，颗粒内部键能的变化为零，比表面积增大，晶格键能的变化为：

$$\Delta E_k = - \gamma \Delta A \tag{2-62}$$

这时物料的粉碎能耗大体上与新生的表面积成正比。

（2）聚结阶段。这时颗粒之间有相互作用，但其作用力主要是范德华力，比较弱。因此系统的比表面能仍然增加（虽然增加的速度较初始阶段有所减缓）。颗粒之间较弱，且可逆的聚结作用虽对比表面能有影响，但颗粒内部的键能变化很小。因此，其晶格键能的变化为：

$$\Delta E_k = - \Delta (\gamma A) \tag{2-63}$$

（3）团聚阶段。颗粒之间有较强及不可逆的相互作用（共结晶、机械化学反应等），这时，颗粒内部的键能及比表面能都将发生变化，系统的分散度下降，被磨物料的粒度可能变粗。因此，其晶格键能的变化为：

$$\Delta E_k = \Delta E_u - \Delta (\gamma A) \tag{2-64}$$

显然，团聚降低了粉碎效率，增加了能耗。超细粉碎过程中应该避免团聚现象的发生。

2.5.4　格里弗斯强度理论

颗粒断裂力学是材料学科的一个分支。断裂力学是近 20 多年来迅速发展起来的一门新兴学科，它主要研究带裂缝固体的强度和裂缝传播的规律。断裂力学扬弃了传统强度理论关于材料不存在缺陷的假设，认为裂缝的存在是不可避免的。如金属材料在生产和使用过程中都会产生裂缝，岩石颗粒的内部存在裂纹。1920 年，格里弗斯（Griffith）为了解释玻璃、陶瓷等脆性材料的实际强度与理论强度的重大差异，就建立了裂缝扩展的能量平衡判据。在经典能量平衡方程中加入一项表面能，它成功地说明了实际强度与最大裂缝尺寸间的关系。Griffith 认为裂纹扩展时，为了形成新裂缝表面必定消耗一定的能量，该能量是由弹性应变释放所提供，他求得裂缝扩展临界状态的应力为：

$$\sigma_c = \sqrt{\frac{4E\gamma}{\pi l}} \tag{2-65}$$

式中　　E——弹性模量；

　　　　γ——单位自由表面的表面能；

　　　　l——裂纹长度。

Griffith 微裂纹理论运用于脆性材料的断裂，直到 20 世纪 50 年代 Irmin-Orowan 修正 Griffith 理论并用于金属材料的脆性断裂。他们认为 Griffith 能量平衡中必须同时考虑裂缝尖端附近塑性变形耗用的能量，并提出了材料断裂的概念。

尽管上述理论不以研究颗粒粉碎为背景，但是，Griffith 理论完全可应用于颗粒粉碎研究之中。

Griffith 理论的基础是无限不变形的弹性理论，不能用于变形大的弹性体（例如橡胶）。

2.5.5 单颗粒粉碎

单颗粒物料受压应力-应变全过程曲线如图2-30所示。

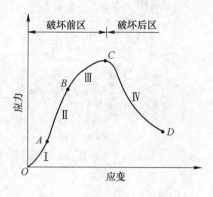

图 2-30 单轴压缩下岩石的
应力-应变曲线

就峰值前阶段而言，可以分为三个分段，第一段 OA 段，曲线是向上变曲的，曲线的斜率逐渐增大，这常解释为岩石中原有裂隙逐渐被压密所致。第二段 AB 段，它的特点是曲线近似为直线段，在这两段中，虽然有一些初始破损，但由于相应的荷载不大，因而不占有重要地位。第三段 BC 段，曲线逐渐偏离近似直线段而下弯，曲线斜率也逐渐减小。在此阶段内，在岩石内产生许多微裂隙和沿原裂隙面的滑动。在 C 点岩石承载能力达到最大值，此时宏观裂隙开始产生。

图2-30中，Ⅰ和Ⅱ区是弹性区，但是Ⅱ区不仅弹性扭曲，而且亦有相对滑动。Ⅲ区是Ⅱ区的继续，由于形成轴向裂缝引起了岩石的膨胀，并表现出体积应力-应变曲线的强力变形。Ⅳ区以晶粒只是界面发生裂缝增长，导致缺陷结构快速碎裂。

2.5.6 料床粉碎

一般认为破碎过程主要是单颗粒粉碎，而粉磨过程主要是料床粉碎。单颗粒粉碎是外力直接作用于单颗粒，形成破坏应力而粉碎。而料床粉碎，被粉碎物料聚合在一起，形成颗粒料床，各个颗粒均被相邻颗粒所限制。外力施于颗粒层，直接接触颗粒的数量很少，应力传递主要靠颗粒本身，颗粒相互作用产生挤压、裂缝、断裂、剪切等而粉碎。

单颗粒粉碎的功耗主要消耗于粉碎能，而料床粉碎除了粉碎能外，还要附加料床压缩、流动的能量。所以说破碎能耗一般小于粉磨能耗。而实际在微细物料粉碎中单颗粒粉碎是不存在的，也不可能产生。

2.5.7 施力方式与能量利用率

粉碎的基本方法主要有挤压、冲击、研磨和剪切方式。机械粉碎设备均采用这几种基本粉碎方法，例如球磨机由冲击、研磨和剪切粉碎物料；搅拌球磨机由研磨、冲击和剪切粉磨物料；辊压粉碎机的物料处在两辊表面之间，慢慢受压，主要受压力粉碎。

能量利用率不仅与粉碎应力方式有关，而且还受应力施加速度及其他因素影响。

对于单颗粒粉碎，Rumpf 在 1965 年进行的颗粒慢压试验结果如图 2-31 所示。

从图中可以看出，随着供能水平的增加，能量利用率降低，石灰石降低得快，石英和水泥熟料降低得慢；在单位供能不变的情况下，能量利用率随喂料粒度的增大而降低。

Schonert 教授进行的试验结果见图 2-32。可以清楚地看出，对于慢压试验能量利用率随供能水平的提高和物料粉碎比增加而降低，对于冲击试验，能量利用率随供能水平和给料粒度变化有一个最高值。

外供能 E_A 是指供给单位质量物料进行粉碎作业的能量，不包括机械和电气传动的损失。

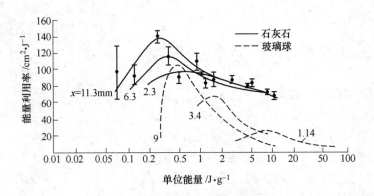

图 2-31　单颗粒冲击粉碎试验结果

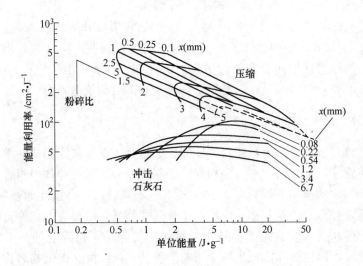

图 2-32　石灰石慢压和冲击试验能量利用率与单位供能的关系

能量利用率是指单位质量单位外供能量所产生的新生比表面积，即 $\Delta S/E_A$。

粉碎效率是 E/E_A 的比值，理论效率为 $0.1\% \sim 1\%$，因为在粉碎过程中损失大量的能量而转换成热能。

2.6　粉碎-能量关系

2.6.1　能耗学说

粉碎能耗理论一直在不断发展，也是长期争论的焦点。关于粉碎能耗，已有许多理论和假设，著名的能耗三大学说是 1867 年 P. R. Rittinger 的表面积学说、1885 年 F. Kick 的体积学说和 1952 年 F. C. Bond 的裂缝学说。

2.6.1.1　雷廷格（P. R. Rittinger）学说

雷廷格学说又称面积学说，是雷廷格于 1867 年提出的。这一学说认为，物料破碎过程中消耗的能量与这一过程所产生的新表面积成正比。由于一定质量、粒度均匀的物料的表面积与其粒度成反比，因此雷廷格面积学说的数学表达式为：

$$W_K = K_R\left(\frac{1}{d} - \frac{1}{D}\right) \tag{2-66}$$

式中　W_K——输入到破碎过程的能量；

　　　K_R——常数；

　　　d——给料的粒度；

　　　D——破碎产物的粒度。

2.6.1.2　基克（F. Kick）学说

基克学说，又称体积学说，是吉尔皮切夫和基克分别于 1874 年和 1885 年分别提出的。这一学说认为，物料破碎过程中消耗的能量与颗粒的体积减小成正比。也就是说，外力对物料所做的功主要用来使其中的颗粒发生变形，当变形超过极限时即发生破裂，而物体发生变形积蓄的能量与其体积成正比，因此破碎物料所消耗的功与颗粒的体积减小成正比，这一学说的数学表达式为：

$$W_K = K_K \lg \frac{D}{d} \tag{2-67}$$

式中　W_K——输入到破碎过程的能量；

　　　K_K——常数；

　　　d——给料的粒度；

　　　D——破碎产物的粒度。

2.6.1.3　邦德（F. C. Bond）学说

邦德学说又称裂缝学说，也是人们熟知的"第三理论"，是邦德通过对许多破碎过程的归纳分析，于 1952 年提出的。邦德认为，物料破碎过程中消耗的功与颗粒内新生成的裂缝长度成正比，在数值上它等于产物所代表的功减去给料所代表的功。当物料中的颗粒形状相似时，单位体积物料的表面积与颗粒的粒度成反比，而单位体积物料内的裂缝长度与其表面积的一个边成正比，因此裂缝的长度与颗粒粒度的平方根成反比，所以邦德裂缝学说的数学表达式为：

$$W_B = K_B\left(\frac{1}{\sqrt{d}} - \frac{1}{\sqrt{D}}\right) \tag{2-68}$$

式中　W_B——粉碎所需的能量；

　　　K_B——比例系数；

　　　d——产品平均粒度；

　　　D——给料平均粒度。

2.6.1.4　三大学说的比较与应用

上述能耗学说是 1952 年以前提出来的，而超细粉碎技术则是 20 世纪 60 年代以后发展起来的，因此上述三个学说均不适用于超细粉碎作业。

一般认为，Kick 学说适用于粗碎，即产品粒度大于 50 mm 的破碎作业。Bond 学说适用于细碎和粗磨的粉碎作业（产品粒度为 0.5～50mm）。Rittinger 学说适用于细磨作业（产品粒度为 0.5～0.074mm）。但上述三种学说均不适用于产品粒度小于 10μm 的超细粉碎作业的能耗计算。

将三种学说综合起来，可以说它们各代表破碎过程的一个阶段——弹性变形（基克），开裂和裂缝扩展（邦德），断裂形成新表面（雷廷格）。因此，它们既无矛盾，又互相补充。在低破碎比时，宜用基克学说；在中等破碎比时，宜用邦德学说；在高破碎比时，宜用雷廷格学说。

物料粉碎过程的实质是：外力作用于物体，首先使之变形，到一定程度，物体即产生微裂缝。能量集中在原有和新生成的微裂缝周围并使它扩展，对于脆性物料，在裂缝开始扩展的瞬间即行破裂，因为这时能量已积蓄到可以造成破裂的程度。物料粉碎以后，外力所做的功一部分转化为表面能，其余则转化为热能损失。因此，粉碎物体所需的功包含形变能和表面能。

从上述物料粉碎过程可以看出，体积学说注意的是物料受外力发生变形的阶段，它是以弹性理论为基础，所以比较符合于压碎和击碎过程。当物料粗碎时，破碎比不大，新生的表面积不多，形变能占主要部分。颚式破碎机的粗碎实验结果证明，按体积学说计算出的功率与实际的比较，误差较小。裂缝学说注意到裂缝的形成和发展，但不是以裂缝的形成和发展的研究为依据，而是为了解释其经验公式所作的假定。裂缝学说的经验公式是用一般的碎矿及磨矿设备做试验确定的，所以在中等破碎比的情况下，都大致与其相符合。面积学说注意到的是粉碎后生成的新表面，所以比较符合于切割和磨剥过程。当物料细磨时，磨碎比很大，新生的表面积很多，这时表面能是主要的。所以细磨实验的结果与按面积学说计算出的结果接近。因此，这三种学说都有一定的局限性。粉碎能量与粒度关系及各学说适用粒度范围如图 2-33 所示。

根据上述情况，在应用各种功耗学说时，要注意各学说的适用范围，正确地加以选择。

粉碎过程是很复杂的，建立这些学说时，有许多因素未考虑。如结晶缺陷、矿石的节理和裂缝、矿石的湿度、强度和不均匀性、矿块间的相互摩擦和挤压等，都会影响矿石的强度，从而影响到粉碎所需要的功。同时在粉碎时，还有一部分由于各种原因的损失功未考虑。因此，各学说在适用的范围内也只能得到近似的结果，还需用实践数据来进行校核。

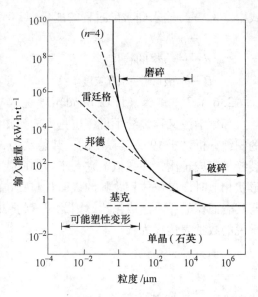

图 2-33　能量与产物粒度的关系

2.6.2　矿物易碎/易磨性及其测定

矿物粉碎的难易程度，称为易碎性（对破碎作业）或易磨性（对粉磨作业）。强度和硬度虽然能够反映物料本身对外力的抵抗能力，且能判断强度和硬度都大的物料较难粉碎，硬度大而强度不大的物料比硬度小而强度大的物料易于粉碎，但实践表明，不仅同一台粉碎机械粉碎不同的物料，其粉碎能力不同，而且同一种物料对不同的粉碎机械，其粉碎能力也可能不同。这表明，物料的强度和硬度对施力方式不同的粉碎机械所产生的抗破碎阻力效果是不同的。

因此，粉碎的难易程度不仅与物料的硬度、脆性、韧性和机械强度有关，而且与粉碎机械的原理及工艺流程等因素有关。此外，物料的尺寸也显著影响粉碎的难易程度，通常尺寸大的物料，其体内缺陷较多，缺陷数量随物料尺寸的减小而迅速减少。物料的碎裂易于在缺陷处形成并扩展。

为了表征物料粉碎难易程度的综合影响，可用相对易碎系数来反映物料的易碎性。某一物料的易碎系数 K_m 是指采用同一粉碎机械，在相同物料尺寸变化条件下，粉碎标准物料的单位电耗 E_b 与粉碎干燥状态下某一物料的单位电耗 E 之比，即 $K_m = E_b/E$。物料的易碎系数愈大，愈容易粉碎。

物料的易碎性或易磨性可用一些特定的方法表示，如邦德（Bond）粉碎功指数等。

2.6.2.1 邦德功指数

A 邦德破碎功指数

低能冲击破碎功指数测定采用双摆锤冲击试验机，锤头质量为 13.61kg，摆锤长度 L 为 711.2mm，摆锤打击面为 50mm × 50mm。测定时选取 20 块粒度 −75 +51mm 代表性矿样，测定矿石密度和每块矿样被冲击的相对两侧面厚度及质量，然后放置在砧座上，摆锤以 5° 的提升角度逐渐升高，然后释放，直至击碎物料为止。记下矿样粉碎时摆锤提升角度。用以下公式计算：

$$W_{ic} = 2.59KC/S_g \tag{2-69}$$

式中　W_{ic}——低能冲击破碎功指数；

　　　K——因次换算系数；

　　　C——单位试件厚度的冲击破碎功，称为可碎性系数，$C = K_1K_2(1 - \cos\varphi)/S$，式中 K_1 为仪器系数，K_2 为换算系数，φ 为摆锤最大摆角（物料破碎时的摆角），S 为试件厚度；

　　　S_g——试料真密度。

1981 年美国艾里斯-卡尔默斯（Allis-chalmers）公司研制成功使用高能冲击试验机（图 2-34）的高能冲击功指数测定技术。它与低能冲击试验不同之处是设置了冲击摆和回弹摆，用回弹摆吸收物料破碎后的多余能量，因此，一次高能冲击即可使物料破碎。高能冲击破碎功指数 W_i 的计算公式为：

$$W_i = W\bigg/\left(\frac{10}{\sqrt{P_{80}}} - \frac{10}{\sqrt{F_{80}}}\right) \tag{2-70}$$

式中　W——单位破碎能量；

　　　F_{80}——原料中 80% 通过的粒度；

　　　P_{80}——产品中 80% 通过的粒度。

被测定的原料粒度为 20~50mm。

低能冲击破碎功指数适用于计算物料粗碎的破碎能耗；高能冲击破碎功指数适用于

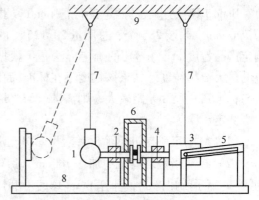

图 2-34　高能冲击试验机

1—主冲击锤；2—主滑杆；3—回摆锤；

4—从动滑杆；5—刻度器；6—密封箱；

7—吊索；8—底架；9—上架

计算物料中碎和细碎的能耗。

B 邦德棒磨功指数

邦德棒磨功指数用来确定棒磨测试样品的功率驱动或能量消耗。15kg 样品阶段破碎至 100% 过 12.7mm 筛。已知体积的试样在标准邦德棒磨机中以指定转速进行研磨，产品过筛。添加新鲜给料取代筛下产品，重新进行研磨。过程重复至循环负荷达到 100%。

Bond 棒磨功指数的测定设备是 Bond 功指数棒磨机，规格为 φ305mm × 610mm，转速为 46r/min，内装 6 根钢棒，总质量 33.38kg。测定的矿样粒度为 0 ~ 12.7mm（0.5in），测定产品粒度 P_1（μm）由生产工艺要求的产品粒度确定，一般为 10 目或 14 目。

测定步骤为：

（1）对测定矿样进行筛析，求出 80% 通过的粒度值 F_{80}（μm）；

（2）在功指数球磨机中加入 1250cm³ 矿样，运转一定转数后将物料卸出，用筛孔尺寸为 P_1 的筛子筛出产品，计算 Bond 棒磨可磨性，即每转新生成的产品量 G_{rp}（g/r）；

（3）将筛上物料放回球磨机，并用测定的矿样补足 700cm³。根据上一循环的 G_{rp} 值和按 100% 循环负荷计的预期产品量确定转数并运转。重复进行上述步骤。直到最后 2 ~ 3 个循环达到平衡为止；

（4）筛析平衡后的产品，求出 80% 通过的粒度值 P_{80}（μm）。取最后 2 ~ 3 个循环的 G_{rp} 值的平均值为最终 G_{rp} 值。棒磨功指数 W_{ir}（kW·h/t）由下式计算：

$$W_{ir} = \frac{6.836}{P_1^{0.23} G_{rp}^{0.625} \left(\frac{1}{\sqrt{P_{80}}} - \frac{1}{\sqrt{F_{80}}} \right)} \tag{2-71}$$

C 邦德球磨功指数

邦德球磨功指数用来确定球磨测试样品的功率驱动或能量消耗。10kg 样品阶段破碎至 100% 过 3.35mm 筛。已知体积的试样在标准邦德球磨机中以指定转速进行研磨，产品过筛，筛分尺寸选择接近实际产品的粒度。添加新鲜给料取代筛下产品，重新进行研磨。过程重复至循环负荷达到 250%。

Bond 球磨功指数的测定设备是 Bond 功指数球磨机，规格为 φ305mm × 305mm，转速为 70r/min。内装 285 个、总质量 20.125kg 的钢球。测定矿样粒度为 0 ~ 3.35mm（6 目），测定产品粒度 P_1（μm）的确定方法是：根据生产要求的 80% 通过的产品粒度 P_{80}，取相应的最大产品粒度。如果该粒度不在标准筛孔尺寸范围，可取与之较接近的筛孔尺寸。如果与标准筛孔尺寸差距较大，则需选取与之最接近的较粗的筛孔尺寸。

测定步骤为：

（1）对测定矿样进行筛析，求出 80% 通过的粒度值 F_{80}（μm）；

（2）在功指数球磨机中加入 700cm³ 矿样。运转一定转数后将物料卸出，用筛孔尺寸为 P_1 的筛子筛出产品，计算 Bond 球磨可磨性，即每转新生成的产品量 G_{bp}（g/r）；

（3）将筛上物料放回球磨机，并用测定矿样补足 700cm³，根据上一循环的 G_{bp} 值和按 250% 循环负荷计的预期产品量确定转数并运转。重复进行上述步骤，直到最后 2 ~ 3 个循环达到平衡为止；

（4）筛析平衡后的产品。求出 80% 通过的粒度值 P_{80}（μm）。取最后 2 ~ 3 个循环的

G_{bp}值的平均值为最终 G_{bp} 值。球磨功指数 W_{ib}(kW·h/t)由下式计算:

$$W_{ib} = \frac{4.906}{P_1^{0.23} G_{bp}^{0.82} \left(\dfrac{1}{\sqrt{P_{80}}} - \dfrac{1}{\sqrt{F_{80}}} \right)}$$ (2-72)

在 Bond 球磨功指数测定中,如果矿样中达到产品粒度的物料含量超过了预期产品量,则第一个测定循环的给料应先筛去细粒,用测定矿样补足筛去的部分,然后进行第一个循环的测定。另外,所有筛子的筛孔必须为方孔。表 2-14 列出了日本山形大学测定的部分矿物邦德功指数。

表 2-14 部分矿物的邦德功指数

物 料	测试数目	密度 /g·cm⁻³	工作指数	物 料	测试数目	密度 /g·cm⁻³	工作指数
所有测试物料	1211		14.42	铁燧岩	55	3.54	14.60
中长石	6	2.84	18.25	铅矿	8	3.45	11.73
重晶石	7	4.50	4.73	铅锌矿	12	3.54	10.57
玄武岩	3	2.91	17.10	石灰	72	2.65	12.54
铝土矿	4	2.20	8.78	锰矿	12	3.53	12.20
水泥溶渣	14	3.15	13.56	菱镁矿	9	3.06	11.13
水泥生料	19	2.67	10.51	钼矿	6	2.70	12.80
焦煤	7	1.31	15.18	镍矿	8	3.28	13.65
铜矿	204	3.02	12.73	油页岩	9	1.84	15.84
闪长石	4	2.82	20.90	磷盐岩	17	2.74	9.92
白云石	5	2.74	11.27	碳酸钾矿	8	2.40	8.05
金刚砂	4	3.48	56.70	黄铁矿	6	4.06	8.93
长石	8	2.59	10.80	磁黄铁矿	3	4.04	9.57
铬铁矿	9	6.66	7.64	石英岩	8	2.68	9.58
铁锰矿	5	6.32	8.30	石英	13	2.65	13.57
硅铁	13	4.41	10.01	金红石矿	4	2.80	12.68
火石	5	2.65	26.16	Shale	9	2.63	15.87
氟石	5	3.01	8.91	硅砂	5	2.67	14.10
辉长石	4	2.83	18.45	熔渣	12	2.83	9.39
玻璃	4	2.58	12.31	板岩	2	2.57	14.30
片麻岩	3	2.71	20.13	硅酸钠	3	2.10	13.50
金矿	197	2.81	14.93	锂辉石矿	3	2.79	10.37
花岗岩	36	2.66	15.05	正长石	3	2.73	13.13
石墨	6	1.75	43.56	锡矿	8	3.95	10.90
铁矿				钛矿	14	4.01	12.33
赤铁矿	56	3.55	12.93	暗色岩	17	2.87	19.32
镜铁矿	3	3.28	13.84	锌矿	12	3.64	11.56
鲕状赤铁矿	6	3.52	11.33	砾石	15	2.66	16.06
磁铁矿	58	3.88	9.97	石膏岩	4	2.69	6.73

2.6.2.2　落重试验及简易落重试验（SMC）

落重试验是澳大利亚昆士兰大学 Julius Kruttschnitt
矿物研究中心（JKMRC）开发的自磨/半自磨实验室试
验方法。这一方法根据自磨/半自磨机内的冲击（高
能）和磨蚀（低能）两种主要粉碎过程，用两种不同
方法测定样品的自磨/半自磨特性。冲击（高能）粉碎
试验获得冲击粉碎参数 A 和 b，磨蚀（低能）粉矿获得
磨蚀粉碎参数 t_a。

A　冲击（高能）粉碎试验

试验设备为澳大利亚昆士兰大学 Julius Kruttschnitt
矿物研究中心制造的 JK 落重试验机（见图 2-35）。

将 100kg 样品按粒度分为 5 个粒级： $-63+53mm$，
$-45+37.5mm$， $-31.5+26.5mm$， $-22.4+19mm$，
$-16+13.2mm$。每个粒级有 10~30 个颗粒。将这些样
品置于 JK 落重试验机上，以 3 个能量水平冲击粉碎，
产生 15 个粒度/能量组合。能量水平由 JK 落重试验机锤头的质量和下落高度确定。

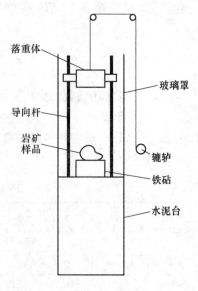

图 2-35　落重测试仪

收集每个能量组合的所有样品的粉碎产品进行筛分，绘制粒度分布曲线。以参数 t_{10}
（%）代表粉碎的量，定义为粉碎产品通过 1/10 给料粒度的累积产率。给料粒度用各粒级
的算数平均值表示，例如： $-63+53mm$ 粒级，即为 $(65+53)/2=57.8mm$。

15 个能量/粒度组合可以产生一组 t_{10}，与单位能量 $E_{cs}(kW \cdot h/t)$ 的关系为：

$$t_{10} = A(1 - e^{-b \times E_{cs}}) \tag{2-73}$$

根据 15 个能量/粒度组合的数据，使用最小误差平方根方法，可以计算出式（2-73）
中的系数 A 和 b。 A 和 b 的乘积，即 E_{cs} 为 0（kW·h/t）时曲线的斜率，是矿石冲击粉碎阻
力的尺度，其值越小，表示矿石的冲击粉碎阻力越高。

B　磨蚀（低能）粉碎试验

试验设备为 $\phi 305mm \times 305mm$ 的实验室磨机，装有 $4mm \times 6mm$ 的提升条，临界转速
率为 70%。

将 3kg 的 $-55+38mm$ 样品置于实验室磨机中粉磨 10 min，然后测定所获产品的粒度
分布和 t_{10} 值。给料的几何平均颗粒粒度为 45.7mm。磨蚀系数 t_a 定义为磨蚀试验获得的 t_{10}
的 1/10，其值越小，表示矿石的磨蚀碎裂阻力越高。JK 落重试验参数与物料硬度的关系
见表 2-15。

表 2-15　JK 落重试验参数与物料硬度的关系

特　性	极硬	硬	中硬	中	中软	软	极软
$A \times b$	<30	30~38	38~43	43~56	56~67	67~127	>127
t_a	<0.24	0.24~0.35	0.35~0.41	0.41~0.54	0.54~0.67	0.67~1.38	>1.38

将上述参数用于 JKSimMet 矿物加工模拟器软件，与有关设备参数和操作条件参数相
结合，模拟自磨（半自磨）机、破碎机、球磨机和高压辊磨机等设备的工作过程，预测矿

石在粉碎过程中的特性。

SMC 是一种简易的落重试验方法，由澳大利亚 SMCC Pty 公司开发，只需少量样品（如钻探岩芯）即可完成的实验室试验。该试验只需进行简单的落重试验，与计算机模拟相结合，即可为自磨（半自磨）流程设计和设备选型提供依据。

试验设备为澳大利亚昆士兰大学 Julius Kruttschnitt 矿物研究中心制造的 JK 落重试验仪。

适合使用的样品粒度范围为 13.2 ~ 16mm、19 ~ 22.4mm、26.5 ~ 31.5mm 或 37.5 ~ 45mm。当样品为钻探岩芯时，用金刚石锯片沿其轴向切成饼状，再将饼状岩芯切成 1/2 或 1/4 的扇形。选择 100 块样品，测定它们的平均密度，然后将它们分成 5 等份，每份 20 块。实际试验时仅使用 2 ~ 2.5kg。

将样品置于 JK 落重试验仪上，以严格控制的能量进行破碎。收集破碎后产品进行筛分，绘制破碎产品的筛下累积产率（%）与输入能量（J）的关系曲线。曲线的斜率与岩石的强度有关，较弱的岩石斜率较大。根据斜率可以获得落重指数 DW_i（$kW \cdot h/m^3$）。

对于带有筛缝为 10 ~ 20mm 的滚筒筛或筛分机的自磨（半自磨）机闭路流程，磨机小齿轮轴单位能量 E 为：

$$E = KF_{80}^a DW_i^b [1 + c(1 - e^{-d\varphi})]^{-1} \psi^e f(A_r) \tag{2-74}$$

式中　　　　K——系数，其值取决于流程中是否有砾石破碎机；

F_{80}——给料中 80% 通过的粒度；

DW_i——落重指数，$kW \cdot h/m^3$；

φ——钢球充填率，%；

ψ——磨机临界转速率，%；

$f(A_r)$——磨机长径比率函数；

a, b, c, d, e——常数。

式（2-74）的适用条件见表 2-16。

表 2-16　式（2-74）的适用条件

参　数	数值范围	参　数	数值范围
磨机直径 D/m	3.94 ~ 12.02	落重指数 DW_i/$kW \cdot h \cdot m^{-3}$	1.7 ~ 14.3
磨机长度 L/m	1.65 ~ 9.5	F_{80}/mm	19.4 ~ 176
长径比 L/D	0.34 ~ 2.02	P_{80}/μm	20 ~ 600
临界转速率 ψ/%	58 ~ 90	矿石密度/$t \cdot m^{-3}$	2.5 ~ 4.63
钢球充填率 φ/%	0 ~ 25	JK 落重试验参数 A	48 ~ 81.3
单位能量/$kW \cdot h \cdot t^{-1}$	2.2 ~ 38.6	JK 落重试验参数 b	0.25 ~ 2.97
Bond 球磨功指数/$kW \cdot h \cdot t^{-1}$	9.4 ~ 26	$A \times b$	12 ~ 241

相应于自磨（半自磨）流程产品 80% 通过的粒度 P_{80} 为：

$$P_{80} = k - \frac{qE}{DW_i^b} \tag{2-75}$$

式中，k、q 为常数。

对于自磨/半自磨机与细筛和旋流器闭路的流程，式（2-74）的计算结果为磨至式（2-75）粒度所需的磨机小齿轮轴单位能量。此外，还需估算从这一粒度粉磨到细筛/旋流器的规定粒度的附加单位能量 $W(kW \cdot h/t)$：

$$W = M_i K \left[x_2^{f(x_2)} - x_1^{f(x_1)} \right] \tag{2-76}$$

式中　M_i——与矿石解离特性有关的系数，$kW \cdot h/t$，用 Bond 球磨功指数试验数据表示（不使用 Bond 球磨功指数本身）；

　　　K——用于平衡公式单位的常数；

　　　x_2——产品中 80% 通过的粒度；

　　　x_1——给料中 80% 通过的粒度。

式（2-76）称为 SMC 粉碎公式。然后将两项计算的单位能量相加，获得自磨（半自磨）流程需要的总能量。用要求的生产能力除以预测的单位能量，即得到所需的磨机驱动功率。

2.6.2.3　旋转破碎试验

JK 旋转破碎试验利用动能原理来表征颗粒破碎。旋转破碎试验机由澳大利亚罗塞尔矿物装备公司（Russell Mineral Equipment，RME）制造和提供售后服务。

该系统包括一个手动操作的旋转给料器、一个转子-定子碰撞装置及其驱动系统以及一个操作控制单元（图 2-36）。转子直径 450mm，转速可达 5000r/min。并设有 3 个导向通道使单个颗粒加速，防止颗粒随转子做圆周运动。

 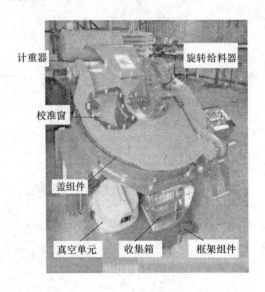

图 2-36　JK 高速旋转破碎试验机

给定粒度的颗粒通过给料器给入转子并随机分布在其中某个导向通道中。矿物颗粒在导向通道中加速，并以已知的速度碰撞周边的定子（砧），可以精确确定表观冲击破碎能。当一批样品所有颗粒破碎后，从产品收集箱取出产品进行粒度和 t_{10} 测定。客户化数据分析软件可以很方便地取得和分析所有相关测试数据。

该系统可测试的最大颗粒尺寸为 45mm，最小颗粒为 1.4 ~ 1.7mm。落重测试中的

45mm×37.5mm、31.5mm×26.5mm、22.4mm×19mm 及 16mm×13.25mm 四种粒级都可采用 JKRBT 进行测试。不能测试的 63mm×53mm 最粗粒级可采用外推法处理。

该系统的数据分析软件采用了一个合并了颗粒尺寸效应的新的破碎模型。这个模型描述了与材料属性相关的破碎指数 $t_{10}(\%)$、颗粒尺寸及净累积碰撞能。

$$t_{10} = M\{1 - \exp[-f_{max}xk(E_{CS} - E_{min})]\} \tag{2-77}$$

式中　M——材料在破碎时的最大 t_{10} 值,%;

　　　f_{max}——材料破碎特性,kg/(J·m);

　　　x——初始颗粒尺寸,m;

　　　k——单个破碎能的成功碰撞颗粒数目;

　　　E_{CS}——单位质量的破碎能,J/kg;

　　　E_{min}——能量阈值,J/kg(JKMRC 的莫里森、仕和怀特首次报道了 E_{min} 的测定)。

新模型采用与 JKMRC 先前技术破碎模型类似模式,但是将颗粒尺寸与破碎属性明确地合并至模型中。已存的矿物特性数据对新的破碎模型同样有效,且新模型的参数可用下式变回至 JKMRC 传统模型中表征硬度等级的 $A \times b$ 值:

$$A \times b = 3600Mf_{max}x \tag{2-78}$$

式中,常数 3600 用于单位换算。式(2-78)给出尺寸——表观 $A \times b$ 值。总体 $A \times b$ 值为所有测试颗粒的平均值。

该模型已经过 100 多套包括各种矿物、岩芯和煤矿样的单次碰撞、重复碰撞以及床破碎落重测试数据验证,结果表明吻合度很好。

与落重测试机相比,JKRBT 产率更高,且数据可重复性更好。目前已经开发了 4 台 JKRBT,应用于澳大利亚、北美、南非等国家和地区。

2.6.2.4　自磨功率指数(SPI)试验

这是加拿大 Minnov EX 技术公司开发的实验室分批半自磨试验。试验设备为 $\phi305mm \times 102mm$ Starkey 实验室半自磨机,磨机内装有占容积 15% 的钢球,钢球直径为 $\phi25mm$。

每次试验使用 2kg 100% 通过 19mm(80% 通过 12.7mm)矿样,进行反复的循环式分批粉磨。每个循环后卸出磨内物料进行筛分,筛下作为产品,筛上作为循环负荷返回磨机,进行下一循环粉磨,直至 80% 通过 1.7mm 矿样,获得粉磨时间和产品粒度的关系曲线。粉磨时间越长,表明粉磨阻力越大,矿石越硬。

将矿样从 80% 通过 12.7mm 磨至 80% 通过 1.7mm 所用时间 $t(min)$ 就是半自磨功率指数(SPI)。根据大量现有选厂数据,获得了以下一般经验公式:

$$W = af\left(\frac{t}{\sqrt{P_{80}}}\right)^b \tag{2-79}$$

式中,a、b 为经验常数。

式(2-79)表明,在实际生产中,将矿石半自磨到任意要求的粒度 $P_{80}(mm)$ 时,给出半自磨机筒体的能量 $W(\mathrm{kW \cdot h/t})$ 与 SPI 试验时间 t 的函数关系。将四个选矿厂的闭路半自磨回路所得生产数据与 SPI 试验数据进行回归分析，得到以下经验公式：

$$W = P_{80}^{-0.33} \times (2.2 + 0.10t) \tag{2-80}$$

Minnov EX 公司于 2000 年收集了北美、南美和南非的 26 个自磨（半自磨）-球磨流程的生产数据，并采集了大约 3500 个矿样进行 SPI 试验，建立了数据库。2001 年开发了粉碎经济性评估工具软件（CEET），用以在 SPI 试验基础上进行多种方案的流程设计，包括计算所需设备功率、规格和投资，以及预测生产指标和操作成本。

2.6.2.5　自磨设计试验（SAG Design Test）

自磨设计（SAG Design）试验是加拿大 Starkey & Associates 公司与 Outokumpu 技术公司共同开发的实验室试验，目标是测定半自磨机和球磨机小齿轮轴单位输入能量。

试验设备是 $\phi 488\mathrm{mm} \times 163\mathrm{mm}$ 半自磨机（见图 2-37）。半自磨机径/长比为 3：1，临界转速率为 76%。

图 2-37　SAG 自磨设计试验半自磨机

筒体内壁上设有 8 根边长为 38mm 的正方形断面提升棒，其尺寸与矿石粒度和钢球大小相匹配。试验采用 26% 的负荷充填率，其中矿石充填率为 15%，钢球充填率为 11%。由直径 $\phi 51\mathrm{mm}$ 和 $\phi 38\mathrm{mm}$ 各一半的钢球混合组成，质量共 16kg。

试验给料粒度为 -19mm 的占 80%，产品粒度为 -1.7mm 的占 80%。试验过程采用重复的磨矿循环方式。第一个循环的转数对于硬矿石是 462 转（约 10min），对于软物料则需减少。第一个循环完成后，将负荷从磨机中卸出，将矿石和钢球分开，通过筛分除去矿石中的 -1.7mm 细粒级，将钢球和 +1.7mm 矿石返回磨机进一步粉磨。如此循环多次，直至矿石中筛除的 -1.7mm 粒级质量达到 60%，即停止筛除细粒级。继续试验直到 -1.7mm 达到 80% 为止。

将上述试验产品中 +3.35mm 部分破碎到 -3.35mm，与产品中的 -3.35mm 部分混合后，进行 Bond 球磨机功指数试验。

试验结果是磨机的总转数，由总转数可计算获得半自磨机小齿轮轴单位输入能量 W $(\mathrm{kW \cdot h/t})$：

$$W = N_R \times (16000 + G)/(447.3G) \tag{2-81}$$

式中　N_R——将矿样从 $-19mm$ 占 80% 磨至 $-1.7mm$ 占 80% 的总转数，r；

　　　　G——被试验矿样（4.5L）的质量，g；

　　16000——钢球质量，g。

式（2-81）的计算结果相当于工业半自磨机将 $-152mm$ 占 80% 的给料粉磨到 $-1.7mm$ 占 80% 所需要的小齿轮轴单位输入能量，重复试验误差在 3% 以内。

根据半自磨机试验产品的 Bond 球磨功指数试验结果，可以进行半自磨-球磨流程中球磨机的选择计算，获得球磨机从 80% $-1.7mm$ 的给料粉磨到 -100 目占 80%（或该矿石的解离粒度）的小齿轮轴单位输入能量。

半自磨-球磨流程的小齿轮轴总单位输入能量为半自磨机和球磨机的小齿轮轴单位输入能量之和。半自磨机和球磨机之间的设计中间粒度 D_{80} 实际上为 $0.4 \sim 4mm$，在保持总设计功率不变的情况下，通过改变 D_{80} 进行功率分配，这时需要用 Bond 球磨功指数调整这两种磨机的小齿轮轴单位输入能量。

用 Bond 球磨功指数选择计算球磨机时，细度修正系数（对于比 $P_{80} = 70\mu m$ 更细的产品）仅应用于比 $1.7mm$ 细的粉磨能量部分。设计单段半自磨机时，不使用大直径修正系数，粉磨到比 $P_{80} = 70\mu m$ 更细的产品时也不推荐使用细度修正系数。

半自磨机安装功率比粉磨计算所需的功率大 10%，球磨机安装功率需大 5%。

2.6.2.6　搅拌磨功率需求试验

搅拌磨由于给矿粒度细，功率需求试验通常为设备制造厂家或者第三方实验室进行实验型磨机试验来确定。经验方法，如邦德方法，不再适用于确定超细磨功率需求及搅拌磨型号的确定。尽管邦德方法采用多种方式如修正系数 EF_5 来使该方法适用于细粒产品，但在常规介质尺寸的球磨机用于生产很细产品的情况下仍不合适。对搅拌磨，已经突破了介质尺寸的限制，磨矿效率显著提高，用邦德公式计算的功率需求会太过保守。因此由于细磨超细磨给矿粒度尺寸不能满足测试要求，邦德功指数不再适用于细磨/超细磨功率需求测试。

另外，搅拌磨的总体平衡模型开发也相当活跃，其核心是破碎速率、操作参数以及介质对破碎参数影响的确定，但准确定义破碎速率、操作参数以及介质对破碎参数影响的难度相当大，因而这一技术也很难用于确定搅拌磨的功率需求。

目前超细磨功率需求测试的唯一可行的方法为精心设计且易实施的实验室或中试试验。细粒矿进行超细磨的优势就是可以进行准确的实验室试验，准确选型半自磨机时，由于给矿尺寸大，实验室测试至少需要 100kg 样品，中试最少需 $20 \sim 100t$ 样品。对于搅拌磨，最大给矿尺寸通常小于 $200\mu m$，因此 100g 样品就足以进行静态可重复性试验。测试程序简单，样品粒度小，因此通过试验能够评价介质尺寸、类型、能力和硬度以及矿浆固含量、黏度等几乎全部基本操作参数。艾萨（Isamill）试验磨机设备见图 2-38，试验室获得的能耗与磨矿产品粒度的关系见图 2-39。

目前，国内（长沙矿冶研究院）、国外（美卓矿业、日本爱立许公司、艾萨公司等）的搅拌磨研制生产方及 JK 矿物研究中心等第三方研究院、咨询公司能够提供搅拌磨功率需求试验服务。对于实验室试验，需提供 $5 \sim 10kg$ 样品，中试试验需提供 $50 \sim 100kg$ 样品。

图 2-38　艾萨（Isamill）试验磨机（4L）

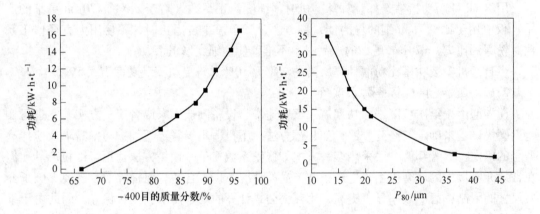

图 2-39　搅拌磨表观能与磨矿粒度的关系

3 破碎与筛分

3.1 破碎

破碎和磨矿的生产费用高，建设投资大，在矿山企业经营管理中占有非常重要的地位。破碎是矿石破碎磨矿过程的第一个步骤，在矿物加工过程中非常重要，一般需要两到三个阶段才能把来自井下矿山或露天矿山的大块矿石破碎到适合于下一工序要求的粒度，其破碎比很大。在选矿厂破碎是使原矿石的粒度减少到可以磨矿的水平，磨矿则是将有用矿物与脉石矿物基本上充分单体解离，任何破碎和磨矿作业都是能量耗费大的作业过程。相对而言，冲击挤压为主施力的破碎能耗要比研磨为主施力的磨矿能耗要低，因此破碎磨矿过程的一个基本原则是实行"多碎少磨"。

3.1.1 破碎的概述

破碎是将原矿石在外力作用下破碎成所要求的粒度（一般是 1~100mm）的作业技术，原矿块石最大粒径可达 1500mm，在粗碎中可将矿块破碎至 100~200mm。施加外力的方法可以是机械力、爆破或其他方式，相应的设备为破碎机。某些嵌布粒度粗的矿物可以通过破碎加分选设备除去一部分杂质，如高压辊磨机和高场强磁选机在超贫磁铁矿中应用，实现粗粒抛尾，从而减少入磨量。破碎的主要任务是为下一步磨矿提供合适的粒度。

选矿厂矿石破碎通常是分段进行的，这是因为在多数情况下现有的破碎设备不能一次就将大块原矿破碎至要求的粒度。具体选择破碎段数要依据原矿的性质、块度、产品粒度以及设备类型而定。物料每进一次破碎机，称为一次破碎段。对于每一个破碎作业，定义破碎前后（给料与产物）的粒度之比为该段作业的破碎比，它表示破碎后原料减小的程度。各段破碎作业的破碎比的乘积为该段破碎流程的总破碎比。破碎一般为干式作业，通常分为二段或三段作业。

其破碎的粒度特征见表 3-1。

表 3-1 破碎的粒度特征

阶　　段		给料最大块粒度/mm	产品最大块粒度/mm	粉碎比
破　碎	粗　碎	1500~300	350~100	3~15
	中　碎	350~100	100~40	3~15
	细　碎	100~40	30~5	1~20
	超细碎	50~25	5 左右	5~10

破碎车间的基本流程如图 3-1 所示。

3.1.2 破碎的基本方式

对于破碎的难易程度，实践中常以石英作为标准的中硬矿石，将其可碎性系数定为 1，

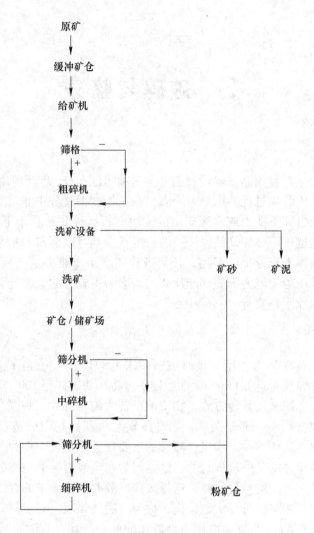

图 3-1 破碎筛分原则工艺流程

硬矿石的可碎性系数都小于 1，而软矿石则大于 1。在矿物加工实践中，通常按普氏硬度将岩石分为五个等级，以此来表示岩石破碎的难易程度，如表 3-2 所示。

表 3-2 矿石的硬度表征

硬度等级	σ_p/MPa	普氏硬度系数	可碎性系数	可磨性系数	岩石实例
很软	< 20	< 2	1.3 ~ 1.4	2.00	石膏、石板岩
软	20 ~ 80	2 ~ 8	1.1 ~ 1.2	1.25 ~ 1.4	石灰石、泥灰岩
中硬	80 ~ 160	8 ~ 16	1.0	1.0	硫化矿、硬质页岩
硬	160 ~ 200	16 ~ 20	0.9 ~ 0.95	0.85 ~ 0.7	铁矿、硬砂岩
很硬	> 200	> 20	0.65 ~ 0.75	0.5	硬花岗岩、含铁石英岩

根据矿石在设备外力作用下破碎的方式分类，机械破碎的基本方式有以下几种：

（1）挤压破碎（图 3-2a）：利用两个破碎工作面对夹于其间的物料施加压力，物料因压应力达到其抗压强度极限时而破碎。

（2）劈裂破碎（图3-2b）：用两个带尖棱的工作面挤压物料，尖棱楔入物料产生的拉应力超过物料的抗拉强度极限时，物料裂开而被破碎。

（3）折断破碎（图3-2c）：夹在工作面之间的物料如受集中力作用的简支梁或多支梁，物料主要受弯曲应力而折断，但在物料与工作面接触处受到劈力作用。

（4）研磨破碎（图3-2d）：物料块处于两个相对移动的破碎板之间，物料因表面经受研磨作用而产生剪切变形，当剪切应力达到抗剪强度极限时，物料被破碎。

（5）冲击破碎（图3-2e）：物料受到足够大的瞬时冲击力而破碎。

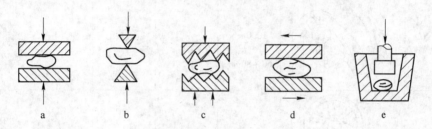

图3-2 机械破碎的基本方式

a—挤压破碎；b—劈裂破碎；c—折断破碎；d—研磨破碎；e—冲击破碎

破碎机械是利用一定的机构实现一种或几种破碎方法，完成对矿石或其他物料破碎的机械装置。因此，必须根据矿石或物料的性质，矿石或物料的粒度特性，以及所需要的产品粒度等要求来选择合适的破碎机械。

3.2 破碎机的分类和用途

根据破碎机械的工作原理、工艺特性和机器的结构特征，常用的破碎设备可分为颚式破碎机、圆锥破碎机、冲击式破碎机、辊式破碎机、锤式破碎机等。在工业上广泛使用的破碎机械可以分为几种类型（表3-3）。

表3-3 破碎机分类及特点

类 别		结构示意图	规格 /mm×mm	功率/kW	速度 /r·min^{-1}	破碎比	特 点
电能破碎机				至250	2~3min 破碎 5~10t （巨砾石）		通常用于粗碎破碎前的大块物料
颚式破碎机	BLACK型 （双肘板式）		(60×150)~ (2100×3000)	2.26~300	300~100	平均7:1， 范围(4:1) ~(9:1)	适用于粗碎、中碎，硬、韧性磨蚀性岩石物料

类　别	结构示意图	规格 /mm × mm	功率/kW	速度 /r·min⁻¹	破碎比	特　点
颚式 破碎机 超前 悬挂式		(180×350)~ (1220×1525)	11~150	390~250	平均7:1, 范围(4:1) ~(9:1)	用途与 Black 型相似。速度较 高,处理能力 大,能量利用率 高,磨损小
DYNA- JAW式		给料: 1000mm 产品: 60~80mm			12:1	破碎比大,一 般粗碎可代替两 段破碎
正悬 挂式		(125×150)~ (1500×2100)	2.25~400	300~120	平均7:1, 范围(4:1) ~(9:1)	处理能力比简 摆式(双肘板) 高。磨损较高, 不适用于非常坚 硬性物料的破碎
负支 撑式		(380×610)~ (1520×1780)	30~250	275~180	至7:1	能耗低,破碎 比大,产量高, 齿板使用寿命 长,是普通单肘 板破碎机的5倍
旋摆式 破碎机 旋回 破碎机		(750×1400)~ (2130×3300)	5~750	450~110	平均8:1, 范围(3:1) ~(10:1)	用于第一段、 第二段粗破碎, 处理能力大,更 适宜于破碎黏性 物料和片状物料
圆锥 破碎机	短头型	φ600~ 3050	22~600	290~220	第二段破 碎(6:1)~ (8:1),第三 段破碎(4: 1)~(6:1)	第二、三段破 碎经常采用堵塞 式给料

类　别	结构示意图	规格 /mm×mm	功率/kW	速度 /r·min⁻¹	破碎比	特　点
旋摆式 破碎机	离心 惯性 破碎机	φ300~ 2200	10~800		(15∶1) ~(20∶1)	适用于超细碎。破碎力大，破碎比大，产品细
	双腔 层压 破碎机	360~1500	22~150		(3∶1)~ (8∶1)	破碎比大，产量高。适用于第三段破碎
辊式 破碎机	单齿辊 破碎机	φ(500× 450)~ (1500×2100)	15~300	600~230	至7∶1	用于软、脆、非腐蚀性物料的粗碎和第二段破碎，如煤、石灰石等，破碎黏性物料优于颚式和旋回破碎机
	对辊式 破碎机	φ(400×250)~ (1800×900)或 (860×2100)	27~112	150~500	3∶1	破碎比小，产品细，用于第三段破碎。齿辊常用于碎煤，高压辊式机用于超细碎
	四辊式 破碎机	φ900×700	28和20	980和980	9∶1	多用于破碎焦炭
	齿辊式 破碎机	400~1500	75~1250		(2∶1)~ (4∶1)	适用于中硬以下的物料和煤的粗碎和中碎。最大给料尺寸可达1800mm
冲击 作用 破碎机	笼式 破碎机	φ750~1300	22~260	1500~480	(10∶1) ~(100∶1)	有1、2、4或6笼式，用于脆性物料的细碎

类　别		结构示意图	规格 /mm×mm	功率/kW	速度 /r·min^{-1}	破碎比	特　点
冲击 作用 破碎机	立式 冲击 破碎机		φ685~990	55~150	2300~1400	2:1	产品呈立方体，适用于脆性和硬性物料，用于第三段破碎
	不可逆式 单转子 冲击式 破碎机		(160×230)~ (640×1470) (给料口)	11~375	180~600	20:1（开路） 40:1（闭路）	用于非腐性不坚硬物料的粗碎、第三段和第三段破碎。破碎比大，产品细，呈立方体形
	可逆式 单转子 冲击式 破碎机		1400×2300	450	900	40:1（闭路）	适用于软、脆性物料。破碎比大，产品呈立方体形，处理能力大，产品细。可用于第一段、第二段、第三段破碎
	双转子 锤式 破碎机					40:1（闭路）	破碎比大，一次性可将1000mm的物料破碎到25mm以下。适用于石灰石等软、脆性物料
	单转子 反击式 破碎机		(400×400)~ (1500×2300) (给料口)	500~1500		(20:1) ~(40:1)	破碎比大，适用于脆性、非黏性、软物料。板锤磨损快，粒度不均匀，细粒含量较高
	双转子 反击式 破碎机		φ2000 (转子辊)			(20:1) ~(40:1)	处理量高，破碎比大。适用于一次破碎后向水泥磨机供料
转筒式 破碎机	滚筒式 破碎机		φ(2100× 3650)~ (4300×9750)	7~112	18~12	产品粒度 40~150mm	用于粗破碎煤

3.3 破碎设备

3.3.1 颚式破碎机

颚式破碎机俗称老虎口，由动颚和定颚两块颚板组成破碎腔，模拟动物的两颚运动而完成物料破碎作业的破碎机。E. W. 布莱克（E. W. Blake）于1858年获得布莱克破碎机的发明专利。目前使用的大多数颚式破碎机都是在其基本形式上做些细节上的优化。它虽然是一种古老的碎矿设备，但是由于具有构造简单、工作可靠、制造容易、维修方便等优点，所以至今仍在矿山、冶金、水泥、建材、电力、化工、道路交通和材料等部门获得广泛应用。在金属矿山中，主要应用于对坚硬或中硬矿石进行粗碎和中碎作业。颚式破碎机的工作部分是两块颚板，一是固定颚板（定颚），垂直（或上端略外倾）固定在机体前壁上，二是活动颚板（动颚），位置倾斜，与固定颚板形成上大下小的破碎腔（工作腔）。活动颚板对着固定颚板做周期性的往复运动，时而分开，时而靠近。分开时，物料进入破碎腔，成品从下部卸出；靠近时，使装在两块颚板之间的物料受到挤压、弯折和劈裂作用而破碎。

颚式破碎机的类型很多，通常都是按照可动颚板（动颚）的运动特性来进行分类的。工业上应用最广泛的主要有两种类型：简单摆动型及复杂摆动型颚式破碎机。它们均属于下动型。上动型因结构不合理已被淘汰。目前在我国选矿厂中使用最广的主要有简单摆动颚式破碎机（图3-3a）和复杂摆动颚式破碎机（图3-3b）两种类型。近年来，由于液压技术的应用，在简单摆动颚式破碎机的基础上制成了液压颚式破碎机（图3-3c），在选矿厂也开始得到应用。

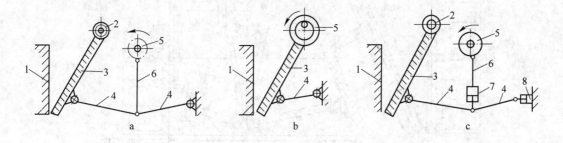

图 3-3　颚式破碎机的主要类型

a—简单摆动颚式破碎机；b—复杂摆动颚式破碎机；c—液压颚式破碎机
1—固定颚板；2—动颚悬挂轴；3—可动颚板；4—前、后推力板；5—偏心轴；
6—连杆；7—连杆液压油缸；8—调整液压油缸

3.3.1.1 简单摆动颚式破碎机

A 工作原理

动颚悬挂在心轴上，可做左右摆动。偏心轴旋转时，连杆做上下往复运动，带动两块推力板也做往复运动，从而推动动颚做左右往复运动，实现破碎和卸料。此种破碎机采用曲柄双连杆机构，虽然动颚上受到很大的破碎反力，而其偏心轴和连杆却受力不大，所以工业上多制成大型机和中型机，用来破碎坚硬的物料。此外，这种破碎机工作时，动颚上每点的运动轨迹都是以心轴为中心的圆弧，圆弧半径等于该点至轴心的距离，上端圆弧小，下端圆弧大，破碎效率较低。由于运动轨迹简单，故称简单摆动颚式破碎机（图3-4）。

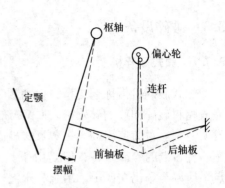

其工作特点是：

（1）破碎机的生产能力较低；

（2）出料的粒度不均匀；

（3）偏心轴承受的作用力较小；

（4）破碎时过粉碎现象小；

（5）物料对颚板的磨损小。

图3-4　简单摆动颚式破碎机的工作原理

简单摆动颚式破碎机一般用作粗碎机，破碎比为3~6。

B　机械结构

我国生产的900mm×1200mm简单摆动颚式破碎机如图3-5所示。这种破碎机主要是由破碎矿石的工作机构、传动机构、保险装置、排矿口的调整装置和机器的支承装置（即轴承）等部分组成。

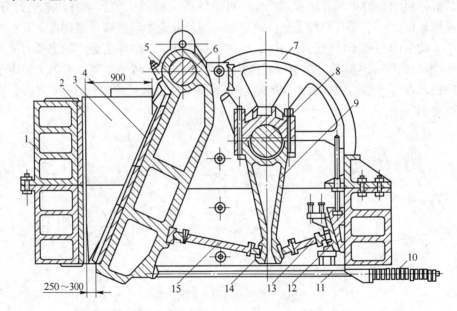

图3-5　900mm×1200mm简单摆动颚式破碎机

1—机架；2，4—破碎齿板；3—侧面衬板；5—可动颚板；6—心轴；7—飞轮；8—偏心轴；9—连杆；
10—弹簧；11—拉杆；12—楔块；13—后推力板；14—肘板支座；15—前推力板

a　工作机构

破碎机的工作机构是指固定颚板和可动颚板5构成的破碎腔。它们分别衬有高锰钢（ZGMn13）制成的破碎齿板2和4，用螺栓分别固定在可动颚板和固定颚板上。为了提高碎矿效果，两破碎衬板的表面通常都带有纵向波纹齿形，齿形排列方式是动颚破碎齿板的齿峰正好对准固定颚破碎齿板的齿谷，这样有利于矿石的破碎作用。破碎齿板的磨损是不均匀的,靠近给矿口部分磨损较慢,接近排矿口部分磨损较快,特别是固定颚破碎齿板的下部磨损更快。为了延长破碎齿板的使用寿命,往往把破碎齿板做成上下对称形式,以便下部磨损后,将破碎齿板倒向互换使用。大型破碎机的破碎齿板一般制成互相对称的几块,目的与此相同。另外,近几年来,颚式破碎机有的采用曲面的破碎齿板,即排矿口部分接近平行,这样可使破碎产品粒度均匀,排矿不易堵塞。

为使破碎齿板牢固、紧密地贴合在颚板上面,破碎齿板各点受力比较均匀,常在破碎齿板与颚板之间垫以可塑性材料的衬垫,如铅板、铝板和合金板等,也有采用低碳钢板的。破碎腔的两个侧壁也装有锰钢衬板,其表面是平滑的,采用螺栓固定在侧壁上,磨损后更换。

b 传动机构

可动颚板的运动是借助连杆、推力板机构来实现的。它由飞轮 7、偏心轴 8、连杆 9、前推力板 15 和后推力板 13 组成。飞轮分别装在偏心轴的两端,偏心轴支承在机架侧壁的主轴承中,连杆上部装在偏心轴上,前、后推力板的一端分别支承在连杆下部两侧的肘板支座 14 上,前推力板的另一端支承在动颚下部的肘板支座上;后推力板的另一端支承在机架后壁的肘板支座上。当电动机通过皮带轮带动偏心轴旋转时,使连杆产生运动。连杆的上下运动,带动推力板运动。由于推力板的运动不断改变倾斜角度的结果,于是可动颚板就围绕悬挂轴做往复运动,从而破碎矿石。当动颚向前摆动时,水平拉杆通过弹簧 10 来平衡动颚和推力板所产生的惯性力,使动颚和推力板紧密结合,不至于分离。当动颚后退时,弹簧又可起协助作用。

飞轮的作用:由于颚式破碎机是间断工作的,即有工作行程和空转行程,所以它的电动机的负荷极不均衡。为使负荷均匀,就要在动颚向后移动(离开固定颚板)时,把空转行程的能量储存起来,以便在工作行程(进行破碎矿石)时,再将能量全部释放出去。利用惯性的原理,在偏心轴两端各装设一个飞轮就能达到这个目的。为了简化机器结构,通常都把其中一个飞轮兼作传递动力用的皮带轮。对于采用两个电动机分别驱动的大型颚式破碎机,两个飞轮都制成皮带轮,即皮带轮同时也起飞轮作用。

偏心轴或主轴是破碎机的重要零件,简摆颚式破碎机的动颚悬挂轴又叫心轴。偏心轴是带动连杆做上下运动的主要零件,由于它们工作时承受很大的破碎力,一般都采用优质合金钢制作。根据我国资源状况,大型颚式破碎机的偏心轴以采用锰钼钒(42MnMoV)、锰钼硼(30Mn2MoB)和铬钼(34CrMo)等合金钢较为合适。小型颚式破碎机则采用 45 号钢制造。偏心轴应进行调质或正火热处理,以提高强度和耐磨性能。心轴一般采用 45 号钢。

连杆只有简摆颚式破碎机才有,它由连杆体和连杆头组成。由于工作时承受拉力,故用铸钢制作。连杆体有整体的和组合的两种,前者多用于中、小型颚式破碎机,后者主要用于大型颚式破碎机。为了减小连杆的惯性作用,应力求减轻连杆体的质量,所以、中、小型颚式破碎机一般采用"工"字、"十"字形断面结构,而大型颚式破碎机则采用箱形断面形式。对于液压颚式破碎机,连杆体内还装有一个液压油缸(活塞),在机器超负荷时起保险作用。

推力板,又称肘板,它既是向动颚传递运动的零件,又是破碎机的保险装置。推力板在工作中承受压力,一般采用铸铁整体铸成,也有铸成两块的,再用铆钉或螺栓连接起来。推力板的两端部（肘头）磨损最严重。为了增加肘头的耐磨性，有时将肘头与推力板分别制造。而且肘头部分应做冷硬处理。但最好是改变它们的结构形式，如采用滚动接触，以利于形成润滑油膜，减少磨损。

　　c　排矿口的调整装置

　　调整装置是破碎机排矿口大小的调整机构。随着破碎齿板的磨损，排矿口逐渐增大，破碎产品粒度不断变粗。为了保证产品粒度的要求，必须利用调整装置，定期地调整排矿口尺寸。颚式破碎机的排矿口调整方法主要有 3 种形式：

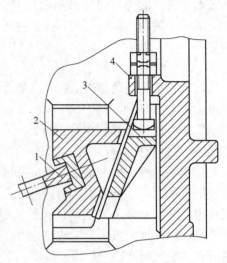

　　（1）垫片调整。在后推力板支座和机架后壁之间，放入一组厚度相等的垫片。利用增加或减少垫片层的数量，使破碎机的排矿口减小或增大。这种方法可以多级调整，机器结构比较紧凑，可以减轻设备质量，但调整时一定要停车。大型颚式破碎机多采用这种调整方法。

　　（2）楔块调整。借助后推力板支座与机架后壁之间的两个楔块的相对移动来实现破碎机排矿口的调整（图 3-6）。转动螺栓上的螺帽，使调整楔块 3 沿着机架 4 的后壁做上升或下降移动，带动前楔块 2 向前或向后移动；从而推动推力板或动颚，以达到排矿口调整的目的。此方法可以做无级调整，调整方便，节省时间，不必停车调整，但增加了机器的尺寸和质量。中、小型颚式破碎机常采用这种调整装置。

图 3-6　楔块调整装置
1—推力板；2—楔块；3—调整楔块；4—机架

　　（3）液压调整。近年来逐渐有在此位置安装液压推动缸来调整排矿口的，如图 3-7 中

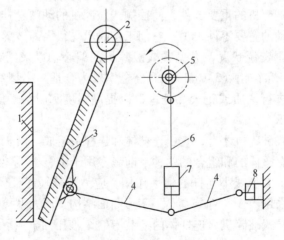

图 3-7　液压颚式破碎机
1—固定颚板；2—动预悬挂轴；3—可动颚板；4—前（后）推力板；
5—偏心轴；6—连杆；7—连杆液压油缸；8—调整液压油缸

液压颚式破碎机的调整液压油缸 8。

d 保险装置

保险装置是当颚式破碎机的破碎腔进入非破碎物体时，为了有效地防止机器零件不致损坏，而采用的一种安全措施。最常用的是采用后推力板作为破碎机的保险装置。后推力板一般使用普通铸铁材料，而且通常在后推力板上开设若干个小孔，以降低它的断面强度，或者使用组合推力板。当破碎机进入非破碎物体时，机器超过正常负荷，后推力板或连接铆钉（组合推力板）立即折断或剪断，使破碎机停止工作，从而避免机器主要零、部件被损坏。但是，由于对碎矿时的破碎力大小和推力板的强度特性掌握不够，有时在机器超负荷时，这种装置未起保险作用，或者还没有超负荷它就折断了。看来，后推力板作为破碎机的超负荷的保险装置是不够可靠的；并且这种事故处理比较复杂，耗费时间较长。

颚式破碎机采用液压保险装置，既可靠安全，又易于排除故障，见图3-3 中的连杆液压油缸7。

值得注意的是，采用连杆头上的螺栓或飞轮上的销钉（键），作为颚式破碎机的保险装置是不够合适的。

e 机架和支承装置

机架是碎矿机的最笨重部件，应有足够的强度，因它要承受破碎物料的强大挤压力。可用铸钢整体铸造，但随着碎矿机规格的增大，更加笨重的机架给运输和制造带来很大困难，因此大型颚式碎矿机（规格大于 1200 mm×1500 mm）的机架做成上、下两部分（或几部分）的组合体，在机架的上部装有动颚悬挂轴及偏心轴的轴承。支承装置，指颚式破碎机的轴承部分。大、中型破碎机一般都采用铸有巴氏合金的滑动轴承，它能承受较大的冲击载荷，又比较耐磨，但传动效率低，需要进行强制润滑。小型颚式破碎机多用滚动轴承，它的传动效率高，维修方便，但承受冲击性能较差。应当看到，随着滚动轴承制造技术水平的提高，今后大型颚式破碎机也必将采用滚动轴承。

3.3.1.2 复杂摆动颚式破碎机

A 工作原理和构造

复杂摆动颚式破碎机的构造，如图 3-8 所示。它主要用于矿石的中碎。但在中、小型选矿厂中，也可作为第一段碎矿设备，其给矿口宽度可达 900mm，排矿口宽度为 10～150mm，生产率为 1～450t/h。这种破碎机的动颚悬挂轴也是偏心轴，因此连杆与动颚合并。从图3-8 可以看出，动颚板 2 通过滚珠轴承 4 直接悬挂在偏心轴 3 上，偏心轴支承在机架 1 上的两个滚珠轴承中，排矿口的大小用楔块9 和10 来调节，其肘板8 也只有一块，衬板5 和6 分别装在动颚和定

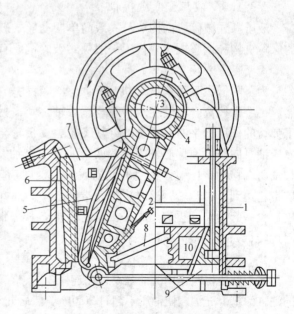

图 3-8 复杂摆动颚式破碎机

1—机架；2—动颚板；3—偏心轴；4—滚珠轴承；

5，6—衬板；7—侧壁衬板；8—肘板；9，10—楔块

颚上，表面都是弧形的。其他零件与简单摆动颚式破碎机相似。当偏心轴转动时动颚上端运动轨迹为圆形，而下端则为椭圆形轨迹。故称为复杂摆动。它对矿石除有压碎作用外，还有磨剥作用。因此生产率较高，能量消耗也较少。但矿石过粉碎现象比较严重，衬板的磨损也较快。

B　复杂摆动颚式破碎机的特点

（1）当颚板压住物料时，活动颚板部分地与物料一起做向下运动，加快了出料速度，提高了生产能力。实践证明，同规格复摆式破碎机比简摆式生产能力高 20% ~ 30% 。

（2）活动颚上部的水平摆动量大于下部，所以大块物料容易在上部得到破碎，整个颚板工作面受力较均匀，符合破碎原理，有利于生产能力的提高。

（3）动颚下端有很大的向下垂直动力，能促使排料，且能将物料反复地翻转，并以立方体形状块粒卸出。

（4）动颚受到的巨大挤压力，部分作用到偏心轴和轴承上，对破碎机结构和操作产生不良的影响。

复摆式颚式破碎机与简摆式相比较，其优点是质量较轻，构件较少，结构更紧凑，破碎腔内充满程度较好，所装物料块受到均匀破碎，加之动颚下端强制性推出成品卸料，故比同规格的简摆颚式破碎机的生产率高出 20% ~ 30% ；物料块在动颚下部有较大的上下翻滚运动，容易呈立方体的形状卸出，减少了像简摆式产品中那样的片状成分，产品质量较好。它具有结构简单合理、产量高、破碎比大、齿板使用寿命长、成品粒度均匀、动力消耗低、维修保养方便等优点，是目前国内最先进的机型。

在国外，这种破碎机已有制成大型的，其规格达 1676mm×2108mm （66in×83in），排矿口宽为 355mm （14in），生产率可达 3000t/h。

3.3.1.3　液压颚式破碎机

液压颚式破碎机的构造与一般简单摆动颚式破碎机基本相同，所不同的是以液压油缸的保险机构和调整机构取代了一般颚式破碎机原有的保险装置和调整装置。

A　液压分段启动

为了降低大型颚式破碎机启动的功率消耗，在偏心轴的两端安装两个液压摩擦离合器。一个摩擦离合器装在皮带轮与偏心轴之间，另一个装在飞轮与偏心轴之间。离合器由于弹簧的作用，平时是闭合的，使飞轮、皮带轮与偏心轴紧紧咬合，启动破碎矿前，先用液压油泵向设置在偏心轴两端的两个油缸中充油，当油压增至 2.9MPa 时，油缸活塞向偏心轴两端移动，压缩弹簧使离合器脱开。这时启动主电机，带动皮带轮转动，经 20s 后，皮带轮达到正常运转，这时皮带轮端油缸中的油卸压并流回油箱，离合器闭合，偏心轴与皮带轮一起运转，再过 20s 后，飞轮端油缸中的油卸压，离合器闭合，飞轮又与偏心轴一起运转，完成了破碎机的三步启动。

B　液压保险装置

实现液压保险作用的油缸设置在连杆体中，在破碎机启动前，先开动液压油泵向连杆体的油缸活塞下充油，使油压不超过 20MPa。然后开动主电机，破碎机正常工作。当破碎腔进入非破碎物时，使连杆下油缸的油压超过规定压力，迫使高压溢流阀打开，使下油缸的油流向上油缸卸压，因而使正在工作的连杆下部、推力板和动颚停止运动，而主电机、偏心轴及连杆上部照常运转，从而保护了机器不受损坏，停车取出非破碎物，再重新开车。

C 液压调整装置

如图 3-9 所示,在调整前,先松开连接滑块座与后机架间的螺帽及拉杆弹簧螺帽,再启动油泵,向油缸充油,使活塞推动滑块座向前移动,然后在滑块座与后机架间增减垫片,以调整排矿口的大小,调整后将油卸出,拧紧滑块座与后机架间的螺帽及重新调整拉杆弹簧的螺帽,至此排矿口的调整就已完成。

图 3-10 所示为我国近年设计的液压简摆型颚式破碎机,规格为 1500mm × 2100mm。是兼有液压保险装置和液压排矿口调整装置,并能分段启动的新型设备。该设备的液压系统如图 3-11 所示。

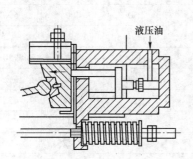

图 3-9 排矿口的液压调整机构图

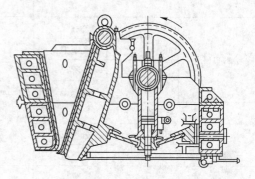

图 3-10 1500mm × 2100mm 液压颚式破碎机

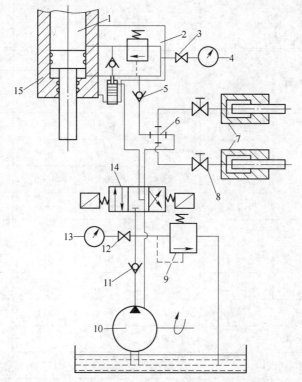

图 3-11 液压颚式破碎机的液压系统

1—连杆上缸;2—阀;3,12—压力表开关;4,13—压力表;5,11—单向阀;6—四通;
7—用于调整排矿口的油缸;8—外螺截止阀;9—高压溢流阀;10—单级叶片泵;
14—三位四通电磁换向阀;15—连杆下缸

颚式破碎机的规格是用给矿口的宽度和长度来表示的，例如 1200mm × 1500mm 简单摆动颚式破碎机，即给矿口宽为 1200mm，长为 1500mm。我国目前所生产的颚式破碎机，其技术规格见表 3-4。

表 3-4　颚式破碎机定型产品技术规格

一、复摆颚式破碎机

基 本 参 数			单 位	型号及规格			
				PE-150 ×250	PE-250 ×400	PE-400 ×500	PE-500 ×750
给料口尺寸	宽度	公称尺寸	mm	150	250	400	500
		极限偏差		±10	±10	±20	±25
	长度	公称尺寸		250	400	600	750
		极限偏差		±15	±20	±30	±35
最大给料尺寸				130	210	340	425
开边排料口 宽度 b		公称尺寸		30	40	60	75
		调整范围		≥±15	≥±20	≥±25	≥±25
处理能力			m³/h	≥3.0	≥7.5	≥15	≥40
电动机功率			kW	≤7.5	≤18.5	≤45	≤75
质量（不包括电动机）			kg	≤1500	≤3000	≤7000	≤15000

基 本 参 数			单 位	型号及规格			
				PE-600 ×900	PE-750 ×1060	PE-900 ×1200	PE-1200 ×1500
给料口尺寸	宽度	公称尺寸	mm	600	750	900	1200
		极限偏差		±30	±35	±45	±60
	长度	公称尺寸		900	1060	1200	1500
		极限偏差		±45	±55	±60	±75
最大给料尺寸				500	630	750	950
开边排料口 宽度 b		公称尺寸		100	110	130	220
		调整范围		≥±25	≥±30	≥±35	≥±60
处理能力			m³/h	≥60	≥110	≥180	≥260
电动机功率			kW	≤90	≤110	≤132	≤200
质量（不包括电动机）			kg	≤21000	≤33000	≤55000	≤95000

处理能力的测定和粒度组成以下列条件为依据：

（1）破碎物料松散密度为 1.6t/m³，抗压强度为 150MPa 的矿石（自然状态）；

（2）颚板为新的颚板，排料口宽度为公称尺寸；

（3）工作情况为连续进料。

二、复摆细碎型颚式破碎机

基 本 参 数			单 位	型号及规格				
				PEX-100 ×600	PEX-150 ×500	PEX-150 ×750	PEX-200 ×1000	PEX-250 ×750
给料口尺寸	宽度	公称尺寸	mm	100	150	150	200	250
		极限偏差		±10	±10	±10	±15	±15
	长度	公称尺寸		600	500	750	1000	750
		极限偏差		±25	±25	±35	±50	±35
最大给料尺寸				80	120	120	160	210
开边排料口 宽度 b		公称尺寸		15	30	30	35	40
		调整范围		+15 -10	+18 -12	+18 -12	+20 -15	+20 -15
处理能力			m³/h	≥9	≥6	≥10	≥16	≤14
电动机功率			kW	≤7.5	≤13	≤15	≤22	≤30

基 本 参 数			单 位	型号及规格			
				PEX-250 ×1000	PEX-250 ×1200	PEX-300 ×1300	PEX-350 ×750
给料口尺寸	宽度	公称尺寸	mm	250	250	300	350
		极限偏差		±15	±15	±20	±20
	长度	公称尺寸		1000	1200	1300	750
		极限偏差		±50	±60	±60	±35
最大给料尺寸				210	210	250	300
开边排料口 宽度 b		公称尺寸		40	40	55	30
		调整范围		+20 -15	+20 -15	+35 -25	+20 -15
处理能力			m³/h	≥18	≥24	≥55	≥25
电动机功率			kW	≤40	≤60	≤75	≤30

处理能力的测定以下列条件为依据:

(1) 破碎物料松散密度为 $1.6t/m^3$，抗压强度为 150MPa 的矿石（自然状态）；

(2) 颚板为新的颚板，排料口宽度为公称尺寸；

(3) 工作情况为连续进料

三、简摆颚式破碎机

基 本 参 数			单 位	型号及规格			
				PJ-400	PJ-500	PJ-600	PJ-750
给料口尺寸	宽度 B	公称尺寸	mm	400	500	600	750
		极限偏差		±20	±25	±30	±35
	长度 L	公称尺寸		600	750	900	1060
		极限偏差		±30	±35	±45	±55
最大给料尺寸				340	425	500	630
开边排料口宽度 b		公称尺寸		60	75	100	110
		调整范围		≥±20	≥±25	≥±25	≥±30
处理能力 Q（排料口宽为公称值）			m^3/h	≥18	≥40	≥60	≥110
电动机功率			kW	≤45	≤55	≤75	≤90
外形尺寸	长 L_0		mm	2000	2500	3000	4700
	宽 B_0			1800	2200	2500	4500
	高 H_0			1600	1700	1800	3000
整机质量（不含电动机）			t	≤15	≤22	≤29	≤56
基 本 参 数			单 位	型号及规格			
				PJ-900	PJ-1200	PJ-1500	PJ-2100
给料口尺寸	宽度 B	公称尺寸	mm	900	1200	1500	2100
		极限偏差		±45	±60	±75	±90
	长度 L	公称尺寸		1200	1500	2100	2500
		极限偏差		±60	±75	±90	±100
最大给料尺寸				750	1000	1300	1700
开边排料口宽度 b		公称尺寸		130	155	180	250
		调整范围		≥±35	≥±40	≥±45	≥±50
处理能力 Q（排料口宽为公称值）			m^3/h	≥180	≥310	≥550	≥800
电动机功率			kW	≤110	≤160	≤250	≤400
外形尺寸	长 L_0		mm	5300	6400	7500	12000
	宽 B_0			1800	6800	7000	8000
	高 H_0			4000	5000	6000	9000
整机质量（不含电动机）			t	≤75	≤145	≤260	≤470

处理能力的测定以下列条件为依据：

（1）破碎物料松散密度为 $1.6t/m^3$，抗压强度为 150MPa 的矿石（自然状态）；

（2）颚板为新的颚板，排料口宽度为公称尺寸；

（3）工作情况为连续给料

注：P—破碎机；E—颚式；J—简单摆动；X—细碎型。

就颚式破碎机而言，尽管结构类型有所不同，但是它们的工作原理基本上是相似的，只是动颚的运动轨迹有所差别而已。当可动颚板围绕悬挂轴对固定颚板做周期性的往复运动，时而靠近时而离开，就在可动颚板靠近固定颚板时，处在两颚板之间的矿石，受到压碎、劈裂和弯曲折断的联合作用而破碎；当可动颚板离开固定颚板时，已破碎的矿石在重力作用下，经破碎机的排矿口排出。

3.3.1.4 颚式破碎机的性能及主要参数

A 颚式破碎机的性能

颚式破碎机要求给矿均匀，所以都设有专门的给矿设备。颚式破碎机的产品粒度特性曲线如图 3-12 所示。破碎产物的粒度特性曲线，取决于被破碎矿石的硬度。产品粒度特性曲线不仅反映出破碎机的工作性能，而且为破碎机排矿口的调整提供了可靠的依据。

该曲线是由大量生产数据的平均统计得来的。生产实践证明，用同一类型破碎机破碎矿石，产品的粒度特性曲线形状取决于被破碎物料的性质，主要的是它的硬度。因此在没有实际资料的情况下，可以运用这三种典型粒度特性曲线。为了运用方便起见，横坐标不是直接用粒度的绝对值表示，而是用相对粒度表示。它们之间的关系如下：

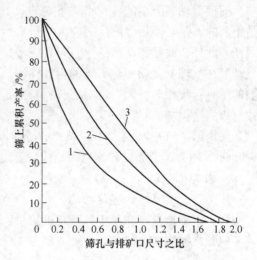

$$相对粒度 = \frac{产品（绝对）粒度\ d}{排矿口宽度\ e}$$

$$= \frac{筛孔尺寸}{排矿口宽度}$$

图 3-12　颚式碎矿机产品粒度特性曲线
1—易碎性矿石；2—中等可碎性矿石；
3—难碎性矿石

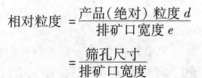

简摆和复摆两种颚式破碎机的结构有差异，动颚运动特征有差异，因而导致了两种破碎机性能上的一系列差异。颚式破碎机动颚运动的轨迹如图 3-13a 所示。在简摆型颚式破碎机中，动颚以心轴为中心而摆动一段圆弧，其下端的摆动行程较大，上端较小。摆动行程可分为水平的与垂直的两个分量，视机构的几何关系而定，其大致比例如图 3-13b 所

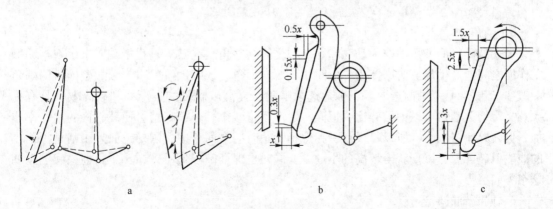

图 3-13　颚式破碎机的动颚运动分析
a—运动轨迹；b—简摆型颚式破碎机；c—复摆型颚式破碎机

示。复摆型颚式破碎机的运动轨迹较为复杂，动颚上端的运动轨迹近似为圆形，下端的运动轨迹近似为椭圆形。其行程的水平与垂直分量的大致比例如图 3-13c 所示。简摆型与复摆型颚式破碎机动颚运动的另一个区别就是在简摆型中，动颚上端与下端同时靠近固定颚或远离固定颚，即动颚上端与下端的运动是同步的；而在复摆型中，动颚上端与下端的运动是异步的，例如，当动颚上端朝向固定颚运动时，下端却朝相反于固定颚的方向运动。换句话说，在某些时刻，动颚上端正在破碎物料，下端却正在排出物料，或反之。

颚式破碎机靠动颚的运动进行工作，因此，动颚的运动轨迹对破碎效果有较大的影响。简摆型动颚上端的行程小于下端的，上端行程小对于破碎某些粒度及韧性较大的物料是不利的，甚至不足以满足破碎大块给料所需要的压缩量，但下端行程较大却有利于排料通畅。此外，简摆型动颚的垂直行程较小，因此动颚衬板的磨损也较小。复摆型颚式破碎机动颚在上端的运动不与下端的运动同步，交替进行压碎及排料，因而功率消耗均匀。动颚的垂直行程相对较大，这对于排料特别是排出黏性及潮湿物料有利，但垂直行程较大导致衬板的磨损加剧。

根据给矿口宽度的大小，颚式破碎机又可分为大、中、小型 3 种：给矿口宽度大于 600mm 者称为大型颚式破碎机；给矿口宽度为 300～600mm 者称为中型；给矿口宽度小于 300mm 者为小型。

B　颚式破碎机的主要参数

为了正确地设计和使用好颚式破碎机，确保颚式破碎机运转的可靠性和经济性，一定要了解和掌握颚式破碎机的主要参数。对于工业生产，因为其参数的理论计算误差较大，所以这里介绍比较实用的经验计算公式。

a　给料口的尺寸和排料口尺寸

它是选择颚式破碎机规格尺寸时非常重要的参数，也是操作人员应该了解的数据。目前，在我国，给料口长度 L 为宽度 B 的 1.25～1.6 倍，即 $L=(1.25～1.6)B$。对于大型颚式破碎机，$L=(1.25～1.5)B$；对于小型颚式破碎机，$L=(1.5～1.6)B$。给料口宽度 B 决定了破碎机的最大给料粒度 D_{max} 的大小。一般取 $D_{max}=(0.75～0.85)B$。在我国，简摆型通常取 $D_{max}=0.75B$；复摆型通常取 $D_{max}=0.85B$。排料口的宽度 e 取决于最大排料粒度 d_{max} 和动颚的摆动行程 s。也可参考给料口宽度 B 来确定。通常简摆型取 $e=d_{max}-s=(1/7～1/5)B$；复摆型取 $e=d_{max}-s=(1/10～1/7)B$。

b　啮角

颚式破碎机的啮角，即为动颚和固定颚之间的夹角。在破碎过程中，要求矿石与动颚工作面之间能产生足够的摩擦力，以阻止矿石向上滑动或跳出给料口。颚式破碎机的啮角一般在 17°～24° 范围内选取。正确地选取啮角对提高破碎机的生产率和破碎效率具有很大意义。增大啮角可增大破碎比，但同时生产率将减小。减小啮角可使破碎机的生产率增加，但破碎比将减小。所以，设计者在选择啮角时应全面考虑。国外一般采用啮角深而小的曲线形破碎腔，以期获得较高的生产率，同时也保证破碎比不致减小。目前，我国正朝这个方向努力。

c　偏心轴的转速

目前，在实际生产中，常用经验公式来确定偏心轴的转速 n，其计算结果和实际采用的转速较接近。当给料口宽度 B 为 1200mm 时，$n=310～145$r/min；当给料口宽度 $B>$

1200mm 时，$n = 42 \sim 160 \text{r/min}$。

　　d　生产率

　　颚式破碎机的生产率是指在单位时间内所处理的矿石量。它是衡量破碎机处理能力的数量指标。在设计中，通常采用经验公式来计算其生产率 Q：

$$Q = \frac{K_1 K_2 q_0 e}{1.6} \tag{3-1}$$

式中　K_1——矿石可碎性系数，见表 3-5；

　　　　K_2——粒度修正系数，见表 3-6；

　　　　q_0——单位排料口宽度的生产率，$t/(\text{mm} \cdot \text{h})$，见表 3-7；

　　　　e——排料口的宽度，mm。

表 3-5　矿石可碎性系数 K_1

矿石硬度	抗压强度/MPa	普氏硬度系数 f	K_1
硬	160 ~ 200	16 ~ 20	0.9 ~ 0.95
中硬	80 ~ 160	8 ~ 16	1.0
软	<80	<8	1.1 ~ 1.2

表 3-6　粗碎设备的粒度修正系数 K_2

给料粒度 $D_{\max}$/给料口宽度 B	0.85	0.70	0.6	0.5	0.4	0.3
K_2	1.00	1.04	1.07	1.11	1.16	1.23

表 3-7　颚式破碎机单位排料口宽度的生产率 q_0

破碎机规格/mm × mm	250 × 400	400 × 600	600 × 900	900 × 1200	1200 × 1500	1500 × 2100
q_0/t · (mm · h)$^{-1}$	0.4	0.65	0.95 ~ 1	1.25 ~ 1.3	1.9	2.7

　　e　电动机的功率

　　在破碎机工作过程中，破碎机的功率消耗与其转速、规格尺寸、排料口宽度、啮角、矿石的粒度特性及其物理、机械性质等均有关系。由于影响功耗的因素很多，且复杂，所以，目前的一些理论计算公式只能供设计者初选破碎机功率时参考。在实践中通常采用经验公式来计算：

　　简摆型：　　　　　　　　　　$P \approx 10LHsn$ 　　　　　　　　　　(3-2)

　　复摆型：　　　　　　　　　　$P \approx 18LHrn$ 　　　　　　　　　　(3-3)

式中　L——给料口的宽度，m；

　　　　H——固定颚板的计算高度，m；

　　　　r——主轴的偏心距，m；

　　　　s——动颚的摆动行程，m；

　　　　n——偏心轴的转速，r/min。

3.3.1.5　颚式破碎机的操作与维护

　　为了保证破碎机的连续正常运转，充分发挥设备的生产能力，要非常重视对破碎机的正确操作、经常维护和定期检修。

A　破碎机的操作

正确使用是保证破碎机连续正常工作的重要因素之一。操作不当或者操作过程中疏忽大意，往往是造成设备和人身事故的重要原因。正确的操作就是严格按操作规程的规定执行。

a　启动前的准备工作

在颚式破碎机启动以前，必须对设备进行全面的仔细检查：检查破碎齿板的磨损情况，调好排矿口尺寸；检查破碎腔内有无矿石，若有大块矿石，必须取出；检查连接螺栓是否松动；皮带轮和飞轮的保护外罩是否完整；三角皮带和拉杆弹簧的松紧程度是否合适；贮油箱（或干油贮油器）油量的注满程度和润滑系统是否完好；电气设备和信号系统是否正常等。

b　使用中的注意事项

在启动破碎机前，应该首先开动油泵电动机和冷却系统，经 3～4min 后，待油压和油流指示器正常时，再开动破碎机的电动机。

启动以后，如果破碎机发出不正常的敲击声，应停车运转，查明和消除毛病后，重新启动机器。

破碎机必须空载启动，启动后经一段时间，运转正常后方可开动给矿设备。给入破碎机的矿石应逐渐增加，直到满载运转。

操作中必须注意均匀给矿，矿石不许挤满破碎腔；而且给矿块的最大尺寸应不大于给矿口宽度的 0.85 倍。同时，给矿时严防电铲的铲齿和钻机的钻头等非破碎物体进入破碎机。一旦发现这些非破碎物体进入破碎腔，而又通过该机器的排矿口时，应立即通知皮带运输岗位及时取出，以免进入下一段破碎机，造成严重的设备事故。

操作过程中，还要经常注意大矿块是否卡住破碎机的给矿口，如果已经卡住时，一定要使用铁钩去翻动矿石；如果大块矿石需要从破碎腔中取出时，应该采用专门器具，严禁用手去进行这些工作，以免发生事故。

运转当中，如果给矿太多或破碎腔堵塞，应该暂停给矿，待破碎腔内的矿石碎完以后，再开动给矿机，但是这时破碎机不准停止运转。

在机器运转中，应该采取定时巡回检查，通过看、听、摸等方法观察破碎机各部件的工作状况和轴承温度。对于大型颚式破碎机的滑动轴承，更应该注意轴承温度，通常轴承温度不得超过 60℃，以防止合金轴瓦的熔化，产生烧瓦事故。当发现轴承温度很高时，切勿立即停止运转，应及时采取有效措施以降低轴承温度，如加大给油量、强制通风或采用水冷却等。待轴承温度下降后，方可停车，进行检查和排除故障。

为确保机器的正常运转，不熟悉操作规程的人员不得单独操作破碎机。

破碎机停车时，必须按照生产流程顺序进行停车。首先一定要停止给矿，待破碎腔内的矿石全部排出以后，再停破碎机和皮带机。在破碎机停稳后，方可停止油泵的电动机。

应当注意，若破碎机因故突然停车，在事故处理完毕、准备开车以前，必须清除破碎腔内积压的矿石，方准开车运转。

B　破碎机的维护检修

颚式破碎机在使用操作中，必须注意经常维护和定期检修。在碎矿车间，颚式破碎机的工作条件是非常恶劣的，设备的磨损是不可避免的。但应该看到，机器零件的过快磨损，甚至断裂，往往都是由于操作不正确和维护不当造成的，例如，润滑不良将会加速轴承的急剧磨损。所以，正确的操作和精心的维护（定期检修）是延长机器的使用寿命和提高设备运转率的重要途径。在日常维护工作中，对于正确地判断设备故障，准确地分析原因，从而迅速地采取消除方法，这是熟练的操作人员必须了解和掌握的技能。

颚式破碎机常见的设备故障、产生原因和消除方法列于表 3-8 中。

表 3-8 颚式破碎机工作中的故障及消除方法

序号	设 备 故 障	产 生 原 因	清 除 方 法
1	破碎机工作中听到金属的撞击声，破碎齿板抖动	破碎腔侧板衬板和破碎齿板松弛，固定螺栓松动或断裂	停止破碎机，检查衬板固定情况，用锤子敲击侧壁上的固定楔块，然后拧紧楔块和衬板上的固定螺栓，或者更换动颚破碎齿板上的固定螺栓
2	推力板支承（滑块）中产生撞击声	弹簧拉力不足或弹簧损坏，推力板支承滑块产生很大磨损或松弛，推力板头部严重磨损	停止破碎机，调整弹簧的拉紧力或更换弹簧，更换支承滑块，更换推力板
3	连杆头产生撞击声	偏心轴轴衬磨损	重新刮研轴衬或更换新轴衬
4	破碎产品粒度增大	破碎齿板下部显著磨损	将破碎齿板调转 180°，或调整排矿口，减小宽度尺寸
5	剧烈的劈裂声后，动颚停止摆动，飞轮继续回转，连杆前后摇摆，拉杆弹簧松弛	由于落入非破碎物体，使推力板破坏或者铆钉被剪断；由于下述原因使连杆下部破坏：工作中连杆下部安装推力板支承滑块的凹槽出现裂缝；安装没有进行适当计算的保险推力板	停止破碎机，拧开螺帽，取下连杆弹簧，将动颚向前挂起，检查推力板支承滑块，更换推力板；停止破碎机，修理连杆
6	振 动	紧固螺栓松弛，特别是组合机架的螺栓松弛	全面地扭紧全部连接螺栓，当机架拉紧螺栓松弛时，应停止破碎机，把螺栓放在矿物油中预热到 150℃ 后再安装上
7	飞轮回转，破碎机停止工作，推力板从支承滑块中脱出	拉杆的弹簧损坏，拉杆损坏，拉杆螺帽脱扣	停止破碎机，清除破碎腔内矿石，检查损坏原因，更换损坏的零件，安装推力板
8	飞轮显著地摆动，偏心轴回转减慢	皮带轮和飞轮的键松弛或损坏	停止破碎机，更换键，校正键槽
9	破碎机下部出现撞击声	拉杆缓冲弹簧的弹性消失或损坏	更换弹簧

机器设备能否经常保持完好状态，除了正确操作以外，一靠维护，二靠检修（修理），而且设备的维护又是设备修理的基础。使用中只要做好勤维护、勤检查，且掌握设备零件的磨损周期，就能及早发现设备零件缺陷，做到及时修理更换，从而使设备不至于达到不能修复而报废的严重地步。因此，设备的及时修理是保证正常生产的重要环节。

在一定条件下工作的设备零件，其磨损情况通常是有一定规律的，工作了一定时间以后，就需要进行修复或更换，这段时间间隔称为零件的磨损周期，或称为零件的使用期限。颚式破碎机主要易磨损件的使用寿命和最低储备量的大致情况见表 3-9。

表 3-9　颚式破碎机易磨损件的使用寿命和最低储备量

易磨损件名称	材　料	使用寿命/月	最低储备量
可动颚的破碎齿板	锰钢	4	2 件
固定颚的破碎齿板	锰钢	4	2 件
后推力板	铸铁		4 件
前推力板	铸铁	24	1 件
推力板支承座（滑块）	碳钢	10	2 套
偏心轴的轴承衬	合金	36	1 套
动颚悬挂轴的轴承衬	青铜	12	1 套
弹簧（拉杆）	60SiMn		2 件

根据易磨损周期的长短，还要对设备进行计划检修。计划检修又分为小修、中修和大修。

（1）小修是碎矿车间设备进行的主要修理形式，即设备日常的维护检修工作。小修时，主要是检查更换严重磨损的零件，如破碎齿板和推力板支承座等；修理轴颈，刮削轴承；调整和紧固螺栓；检查润滑系统，补充润滑油量等。

（2）中修是在小修的基础上进行的。根据小修中检查和发现的问题，制订修理计划，确定需要更换零件项目。中修时经常要进行机组的全部拆卸，详细地检查重要零件的使用状况，并解决小修中不可能解决的零件修理和更换问题。

（3）大修是对破碎机进行比较彻底的修理。大修除包括中、小修的全部工作外，主要是拆卸机器的全部部件，进行仔细的全面检查，修复或更换全部磨损件，并对大修的机器设备进行全面的工作性能测定，以达到和原设备具有同样的性能。

3.3.1.6　国内外新型颚式破碎机

A　PEW 系列外动颚式破碎机

PEW 系列外动颚式破碎机（简称 PEW 破碎机）是 20 世纪 80 年代由北京矿冶研究总院北京华诺维科技发展有限公司在吸收国外井下用颚式破碎机的低矮、可折等特点的基础上而研发的新型颚式破碎机。该系列破碎机有 3 种类型：PEWS 型外动颚破碎筛分机、PEWA 型外动颚低矮颚式破碎机和 PEWD 外动颚大破碎比颚式破碎机。其本质是属于单肘板颚式破碎机。其结构示意图分别见图 3-14 ~ 图 3-16，PEWA、PEWD 型外动颚颚式破碎机主要技术性能分别见表 3-10、表 3-11。

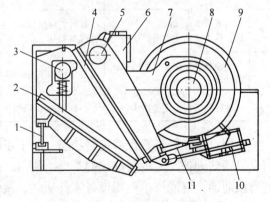

图 3-14　PEWS 外动型颚式破碎机结构

1—肘板；2—动颚；3—弹簧拉紧装置；4—定颚；
5—悬挂轴；6—机架；7—边板；8—偏心轴；
9—飞轮；10—调整机构；11—后肘板

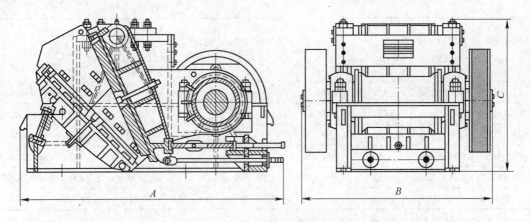

图 3-15　PEWA 型外动颚低矮颚式破碎机结构

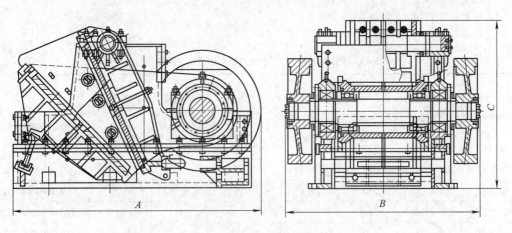

图 3-16　PEWD 型外动颚大破碎比颚式破碎机结构

表 3-10　PEWA 系列外动颚颚式破碎机性能

型号规格 /mm	进料口尺寸 /mm × mm	最大进料 粒度/mm	排料调整 范围/mm	处理能力 /t·h⁻¹	电机功率 /kW	整机质量 /t	外形尺寸 ($L \times W \times H$) /mm × mm × mm
PA-15120	150 × 1200	120	20 ~ 50	14 ~ 32	20 ~ 30	8	1340 × 2100 × 985
PA-2560	250 × 600	210	35 ~ 70	14 ~ 24	15 ~ 18.5	3.9	1510 × 1490 × 960
PA-2575	250 × 750	210	35 ~ 70	17 ~ 30	18.5 ~ 22	4.8	1516 × 1688 × 987
PA-25120	250 × 1200	210	35 ~ 70	25 ~ 28	37	10	1870 × 2522 × 1292
PA-4060	400 × 600	340	40 ~ 100	12 ~ 45	30	9.3	2110 × 1972 × 1292
PA-4075	400 × 750	340	40 ~ 100	15 ~ 55	37 ~ 45	10.6	2100 × 2552 × 1292
PA-40120	400 × 1200	340	40 ~ 100	20 ~ 70	75	15.5	2400 × 2640 × 1630
PA-50100	500 × 1000	425	60 ~ 130	35 ~ 100	75	16	2507 × 2442 × 1637
PA-6090A	600 × 900	510	120 ~ 190	75 ~ 120	75	18.5	2560 × 2300 × 1654
PA-6090B	600 × 900	510	115 ~ 200	70 ~ 125	55 ~ 75	19.5	2560 × 2300 × 1654

续表 3-10

型号规格 /mm	进料口尺寸 /mm × mm	最大进料粒度/mm	排料调整范围/mm	处理能力 /t·h⁻¹	电机功率 /kW	整机质量 /t	外形尺寸 (L × W × H) /mm × mm × mm
PA-60135	600 × 1350	510	120 ~ 190	90 ~ 135	75 ~ 90	28	2700 × 2750 × 1700
PA-75106	750 × 1060	630	130 ~ 210	110 ~ 180	90	60	3350 × 2650 × 2145
PA-75150	750 × 1500	630	130 ~ 210	155 ~ 255	110	42	3630 × 3426 × 2150
PA-90120	900 × 1200	750	140 ~ 220	170 ~ 270	110	50.8	3790 × 3126 × 2250
PA-100120	1000 × 1200	850	150 ~ 250	190 ~ 300	110	51	3850 × 3126 × 2500
PA-120150	1200 × 1500	1020	150 ~ 300	275 ~ 575	160 ~ 200	110	4870 × 3757 × 3176

注: 1. 排料口尺寸是从动颚齿板齿顶到定颚齿板齿根的距离;

2. 处理能力根据物料粒度、含泥量、含水量、物料硬度、解离特性及给料方式确定;

3. 给料粒度适中,可以顺利进入破碎腔;

4. 矿石硬度小于 300MPa,下同。

表 3-11　PEWD 系列外动颚大破碎比颚式破碎机性能

型号规格 /mm	进料口尺寸 /mm	最大进料粒度/mm	排料调整范围/mm	处理能力 /t·h⁻¹	电机功率 /kW	整机质量 /t	外形尺寸 (L × W × H) /mm × mm × mm
PD-15120	150 × 1200	120	7 ~ 30	7 ~ 20	30	8.5	1340 × 2100 × 985
PD-2560	250 × 600	210	7 ~ 40	2.4 ~ 16	15 ~ 18.5	3.9	1510 × 1490 × 960
PD-2575	250 × 750	210	7 ~ 40	3 ~ 20	18.5 ~ 22	4.8	1516 × 1688 × 987
PD-25120	250 × 1200	210	7 ~ 40	4.5 ~ 30	37	10	1870 × 2522 × 1292
PD-4060	400 × 600	340	10 ~ 50	4 ~ 113	30	9.3	2110 × 1972 × 1292
PD-4075	400 × 750	340	10 ~ 50	5 ~ 22	37 ~ 45	10.6	2100 × 2552 × 1292
PD-40120	400 × 1200	340	10 ~ 50	6.5 ~ 35	75	15.5	2400 × 2600 × 1630
PD-50100	500 × 1000	425	20 ~ 90	25 ~ 48	75	16	2507 × 2442 × 1637
PD-6090	600 × 900	510	60 ~ 310	35 ~ 80	75	18.5	2630 × 2300 × 1638
PD-60135	600 × 1350	510	60 ~ 130	45 ~ 100	75 ~ 90	28	2435 × 2300 × 1542
PD-75106	750 × 1060	630	60 ~ 140	55 ~ 130	90	30	3350 × 2650 × 2145
PD-75150	750 × 1500	630	60 ~ 140	65 ~ 155	110	42	3630 × 3426 × 2150
PD-85140	850 × 1400	720	70 ~ 150	75 ~ 145	110	46	3720 × 3326 × 2220
PD-90120	900 × 1200	720	70 ~ 150	65 ~ 190	110	50.8	3790 × 3126 × 2250

a　特点

(1) PEWS 型 (简称 PS) 外动颚颚式破碎机。该机定颚置于动颚和偏心轴之间,破碎腔倾斜布置,定颚在上、动颚在下构成破碎腔。并且从上到下分为两段,两段的动颚和定颚具有不同的倾角,上段用于粗碎,下段用于细碎,使破碎比提高 (可达 13)。此外,在动颚衬板下部沿排料口方向设有长条形筛孔,构成筛分板。并以外置摆杆支承,动颚通过边板在偏心轴的带动下做往复运动,正行程破碎物料,负行程进行筛分。在同一设备上实现破碎和筛分两种作业，减少了破碎机的堵塞和过粉碎，节能效果较好。

（2）PEWA型（简称PA）外动颚低矮颚式破碎机。该机将四连杆机构中连杆作为破碎机边板，而动颚仅是连杆一点的延伸，通过边板将动力传给外侧的动颚。动颚和连杆的脱开，使连杆不再约束动颚的运动特性，只要改变机构参数，就可调整动颚的运动轨迹，从而使动颚获得良好的运动特性。动颚的周期性摆动，使落入破碎腔中物料受挤压、劈裂和弯曲作用而破碎。该机最大给料粒度为750mm、破碎能力为90～340m^3/h、电机功率为110kW、机重为50t。生产实践表明，它性能良好，运行稳定可靠，设备作业率达97%。该机外形低矮，较同规格复摆式颚式破碎机高度降低25.6%。动颚运动轨迹在水平方向行程大，便于破碎并降低衬板磨损，有助于给料排料。该机生产能力大，能耗低，比同规格复摆式破碎机节能15%～30%。

（3）PEWD（简称PD）外动颚大破碎比颚式破碎机。该机动颚具有理想的运动轨迹、衬板磨损小、偏心距小、偏心轴转速高、处理能力大、外形低矮、喂料高度及整机重心低等突出优点。排料口的尺寸比普通颚式破碎机小，破碎腔比普通颚式破碎机长，阶梯折返式破碎腔型好像2个破碎腔串联，故能实现大破碎比，其破碎比最大可达10左右。可用一段大破碎比破碎机取代传统流程中的两段或三段破碎。

PEW系列外动颚颚式破碎机主要特点是：（1）高度降低30%；（2）齿板寿命可提高1倍以上；（3）处理能力可提高20%；（4）单机节能15%～20%；（5）破碎比大。

b 应用实例

（1）金川有色金属公司龙首矿。第1台PA-750mm×1060mm外动颚匀摆颚式破碎机于1995年9月在金川有色金属公司龙首矿井下破碎应用，硐室高度分别降低了45%，衬板寿命提高5～7倍，设备运转率达95%以上。

（2）安庆铜矿。2001年PEW型破碎机在安徽铜陵有色金属公司安庆铜矿井下进行工业试验，在－616m的破碎硐室中安装了1台PEWA-900mm×1200mm颚式破碎机和1台常规的PE-900mm×1200mm颚式破碎机。从2001年10月中旬投产至2004年12月，3年多的运转统计表明，PEWA-900mm×1200mm外动颚颚式破碎机给料粒度－750mm、排料口尺寸为150mm时，其排料粒度为160～200mm，处理能力为670t/h，每套衬板能破碎26万吨矿石；而PE-900mm×1200mm颚式破碎机在相同工况下，排料粒度为180～220mm。处理能力只有550t/h，齿板使用寿命仅为8万吨/套。

（3）河北涞源鑫鑫矿业有限公司。选用新型大破碎比PEWD-900mm×1200mm颚式破碎机，于2004年11月转入正常生产，截至2005年，已处理了74万吨铁矿石。其突出特点是：破碎比大，原矿从750mm破碎到150mm以下；能连续破碎大块物料，大大提高了处理能力，平均每天处理量约7000t，最大时处理量达9200t。

（4）河北赤城鑫宁磁铁矿采选有限责任公司。先后采用6台PEWD型外动颚颚式破碎机，分别在小张家口矿区、郝家沟矿区和金家庄矿区生产中破碎磁铁矿石。

PEWD型外动颚颚式破碎机在生产过程中，设备运转正常，性能优良，取得了显著的经济效益。以2003年2月在小张家口矿区投入使用的PEWD-600mm×900mm外动颚颚式破碎机为例，截至2006年5月底，共处理铁矿石原矿200多万吨，平均小时处理能力145t。PEWD-600mm×900mm外动颚颚式破碎机入料粒度为－510mm。排料粒度－110mm，为立轴破碎机创造了良好的工作条件。破碎流程简单，整机高度低矮，其高度从传统颚式破碎机的 2400mm 降到 1638mm，喂料高度从传统颚式破碎机的 1450mm 降到 1225mm，降幅均达 15% 以上，大大减少了基建投资。设备生产能力高，根据生产统计，出料粒度为 110mm 时，平均生产能力达 147t/h。最大瞬间小时生产能力可达到 250t/h，颚板磨损小，8 个月更换一次，使用寿命长。

目前 PEW 系列破碎机已有近百台在各种类型矿山中使用。

B　国内典型颚式破碎机

(1) 北方重工沈矿集团（简称沈矿）生产的 PEF 复摆颚式破碎机主要技术参数见表 3-12，PEJ 简摆颚式破碎机主要技术参数见表 3-13。

表 3-12　PEF 复摆颚式破碎机主要技术参数（北方重工）

规格型号	给料口尺寸/mm		推荐最大给料尺寸/mm	开口边排料尺寸/mm		生产能力/m³·h⁻¹									电动机		质量/t
						开边排料口尺寸											
	宽度	长度		公称尺寸	调整范围	20mm	30mm	40mm	60mm	75mm	100mm	110mm	130mm	160mm	型　号	功率/kW	
PEF-X0207	250	750	210	40	±20	9	14	20	27	—					Y225M-6	30	6.4
PEF-X0210	250	1060	210	40	±20	16	24	32	40						Y280S-6	45	7.8
PEF0506	400	600	340	60	±25			11	18	23					Y225-6	30	6.6
PEF0507	500	750	400	75	±25				32	40	50				YR280-6	50	11.4
PEF0509	600	900	500	100	±30					48	64	70			JR25-8	75	17
PEF0510	750	1060	630	110	±30						82	90	105		YR380M-6	90	28
PEF0512	900	1200	750	130	±40						100	100	130	160	JR126-8	110	45
PEF0515	1200	1500	1000	155	±45								—		YR450-12	160	120
PEF0521	1500	2100	1300	180									—	—	YR500-12	250	220
最大排矿粒度尺寸/mm	难碎性矿石					35	53	70	105	135	175	195	230	280			
	中等可碎性矿石					32	48	64	96	120	160	175	210	260			
	易碎性矿石					28	42	56	84	105	140	155	185	225			

表 3-13　PEJ 简摆颚式破碎机主要技术参数（北方重工）

规格型号	给料口尺寸/mm		推荐最大给料尺寸/mm	开口边排料口尺寸/mm		生产能力/m³·h⁻¹					电动机		质量/t
						开边排料口尺寸							
	宽度	长度		公称尺寸	调整范围	100mm	110mm	130mm	160mm	180mm	型号	功率/kW	
PEJ0912	900	1200	750	130	±30	100	110	130	160	—	JR126-8	100	60
PEJ12151	1200	1500	1000	155	±35				215	245	YR450-12	160	120
最大排矿粒度尺寸/mm	难碎性矿石					35	53	70	105	135	—	—	—
	中等可碎性矿石					32	48	64	96	120	—	—	—
	易碎性矿石					28	42	56	84	105	—	—	—

(2) 上海建设路桥机械设备有限公司（以下简称上海建设路桥）生产的颚式破碎机

型号及技术参数见表3-14。

表 3-14　颚式破碎机型号及技术参数（上海建设路桥）

型　号	进料口尺寸（长×宽）/mm×mm	最大进料粒度/mm	排料口调整范围/mm	处理能力/m³·h⁻¹	偏心轴转速/r·min⁻¹	电动机功率/kW	质量/t
PE-60×100	60×100	45	3~10	0.2~0.6	470	1.1	0.116
PE-150×250	150×250	130	10~40	0.6~3	300	5.5	0.81
PE-250×400	250×400	210	20~80	3~13	300	15	2.8
PE-250×500	250×500	210	20~80	5~31	300	18	3.36
PE-400×600	400×600	340	40~100	10~40	275	30	6.5
PE-430×600	430×600	400	90~140	35~60	275	37	6.5
PE-600×1050	600×1050	400	90~140	37~81	275	55	11.7
PE-475×253	475×253	425	50~100	28~62	275	55	10.3
PE-600×750	600×750	500	150~200	50~100	250	55	12
PE-600×900	600×900	500	65~160	30~75	250	75	15
PE-620×900	620×900	500	90~145	31~70	250	75	14.3
PE-670×900	670×900	520	135~230	66~83	250	75	14.8
PE-750×1060	750×1060	630	80~140	72~130	250	110	28
PE-800×1060	800×1060	650	100~200	85~143	250	110	30
PE-870×1060	870×1060	670	200~260	180~210	250	110	30
PE-900×1060	900×1060	685	230~290	100~250	250	110	31
PE-900×1200	900×1200	750	100~200	90~190	250	110	50
PE-1000×1200	1000×1200	850	195~265	197~214	200	110	51
PE-1200×1500	1200×1500	1000	150~350	187~500	180	220	83
PE-1500×1800	1500×1800	1200	220~350	281~625	180	280	122
PEV-430×650	430×650	380	40~100	25~75	275	45	5.1
PEV-500×900	500×900	430	50~100	31~68	275	55	10
PEV-660×900	660×900	500	70~130	53~106	250	75	13
PEV-750×1060	750×1060	650	80~140	72~140	250	110	24.2

（3）洛阳大华采用日本技术生产的高效能破碎机，采用新 V 形破碎腔结构，与常规腔型相比，其通过能力提高了 20%~30%，排料口采用液压调整结构，使出口间隙大小可调，活动颚板及肘板均带有横向防偏功能。其性能参数见表3-15，结构见图3-17。

表 3-15　ASTRO JAW 颚式破碎机性能参数（洛阳大华）

型　号	最大给料尺寸/mm×mm×mm	给料口尺寸/mm×mm	处理能力/t·h⁻¹ 开边排料尺寸									电动机功率/kW
			50mm	75mm	100mm	125mm	150mm	180mm	200mm	220mm	250mm	
36-24	500×700×1000	900×630	125	160	195	225	255	290				75~95
42-30	600×800×1200	1070×760		215	260	305	345	390	420			95~110

型　号	最大给料尺寸 /mm × mm × mm	给料口尺寸 /mm × mm	处理能力/t·h⁻¹ 开边排料口尺寸									电动机 功率/kW
			50mm	75mm	100mm	125mm	150mm	180mm	200mm	220mm	250mm	
48-36	700 × 950 × 1400	1220 × 910		280	330	385	440	495	535	570		130 ~ 150
54-42	850 × 1100 × 1700	1370 × 1070			395	470	535	615	670	720		150 ~ 175
60-48	1000 × 1350 × 2000	1520 × 1220				530	620	770	785	850	950	190 ~ 220

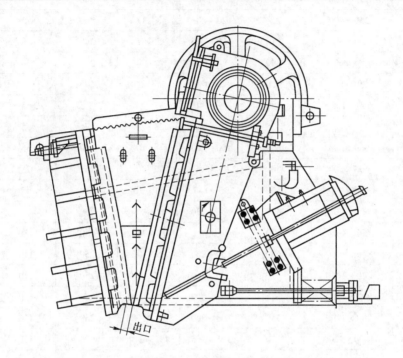

图 3-17　ASTRO JAW 颚式破碎机的结构

（4）韶瑞重工有限公司（以下简称韶瑞重工）生产的 PE（粗碎）复摆颚式破碎机主要技术参数见表 3-16，PEX（细碎）复摆颚式破碎机主要技术参数见表 3-17。

表 3-16　PE 复摆颚式破碎机主要技术参数（韶瑞重工）

型　号	最大给料 粒度/mm	排料口尺寸 /mm	理论处理 能力 /m³·h⁻¹	偏心轴转速 /r·min⁻¹	电动机功率 /kW	外形尺寸 （长×宽×高） /mm × mm × mm	质量/t
PE150 × 250	125	10 ~ 40	0.6 ~ 3	300	5.5	875 × 745 × 935	1.1
PE250 × 400	210	20 ~ 60	3 ~ 13	300	15	1430 × 1310 × 1655	2.8
PE400 × 600	340	40 ~ 100	10 ~ 34	275	30	1700 × 1732 × 1655	6.5
PE400 × 600G	340	40 ~ 100	12 ~ 38	275	30	1655 × 1732 × 1586	6.5
PE500 × 750	425	50 ~ 100	45 ~ 80	275	55	2030 × 1966 × 1930	11.9
PE600 × 900	500	65 ~ 160	60 ~ 150	250	75	2248 × 2180 × 2373	16.7
PE750 × 1060	630	80 ~ 150	100 ~ 220	250	110	2531 × 2370 × 2783	25.0

续表 3-16

型 号	最大给料粒度/mm	排料口尺寸/mm	理论处理能力/m³·h⁻¹	偏心轴转速/r·min⁻¹	电动机功率/kW	外形尺寸（长×宽×高）/mm×mm×mm	质量/t
PE900×1200	750	95~165	150~280	218	132	3135×2966×3220	42.2
PE950×1250	800	95~165	160~300	250	132	3073×2716×3109	41.8
PE1100×1400	850	220±50	350~700	238	180	3113×2823×3320	49.6
PEZ1100×1400	850	220±50	350~700	238	180	3100×3177×3104	51.6
PE1200×1500	1200	150~300	400~800	180	220	3100×2799×3260	85

表 3-17　PEX 复摆颚式破碎机主要技术参数（韶瑞重工）

型 号	最大给料粒度/mm	排料口尺寸/mm	理论处理能力/m³·h⁻¹	偏心轴转速/r·min⁻¹	电动机功率/kW	外形尺寸（长×宽×高）/mm×mm×mm	质量/t
PEX150×750	120	10~40	5~16	320	15	1380×1658×1025	3.5
PEX250×1000	210	15~50	10~32	330	37	1530×1992×1380	6.5
PEX250×1200	210	15~50	25~43	330	37	1530×2192×1380	7.2
PEX320×1300	250	20~90	20~85	300	75	2335×1800×1663	11
PEX350×750	300	15~50	16~35	300	30	1535×1880×1596	6.5

C　国外典型颚式破碎机

山特维克（SANDVIK）具有 100 多年设计、制造颚式破碎机的历史，对用户的期望和需求有切实的了解。过去 10 年中山特维克已经生产了数万台的颚式破碎机，在丰富的设计和制造经验及广泛的用户反馈的基础上，利用最先进的计算机模拟与辅助设计技术开发了新一代 CJ 系列（即原来的 Jaw master 系列）颚式破碎机。CJ 系列颚式破碎机外形见图 3-18。与传统颚式破碎机相比，具有自身强度高、设备质量轻、产量高、综合成本低等优势。

CJ 系列颚式破碎机为单肘复摆颚式破碎机，是颚式破碎机中结构最简单的一种形式。它充分利用了现代 CAD 及有限元分析技术，在长期经验积累的基础上优化了破碎机结构。该机的设计强调在保证并提高强度的同时减轻设备质量，增加灵活性、可靠性、安全性与经济性。

定颚与动颚板均为箱形带筋板铸件，质量轻，强度与刚度高，双重密封的润滑系统，安全可靠；大弧度过渡圆角，大大降低了应力集中；采用焊接结构，将焊缝设置在低应力区，使各个方向具有均等的强度，对冲击负荷具有很好的耐久性，将主机架出现故障的风险降到了最低。

CJ 系列破碎机有近乎正方形的大进料口，深腔并且无死区的破碎腔设计，提高了进料能力与产量。动颚顶部装有一块可以更换的厚护板，用以保护动颚不受进料的冲击。进料口动颚上方不需安装挡料板，进入破碎机的大块物料可以直接落入破碎腔的活动区。而传统破碎机需要设置横向护板以保护动颚顶部，固定的横向护板减小了有效进料口尺寸，物料只有在进入破碎腔一定深度后才被破碎。CJ 系列破碎机采用的是对称破碎腔设计，使实际开口等于额定开口，提高了进料能力，见图 3-18。传统颚式破碎机采用的是非对称破碎腔设计，其有效进料口尺寸小于额定开口。

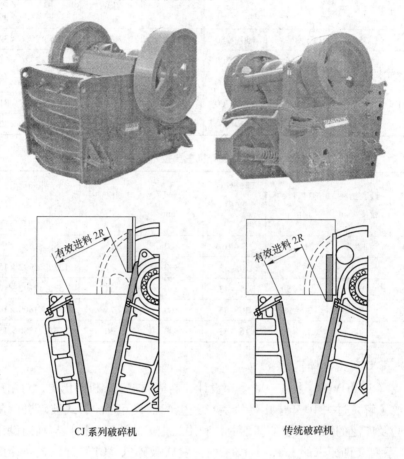

CJ 系列破碎机　　　　　　　　　　　　传统破碎机

图 3-18　山特维克 CJ 系列颚式破碎机外形图

CJ 系列破碎机的四个滚柱轴承采用油脂润滑，迷宫式密封可有效防止粉尘进入。肘板采用柱面啮合，无油润滑，无需维护保养。颚板由可更换的卡块和拉杆固定、锁紧。这些部件在工地就可以方便地更换，因而可以减少使用周期内的维护费用。

产量、破碎比、磨耗和进料粒度这四个因素是紧密相关的。CJ 系列破碎机使该四个因素获得了良好的平衡，深腔且对称设计的破碎腔使得进料粒度、产量和破碎比实现最大化。

肘板机构的设计和其运动速度的结合，使破碎机获得最大产量和颚板的低磨损；理想的破碎夹角保证物料顺利通过破碎腔，使破碎比达到最大。

CJ 系列颚式破碎机的技术参数和外形尺寸分别见表 3-18 和图 3-19，生产能力见表 3-19。

山特维克 CJ 系列颚式破碎机结构坚固，处理量大，排矿口调整方便，维护简单，生产成本低，已在国内成功安装 40 余台。其中：CJ815 大型颚式破碎机用于首钢杏山铁矿；JM613 颚式破碎机分别用于紫金集团、河南中加矿业、云南马鞍坪、广东河源坚基矿业、河北新源矿业、河北广福矿业等企业；CJ412 颚式破碎机用于重钢太和铁矿和新疆天华矿业公司松湖铁矿；CJ411 颚式破碎机用于黑龙江宁安铁矿、酒钢集团、云南迪庆矿业、河南栾川三强矿业、辽宁西岗灯塔铁矿等企业。

表 3-18　CJ 系列颚式破碎机的技术参数和外形尺寸

破碎机型号	CJ208	CJ209	CJ211	CJ408	CJ409	CJ411	CJ412	CJ612	CJ613	CJ615	CJ815
给料口（长×宽）/cm×cm	77×51	95×56	110×70	80×55	90×66	105×84	120×83	120×110	130×113	150×107	150×130
最大长度 L/m	1.985	2.2	2.39	2.37	2.55	2.99	3.23	3.61	3.76	4.11	4.5
最大宽度 W/m	2.15	2.435	2.45	1.76	1.88	2.09	2.57	2.35	2.47	3	2.9
最大高度 H/m	1.83	1.93	2.17	2.03	2.38	2.82	2.95	3.51	3.85	3.33	4.19
D	1.1	1.1	1.23	1.4	1.6	1.86	1.86	1.86	2.17	1.76	2.17
F	1.54	1.33	1.58	1.88	1.93	2.5	2.68	2.39	3.05		
T			1.53	1.37	1.48	1.77	1.74	2.03	2.3	2.25	2.65
装运体积/m³	7	11	114.1	10	13	20	23	32	38	48	58
排矿口范围/mm	20~150	25~175	40~200	50~175	50~175	75~225	75~275	125~275	125~300	125~300	150~300
总质量/kg	7100	9800	14600	9900	14100	21700	26600	36600	41500	53000	64500
电动机功率/kW	55	65	90	55	75	110	132	160	160	200	200
转速/r·min⁻¹	320	300	270	300	270	240	240	210	225	200	200

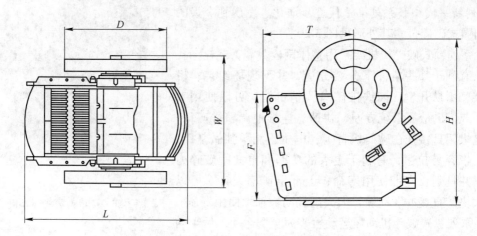

图 3-19　CJ 系列颚式破碎机的技术参数和外形尺寸

表 3-19　CJ 系列颚式破碎机的生产能力

破碎机型号		CJ208	CJ209	CJ211	CJ408	CJ409	CJ411	CJ412	CJ612	CJ613	CJ615	CJ815
紧边排矿口尺寸/mm	20	40~45	—	—	—	—	—	—	—	—	—	—
	25	45~53	55~65	—	—	—	—	—	—	—	—	—
	30	50~60	60~75	—	—	—	—	—	—	—	—	—
	40	55~80	70~95	80~110	—	—	—	—	—	—	—	—

续表3-19

破碎机型号		CJ208	CJ209	CJ211	CJ408	CJ409	CJ411	CJ412	CJ612	CJ613	CJ615	CJ815
紧边排矿口尺寸/mm	50	65~95	85~115	95~135	75~110	85~115	—	—	—	—	—	—
	75	90~135	115~170	127~192	95~150	100~160	150~200	165~220				
	100	110~175	140~215	160~250	115~180	125~200	200~265	220~290				
	125	135~220	170~270	195~310	140~210	150~235	245~325	270~355	300~395	330~430	385~495	—
	150	160~260	200~320	230~370	160~250	175~275	295~390	325~430	355~465	385~505	445~590	480~625
	175	—	235~375	265~430	180~285	200~320	340~445	385~505	405~530	440~575	505~665	545~710
	200	—	—	300~490	—	—	385~505	445~580	455~595	495~650	570~745	610~800
	225	—	—	—	—	—	430~565	495~650	505~660	550~730	630~825	675~885
	250	—	—	—	—	—	—	550~720	560~735	605~810	700~920	745~975
	275	—	—	—	—	—	—	605~790	610~805	660~885	765~1000	820~1070
	300	—	—	—	—	—	—	—	715~960	825~1085	885~1160

注：1. 表中给出的产量为说明破碎机能力的一个近似值。所对应的条件是开路破碎，物料系密度为 $1.6t/m^3$ 的干燥的爆破花岗岩，其最大尺寸满足破碎机允许最大给料粒度。表中较低的值适用于给料中不含小于紧边排矿口的情况，较高值则适用于含有细料的情况。破碎机可以正常运行的最小紧边排矿口取决于给料的粒度分布、材料的可碎性、给料的污染物和水的含量、所安装的颚板类型及其材料种类。

　　2. CJ200 系列颚式破碎机定颚为筋板焊接结构。

　　美卓矿机制造颚式破碎机的历史可以追溯到 1921年，经过 BLAKE 系列、VB 系列、MK 系列、K 系列、VB 系列新一代和 C 系列第一代逐步演化、发展到今天的 C 系列颚式破碎机，其外形见图 3-20。

　　C 系列颚式破碎机机架采用整体钢板裁截，螺栓穿孔联结，有利于某些条件下分装分运，井下现场组装；机架结实，不易开裂；楔铁排矿口调整机构，可以使用专用扳手或借助液压系统方便、快速、连续地调整排矿口；整体电机架直接挂在破碎机背上，电机不用单独做基础，传输皮带容易拉紧，有利于更大的功率和更大的破碎力输入，并且延长皮带使用寿命；上部给矿槽设计，可以防止大块矿直接冲砸动颚，大大延长动颚轴承使用寿命。

图 3-20　C 系列颚式破碎机

　　C 系列颚式破碎机动颚运动轨迹为复摆运动，后半椭圆向下运动可以使大矿块一进入破碎机就受到破碎作用，并不断被向下推动，再进一步被破碎，直到离开破碎机排矿口为止，深腔设计和加快的复摆运动的多次破碎作用使破碎产品粒度更细。

　　C 系列颚式破碎机在国内铁矿山得到广泛应用，已安装数百台，其中最大型号的 C200 颚式破碎机安装在太钢尖山铁矿，C145 颚式破碎机安装在河南舞阳矿业公司的铁矿选矿厂和石料厂，C140 颚式破碎机安装在马钢南山铁矿和安装在梅山铁矿井下，C125 颚式破碎机安装在武钢大冶铁矿井下。

　　C 系列颚式破碎机主要技术参数见表 3-20。

表 3-20 C 系列颚式破碎机主要技术参数

项 目	C63	C80	C100	C105	C110	C125	C140	C145	C160	C200	C3055
给料口(长×宽) /mm×mm	630× 400	800× 510	1000× 760	1060× 700	1100× 850	1250× 950	1400× 1070	1400× 1100	1600× 1200	2000× 1500	1400× 760
电动机功率/kW	45	75	110(90)	110	132	160	200 (160)	200	250 (200)	400	160
转速/r·min⁻¹	340	350	260	300	230	220	220	220	220	200	260
定颚板长度 /mm	1000	1100	1600	1450	1800	2000	2100	2300	2500	3000	1600
维修最大件 质量/kg	2080	2870	7060	4020	9000	12960	15950	18600	21380	31800	8630
总质量/kg	6050	7520	20100	13500	25060	36700	45300	53800	68600	118400	23500

C 系列颚式破碎机主要外形尺寸见图 3-21 和表 3-21。

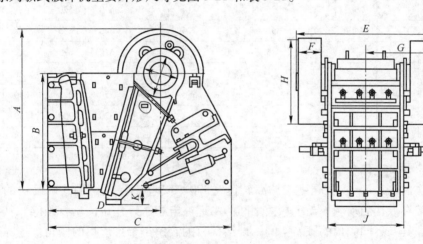

图 3-21　C 系列颚式破碎机主要外形尺寸

表 3-21　C 系列颚式破碎机主要外形尺寸 　　　　　　(mm)

项 目	C63	C80	C100	C105	C110	C125	C140	C145	C160	C200	C3055
A	1600	1700	2400	2050	2670	2900	3060	3330	3550	4220	2400
B	1100	1200	1700	1450	2000	2100	2260	2430	2650	3000	1605
C	1950	2020	2880	2630	2830	3370	3645	3855	4200	4870	2920
D	1120	1200	1725	1530	1810	2090	2360	2475	2540	3325	1725
E	1390	1565	2250	1920	2385	2690	2890	2870	3180	3890	2550
F	160	160	245	200	380	450	450	450	450	550	300
G	525	610	818	700	950	1073	1172	1140	1315	1600	1040
H	1000	1000	1400	1200	1500	1600	1600	1800	1800	2600	1500
J	760	930	1170	1200	1300	1470	1640	1640	1880	2340	1570
K	164	117	267	180	250	280	300	250	385	595	130

在松散密度为 $1.6t/m^3$ 条件下，C 系列颚式破碎机在不同排料口尺寸的处理能力见表 3-22。

表 3-22　C 系列颚式破碎机在不同排料口尺寸的处理能力

排料口/mm	处理能力/$t \cdot h^{-1}$										
	C63	C80	C100	C105	C110	C125	C140	C145	C160	C200	C3055
40	40	65	—	—	—	—	—	—	—	—	—
50	55	80	—	—	—	—	—	—	—	—	—
60	65	95	—	—	—	—	—	—	—	—	—
70	80	115	150	155	190	—	—	—	—	—	240
80	95	130	170	175	210	—	—	—	—	—	270
90	110	150	190	200	235	—	—	—	—	—	295
100	120	165	215	220	255	290	—	—	—	—	325
125	—	210	265	280	310	350	385	400	—	—	390
150	—	250	315	335	370	410	455	470	520	—	460
175	—	290	370	390	425	470	520	540	595	760	530
200	—	—	420	445	480	530	590	610	675	855	600
225	—	—	—	—	—	590	655	680	750	945	—
250	—	—	—	—	—	650	725	750	825	1040	—
275	—	—	—	—	—	—	—	820	900	1130	—
300	—	—	—	—	—	—	—	—	980	1225	—

D　冲击颚式破碎机

德国克虏伯（Krupp）公司生产的高转速（500~1200r/s）冲击颚式破碎机的工作特性是：借助带有弹簧的动颚板与定颚板之间的高速冲击和压碎作用使矿石破碎。其结构特点是：破碎腔具有不同倾角的倾斜空间，即给矿口的倾角小于排矿口的倾角。这样相应的增大了给矿口宽度，加大了破碎比，同时由于排矿口倾角大，已碎的矿石愈接近排矿口，其下落速度愈大，从而克服了一般颚式碎矿机排矿口易堵塞的缺点，故可破碎潮湿和黏性矿石；该碎矿机消除了排矿口的堵塞，可增加动颚的摆动速度；其摆动速度比一般颚式破碎机高得多。由于运动速度增高，其冲击破碎作用也大为增强，从而提高了碎矿机的生产能力，并改善了破碎产品质量。该碎矿机适用于中硬、坚硬及黏性矿石的粗、中碎作业，产量较一般颚式破碎机高 50%~100%。此碎矿机规格最大的为 1250mm×1700mm，给矿粒度可达 1100mm，排矿粒度为 65mm。中碎时，给矿粒度为 250mm，排矿粒度可达 10mm。

3.3.1.7　颚式破碎机的发展方向

国内外从事制造颚式破碎机的厂家很多，但比较著名的国外厂商有 Sandvik、Metso、Kobe、Krupp、Cedarapids、Telesmish、Rover 等数十家，主要产品都是复摆型颚式破碎机。其中质量较好、技术水平较高的厂商有 Sandvik、Metso、Cedarapids 和 Kobe 等，就复摆型颚式破碎机而言，其发展方向是：

（1）向大规格、大尺寸发展。例如山特维克（Sandvik）和我国上海建设路桥机械设备有限公司都生产了 1600mm × 2200mm 大型复摆型颚式破碎机；日本神户开发了一种大规格复摆颚式破碎机。近年来，由于露天矿开采比例日益增加，以及大型电铲、大型矿用汽车的采用，送往选矿厂破碎车间的矿块达 1.5~2 m；同时由于原矿品位日益降低，要想保持选矿厂原有的精矿产量，就得增加原矿的开采量和碎矿量。因此颚式碎矿机正在朝大型化方向发展。目前国外制造的最大型简摆颚式碎矿机为 2100mm × 3000mm，给矿块度为 1800mm，生产能力为 1100t/h；最大复摆颚式破碎机为 1676mm × 2108mm（66in × 83in），排矿口宽为 355mm（14in），其生产能力为 3000t/h。

（2）北京矿冶研究总院提出动态啮角设计概念，从理论上解决了颚式破碎机的参数优化问题，并开发了动态啮角双曲线腔型颚式破碎机和外动颚式破碎机，在腔型优化设计和在结构上都有所创新。

（3）在新机型的研究、设计过程中，充分使用计算机数值模拟及 CAD 系统，使设备的运动轨迹和结构得到优化，现代设计计算方法的应用使参数设计更加合理。

（4）利用对物料破碎力学特性的研究结果，设计出适合破碎物料性质的腔型曲线，并与其所在设备的运动规律相结合，进行优化设计和破碎腔型优化，以提高碎矿效果和降低能耗。高深破碎腔和较小啮角的应用将更为普遍，采用动态啮角进行机构设计，改进机器性能。

（5）推广焊接机架和新技术，降低设备成本，全部采用滚动轴承支撑取代滑动轴承，可降低能耗。改进破碎机的动颚悬挂方式和肘板支承方式，可改善破碎机性能。新型耐磨材料应用于颚式破碎机，降低颚板的磨损。

（6）自动化控制和调节系统的研制，提高装机水平，减轻繁重的体力劳动。采用液压系统调节排料口，实现过载保护及液压分段启动装置及破碎机自润滑装置的应用。

随着设备的大型化，为了操作简便和运转安全可靠，对排矿口调整装置和保险装置，国内外都趋向采用液压装置。我国生产的 900mm × 1200mm 液压简摆颚式碎矿机，经莱芜及罗茨两铁矿使用，生产实践证明，液压保险和液压排矿口调整机构有一定的优越性，深受欢迎。

为了提高颚式碎矿机的破碎效率，在改进现有设备方面，普遍采用曲线衬板，增加破碎腔的深度及小啮合角的结构，加快动颚的摆动速度，以提高生产能力和增大破碎比。

3.3.2 旋回破碎机

旋回破碎机是出现较早的粗碎设备。旋回破碎机亦称粗碎圆锥破碎机。第一个旋回破碎机专利由美国人 Charles Brown 申请于 1878 年，1881 年美国盖茨铁工厂制成第一台旋回破碎机。1953 年美国 Allis-Chalmers 公司推出液压旋回破碎机。20 世纪 70 年代末期，美国 Rexnord 公司推出超重型旋回破碎机。80 年代，瑞典 Morgards hammer 公司推出新型顶部单缸液压旋回破碎机。1984 年，我国才成功研制 1200 轻型液压旋回破碎机。

旋回破碎机由于其生产能力高，工作可靠，广泛应用于大中型选矿厂、大型采石场及其他工业部门的破碎坚硬或中硬矿石的粗碎作业。按排矿方式的不同有侧面排料型和中心排料型两种，前者因易阻塞而不再生产，目前生产的均是中心排料型旋回破碎机。

3.3.2.1 旋回破碎机的结构及工作原理

旋回破碎机的规格用给矿口及排矿口宽度表示。如 PX900/150 旋回碎矿机的给矿口宽度为900mm，排矿口宽度为150mm。旋回破碎机由机架、工作机构、传动机构、排矿口调整机构、保险装置和润滑系统等部分组成。

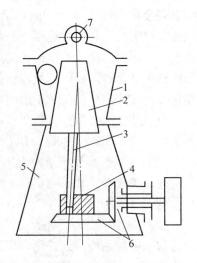

图3-22　旋回破碎机的工作原理
1—固定圆锥；2—可动圆锥；3—主轴；
4—偏心轴套；5—下机架；6—伞齿轮；
7—悬挂装置

旋回破碎机的工作原理如图3-22所示。它的工作机构是由两个截头圆锥体——可动圆锥和固定圆锥组成。可动圆锥的主轴支承在破碎机横梁上面的悬挂点，并且斜插在偏心轴套内，主轴的中心线与机器的中心线间的夹角为2°~3°。当主轴旋转时，它的中心线以悬挂点7为顶点画一圆锥面，其顶角为4°~6°，并且可动圆锥沿周边靠近或离开固定圆锥。

当可动圆锥靠近固定圆锥时，处于两锥体之间的矿石就被破碎；而其对面，可动圆锥离开固定圆锥，已破碎的矿石靠自重作用，经排矿口排出。这种破碎机的碎矿工作是连续进行的，这一点与颚式破碎机的工作原理不同。矿石在旋回破碎机中，主要是受到挤压作用而破碎，但同时也受到弯曲作用而折断。

A　中心排矿旋回破碎机

图3-23所示为我国自制的PX900/150型中心排矿的旋回破碎机。

a　旋回破碎机机架

机架由下部机架14、中部机架（定锥）10和横梁9组成，用铸钢制造，并用螺栓彼此紧固，为了保证使三者的中心线对准和连接得更加牢固，在它们的接合处开有锥形凹槽，并装上定位销钉。其两接合面间的间隙为15mm。下部机架是安装在钢筋混凝土的基础上，为防止破碎机排下的矿石打坏基础，在排矿孔口覆了一层钢板。

下部机架的侧壁上有检查机器用的工作孔，平常用盖子盖上。中心套筒24是由4根筋板25及传动轴套筒16连在下部机架上，为了使肋及传动轴套筒不致被排下的矿石打坏，在其上覆有保护板26。对于大型破碎机的机架子可以制成两半的，用销子定位，并用螺钉固紧。

b　旋回破碎机的工作机构

旋回破碎机的工作机构由动锥和定锥组成，矿石在动锥及定锥构成的破碎腔内被破碎。定锥即中部机架，其内镶有三排用锰钢制成的衬板11，每排衬板中有一块为长方形，其余为扇形，安装时，最后装长方形的，并用楔铁固定。下面的一排衬板支承在中部机架下凸出的部分上，上面一排则插在中部机架上端的凸边中。衬板安装完毕后，在中部机架和衬板间注入锌或水泥。

动锥体32压合在主轴31上，其表面套有锰钢衬板33，为了使衬板与锥体接合紧密，在两者间注入锌，并在衬板上用螺帽8压紧，在螺帽上又装有锁紧板7，以防螺帽退扣。

主轴是破碎机的主要零件，它虽不直接破碎矿石，但破碎力是由它传递给动锥的，同时它要承受由破碎矿石而产生的弯曲压力，所以用35~50号钢制造，对于大型破碎机可用合金钢制造。

主轴31是用开缝螺帽2、锥形压套1、衬套4和支撑环6悬挂在横梁上，并用楔形键

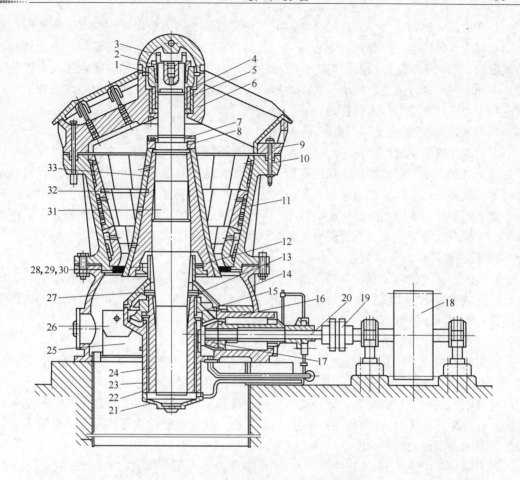

图 3-23　中心排矿 PX900/150 旋回破碎机

1—锥形压套；2—开缝螺帽；3—楔形键；4，23—衬套；5—锥形衬套；6—支撑环；7—锁紧板；
8—螺帽；9—横梁；10—定锥；11，33—衬板；12—挡油环；13—止推圆环；14—下部机架；
15—大伞齿轮；16—传动轴套筒；17—小伞齿轮；18—三角皮带轮；19—弹性联轴节；
20—传动轴；21—机架下盖；22—偏心轴套；24—中心套筒；25—筋板；26—保护板；
27—压盖；28～30—密封套环；31—主轴；32—动锥体

3 防止开缝螺帽退扣，衬套的锥形端支承在支撑环上，而侧面则支承在锥形衬套 5 上，如图 3-23 所示。这种悬挂方式，目前应用最为广泛。

由于衬套的下端与锥形衬套的内表面都是圆锥面，故能保证衬套沿支撑环呈滚动接触，满足主轴旋摆运动的要求。应该指出，支撑环与衬套上的负荷是很大的，为了使悬挂装置正常工作，支撑环与衬套必须是相当坚硬的，同时还要保持这两个零件的正常工作硬度差。故支撑环用青铜制造，衬套则用结构钢制造，并进行表层处理。

c　旋回破碎机的传动机构

破碎机的转动，是由电机经三角皮带轮 18、弹性联轴节 19、传动轴 20、小伞齿轮 17、大伞齿轮 15 使偏心轴套 22 转动，从而带动主轴和动锥一起做旋摆运动。主轴上端悬挂在横梁上，下端插在偏心轴套的偏心孔中，其中心线就以悬挂点为顶点画一圆锥面。

偏心轴套的内表面铸满、外表面只铸 3/4 的巴氏合金，放在衬套 23 的中心套筒 24

中，并在衬套中旋转。为了使巴氏合金铸牢，在偏心轴套的内表面开有密布的燕尾槽，偏心轴套与大伞齿轮连在一起，在中心套筒与大伞齿轮间放有三片止推圆环13。下面的圆环是钢质的，用销子固定在中心套筒上；上面的圆环也是钢质的，用螺钉固定在大伞齿轮下面；中间的圆环是青铜的，以小于偏心轴套的转速而转动。上、下两个圆环，是为了大伞齿轮和中心套筒不受磨损而设置的。

　　d　旋回破碎机的排矿口调整装置

　　由于破碎矿的动锥和定锥上的衬板是直接和矿石接触的，磨损较快，在动锥衬板磨损后，排矿口就会增大，排矿粒度随之变粗。为了使粒度能满足下一步的要求，排矿口应及时调整。旋回破碎机排矿口的调整，是通过旋转主轴悬挂装置上的锥形螺帽，使主轴上升或下降来调整的。主轴上升，排矿口减小，主轴下降，排矿口增大。这种调整装置简单可靠，但主轴及动锥质量大，因而调整所用时间长，劳动强度大，需停车。

　　e　旋回破碎机的保险装置

　　旋回破碎机的保险装置，是利用连接传动轴和三角皮带轮的联轴节上的保险销。当超过负荷或破碎腔落入大块非破碎物（如电铲齿）时，保险销即沿削弱断面被扭断，达到保险的目的。这种装置虽然简单，但保险的可靠性差。

　　f　旋回破碎机的润滑系统

　　旋回破碎机所需的润滑油是用专门的油泵压入的，油经输油管从机架下盖21上的油孔进入偏心轴套的下部空隙处，由此分为两路，一路沿主轴与偏心轴套间的间隙上升，至挡油环被阻挡而溢至伞齿轮处；另一路则沿偏心轴套与衬套间的间隙上升，经止推圆环13也进入伞齿轮处，使伞齿轮润滑后，经排油管排出。破碎机悬挂装置的润滑是采用干油润滑，定期用手压油枪压入干油。

　　为了防止粉尘进入运动部件，在动锥下部有由三个套环28、29和30组成的密封装置。

　　B　液压旋回破碎机

　　由于一般的旋回破碎机的保险可靠性差和排矿口调整困难，劳动强度大，所以当前国内外都尽量采用液压技术来实现保险和排矿口的调整。因为液压装置具有调整容易、操作方便、安全可靠和易于实现自动控制等优点。液压旋回破碎机的构造如图3-24所示。

　　从图3-24可以看出，它的构造与一般旋回破碎基本相同，只是增加了两个液压油缸，此液压油缸既是保险装置又是排矿口调节装置，液压油缸安装在机器的横梁上，缸中的活塞用螺帽与能上下移动的导套连在一起，主轴和动锥支承在导套上。这种破碎机与一般旋回破碎机相比，还有如下改进：

　　（1）把分为几节的动锥衬板改为整体衬板，克服了衬板容易松动的缺点。为了延长衬板的使用寿命，将衬板下部加大了壁厚。这样同时使动锥的锥角增大，减小了水平分力，改善了主轴受力情况，并使产品的粒度更为均匀。

　　（2）将主轴与动锥的配合，由热压配合改为锥面配合，这样就使动锥成为可卸部件，当主轴破坏时，锥体仍可换到新主轴上使用。

　　（3）采用了液压保险及液压调整排矿口装置，从而保证了破碎机的安全，减轻了调整排矿口的劳动强度，并缩短了调整时间。为破碎机实现自动控制及充分发挥设备潜力提供了有利条件。

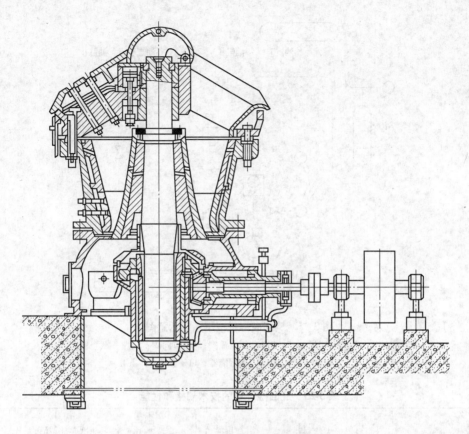

图 3-24 700/130 型液压旋回破碎机

（4）由于排矿口的调整改为液压，所以主轴的悬挂也改用为两个支撑的半圆环，这样结构简单，装卸方便。

破碎机液压油缸的油与蓄能器相连，蓄能器中装有氮气，其压力为 $115kg/cm^2$。相当于破碎机的正常工作压力。

当破碎机的破碎腔落入非破碎物时，油缸内压力增高，当超过正常值时，就迫使油流至蓄能器中，动锥下降，排矿口增大，排出非破碎物。这时油缸中的压力降低，油又在蓄能器的压力作用下返回油缸升起动锥，使排矿口恢复到原来位置，破碎机仍继续工作。

旋回破碎机的液压系统，如图 3-25 所示。如果非破碎物尺寸太大，不能自动排出，当主轴和动锥下降到一定位置时，通过安装在主轴上部的自整角发动机及电器控制系统自动切断主电机电流，停车后，打开截止阀 8 将油卸出，取出非破碎物，再重新开车。当排矿口磨损后，需要调整时，可开动油泵向油缸补油，直到排矿口尺寸达到要求为止，随后关闭油泵。调整排矿口尺寸时，可通过调整自整角接收仪表上的指针反映出排矿口大小，故调整极为方便。

液压系统中的高压溢流阀，可以在压力超过规定值时，自动打开将油放回油箱中。图 3-25 中高压溢流阀 3 是保护油泵油路的，而高压溢流阀 7 则是用来保护单向阀 4 以上的油路系统的。旋回破碎机的技术规格和性能列于表 3-23 中。

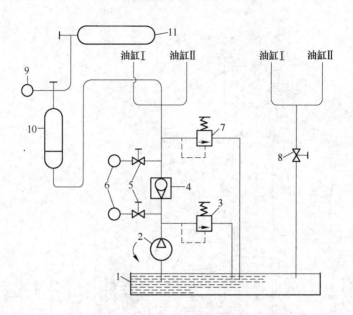

图 3-25　旋回破碎机液压系统示意图

1—油箱；2—液压油泵；3，7—高压溢流阀；4—单向阀；5，8—截止阀；
6，9—压力表；10—蓄能器；11—氮气缸

表 3-23　旋回破碎机的技术规格和性能

类　型	型号及 规格	进料口 宽度 /mm	最大给料 粒度 /mm	处理量 /t·h⁻¹	排矿口 调节范围 /mm	动锥转速 /r·min⁻¹	电动机 功率 /kW	动锥底部 直径 /mm	动锥最大 提升高度 /mm	破碎机 质量/t
普通型	PX-500/75	500	400	170	75		130		140	43.5
	PX-900/150	900	750	500	150		180		140	143.6
液压 重型	PXZ-500/60	500	420	140~170	60~75	160	130	1200	160	44.1
	PXZ-700/100	700	580	310~400	100~130	140	155、145	1400	180	91.9
	PXZ-900/90	900	750	380~510	90		210		200	141
	PXZ-900/130	900	750	625~770	130~160	125	210	1650	200	141
	PXZ-900/170	900	750	815~910	170~190	125	210	1650	200	141
	PXZ-1200/160	1200	1000	1250~1480	160~190	110	310	2000	220	228.2
	PXZ-1200/210	1200	1000	1640~1800	210~230	110	310	2000	220	228.2
	PXZ-1400/170	1400	1200	1750~2060	170~200	105	430、400	2200	240	314.5
	PXZ-1400/220	1400	1200	2160~2370	220~240	105	430、400	2200	240	305
	PXZ-1600/180	1600	1350	2400~2800	180~210	100	620、700	2500	260	481
	PXZ-1600/230	1600	1350	2800~2950	230~250	100	620、700	2500	260	481
液压 轻型	PXQ-700/100	700	580	200~240	100~120	160	130	1200	160	45
	PXQ-900/130	900	750	350~400	130~150	140	145、155	1400	180	87
	PXQ-1200/150	120	1000	600~680	150~170	125	210	1650	200	145

注：P—破碎机；X—旋回；Z—重型；Q—轻型。

　　应当指出，旋回破碎机的可动圆锥，除了由传动机构推动围绕固定圆锥的轴线转动外，还有因偏心套与主轴之间的摩擦力矩围绕本身轴线的自转运动，自转速为 10~15r/min，它的运动状况与陀螺相似，都是旋回运动。当破碎机空载运转时，作用在主轴

上的摩擦力矩 M_1，使可动圆锥绕本身的轴线回转，其回转方向与偏心轴套转动方向相同；有载运转时，除了有摩擦力矩 M_1 的作用外，可动圆锥由于破碎力的作用又产生一个摩擦力矩 M_2。因为摩擦力 $F_2 > F_1$（摩擦系数 $f_2 > f_1$），回转半径 $r_2 > r_1$，所以 $M_2 > M_1$，因而可动圆锥的自转方向则与偏心轴套的回转方向相反。

破碎机可动圆锥的自转运动，可使破碎产品粒度更加均匀，且使可动圆锥衬板均匀磨损。

3.3.2.2 旋回破碎机的性能及主要参数

旋回破碎机是一种粗碎设备，在选矿工业和其他工业部门中，主要用于粗碎坚硬或中硬矿石。圆锥破碎机主要用作各种硬度矿石的中碎和细碎设备。

从我国选矿厂碎矿车间的当前情况来看，中碎设备大都采用标准型圆锥破碎机，细碎设备大都使用短头型圆锥破碎机，几乎已经定型。但是，粗碎设备不是采用旋回破碎机，就是采用颚式破碎机。为了正确选择和合理使用粗碎设备，现对性能分析如下。

A 性能

旋回破碎机（与颚式破碎机比较）的主要优点：

（1）破碎腔深度大，工作连续，生产能力高，单位电耗低，它与给矿口宽度相同的颚式破碎机相比，生产能力比后者要高一倍以上，而每 1t 矿石的电耗则比颚式破碎机低 50% ~ 80%。

（2）工作比较平稳，振动较轻，机器设备的基础质量较小。旋回破碎机的基础质量，通常为机器设备质量的 2 ~ 3 倍，而颚式破碎机的基础质量则为机器本身质量的 5 ~ 10 倍。

（3）可以挤满给矿，大型旋回破碎机可以直接给入原矿石，无需增设矿仓和给矿机。而颚式破碎机不能挤满给矿，且要求给矿均匀，故需要另设矿仓（或给矿漏斗）和给矿机，当矿石块度大于 400mm 时，需要安装价格昂贵的重型板式给矿机。

（4）旋回破碎机易于启动，而颚式破碎机启动前需用辅助工具转动沉重的飞轮（分段启动颚式破碎机例外）。

（5）旋回破碎机生成的片状产品较颚式破碎机要少。

但是，旋回破碎机也存在以下缺点：

（1）旋回破碎机的机身较高，比颚式破碎机一般高 2 ~ 3 倍，故厂房的建筑费用较高。

（2）机器质量较大，它比相同给矿口尺寸的颚式破碎机要重 1.7 ~ 2 倍，故设备投资费用较高。

（3）它不适宜于破碎潮湿和黏性矿石。

（4）安装、维护比较复杂，检修也不方便。

在设计中进行粗碎设备选择时，还应考虑矿石的性质、产品的粒度要求、选厂规模和设备的配置条件等。大致情况是：当处理的矿石属片状和长条状的坚硬矿石，或需要两台、甚至两台以上的颚式破碎机才能满足生产要求，而又可用一台旋回破碎机就能代替时，应优先选择旋回破碎机。尤其是粗碎厂房配置在斜坡地形时，此方案更为有利。当破碎潮湿和黏性矿石时，或生产规模较小的中、小型选厂，宜选用颚式破碎机。至于坑下破碎，通常都是用颚式破碎机。必须指出，在进行设备选择时，应做技术经济方案比较，择优选用。

旋回破碎机及颚式破碎机均属粗碎设备，在选择时常需对两种设备进行比较，以确定用哪种。以产品特性而论，两种设备破碎比相同，均为 3~4，产品特性也相似。但旋回破碎机在破碎时除压碎作用外，动锥转动时对矿石有研磨作用。故破碎作用稍强，产品稍细及稍均匀。以结构而论，旋回破碎机复杂，颚式破碎机简单，前者维修不如后者方便。以价格论，同规格旋回破碎机比颚式破碎机贵 1.7~2.0 倍，机身也较颚式破碎机高 2~3 倍，厂房要求较高。以生产率及电耗而论，旋回破碎机连续生产，生产率为同规格颚式破碎机的 2.5~3.0 倍，每吨矿石的电耗比颚式破碎机低 50%~80%。以操作特性上看，旋回破碎机启动容易，工作平稳，要求的基础质量只有机身的 2~3 倍。大型旋回破碎机（900 以上）可以不设给矿机，由矿车直接倒入挤满给矿。颚式破碎机启动困难（特别是大型的），工作振动大，要求基础质量是机重的 5~10 倍。要求给矿连续均匀，要安装价值昂贵的板式给矿机。再从矿石适应性看，颚式破碎机有垂直行程，有助于排矿，可处理黏性矿石，旋回破碎机则不能处理黏性矿石。

　　从以上比较看出，两种粗碎机各有优缺点。一般地说，大中型厂以选旋回破碎机为好，可充分发挥旋回破碎机的优点，而缺点显得不突出。中小型厂则宜选颚式破碎机。当然，如果矿石黏性大，大型厂也只能采用颚式破碎机。国外还有颚式破碎机与旋回破碎机共同完成粗碎任务的。一个具体的选厂究竟采用哪一种粗碎设备，除了上述分析外，还要做具体的技术经济方案对比。比较结果，若二者相当或旋回破碎机略优于颚式破碎机时，则采用颚式破碎机，若旋回破碎机比颚式破碎机有较大优越性，则采用旋回破碎机。

　　B　工作参数

　　旋回破碎机的工作参数是反映破碎机的工作状况和结构特征的基本参数。它的主要参数有给矿口与排矿口宽度、啮角、可动锥摆动次数和生产率等。

　　a　给矿口与排矿口宽度

　　旋回破碎机的给矿口宽度，是指可动锥离开固定锥处两锥体上端的距离。旋回破碎机给矿口宽度的选取原则与颚式破碎机相同。

　　b　啮角

　　啮角 α 是指可动锥和固定锥表面之间的夹角。根据分析颚式破碎机的啮角所得的结论，圆锥破碎机的啮角需满足下述关系：

　　旋回破碎机的啮角 α（图 3-26）为：

$$\alpha = \alpha_1 + \alpha_2 \leqslant 2\varphi \tag{3-4}$$

式中　φ ——矿石与锥体表面之间的摩擦角，(°)；

　　　α_1 ——固定锥母线和垂直平面的夹角，(°)；

　　　α_2 ——可动锥母线和垂直平面的夹角，(°)。

一般取 $\alpha = 22° ~ 27°$。

　　c　可动锥摆动次数

　　旋回破碎机的排矿过程与颚式破碎机相同，均靠矿石的自重进行排矿。在计算可动锥摆动次数（或主轴转速）时，仍按矿石自由下落所需的时间来确定。

$$n = 470 \sqrt{\frac{\tan\alpha_1 + \tan\alpha_2}{r}} \tag{3-5}$$

式中 r——偏心距，cm。

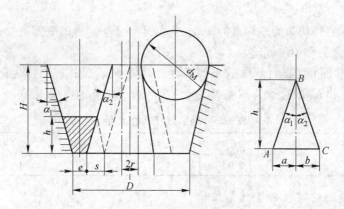

图 3-26 旋回破碎机的啮角

实际上，矿石下落的同时还要受到两锥体的摩擦阻力和离心力等因素的影响，故上式计算的主轴转速要比实际采用的数值约大一倍。

实际工作中，通常是按经验公式来计算旋回破碎机的转速：

$$n = 160 - 42B \tag{3-6}$$

式中 B——旋回破碎机的给矿口宽度，m。

表 3-24 列出了按理论公式和经验公式分别计算的转速，与产品目录中旋回破碎机采用的转速的对比情况。

表 3-24 按公式计算的转速和实际采用的转速对比

破碎机规格/mm	偏心距/mm	旋回破碎机的主轴转速/r·min⁻¹		
		按式 (3-5) 计算	按式 (3-6) 计算	实际采用 (按产品目录)
500	12	292	139	140
700			131	140
900	19	232	122	125
1200	18	238	110	110

由表 3-24 可知，按经验公式计算的旋回破碎机的转速，与产品目录中破碎机采用的转速颇为接近。

d 旋回破碎机的生产率

旋回破碎机的计算生产率的理论公式，推导方法与颚式破碎机的相似，只不过把可动锥回转一圈时所排出矿石的体积近似地看成断面为梯形的环状体。推导过程这里不再赘述，只列出计算公式。因为此理论公式既不够准确，也不便于应用，所以只能从它看出各参数对生产率的影响情况。该理论公式为：

$$Q = 377 \frac{\mu \delta r (e + r) D_1 n}{\tan\alpha_1 + \tan\alpha_2} \tag{3-7}$$

式中 μ——矿石的松散系数，$\mu = 0.3 \sim 0.7$；

r——偏心距，m；

e——排矿口宽度，m；

D_1——落下的环状体的平均直径，m，近似地等于固定锥的底部直径；

其他符号意义和单位同前。

应当指出，前面介绍的计算颚式破碎机生产率的经验公式，同样也适用于旋回破碎机。其中 K_1、K_2 和 K_3 的选取，与颚式破碎机的一样，但 q_0 值需查表3-25。

表3-25　旋回破碎机的 q_0 值

破碎机规格/cm	500/75	700/130	900/160	1200/180	1500/180	1500/300
q_0	2.5	3.0	4.5	6.0	10.5	13.5

3.3.2.3　旋回破碎机的操作与维护

A　操作

旋回破碎机的地基应与厂房地基隔离开，地基的质量应为机器质量的 1.5~2.5 倍。装配时，首先将下部机架安装在地基上，然后依次安装中部和上部机架。在安装工作中，要注意校准机架套筒的中心线与机架上部法兰水平面之间的垂直度，下部、中部和上部机架的水平，以及它们的中心线是否同心。接着安装偏心轴套和圆锥齿轮，并调整间隙。随后将可动圆锥放入，再装好悬挂装置及横梁。

安装完毕，进行 5~6h 的空载试验。在试验中仔细检查各个连接件的连接情况，并随时测量油温是否超过60℃。空载运转正常后，再进行有载试验。

在启动之前，应检查润滑系统、破碎腔以及传动件等情况。检查完毕，开动油泵 5~10min，使破碎机的各运动部件都受到润滑，然后再开动主电动机。让破碎机空转 1~2min 后，再开始给矿。破碎机工作时，应经常按操作规程检查润滑系统，并注意在密封装置下面不要过多地堆积矿石。停车前，先停止给矿，待破碎腔内的矿石完全排出以后，才能停主电动机，最后关闭油泵。停车后，检查各部件，并进行日常的修理工作。

润滑油要保持流动性良好，但温度不宜过高。气温低时，需用油箱中的电热器加热。当气温高时，用冷却过滤器冷却。工作时的油压为 1.5147kPa，进油管中的油速为 1.0~1.2m/s，回油管的油速为 0.2~0.3m/s。润滑油必须定期更换。该破碎机的润滑系统和设备与颚式破碎机的相同。润滑油分两路进入破碎机，一股油从机器下部进入偏心轴套中，润滑偏心轴套和圆锥齿轮后流出；另一股油润滑传动轴承和皮带轮轴承，然后回到油箱。悬挂装置用干油润滑，定期用手压油泵打入。

B　维护

旋回破碎机的小修、中修和大修情况：

（1）小修。检查破碎机的悬挂零件；检查防尘装置零件，并清除尘土；检查偏心轴套的接触面及其间隙，清洗润滑油沟，并清除沉积在零件上的油渣；测量传动轴和轴套之间的间隙；检查青铜圆盘的磨损程度；检查润滑系统和更换油箱中的润滑油。

（2）中修。除了完成小修的全部任务外，还要修理或更换衬板、机架及传动轴承。一般约为半年一次。

（3）大修。一般为5年进行一次。除了完成中修的全部任务外，还要做以下工作：修理悬挂装置的零件，大齿轮与偏心轴套，传动轴和小齿轮，密封零件，支承垫圈以及更换全部磨损零件、部件等。同时，还必须对大修以后的破碎机进行校正和测定工作。

旋回破碎机主要易磨损件的使用寿命和最低储备量，见表 3-26。

旋回破碎机工作中产生的故障及其消除方法，见表 3-27。

表 3-26　旋回破碎机易磨损零件的使用寿命和最低储备量

易磨损件名称	材　料	使用寿命/月	最低储备量
可动圆锥的上部衬板	锰钢	6	2套
可动圆锥的下部衬板	锰钢	4	2套
固定圆锥的上部衬板	锰钢	6	2套
固定圆锥的下部衬板	锰钢	6	2套
偏心轴套	巴氏合金	36	1件
齿　轮	优质钢	36	1件
传动轴	优质钢	36	1件
排矿槽的护板	锰钢	6	2套
横梁护板	锰钢	12	1件
悬挂装置的零件	锰钢	48	1套
主　轴	优质钢		1件

表 3-27　旋回破碎机工作中产生的故障及消除方法

序号	设备故障	产生原因	消除方法
1	油泵装置产生强烈的敲击声	油泵与电动机安装得不同心；半联轴节的销槽相对其槽孔轴线产生很大的偏心距；联轴节的胶木销磨损	使其轴线安装同心；把销轴堆焊出偏心，然后重刨；更换销轴
2	油泵发热(温度为40℃)	稠油过多	更换比较稀的油
3	油泵工作，但油压不足	吸入管堵塞；油泵的齿轮磨损；压力表不精确	清洗油管；更换油泵；更换压力表
4	油泵工作正常，压力表指示正常压力，但油流不出来	回油管堵塞；回油管的坡度小；黏油过多；冷油过多	清洗回油管；加大坡度；更换比较稀的油；加热油
5	油的指示器中没有油或油流中断，油压下降	油管堵塞；油的温度低；油泵工作不正常	检查或修理油路系统；加热油；修理或更换油泵
6	冷却过滤前后的压力表的压力差大于0.439kPa	过滤器中的滤网堵塞	清洗过滤器
7	在循环油中发现很硬的掺和物	滤网撕破；工作时油未经过过滤器	修理或更换滤网；切断旁路，使油通过过滤器
8	流回的油减少，油箱中的油也显著减少	油在破碎机下部漏掉；由于排油沟堵塞，油从密封圈中漏出	停止破碎机工作，检查和消除漏油原因；调整给油量，清洗或加深排油沟

序号	设备故障	产生原因	消除方法
9	冷却器前后温度差过小	水阀开得过小，冷却水不足	开大水阀，正常给水
10	冷却器前后的水与油的压力差过大	散热器堵塞； 油的温度低于允许值	清洗散热器； 在油箱中将油加热到正常温度
11	从冷却器出来的油温超过 45℃	没有冷却水或水不足： 冷却水温度高； 冷却系统堵塞	给入冷却水或开大水阀，正常给水； 检查水的压力，使其超过最小许用值； 清洗冷却器
12	回油温度超过 60℃	偏心轴套中摩擦面产生有害的摩擦	停机运转，拆开检查偏心轴套，消除温度增高的原因
13	传动轴润滑油的回油温度超过 60℃	轴承不正常，阻塞，散热面不足或青铜套的油沟断面不足等	停止破碎机，拆开和检查摩擦表面
14	随着排油温度的升高，油路中的油压也增加	油管或破碎机零件上的油沟堵塞	停止破碎机，找出并消除温度升高的原因
15	油箱中发现水或水中发现油	冷却水的压力超过油的压力； 冷却器中的水管局部破裂，使水渗入油中	使冷却水的压力比油压低 0.549kPa； 检查冷却器水管连接部分是否漏水
16	油被灰尘弄脏	防尘装置未起作用	清洗防尘及密封装置，清洗油管并重新换油
17	强烈劈裂声后，可动圆锥停止转动，皮带轮继续转动	主轴折断	拆开破碎机，找出折断损坏的原因，安装新的主轴
18	碎矿时产生强烈的敲击声	可动圆锥衬板松弛	校正锁紧螺帽的拧紧程度； 当铸锌剥落时，需重新浇铸
19	皮带轮转动，而可动圆锥不动	连接皮带轮与传动轴的保险销被剪断（由于掉入非破碎物体）； 键与齿轮被损坏	消除破碎腔内的矿石，拣出非破碎物体，安装新的保险销； 拆开破碎机，更换损坏的零件

3.3.2.4　国内外新型旋回破碎机

A　山特维克（SANDVIK）旋回破碎机

山特维克在设计制造旋回破碎机方面拥有悠久的历史丰富的经验，可以提供各种规格的初级旋回破碎机。CG 系列旋回破碎机是山特维克与日本川崎重工和神户制钢下属的 Earth Technica 公司合作制造的。这种破碎机的机械设计已经传承了许多年，并且在全球拥有大量成功的应用实例。设备已经在非洲、亚洲、大洋洲得到了成功的推广和应用。CG 系列旋回破碎机结构坚固，使用寿命长。在山特维克著名的单缸液压圆锥破碎机上应用非常成功的排矿口自动控制系统（ASRI™），成为 CG 系列旋回破碎机的标准配置。山特维克将世界领先的机械设计思想和自动控制系统进行了完美的结合，对初级旋回破碎机的性能进行了改善。

山特维克 CG 系列初级旋回破碎机有 5 种规格型号，可以满足处理量和最大给料粒度的要求。CG650 可以很好地适应大型采石场的需要；CG820 可以广泛适应矿山的处理能力的要求；型号最大的 CG880 是世界上功率最大的旋回破碎机。

实际生产中，破碎机产量的确定需要依靠许多因素，可根据给料的可碎性、综合受力情况、给料的级配以及排矿粒度要求来估算处理量。

真实的使用性能是由破碎机各种工况条件的适应能力来衡量的。无论是给料粒度粗、中还是细，每一台山特维克初级旋回破碎机都可以达到最大的性能。CG 系列旋回破碎机的设置可以进行微调，以最大程度地发挥中细碎破碎机的性能。

山特维克 CG 系列旋回破碎机结构图见图 3-27，外形见图 3-28，现场应用见图 3-29。

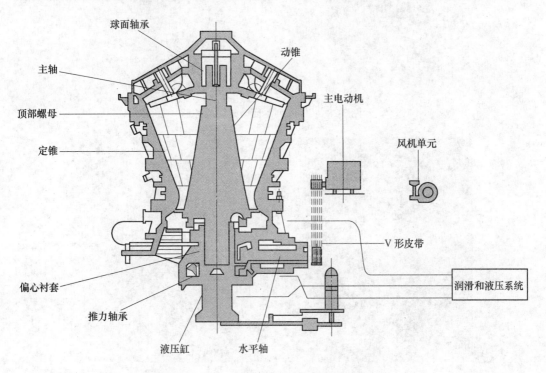

图 3-27　山特维克 CG 系列旋回破碎机的机构

电动机产生的动力通过直联或 V 形皮带传递给破碎机，使得破碎机的水平轴以固定的速度旋转。

与 V 形皮带传动方式相比，直联传动方式可以降低电机和水平轴上的负荷，所以直联传动方式应用更广泛。

直联驱动装置包括柔性齿轮联轴器、保险联轴器和中间轴。柔性齿轮组件可以补偿电机和破碎机水平轴之间的轴向、径向以及各种角度的偏差，保险联轴器可以在不可破碎物进入破碎机时，为破碎机提供过载保护，中间轴实现了在不拆卸电机的情况下，就可以拆装水平轴轴承箱。

水平轴和小齿轮按照顺时针方向旋转（从外部看）。水平轴旋转带动小齿轮旋转，驱动与偏心套固定的大齿轮，带动偏心套旋转。偏心套由外衬套和止推轴承支撑。偏心套装有内衬套。内衬套中心位置与臂架球面轴承的中心线有一小的偏心。

主轴在径向上由球面轴承和内衬套支撑，在轴向上由液压缸上部的推力轴承支撑，主

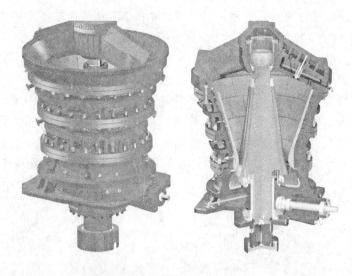

图 3-28　CG 系列旋回破碎机的外形

图 3-29　CG 系列旋回破碎机的现场应用

轴可以自由旋转。

　　偏心套旋转带动主轴以球面轴承为中心旋转。旋转方向为顺时针方向（从破碎机上部观察）。在空载时，由于受主轴和内衬套之间润滑油的摩擦力的影响，动锥以 0 ~ 35r/min 的速度顺时针方向旋转。在负载时，动锥逆时针方向旋转。

　　主轴的旋回运动产生动锥衬板的旋回运动，从而形成动锥衬板和定锥衬板的间隙在整个圆周上的周期变化。由于主轴总成位于液压缸的推力轴承上，所以通过调整液压缸的上、下位置，就可以方便地实现排矿口的调整。

　　初级旋回破碎机设置了平衡缸，通过将油自动泵入油缸，使活塞随主轴一起运动，防止主轴与活塞脱离接触，产生跳动。

　　a　山特维克旋回破碎机技术参数

　　山特维克旋回破碎机技术参数见表 3-28。

表 3-28　山特维克 CG 系列旋回破碎机技术参数

型　号	序列号	质量/t	给料口开度 /mm×mm	最大给料粒度 /mm×mm×mm	水平轴转速 /r·min^{-1}	功率/kW	排矿口 /mm	处理能力 /t·h^{-1}
CG650	46~71	181	1150×3170	800×1100×1600	460	375	105~190	1140~2430
CG820	54~75	276	1350×3350	950×1300×1900	440	450	125~230	1730~3620
CG840	61~96	451	1550×4140	1050×1500×2100	430	600	150~260	2750~5420
CG850	61~106	523	1550×4140	1050×1500×2100	420	800	180~290	4170~7750
CG880	65~119	748	1650×4410	1130×1600×2260	410	1100	200~305	6100~10940

　　b　山特维克旋回破碎机的主要特点

　　(1) 经久耐用。山特维克旋回破碎机上臂架轴承为球面轴承形式，均匀地吸收各个方向的负荷，取消了传统旋回破碎机的上臂架衬套这一消耗件，大幅度提高了运行可靠性，显著降低了运行成本。另外，由于主轴可以做各种运动，臂架轴承油封需要与之相适应，所以油封必须是特制的。山特维克旋回破碎机安装双重特制的长舌型油封和特殊形状的刮盘，这种特制的刮盘可以清除附着在主轴衬套上的灰尘和泥土。

　　主轴为整体锻造件，主轴衬套可更换，主轴上没有螺纹。消除了传统带螺纹结构主轴易于疲劳失效的现象。同时，动锥衬板上部区域与主轴的金属接触面可以分散破碎大块砾石时产生的冲击力。

　　液压缸采用大冲程设计，排矿口可以在更广的范围内进行调节，这个特点有利于保证理想的产品粒度以适应长远的需要。设计经久耐用。

　　(2) 性能优异。物料性质（硬度、磨蚀性、含泥量等）不同，在破碎腔中的行为也截然不同。在实际生产应用中，通过优化啮合角、偏心距大小，可以对 CG 系列的每一台破碎机的处理能力、能耗和衬板使用寿命进行优化，通过对破碎腔进行合适的设计，可以降低主轴的相对滑动和跳动，设计性能优异。

　　(3) 维护简便。动锥衬板设计有凹槽，不能被平面动锥衬板破碎的坚硬的大块物料可以被有凹槽的衬板破碎。

　　定锥衬板采用自锁紧设计，维护简单，在带负荷运行过程中，每一块定锥衬板都会延展并充满相互之间的缝隙，使得衬板向上移动，但是这种运动被限位凸台限制。这样，定锥衬板在架体的周边方向上的配合将越来越紧密。这称为"自锁紧结构的定锥衬板"。

　　定锥衬板通过螺栓和限位凸台固定在上架体上。凹槽/凸台以及螺检系统使得安装定锥衬板变得简单、安全、节省时间（所用时间为通常类型的衬板的 1/10）。定锥衬板不再需要气割维护，可以单独更换和紧固衬板。作业率更高，运行成本更低。

　　(4) 调整灵活。采用排矿口自动调节系统对破碎机进行控制和过载保护。同时，这套系统可以保证破碎机发挥最佳性能。友好的触摸屏界面可使控制系统易于理解和操作。实现对衬板磨损的自动补偿及破碎机在线微调。只需按动按钮即可完成调整。

B　美卓 Superior 系列旋回破碎机

美卓矿机制造旋回破碎机的历史可以追溯到 1878 年。Superior 系列旋回破碎机是 A-C 公司 1953 注册生产的，1994 年前生产的旋回破碎机为 Superior 系列旋回破碎机第一代产品（MK-Ⅰ），1994 年后生产的旋回破碎机为 Superior 系列旋回破碎机第二代产品（MK-Ⅱ），其外形见图 3-30。

与第一代产品相比，Superior 系列旋回破碎机第二代产品的横梁更粗，梁拱更高，有利于给矿块度更大；安装功率更大、破碎力更强和破碎频率更快，有利于破碎产品更细；平衡设计更合理，非平衡力减小，有利于基础设计和使用钢架基础。

Superior MK-Ⅱ 系列旋回破碎机的外形尺寸见图 3-31，其规格见表 3-29，主要部件的质量见表 3-30。

图 3-30　MK-Ⅱ型旋回破碎机的外形

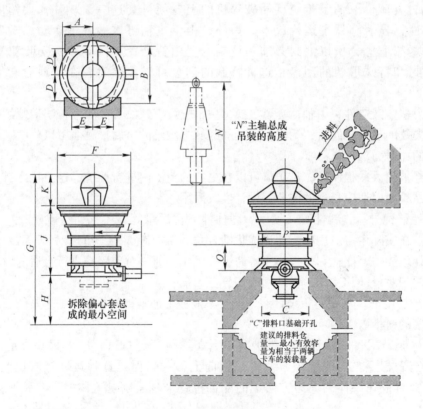

图 3-31　Superior MK-Ⅱ 系列旋回破碎机的外形尺寸

表 3-29　Superior MK-Ⅱ 系列旋回破碎机的规格　　　　　　　　（mm）

破碎机规格	A	B	C	D	E	F	G	H	J	K	L	N	O	P
42/65	1676	3581	2616	1664	1524	3937	7188	2381	3385	1422	2194	4578	1251	3010
50/65	1676	3581	2616	1664	1524	4458	7637	2124	4006	1507	2194	5200	1251	3010
54/75	2044	4394	3229	2070	1740	4928	8585	2896	4350	1343	2454	5635	1454	3581

续表 3-29

破碎机规格	A	B	C	D	E	F	G	H	J	K	L	N	O	P
62/75	2044	4394	3229	2070	1740	5574	9114	2481	5037	1596	2454	6186	1454	3581
60/89	2286	5131	3746	2413	1753	5588	10522	3353	5366	1803	2654	6826	1753	3886
60/110	2489	5486	4508	2438	2184	6299	12035	4129	5766	2140	2838	7930	2057	4775

表 3-30　主要部件的质量

破碎机规格 /mm	破碎机质量 /kg	横梁总成 /kg	上机架总成 /kg	主轴总成 /kg	下机架总成 /kg	主轴位置控制总成/kg	偏心套总成 /kg
41/65	119400	19300	36300	23000	28120	4000	3100
50/65	145370	30620	52520	28120	28120	4000	3100
54/75	242200	38100	81600	38600	62100	5400	5700
62/75	302500	67700	110385	43270	62100	5400	5700
60/89	387400	67400	144500	64400	81200	10400	8900
60/110	588100	102000	181400	102600	136100	20100	16300

在松散密度为 $1.6t/m^3$ 条件下，Superior MK-Ⅱ系列旋回破碎机在不同排料口尺寸的处理能力见表 3-31。

表 3-31　Superior MK–Ⅱ系列旋回破碎机的小时产量　　　　　　　(t)

规格 /mm	给料口尺寸		小齿轮转速 /r·min⁻¹	最大功率 /kW	排料口尺寸/mm									
	mm	in			140	150	165	175	190	200	215	230	240	250
42/65	1065	42	600	375	1635	1880	2100	2320	—	—	—	—	—	—
50/65	1270	50	600	375	—	2245	2625	2760	—	—	—	—	—	—
54/75	1370	54	600	450	—	2555	2855	3025	3215	3385	—	—	—	—
62/75	1575	62	600	450	—	2575	3080	3280	3660	3720	—	—	—	—
60/89	1525	60	600	600	—	4100	4360	4805	5005	5280	5550	—	—	—
60/110	1525	60	514	1000	—	—	5575	5845	6080	6550	6910	7235	7605	

Superior 系列旋回破碎机在鞍山齐大山铁矿和昆钢大红山铁矿已安装使用，也在有色金属矿山（安徽铜陵冬瓜山铜矿和福建紫金山金铜矿）应用。Superior 系列旋回破碎机不但在矿山行业得到应用，而且在水电行业（例如三峡大坝）应用，用于加工筑坝用的石料。

3.3.2.5　旋回破碎机的发展方向

旋回破碎机大多用于大型矿山，这决定了其大型设备的基本特点。由于旋回破碎机的选用是根据要求的最大给料粒度，这时其生产能力一般都相当高，因此并不要求进一步的大型化。目前世界最大规格的旋回破碎机仍是 20 世纪 90 年代的德国蒂森克虏伯（Fördertechnik）公司制造的 63～114in（1600～2896mm）旋回破碎机，1997 年用于世界著名的大型矿山——印尼 Iriana Jaya 的 Grasberg 铜金矿。目前全世界共用该规格设备 3 台。国内成熟应用的最大规格的旋回破碎机，是北方重工沈阳重型机械集团有限责任公司制造的 PX1400/170 型液压旋回破碎机。首台设备 1985 年 10 月用于本溪钢铁公司南芬选厂，2009 年建成投产的中国黄金集团乌努格吐山铜钼矿也采用了该设备。杭州山虎机械有限公司制造了 PXZ-1600 重型液压旋回破碎机，用于某石料厂，是目前国内最大规格的旋回破碎机，其特点是采用双电机驱动。

3.3.3　圆锥破碎机

圆锥破碎机诞生于 20 世纪初，以生产效率高著称。最早的圆锥破碎机是"弹簧式"的，由美国西蒙斯（Symons）兄弟研制，故称为西蒙斯圆锥破碎机。西蒙斯圆锥破碎机是圆锥式破碎机的"鼻祖"。其结构为主轴插入偏心套，用偏心套驱动动锥旋摆运动，动锥衬板则时而靠近，时而离开固定锥衬板，从而使矿岩在破碎腔内不断地遭到挤压和弯曲而破碎。采用大偏心距，低摆频，驱动功率小，破碎产品粒度不均匀，破碎效果差，振动大，弹簧易损坏。用大型螺旋套调整排矿口大小，调整困难，过载保护用弹簧组，可靠性差。多年来，虽经不断改进，结构日趋完善，但其工作原理和基本构造变化不大。20 世纪 40 年代末，美国 Allis Chalmers 公司首先推出底部单缸液压圆锥破碎机，是在旋回式破碎机基础上发展起来的陡锥破碎机。采用液压技术，实现了液压调整排矿口和过载保护，简化了破碎机结构，减轻了质量，提高了使用性能。由于它靠排料口尺寸大小控制产品粒度，使产品粒度大，且不均匀。对含水、含泥物料易堵塞。20 世纪 50 ~ 60 年代，法国 Dragon 公司的子公司 Babbitless 公司和日本神户制钢有限公司等推出上部单缸、周边单缸液压圆锥破碎机。20 世纪 70 ~ 80 年代，美国 Allis Chalmers 公司在底部单缸液压圆锥破碎机的基础上推出高能液压圆锥破碎机。Nordberg 公司推出旋盘式圆锥破碎机，适用于中硬物料的第四段破碎，其给料粒度小，偏心距小，破碎力不大。后来又相继推出超重型短头圆锥破碎机，加大了功率，强化了弹簧、合金钢机架，增加了制造成本。为了解决这些问题，该公司又推出了 Omni 型圆锥破碎机。为了适应冲水破碎，又推出 WF 型湿式圆锥破碎机。Babbitless 公司推出 BS704UF 型超细碎圆锥破碎机。采用滚动轴承替代偏心套，由电动机、皮带传动而带动动锥摆转，顶部单液压缸装置调整排矿口和过载保护，给料粒度为 – 10mm，产品粒度为 – 6.3mm 的占 80%。德国 KHD Humboldt Wedag 公司推出 Calibrator 型圆锥破碎机。20 世纪 90 年代以来，美国 Cedarapids 公司推出了 EIJOY Ⅱ型、MVP 型圆锥破碎机；美国 Nordberg 公司推出新一代 HP 系列圆锥破碎机；瑞典 Svedala 公司推出新的 H 系列圆锥破碎机；日本神户制钢有限公司推出 AF 型圆锥破碎机和 2300ASC 型圆锥破碎机；俄罗斯乌拉尔机械研究院和米哈诺布尔研究设计院开发出新型短头圆锥破碎机，破碎机分上、下两部分，上腔按料层原理破碎物料，下腔为平行区。应用结果表明：细级别含量较一般圆锥破碎机提高 5% ~ 10%。衬板金属消耗降低 20%。

圆锥破碎机的问世虽比颚式破碎机晚几十年，但由于能获得比颚式破碎机和旋回破碎机更细的产品而得到更广泛的应用。它主要用于对各种硬度的矿石进行中碎和细碎。

3.3.3.1　圆锥破碎机的工作原理及分类结构

根据破碎作业的需要和圆锥破碎机的破碎腔形式，它又分为标准型（中碎用）、中间型（中、细碎用）和短头型（细碎用）3 种，其中以标准型和短头型应用最为广泛。它们的主要区别在于破碎腔的剖面形状和平行带长度的不同（图 3-32）。标准型的平行带最短，短头型的最长，中间型介于它们两者之间。这个平行带的作用，是使矿石在其中不止一次受到压碎，从而保证破碎产品的最大粒度不超过平行带的宽度，故适用于中碎、细碎各种硬度的矿石（物料）。由于圆锥破碎机的工作是连续的，故设备单位质量的生产能力大，功率消耗低。中、细碎圆锥破碎机按照排矿口调整装置和保险方式的不同，可分为弹簧型及液压型的两种。液压型的又有单缸及多缸之分。多缸的由于油路比较复杂，而且工作也没有单缸的可靠，所以现在已不再生产。

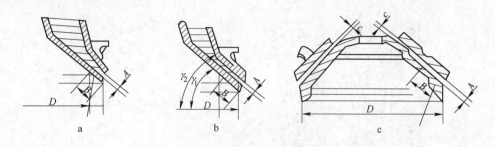

图 3-32　中细圆锥破碎机的破碎腔形式

a—标准型；b—中间型；c—短头型

中、细碎圆锥破碎机的规格以可动圆锥下部的最大直径 D 表示。

中、细碎圆锥破碎机，就其工作原理和运动学而言，与旋回破碎机是一样的，只是某些主要部件的结构特点有所不同而已。其主要区别是：（1）旋回破碎机的两个圆锥形状都是急倾斜的，可动锥是正立的，固定锥则为倒立的截头圆锥，这主要是为了增大给矿块度的需要。中、细碎圆锥破碎机的两个圆锥形状均是缓倾斜的、正立的截头圆锥，而且两锥体之间具有一定长度的平行碎矿区（平行带），这是为了控制排矿产品粒度，因为中、细碎破碎机与粗碎破碎机不同，它是以破碎产品的质量和生产能力作为首要的考虑因素。（2）旋回破碎机的可动锥悬挂在机器上部的横梁上；中、细碎圆锥破碎机的可动锥是支承在球面轴承上的。（3）旋回破碎机采用干式防尘装置；中、细碎圆锥破碎机采用水封防尘装置。（4）旋回破碎机是利用调整可动锥的升高或下降，来改变排矿口尺寸的大小；中、细碎圆锥破碎机是用调节固定锥（调整环）的高度位置，来实现排矿口宽度的调整。

A　弹簧圆锥破碎机

图 3-33 为 1750 型弹簧圆锥破碎机的结构图。它与旋回破碎机的结构大体相似，但也有区别。

工作机构由带有锰钢衬板的可动圆锥和固定圆锥（调整环 10）组成。可动锥的锥体压装在主轴（竖轴）上。主轴的一端插入偏心轴套的锥形孔内。在偏心轴套的锥形孔中装有青铜衬套或 MC-6 尼龙衬套。当偏心轴套转动时，就带动可动锥做旋摆运动。为了保证可动锥做旋摆运动的要求，可动锥体的下部表面要做成球面，并支承在球面轴承上。可动锥体和主轴的全部重力都由球面轴承和机架承受。

应当指出，在圆锥破碎机的偏心轴套中，采用尼龙衬套代替青铜衬套是一项比较成功的技术革新。生产实践证明，尼龙衬套具有耐磨、耐疲劳、使用寿命长、质量小和成本低等优点，是一种有发展前途的代用材料。

圆锥破碎机的调整装置和锁紧机构，实际上都是固定锥的一部分，主要是由调整环 10、支撑环 8、锁紧螺帽 18、推动油缸 9 和锁紧油缸等组成。其中调整环和支撑环则构成

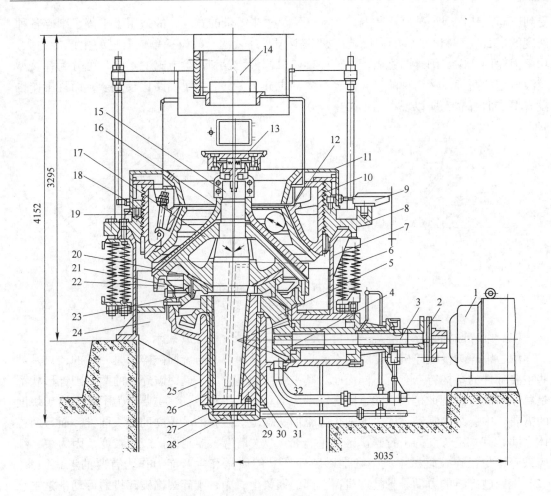

图 3-33　1750 型弹簧圆锥破碎机的结构

1—电动机；2—联轴节；3—转动轴；4—小圆锥齿轮；5—大圆锥齿轮；6—保险弹簧；7—机架；8—支撑环；
9—推动油缸；10—调整环；11—防尘罩；12—固定锥衬板；13—给矿盘；14—给矿箱；15—主轴；
16—可动锥衬板；17—可动锥体；18—锁紧螺帽；19—活塞；20—球面轴瓦；21—球面轴承座；
22—球形颈圈；23—环形槽；24—筋板；25—中心套筒；26—衬套；27—止推圆盘；
28—机架下盖；29—进油孔；30—锥形衬套；31—偏心轴承；32—排油孔

排矿口尺寸的调整装置。支撑环安装在机架的上部，并借助于破碎机周围的弹簧 6 与机架 7 贴紧。支撑环上部装有锁紧油缸和活塞（1750 型圆锥破碎机装有 12 个油缸，2200 型圆锥破碎机装有 16 个油缸），而且支撑环与调整环的接触面处均刻有锯齿形螺纹。两对拨爪和一对推动油缸分别装在支撑环上。破碎机工作时，高压油通入锁紧缸使活塞上升，将锁紧螺帽和调整环稍微顶起，使得两者的锯齿形螺纹呈斜面紧密贴合。调整排矿口时，需将锁紧缸卸载，使锯齿形螺纹放松，然后操纵液压系统，使推动缸动作，从而带动调整环顺时针或反时针转动，借助锯齿形螺纹传动，使得固定锥上升或下降，以实现排矿口的调整。

　　保险装置是这种破碎机的安全保护措施，就是利用装设在机架周围的弹簧作为保险装置。当破碎腔中进入非破碎物体时，支承在弹簧上面的支撑环和调整环被迫向上抬起而压缩弹簧，从而增大了可动锥与固定锥的距离，使排矿口尺寸增大，排出非破碎物体，避免机件的损坏。然后，支撑环和调整环在弹簧的弹力影响下，很快恢复到原来位置，重新进行碎矿。

应该看到，弹簧既是保险装置，又在正常工作时维持破碎力，因此，它的张紧程度对破碎机的正常工作具有重要作用。在拧紧弹簧时，应当考虑留有适当的压缩余量，对于2200 型圆锥破碎机至少留有 90mm，1750 型圆锥破碎机留有约 75mm，1200 型圆锥破碎机留有约 56mm。表 3-32 所列为我国生产的弹簧圆锥破碎机的定型产品的技术规格。

表 3-32　弹簧圆锥破碎机定型产品技术规格（沈矿）

类　型	规格 /mm	主 要 参 数						机器质量 /t	电动机	
		动锥下部的最大直径 /mm	给矿口宽度 /mm	最大给矿尺寸 /mm	排矿口调整范围 /mm	可动锥转速 /r·min^{-1}	生产能力 /t·h^{-1}		功率 /kW	转速 /r·min^{-1}
标准型 (PYB)	600	600	75	65	12～25	356	约40	5.5	28	735
	900	900	135	115	15～50	330	50～90	11	55	735
	1200	1200	170	145	20～50	300	110～168	23	110	735
	1750	1750	250	215	25～60	245	280～480	48	155	735
	2200	2200	350	300	30～60	220	500～1000	80	280	400
中间型 (PYZ)	900	900	70	60	5～25	330	20～65	11	55	735
	1200	1200	115	100	8～25	300	40～135	23	110	735
	1750	1750	245	185	10～30	245	115～320	48	155	735
	2200	2200	275	230	10～30	220	200～580	50	280	400
短头型 (PYD)	600	600	40	40	3～15	356	约23	5.5	28	735
	900	900	50	50	3～15	330	15～50	11	55	735
	1200	1200	60	60	3～15	300	18～105	23	110	735
	1750	1750	100	100	5～15	245	75～230	48	155	735
	2200	2200	150	130	5～15	220	120～340	84	280	490

B　液压圆锥破碎机

上述弹簧圆锥破碎机的排矿口调整，虽已改用液压操纵，但结构仍为锯齿形螺纹的调整装置，工作中螺纹常被灰尘堵塞，调整时比较费力又费时间，而且一定要停车；同时，取出卡在破碎腔中的非破碎物体也很不方便。另外，这种保险装置并不完善，有时甚至当机器受到严重过载的威胁时，也未起到保险作用。为此，目前国内外都在大力生产和推广应用液压圆锥破碎机，这类破碎机不但调整排矿口容易，而且过载的保险性很高，完全消除了弹簧圆锥破碎机这方面的缺点。

按液压油缸在圆锥破碎机上安放位置和装置数量，又可分为顶部单缸、底部单缸和机体周围的多缸等形式。尽管油缸数量和安装位置不同，但它们的基本原理和液压系统都是相类似的。现以我国当前应用较多的底部单缸液压圆锥破碎机为例加以说明。这种破碎机的工作原理与弹簧圆锥破碎机相同，但在结构上取消了弹簧圆锥破碎机的调整环、支撑环和锁紧装置以及球面轴承等零件。该破碎机的液压调整装置和液压保险装置，都是通过支承在可动锥体的主轴底部的液压油缸（一个）和油压系统来实现的。底部单缸液压圆锥破碎机的构造如图 3-34 所示。可动锥体的主轴下端插入偏心轴套中，并支承在油缸活塞上面的球面圆盘上，活塞下面通入高压油用于支承活塞。由于偏心轴套的转动，从而使可动锥做锥面运动。

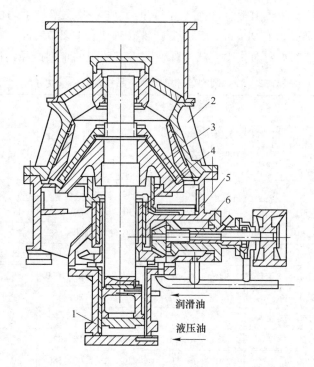

图 3-34　底部单缸液压圆锥破碎机
1—液压油缸；2—固定锥；3—可动锥；4—偏心轴套；5—机架；6—转动轴

这种破碎机的液压系统由油箱、油泵、单向阀、高压溢流阀、手动换向阀、截止阀、蓄能器、单向节流阀、放气阀和液压油缸等组成。图 3-35 为该机器的液压系统示意图。

破碎机排矿口的调整，是利用手动换向阀，使通过油缸中的油量增加或减小，致使可动锥上升或下降，从而达到排矿口调整的目的。当液压油从油箱压入油缸活塞下方时，可动锥上升，排矿口缩小（图 3-36a）；若将油缸活塞下方的液压油放入油箱时，可动锥下降，排矿口增大（图 3-36b）。排矿口的实际大小，可从油位指示器中直接看出。

机器的过载保险作用，是通过液压系统中装有不活泼的气体（如氮气等）的蓄能器来实现的。蓄能器内充入 4.9MPa 压力的氮气，它比液压油缸内的油压稍高一点，在正常工作情况下，液压油不能进入蓄能器中。当破碎腔中进入非破碎物体时，可动锥向下压的垂直力增大，立即挤压活塞，这时油路中的油压即大于蓄能器中的氮气压力，于是液压油就进入蓄能器中，此时油缸内的活塞和可动锥即同时下降，排矿口增大（图 3-36c），排除非破碎物体，实现了保险作用。非破碎物体排除以后，氮气的压力又高于正常工作时的油压，进入蓄能器的液压油又被压回液压油缸，促使活塞上升，可动锥立即恢复正常工作位置。

如果破碎腔出现堵塞现象，利用液压调整的方法，改变油缸内油量的大小，使可动锥上升下降反复数次，即可排除堵矿情况。

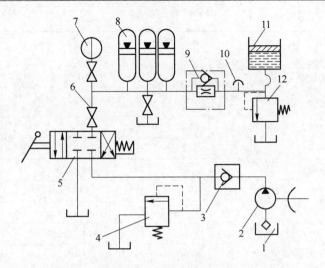

图 3-35　液压系统示意图

1—油箱；2—油泵；3—单向阀；4, 12—高压溢流阀；5—手动换向阀；6—截止阀；

7—压力表；8—蓄能器；9—单向节流阀；10—放气阀；11—液压油缸

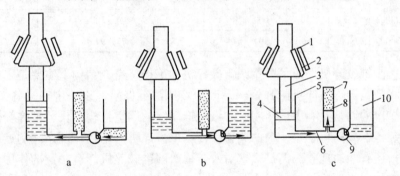

图 3-36　液压调整和液压保险装置的示意图

1—固定锥；2—可动锥；3—主轴；4—活塞（液压缸）；5—液压油缸；

6—油管；7—蓄能器；8—活塞；9—阀；10—油箱

我国生产的底部单缸液压圆锥破碎机的工作性能见表 3-33。

表 3-33　底部单缸液压圆锥破碎机工作性能

类型	规格 /mm	主要参数						机器 质量 /t	电动机	
		动锥下部 的最大 直径 /mm	给矿口 宽度 /mm	最大给矿 尺寸 /mm	排矿口 调整范围 /mm	可动锥转速 /r·min⁻¹	生产能力 /t·h⁻¹		功率 /kW	转速 /r·min⁻¹
标准型 （PYB）	600	600	110	85	12~30	390	16~40		28	
	900	900	135	115	15~40	335	40~100	9	55	730
	1200	1200	175	150	20~45	300	89~200	18	95	730
	1650	1650	250	215	20~50	250	210~425	35.4	155	590
	2200	2200	300	300	30~60	220	450~900	72.2	280	490
	3000	3000	415	350	35~60	185	980~1600		525	

类　型	规格 /mm	主 要 参 数						机器质量 /t	电动机	
		动锥下部的最大直径 /mm	给矿口宽度 /mm	最大给矿尺寸 /mm	排矿口调整范围 /mm	可动锥转速 /r·min⁻¹	生产能力 /t·h⁻¹		功率 /kW	转速 /r·min⁻¹
中间型 (PYZ)	600	600	70	60	5~15	390	7~22		28	
	900	900	75	65	6~20	335	17~55	9	55	730
	1200	1200	120	100	9~25	300	44~122	18	95	730
	1650	1650	215	185	13~30	250	120~278	35.4	155	590
	2200	2200	270	230	15~35	220	248~580	72.2	280	490
	3000	3000	340	290	18~40	185	610~1225		525	
短头型 (PYD)	600	600	40	35	4~10	390	9~23		28	
	900	900	55	45	4~12	335	17~51	9	55	730
	1200	1200	70	60	5~13	300	38~98	18	95	730
	1650	1650	100	85	7~14	250	100~200	35.4	155	590
	2200	2200	130	100	8~15	220	200~380	72.2	280	490
	3000	3000	150	130	10~20	185	473~945		525	

多缸液压圆锥破碎机保留了弹簧圆锥破碎机的工作特点，结构上主要是采用了液压保险装置，即将弹簧圆锥破碎机的弹簧保险改为液压油缸保险，以一个油缸替换每组弹簧。而破碎机排矿口的调整是利用液压锁紧和液压推动缸的调整机构，代替了弹簧圆锥破碎机的机械调整装置，故简化了排矿口的调整工作。该破碎机的结构较复杂，制造成本高，维修工作量大，还有漏油现象。但是，它对改造弹簧圆锥破碎机却有一定的作用，因为只要把圆锥破碎机的弹簧保险换成液压油缸，其他部件基本上无需改动，各个厂矿都可就地解决。

3.3.3.2　圆锥破碎机的性能及主要参数

A　性能

标准型、中间型及短头型圆锥破碎机用来中碎和细碎各种硬度的矿石。从我国目前破碎车间使用的设备情况看，中碎使用标准型，两段碎矿的第二段使用中间型，这些几乎已经定型。中、细碎圆锥碎矿机具有比旋回碎矿机快 2.5 倍的转速和大 4 倍的摆动角。这样高转速、大冲程的碎矿过程，有利于破碎腔内矿石的破碎，同时在破碎腔的下部还有一定长度的平行带，矿石在通过平行带区时，至少能被破碎一次。所以它的生产能力高，产品粒度较均匀，适用于中硬及硬矿石的破碎。它的主要缺点是构造复杂，制造和检修都比较困难。此外，对破碎含泥和含水较高的矿石，排矿口容易堵塞，故破碎黏度较大的矿石时，要先进行洗矿，或选用其他合适的碎矿设备。

B　参数

a　给料口和排料口宽度

圆锥破碎机的给料口宽度 $B = (1.2 \sim 1.25)D$，其中 D 为给料粒度，由选矿流程而定。排料口宽度取决于所要求的产品粒度。细碎用圆锥破碎机，由于都有检查筛分，故它的排料口宽度就等于所要求的产品粒度。而中碎用圆锥破碎机的排料口宽度：

$$e = d_{max}/Z$$

式中，d_{max} 为产品的最大粒度；Z 为排料的过大颗粒系数，破碎硬矿石时 $Z = 2.4$，中硬矿石为 $Z = 1.9$，软矿石为 $Z = 1.6$。

b 啮角

在实际设计计算时，圆锥破碎机的啮角一般为 $21° \sim 23°$。

c 平行带长度

为保证破碎机的破碎产品达到所需的细度和均匀度，圆锥破碎机的破碎腔下部都设置了一段平行碎矿带，使矿石在该平行带内至少要接受一次检查性破碎。平行带长度 L 与破碎机的类型和规格有关。对于细碎用的圆锥破碎机，$L = 0.16D$；对于中碎用的圆锥破碎机，$L = 0.085D$。式中，D 为可动锥下部的最大直径。

d 偏心轴套的转速

在实际设计中，一般采用经验公式来确定偏心轴套的转速 $n(r/min)$，其计算结果与实际情况很接近，即：

$$n = 320/\sqrt{D} \tag{3-8}$$

式中　D——破碎锥底部直径，m。

e 生产率

圆锥破碎机的生产率与矿石性质、破碎腔的形状、破碎机的类型、规格以及操作条件等因素有关，同时还与破碎机在选矿工艺流程中的配置情况有关。目前尚没有能够充分反映这些因素的理论计算方法，一般都采用经验公式进行计算。

（1）开路破碎时，圆锥破碎机的生产率：

$$Q = \frac{K_1 K_2 q_0 \gamma \delta}{1.6} \tag{3-9}$$

式中　K_1——矿石的可碎性系数；

　　　K_2——破碎比的修正系数（表 3-34）；

　　　γ——矿石的松散密度，t/m^3；

　　　q_0——单位排料口宽度的生产能力，$t/(mm \cdot h)$（表 3-35）。

表 3-34　中碎与细碎圆锥破碎机破碎比修正系数 K_2

标准或中型圆锥破碎机		短头圆锥破碎机	
$e^{①}/B^{②}$	K_2	e/B	K_2
0.6	0.9 ~ 0.98	0.4	0.9 ~ 0.94
0.55	0.92 ~ 1.0	0.25	1.0 ~ 1.05
0.4	0.96 ~ 1.06	0.15	1.06 ~ 1.12
0.35	1.0 ~ 1.1	0.075	1.14 ~ 1.2

① e 为上段破碎机的排料口宽度；

② B 为本段中碎或细碎圆锥破碎机的给料口宽度，但当闭路破碎时，即指闭路破碎机的排料口宽度与给料口宽度的比值。

表 3-35　开路破碎时弹簧圆锥破碎机的 q_0 值

规格/mm	$q_0/t \cdot (mm \cdot h)^{-1}$		规格/mm	$q_0/t \cdot (mm \cdot h)^{-1}$	
	标准或中型	短头型		标准或中型	短头型
600	1.0	—	1750	8.0 ~ 9.0	14.0
900	2.5	4.0	2200	14.0 ~ 15.0	24
1200	4.0 ~ 4.5	6.5			

注：当排料口小时，取大值；当排料口大时，取小值。

（2）闭路破碎时，圆锥破碎机的生产率：

$$Q_b = KQ \tag{3-10}$$

式中　Q——开路破碎时圆锥破碎机的生产率，t/h；

　　　K——闭路时平均给料粒度变细系数，对于中型或短头型圆锥破碎机，一般取 $K = 1.15 ~ 1.4$，矿石硬时取小值，反之则取大值。

通常标准型和中间型圆锥破碎机按开路流程计算其生产率；短头型圆锥破碎机既可按开路流程也可按闭路流程计算。

f　电动机功率

圆锥破碎机的电动机功率可按经验公式计算：

$$P = 65D^{1.9} \tag{3-11}$$

式中　D——圆锥破碎机的破碎锥底部直径，m。

3.3.3.3　圆锥破碎机的操作与维护

A　操作

安装时首先将机架安装在基础上，并校正水平度，接着安装传动轴。将偏心轴套从机架上部装入机架套筒中，并校准圆锥齿轮的间隙。然后安装球面轴承支座以及润滑系统和水封系统，并将装配好的主轴和可动圆锥插入，接着安装支撑环、调整环和弹簧，最后安装给料装置。破碎机安装好后，进行 7 ~ 8h 的空载试运行，若正常，再进行 12 ~ 16h 的有载试运行，此时，排油管排出的油温应不超过 50 ~ 60℃。

破碎机启动以前，首先检查破碎腔内有无矿石或其他物体卡住；检查排矿口的宽度是否合适；检查弹簧保险装置是否正常；检查油箱中的油量、油温（冬季不低于 20℃）情况；向水封防尘装置给水，再检查其排水情况等。

通过上述检查并确认正确后，可按规定程序开动破碎机。在破碎机操作中应注意：

（1）开动油泵检查油压，油压一般为 0.08 ~ 0.12MPa，注意油压切勿过高，以免发生事故。另外，冷却器中的水压应比油压低 0.05MPa，以免水渗入油中。（2）油泵正常运转 3 ~ 5min 后，再启动破碎机。破碎机空转 1 ~ 2mm，一切正常后，开动给矿机进行碎矿工作。（3）给入破碎机的矿石，应该从分料盘上均匀地给入破碎腔，而且给矿粒度应控制在规定的范围内。另外，还必须注意排矿问题，当发现排矿口堵塞时，应立即停机，迅速进行处理。（4）对于细碎圆锥破碎机的产品粒度必须严格控制，要求操作人员定期检查排矿口的磨损情况，并及时调整排矿口尺寸，再用铅块进行测量，以保证破碎产品粒度的要求。（5）为保证破碎机正常生产，必须注意保险弹簧在机器运转中的情况。如果弹簧具有正常的紧度，但支撑环经常跳起，此时不能随便采用拧紧弹簧的办法，而必须找出支撑环跳起的原因，除了进入非破碎物以外，可能是由于给矿不均匀或者过多、排矿口尺寸过小、排矿口堵塞等原因造成的。(6) 为了保持排矿口宽度，应根据衬板磨损情况，每两天或三天顺时针回转调整环使其稍稍下降，可以缩小由于磨损而增大了的排矿口间隙。在顺时针旋转 2~2.5 圈后，排矿口尺寸仍不能满足要求时，就应更换衬板。(7) 停止破碎机时，要先停给矿机，待破碎腔内的矿石全部排出后，再停破碎机的电动机，最后停油泵。

B 维护

中、细碎圆锥破碎机修理工作的内容：(1) 小修。检查球面轴承的接触面，检查圆锥衬套与偏心轴套之间的间隙和接触面，检查圆锥齿轮传动的径向和轴向间隙；校正传动轴套的装配情况；测量轴套与轴之间的间隙；调整保护板；更换润滑油等。(2) 中修。在完成小修全部内容的基础上，重点检查和修理可动锥的衬板和调整环、偏心轴套、球面轴承和密封装置等。中修的间隔时间取决于这些零部件的磨损状况。(3) 大修。除了完成中修的全部项目外，主要是对圆锥破碎机进行彻底修理。检修的项目有更换可动圆锥机架、偏心轴套、圆锥齿轮和动锥主轴等。对修复后的破碎机，必须进行校正和调整。大修的时间间隔取决于这些部件的磨损程度。

中、细碎圆锥破碎机易磨损件的使用寿命和最低储备量见表 3-36；中、细碎圆锥破碎机在工作中产生的故障及消除方法见表 3-37。

表 3-36　中、细碎圆锥破碎机易磨损件的使用寿命和最低储备量

易磨损件名称	材　料	使用寿命/月	最低储备量
可动圆锥的衬板	锰钢	6	2 件
固定圆锥的衬板	锰钢	6	2 件
偏心轴衬套	青铜	18~24	1 套
圆锥齿轮	优质钢	24~36	1 件
偏心轴套	碳钢	48	1 件
传动轴	优质钢	24~36	1 件
球面轴承	青铜	48	1 件
主　轴	优质钢	—	1 件

表 3-37　中、细碎圆锥破碎机工作中的故障及消除方法

序 号	设 备 故 障	产 生 原 因	消 除 方 法
1	传动轴回转不均匀，产生强烈的敲击声或敲击声后皮带轮转动，而可动圆锥不动	圆锥齿轮的齿由于安装的缺陷和运转中的轴向间隙过大而磨损或损坏；皮带轮或齿轮的键损坏；主轴由于掉入非破碎物而折断	停止破碎机，更换齿轮，并校正啮合间隙；换键；更换主轴，并加强挑铁块工作
2	破碎机产生强烈的振动，可动圆锥迅速运转	主轴由于下列原因而被锥形衬套包紧：主轴与衬套之间没有润滑油或油中有灰尘；可动圆锥下沉或球面轴承损坏；锥形衬套间隙不足	停止破碎机，找出并消除原因

序 号	设 备 故 障	产 生 原 因	消 除 方 法
3	破碎机工作时产生振动	弹簧压力不足； 破碎机给入细的和黏性物料，给矿不均匀或给矿过多； 弹簧刚性不足	拧紧弹簧上的压紧螺帽或更换弹簧； 调整破碎机的给矿； 换成刚性较大的强力弹簧
4	破碎机向上抬起的同时产生强烈的敲击声，然后又正常工作	破碎腔中掉入非破碎物体时，常引起主轴的折断	加强挑铁块工作
5	碎矿或空转时产生可以听见的劈裂声	可动圆锥或固定圆锥衬板松弛； 螺钉或耳环损坏； 可动圆锥或固定圆锥衬板不圆而产生冲击	停止破碎机，检查螺钉拧紧情况和铸锌层是否脱落，重新铸锌； 停止破碎机，拆下调整环，更换螺帽与耳环； 安装时检查衬板的椭圆度，必要时进行机械加工
6	螺钉从机架法兰孔和弹簧中跳出	机架拉紧螺帽损坏	停机，更换螺钉
7	破碎产品中含有大块矿石	可动圆锥衬板磨损	下降固定圆锥，减小排矿口间隙
8	水封装置中投有流入水	水封装置的给水管不正确	停机，找出并消除给水中断的原因

3.3.3.4　国内外的新型圆锥破碎机

A　沈矿的 PYT 系列圆锥破碎机

北方重工沈矿集团圆锥破碎机的主要技术参数见表 3-38。

表 3-38　沈矿集团圆锥破碎机主要技术参数

型号及规格	破碎圆锥底部直径/mm	给矿口尺寸/mm	最大给矿口尺寸/mm	偏心套转速/r·min^{-1}	排矿口调整范围/mm	产量/t·h^{-1}	质量/t
PYT-B0913		135	115		15~50	50~90	10.2
PYT-Z0907	900	70	60	333	5~20	20~65	
PYT-D0905		50	40		3~13	15~50	10.3
PYT-B1217		170	145		20~55	110~168	23.6
PYT-Z1211	1200	115	100	300	8~25	42~135	23.4
PYT-D1206		60	50		3~15	18~105	24.3
PYT-B1725		250	215		25~60	280~430	50
PYT-Z1721	1750	215	185	245	10~30	115~320	
PYT-D1710		100	85		5~15	75~230	49.6
PYT-B2235		350	300		30~60	590~1000	78.9
PYT-Z2227	2200	375	230	220	10~30	200~580	80.6
PYT-D2213		130	100		5~15	120~340	80.5
600 超细旋盘破碎机 PP0620	600	20~30	<20~30	355	3~13	10~20	8.3

B　上海建设路桥的 AF、PYF 等系列圆锥破碎机

AF 系列圆锥破碎机是上海建设路桥与日本神户制钢所合作制造的产品,是一种底部单缸液压圆锥破碎机。

该破碎机适用于细碎,一般情况下产品粒度可达 −5mm 占 30% 左右。该机由上机架部、下机架部、偏心套部、破碎圆锥部、油缸部、均给装置、传动部、润滑液压部、自动控制盘等组成,其结构见图 3-37。

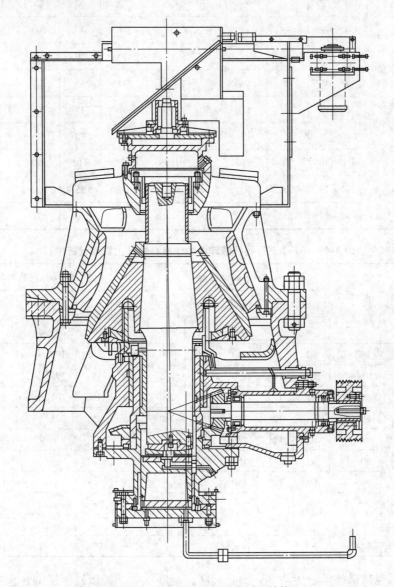

图 3-37　AF 系列圆锥破碎机的结构

AF-1 系列和 AF-2 系列圆锥破碎机的性能参数分别见表 3-39 和表 3-40。

上海建设路桥生产的 PYF 复合圆锥破碎机是在西蒙斯圆锥破碎机的基础上改进后生产的系列产品,适用于中细碎作业。一般而言,标准形圆锥破碎机适用于中碎,短头形圆锥破碎机适用于细碎。

表 3-39　AF-1 系列圆锥破碎机的性能参数（上海建设路桥）

项　目	原料尺寸/mm	30AF 破碎能力				36AF 破碎能力				
		网筛尺寸/mm				网筛尺寸/mm				
		5	13	20	30	5	13	20	30	40
不同原料尺寸和不同产品粒度对应的处理能力 /t·h⁻¹	100～0	—	—	—	—	35	70	95	130	150
	100～20	—	—	—	—	35	65	85	115	145
	80～0	—	—	—	—	40	75	105	145	150
	80～20	—	—	—	—	35	70	90	120	130
	60～0	25	50	75	95	45	85	125	—	150
	60～13	25	45	60	80	40	75	105	—	125
	60～20	25	45	60	80	40	70	100	—	125
	40～0	30	65	85	95	50	110	150	—	150
	40～13	25	50	70	80	45	85	120	—	125
	40～20	25	45	65	80	45	80	105	—	125

表 3-40　AF-2 系列圆锥破碎机的性能参数（上海建设路桥）

项　目	原料尺寸/mm	45AF 破碎能力						60AF 破碎能力				
		网筛尺寸/mm						网筛尺寸/mm				
		5	13	20	30	40	50	13	20	30	40	50
不同原料尺寸和不同产品粒度对应的处理能力 /t·h⁻¹	100～0	60	105	140	195	250	260	155	195	275	355	555
	100～20	60	100	130	170	215	220	150	195	255	320	485
	80～0	60	110	155	220	260	265	160	205	300	405	575
	80～20	60	105	140	185	210	215	155	205	275	350	475
	60～0	65	125	185	260	—	265	—	—	—	—	—
	60～13	60	115	155	215	—	225	—	—	—	—	—
	60～20	60	110	150	205	—	225	—	—	—	—	—
	40～0											
	40～13											
	40～20											

　　该破碎机包括机架部、传动部、偏心套部、碗形轴承部、破碎圆锥部、支承套部、调整套部、弹簧部、基础部、润滑部、液压部、电控部等零部件，结构见图 3-38。PYF 复合圆锥破碎机对原西蒙斯圆锥破碎机的锥底角、摆动行程、动锥摆动次数等做了一定的优化，从而使动锥在具有最大冲击力时与自由下落物体相遇，能量得到充分利用，保证了产品粒度的均匀整齐。

　　PYF 复合圆锥破碎机技术参数见表 3-41。

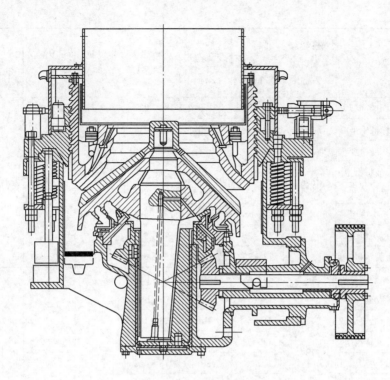

图 3-38 PYF 复合圆锥破碎机结构

表 3-41 PYF 复合圆锥破碎机技术参数（上海建设路桥）

型 号	腔 型	破碎锥大端直径 /mm	排料口调整范围 /mm	最大给料尺寸 /mm	处理能力 /t·h⁻¹	电动机功率/kW	质量 /t	外形尺寸 /mm×mm×mm
PYFB-0607	标准细型	600	6~38	61	16~54	22	4490	2195×1540×1651
PYFB-0609	标准粗型		9~38	93	18~68			
PYFB-0610	标准特粗型		13~38	93	23~71			
PYFD-0603	短头细型		3~13	30	9~36		4580	
PYFD-0605	短头粗型		5~16	43	16~50			
PYFB-0910	标准细型	900	9~22	85	45~91	75	9980	2656×1636×2241
PYFB-0917	标准粗型		13~38	150	59~163			
PYFB-0918	标准特粗型		25~38	150	118~163			
PYFD-0904	短头细型		3~13	35	27~90		10530	
PYFD-0906	短头中型		3~16	65	27~100			
PYFD-0907	短头粗型		6~19	85	59~129			
PYFB-1313	标准细型	1300	13~31	115	109~181	160	22460	
PYFB-1321	标准中型		16~38	178	132~253			
PYFB-1324	标准粗型		19~51	205	172~349			
PYFB-1325	标准特粗型		25~51	220	236~358			
PYFD-1306	短头细型		3~16	54	36~163		22590	
PYFD-1308	短头中型		6~16	76	82~163			
PYFD-1310	短头粗型		8~25	89	109~227			
PYFD-1613	短头特粗型		16~25	113	209~236			

型　号	腔　型	破碎锥大端直径/mm	排料口调整范围/mm	最大给料尺寸/mm	处理能力/t·h⁻¹	电动机功率/kW	质量/t	外形尺寸/mm×mm×mm
PYFB-1620	标准细型		16~38	178	181~327			
PYFB-1624	标准中型		22~51	205	258~417		43270	
PYFB-1626	标准粗型		25~64	228	299~635			
PYFB-1636	标准特粗型	1676	38~64	313	431~630	250		3641×2954×3771
PYFD-1607	短头细型		5~13	60	90~209			
PYFD-1608	短头中型		6~19	76	136~281		43870	
PYFD-1613	短头粗型		20~25	113	190~336			
PYFD-1614	短头特粗型		13~25	113	253~336			
PYFB-2127	标准细型		19~38	236	544~1034			
PYFB-2133	标准中型		25~51	284	862~1424		86730	
PYFB-2136	标准粗型		31~64	314	1125~1814			
PYFB-2146	标准特粗型	2134	38~64	391	1252~1941	400		4631×3302×4638
PYFD-2110	短头细型		5~16	89	218~463			
PYFD-2113	短头中型		10~19	113	404~580		89500	
PYFD-2117	短头粗型		13~25	151	517~680			
PYFD-2120	短头特粗型		16~25	172	580~744			

　　多缸液压圆锥破碎机是目前应用最为广泛的硬物料中碎、细碎破碎机，尤其是在产量要求大的矿山、建材、水利等行业中应用广泛。圆锥破碎机是利用正立和倒立的两个圆锥之间的间隙进行物料破碎。由于整个运行过程中，其破碎力是脉动的，且在破碎中，有时还混有不可破碎物（如铁块等），故圆锥破碎机必须设计有保险装置，以在排除不可破碎物时起到保护设备的作用。根据保险装置的性质不同，可分为装有机械弹簧装置或液压弹簧装置（即保险缸装置）两种。长期以来液压圆锥发展缓慢，随着计算机技术、自动化控制技术以及液压技术的迅猛发展，液压圆锥破碎机也加快了发展速度，世界各国都竞相研制相关产品。目前，液压圆锥破碎机根据主轴安装方式的不同，可分为主轴固定式和主轴活动式两类。主轴固定式液压圆锥破碎机的排料口调整是通过定锥螺旋旋动而使定锥轧臼壁上下移动来调整排料口，其主轴短而粗，固定地插在机架中，其承载能力大。主轴活动式的排料调整有两种方式：一种是主轴上下浮动来调整破碎圆锥部，使破碎壁上下移动，从而调整排料口，这种形式的破碎机称为单缸液压圆锥破碎机；另一种也是通过定锥螺旋旋动而使定锥轧臼壁上下移动来调整排料口，其主轴是插在偏心套衬套中，即主轴活动的多缸液压圆锥破碎机。

　　上海建设路桥制造的多缸液压圆锥破碎机为主轴固定式多缸液压圆锥破碎机，其结构见图 3-39。

　　它包括机架部、传动部、偏心套部、碗形轴承架部、破碎圆锥部、支承套部、调整套部、保险缸部、润滑液压部、电控部等零部件。

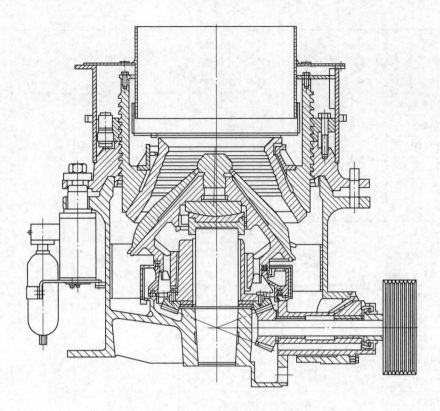

图 3-39　多缸液压圆锥破碎机的结构

　　上海建设路桥多缸液压圆锥破碎机的技术参数见表 3-42。表 3-43 列出了 3 个规格的多缸液压圆锥破碎机（φ1100mm、φ1400mm、φ1500mm）在不同排料口的处理能力。

表 3-42　多缸液压圆锥破碎机的技术参数（上海建设路桥）

型　　号	破碎锥大端直径 /mm	给料口尺寸[1] /mm	最大给料尺寸 /mm	排料口调整范围 /mm	电动机功率/kW	质量[2] /kg	传动轴速度 /r·min⁻¹	处理能力[3] /t·h⁻¹
PYGB-0913		130	110	14 ~ 38				117 ~ 225
PYGB-0916		155	132	18 ~ 38				130 ~ 225
PYGB-0921	900	210	178	22 ~ 38	160	10100	1000 ~ 1200	140 ~ 225
PYGD-0907		70	60	8 ~ 25				72 ~ 198
PYGD-0909		90	76	10 ~ 25				81 ~ 198
PYGD-0912		118	100	12 ~ 25				108 ~ 198
PYGB-1114		135	115	16 ~ 45				162 ~ 400
PYGB-1121		211	180	20 ~ 45				180 ~ 400
PYGB-1124	1100	235	200	26 ~ 45	220	18500	1000 ~ 1200	207 ~ 400
PYGD-1107		70	60	8 ~ 25				108 ~ 198
PYGD-1110		96	82	12 ~ 25				126 ~ 198
PYGD-1112		124	105	14 ~ 25				144 ~ 198

续表 3-42

型　号	破碎锥大端直径/mm	给料口尺寸①/mm	最大给料尺寸/mm	排料口调整范围/mm	电动机功率/kW	质量②/kg	传动轴速度/r·min⁻¹	处理能力③/t·h⁻¹
PYGB-1415	1400	152	130	16~50	315	29700	850~950	202~558
PYGB-1420		200	170	22~50				243~558
PYGB-1433		330	280	26~50				270~558
PYGD-1408		80	68	8~25				104~333
PYGD-1411		106	90	10~25				126~333
PYGD-1414		136	115	12~25				162~333
PYGB-1518	1500	180	152	19~50	400	38800	850~950	288~653
PYGB-1522		229	190	25~50				328~653
PYGB-1534		335	285	32~50				365~653
PYGD-1509		88	75	8~25				122~410
PYGD-1512		124	105	10~25				158~410
PYGD-1515		152	130	13~25				202~410
PYGB-1821	1800	210	180	19~50	500	61900	800~900	333~765
PYGB-1826		265	225	25~50				468~765
PYGB-1836		365	310	32~50				558~765
PYGD-1804		40	34	5~25				135~450
PYGD-1809		90	76	10~25				225~450
PYGD-1815		155	130	13~25				270~450
PYGB-2028	2000	280	238	25~50	630	125000	800~900	378~846
PYGB-2035		350	298	32~50				522~846
PYGB-2039		385	326	38~50				616~846
PYGD-2009		90	77	3~25				166~522
PYGD-2012		120	102	10~25				270~522
PYGD-2016		160	136	13~25				328~522

① 给料口尺寸指的是在最小排料口时的开口边给料口尺寸;

② 设备本体参考质量不包括电机、电控设备、润滑站、液压站、基础站、工具部的质量;

③ 破碎机处理能力是满足下列条件时的设计通过量:物料含水量不能超过 4%,不含黏土;在开路流程条件下,给料均匀,小于排料口物料应不大于给料总量的 10%;给料堆密度为 1.6t/m³,抗压强度为 140~150MPa。

表 3-43　3 个规格的多缸液压破碎机在不同排料口的处理能力　　　　(t/h)

破碎锥直径	排料口尺寸								
	10mm	13mm	16mm	19mm	22mm	25mm	32mm	38mm	45mm
1100mm	110~140	150~180	180~220	200~240	220~260	230~280	230~280	300~380	350~440
1400mm	135~170	180~230	220~280	250~320	270~340	290~370	290~370	360~420	410~560
1500mm	170~220	230~290	280~350	320~400	340~430	360~450	360~450	440~600	510~700

C 洛阳大华的 GPY 系列

洛阳大华 GPY 系列高能液压圆锥破碎机是洛阳大华在引进、吸收国内外先进液压圆锥破碎机的基础上,结合我国国情,优化设计制造的一种高能层压单缸液压圆锥破碎机。该机采用优化的破碎腔型,层压和高能相结合理论设计制造,具有质量轻、生产能力大、自动化水平高、操作维护简单、产品粒形好、易损件费用低等特点,是弹簧圆锥、通用液压圆锥破碎机的替代产品。适合细碎各种矿石、岩石,特别适合于钢渣处理厂各种冶金渣的综合回收加工利用。GPY 系列高能液压圆锥破碎机性能参数见表 3-44。其结构见图3-40。

表 3-44 GPY 系列高能液压圆锥破碎机性能参数

序　号	型号及规格	给料口 /mm	最大给料粒度 /mm	排料口尺寸 /mm	通过能力 /t·h⁻¹	装机功率 /kW	质量/kg
1	GPY800/250	250	200	30 ~ 55	100 ~ 220	90 ~ 110	11000
2	GPY800/200	200	170	24 ~ 48	90 ~ 220	90 ~ 110	10500
3	GPY800/150	150	120	13 ~ 26	65 ~ 135	75 ~ 110	9800
4	GPY800/135	135	110	10 ~ 22	50 ~ 80	75 ~ 110	9700
5	GPY800/100	100	80	8 ~ 20	38 ~ 77	75 ~ 110	9700
6	GPY800/80	80	65	6 ~ 20	33 ~ 70	75 ~ 110	9700
7	GPY800/50	50	40	5 ~ 19	33 ~ 66	75 ~ 110	9700
8	GPY1100/350	350	300	25 ~ 50	150 ~ 300	132 ~ 160	20700
9	GPY1100/250	250	210	25 ~ 50	140 ~ 280	132 ~ 160	20300
10	GPY1100/220	220	180	20 ~ 36	130 ~ 260	132 ~ 160	20200
11	GPY1100/180	180	150	16 ~ 30	120 ~ 240	132 ~ 160	19800
12	GPY1100/120	120	100	14 ~ 28	110 ~ 200	132 ~ 160	19800
13	GPY1100/80	80	65	7 ~ 24	90 ~ 160	132 ~ 160	19800
14	GPY1100/40	40	30	5 ~ 23	70 ~ 140	132 ~ 160	19800
15	GPY1200/380	380	320	30 ~ 50	190 ~ 470	132 ~ 250	25600
16	GPY1200/280	280	240	25 ~ 40	170 ~ 400	132 ~ 250	24900
17	GPY1500/500	500	420	45 ~ 80	300 ~ 1000	200 ~ 315	39800
18	GPY1500/380	380	320	8 ~ 45	150 ~ 500	200 ~ 315	39000
19	GPY1800/410	410	350	8 ~ 70	500 ~ 2000	约 520	62000
20	GPY2000/550	550	460	10 ~ 70	320 ~ 2200	约 600	78700

D 韶瑞重工的 H、S、SG、P、PG 系列圆锥破碎机

韶瑞重工生产的圆锥破碎机产品分为 H 系列、S 系列和 SG 系列弹簧保险圆锥破碎机,

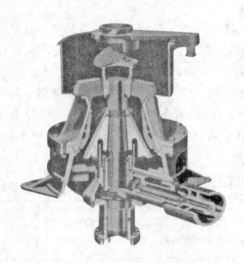

图 3-40　GPY 系列高能液压圆锥破碎机的结构

P 系列、PG 系列液压保险圆锥破碎机。H 系列圆锥破碎机主要技术参数见表 3-45。S 系列圆锥破碎机性能参数见表 3-46。P 系列圆锥破碎机性能参数见表 3-47。PG 系列圆锥破碎机性能参数见表 3-48。

表 3-45　H 系列圆锥破碎机的主要技术参数（韶瑞重工）

型　号	电机功率 /kW	给矿口尺寸 /mm	最大给矿口 尺寸 /mm	偏心套转速 /r·min^{-1}	排矿口调节 范围 /mm	产量 /t·h^{-1}	质量/t
H30B	30	75	65	360	12 ~ 25	20 ~ 40	5
H30D		40	35		5 ~ 13	12 ~ 25	
H55B	55	135	115	333	15 ~ 50	50 ~ 100	10
H55Z		70	60		8 ~ 20	30 ~ 65	
H55D		50	40		5 ~ 13	20 ~ 50	
H130B	110 ~ 130	190	160	10 ~ 26	22 ~ 55	120 ~ 230	21
H130Z		115	100		16 ~ 30	60 ~ 160	
H130D		90	70		8 ~ 19	60 ~ 140	
H200T	180 ~ 210	325	275	257	55 ~ 75	400 ~ 560	46
H200B		250	215		25 ~ 60	290 ~ 430	
H200Z		180	155		16 ~ 38	150 ~ 320	
H200D		115	95		10 ~ 25	140 ~ 280	
H320B	320	350	300	225	30 ~ 65	590 ~ 1040	81
H320Z		250	215		20 ~ 40	320 ~ 680	
H320D		150	120		10 ~ 25	170 ~ 480	

表 3-46 S 系列圆锥破碎机的主要技术参数（韶瑞重工）

型号	破碎直径/mm	腔型	给矿口尺寸/mm 闭口边	给矿口尺寸/mm 开口边	最小排矿口/mm	电动机功率/kW	质量/t	不同破碎粒度下破碎机产量（开路破碎）/t·h⁻¹ 10mm	13mm	16mm	19mm	22mm	25mm	31mm	38mm	51mm	64mm
S75B	900	标准	163	178	25	75	10	—	—	—	—	—	—	130	150	180	—
S75D		短头	51	76	6		10.5	80	105		140	—	—	—	—	—	—
S155T	1295	特粗	285	315	50	155	22.5	—	—	—	—	—	—	—	—	395	475
S155B		标准	216	241	19		22.5	—	—	—	190	215	240	275	325	385	—
S155D		短头	70	105	10		22.6	120	175	200	220	215	250				
S240T	1676	特粗	331	368	38	240	43.4	—	—	—	—	—	—	—	—	—	750
S240B		标准	241	268	25			—	—	—	—	—	330	390	460	500	700
S240D		短头	98	133	10		43.9	210	280	310	340	355	370				

表 3-47 P 系列圆锥破碎机的主要技术参数（韶瑞重工）

型号	破碎直径/mm	腔型	给矿口尺寸/mm 闭口边	给矿口尺寸/mm 开口边	最小排矿口/mm	电动机功率/kW	质量/t	不同破碎粒度下破碎机产量（开路破碎）/t·h⁻¹ 10mm	13mm	16mm	19mm	22mm	25mm	31mm	38mm	51mm	64mm
P155T	1295	特粗	285	315	50	155	22.5	—	—	—	—	—	—	—	—	395	475
P155B		标准	216	241	19		22.5	—	—	—	190	215	240	275	325	385	—
P155D		短头	70	105	10		22.6	120	175	200	220	215	250				

表 3-48 PG 系列圆锥破碎机的主要技术参数（韶瑞重工）

型号	破碎直径/mm	腔型	给矿口尺寸/mm 闭口边	给矿口尺寸/mm 开口边	最小排矿口/mm	电动机功率/kW	质量/t	不同破碎粒度下破碎机产量（开路破碎）/t·h⁻¹ 10mm	13mm	16mm	19mm	22mm	25mm	31mm	38mm	51mm	64mm
PG155T	1295	特粗	285	315	50	155	22.5	—	—	—	—	—	—	—	—	395	475
PG155B		标准	216	241	19			—	—	—	190	215	240	275	325	385	
PG155D		短头	70	105	10		22.6	120	175	200	220	215	250				

　　E　山特维克圆锥破碎机

　　山特维克（Sandvik）CH/CS 系列圆锥破碎机已有 60 多年的发展历史。其结构设计先进、破碎能力大、可靠性好和生产运行成本低廉等特点，备受世界各国水电、建筑以及矿山行业的青睐。自 20 世纪 90 年代末，CH/CS 系列圆锥破碎机在我国有色、黑色、非金属矿山及砂石料生产企业等的应用已达 100 多台。该类破碎机目前已成为国内外圆锥破碎机的流行趋势。

　　山特维克单缸液压结构的 CH/CS 系列圆锥破碎机的主要原理与旋回破碎机类似，即主轴两端支撑受力，破碎机排矿口调整、清腔和过载过铁保护等功能均由一个位于破碎机底部的低压液压缸实现；由于其单缸液压等设计的特点，可以完全实现自动化控制。山特维克单缸液压圆锥破碎机是所有圆锥破碎机中结构最简单、最适用于矿山重型工况作业的重型圆锥破碎机，其显著特点是可靠性高、维护简捷、运行成本低廉、处理量大及排矿产品粒度细。

山特维克圆锥破碎机可广泛应用于各有色、黑色、非金属矿山及砂石料等工业领域，有 CH 系列和 CS 系列可选，其中 CH 系列用于二段和三段破碎，CS 系列用于大进料粒径的二段破碎。

a　山特维克圆锥破碎机的基本原理与结构

山特维克液压圆锥破碎机的结构见图 3-41。单缸液压圆锥破碎机由上架体及定锥、下架体、主轴及动锥、偏心套及扇形齿轮、小齿轮及水平轴、底部液压缸、液压站及润滑站七部分组成。下架体为通用的标准化设计，同规格的 CS 和 CH 系列破碎机下架体完全相同。CH 系列圆锥破碎机外形见图 3-42，现场应用的情况见图 3-43。

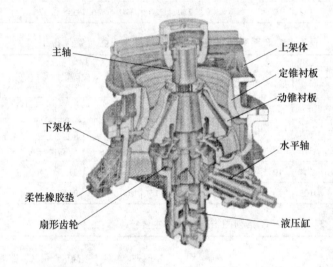

图 3-41　山特维克液压圆锥破碎机的结构

图 3-42　CH 系列圆锥破碎机的外形

图 3-43　CH 系列圆锥破碎机的现场应用情况

水平力由立轴上下两端支撑，纵向力由液压缸支撑。受力稳定可靠，不易发生弯轴、断轴等不良现象。

单个液压缸升降动锥，实现排矿口调整、清腔和过载过铁保护，过铁保护动作灵敏，时间短。特定的 CLP 恒定腔型设计，使破碎机给料粒度及生产能力不随衬板磨损而变化，衬板磨损均匀，配合山特维克高质量的合金衬板，每套衬板处理物料比其他类型破碎机的同重衬板都多。

b 山特维克液压圆锥破碎机技术性能和参数

山特维克液压圆锥破碎机的技术参数见表 3-49，外形尺寸见表 3-50。

表 3-49　山特维克液压圆锥破碎机技术参数

型　号	CS 系列				CH 系列					
	CS420	CS430	CS440	CS660	CH420	CH430	CH440	CH660	CH870	CH880
对应老型号	S2800	S3800	S4800	S6800	H2800	H3800	H4800	H6800	H7800	H8800
维修时最大起重[①]/kg	2300	5100	8100	16500	1400	2900	4700	7300	—	22000
总重[②]/kg	6800	12000	19300	36500	5300	9200	14300	23500	—	66500

① 上架体总成 + 臂架总成的质量；

② 对应细腔破碎机的质量。如果是粗腔破碎机，这些质量将会减小，CH430 减小 380kg，CH440 减小 600kg，CH660 减小 600kg，CH880 减小 3800kg。

表 3-50　山特维克 CS/CH 型液压圆锥破碎机外形尺寸　　　　　（mm）

型　号	CS 系列				CH 系列					
	CS420	CS430	CS440	CS660	CH420	CH430	CH440	CH660	CH870	CH880
A	1280	1635	2000	2800	1078	1360	1540	1954	2450	2660
B	2902	3485	4075	5100	2560	2992	3410	4215	5475	6456
C	1020	1125	1300	36500	1020	1125	1300	1600	2200	2870
D	540	655	745	860	540	655	745	860	1228	1186
E	1342	1705	2030	2640	1000	1212	1365	1755	2045	2400
F	400	422	452	631	400	422	452	631	998	1151
G	843	1061	1280	1497	843	1061	1280	1497	1824	2073
H	1270	1705	1900	2156	1270	1705	1900	2156	2850	3100
I	1703	2050	2420	2895	1425	1688	1985	2344	3095	3545
K	3600	4250	4930	5355	3000	3570	4000	4835	6600	7770

c 山特维克圆锥破碎机的主要特点

（1）较深的破碎腔、较大的进料粒度，尤其适用于细碎作业工况的坚硬岩石破碎。

（2）特别针对重型恶劣工况设计制造的，具有更高的可靠性。

（3）CLP 恒定破碎型，具有稳定的性能和更长的衬板使用寿命。

（4）维护更便捷，成本更低。

（5）高度的灵活性，根据生产条件的变化，可方便地调整破碎比和生产能力。

d 山特维克液压圆锥破碎机应用实例

山特维克 CH/CS 系列液压圆锥破碎机结构简单、工艺性能和设备性能稳定，维护和运行成本低，受到了国内矿山企业的普遍认同，市场占有率很大，特别是 CH880/CH870/CH660 等大型设备处于绝对的市场领先地位。目前已经有 40 余台 CH660 圆锥破碎机应用于鞍钢集团、本钢集团、宝钢梅山铁矿、重钢太和铁矿、山东莱钢集团、福建马坑铁矿、武钢集团、广东云浮硫铁矿、广东坚基矿业、新疆天华矿业等企业。有 8 台 CH870 分别用于本钢南芬铁矿、河北滦平新源矿业和广福矿业等企业（在金川集团、紫金集团、广西华银铝业、河南洛钼集团、广西平果铝业公司等已安装 30 余台 CH870），有 50 余台 CH880 分别应用于鞍钢集团、太钢集团、包钢集团、马钢集团、攀钢集团等大型矿山企业，取得了良好的经济效益和社会效益。

值得指出的是，山特维克 CH/CS 系列大型圆锥破碎机在鞍本地区的安装台数已超过 40 台，山特维克已于 2004 年在辽宁省鞍山市设立服务中心，专门负责鞍本地区的客户服务，除鞍山外，在上海、洛阳、昆明等地还设有多个服务中心，保证了各地区客户得到及时的技术支持和备件供应。

F 美卓矿机圆锥破碎机

美卓矿机圆锥破碎机最早生产的圆锥破碎机是弹簧圆锥破碎机，是由美国 Symons 兄弟于 20 世纪初发明的。美卓矿机的 Nordberg 公司开发并生产的系列 Symons 弹簧圆锥破碎机，在全世界得到广泛应用。

弹簧圆锥破碎机采用偏心套驱动动锥体、大偏心距、低摆频、小驱动功率和弹簧过载保护。主要的问题有：（1）弹簧的过铁保护行程小；（2）必须限制主轴与动锥总成自转速度，以免飞车烧铜套；（3）破碎腔一旦堵料，清腔困难；（4）调节排矿口不够方便；（5）定锥拆卸耗时长；（6）水环密封水常混入润滑油中，造成润滑油浪费。

为了克服弹簧圆锥破碎机排矿口调整困难、不易清腔和过载保护欠佳的问题，早在 20 世纪 40 年代末 50 年代初，美国 Allis-Chalmers 公司就推出了 Hydrocome 单缸液压圆锥破碎机；20 世纪 50 年代末 60 年代初，日本神户等公司在弹簧圆锥破碎机的基础上添加液压系统，帮助调整排矿口和清腔。

20 世纪 70 年代末 80 年代初，随着炼钢技术和材料性能的不断提高，美国 Nordberg 公司用液压弹簧取代机械弹簧，推出了 Omnicone 圆锥破碎机。和机械弹簧圆锥破碎机相比，Omnicone 圆锥破碎机具有下列优点：（1）液压缸取代弹簧，过铁行程加大，可靠性提高；（2）主轴与动锥分开，主轴改为固定式，短粗圆柱，承载能力大，提高了破碎速度（动锥摆频）；（3）双向作用液压缸，几分钟完成清理破碎腔；（4）液压推杆调节排矿口，液压推杆协助拆定锥总成；（5）取消水环密封，改为专利技术非接触 TU 密封；（6）输入功率加大；（7）中细碎设备标准型和短头型通用一个动锥，可匹配 6 ~ 8 种衬板腔型。

在 20 世纪 80 年代末以前的三四十年间，虽然有很多公司推出了新的圆锥破碎机产品，但都没有真正动摇弹簧圆锥破碎机的统治地位。

20 世纪 80 年代末以后，随着计算机技术的广泛应用，以美卓集团 Nordberg 公司为代表的多缸液压圆锥破碎机 HP 系列、MP 系列和以瑞典 Svedala 及美卓集团 Nordberg 公司为代表的单缸液压圆锥破碎机 H 和 GP 系列，在新项目设备造型和老项目技术改选设备选型中逐步取代了弹簧圆锥破碎机。液压圆锥破碎机的广泛应用标志着第二代圆锥破碎机时代的到来。

和弹簧圆锥破碎机相比，HP 系列多缸液压圆锥破碎机具有设备质量轻、输入功率大、合格粒级产量高、安装简单、更换衬板快速、自动化程度高、过铁容易并且行程大、快速清腔和设备使用寿命长等重要特点。云南大红山铜铁矿改造前后弹簧 $\phi2200mm$ 圆锥破碎机和 HP500 SHC 圆锥破碎机的性能对比见表3-51。从表3-51可以看出， -12mm 粒级产品的生产能力，HP500 SHC 为弹簧 $\phi2200mm$ 短头的2.1倍； -6.5mm 粒级产品的生产能力，HP500 SHC 为弹簧 $\phi2200mm$ 短头的2.5倍。

表3-51 弹簧 $\phi2200mm$ 圆锥破碎机和 HP500 SHC 圆锥破碎机作细碎的性能对比

机 型	安装功率 /kW	设备质量 /t	动锥直径 /mm	破碎机通过能力 /t·h⁻¹	目标粒级下的生产能力/t·h⁻¹				-12mm 的产品能耗 /kW·h·t⁻¹
					-6.5mm 46.9%	-12mm 63.1%	-7mm 21.5%	-12mm 5.34%	
HP500 SHC 短头粗腔圆锥破碎机	400	33.5	1580	417.33	195.6	263.3	—	—	1.52
弹簧 $\phi2200mm$ 短头圆锥破碎机	280	80	2200	358	—	—	78.6	126.5	2.13

云南大红山铜铁矿矿石硬度较硬 $f = 11 \sim 14$，原设计规模 6000 ~ 7000t/d，用中碎1台、细碎2台 HP500 取代中碎1台、细碎2台 $\phi2200mm$ 弹簧圆锥破碎机，筛孔尺寸从16mm 缩小到11mm，在磨机没有变化的情况下，选厂处理矿石能力提高到10000t/d，是传统破磨工艺多碎少磨的典型范例。

a 美卓矿机 HP 系列圆锥破碎机

美卓矿机 HP 系列多缸液压圆锥破碎机（图3-44）：主轴固定在下机架上；偏心大齿轮总成在小齿轮传动总成的驱动下绕轴转动；动锥总成通过球面瓦与主轴相连，并在偏心大齿轮总成的驱动下摆动破碎矿石；调整环是定锥和下机架间的连接环节，通过螺旋齿和定锥配合，同时通过周边液压缸和下机架底座相连，这种安排使下机架在破碎矿石时不受拉应力，而是受减小了的压应力；二挡速液压马达驱动设计不仅方便排矿口自动调节，而且可以快速更换衬板。

图3-44 HP 系列圆锥破碎机的外形

美卓矿机的 HP 系列多缸液压圆锥破碎机在我国的矿山、水电和石料行业已得到广泛应用，其中在吉林通钢板石沟铁矿安装3台 HP500 圆锥破碎机，在鞍钢安装6台 HP700 圆锥破碎机和5台 HP800 圆锥破碎机，在太钢安装8台 HP500 圆锥破碎机，在唐钢安装9台 HP500 圆锥破碎机，在马钢南山铁矿安装3台 HP500 圆锥破碎机。在河南舞阳矿业公司安装8台 HP500 圆锥破碎机，在武钢安装5台 HP500 圆锥破碎机，在海钢安装1台 HP300 圆锥破碎机。美卓矿机除了加工制造 HPx00 系列多缸液压圆锥破碎机外，最近还对老的 HPx00 系列加以改进，已推出新一代 HP4 多缸液压圆锥破碎机，并将逐步系列化。

图 3-45　MP 多缸液压圆锥破碎机的外形

b　美卓矿机 MP 系列圆锥破碎机

对于处理 25000t/d 以上的特大型矿山或需要大破碎力的顽石破碎，美卓矿机加工制造了 MP800 和 MP1000 多缸液压圆锥破碎机来满足其特殊需要。MP 系列圆锥破碎机设计的最大容许破碎力比 HP 系列多缸液压圆锥破碎机的还要大，并且机架设计更加结实。MP 多缸液压圆锥破碎机的外形见图 3-45。其外形看起来和 HP 系列多缸液压圆锥破碎机非常相似。其技术参数见表 3-52。

表 3-52　MP 多缸液压圆锥破碎机的主要技术参数

项　目	紧边给料口/mm		开边给料口/mm		紧边排料口/mm		给料口处的最小压缩比	
	MP800	MP1000	MP800	MP1000	MP800	MP1000	MP800	MP1000
短头细	40	64	91	128	6	8	2.28	2
短头中	68	104	117	169	6	10	1.72	1.63
短头粗	113	140	162	203	12	10	1.43	1.45
标准超细	144	241	193	295	19	22	1.34	1.22
标准细	241	242	282	300	19	25	1.17	1.24
标准中	308	343	347	390	25	32	1.13	1.14
标准粗	343	360	384	414	32	38	1.12	1.15

c　美卓矿机 GP 系列圆锥破碎机

美卓矿机除了加工制造 HP 和 MP 系列多缸液压圆锥破碎机外，还加工制造 GP 系列单缸液压圆锥破碎机（图 3-46）。

与 HP 和 MP 系列多缸液压圆锥破碎机相比，GP 系列单缸液压圆锥破碎机具有以下特点：（1）主轴浮动，排矿口调整、过铁和破碎力施加都是依靠主轴连动动锥上下移动来实现的；（2）破碎机机架在破碎力的作用下受拉应力；（3）动定锥衬板是机械加工面，更换衬板时不需使用填料；（4）同规格圆锥破碎机相比，GP 系列单缸液压圆锥破碎机的设计最大破碎力要比 HP 系列多缸液压圆锥破碎机的小。

图 3-46　美卓矿机 GP 系列圆锥破碎机

根据用途不同，GP 系列单缸液压圆锥破碎机分为中碎作业使用的 CPx00S 系列单缸液压圆锥破碎机和细碎作业使用的 GPx00 系列单缸液压圆锥破碎机。它们的主要结构区别在于中碎作业使用的 GPx00S 系列单缸液压圆锥破碎机有中机架。

美卓矿机 GP 系列单缸液压圆锥破碎机在我国金属矿山，尤其是生产能力小于 2000t/d 的矿山，得到了大面积的推广应用，已经安装并运行数百台 GP100S、GP100 和 CP11F。在大型矿山的中碎作业，例如武钢的大冶铁矿选矿厂和金山店铁矿选矿厂，也得到了应用。中型铁矿山安徽龙桥铁矿全套安装了美卓矿机的破碎机，粗碎选用 C110 颚式破碎机，中碎选用 GP300S 圆锥破碎机，细碎选用 2 台 GP300 圆锥破碎机。

3.3.3.5　圆锥破碎机的发展方向

圆锥破碎机在朝大型化方向发展。最近美国诺德伯格公司生产了两台 ϕ3050mm 的西蒙斯（Symons）圆锥破碎机，台时处理能力为 ϕ2134mm 西蒙斯圆锥碎矿机的 2.25 倍。它是目前世界上最大规格的中、细碎圆锥破碎机。液压圆锥破碎机是中、细碎圆锥破碎机的发展方向，各国都在推广应用，目前国外已制造出 ϕ3048mm 的大型液压圆锥破碎机。

圆锥破碎机的主要发展方向如下：

（1）采用液压系统，实现液压保护和液压调节排矿口。

（2）采用更换偏心套的方法改变偏心距的大小，以适应破碎不同类型矿石和物料的需要。

（3）研制新型小偏心距液压圆锥破碎机，能耗比一般圆锥破碎机低 25%，比半自磨机低 53%。

（4）研制偏心摆幅较小的高深式破碎腔的破碎机，产品细，效率高。

（5）改进破碎腔结构形式：平行带很短，角度也很平缓，并做成环状"重块"式的特殊结构，使物料在破碎机中形成很厚的环状"密实的聚集层"。物料在破碎腔内不会自行下滑，是靠锥体运动对物料推进、排出破碎机，改善了破碎效果。

（6）运用压缩层的工作原理，强化层压破碎作用，放大排料的尺寸，提高破碎效率。

（7）采用多碎少磨流程，对节能有现实意义。

3.3.4　锤式破碎机

锤式破碎机自 1924 年问世以来，发展极快。由于它具有破碎比大（10～40）、排料粒度均匀、过粉碎现象少、能耗低、造价低维护方便等特点，因而广泛应用于水泥、化工、电力、冶金等领域，破碎中等硬度的物料，如石灰石、炉渣、焦炭、煤等物料的中碎和细碎作业。我国从 20 世纪 50 年代末开始研制锤式破碎机，虽取得了不少成绩，但发展较缓慢，无论是规格品种还是技术水平，与国际先进水平相比都有较大差距。

锤式破碎机按转子的数量可分为单转子和双转子两种类型，其中前者可分为可逆式和不可逆式两种。按锤头的排列方式可分为单排式和多排式。按锤头在转子上的连接方式可分为固定锤式和活动锤式。我国应用最多的是单转子不可逆式、多排锤头的锤式破碎机。

3.3.4.1　锤式破碎机的工作原理和特点

A　锤式破碎机的工作原理

锤式破碎机的基本结构如图 3-47 所示。主轴上装有支撑杆 5，在锤架之间挂有锤头 8，锤头的尺寸和形状是根据破碎机的规格和物料粒径决定的。锤头在锤架上能摆动约 120° 的角度。为保护机壳，其内壁嵌有衬板，在机壳的下半部装有筛板 1，以卸出破碎合格的物料。主轴、锤架和锤头组成的回转体称为转子。物料进入锤式破碎机中，即受到高速旋转的锤头 8 冲击而被破碎，破碎的矿石从锤头处获得动能以高速向机壳内壁冲击，向筛板、破碎板冲击而受到第二次破碎，同时还有矿石之间的相互碰撞而受到进一步的破碎。破碎合格的矿石物料通过筛板 1 排出，较大的物料在筛板上继续受到锤头的冲击、研磨而破碎，达到合格粒度后即从缝隙中排出。为了避免算缝的堵塞，通常要求物料含水量不超过 10%。

B　锤式破碎机的特点

a　锤式破碎机的优点

锤式破碎机有很高的粉碎比（一般为 10 ~ 25，个别可达到 50），结构简单，体型紧凑，机体质量轻，操作维修容易。另外，它的产品粒径小而均匀，过粉碎少。生产能力大，单位产品的能耗低。

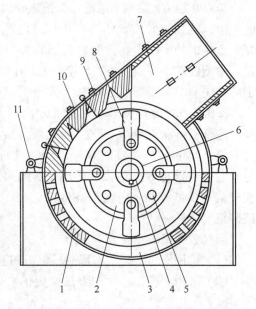

图 3-47　锤式破碎机的结构

1—筛板；2—转子盘；3—出料口；4—中心轴；
5—支撑杆；6—支撑环；7—进料嘴；8—锤头；
9—反击板；10—弧形内衬板；11—连接机构

b　锤式破碎机的缺点

锤式破碎机的工作零件（如锤头、算条等）容易破损，需经常更换，因此，需要消耗较多的金属和检修时间。另外，算条容易堵塞，尤其是对湿度大、含有黏土质的物料，会引起生产能力的显著下降。

3.3.4.2　锤式破碎机的主体构造

锤式破碎机的结构比较简单。图 3-48 所示为我国应用较多的 $\phi 1600 \times 1600$ 单转子不可逆锤式破碎机。它主要由机架、传动装置、转子和格筛等组成。

A　机架

机壳由下机体、后上盖、左侧壁和右侧壁组成，各部分用螺栓连接成一体。上部开一个加料口，机壳内壁全部镶以锰钢衬板，衬板磨损后可以更换。下机体由普通碳素结构钢板焊接而成，两侧为了安放轴承以支持转子，用钢板焊接了轴承支座。机壳的下部直接安放在混凝土的基础上，并用地脚螺栓固定。为了便于检修调整和更换筛板，下架体的前后两面均开有检修孔。左侧壁、右侧壁和后上盖，也都用钢板焊接而成。为了检修时更换锤头方便，两侧壁对称地开有检修孔。

B　传动装置

由于锤式破碎机的工作原理是利用高速回转的锤头冲击矿石而使之破碎，所以传动装

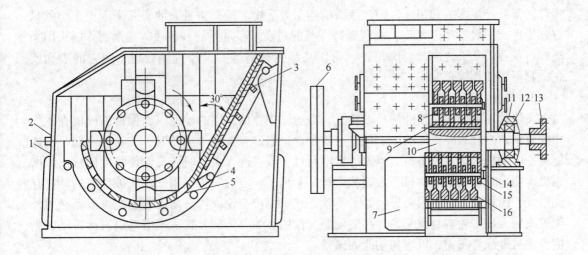

图 3-48　锤式破碎机结构示意图

1—下机架；2—上机架；3—破碎板；4—横轴；5—格筛；6—飞轮；7—检查门；
8—圆盘；9—间隔套；10—主轴；11—轴承座；12—球面调心滚柱轴承；
13—弹性联轴节；14—销轴；15—销轴套；16—锤头

置极其简单，由电机通过弹性联轴节直接带动主轴旋转。主轴则通过球面调心滚柱轴承安装在机架两侧的轴承座中。轴承用干油定期润滑。

C　转子

转子是锤式破碎机的主要工作部件，转子由主轴和锤架组成。锤架上用锤头销轴将锤头分三排悬挂在锤架之间，为了防止锤架和锤头的轴向窜动，锤架的两端用压紧锤盘和锁紧螺母固定。转子支承在两个滚动轴承上，轴承用螺栓固定在下机架的支座上，除螺栓外，还有两个定位销钉固定着轴承的中心距。此外，为了使转子在运转中储存一定的动能，在主轴的一端装有飞轮。

a　主轴

主轴是锤式破碎机支撑转子的主要部件，承受来自转子、锤头的质量、冲击力，因此要求主轴的材质具有较高的强度和韧性，设计中采用 35 号硅锰钼钒钢锻造。主轴的端面为圆形，最大的直径为 130mm，轴承处为 80mm。锤架用 $b \times h \times L = 32\mathrm{mm} \times 18\mathrm{mm} \times 810\mathrm{mm}$ 的平键与轴连接。

b　锤架

锤架是用来悬挂锤头的，它不起破碎物料的作用。但锤式破碎机在运转过程中，锤架还是要受到矿石冲击和摩擦而造成磨损，所以锤架也要求有一定的耐磨性。锤架用较优质的铸钢 ZG35B 制作，该材质具有较好的焊接性，局部出现磨损时，可以进行焊补。该锤架的结构比较简单，容易制作，检修和更换较方便。

c　锤头

锤头是锤式破碎机的主要工作零件。锤头的质量、形状和材质对破碎机的生产能力有很大影响。锤头动能的大小与锤头的质量成正比，即锤头越重，锤头的动能越大，破碎效率越高。但是锤头的质量越大，旋转起来产生的离心力也越大，对锤式破碎机转子的其他零件，都会产生影响和损坏，因此锤头的质量要适中。锤头质量大的有几十千克，小的只有几千克，一般不超过80kg。合理选择锤头的材质是很重要的，普通碳素钢制作锤头用来破碎石灰石，几天之内就会磨损掉，而用高锰钢铸造锤头，经过热处理，使它的表面硬化，则可以使用较长时间。

d　飞轮

飞轮的主要作用是使破碎机的转子，在运转中存储一定的动能，而保持破碎机在工作中的效率，减轻破碎机的动力消耗。也就是说，当破碎机正常运转时，飞轮便存储一定的能量，电动机也不致过负荷，当破碎机给料过多或者进入大块时，飞轮便将动能放出，增强破碎能力，从而使电动机不致超载运行，起到了一定的保护作用。锤式破碎机的动能存储形式，因传动方式不同而异，如果传动方式采用皮带轮或者三角皮带轮，可以不必另外配置飞轮，皮带轮本身就起到了存储动能的作用，如果传动方式采用电动机直接带动，则应考虑另外配置飞轮，以增加动能的储备。

D　筛板

锤式破碎机的筛板的排列方式是与锤头运动方向垂直，与转子的回转半径有一定间隙的圆弧状。合格的产品可以通过筛板缝，大于筛缝的物料由于不能通过筛板缝而在筛板上再受到锤头的冲击和研磨作用继续被破碎，如此循环直至体积减小到可以通过筛板缝。算条和锤头一样，受到很大的冲击和磨损，是主要的易磨损零件之一。筛板受到硬物料块或金属块的冲击，容易弯曲和折断。

E　托板和衬板

锤式破碎机用锤头高速锤打矿石，在瞬间矿石具有了极大的速度，为了防止机架的磨损，在机架的内壁装有锰钢衬板。由托板和衬板等部件组装而成了打击板。托板是用普通钢板焊接而成的，上面的衬板都是高锰钢铸件的，与锤头和算条的材质相同。组装好后用两根轴架于破碎机的架体上，其进料的角度，可用调整丝杠进行调整，磨损严重时可进行更换，以保证产品的质量。

F　过载保护装置

金属物对锤式破碎机是极大的威胁，为了防止金属物进入破碎机造成事故，一般锤式破碎机都有安全保护装置。在锤式破碎机的主轴上装有安全铜套，皮带轮套在铜套上，铜套与皮带轮则用安全销连接，当锤式破碎机内进入金属物或过负载时，销子即被剪断而起保护作用。该设计采用的是剪切销安全联轴器，当破碎机严重超载影响到其性能时，联轴器上的销钉即被剪断而起到保护作用。

G　密封防尘装置

密封的目的在于防止灰尘、水分等进入轴承和相对运动的部件之间，如齿轮滚子齿啮合处，同时又起到防止润滑油流失的作用。密封的好与坏直接影响到滚动轴承和齿轮滚子的使用寿命，从而影响到整台机器的工作效率。

3.3.4.3　锤式破碎机的主要参数

A　转子转速

锤式破碎机的转子转速按其所需的线速度来确定，而锤子的线速度则根据矿石性质、产品粒度、锤子的磨损量等因素来确定。通常在35～75m/s 范围内选取，粗碎一般在15～40m/s 范围内选取；细碎在40～75m/s 范围内选取。转子的线速度越高，其破碎比就越大，但锤头的磨损以及功耗也就越大。因此，在满足粒度要求的同时，线速度应偏低选取。

B 转子的直径和长度

转子的直径一般是根据矿石的尺寸来确定的。通常转子的直径与给矿块的尺寸之比为 4~8，大型破碎机则近似取为 2。转子的直径与长度的比值一般取 0.7~1.5。但处理量较大、物料较难破碎时，应选取最大值。

C 锤头质量

锤头动能的大小与锤头的质量成正比，即锤头越重，锤头的动能越大，破碎效率越高，但是锤头的质量越大，旋转起来的离心力也越大，对锤式破碎机的转子和其他零件都要产生影响，并且加快损坏，因此，锤头的质量既不应过重也不应过轻，要适中。正确选择锤头的质量对破碎效果和能量消耗有很大的影响。所以选择的锤头质量一定要满足锤击一次性使物料块破碎，并使无用功率消耗达到最小，同时，还必须不使锤头向后偏倒。为此，必须使锤头运动起来产生的动能等于破碎物料所需要的打击功。

计算锤头质量的方法有两种：一种是根据使锤头运动起来所产生的动能等于破碎物料所需要的破碎功来计算；另一种是根据碰撞理论动能相等的原理计算。通常它选取最大给料块质量的 0.7~1.5 倍。

D 生产率

目前，锤式破碎机还没有一个考虑了各种因素的理论计算公式，因此只能选用经验公式来计算。以破碎中等硬度物料为例来计算锤式破碎机的生产率：

$$Q = KDL\delta \tag{3-12}$$

式中，K 为经验系数，对中等硬度物料，取 $K=30~45$，设备规格较大时取上限值，反之取下限值；对煤，取 $K=130~150$；D 为转子的直径，m；L 为转子的长度，m；δ 为矿石的松散密度，t/m^3。

E 电机功率

锤式破碎机的功率消耗与很多因素有关，但主要取决于矿石的性质、转子的圆周速度、破碎比和生产能力。目前，锤式破碎机的电动机功率尚无一个完整的理论计算公式，一般是根据生产实践或者实验数据，采用经验公式计算选择破碎机的电动机功率。

$$N = KQ \tag{3-13}$$

式中 Q——机器的生产能力，t/h；

K——比功耗，kW/t。比功耗视待破碎物料的性质、机器的结构特点和破碎比而定。对中等硬度的石灰石锤式破碎机，取 $K=1.4~2$。粗碎时取偏小值，细碎时取偏大值。

3.3.4.4 锤式破碎机的操作与维护

A 安装

零件在轴上的安装和拆卸方案确定后，轴的形状便大体确定了，因为对该主轴来说，其安装顺序为先安装中间的转子部分，然后放置在箱体上，再安装轴承端盖，接着是安装轴承、外轴承座，最后两端分别安装带轮和飞轮。

　　各轴段所需要的轴径与轴上载荷的大小有关。在初步确定其直径时，通常不知道支反力的作用点，不能确定其弯矩的大小及分布情况，因此还不能按轴所受的具体载荷及其引起的应力来确定主轴的直径。但是，在对其进行结构设计之前，通常能求出主轴的扭矩。所以，先按轴的扭矩初步估计轴所需的最小直径 d_{min}。然后再按照主轴的装配方案和定位要求，从 d_{min} 处逐一确定各轴段的直径。另外，有配合要求的轴段，应尽可能采用标准直径，比如安装轴承的轴段，安装标准件部位的轴段，都应取相应的标准直径及所选的配合的公差。

　　确定主轴各段的长度，尽可能使其结构紧凑，同时还要保证转子以及带轮、飞轮、轴承所需要的装配和调整的空间。也就是说，所确定的轴的各段长度，必须考虑到各零件与主轴配合部分的轴向尺寸和相邻零件间必要的间隙。前面已经通过设计计算，得到转子、飞轮、带轮的大体尺寸，所以轴的长度也可大致确定了。

　　B　故障问题的解决

　　锤式破碎机在运行过程中承受力矩或振动较大，往往会造成传动系统故障。常见的问题有轴承室、轴承位磨损，带轮轮毂、轴头、键槽磨损等。出现上述问题后传统维修方法以补焊或刷镀后机加工修复为主，但两者均存在一定弊端：补焊高温产生的热应力无法完全消除，易造成材质损伤，导致部件出现弯曲或断裂；而电刷镀受涂层厚度限制，容易剥落，且以上两种方法都是用金属修复金属，无法改变"硬对硬"的配合关系，在各力综合作用下，仍会造成再次磨损。

　　上述维修方法在西方国家已不多见。欧美地区发达国家针对以上问题大多采用高分子复合材料的修复方法，应用最成熟的是福世蓝（1st line）技术产品，其具有超强的黏着力、优异的抗压强度等综合性能，可免拆卸、免机加工进行现场修复。用高分子材料维修既无补焊热应力影响，修复厚度也不受限制，同时产品具有金属材料所不具备的退让性，可吸收设备的冲击振动，避免再次磨损的可能，并大大延长设备部件的使用寿命，为企业节省大量的停机时间，创造巨大的经济价值。

　　C　保养与维护

　　锤式破碎机的保养与维护包括清扫设备、检查紧固螺丝、保持良好的润滑状态、调整机械零部件等内容，与操作密切相关。

　　根据设备的结构，设备维修的主要工作是合理选择和添加润滑剂材料。润滑材料分为润滑脂和润滑油两种。润滑脂容易密封，防止粉尘进入轴承，因此多用于不清洁的场合；润滑油则常用于干净的场合。

　　设备操作人员应坚持以下原则：

　　三好：用好、管好、修好。

　　四会：会使用、会保养、会检查、会排除故障。

　　四无：无积灰、无杂物、无油污、无松动。

　　D　安全操作

　　锤式破碎机安全操作规程：（1）巡检时，必须正确穿戴好劳动防护用品，认真细心。（2）定期检查锤头的磨损情况，观察锤头是否有裂痕，锤头连接是否振动，并做相应处理和向上级领导汇报。（3）破碎机所破碎的物料粒度不允许超过规定的物料最大粒度。（4）注意观察破碎机的运行声音，检查液压和润滑系统是否正常，发现异常及时与中控取得联系，根据情况采取相应措施并及时向上级领导汇报。（5）定期检查传动皮带和联轴器的防护罩有无松动，地脚螺栓有无松动，如有松动则要及时紧固。（6）定期检查轴承的温度和声音，机体的振动，出现异常及时通知有关人员进行检查。（7）当设备在运行过程中，破碎机出现异常破碎声音，立即停机，并通知有关人员和主管进行细致检查。（8）注意观察卸料坑是否有超过进料粒度要求的大块，一经发现，应立即停机进行处理。

E 操作维护

锤式破碎机是一种高速回转的破碎机械。为确保其正常工作，操作人员必须严格按照规程进行操作，并做好设备的维护保养工作：（1）开停车之前要与本机有关的上、下工序取得联系，按开停车的先后顺序进行正确的操作。（2）要空车启动，注意应当将破碎腔中的物料卸空后再停机。（3）经常检查设备的所有地脚螺栓、衬板螺栓有无松动，如有松动，应及时紧固。（4）经常检查锤头、衬板等易磨和易损件的使用情况，如发现问题，应及时处理。（5）要经常看润滑情况，保持润滑系统的良好状态。转子轴承的温度应保持在60℃以下，最高不超过70℃，如发现超温应查明原因，及时采取措施消除。（6）保持喂料均匀，并注意不使金属杂物喂入。（7）要注意检查出料粒度是否符合质量要求，如不符合，应更换箅条或调节箅条托架的高度。

3.3.4.5 部分厂家锤式破碎机的规格及性能

A 长阳的 PCH 型

湖北省长阳矿山机械厂于1982年在国内首先研制成功 PCH 型锤式破碎机，并逐步形成系列产品，其技术参数如表3-53所示。

表3-53 PCH 锤式破碎机的主要技术参数（长阳）

型 号	进料粒度 /mm	出料粒度 /mm	产量 /t·h⁻¹	转子转速 /r·min⁻¹	电机型号	功率/kW	质量/t	外形尺寸 （长×宽×高） /mm×mm×mm
PCH0402	≤200	≤30	8~12	960	Y132M2-6	5.5	0.8	810×890×560
PCH0404	≤200	≤30	16~25	970	Y160L-6	11	1.05	980×890×570
PCH0604	≤200	≤30	22~33	970	Y180L-6	15	1.43	1050×1270×800
PCH0606	≤200	≤30	30~60	980	Y225M-6	30	1.77	1350×1270×1080
PCH0808	≤200	≤30	70~105	740	Y280M-8	45	3.6	1750×1620×1080
PCH1010	≤300	≤30	160~200	740	Y315M2-8	90	6.1	2100×2000×1340
PCH1016	≤300	≤30	300~350	740	JS-128-8	155	9.2	2700×2000×1350
PCH1216	≤350	≤30	620~800	740	Y450-8	355	15.0	4965×2500×1600
PCH1322	≤400	≤30	800	595	Y450L-8	400	24.9	6333×3295×2505

B 义乌的 PCH、PC、PCK、PCL 型

义乌矿山机械厂是我国生产中小型立轴锤式破碎机的主要厂家，产品的品种规格较多，有 PC 型、PCK 型及 PCL 型等系列，其技术性能如表3-54和表3-55所示。目前该厂也生产 PCH 型环锤式破碎机，这是一种高效节能的新型破碎机，结构紧凑，体积小，坚固耐用，适用于表面水分不大于15%的煤、焦炭、页岩等物料的破碎。

表 3-54　PCL 型锤式破碎机的技术性能（义矿）

型号及规格	锤头排数∶筒体直径 /mm	立轴转速 /r·min⁻¹	给料粒度 /mm	排料粒度 /mm	生产能力 /t·h⁻¹	电动机		外形尺寸（长×宽×高） /mm×mm×mm	质量 /t
						型　号	功率/kW		
PCL750-4	4∶750	720	≤50	≤5	12~15	V200L-4	30	2000×1100 ×1375	3.1
PCL1000-3	3∶1000	500	≤60	≤6	20~25	V280M-6	55	2690×1500 ×1600	4.6
PCL1250-3	3∶1250	400	≤70	≤7	35~40	V31M1-B	75	3270×1600 ×1900	6

表 3-55　锤式破碎机的技术性能（义矿）

型号及规格	转子直径 /mm	转子工作长度 /mm	转速 /r·min⁻¹	给料最大块度 /mm	排料粒度 /mm	生产能力 /t·h⁻¹	电动机功率 /kW	外形尺寸（长×宽×高） /mm×mm×mm	质量 /kg
PC44 φ400×400	400	400	1450	≤100（煤）40（石灰石）	≤10（占80%以上）	5~10（煤）2.5~5（石灰石）	7.5	1672×902 ×900	800
PC88 φ800×800	800	800	970	≤120（石灰石）	≤15（占80%以上）	35~45（石灰石）	5.5	2780×1440 ×1101	3100
PC1010 φ1000×1000	1000	1000	980	≤200（石灰石）	<15（占80%以上）	60~80（石灰石）	130	3445×1695 ×1331	6100
PCK66 φ600×600	600	600		≤120（煤）80（石灰石）	≤3	15~30（煤）8~20（石灰石）	45	1560×1230 ×972	2335
PCK88 φ800×800	800	800		≤80（煤）40（石灰石）	≤3	50~70（煤）25~85（石灰石）	90	1940×1520 ×1335	3500
PCK1010 φ1000×1000	1000	1000		≤80（煤）	≤3	50（煤）	215	3655×1710 ×1650	6620
PCB0806 φ800×600	800	600		≤200（石灰石）	≤10	18~24（石灰石）	55	1490×1698 ×1020	2530
PCB1008 φ1000×800	1000	800		≤200（石灰石）	<13	13~32（石灰石）	115	2762×2230 ×1517	6000

　　C　济宁的 PC 型

　　济宁矿山机械厂是我国 PC 型锤式破碎机的主要生产厂家，产品以中小型锤式破碎机为主。其技术性能如表 3-56 所示。

表 3-56　PC 系列锤式破碎机的技术性能

型　号	转子直径/mm	转子长度/mm	给料粒度/mm	排料粒度/mm	处理能力/t·h⁻¹	功率/kW	质量/t
PC-0404	400	400	100	10	2.5~5	7.5	0.9
PC-0604	600	400	100	15	10~15	22	1.15
PC-0806	800	600	200	15	20~25	55	3.75
PC-0808	800	800	200	15	35~40	75	4.34
PC-1010	1000	1000	200	15	60~80	135	7.59
PC-1212	1250	1250	200	20	90~110	180	19.1

D　沈重的 PCK 型

沈阳重型机械厂是我国大型锤式破碎机的主要生产厂家，主要产品有可逆式、不可逆式和一段锤式破碎机。其技术性能分别如表 3-57 与表 3-58 所示。

表 3-57　PCK 型锤式破碎机的技术性能（沈重）

型号及规格	给料粒度/mm	排料粒度/mm	生产能力/t·h⁻¹	转子直径/mm	转子长度/mm	转子转速/r·min⁻¹	主电动机			
							型　号	功率/kW	转速/r·min⁻¹	电压/V
PCK-1413	≤80	≤3	400	1430	1300	985	JS1410-6	520	985	3000
							JS158-6	550		6000
PCK-1416	≤80	≤3	400	1410	1608	985	Y500-6	560	985	6000
PCK-1413	≤80	≤3	200	1430	1300	735	JS158-8	370	735	3000
						740	JS1410-8	380	740	6000
PCK-M1010	≤80	≤3	100~150	1000	1000	980	JS-138-6	280	980	3000
						1000	Y400-3-6		1000	6000
PCK-M1212	≤80	≤3	150~200	1250	1250	740	JS148-8	310	735	3000
							JSQ158-8	320	740	6000

表 3-58　PC 型锤式破碎机的技术性能

型号及规格	给料粒度/mm	排料粒度/mm	生产能力/t·h⁻¹	转子直径/mm	转子长度/mm	转子转速/r·min⁻¹	主电动机			
							型　号	功率/kW	转速/r·min⁻¹	电压/V
PC-M1316	<300	0~10	150~200	1300	1600	740	JS147-8	200	740	6000
						500	JS147-10	200	590	3000
						735	JS137-8	210	735	380
PC-M1818	<300	<40	500	1800	1800	590	JR1512-10	480	590	6000
PC-M1825	<300	<25	700~750	1800	2500	590	YR800-10/1430	800	590	6000/3000
PC-S0604	<100	<35	12~15	600	400	1019	Y180L-4	22	1470	380

续表 3-58

型号及规格	给料粒度/mm	排料粒度/mm	生产能力/t·h⁻¹	转子直径/mm	转子长度/mm	转子转速/r·min⁻¹	主电动机			
							型　号	功率/kW	转速/r·min⁻¹	电压/V
PC-S0806	≤120	≤15	20~25	800	600	980	Y250M-6	55	980	380
PC-S0806	≤120	≤12	18~24	800	600	1100	JQ-92-4	75	1470	380
PC-S0808	≤120	≤15	35~45	800	800	980	JQ₂-92-6	75	980	380
PC-S1212	≤200	≤20	100	1250	1250	735	JS-136-8	180	735	380
PC-S1414	≤250	≤20	170	1400	1400	740	JSQ1410-8	280	740	6000
PC-S1616	≤350	≤20	250	1600	1600	595	JSQ-1512-10	480	595	6000

3.3.4.6　国内外新型锤式破碎机生产厂家

A　国外厂家

国外生产大型锤式破碎机的主要厂家有丹麦 Smimth、德国 O&K 和 KHD 公司以及法国 Fives 公司。其中 Smimth、O&K 和 KHD 公司的产品较为著名。

B　国内厂家

（1）天津水泥工业设计院吸收 Smimth 公司机型的特点，开发了 TLPC 和 TPC 系列大型锤式破碎机（图 3-49），现已在全国许多水泥厂应用。其技术技能见表 3-59。

（2）南京锋刃重工机械公司开发了 PCX 水泥熟料高效细碎锤式破碎机。其技术性能如表 3-60 所示。

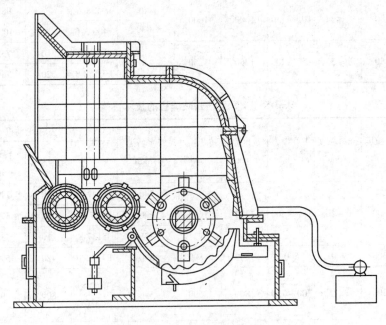

图 3-49　TPC 一段锤式破碎机结构

表 3-59 一段锤式破碎机的技术性能

型号及规格	TPC-S2020	TPC-2030
转子直径/mm	2000	2000
转子长度/mm	2000	3000
进料粒度/mm	≤1100	≤1100
出料粒度/mm	≤20	≤80
产量/t·h⁻¹	300~400	700
主电机型号	YR173/34-6	YR1000-16/1730
主电机功率/kW	630	1000
主电机转速/r·min⁻¹	360	370
主电机电压/V	6000	3000
机器外形尺寸（长×宽×高）/m×m×m	9.086×5.430×6	10.5×5.43×6
质量（不含电机）/t	152.6	182.9

表 3-60 PCX 系列高效细碎锤式破碎机的主要技术性能

型　号	转子规格/mm	入料粒度/mm	出料粒度（平均）/mm	产量/t·h⁻¹		电机功率/kW	锤头使用寿命/万吨
				铁 矿	石灰石		
PCX-20	φ800×400	<40	≤5	12	20	30~37	1.0
PCX-30	φ800×600	<40	≤5	20	30	37~45	1.5
PCX-40	φ800×900	<40	≤5	35	45	45~55	2.0
PCX-50	φ1000×400	<40	≤5	40	50	55~75	3.0
PCX-60	φ1000×1000	<40	≤5	50	60	75~90	4.0
PCX-70	φ1000×1250	<40	≤8	60	70	90~110	5.0
PCX-80	φ1250×1000	<40	≤8	70	80	90~110	7.0
PCX-100	φ1250×1250	<40	≤8	90	100~120	132~160	10.0
PCX-150	φ1500×1250	<40	≤8	130	150	160~200	15.0
PCX-200	φ1500×1500	<40	≤8	180	200	200~250	20.0
PCX-250	φ1800×1500	<40	≤10	220	250	250~315	21.0
PCX-300	φ1800×1800	<40	≤10	260	300	315~355	22.0
PCX-400	φ1800×2000	<40	≤10	370	420	500	23.0

注：1. 锤头使用寿命表示一副锤头破碎立窑熟料的寿命；

2. 如加入物料中含粉状料大于 30%，上述各机型均可提供内筛分型——S 型。

（3）可逆式锤式破碎机大部分是采用前苏联技术制造。近年来，国内一些生产厂家都吸收了国外先进机型的成熟技术，结合我国实际情况，开发了新一代可逆式锤式破碎机。上海建设路桥机械设备有限公司、山东矿山机械厂等均已生产了各种规格的可逆式锤式破碎机。其技术性能如表 3-61 所示。

表 3-61　可逆式锤式破碎机的技术性能

型号及规格	PCD-M		PCK-1413	PCK-M1413	PCK-1416
	1010	1212			
转子直径/mm	1000	1250	1430	1430	1410
转子长度/mm	1000	1250	1300	1300	1608
进料粒度/mm	煤≤80	煤≤80	≤80	≤80	≤80
出料粒度/mm	≤3	≤3	≤80	≤80	≤80
产量/t·h^{-1}	100~150	150~200	400	200	400
主电机型号	JS138-6 Y400-3-6	JSQ158-8 JS148-8	JS1410-6 JS158-6	JS1410-8 JS158-6	Y500-6
主电机功率/kW	280	320/310	520~550	370/380	560
主电机转速/r·min^{-1}	980/1000	740/735	985	735/740	985
主电机电压/V	3000/6000	6000/3000	3000/6000	3000/6000	6000
机器外形尺寸 (长×宽×高)/m×m×m	3.800×2.40 ×1.80	4.752×3.18 ×2.278	4.737×3.18 ×2.278	4.737×3.18 ×2.278	6.443×2.98 ×2.80
质量(不含电机)/t	10.5	15.8	16.3	20.6	17.7

此外，上海建设路桥机械设备有限公司通过消化吸收德国及日本川崎 HC-1825 破碎机，开发生产出 PCKW 系列无算条可逆式锤式破碎机。其结构示意图见图 3-50，技术性能见表 3-62。

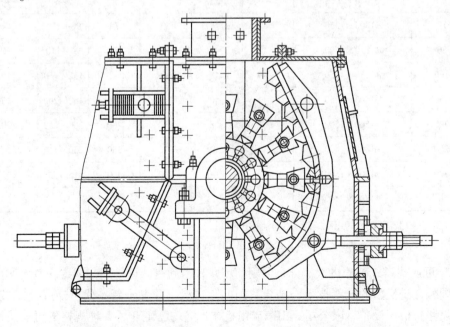

图 3-50　PCKW 系列无算条可逆式锤式破碎机结构示意图

表 3-62　PCKW 系列锤式破碎机的主要技术性能

型号及规格	PCKW-09/08	PCKW-10/12	PCKW-12/14	PCKW-14/14	PCKW-14/16	PCKW-16/18	PCKW-18/25	PCKW-20/28
转子尺寸（工作直径×长度）/mm×mm	ϕ900×800	ϕ1000×1200	ϕ1200×1400	ϕ1400×1400	ϕ1400×1600	ϕ1600×1800	ϕ1800×2500	ϕ2000×2800
转子转速/r·min^{-1}	1000	987	985	740	750	650	650	550
进料口尺寸/mm×mm	300×800	300×1200	400×1450	600×1450	400×1650	550×1800	2550×650	2880×980
最大给料尺寸/mm	100	100	100	100	100	100	100	100
出料粒度/mm	3~6	3~6	3~6	3~6	3~6	3~6	3~6	3~30
处理能力/t·h^{-1}	20~50	40~70	60~120	240~300	80~160	180~280	300~400	500~700
电动机功率/kW	75~90	132~160	185~210	475	220~320	280~500	630	800
质量/kg	6420	8187	14680	13000	22500	32500	59300	84268
外形尺寸(长×宽×高)/mm×mm×mm	2342×2692×1495	3202×2400×1700	3440×2720×2050	2180×2570×2500	6152×3747×2250	3750×4150×2100	8500×3680×2600	9220×5623×3279

此外，还有部分厂家生产的新型设备，大体上相似，这里就不一一列举了。

3.3.4.7　锤式破碎机的发展方向

锤式破碎机的发展方向与上述几种设备基本相同，如向大型化、液压化发展等。

（1）设备大型化、稳定化，增加设备的处理能力，是受企业利益驱动的发展方向。

（2）破碎机上的高强度耐磨锤头与衬板的开发利用，增加设备的使用寿命。设备材质的耐磨耐用也是设备的一个发展方向。

（3）锤式破碎机智能化将成为行业未来发展的趋势。只有实现设备的智能化，减少人员操作，才能提高生产效率。

3.3.5　反击式破碎机

3.3.5.1　概述

反击式破碎机的发展历史可以追溯到 19 世纪 50 年代，距离世界上第一台颚式破碎机的诞生已经过去了很久。随着生产力的发展，颚式破碎机已经不能完全满足破碎技术的需要，于是，在颚式破碎机的基础上，又设计出了反击式破碎机。20 世纪 50 年代，我国才真正拥有了破碎机。80 年代之前，国产的反击式破碎机还仅限于处理煤和石灰石类中硬物料。

直到 20 世纪 80 年代末我国引进 KHD 型硬岩反击式破碎机，虽填补了国内空白，但落后于国外 20 多年。国产的硬岩反击式破碎机，开始时其核心零件板锤依赖进口，国产化板锤在"八五"期间列为部级科研攻关项目，项目成功后，国产板锤不仅取代进口，而且已大量出口到欧美国家和日本等。耐磨材料的突破，使硬岩反击式破碎机如虎添翼。目前，我国反击式破碎机的技术性能已接近国际先进水平，不仅满足了国内需求，而且出口到朝鲜等国。

3.3.5.2　反击式破碎机的工作原理和用途

A　工作原理

反击式破碎机的工作原理与锤式破碎机基本相同，它们都是利用高速冲击作用破碎物

料，但其结构与工作过程却各异。反击式破碎机
工作原理如图 3-51 所示。

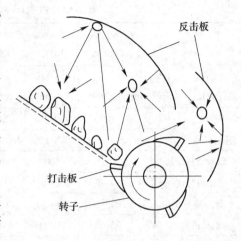

图 3-51　反击式破碎机工作原理示意图

反击式破碎机在破碎过程中，物料在设定的
流道内沿第一、第二反击板经一定时间和一定长
度的反复冲击路线使物料破碎，下方的均整算板
起到控制出料粒度大小的作用。物料的破碎是在
板锤冲击下进行的，随后再抛击到反击板上进一
步破碎，同时料块群在空中互相撞击而得到粉碎。
上述破碎机理可概括为三个方面。

（1）自由冲击破碎。它是产生破碎效应的主
导部分，板锤与物料接触后，物料破碎并以二倍
的转子速度抛出，而大部分粉尘是料块群在空间
撞击产生的。

（2）反击破碎。破碎料块群的重心是沿力学轨迹射入和反射出反击板，反击板是控制
物料流向的主导因素，它也产生部分破碎效应。

（3）铣削破碎。物料进入板锤破碎区间，大块物料被高速旋转的板锤一块一块地铣削
破碎并抛出。另外，经上述两种破碎作用未被破碎而大于出料口尺寸的物料，在出料口处
也被高速旋转的板锤铣削而破碎。

反击式破碎机与锤式破碎机比较，有以下区别：

（1）反击式破碎机的板锤和转子是刚性连接的，利用整个转子的惯性对物料进行冲
击，使其不仅破碎而且获得较大的速度和动能。锤式破碎机的锤头是单个对物料进行打击
破碎，物料获得的速度和动能有限。

（2）反击式破碎机的破碎腔较大，使物料有一定的活动空间，物料受冲击破碎作用充
分。锤式破碎机的破碎腔较小。

（3）反击式破碎机的板锤是自下向上迎着投入物料进行冲击破碎，并把它抛到上方反
击板上。而锤式破碎机是顺着物料落下的方向打击物料。

（4）反击破碎机一般下部没有算条筛，产品粒度靠板锤的速度以及与反击板或均整算
板之间的间隙来保证。锤式破碎机由算条筛控制产品粒度。

B　用途

反击式破碎机的冲击破碎能力大，越来越广泛地应用于建材、冶金、选矿、化工等行
业。反击式破碎机特别适合于破碎中等硬度的脆性物料，它可用于石灰石、煤、砂岩、水
泥熟料、铁矿石、铝矿石、钼矿石等物料的粗碎、中碎和细碎。由于反击式破碎机破碎效
果显著，在一些中小型厂矿，可替代颚式、辊式和圆锥式破碎机。

3.3.5.3　反击式破碎机的分类与构造

A　反击式破碎机的分类

反击式破碎机按其结构特征，可分为单转子和双转子两种类型，其详细分类如
图 3-52 所示。

单转子反击式破碎机如图 3-52 的左边所示，其结构简单，适合中、小型厂矿使用。
按转子转动分为单向转动和双向转动。转子下方有带有均整算板和不带均整算板两种结

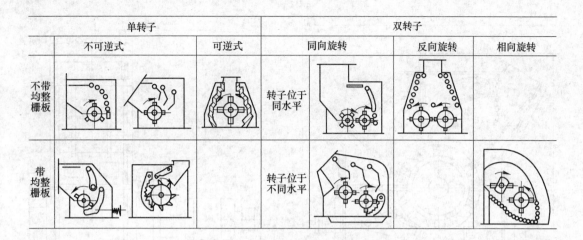

单转子			双转子		
	不可逆式	可逆式	同向旋转	反向旋转	相向旋转
不带均整栅板			转子位于同水平		
带均整栅板			转子位于不同水平		

图 3-52　反击式破碎机的分类图例

构。带有均整箅板的反击式破碎机，可控制产品的粒度，过大颗粒少，产品粒度较均匀。均整箅板的悬挂点能够水平移动，以适应各种破碎工况。它的下端可借助调整机构与转子间的夹角，从而补偿因箅板和板锤磨损后而引起卸料间隙的变化。

双转子反击式破碎机如图 3-52 的右边所示，按转子的回转方向可分为三种形式：

(1) 两转子同向回转的反击式破碎机相当于两个单转子反击破碎机串联使用，可同时完成粗、中、细碎作业。破碎比大，产品粒度均匀，生产能力大，但电耗也高。采用这种机械可以减少破碎段数，简化生产流程。

(2) 两转子反向回转的反击破碎机相当于两个单转子反击式破碎机并联使用。生产能力大，可破碎块度大的物料，可供大型粗、中碎破碎机使用。

(3) 两转子相向回转的反击式破碎机主要是利用两转子相对抛出的物料互相撞击进行破碎，所以破碎比大，金属磨损量较小。

反击式破碎机的规格用转子的直径 $D(\mathrm{mm})$ 和长度 $L(\mathrm{mm})$ 来表示，即 $D \times L$。

B　单转子反击式破碎机的构造

图 3-53 所示为 1250×1000 单转子反击式破碎机。它主要由转子 3、打击板 4、第一反击板 6、第二反击板 7 和机体 1 等组成。板锤和转子为刚性连接。

物料由进料口 8 加入，高速回转的转子迎着下落的物料进行冲击而使物料不断破碎至小颗粒。为了防止破碎时物料飞出机外，装有进料链幕。转子由电动机经三角皮带传动。物料进入后，受到高速回转的板锤的打击破碎；打击后的物料沿着板锤运动的切线方向高速抛向反击板，再次受到碰撞破碎；由反击板弹回来与从打击板上打出去的物料互相撞击破碎。没有破碎到符合要求粒度的物料，则将继续重复上述破碎过程，并带到第二道反击板组成的破碎空间，进行打击、反击与互相撞击而破碎。破碎后的物料由机体下部排出。

机体分上下两部分，用铁板和型钢焊接而成，在机体内壁装有钢板制成的衬板。机体的前、后、左、右都设置小门，以便于检修和更换易磨损件。转子上固装着六块板锤，板锤用比较耐磨的高锰钢材料铸造而成。转子本身用键固装在主轴上，主轴两端借助滚动轴承支承在下机架上。

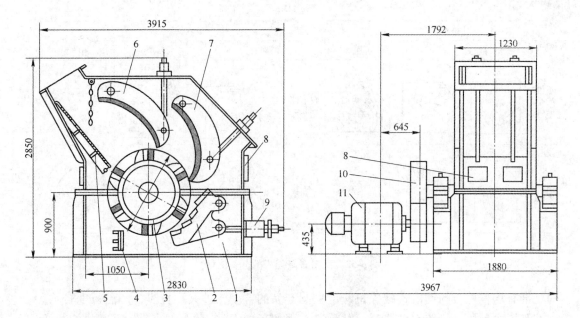

图 3-53　1250×1000 单转子反击式破碎机

1—机体；2—均整板；3—转子；4—打击板；5—筛板；6—第一反击板；
7—第二反击板；8—进料口；9—弹簧调整部分；10—带轮；11—电动机

反击板的一端铰接于机体上，另一端通过拉杆自由地悬挂在机体上。拉杆的上部有套筒螺母，根据产品粒度的要求，可用来调节反击板与打击板之间的间隙。当进入大块物料或铁块等不能破碎的异物时，因反击板受到较大的压力而使拉杆向后移开，使铁块等异物排出，从而保证机器不受破坏。反击板在自身重力和弹簧的作用下，又恢复到原来的位置，以此作为机器的保险装置。

可逆转动的单转子反击式破碎机，有一个可逆转动的转子，在转子上方的两侧都装有反击板，给料槽放在转子中心的上部。由于它具有可逆转动的特点，两套反击板两面的磨损可以得到平衡，这就大大地减少了维护检修的工作量。

单转子反击式破碎机比双转子反击式破碎机的结构简单，投资小。从一些厂矿的使用情况看，单转子反击式破碎机的生产能力约为相同规格双转子反击式破碎机的 2/3，在进料块度不大时还是适用的。下面详细介绍各个构件。

a　机架

反击式破碎机的机架由上机架和下机架两部分组成，彼此用螺栓连接。转子的轴心线上面的为上机架，其上装有供检修、安装用的侧门和后门。转子的轴心线下面为下机架，用螺栓将其固定在地基上，主要承受整个机器的质量。机架内部所有接触矿石的部位均装有可更换的耐磨衬板。破碎机的给料口处设置了链幕，以防破碎过程中矿石飞出机外发生事故。

b　传动机构

反击式破碎机的传动机构很简单，由电动机通过带轮直接带动主轴和转子做高速回转。主轴通过滚动轴承支承在机架两侧的轴承座中，轴承一般采用甘油定期润滑。

c 转子

就工作原理而言，反击式破碎机和锤式破碎机的最大区别在于，锤式破碎机是靠铰接悬挂锤头，而反击式破碎机的锤头和转子是刚性连接，利用整个转子的回转惯性冲击矿石而使之破碎。所以，其转子就必须具有足够的质量才能满足破碎矿石的要求。若转子质量过轻，破碎效率则会降低。当然，也不能太重，否则破碎机启动很困难。

反击式破碎机的转子一般采用整体式的铸钢结构，这种结构质量较大，比较容易满足破碎机所需的质量能；同时，也比较坚固耐用，便于安装锤头。也有些反击式破碎机采用数块铸钢或型钢，做成圆盘叠合而成的转子，这种组合式转子便于制造，也容易平衡。小型反击式破碎机有些也采用钢板焊接的空心转子，其结构简单，制造容易，但强度和耐用性较差。

d 反击板

反击板由高锰钢或其他耐磨材料制成，自由地悬挂在机器内部。其一端通过悬挂轴铰接在上机架的两侧；另一端则由拉杆螺栓利用球面垫圈支承在上机架的锥面垫圈上。该反击板还兼作破碎机的保险装置。当机内进入非破碎物时，反击板受到的冲击力剧增，迫使拉杆螺栓压缩球面垫圈，使拉杆螺栓后腿被抬起，让非破碎物排出，保证了整机的安全。另外，调节拉杆螺栓上面的螺母，就可改变锤头和反击板之间的间隙大小，进而控制破碎产品的粒度范围。

由于反击板直接参与破碎，所以，其形状和结构对破碎效率影响比较大。为了获得最好的破碎效果，在理论上要求物料与反击板的表面应呈垂直碰撞。目前，国内反击式破碎机的反击板一般制成折线形和渐开线形，前者结构简单、容易加工，但不能满足矿石最佳破碎效果的要求；后者在反击板上的各点，物料都以垂直方向进行冲击，所以，能获得最佳的破碎效果，但由于加工困难，故一般采用多段圆弧组成的近似渐开线的反击板。

反击式破碎机的反击板的级数一般为二级，大型破碎机也有三级的。

e 锤头

和反击板一样，它也由高锰钢或其他耐磨材料制成，固定在转子上。固定方法一般有3种：

(1) 螺钉固定法。即用螺钉固定锤头。这种方法最简单，但螺钉露在打击表面，极易损坏，另外螺钉也容易被剪断，使锤头从转子上飞出而造成严重事故。

(2) 压板固定法。即锤头从侧面插入转子的沟槽中，两端用压板压紧以防其左右窜动。这种方法由于锤头是用耐磨材料制成的，故加工困难，难以确保锤头的精确尺寸，容易装配不牢而在工作中松动。

(3) 楔块固定法。即用楔块把锤头固定在转子上。在工作时，由于离心力的作用，锤头、楔块和转子便会愈转愈紧，工作比较可靠，且拆装也很方便。目前，国内外多采用这种方法固定锤头。

锤头的数目与转子直径 D 有关，通常，当 $D < 1m$ 时，可选用3个锤头；当 $D = 1 \sim 1.5m$ 时，可选用 $4 \sim 6$ 个锤头；当 $D = 1.5 \sim 2m$ 时，可选用 $6 \sim 10$ 个锤头。另外，矿石较硬或破碎比较大时，可增加锤头的数目。

锤头的形状比较多，目前，我国使用较多的锤头如图3-54所示。

C 双转子反击式破碎机的结构

双转子反击式破碎机按转子的转动方向和配置位置，又可分为两个转子反向回转的、

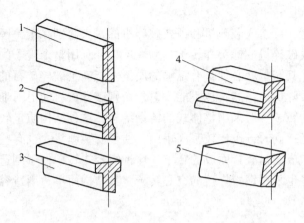

图 3-54　锤头的形状
1—长条形；2—工形；3—T 形；4—S 形；5—斧形

两个转子同向回转的和两个转子同向回转且有一定高度差的反击式破碎机 3 种类型。下面以我国生产的 $\phi 1250 \times 1250$ 双转子反击式破碎机（图 3-55）为例介绍一下。

图 3-55 所示为 $\phi 1250 \times 1250$ 双转子反击式破碎机。它由平行排列的两个转子、机体、第一道反击板、分腔反击板、第二道反击板等组成。

两个转子分别由两台电动机经过挠性联轴器、液力联轴器和三角皮带传动，并按同一

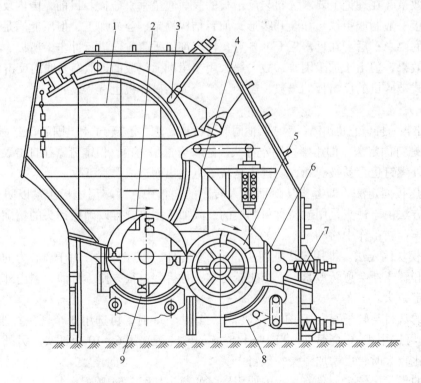

图 3-55　$\phi 1250 \times 1250$ 双转子反击式破碎机的构造
1—机体；2—第一道转子；3—第一道反击板；4—分腔反击板；5—第二道转子；
6—第二道反击板；7—调节弹簧；8—均整箅板；9—板锤

方向高速回转。物料由上部加料口进入，破碎后的产品经机体下部的均整算板卸出。

第一道转子的上面用螺栓固装着四排共八块板锤，以30~40m/s的线速度破碎大块物料。第二道转子上用螺栓固装着六排共十二块板锤，以52m/s的线速度把从第一道破碎腔进来的物料破碎到要求的产品粒度。两个转子有一定高度差，其中心连线与水平线的夹角约12°。这样，可使第一道转子具有强迫给料，从而使第二道转子的线速度得到提高。两转子上的板锤都是用耐冲击磨损的高锰钢铸造而成。转子套装在主轴上，主轴两端用双列向心球面滚子轴承支承在下机体上。

第一道和第二道反击板的一端通过悬挂轴铰接于上机体的两侧壁上，另一端分别由特制的螺杆或调节弹簧支挂在机体上部或后侧壁上。分腔反击板通过支挂的方截面轴与装在机体两侧面的连杆及压缩弹簧相连接，悬挂在两转子之间，将破碎腔分隔成两部分。这种分腔集中反击破碎的方法，扩大了转子的工作能力，使两转子都能得到充分利用。在分腔反击板和第二道反击板的下半部，安装有不同排料尺寸的算条衬板，它可使达到粒度要求的物料及时排出，以减少不必要的能量消耗。

为了充分利用排出物料的功能，消除个别大于产品粒度的大块物料排出，在两转子下部的机体上设置有均整算板及固定反击板，并在与物料接触的表面装有高锰钢铸造的算条栅和防护衬板。

机体沿着两个转子的高度差阶梯地分为上、下两部分，下机体承受整个设备的质量，借助地脚螺栓固定在地基上。上、下机体在物料破碎区域内壁都装有防护衬板，并在机体四周开设有一定数量的小门，以便于观察和检修。在机体的进料口处设置有链幕，以防止物料被击碎时飞出。

传动部分中配用YL75安全型液力联轴器，即可降低启动负荷，减小电机容量，又能起过载保护作用。在突然超载的情况下，由于引起液力联轴器中的工作液体发热，到一定温度时过热保护塞即被熔化，工作液体就从液力联轴器中排出，失去传动能力，从而中断了电动机与工作机构的联系，保护电机不受损坏。为了减少机器因落入不易破碎之物造成的损坏，将均整算板的悬挂轴用削弱了断面的轴套支承。

反击式破碎机产品粒度大小的调节，主要靠改变转子的转速来实现。转速越高，产品粒度越细。调整反击板与板锤的间隙，也可以使产品粒度发生变化，但并不明显。

双转子反击式破碎机是一种粉碎比大、生产能力大（可达150t/h）、电耗低的破碎设备。在第一破碎腔，可将粒径700~1000mm的料块破碎到100mm左右；然后进入第二破碎腔，继续破碎到20mm以下，且0.08mm孔筛的筛余小于10%的粉料占6%左右。因此，如采用此破碎机，水泥厂的石灰石破碎流程仅用一段破碎就能达到目的。

在使用中发现，当料块达到1m左右或以上时，料块相互间有阻卡现象。因此使用时，加料最大尺寸应不大于700mm。对含二氧化硅游离量大于5%~7%的脆性物料进行破碎时，板锤等零件磨损较大。此外，当物料的水分大于10%并夹杂泥土时，生产能力将会降低，并容易产生堵塞故障，使用单位在选用时应予以注意。

3.3.5.4 反击式破碎机的工作参数

A 转子的转速

转子的圆周速度对破碎机的生产能力、产品粒度和粉碎比的大小起着决定性作用。实践证明，随着转子圆周速度的提高，生产能力和粉碎比都显著增加，产品粒度朝着细的方向变化，其中进料块度大的细度变化更为显著。但是随着转子速度的增大，功率消耗也增加，板锤磨损也加快。

在粗碎时，一般圆周线速度为 15 ~ 40m/s，细碎时取 40 ~ 80m/s。双转子反击式破碎机，第一道转子，圆周线速度为 30 ~ 35m/s，第二道转子线速度应取高一些，为 35 ~ 45m/s。

B 转子的直径与长度

计算转子直径的经验公式：

$$d = 0.54D - 60 \tag{3-14}$$

式中 d——最大给料粒度，mm；

  D——转子直径，mm。

式（3-14）用于单转子计算时，其计算结果还得乘以 2/3。

转子的长度 L 与直径 D 之比 $L/D = 0.5 ~ 1.2$。比值较小时，机体结构平稳性较差，用于物料硬度小、处理能力要求不高的单转子反击式破碎机。

C 板锤数目

板锤的目数根据其转子直径得出，当 $D < 1m$ 时，$m = 3$；当 $D = 1 ~ 1.5m$ 时，$m = 4 ~ 6$；当 $D = 1.5 ~ 2m$ 时，$m = 6 ~ 10$。物料硬、粉碎比大时，板锤数可多些。

D 生产能力

反击式破碎机的生产能力与转子的转速有关，又与转子表面同板锤前侧面间所形成的空间有关。假设每当板锤经过反击板时的排料量与通路大小成正比，而排料层的厚度等于排料粒度 d_K。每一块板锤前面所形成的通路面积为：

$$S = (h + a)b \tag{3-15}$$

式中 S——每一块板锤前面所形成的通路面积，m^2；

  h——板锤的高度，m；

  a——板锤与反击板间的间隙，m；

  b——板锤的宽度，m。

每一块板锤排料体积为：

$$V_1 = (h + a)bd_K \tag{3-16}$$

式中 V_1——每一块板锤排料的体积，m^3；

  d_K——排料粒度，m。

转子每转一转时排料的体积为：

$$V_2 = c(h + a)bd_K \tag{3-17}$$

式中 V_2——转子每转一转时排料的体积，m^3；

  c——转子上板锤的数目。

如果转子的转速为 n，这样每分钟排出物料的体积为：

$$V = c(h + a)bd_K n$$

则产量为：

$$Q_1 = 60c(h + a)bd_K n\rho \tag{3-18}$$

式中　V——每分钟排出物料的体积，m^3；

　　　n——转子的转速，r/min；

　　　Q_1——产量，t/h；

　　　ρ——物料的密度，t/m^3。

还必须指出，所得的理论生产能力与实际生产能力相差较大，必须乘以修正系数 K。故反击式破碎机的产量计算公式为：

$$Q = 60c(h + a)bd_K n\rho K \tag{3-19}$$

式中　Q——修正后的产量，t/h；

　　　K——修正系数，计算时多取为 0.1。

E　功率

反击式破碎机的功率消耗与很多因素有关，但主要取决于物料的性质、转子的圆周速度、破碎比和生产能力。

目前，反击式破碎机的电动机功率尚无一个完整的理论计算公式，一般都是根据生产实际或实验数据，采用经验公式选择破碎机的电动机功率。

根据单位电耗确定电动机功率：

$$N = kQ \tag{3-20}$$

式中　N——电动机的功率，kW；

　　　k——比功耗，$kW \cdot h/t$，比功耗视破碎物料的性质、破碎比和机器结构特点而定，
　　　　　对中等硬度石灰石，粗碎时 $k = 0.5 \sim 1.2$；细碎时 $k = 1.2 \sim 2$。

反击式破碎机的功率也可按经验公式计算：

$$N = 0.0102 Qgv^2 \tag{3-21}$$

式中　g——重力加速度，m/s^2；

　　　v——转子的圆周线速度，m/s。

对于双转子反击式破碎机，第一转子的电动机功率消耗约为第二转子电动机功率消耗的 0.6 ~ 0.7 倍。

3.3.5.5　反击式破碎机的操作与维护

A　安装

(1) 反击式破碎机电泵带有振动性工作的机组，在安装时和试车前均应紧固好所有的紧固件，在生产运转中也应定期检查，随时紧固。

(2) 安装中应注意反击破旋向（在带轮上标有旋向箭头）不可逆转。

(3) 把反击破电动机安装好后，应根据安装情况，配备传动带防护罩。

(4) 反击板与板锤的间隙应按工作需要逐渐调小，调整后应用手转动转子数转，检查有无撞击。调整完毕后，应锁紧套筒螺母，防止反击板受振动后螺母松动而逐渐下降与板锤相碰撞，造成事故。

(5) 由于反击式破碎机（反击破）的出料口在下部，安装高度及其与进料、出料装

置的配合，均应在系统设计中考虑。

B　调试

（1）转子在出厂前已经通过平衡处理，用户一般不需要再做平衡试验，在更换锤头及转子部件时，应做平衡配置。

（2）主机安装应调平衡，主轴水平度误差小于 1mm/m，主从动轮在同一平面内，调整皮带松紧适度，固定电动机。

（3）检查各部件安装位置是否移动、变形、锁紧所有螺栓，检查密封是否良好。

（4）检查电器箱接线及紧固情况，调整延时继电器及过载保护器，接通电路，试验电机转向，选择合适规格的保险丝。

（5）检查液压系统动作是否可靠，有无渗漏现象。

（6）清除反击式破碎机内异物，用手扳动转子，检查有无摩擦、碰撞。

C　保养

为了保证反击式破碎机的使用寿命，用户要经常对机器进行保养维护。

D　检查

（1）反击式破碎机器运转点平稳，当机器振动量突然增加时，应立即停车，查明原因并消除。

（2）在正常情况下，轴承的温升应不超过 35℃，最高温度应不超过 70℃，如超过 70℃时，应立即停车，查明原因。

（3）板锤磨损达到极限标志时，应调头使用或及时更换。

（4）装配或更换板锤后，必须保持转子平衡，静平衡不得超过 0.25kg·m。

（5）当机架衬板磨损时，应及时更换，以免磨损机壳。

（6）每次开机前需检查所有螺栓的紧固状态。

E　后上盖启闭

当机架衬板、反击衬板、板锤等易损件磨损后需要更换时，或机器发生故障需要消除时，采用棘轮装置启闭后上盖，进行更换和检修。

（1）开启。在开启后上盖之前，应先拧开锁紧螺母和螺栓，然后在上盖支臂下端放好垫块。开启时，需两人同时操作，扳动棘轮装置，上盖即徐徐开启。当开启接近终点时，下端垫块应预先接触支臂下端斜面，以保证安全牢靠。

（2）关闭。在完成更换或检修后，转动在棘轮装置上的小手柄，在两人之间同时操作，能徐徐关闭后上盖。在关闭后上盖之前，关闭表面需要彻底清洁。

F　润滑

（1）经常注意和及时做好摩擦面的润滑工作。

（2）反击式破碎机所采用的润滑油，应根据破碎机使用的地点、气温等条件来决定，一般可采用钙-钠基润滑油。

（3）每工作 8h 后往轴承内加注润滑油一次，每 3 个月更换润滑脂一次，换油时应用洁净的汽油或煤油仔细清洗轴承，加入轴承座内的润滑脂为容积的 50%。

在反击式破碎机工作过程中，要特别注意以下情况的发生：

（1）反击式破碎机的轴承温度过高的排除方法：

1）首先要检查润滑脂是否减少。

2）润滑脂应充满轴承座容积的 50%。

3）要及时清洗轴承、更换润滑脂。

4）如果磨损严重，应更换轴承。

（2）机器在运转过程中，破碎腔内部产生非常剧烈的敲击声的处理方法：

1）应立即关闭破碎机电源，停车并清理破碎腔。检查是否有不能被破碎的物料进入破碎腔。

2）机器在运转过程中，会产生巨大的振动，检查衬板是否紧固，检查锤与衬板之间的间隙，耐磨衬板是否脱落。

3）断裂件的更换。

（3）机器在出料过程中，粒度过大的处理方法：

1）调节前后反击架间隙或更换磨损严重的衬板和板锤。

2）调整反击架位置，使其两侧与机架衬能够达到相对的间隙，保证出料粒度。

G　维修

在设备投入运行后，每班工作完毕时，必须对反击式破碎机进行全面的检查。每周运行后对反击式破碎机的电机、润滑进行一次全面检查。检查的内容包括对固定部位的紧固情况、皮带传动、轴承密封、反击衬板松动、衬板的磨损等情况进行全方位的检查，并结合检修周期建立定期的维修和更换制度。反击式破碎机的转子和反击衬板的间隙调整：当反击式破碎机的转子在运行时，转子与反击衬板之间的间隙不能调整。如物料成块地滞留在反击板与板壳之间，建议在重新调整间隙之间稍微抬起反击架，这样成块的进料会变松，反击架容易调整。如果反击架不够充足，可在放松的拉杆上轻拍（用一块木板保护），转子和反击衬板的间隙由机器的调整装置来完成，首先松开螺栓套，然后再转动长螺母，此时拉杆会朝上方向运动，调整好后再将螺杆套紧固。反击式破碎机更换易损件：反击式破碎机更换易损件时，首先打开后上架。使用时，先将后上架与中箱体的连接螺栓卸下，用扳手拧到翻盖装置的六角头部分，然后上架徐徐打开。反击式破碎机的板锤：反击破板锤磨损到一定程度时应及时调整或更换，以避免紧固件与其他部件的损伤。反击式破碎机的衬板：打开后上盖，拆除固定反击衬板用的开口销、开槽螺母、螺栓，即可将磨损后的反击衬板更换。

为保证反击式破碎机的正常工作和延续机器的使用寿命，用户应经常进行维护和保养。必须每周对机器的主要零件（如板锤、反击衬板、衬板）的磨损情况进行检查，并结合检修周期建立定期的维修和更换制度。

a　转子和反击衬板的间隙调整

当转子在运行时，转子与反击衬板之间的间隙不能调整。如物料成块滞留在反击板与板壳之间，建议在重新调整间隙之前稍微抬起反击架，这样成块的进料会变松，反击架容易调整，如果反击架不够充足，可在放松的拉杆上轻拍（用一块木板保护），转子和反衬板的间隙由机器的调整装置来完成，首先松开螺杆套，然后在转动长螺母 3，此时，拉杆会沿箭头方向运动，调整好再将螺杆套拧紧（注意：务必拧紧）。

更换易损件时，首先打开后上架。使用时，先将后上架与中箱体的连接螺栓卸下，然后用扳手拧动翻盖装置的六角头部分，将后上架徐徐打开，与此同时，可利用机架上方的吊挂装置吊住后架。重复上述过程，即合上后上架。

　　b　板锤

　　板锤磨损到一定程度时，应及时调整或更换，以避免紧固件与其他部件的损伤。用翻盖装置将后上架打开。用手转动转子，将需调整或更换的板锤转至检修门处，然后固定转子。拆去板锤定位零件。再将压紧装置沿轴向拆出。然后将板锤沿轴向从检修门处推出，或从机架吊出。拆卸时需用手锤在板锤上轻轻敲打。

　　安装板锤时，颠倒上述步骤即可。但需注意质量大小近似的板锤安装在相对位置，以避免转子工作时不平衡。

　　c　反击衬板

　　检修操作同上。如果安装新的反击衬板，颠倒上述步骤即可。

　　d　衬板

　　调整反击衬板均需打开后上架，所有衬板允许在磨损较重的地域和磨损较轻的地域互换。当一件里衬板仅仅在一边被磨损尽时，可将它转动90°或180°继续使用。发现有物料积压在反击架上面卡住反击架时，可利用垫圈及螺栓垫在反击架侧面的衬板后面以减小其间隙，避免这种现象的出现。

　　e　进料口底部与板锤之间间隙调整

　　在进料口底部有一方钢，当下料处一角磨损时，可旋转90°来控制未经破碎的骨料的下料。调整时，需卸下机架两侧的方盖，然后抽出方钢，旋转后再装入。

　　f　胀套连接的拆装和拧紧检查

　　该设备的大皮带轮（槽轮）的固定采用无键联胀套连接。

　　胀套在拆卸时应注意在圆周上以对角交叉的顺序分几步拧松紧螺钉，但不要全部拧出，取下镀锌的螺钉和垫圈，并以螺纹较大的螺栓旋入拆卸螺孔中，轻敲所有螺钉头部，使胀套松动拉出，胀套在装配之前所有相关零件表面必须清洗干净，并稍稍涂油。锁紧螺钉必须涂上足够的油脂，注意所有油脂不得含有二硫化钼添加剂。此后，将胀套装进轴和轮之间，轻轻拧紧锁紧螺钉，再用槽轮装配工具，将槽轮顶紧在正确位置，最后用力矩扳手在圆周上以对角交叉的顺序均匀地分三步（分别以 $1/3M_A$，$1/2M_A$ 和 M_A 力矩）拧紧螺钉，直至每个螺钉都达到给定拧紧力矩 M_A 为止。在使用力矩扳手之前，务必检查或调定所需的拧紧力矩 $M_A = 125\mathrm{N \cdot M}$。完成后在胀套外露表面及螺钉头部涂上防锈油脂。

　　g　肘板断裂频繁，可适当调松弹簧

　　反击式破碎机后肘板断裂频繁。后肘板除传递动力外，还靠其强度的不足起保险作用。除了肘板中部强度过低，其强度不足以克服因正常破碎矿石产生的破碎力而损坏外，可能由于拉杆弹簧压得过紧，再加上工作时的破碎力使其过载而断裂，可适当调松弹簧。飞轮回转，破碎机不工作，其原因是由于拉杆弹簧和拉杆损坏、拉杆螺帽脱扣，使肘板从支承滑块中脱出，也可能由于肘板断裂脱落，应重新更换安装。飞轮显著摆动，偏心轴回转慢，故障原因是由于皮带轮与飞轮键松动或损坏，轮与轴不能同步转动。破碎产品粒度变粗，是破碎衬板下部严重磨损的结果。应将破碎机齿板上下调换或更换新衬板，调整排矿口达到要求的尺寸。

3.3.5.6　部分厂家的反击式破碎机的技术性能

　　我国生产反击式破碎机的厂家约有20家，其中主要厂家有上重、中重、洛矿、沈重、济矿等。其中生产厂家最多和产量最大的是 PF1007 型反击式破碎机。其结构合理，性能良好，可广泛应用于各种中等硬度以下物料的破碎。

下面介绍几个厂家生产的反击式破碎机。

A 上重的 PF、2PF 型

上海重型机器厂是我国最早生产反击式破碎机的厂家，目前主要产品有 PF 型单转子反击式破碎机、2PF 型双转子反击式破碎机等。其技术性能分别如表 3-63 与表 3-64 所示。

表 3-63 PF 型反击式破碎机的技术性能（上重）

型　号	转子直径 /mm	转子长度 /mm	最大给料粒度/mm	排料粒度 /mm	生产能力 /t·h⁻¹	转子速度 /r·min⁻¹	电动机功率 /kW	外形尺寸（长×宽×高）/mm×mm×mm	质量 /kg
PF0504	500	400	100	<20	4~8	960	7.5	1152×1555×1200	1349
PF1007	1000	700	250	<25	15~35	680	37	2540×2150×1800	6320
PF1210	1250	1000	250	<50	40~80	505	95	3810×5165×2670	15222

表 3-64 2PF 型反击式破碎机的技术性能（上重）

型　号	转子直径 /mm	转子长度 /mm	最大给料粒度 /mm	排料粒度 /mm	生产能力 /t·h⁻¹	转子速度 /r·min⁻¹		电动机功率 /kW		外形尺寸（长×宽×高）/mm×mm×mm	质量 /kg
						第一转子	第二转子	第三转子	第四转子		
2PF1010	1000	1000	450	20	50~70	574	880	55	75	4364×3432×3200	22325
2PF1212	1250	1250	850	25	100~140	530	680	130	155	4945×5582×4030	53000

B 中重的 PF、2PF 型

中信重工是我国生产 PF 型和 2PF 型反击式破碎机的主要厂家。其反击式破碎机的性能如表 3-65 所示。

表 3-65 反击式破碎机的主要技术性能（中重）

型　号	转子直径 /mm	转子长度 /mm	给料口尺寸（长×宽）/mm×mm	最大给料粒度 /mm	排料粒度 /mm	处理能力 /t·h⁻¹	转子转速 /r·min⁻¹	电动机功率 /mm	最重件质量 /kg	主机质量 /kg	外形尺寸（长×宽×高）/mm×mm×mm
PP0504	500	400	430×300	100	20~0	4~10	960	7.5	792	1350	1305×996×1010
PF1007	1000	700	670×400	250	30~0	15~30	680	37	1526	5540	2170×2650×1850
PF1210	1250	1000	1020×530	250	50~0	40~80	475	95	3794	15250	3357×2255×2460
PF1416	1400	1600	1660×1080				545	155	7709	35473	3660×5507×3450
PF1614	1600	1400	1400×1080				228/326	155	16638	35631	3885×5232×3020
2PF1010	1000	1000	1000×1000	450	<20	50~70	456	55/75		22325	4364×3432×3200
2PF1212	1250	1250	1320×1000	850	20	80~150	547/765	130/155	8429	58000	5514×5290×5000
2PF1416	1400	1600	1660×1020				545	2×155	10683	54098	6480×5507×5070
2PF1820	1800	2000	2070×1040				438	2×280	5867	82998	8410×7350×5510

C 沈重的 PF、PP、2PF 型等

沈阳重工是我国生产反击式破碎机的主要厂家，现有 5 种产品。其技术性能如表 3-66 所示。

表 3-66 反击式破碎机的技术性能（沈重）

型号及规格		PF-M0705	PP-M0807	PF1007	2PF-S1212	PF-M1415
辊子直径/mm		750	850	1000	1250	1400
转子长度/mm		500	750	700	1250	1500
给料粒度/mm		<80	<100	200	<700	<300
排料粒度/mm		<3，占80%	0~40	0~30	0~20	<25
生产能力/t·h^{-1}		20	25	15~30	80~150	300
辊子转速/r·min^{-1}		740	650	670	$r_1=340$ $r_2=480$	740
主电动机	型号	Y200C-4	Y200L2-6	Y250M-6	JS137/136-8	JSQ158-8
	功率/kW	30	22	37	180/210	380
	转速/r·min^{-1}	1470	970	970	740	740
	电压/V	380	380	380	380	380
质量/t		2.66	3.14	6.58	54	13.2

D 山矿的 PF、2PF 型

山东矿机生产 4 个规格的 PF 型单转子反击式破碎机，可用于多种物料的破碎。其主要性能如表 3-67 所示。

表 3-67 PF 型单转子和双转子反击式破碎机的主要技术性能（山东矿机）

型号及规格	PF500×400	PF1000×700	PF1250×1000	PF750×700	2PF1010	2PF1212
转子直径/mm	500	1000	1250	750	1000	1250
转子长度/mm	400	700	1000	700	1000	1250
主轴速度/r·min^{-1}	960	450~900	475	475	第一转子574 第二转子880	第一转子530 第二转子680
最大给料块度/mm	100	200	250	250	450	850
出料粒度/mm	0~20	0~30	0~50	0~10	<20	<25
生产能力/t·h^{-1}	4~8	15~30	40~80	40~60		
主电动机功率/kW	Y160M-6 7.5	Y250M-6 37	JR125-8 95	Y250M-4 55	50~70	100~140
质量/kg	1350	6000	15250	3642	22325	53000

3.3.5.7 国内外新型反击式破碎机生产厂家

A 国外厂家

国外生产反击式破碎机破碎机较有代表性的厂家主要有德国 Hazemag、KHD、Krupp、Dragon 公司，日本川崎公司，美国 Cedarapids 公司（原 Lowa 公司），瑞典 Svedala 公司和西班牙 Rover 公司。

美国 Cedarapids 公司除了生产第二段破碎用的反击式破碎机外，还推出用于第一段破碎的大型反击式破碎机。它的处理量大了许多，其结构如图 3-56 所示。

最新一代山特维克反击式破碎机 IMPACTMASTER 的 P 和 S 系列，博采众长，适用于低磨蚀性岩石的破碎，具有进料粒度大、排料细和粒形方正的特点：

（1）平衡的转子具有坚硬的表面，采用高质量的钢制盘式结构，转动惯量大，适用于破碎一般反击破碎机所不能接受的坚硬岩石。

（2）独有的香蕉形锤头设计，强度更高，可翻转使用。在磨损周期内与物料的接触角保持不变，排料粒度特性稳定。

（3）P 系列和 S 系列的转子采用通用的结构、通用的锤头，可以互换。

（4）机体耐磨板采用通用的模块化设计，使大部分机体耐磨板可互换，还具有单一通用的反击板耐磨片。

（5）多数型号可选两段或三段反击板。

山特维克 P 型和 S 型反击式破碎机结构示意图分别如图 3-57 与图 3-58 所示。山特维克反击式破碎机外形如图 3-59 所示，其主要性能如表 3-68 所示。

图 3-56　Cedarapids 公司一段用反击式破碎机

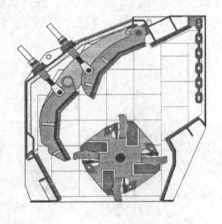

图 3-57　P 型反击式破碎机结构示意图

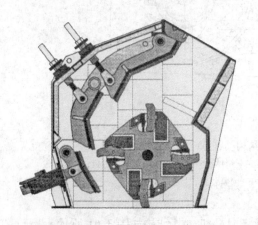

图 3-58　S 型反击式破碎机结构示意图

图 3-59　山特维克反击式破碎机的外形

表 3-68　山特维克反击式破碎机主要技术性能

型号及规格	P-220	P-300	P-400	P-500	P-600	P-800	P-1000	P-1300
最大给料尺寸/mm	600	900	900	1000	1000	1200	1300	1300
最大质量/kg	8100	12600	17000	20500	25000	41100	46200	52500
最大功率/kW	132	160	200	250	315	2×250	2×310	2×450
生产能力/t·h^{-1}	95~180	160~340	240~380	260~520	365~620	420~720	520~880	700~1030
型号及规格	S-100	S-150	S-200	S-250	S-300	S-400	S-500	S-650
最大给料尺寸/mm	350	350	400	400	400	450	450	450
最大质量/kg	7500	10300	12900	15800	19100	32000	35400	41000
最大功率/kW	132	160	200	250	300	2×250	2×315	2×450
生产能力/t·h^{-1}	80~150	120~220	160~300	200~380	250~460	400~580	500~720	650~950

B　国内厂家

（1）为适应行业对石骨料性能的要求，江苏盱眙鹏胜矿业机械公司推出三腔式反击整形破碎机（如图 3-60 所示），使产品粒度大幅度下降，打击板使用寿命提高，产品中的针片装物料含量大幅度降低，提高了石料的质量，满足了高等级公路建设和机场路面建设的需要。

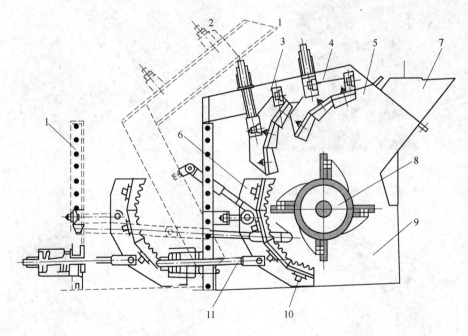

图 3-60　三腔反击破碎机的结构（江苏盱眙鹏胜）

1—开启机构；2—上调整部；3—上反击架；4—上箱体；5—粗中箱；6—下反击板；

7—斗嘴；8—转子部；9—下箱体；10—锁紧装置；11—下调整部

（2）郑州一帆机械设备有限公司也推出了此类破碎机。其结构如图 3-61 所示。

我国生产的一些新型的反击式破碎机的技术性能如表 3-69 所示。

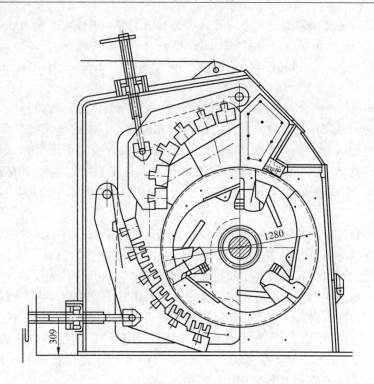

图 3-61　新型三腔反击破碎机的结构（郑州一帆机械）

表 3-69　国产反击式破碎机的技术性能

形　式	转子尺寸 /mm×mm	最大给矿 粒度/mm	排矿粒度 /mm	生产能力 /t·h⁻¹	电机功率 /kW	转子速度 /r·min⁻¹	质量/t
单转子	500×400	100	<20	4~10	7.5	960	1.35
	1000×700	250	<30	15~30	40	680	5.45
	1250×1000	250	<50	40~80	95	475	15.25
	1600×1400	500	<30	80~120	155	228, 326, 456	35.6
双转子	1250×1250	850	<20 (90%)	80~150	130, 150	第一转子 565 第二转子 765	58

3.3.5.8　反击式破碎机的发展方向

1924 年，德国首先研制出了单、双转子两种型号的反击式破碎机，那时破碎机的结构类似于现代鼠笼型破碎机，因为无论从结构上，还是从工作原理上分析，它都具备反击式破碎机的特点。由于物料需要反复冲击，破碎过程中可以自由无阻排料，但是由于受到给料力度和反击式破碎机的能力的限制，其机型逐渐转化为鼠笼型破碎机，应用于中硬以下物料的细碎。

到 1942 年，德国人 Andreson 在总结了鼠笼型破碎机的锤式破碎机的结构特性和工作原理基础上，发明了和现代反击式破碎机结构形式类似的 AP 系列反击式破碎机。得益于这种反击式破碎机的生产效率较高，可处理较大的物料，以及它在形式结构上较简单，移动方便，所以，这种反击式破碎机得到了迅速发展。伴随着破碎筛分破碎理论的日益完善和技术进步，各种各样高性能的反击式破碎机也层出不穷。国外生产反击式破碎机的厂家较知名有美国 Cedar（即 ids）公司（原 Iowa 机械公司）、瑞典 Svedala 公司、芬兰 Nordberg 公司、法国 Dragon 公司和西班牙 Rover 公司、德国 Hazemag、KHD、Krupp 公司、日本川崎重工等。

其中，西班牙 Rover 公司的反击式破碎机共有八个系列，近百种规格。其结构具有独到之处。据该公司专家介绍，中碎用硬岩反击式破碎机，打击板锤使用寿命可达 3~6 个月。另外，最近德国 Hazemag&EPR 公司的反击式破碎机，研制了新型的 HazemagSQ 型转子。该转子为开盘型，后部的固定板镶嵌在凹槽中。打击板可以从侧面或固定板上方插入，用楔块固定。打击板融合了 S 型打击板和 Q 型打击板的优点，可以调一次头使用，提高了利用率。

同时为了增强破碎机的机动性，还开发了轮胎式、履带式、移动式的破碎站，其中轮胎式的破碎机在美洲比较受欢迎，履带式在欧洲比较受欢迎。为提高我国公路建设质量，曾提出路面混凝土石料破碎站的科研项目，并列入国家"八五"攻关项目。该项目的试制设备在东北某工地使用中未成功。而用户改用硬岩反击式破碎机后，生产石料完全符合高速公路防滑路面混凝土要求。于是硬岩反击式破碎机声誉大振。据统计，在全国各省市的公路建设中，都已采用硬岩反击式破碎机作为路面石料备制设备，破碎抗压强度达 300MPa 的玄武岩、安山岩等坚硬物料，并达到 19.6mm 以下的级配石料。其针片状含量小于 10%。目前有 400 多台在各地使用，减少了设备进口。

随着反击式破碎机的优越性逐渐被人们所接受和认可，近年来国内也涌现出了一大批研发和生产反击式破碎机的知名厂家。郑州一帆机械作为快速发展中的破碎筛分机械生产厂家之一，在其产品中，PF 系列反击式破碎机是在吸收国内外先进技术的基础上，精心设计出的新产品。该系列设备可处理粒度不大于 500mm、抗压强度不超过 320 MPa 的物料（花岗岩、石灰石、混凝土等），反击式破碎机以其优异的性能和良好的表现，广泛应用于生产高等级公路、水电、人工砂石料、破碎、建筑等行业用石料的破碎。

PF 反击式破碎机的性能特点：

（1）破碎腔高，适用于物料硬度高、块度大，产品石粉少；
（2）反击板与板锤间隙可方便调节，有效控制出料粒度，颗粒形状好；
（3）结构紧凑，机器刚性强，转子具有大的转动惯量；
（4）高铬板锤，抗冲击、抗磨损、冲击力大；
（5）无键连接，检修方便，安全可靠；
（6）均整板结构使排料呈小粒径和立方体形，无内纹；
（7）硬岩破碎，高效节能；
（8）简化破碎流程；
（9）全液压开启，便于维修及更换易损件。

为了适应生产不断变化的需求，在未来的成长中，反击式破碎机的发展方向主要在以下几个方面：

第一，需要对现有的反击式破碎机结构进行改进，提高反击式破碎机对中硬矿石的破碎能力和设备维护的方便性，其主要集中在板锤、转子结构的改进，以便于板锤的更换和装卡；反击架（破碎腔型）的结构优化，提高矿石的一次破碎率和能量的利用率。

第二，研究开发具有高耐磨、高韧性的新型板锤材料，提高板锤的使用寿命，提高生产率。

第三，应用现代机电一体化技术和现代控制方法（如液压技术、电子技术），不断提高反击式破碎机的自动化程度，减轻工人的劳动强度，提高生产率。例如，应用现代计算机辅助设计优化反击架的结构参数，提高对能量的利用率和矿石的一次破碎率。

第四，为适应市场和客户的需要，反击式破碎机正向系列化、规格化、大型化发展，拓展应用领域，开发适用于城市矿产资源（废旧汽车等）的专用反击式破碎机。

第五，坚持技术创新，逐渐摆脱对产品的单一引进和模仿。研发具有自主知识产权的反击式破碎机。

3.3.6 辊式破碎机

辊式破碎机是 1806 年出现的，至今已有 200 余年的历史。它是一种最古老的破碎机。由于其结构简单、易于制造，特别是过粉碎少，能破碎黏湿物料，故被广泛用于中低硬度物料破碎作业。但是，由于辊式破碎机生产能力较低，设备质量大，破碎大块物料能力差，不适于破碎坚硬物料等，所以它的应用范围受到一定限制。但化工、煤炭、焦化等行业，由于对破碎后产品粒度、粒形和过粉碎现象要求很严，还必须使用辊式破碎机。

近年，随着生产建设的发展以及科技水平的不断提高，辊式破碎机在结构和破碎机理方面均有新的改进和发展，如分级式破碎机、辊压机等，使得辊式破碎机应用范围不断扩大，得到了快速的发展。为建材、煤炭、化工以及选矿等行业，创造了节能降耗的条件，并给企业带来了较高的效益。

3.3.6.1 辊式破碎机的分类及工作原理

A 分类

辊式破碎机按辊子数目分为有单辊、双辊、三辊和四辊破碎机；按辊面形状分为光面辊、齿面辊和槽形辊破碎机。光面辊式破碎机的破碎机理主要是压碎；而齿面辊式破碎机的碎矿机理主要是劈碎，二者均兼有研磨作用。前者适合于中等硬度矿石的中、细碎作业；后者适合于脆性和松软矿石的粗、中碎。

辊式破碎机的规格用辊子的直径 $D \times$ 长度 L 表示。

B 工作原理

（1）图 3-62 为单辊破碎机示意图。齿辊 4 外表面与悬挂在心轴 2 上的颚板 3 内侧曲面构成破碎腔，颚板下部有支承座 5。物料由进料斗进入破碎腔上部被顺时转动的齿辊咬住后带到破碎腔，间隙逐步减小的区域受挤压、冲击和劈裂作用而破碎，最后从底部推出。颚板内侧上的衬板可以是光面的、带沟槽的或带齿的。由于颚板是铰接在心轴 2 上，故它的角度可以调整，从而可以改变衬板与齿辊之间隙（排料口），达到调整产品粒度的目的。颚板可由弹簧支承。当非破碎物料进入破碎腔时，

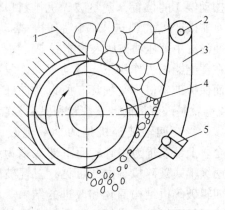

图 3-62 单辊破碎机示意图
1—进料斗；2—心轴；3—颚板；
4—齿辊；5—支承座

颚板向后退让，排出破碎物，因此起到保护破碎机的作用，它就是破碎保险装置。

（2）图 3-63 为双辊破碎机示意图。辊子 4 支承在活动轴承 7 上，辊子 2 支承在固定轴承 1 上。活动轴承 7 借助弹簧 5 被推向左侧挡块处。两辊子做相向转动，给入两辊子之间的物料受辊子与物料之间摩擦力的作用，随着辊子转动咬住进而被带入两辊之间的破碎腔内，受挤压破碎后从下部排出。两辊之间最小间隙为排料口宽度，破碎产品最大粒度由它的大小来决定。活动轴承 7 沿水平方向可以移动，当非破碎物料进入破碎腔时，辊子受力突增，辊子 2 和活动轴承 7 压迫弹簧 5 向右移动，使排料口间隙增加，非破碎物料排出机外，从而防止破碎机的轴承等机件受到损坏。因此，它是破碎机的保险装置。活动轴承 7 在弹簧力的作用下，向左方推进至挡块位置。当排料口宽度需要调节时，可以改变挡块位置，因而，它也是机器的调节装置。

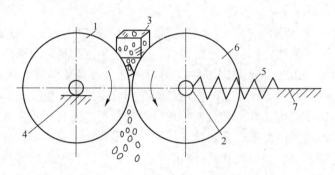

图 3-63　双辊破碎机示意图
1—固定轴承；2，4—辊子；3—物料；5—弹簧；6—机架；7—活动轴承

（3）图 3-64 为三辊破碎机示意图。辊子 1、2 的轴承为固定的，而摆动辊 3 为活动轴承并由杠杆机构 5 和油缸 4 来支撑。摆动辊 3 和辊子 2 组成初级破碎腔，摆动辊 3 和辊子 1 组成第二级破碎腔。物料给入初级破碎腔，经辊子 2 和摆动辊 3 的挤压、剪切和研磨，达到物料的粗碎要求，然后再通过下固定辊子 1 和摆动辊 3 的破碎，最终合格产品从下部排出。根据粒度要求，可借助杠杆和油缸改变摆动辊 3 的位置，调整破碎机排料口大小。当有非破碎的物料进入破碎腔时，摆动辊退让，使油缸中液压油被压入蓄能器中，物料排除后，在蓄能器压力作用下，摆动辊又恢复原位，从而保护破碎机不受损坏。所以，杠杆 5 和油缸 4 等就是破碎机的调整装置和保险装置。

（4）四辊破碎机是两个双辊破碎机的组合。上部双辊为粗碎，而下部双辊为终碎，为两级辊式破碎机。由此可见，三辊破碎机就是四辊破碎机结构简化和改进的结果。单辊破碎机就是双辊破碎机结构简化和改进的结果。若进一步分析，不难看出，单辊破碎机的优点是：机器的质量和占地面积较小；传动较简单；破

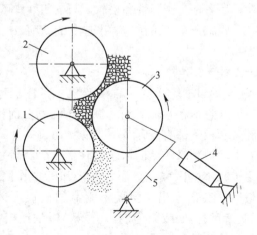

图 3-64　三辊破碎机示意图
1，2—轴承固定的辊子；3—摆动辊；
4—油缸；5—杠杆

碎腔深，啮角小，故破碎比较大；产生剪切作用，对于破碎某些有韧性的物料是很有利的。

辊式破碎机型号、规格示例：2PGC600×900，其中 P 为破碎机、2 为双辊、G 为辊式、C 为齿，辊径为600mm，辊长为900mm。全称：型号为双齿辊破碎机，规格为600mm×900mm。若是光辊，则将 C 改为 G，如 2PGG600×900；若是三辊、四辊，可将 2 改为3、4，单辊破碎机不标注1。

3.3.6.2 辊式破碎机的结构

就使用情况而言，我国使用最多的是双辊式破碎机。图 3-65 为双辊式破碎机的结构图。它结构比较简单，主要由机架、传动装置、破碎辊、调整装置和弹簧保险装置等部分组成。

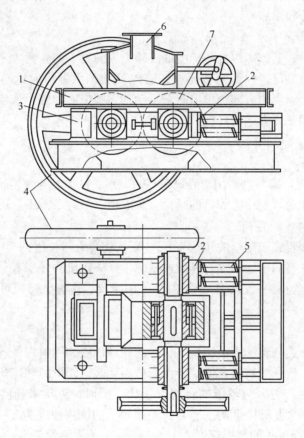

图 3-65　双辊破碎机的结构

1—机架；2—活动轴承；3—固定轴承；4—带轮；5—弹簧；6—给料部；7—辊子

A　机架

辊式破碎机的机架一般由铸铁铸造而成，也采用型钢焊制或者螺栓连接而成，均要求机架结构结实。

B　破碎辊

平行装置在水平轴上的两个相向旋转的辊子即为破碎辊，它是破碎机的工作机构。其中一个辊子的轴承是可动的，另一个则是固定的。破碎辊由辊面、轴毂、锥形弧铁及主轴等构成。辊面则用高锰钢或其他耐磨材料制成，利用螺母等零件固定。

C　传动装置

破碎机的两个辊子分别由一台电动机通过带轮带动并使之做相向旋转。由于活动轴承发生移动时，带轮的张力将随之波动，所以通常把电机放置在活动轴承的下方，使活动轴承移动的方向垂直于带轮和电机中心连线的方向，则可减少皮带张力的波动。

D　调整装置

破碎机的两个破碎辊之间的间隙大小（即排料口的尺寸）是通过增减两个破碎辊轴承之间的垫片数量来控制的。活动轴承 2 靠弹簧 5 的压力推向左方的固定轴承。在正常情况下，弹簧力足以克服矿石所需的破碎力。对于不同的矿石，可用弹簧盖上的螺母调节弹簧力的大小来满足破碎要求。

E　弹簧保险装置

在破碎机工作时，其破碎辊之间产生的破碎力靠弹簧 5 的张紧力来平衡。而且，当破碎机过载时，破碎力剧增，弹簧则被压缩，破碎可动轴承做横向运动，排料口的宽度变大，非破碎物可排出。当非破碎物排出时，可动轴承则借助弹簧力恢复到原状，破碎机可继续工作，也可利用液压方式进行调节。

3.3.6.3　辊式破碎机的主要参数

A　啮角

以双辊式（光面）破碎机为例，假设矿石为球形，从矿石与两辊子的接触点分别引切线，两切线的夹角即为双辊式破碎机的啮角。其取值一般为 33°40′ ~ 38°40′。

B　给料粒度和转子直径

一般来说，光面辊式破碎机的转子直径应等于最大给料粒度的 20 倍左右。这种类型的破碎机通常用于矿石的中、细碎。齿面或槽面辊式破碎机的转子直径和给料粒度的比值要比光面破碎机小，齿面一般取 2 ~ 6；槽面取 10 ~ 12。这类破碎机可用于石灰石或煤的粗碎。

C　辊子转速

破碎机的辊子转速与辊子表面特性、物料的物理性质和给料粒度等因素有关。给料粒度愈大，矿石愈硬，辊子的转速愈低。齿面或槽面辊式破碎机的转速比光面辊式破碎机要低。由于破碎机的生产能力随辊子的转速成正比，所以，近年来趋向选用高转速的破碎机。不过，转速的增大是有限度的。通常，光面辊子的圆周速度为 2 ~ 7.7m/s，其限值为 11.5m/s；齿面或槽面辊子的圆周速度为 1.5 ~ 9m/s，其限值为 7.5m/s。

D　生产率

辊式破碎机的生产率可按下式计算：

$$Q = 188.4eLDn\mu\delta \tag{3-22}$$

式中　e——排料口宽度，m；

　　　L——辊子长度，m；

　　　D——辊子直径，m；

　　　n——辊子转速，r/min；

　　　μ——矿石的松散系数，对中硬矿石，$\mu = 0.2 ~ 0.3$；对潮湿矿石和黏性矿石，$\mu =$

0.4~0.6；

δ——矿石的松散密度，t/m^3。

当破碎坚硬矿石时，其生产率可按上式计算结果增大25%来考虑。

E 电动机功率

光面辊式破碎机（处理中硬以下的矿石）的电动机功率 P 可按经验公式计算：

$$P = \frac{(100 \sim 110)Q}{0.735en} \qquad (3-23)$$

式中 Q——生产率，t/h；

e——料口宽度，cm；

n——辊子转速，r/min。

齿面辊式破碎机的电动机功率可按下式计算：

$$P = KLDn \qquad (3-24)$$

式中 K——系数，碎煤时，$K = 0.85$；

L——辊子长度，m；

D——辊子直径，m；

n——辊子转速，r/min。

3.3.6.4 辊式破碎机的操作与维护

辊式破碎机不得长期堆放在不通风、易生锈的场合。辊式破碎机可安装在混凝土基础上或安装在建筑物的楼板上。为了更好地承受机器工作时所产生的不均匀力，在底架下安置木条，使整台机器与木条贴合，遇到钢板焊接处，把木条在此位置铲低些，使木条能与焊缝处的型钢也能贴合，木条根数及一般断面可在辊式破碎机的布置图上找到，也可依据安装的具体情况来选择。

为了保证辊式破碎机的最大产量，加料必须连续均匀分布于辊子的全长上，应定期检查出料口是否有堵塞现象，并在电动机停止工作前先停止给料，当料块完全落下、辊子变为空转时，方可停电动机。

如果沿辊子长度方向给料不均匀，辊面不仅磨损较快，而且各点磨损不均，将出现环形沟槽，使正常的破碎工作受到破坏，破碎产品的粒度不均匀。因此，除用于粗碎的辊式破碎机外，中、细碎辊式破碎机通常设有给料机，以保证给料连续、均匀，而且给料机的长度与辊子长度相等，使给料沿辊子长度方向均匀一致。

辊式破碎机的合理保养及正确的操作使用，可以保持长期连续工作，减少停车时间。只有正常的管理及每天注意检查辊式破碎机的工作情况，才能防止故障，保证其连续工作。为此，操作人员应注意下列事项：

（1）注意各部件螺栓紧固情况，如发现松动应立即拧紧；

（2）工作前必须先开动辊式破碎机，待转速正常后，再向机内送料，停车时程序相反；

（3）定期检查出料口情况，如发现有堵塞，应立即清除；

（4）注意检查易磨损件的磨损程度，随时注意更换被磨损的零件；

（5）机器不应产生过负荷，应随时注意电气仪表；

（6）轴承加油要及时，轴承内不得有漏油之处；

（7）应控制轴承温度，温升不得高于周围空气温度 25～30℃；

（8）放活动装置的底架平面，应除去灰尘等物料，以免辊式破碎机遇到非破碎物料时，活动轴承不能在底架上移动，以致发生严重事故。

辊式破碎机在运转时需要对辊面经常进行维修，光面辊式破碎机有时在机架上装有砂轮，当辊面磨出凹坑或沟槽时，可以不拆掉辊面而在机器上对辊面进行磨削修复。齿面辊式破碎机的齿板或齿环是可以更换或调头使用的。在齿牙磨损至一定程度后，必须更换或修复，否则会导致破碎产品粒度不均匀、功耗增加、生产量下降等。有的机器上还装有堆焊装置，可直接在机器上进行修复。有的光面辊式破碎机附有辊子自动轴向往复移动装置，使辊面磨损均匀。

辊面磨损后，排料口宽度增加，需要对活动辊进行调节（单辊破碎机则调节颚板）。调节时需要注意保持两个辊子互相平行，防止歪斜。

为了保证破碎机正常工作，需要经常检查轴承的润滑情况。滑动轴承常采用油杯加油或定期由人工注入稀油，滚动轴承则定期注油，进行润滑和密封。辊式破碎机的注油处有传动轴承、辊子轴的轴承、所有齿轮、活动轴承滑动平面。

3.3.6.5　国内部分厂家生产的辊式破碎机的技术性能

辊式破碎机由于结构简单、工作可靠、成本低廉，特别是过粉碎较少，因而适合于烧结矿、煤矿等中等硬度以下的脆性物料的破碎。目前，我国主要生产双光辊、双齿辊、四光辊和四齿辊破碎机，规格有 10 种左右。

（1）中信重工生产双光辊、双齿辊和四齿辊破碎机，规格品种较多。其技术性能分别如表 3-70 与表 3-71 所示。

表 3-70　双辊破碎机的技术性能（中重）

类　型	型　号	辊子尺寸（直径×长度）/mm×mm	最大给料粒度/mm	排料粒度/mm	处理能力/t·h^{-1}	辊子转速/r·min^{-1}	电机功率/kW	最重件质量/kg	外形尺寸（长×宽×高）/mm×mm×mm	质量/kg
双光辊	2PG-300	300×300	20	0～6.5		60	2.2	120	900×1020×762	543
	2PG-400	400×250	20～32	2～3	5～10	200	11	167.5	1430×1463×816	1300
	2PG-600	600×400	36～78	2～9	4～15	120	2×11	—	1785×2365×1415	2550
	2PG-750	750×500	40	—	3.4	50	30	605.2	3889×2865×1145	9162
双齿辊	2PGC450	450×600	200	0～100	20～55	64	8/11		2260×2206×766	3765
	2PC-600	600×750	600	0～125	60～125	50	20/22	—	2780×3165×1392	6712
	2PGC-900	900×900	800	0～125	125～180	37.5	30		4200×3205×1895	13270

表 3-71　四齿辊破碎机技术性能（中重）

齿辊直径/mm		齿辊长度/mm	齿辊转速/r·min^{-1}		最大给料粒度/mm	排料粒度/mm	产量/t·h^{-1}	电机功率/kW	外形尺寸（长×宽×高）/mm×mm×mm	质量/t
上齿	下齿		上齿	下齿						
380	350	1000	300	360	400	50	50～200	55	3590×3010×1570	8

（2）沈阳重型机械厂生产双光辊和四辊破碎机。其技术性能如表3-72与表3-73所示。

表3-72 双光辊破碎机的技术性能（沈重）

型号及规格	辊子（尺寸）/mm			给料粒度/mm	生产能力/t·h⁻¹	主电动机				外形尺寸（长×宽×高）/mm×mm×mm	质量/t
	直径	长度	间隙			型号	功率/kW	转速/r·min⁻¹	电压/V		
2PGG-Y1210	1200	1000	2~12	40	15~90	Y280M-8	2×45	740	380	7.5×5.1×2.0	46.1
2PGG-T1210	1200	1000	2~12	40	15~90	Y280M-8	2×45	740	380	7.5×4.8×2.0	45.4

表3-73 四辊破碎机的技术性能（沈重）

型号及规格	辊子（尺寸）/mm			给料粒度/mm	生产能力/t·h⁻¹	主电动机				外形尺寸（长×宽×高）/mm×mm×mm	质量/t
	直径	长度	间隙			型号	功率/kW	转速/r·min⁻¹	电压/V		
4PGG-Y0907	900	700	10~40 2~10	40~100	16~18	YD250M-12/6 Y225M-6	15/24 30	490/985 980	380	9×4.2 ×3.2	27.7
4PGG-T0907	900	700	10~40 2~10	40~100	16~18	Y225M-6 JD03-12/6	30 14/22	980 480/960	380	4.2×3.2 ×3.2	26
4PGG-Y1210	1200	1000	4~10 3~8	20~30	35~55	YD280S-8/4 Y315S-6	40/55 75	740/1480 980	380	9.61×5.6 ×4.24	67

（3）山东矿机生产双光辊和双齿辊破碎机，分别有2个和7个规格。其技术性能指标分别如表3-74与表3-75所示。

表3-74 双光辊破碎机的技术参数（山矿）

型号及规格	辊子直径/mm	辊子长度/mm	辊子转速/r·min⁻¹	最大给料粒度/mm	排料粒度/mm	生产能力/t·h⁻¹	电动机		外形尺寸（长×宽×高）/mm×mm×mm	质量/t
							型号	功率/kW		
2PG400×250	400	250	200	32	0~8	5~10	Y160L-6	11	1450×1250×830	1.1
2PG610×400	610	400	75	85	0~30	13~40	Y225M-6	30	3345×1700×815	3.7

表3-75 2PGC系列双齿辊破碎机的技术参数（山矿）

型号及规格	入料粒度/mm	出料粒度/mm	产量/t·h⁻¹	电动机功率/kW	转子速度/r·min⁻¹	质量/t
φ450×500	0~100	0~25	20	11	64	3.2
	0~200	0~50	35			
		0~75	45			
		0~100	55			
φ600×750	0~300	0~50	60	22	50	6.95
		0~75	80			
	0~600	0~100	100			
		0~125	125			

续表 3-75

型号及规格	入料粒度/mm	出料粒度/mm	产量/t·h⁻¹	电动机功率/kW	转子速度/r·min⁻¹	质量/t
φ900×900	0~800	0~100	125	30	37.5	13.27
		0~125	150			
		0~150	180			
φ900×900（非标）	0~800	0~110	250	55	65.5	12.603
φ500×1500	0~300	0~50	200~350	2×37	48	12.2
φ1000×1500	200	50	200	75	主动辊60 从动辊50	26.533
φ625×3020	≤300	50	400	2×160	78	23.8

我国还有其他设备厂家生产的破碎机，与上述的规格、型号大同小异，这里不一一列举。

3.3.6.6　国内外新型的辊式破碎机

进入 21 世纪，世界上和我国一些著名的破碎机制造厂家推出了不同规格的新型辊式破碎机，如齿辊式破碎机、辊压机、高效三辊式破碎机等。

A　齿辊式

对于齿辊式破碎机，美国的 Ponnsylvania、Mclananhan，德国的 Krupp，丹麦的 Smith，澳大利亚的 Abon 和北京跨新粉体工程科技有限公司、莱芜煤矿机械厂、郑州长城冶金机械厂等厂家都能生产，中冶长天等设计院还能制造烧结用单齿辊破碎机。其中 KX 系列的齿辊式破碎机的技术性能如表 3-76 所示。

表 3-76　KX 系列齿辊式破碎机技术性能

型号及规格	破碎物料	入料粒度/mm	出料粒度/mm	生产能力/t·h⁻¹	形式	破碎齿形式	驱动方式	功率/kW	质量/kg
2PG-500	煤、石灰石、页岩	250~300	75~45	500~800	双辊多齿板	弓形齿板	双驱动	2110	14000
2PG-625	煤、石灰石、页岩	300~500	55~120	800~1200	双辊多盘，每盘4齿	弓形齿板，齿冠	双驱动	2160	19000
2PG-850	煤、石灰石、页岩	800~1000	250~300	3500	双辊，每盘8齿，每盘3齿	带冠，带锥齿	单驱动	400	47000
2PG-1000	煤、页岩	1500	300	2000	双辊，每盘3齿，6盘	齿冠	电动加减速器	336	59000

B 辊压式

最近，英国 MMD 公司在瑞士阿尔卑斯山隧道工程中提供 3 台 750 型齿辊破碎机，破碎坚硬的花岗岩，效果良好。MMD 型破碎机对黏土、石膏等矿物的破碎更加适用，不存在堵塞排料口的问题。此外，除了大量应用于矿物原料的破碎加工外，还可以用来加工煤、城市废料、垃圾等难碎物料。其技术性能如表 3-77 所示。

表 3-77 MMD 型齿辊式破碎机技术性能

项 目		500 系列		625 系列		750 系列		1000 系列	1250 系列	1500 系列
		粗碎	细碎	粗碎	细碎	粗碎	细碎	粗碎	粗碎	粗碎
最大给料尺寸/mm	三齿	665	250	830	300	1000	350	1330	1650	2000
	四齿以上	500		625		750		1000	1300	1500
最大排料尺寸/mm		150~250	25~50	175~350	60~100	175~350	75~125	200~300	200~350	250~400
生产能力/t·h⁻¹		150~1000	100~300	300~2000	200~6000	500~2000	300~800	600~2500	1000~6000	4000~14000
功率/kW		100~150		2×150		300		2×224	2×373	2×515
箱型		短	标	长	短	标	长	短	标	长	标	长	短	标	短	标
外形尺寸/mm	L	3860	4530	5200	4260	5275	6280	6005	6675	7460	5791	6791	6970	7770	8865	10625
	W	1590	1590	1590	2260	2260	2260	2330	2330	2330	2605	2605	3490	3490	4050	4050
	H	671	671	671	800	800	800	1083	1083	1075	1073	1073	1510	1510	1780	1780
破碎腔尺寸/mm	A	681	1352	1020	1020	2020	3020	1360	2030	3030	2030	3030	2026	2830	3257	4184
	B	1060	1060	1060	1500	1500	1500	1800	1800	1800	2050	2050	2760	2760	3190	3190
中心距 s/mm		500		625		750		1000	1250	1500
质量/t		7.75~12.5		13.5~15.3		32~50		55	50~70	112~132

C 高效三辊式

洛阳矿山机械工程设计院继在国内首次成功开发大颗粒化工用破碎机和摆式辊磨机后，同湖北宜化化工股份有限公司合作，共同研发了 3PG-140/60 高效三辊式破碎机，首次实现了国内化设计和生产。

其破碎机主要性能如表 3-78 所示。

表 3-78 高效辊式破碎机主要技术性能

型号及规格	双辊	三辊	四辊
	2PG-1200×1000	3PG-140/60	4PG-900×700
给料粒度/mm	<40	≥40	40
排料粒度/mm	2	1~4	2
生产能力/m³·h⁻¹	10	50	10
装机功率/kW	37+37	37+75	30+12/4
自动化程度	低	高	低
质量/kg	46820	19100	28700

3.3.6.7　辊式破碎机的发展方向

辊式破碎机发展到今天，技术已经相当成熟。它的应用为建材、煤炭、化工以及选矿等行业创造了节能降耗的条件，并给企业带来了高的效益。但辊式破碎机的发展也存在一些问题，具体表现在：

（1）在行业内，辊式破碎机低水平重复建设太多，大而全、小而全现象普遍存在，应变能力不强，国内的大部分生产厂家规模都很小，且大多生产同类设备，在市场上进行低价恶性竞争，而一旦遇到市场要求变动，又无法及时转型，因而极易被市场所淘汰。

（2）辊式破碎机的研制是一个复杂的系统工程，需要有雄厚的技术力量、精密的生产工艺等，而目前我国在这方面的投入甚少，行业内的产品生产与基础研究经费的投入比例严重失调，生产厂家不愿投入资金进行基础研究。可以说，辊式破碎机的研发力量薄弱与经费严重不足，造成了技术含量低下，无法与国外同类产品竞争，且只能靠低价维持其市场竞争力，而无法长期占领市场的现状。

目前国内辊式破碎机的发展状况：

（1）在适应性方面，国产辊式破碎机的功能比较单一，适应面也比较窄，辊式破碎机的形状与体积等均有较严格的规定，一般只适用于一两种破碎机，而国内生产企业所生产的破碎机的规格各异，产量也不同，这就给相关工作带来了一定的困难。而国外破碎机生产厂商特别注重这方面的问题，他们所生产的设备功能更加灵活多变，应用范围也更广泛。

（2）在质量方面，由于辊式破碎机是较为复杂的机械，它集机、电、气、光和其他技术于一体，而目前国内辊式破碎机制造厂无论是产品的最初设计水平，还是后来的加工装配水平，与国外同行相比差距都不小，无法生产出真正有竞争力的产品。

（3）在工作效率方面，由于国产破碎机的运行速度大多在中低档水平，且自动化程度一般，其生产效率自然不如以高档产品著称的国外同类产品，这就等于无形中增加了企业的成本，降低了企业的利润，造成了极大的浪费。总之，目前国产破碎机还存在适应物种单一、规格尺寸变化范围小、生产速度普遍停留在中低速水平等不完善的问题。

（4）在运行可靠性方面，国产辊式破碎机也需进一步提高水平。

3.3.7　高压辊磨机

高压辊磨机（high-pressure grinding rolls，HPGR），又称辊压机和挤压磨，是以层压粉碎原理工作的高效节能粉碎设备。1984 年高压辊磨机开发成功，1985 年世界第一台高压辊磨机用于水泥行业，1988 年在南非 Premier 金刚石矿应用，至今已有 500 多台高压辊磨机广泛应用于水泥生熟料、石灰石、高炉炉渣、煤及各类非金属矿物的粉碎，以及铁矿石、锰矿石、冶金球团、有色金属矿及各类金属矿的"多碎少磨"和"以碎代磨"，以提高物料的粉碎效率。目前基于磨矿作业能量利用率低、能耗高的情况，"多碎少磨"已成为世界粉碎工程界改善碎矿、磨矿过程和提高综合技术经济指标的重要措施。

3.3.7.1　高压辊磨机的粉碎原理

层压粉碎原理是 20 世纪 70 年代末由德国的舍纳特（K. Schonert）教授提出的，目前已成为国内外节能粉碎设备研制和改造的指导性理论。层压粉碎原理是指大量物料颗粒受到高压的空间约束而集聚在一起，在强大外力作用下互相接触、挤压所形成的群体粉碎；

在有限空间内压力不断增加，使颗粒间的空隙越来越小，直至颗粒间可以相互传递应力；当应力强度达到颗粒压碎强度时，颗粒破碎。其传递效率高于单纯压力、冲击力和剪切力，也比压碎、磨碎、劈裂和击碎等外力作用下的粉碎效果好。高压辊磨机就是以层压粉碎理论为基础开发出的新型粉碎设备，其工作原理见图3-66。

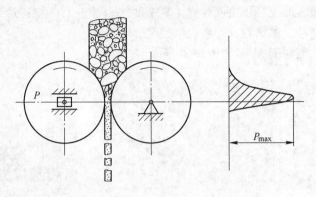

图3-66　高压辊磨机的工作原理

高压辊磨机的粉碎特征是高压、慢速、满料、料层层压粉碎。在高压研磨力的作用下，物料床受到挤压，受压物料变成了密实但充满裂缝的扁平料片，这些料片机械强度很低，含有大量的细粉，甚至用手指就可碾碎。

3.3.7.2　高压辊磨机的结构

高压辊磨机的结构形式，因制造厂家不同而异，但其结构原理基本相似。高压辊磨机结构主要由给料系统、工作辊（一个定辊、一个动辊）、传动系统（主电机、减速机、皮带轮、齿轮轴）、液压系统、机架、横向防漏装置、排料装置、控制系统等部分组成，见图3-67。

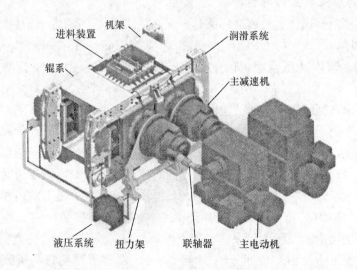

图3-67　高压辊磨机外形结构

高压辊磨机的工作部件是一对平行排列相向转动的辊子，其中固定辊的辊轴位置固定，动辊的辊轴可在水平滑道上移动。极高的工作压力来自作用于滑动辊轴上的液压系统。高压辊磨机的给料，通过可调节开口大小的给料器进入高压辊磨机两辊之间的破碎腔（该料流空间上下连续、贯通，可实现 3m 以上的料柱，确保形成足够的给矿压力），挤满破碎腔的物料，在辊子的相向转动和料柱重力的双重作用下，强制进入不断压缩的空间，并被压实，颗粒床被压缩至容积密度为固体真密度的 85% 左右。物料达到一定压力时遭到粉碎，产生大量的细粒、微细粒及颗粒内微裂纹。

高压辊磨机的辊面如图 3-68 和图 3-69 所示。

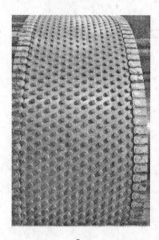 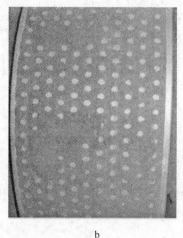 

a　　　　　　　　　　　　　b

图 3-68　高压辊磨机的辊面　　　　　　　　　　图 3-69　堆焊辊面
a—成都利君的硬质合金柱钉辊面；b—辊面夹料图

3.3.7.3　高压辊磨机的典型产品

目前国外主要的高压辊磨机制造厂家有 3 家，总部均位于德国，即蒂森克虏伯集团的珀利休斯（Polysius）公司、KHD 洪堡威达克（Humboldt-wedag）公司和魁伯恩（Köppern）公司。国内高压辊磨机的生产厂家有成都利君、中信重工和合肥水泥研究院等。

国外制造厂家在高压辊磨机的结构设计上并没有根本性的区别，区别在于设计理念有所不同。珀利休斯公司倾向于采用比较大的径长比，采用的是增大辊径而保持较小辊宽的做法（例如目前的一种产品为：直径 2.4m，长度 1.6m），而 KHD 和魁伯恩公司则采用较小的径长比。高径长比的辊磨机具有较大的辊面间隙，产品的粒度因受边缘效应的影响而较粗，然而边缘效应的影响相对较小。低的径长比在压缩区域的压力峰值相对要高，因此细粒级含量较多。KHD 公司的辊面采用其获得专利注册的柱钉自生式衬板，嵌钉直接在辊面抵抗磨损，平均洛氏硬度为 65～67，辊面耐磨性好，使用寿命长。魁伯恩公司的辊面采用自行开发的粉末冶金耐磨辊面与辊体合为一体，克服了原柱钉易折断、难修复的弱点，并具备自我修补能力，在改善辊面强度和耐磨性的同时，提高了作业率，降低了钢耗。

KHD 生产的辊压机主要技术指标如表 3-79 所示。

表 3-79 KHD 公司的辊压机主要技术指标

辊径×辊宽 /mm×mm	给料	给料 水分 /%	给料粒度 /mm	产品粒度 /mm	通过量 /t·h^{-1}	单位能耗 /kW·h·t^{-1}	单位 压力 /MPa	电动机容量 /kW	柱钉 辊面使用 寿命/h
1700×1800	粗粒 铁矿石	<3	−38mm 占80%	<63.5mm 占55%~75%	≤2000	<1.4	3.2	2×1837.5	14600

美国 Empire iron ore Mine 生产的辊压机技术指标如表 3-80 所示。

表 3-80 Empire iron ore Mine 公司的辊压机主要技术指标

辊径×辊宽 /mm×mm	给料	给料 水分 /%	给料粒度 /mm	产品粒度 /mm	通过量 /t·h^{-1}	单位能耗 /kW·h·t^{-1}	单位 压力 /MPa	电动机容量 /kW	柱钉 辊面使用 寿命/h
1400×1800	铁矿石中 的顽石	3	≤63.5	<2.5mm 占50%	400	<1.7	5.1	2×670	10800

巴西 CVRD 公司生产的辊压机主要技术指标如表 3-81 所示。

表 3-81 巴西 CVRD 公司的辊压机主要技术指标

辊径×辊宽 /mm×mm	给料	给料 水分 /%	最大给料 比表面积 /cm^2·g^{-1}	比表面积 增加值 /cm^2·g^{-1}	通过量 /t·h^{-1}	单位能耗 /kW·h·t^{-1}	单位 压力 /MPa	电动机容量 /kW	柱钉 辊面使用 寿命/h
1400×1600	铁矿石	8.5	500	900	715	<2.4	3	2×1750	10800
1400×1400	球磨机 磨碎后的 铁矿石	8.6	1	>300	600	<2.8	3	2×1500	14000

国内成都利君公司生产的高压辊磨机的宽径比为 0.3~0.8,大辊径、小辊宽,可快速更换改性柱钉及采用辊侧防磨损技术。中信重工高压辊采用高耐磨、复合型、硬质合金柱钉式辊面,显著提高了关键部件的使用寿命和作业效率。合肥水泥研究院研制的辊压机,采用恒压力的设计理念及独特的结构设计,先进的辊套结构及焊接材料工艺,提高辊面寿命。

成都利君实业有限公司生产的 CLM 系列高压辊磨机,主要特点有以下几个方面:

(1) 自生耐磨保护技术,辊面在使用过程中形成自生耐磨保护层;

(2) 耐压强度不小于 2000MPa,一次使用寿命在 20000h 以上,在线维护,操作简单,时间短,成本低,辊套可更换;

(3) 采用航空液压技术,德国 REXROTH、HYDAC 公司作为 OEM 商提供技术支持和制造;

(4) 系列稳定可靠,可实现主电机过负荷控制、两辊左右间隙偏差控制及自纠偏;

(5) 基于集散模糊控制原理,并集成世界著名供应商配套元件专用的自动控制系统;

（6）实现全自动化、就地或远程控制，设备简单，运行可靠、稳定；

（7）采用专业的三维动态设计软件进行整体优化设计，对各个关键件进行有限元分析。

成都利君实业股份公司制造的高压辊磨机的规格、型号及技术参数见表3-82。

表3-82　CLM 系列高压辊磨机的技术参数

型号及规格		CLM120-40	CLM140-40	CLM140-65	CLM140-80	CLM170-80	CLM170-100	CLM170-120	CLM180-120	CLM200-120
辊子直径/宽度/mm		1200/400	1400/400	1400/650	1400/800	1700/800	1700/1000	1700/1200	1800/1200	2000/1200
铁精粉	物料通过量/t·h⁻¹	105~183	155~247	251~401	309~494	376~733	470~916	564~1099	718~1234	840~1623
	一次通过产品细度	比表面积增加 350~750cm²/g								
	入料水分/%	≤12								
	入料温度/℃	≤100								
最大配套电机功率/kW		680	800	1300	1580	2170	2720	3250	3380	3970

3.3.7.4　高压辊磨机的应用

高压辊磨机最适合处理低、中磨蚀性的硬而碎的矿石。目前国内的各大中型水泥企业，大都采用国产的高压辊磨机设备，并取得了很好的经济效益和社会效益。

近年来，经过对高压辊磨机辊面、轴承的创新和改进，其使用寿命不断提高，已完全具备粉碎坚硬金属矿石的能力，研制与使用技术已相当成熟，并逐步朝大型化、自动化方向发展。长期生产实践表明：高压辊磨机具有生产能力大、产品粒度细、能量有效利用率高、占地面积小、能提高磨矿处理能力以及降低磨机能耗和钢耗、改善选别指标等优点，是金属矿石中细碎及超细碎的理想设备。高压辊磨机在矿物加工、矿石破碎流程中主要有预处理铁精矿增加比表面积、取代第三段破碎设备、用于第四段破碎以及完善自磨流程等几种应用，并且有在金属矿山扩大应用的趋势。

我国武钢程潮铁矿球团厂于2004年引进了第一台德国（KHD）洪堡威达克公司的RP-P3.6-120/50B 高压辊磨机，在烧结厂的磨细铁精粉制备球团给料生产中，给料量为170~200t/h，水分为6.0%~7.0%，使铁精矿比表面积平均提高了4.02cm²/g，提高了原料的成球性能。随后武钢鄂州球团厂、柳钢公司球团厂、昆钢公司球团厂、邯郸钢铁公司烧结厂、沙钢烧结厂等都先后从德国引进不同型号的价格昂贵的高压辊磨机，用于磨碎铁矿石球团给料生产。2003年中信重机公司与杭钢合作，共同研制开发磨碎铁矿石球团给料用的高压辊磨机设备，在2005年生产出国内第一台冶金用的高压辊磨机。几年的生产实践证明，其技术性能等各项指标基本达到了国外引进产品的水平，目前国产的高压辊磨机应用于国内许多球团厂，如冷水江烧结厂、天津荣程钢铁厂和长治钢铁烧结厂等。

马钢南山矿业公司凹山选厂 RP630/17-1400 高压辊磨机用于细碎铁矿石。其主要工艺参数见表3-83，工艺流程见图3-70。

表 3-83 RP630/17-1400 高压辊磨机的主要工艺技术参数

直径×辊长/m×m	配用电机功率/kW	正常辊面线速度/m·s⁻¹	新给料量/t·h⁻¹	工作压力/MPa
1.7×1.4	1450×2	1.0~2.0	≥821	3.5~4.5
通过量/t·h⁻¹	给矿 −3mm 含量/%	产品 −3mm 含量/%	能耗/kW·h·t⁻¹	辊面寿命/h
≥1305	40	≥70	≤27	>10000

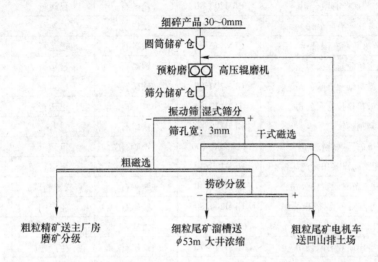

图 3-70 马钢南山矿业凹山选厂的高压辊磨机的工艺流程

自 2006 年投产以来，由于设备性能优越，产品质量、产量及成本等均取得了很好的效果。陕西金堆城钼业公司百花岭选矿厂的 500/15-1000、司家营矿业公司铁矿选矿厂、山东黄金集团三山岛金矿选矿厂以及马钢和尚桥铁矿选矿厂的 RP15-1500 和霍邱张庄铁矿选矿厂等，也都先后从德国引进不同型号的高压辊磨机。

攀枝花立宇矿业应用 1 台 CLM200/80 高压辊磨机，采用边料循环工艺，破碎系统处理量达 860t/h，给料粒度 P_{80} <60mm，产品细度 −5mm 占 70%，球磨机产量提高 40% 以上，比原系统节电 30% 以上；攀枝花乾维矿业应用 1 台 CLM140/30 高压辊磨机，开路破碎处理量 160t/h，给料粒度 −60mm 占 80%，产品粒度 P_{85} <3mm，球磨机产量提高 200% 以上，比原系统节电 50% 以上；攀枝花丰源矿业应用 1 台 CLM200/80 高压辊磨机，采用闭路筛分工艺，破碎系统处理量 850t/h，给矿粒度 −60mm 占 82%，产品粒度 −5mm 达 75%，球磨机产量提高 45%，比原系统节电 30% 以上。

中钢集团安徽天源的 GM150 型、GM100 型金属矿用高压辊磨机分别在重钢集团西昌矿业有限公司和云南华联锌铟股份有限公司应用，如图 3-71 所示。

图 3-71 重钢集团西昌矿业有限公司的高压辊磨机现场

成都利君实业股份有限公司部分应用实例见表 3-84。

表 3-84　高压辊磨机部分应用实例

企业名称	型号及规格	矿石类别	状态	数量/台
四川安宁铁钛股份有限公司	CLM200/80	铁矿石	已运行	1
冕宁县茂源稀土集团有限公司	CLM52/25	稀土	已运行	1
攀枝花市丰源矿业有限公司	CLM200/80	铁矿石	已运行	1
攀枝花东方钛业有限公司	CLM52/25	钛白粉	已运行	1
攀枝花市乾维矿业有限公司	CLM140/30	铁矿石	已运行	1
攀枝花立宇矿业有限公司	CLM200/80	铁矿石	已运行	1
攀钢集团西昌新钢业有限公司	CLM200/60	铁矿石	已运行	1
济源市国泰微粉科技有限公司	CLM140/65	矿渣	已运行	1
辽宁本溪鹏达铁矿厂	CLM170/40	铁矿石	调试	1
山西原平市白石联营铁矿	CLM200/100	铁矿石	已运行	1
山西金谷源实业集团岚县田野选矿厂	CLM170/40	铁矿石	已运行	1
攀枝花市文发工贸有限责任公司	CLM140/30	铁矿石	安装调试	1
攀枝花谷田科技矿业有限责任公司	CLM200/80	铁矿石	生产中	1
攀枝花中禾矿业有限公司	CLM200/120	铁矿石	生产中	1
攀枝花市元宝山矿业有限公司	CLM140/40	铁矿石	生产中	1
内蒙古西乌珠穆沁旗伟业矿业公司	CLM140/40	铁矿石	生产中	1
内蒙古大千博矿业有限公司	CLM170/40	铁矿石	生产中	1
内蒙古中西矿业有限责任公司	CLM200/100	钼矿石	生产中	1
河北首秦龙汇矿业有限公司	CLM200/120	铁矿石	生产中	1
哈密市坤铭矿冶有限责任公司	CLM200/120	铁矿石	生产中	1
丹江口市慧翔矿业开发有限公司	CLM200/60	铁矿石	生产中	1

高压辊磨机-球磨工艺的应用与传统直接球磨工艺的区别在于能耗问题，表 3-85 所示的澳大利亚昆士兰大学对不同岩石的两种粉磨方式的能耗比较结果。

表 3-85　对不同岩石的两种粉磨方式的能耗比较

岩石名称	粉碎总能耗/kW·h·t⁻¹		节能/%	产品细度（-0.15mm）/%	
	直接球磨机	高压辊磨机-球磨机		直接球磨机	高压辊磨机-球磨机
白色大理岩	33.6	25.7	23.5	79.8	80.0
绿泥岩	49.4	15.5	68.6	79.9	80.3
砂岩	79.1	41.1	48.0	79.7	79.6
煤	47.0	23.7	49.6	80.1	79.0
花岗岩	108.8	39.3	63.9	19.1	79.5
石灰岩	148.3	34.6	76.7	80.4	80.3
磁铁石英岩	192.8	61.2	68.3	79.6	79.9
辉绿岩	395.5	95.7	75.8	80.1	80.7
绿色大理岩	692.2	130.7	81.1	70.1	79.7
石英闪长玢岩	1186.6	185.8	84.3	79.2	80.3

德国 KHD 洪堡威达克公司生产的辊压机优点较为突出,其与圆锥破碎机进行细磨实验数据对比,如表 3-86 所示。

表 3-86 辊压机和大型圆锥破碎机细磨实验的对比

项 目		辊压机	圆锥破碎机
单机产量/t·h⁻¹		1700(1)[①]	310(6)[①]
投资费用/美元(×10³)		4100	8500
产房占地面积/m²		130	350
磨损件使用寿命/h		12000~14000	1500~2000
作业率/%		>95	约80
单位能耗/kW·h·t⁻¹		1.6	1.92
产品粒度分布/%	−7mm	78	72
	−2mm	59	36
	−0.3mm	32	8

① 括号内的数字 1 和 6 为所需台数。

传统破碎工艺与高压辊磨破碎工艺的区别分别如图 3-72 和图 3-73 所示。

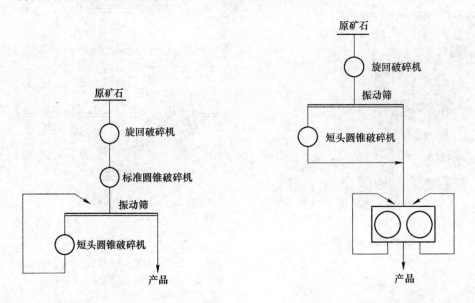

图 3-72 传统的破碎工艺流程   图 3-73 破碎 + 高压辊磨机的破碎工艺流程

高压辊磨机在国内外的应用均表明,高压辊磨机产品中细粒级和超细粒级含量比常规破碎机高,并且破碎产品颗粒有大量裂纹,当后续作业为磨矿时,其大量的细粒级及颗粒的微裂纹会大幅度降低磨矿的能耗及钢球和衬板的消耗。因此它可在粉碎脆性、硬度和磨蚀性高的矿石(铁、金、铜、金刚石等)加工中推广应用。其缺点是在产品中产生的部分料饼不易打散，影响后续干式筛分效果。

3.3.8　柱磨机

柱磨机（column mill）是由长沙深湘通用机器有限公司发明的专利设备。该机由于具有结构简单、运转平稳、高效节能和维护方便等优点，被广泛应用于金属和非金属矿石的碎磨作业，产品可达 −10mm、−5mm 或更细粒度。

柱磨机外形结构见图 3-74。该机由皮带轮、变速箱、主轴、进料装置、出料装置、撒料盘、箱体、辊轮和衬板组成，见图 3-75。柱磨机是一种立式磨结构，采用中速中压和连续反复脉动的辊压粉碎原理，由机器上部减速装置带动主轴旋转，主轴带动数个辊轮在环锥形内衬中碾压并绕主轴公转又自转（辊衬之间隙可调）。物料从上部给入，靠自重和推料在环锥形内衬中形成自行流动的料层。该料层受到辊轮的反复脉动碾压而成粉末，最后从磨机下部自动卸料并输送至分级设备。细粉成为成品，粗粉返回柱磨机再磨。由于辊轮只做规则的公转和自转，且料层所受作用力主要来自弹性加压机构，从而避免了辊轮与衬板因撞击而产生的能耗、磨损及机件损伤。另外，辊轮与衬板的材质是高合金的耐磨钢，从而最大限度地减少了易损件的磨耗。与其他的粉碎设备相比，其节能降耗等综合性能十分显著。

图 3-74　柱磨机外形结构

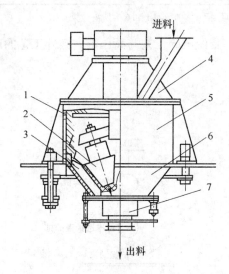

图 3-75　柱磨机结构示意图

1—衬板；2—辊轮；3—物料；4—上筒体；
5—中箱体；6—下箱体；7—排料筒

柱磨机具有以下特点：（1）电耗低。比球磨机省电 50%～60%，比振动磨、雷蒙机可节电 30%～40%。（2）磨损少。采用料层辊压粉磨原理和高合金耐磨材料，研磨体（易损件）使用寿命长。（3）产能大。处理能力大，工作效率高，适用于各类行业中大规模的粉磨和细碎。（4）适用范围广。辊轮和衬板间的间隙可调，但绝不接触碰撞，磨内温升较低（低于 70℃），既可用于粉磨工艺，也可用于超细碎工艺，对难磨物料的适应性强。（5）体积小，安装简单，占地面积小、土建投资省。（6）结构简单，性能可靠，操作维护简便，运转率达90%以上。（7）环保。噪声低于80dB，基本无扬尘和振动。

柱磨机主要技术参数见表3-87。

表3-87 柱磨机主要技术参数

型号及规格	外形尺寸 （直径×高） /mm×mm	生产能力 /t·h⁻¹	细度/mm	电机功率 /kW	电机转速 /r·min⁻¹	最大给料粒度 /mm
ZMJ350	1250×1700	1.5~3.5	0.045~0.83	30	730	10
ZMJ450	1520×1850	2~4.5	0.045~0.83	37	740	15
ZMJ500	1910×2500	4~6	0.045~0.83	55	740	25
ZMJ750	2100×2900	10~14	0.045~0.83	75	590	30
ZMJ900	2500×4710	18~22	0.045~0.83	110	740	40
ZMJ1050	2900×5050	30~40	0.045~0.83	185	740	45
ZMJ1150	3500×5480	40~60	0.045~0.83	220	740	50
ZMJ1600	4400×6500	100~150	0.045~0.83	450	740	60

柱磨机应用于铁矿尤其是磁铁矿的超细粒破碎及粗粒抛尾，可抛除大量低品位尾矿，提高铁矿的回收率和处理能力以及提高铁精矿品位。柱磨机采用中速中压和连续反复脉动的立式料层的辊压粉碎原理，几个辊轮在锥形内衬中对铁矿石进行几十次的料层碾压和搓揉，并使有用矿物和脉石即使在较粗粒级时也可以获得大量的单体解离，这极有利于改善后续的磁选、浮选等，可为铁矿企业带来较大的经济效益。典型柱磨机用于铁矿细碎粗粒抛尾预选工艺（见图3-76）。

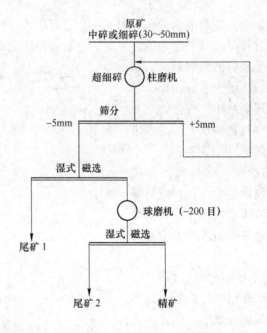

图3-76 柱磨机用于铁矿细碎粗粒抛尾预选工艺

3.4 筛 分

筛分作业具有分选、分级、脱泥、脱水和脱介等作用，广泛应用于冶金、矿山、煤炭、水电等的工艺流程中。工业上应用的筛分设备（Screens）种类很多，筛分设备的技术水平和质量，关系到工艺效果、生产效率和能源消耗，从而直接影响企业的经济效益。

3.4.1　影响物料筛分的因素

在筛分作业中，料层依靠筛面运动产生冲击应力和剪切应力，克服颗粒之间，颗粒与筛面之间的各种黏结力，使物料获得按粒度分层的条件——松散。筛分的过程比较复杂，但从宏观上看，容易发现物料的筛分实际上是在物料松散的条件下，按物料的分层与透筛两个过程连续交错进行的。物料沿筛面松散以后，料层中的细颗粒穿过料层中粗颗粒之间的空隙，占据料层下面位置，粗颗粒逐渐受到排挤，向料层上面转移完成物料的分层。物料分层后，与筛面接触的最下面的颗粒，不断地与筛孔进行比较，小于筛孔尺寸的细颗粒以一定的概率逐渐透过筛面而成为筛下物，而料层上面的那些大于筛孔尺寸的粗颗粒夹带着少量未能获得透筛机会的细颗粒成为筛上物，完成整个筛分过程。

在筛分过程中，凡是影响物料的松散条件和物料分层或透筛的各种因素都将最终影响到物料的筛分效果。影响物料筛分过程的因素有以下几个方面。

3.4.1.1　物料性质对筛分过程的影响

对筛分过程有影响的物料性质有粒度特性、含水量、含泥量、颗粒形状和密度等。

（1）粒度组成的影响。在实际生产过程中，物料的粒度和筛孔尺寸相比，在一定处理量的情况下，物料中细粒含量越大，筛分效率越高；反之，粗颗粒含量越大，筛分效率越低。

（2）物料含水量的影响。物料的水分很小时，筛分过程受水分的影响很小；随着水分含量的逐渐增加，筛分过程受水分的影响随之增大，筛分效率随之减小；但当水分增大到某一定值时，筛分过程受水分的影响最大，筛分效率达到最小；如果继续增大水分，那么筛分过程受水分的影响又逐渐减小，筛分效率又逐渐增大。可用筛分效率与物料水分的关系来表示湿度对筛分过程的影响（图3-77）。

（3）物料含泥量的影响。物料含泥量越多，物料越难筛分；含泥量越少，物料越易筛分。这主要是因为泥易结团堵住筛孔。脱泥筛分，一般要加喷水或用电热筛面来改善筛分的条件。

（4）颗粒形状的影响。颗粒形状对筛分过程的影响程度与筛孔形状有很大的关系，方形或圆形筛孔容易使颗粒形状为球形、立方体或者多角形的物料透筛，但对条片状、板状的物料就不容易透筛；条片状、板状的颗粒易透过长方形的筛孔，也就是说，筛分物料容易透过与颗粒形状相似的筛孔。

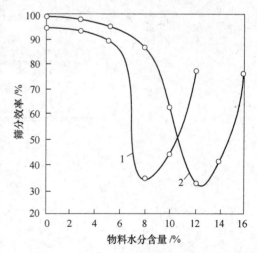

图3-77　筛分效率与物料湿度的关系
1—吸湿性弱的物料；2—吸湿性强的物料

（5）物料密度的影响。若物料所有颗粒为同一密度，则对筛分没有影响。但当物料由不同密度颗粒组成时，则会对筛分过程产生影响，物料密度大的将影响密度小的透筛，但影响不大。

3.4.1.2 筛面对筛分过程的影响

筛分设备的性能包括设备的筛分工艺性能和力学性能两部分。下面主要讨论工艺性能，筛分设备的工艺性能集中体现在筛分设备的主要工作部件——筛面上。

A 筛面运动方式的影响

常用筛分设备的类型有固定筛、振动筛和摇动筛。筛面固定不动的固定筛，筛分效率低；在振动筛的筛面上，颗粒以与筛面较大的夹角方向被抖动，振动频率适当，筛分效率很高；在摇动筛面上，颗粒主要是沿筛面滑动，而且摇动的频率一般比振动的频率小，所以效率也低。

B 筛面的长度和宽度对筛分过程的影响

筛面越宽，处理量越大。但受筛框结构等方面的影响，筛面宽一般不大于 2.5m，但随着筛子的大型化，有的筛面宽最大可达 5.5m。筛面愈长，颗粒在筛面上停留的时间愈长，筛子的筛分效率愈高，但筛面长度增加到一定程度后，筛分效率会增加得很慢，所以筛子不宜过长。筛子长宽比一般为 2~3。筛分效率与筛分时间的关系如图 3-78 所示。

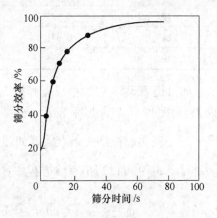

图 3-78 筛分效率与筛分时间的关系

C 筛面倾角对筛分过程的影响

筛面与水平面的夹角 α 为筛面倾角，倾角的大小与筛分设备的生产效率和筛分效率有密切关系。倾角大，生产能力大，筛分效率低（主要是因为料群在筛面上向前运动速度快，颗粒透筛时的通道相应变窄）；反之，倾角小，生产能力小，筛分效率高。一般来说，筛子的倾角安装好以后是固定的。

D 筛孔形状对筛分过程的影响

圆形筛孔易透过圆形等与其形状相似的颗粒。长方形筛孔易使条状的颗粒通过。在筛孔公称尺寸相同时，透过各种形状筛孔的筛下产物粒度不同。

E 筛孔尺寸对筛分过程的影响

筛孔越大，筛面单位面积的生产率越高，筛分效果也越好。这是因为对于同一粒度组成的物料，筛孔增大，相当于"易筛粒"增多。如何确定筛孔的大小，要取决于采用筛分的目的和要求。在满足筛分目的和要求的情况下，尽量采用大筛孔。

筛面形状对筛分效率也有一定的影响。多段坡形筛面比平面筛面筛分效率高。

3.4.1.3 操作管理对筛分过程的影响

操作管理对筛分效果影响也是很大的。往筛分设备上给料，要求均匀连续，要使物料沿整个筛面宽度布满和等厚度层，这样不但能充分利用筛面，而且有利于细颗粒的透筛，从而为提高生产率和筛分效率创造条件。及时清理和维修筛面也是有利于筛分过程的重要条件。

3.4.2 筛分动力学

筛分动力学主要研究筛分过程中筛分效率与筛分时间的关系。在筛分物料的过程中，不论什么场合，都存在一种普遍规律，即筛分开始时，在较短时间内，"易筛粒"很快透过筛孔，筛分效率增加很快，随后的一段时间内，筛上物中的"难筛粒"比例增加，筛分效率降低；过了一定时间以后，"易筛粒"和"难筛粒"的比例达到平衡，筛分效率大致保持不变（见图3-78）。下面以筛分石英颗粒时筛分效率随筛分时间的变化为例来说明，见表3-88。

表3-88　筛分石英时筛分效率随筛分时间变化的试验数据

筛分时间 t/s	由实验开始计算的筛分效率 E	$\lg t$	$\lg\left(\lg\dfrac{1}{1-E}\right)$	$\lg\dfrac{1-E}{E}$
4	0.534	0.6021	− 0.47939	− 0.05918
6	0.645	0.7782	− 0.34698	− 0.25665
8	0.758	0.9031	− 0.21028	− 0.49594
12	0.830	1.0792	− 0.11379	− 0.68867
18	0.913	1.2553	+ 0.02531	+ 1.02136
24	0.941	1.3802	+ 0.08955	+ 1.20273
40	0.975	1.6021	+ 0.20466	− 1.57512

如果把表3-88中的第三行和第五行数据绘在对数坐标纸上，以横坐标表示 $\lg t$，以纵坐标表示 $\lg\dfrac{1-E}{E}$，就可以得到一条直线，如图3-79所示。

对图3-79可以写出直线方程式：

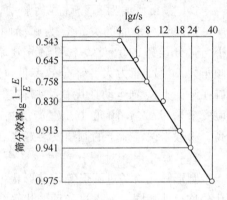

$$\lg\frac{1-E}{E} = -m\lg t + \lg a \qquad (3\text{-}25)$$

式中　　m——直线的斜率；

　　　　$\lg a$——直线在纵坐标上的截距。

因此　　　　$$\lg\frac{1-E}{E} = \lg(t^{-m}\cdot a) \qquad (3\text{-}26)$$

即　　　　　$$E = \frac{t^m}{t^m + a} \qquad (3\text{-}27)$$

图3-79　筛分效率 $\left(\lg\dfrac{1-E}{E}\right)$ 与筛分时间 $(\lg t)$ 的关系

式中，参数 m 及 a 与物料性质及筛分进行情况有关，对于振动筛，m 可取3，由公式可导出 $a = \dfrac{1-E}{E}$，若 $E = 50\%$ 时，$a = t_{50}^m$，所以参数 a 是筛分效率为50%时筛分时间的 m 次方。因此参数 a 可以看作是物料的可筛性指标。

试验证明，筛分不分级物料，例如破碎产物，筛分结果可以用几段直线组成的折线表示。这种情况说明，方程式的参数在不同的线段上有不同的数值。第一段直线的筛分效率为40%~60%；第二段直线的筛分效率为90%~95%；第三段直线相当于更高的筛分效率。对接近于筛孔尺寸0.75~1L的窄级别物料进行筛分时，筛分效率从5%到10%再到95%的整个范围内，都可以用一条直线表示。

筛分时间与筛分效率之所以有上述关系，可以用下面的理论来解释。

令 W 为某一瞬间存在于筛面上的比筛孔小的矿粒的质量，$\dfrac{\mathrm{d}W}{\mathrm{d}t}$ 为比筛孔小的矿粒被筛去的速率（t 为筛分时间），因为每一瞬间的筛分速率可假设为与该瞬间留在筛面上的比筛孔小的矿粒的质量成正比，即

$$\frac{\mathrm{d}W}{\mathrm{d}t} = -kW \tag{3-28}$$

式中，k 为比例系数，负号表示 W 随时间的增加而减少，积分上式得

$$\ln W = -kt + C \tag{3-29}$$

设 W_0 为给矿中所含比筛孔小的矿粒的质量，当 $t = 0$ 时，$W = W_0$，即

$$\ln W_0 = C \tag{3-30}$$

因此

$$\ln W - \ln W_0 = -kt \tag{3-31}$$

或

$$\frac{W}{W_0} = \mathrm{e}^{-kt} \tag{3-32}$$

比值 $\dfrac{W}{W_0}$ 为筛下级别在筛上物中的回收率，因此筛分效率 E 应为：

$$E = 1 - \frac{W}{W_0} \tag{3-33}$$

或

$$E = 1 - \mathrm{e}^{-kt} \tag{3-34}$$

更符合实际情况的公式为：

$$E = 1 - \mathrm{e}^{-kt^m} \quad 或 \quad 1 - E = \mathrm{e}^{-kt^m} \tag{3-35}$$

将式 $E = 1 - \mathrm{e}^{-kt^m}$ 取两次对数，可得：

$$\lg\left(\lg\frac{1}{1-E}\right) = n\lg t + \lg(k\lg \mathrm{e}) \tag{3-36}$$

若以纵坐标表示 $\lg\left(\lg\dfrac{1}{1-E}\right)$，横坐标表示 $\lg t$，用式（3-36）作出的图形是一条直线，直线的斜率为 n。

把 $E = 1 - \mathrm{e}^{-kt^m}$ 式改写为：

$$E = 1 - \frac{1}{\mathrm{e}^{kt^n}} \tag{3-37}$$

将 e^{kt^n} 分解为级数

$$\mathrm{e}^{kt^n} = 1 + kt^n + \frac{(kt^n)^2}{2} + \cdots \tag{3-38}$$

取级数的前两项代入式 $E = 1 - \mathrm{e}^{-kt^m}$，得：

$$E = 1 - \frac{1}{1 + kt^n} = \frac{kt^n}{1 + kt^n} \tag{3-39}$$

式 $E = 1 - \dfrac{1}{1 + kt^n}$ 为 $E = 1 - \mathrm{e}^{-kt^m}$ 的近似式，如果令 $k = \dfrac{1}{a}$，则

$$E = \frac{t^n}{a + t^n} \tag{3-40}$$

所以，式 $E = 1 - \dfrac{1}{1 + kt^n}$ 与式 $E = \dfrac{t^m}{t^m + a}$ 相同。

参数 k 和 n，既取决于被筛物料的性质，也取决于筛分的工作条件。如果设 $k = \dfrac{1}{t^n}$，则式 $E = 1 - e^{-kt^m}$ 为式 $E = 1 - \dfrac{1}{e} = 1 - \dfrac{1}{2.71} = 63.4\%$，对式 $E = 1 - \dfrac{1}{1 + kt^n}$，$E = \dfrac{1}{2} = 50\%$，因此参数 k 称为物料的可筛性指标。

设筛面长度为 L，因为 $t \propto L$，故式（3-39）可表示为

$$E = \frac{K'L^n}{1 + K'L^n} \tag{3-41}$$

同样，式（3-35）可表示为

$$1 - E = e^{-K'L^n} \tag{3-42}$$

3.4.3　筛面

筛面是筛分设备的主要工作部件。在多数情况下，筛面是平的，但也有弧形、筒形和锥形的。筛面上的孔眼称为筛孔，其形状有方形、圆形、长方形和条缝形。筛面的有效面积（即开孔率）是指筛孔所占面积与整个筛面的面积之比。有效面积越大，单位面积筛面的生产率越大，筛分效果越好。对于筛孔的尺寸，圆形筛孔以其直径表示，方形筛孔以其边长表示，长方形筛孔和条缝形筛孔以其宽度表示。筛面类型主要有冲孔或穿孔板，编织筛面，棒条或型材组合筛面，以及橡胶、聚氨酯或浇注成型筛面等。

筛分机对筛面的基本要求是：有足够的强度，最大的有效面积（筛孔总面积与整体筛面面积之比），耐腐蚀，耐磨损，有最大的开孔率，筛孔不宜堵塞，在物料运动时与筛孔相遇的机会较多。前一种要求关系到工作的可靠性和使用寿命，后三种要求关系到筛子的工作效果。

筛面的材质要具有耐腐蚀、耐磨损和耐疲劳的性质。用作大块分级筛面时，采用高碳钢。强烈冲击的筛面，可选用高锰钢制作，用于脱介、脱水、脱泥等湿式筛分作业时，通常采用不锈钢筛面。

常用筛面有板状筛面、纺织筛面、条缝筛面、棒条筛面和非金属筛面五种。为了提高筛分的效果和保证工作的可靠性，一般要按筛分物料的粒度和筛分作业的工艺要求选择筛面。筛面一定要正确固定在筛框上，这不仅能提高筛分效率，而且还会延长筛子的使用寿命。

3.4.3.1　板状筛面

它又称筛板，是一种筛孔最大、筛面最牢固的筛面。筛孔可用冲压和钻孔两种方法制成，筛孔有圆形、方形和矩形等多种。主要用于粗粒物料的筛分。在设计中，采用圆孔，如图 3-80 所示。应用长方形孔时，其长边应与物料运动方向一致或呈一定角度。圆形筛孔一般布置在等边三角形的顶点，方形筛孔可按直角等腰三角形斜向排列。为了防止筛孔堵塞，可将圆形筛孔做成底部扩大的圆锥形。筛孔间的距离应考虑筛面的强度和开孔率大

小，板面筛面的开孔率一般在40%左右。

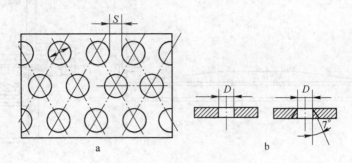

图 3-80 圆形筛孔的筛板
a—筛板正面；b—筛板切面

在固定时，板状筛面一般是在筛面两侧用木楔压紧进行固定，见图 3-81a，木楔遇水后膨胀，可将筛面压得很紧，这种方法简单可靠。为防止中部发生松动，可用螺栓或 U 形螺栓压紧，见图 3-81b。

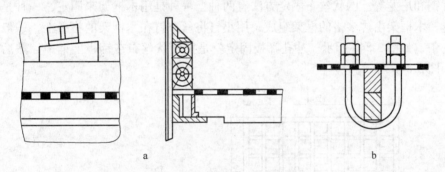

图 3-81 筛板的固定方法

3.4.3.2 编织筛面

编织筛面分为金属筛网和网状丝布两种。两者无实质性区别，都是用金属丝编织的。金属筛网的筛孔较大，金属丝较粗，多用于中细物料的筛分，在选煤厂往往用于筛孔小于 13cm 的煤炭筛分作业。孔形多为方形，也有长方形的，开孔率达 70% ~ 75%。筛网材料常用低碳钢。金属筛网常用平纹编织和斜纹编织两种编织方法，如图 3-82 所示。

筛网一般是利用筛框两边的特制夹板从横向拉紧，然后用螺栓把夹板固定在筛框上。为了使被筛物料能在筛面上分布均匀，筛网往往要安装成拱形。筛网拉紧可提高其使用寿命，所以在工作中要注意筛网的张紧程度。金属筛网的固定如图 3-83 所示。

筛网突出的优点是开孔率大，可达总筛网面积的 70%。但是与筛板比较，牢固性较差，使用

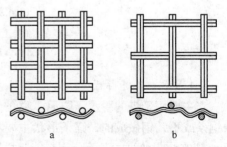

图 3-82 筛网结构
a—简单方形孔；b—中间折弯式方形孔

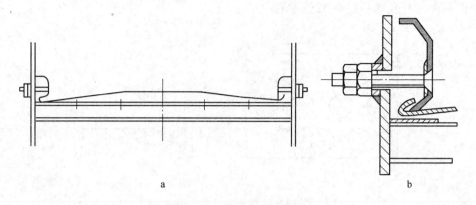

图 3-83　金属筛网的固定方法

寿命短，所以一般只用在细粒度物料的分级上。在选煤厂往往用于粒度小于 13mm 的煤炭分级。

　　网状丝布类似纺织的粗布，开孔率一般为 40% ~ 50%。常用的材料有不锈钢、紫铜、磷铜、黄铜和尼龙等。网状丝布固定方法有两种：一种是用木框架来固定，一种是用冲孔筛板固定。木框架由许多格的框架组成，用小钉将丝布钉在木框架的格条上，一般在钉前先垫胶皮条，如图 3-84a 所示。冲孔筛板固定就是把网状丝布在钢板上铺平，然后用螺栓固定，如图 3-84b 所示。

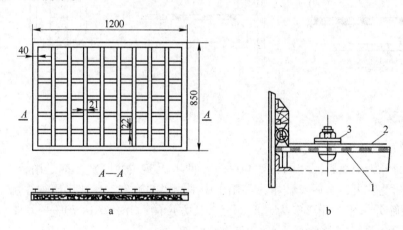

图 3-84　网状丝布的固定方式
a—丝布在木框架上的固定；b—丝布在筛板上的固定
1—冲孔筛板；2—丝布；3—胶布垫

3.4.3.3　条缝筛面

　　它主要用于煤的脱水、脱泥、脱介，筛也有 0.25mm、0.5mm、0.75mm 三种，筛条是由铜条或不锈钢做成的，筛条形状主要有平顶型和波纹型两种。如图 3-85 所示。筛面有 1mm 高的凸起波纹，对筛分物料能起松散作用，脱水效果较好，用得较多的条断面是倒梯形，缝隙自上而下逐渐增加。这样可以减小透筛物料的堵塞。除了断面是倒梯形外，还有另外几种，如图 3-86 所示。

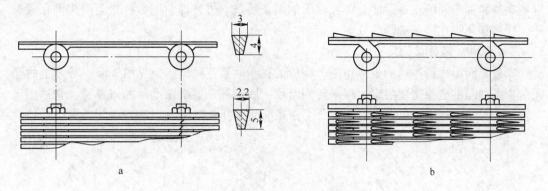

图 3-85 条缝筛板的筛条形状

a—平顶型条缝筛板；b—波纹型条缝筛板

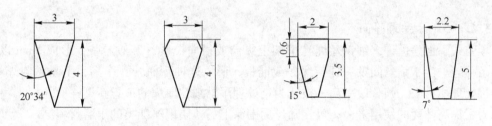

图 3-86 筛条的断面形状

筛条的组合方式有穿条、焊接和编织三种。

在穿条的组合方法中，筛条每隔 70mm 绕成圆孔，中间穿上穿条，外面用螺母拧紧。应注意圆孔与穿条紧密配合的程度，配合松弛时在振动中会产生冲击，使穿条和筛条断裂。穿条式的开孔率在 14% 左右。

焊接的组合方法是将梯形断面的筛条点焊在铣有槽沟的扁钢上。这样，取消了圆环，材料节省近三分之一，开孔率也较大，筛条不易松动，其结构如图 3-87a 所示。

编织的条缝筛面，纵向筛条用来脱水，横丝用来固定纵条的位置。筛面的结构如图 3-87b 所示。

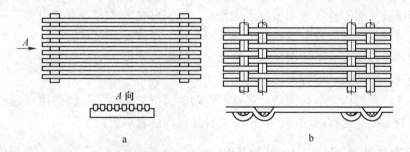

图 3-87 焊接式和编织式的条缝筛面

a—焊接筛面；b—编织筛面

条缝筛面的安装方法都是组合成块，在筛面两侧用木楔压紧，中间用螺栓固定。为了避免穿条和筛条间的相对运动，可在筛面的两条筛条下边另焊角钢，将穿条两头铆死或焊死，或将穿条焊在筛条的圆环处等。

3.4.3.4　棒条筛面

棒条筛面由平行排列的钢棒组成，钢棒的横断面呈各种形状，见图3-88。筛面上的筛孔由棒条之间的缝隙宽度决定。棒条筛面常用于固定筛、重型振动筛和概率筛，它适用于对粒度大于50mm的粗粒级物粒的筛分。棒条筛面的开孔率一般为50%～60%。

图3-88　各种棒条的断面形状

3.4.3.5　琴弦式筛面

琴弦式筛面是由许多细钢丝绳在框架上纵向或横向拉紧，形似琴弦，形成6mm以下的长条筛缝。由于筛丝间没有任何穿条或筋板，所以这种筛面开孔率高，不易粘附煤粉，筛分机处理能力大，筛分效率高，被认为是处理湿黏细粒原煤的理想新型筛面。

为了提高筛面的使用寿命，可在筛丝周围涂上一薄层聚氨酯类的耐磨材料。

3.4.3.6　非金属筛面

非金属材料工业的发展，为制造优质高效的筛面提供了新材质，目前国内外使用的非金属筛面，其材质有橡胶、尼龙和聚氨酯等。

橡胶筛面可直接由橡胶制造成型，也可用在钢制骨架外面裹以橡胶制成。当筛面内有钢芯时，筛箱纵向或横向支承梁的间距增大，甚至不要支承梁。橡胶筛面安装方便，在筛箱上用纵向压条和螺钉固定即可。

橡胶筛面的厚度与给料落差和给料粒度有关。当给料落差和给料粒度较大时，为提高筛面使用寿命，就增加筛面厚度。但是筛面过厚将使处理量减小，所以在任何情况下都不应使筛面厚度大于筛孔尺寸。

橡胶筛面的优点是耐磨损，使用寿命长，质量轻，颗粒不易卡住，便于拆装，工作时噪声小，但橡胶筛面不能在较高温度下工作，一般温度在70℃以下。聚氨酯是一种新型优质耐磨材料。聚氨酯筛面具有耐磨性能好、噪声低、可露天堆存等优点。

现今用尼龙筛条代替不锈钢丝条缝筛面。它的缺点是筛条的长度受到一定限制，只能组合成一块块小型筛板，但并不影响使用。

总之，非金属筛面能节约优质金属材料，耐磨，抗折断能力强，使用寿命长，堵孔概率小，筛分效果好，工作时噪声小，质量轻，是筛面的发展方向。

3.5　筛分设备的分类、工作原理及用途

筛分设备是指利用旋转、振动、往复、摇动等动作将各种原料和各种初级产品经过筛网分别按物料粒度大小分成若干个等级，或是将其中的水分、杂质等去除，再进行下一步的加工和提高产品品质时所用的机械设备。

3.5.1 筛分设备分类

筛分机械自17世纪英国首先在煤炭工业上用固定筛进行煤炭分级，至今已有固定筛、滚筒筛、滚轴筛、摇动筛、半振动筛、振动筛、共振筛等几十个品种。筛分粒级从0.05mm（300目）到300mm。尽管品种繁多，但目前仍以振动筛（包括普通振动筛、共振筛、概率筛和等厚筛）应用最为普遍。筛分机常见分类见表3-89。

表3-89 筛分设备常见分类

一、固定筛和运动筛							
主要特征			类型	结构	用途	运动方式或速度	优缺点	备注
固定筛	格筛	固定格形孔，棒条重载筛面	常规型概率型	方形格孔，可水平或倾斜安装，概率型孔格向下扩展	破碎前清除过大块物料	筛面固定或末端自振	简单、耐用，效率低，概率型有抗堵塞作用	
	棒条筛	以固定棒制成条形筛孔	常规型概率型	顺流方向排列重载棒条，有倾斜以利重力传送，概率型棒在筛长方向上渐扩展	清除过大块物料或脱除细粒或矿泥	筛面固定或末端自振	简单、耐用，效率低，概率型有抗堵塞作用	
	立式筒形筛	筛面呈圆筒形垂直安装		筛面固定，物料与筛面切割分离，有料浆分配旋转盘	用于湿法0.5mm细碎物料	筛面固定	筛孔易堵	
运动筛	旋转筛	旋转面绕圆柱轴旋转	筒形筛	略微倾斜的筒形筛，筒形筛面可以是圆筒形，也可以是多角形，筛面也可是多层	干湿分离均可，干式筛分时粒度为6~55mm，湿式粒度为-6mm	低速15~20r/min	较低速度旋转，使物料被提升并能沿筛面下滑；简单，可用于擦洗表面，利用率低	
	振动筛	共振筛	惯性振动式、连杆式、电磁式	水平安装；为平衡共振，双筛面共同运动	洗煤厂块煤分级或脱泥	共振状态下工作	对厂房产生较强振动，噪声大，处理能力大	有被淘汰的趋势
		普通惯性振动筛	圆运动、自定中心振动筛	水平或倾斜安装，借助激振器使物料流动	用途广泛，在矿业中一般处理0~300mm粒级物料	600~700r/min，振幅小于25mm	筛分效率较高，处理能力大，不适用于细粒级(-3mm)物料筛分	
			直线振动筛	水平式，直线振动有水平分量使物料沿筛面运动	细粒物料(-2mm)分级	600~700r/min，振幅小于25mm	筛分效率较高，处理能力大，可用于低标高厂房中	大多代替分级机用
		概率筛		筛分按概率原理而不是靠机械限制；多层，大倾角，大筛孔，可快速筛分	多用于矿山、洗煤厂等筛分精度要求不高的作业		单位面积处理能力大，效率高，噪声低	

二、振动筛、摇动筛及其他

分类	形式	网面的运动形式	主要特点	有代表性的机械名称
振动筛	低头	L	原则上网面水平设置	低头振动筛
		E		椭圆振动筛
	共振型	L 或相似 E	有大型专用共振架	共振筛
			以上下筛框平衡	双机体筛分机
	圆振动	C	1 轴，4 个轴承固定轴，橡胶或螺旋弹簧支撑	尼亚加拉筛分机
		C、E	1 轴，4 个轴承完全浮动轴，橡胶支撑	秦苦克型筛分机
		C	1 轴，4 个轴承固定轴，板式弹簧支撑	杰瑞克斯型筛分机
		C、E	重心通过轴，偏心部位 2 个轴承，螺旋、橡胶、弹簧支撑	利普尔-弗罗型筛分机
			重心不通过轴，偏心部位 2 个轴承	艾罗威勃型，Jy-rocket
	高频率型	L	网面直接振动型（电磁）	电磁振动筛
		C、E	网面垂直振动型（电磁）	电磁垂直振动筛
			可调型（振动电动机）	振动电动机型
			共振型（振动电动机）	振动电动机型
	特殊型	水平 C	超高速移动	高速回转筛分机
		L	概率筛	莫根逊成分粒机
	特殊型	L	往复振动	往复振动筛
		立体	机架的中心轴旋转圆形筛网	Sweco
		C	圆筒状垂直网面的自转和公转	离心筛分机
摇动筛	往复	L	水平板式弹簧支撑	其默尔筛分机
			倾斜式	往复摇动筛分机
	Ro-Tex 移动	水平 E、C 水平 C	特有运动机构，安在基础上倾斜吊下式轴承支撑，杆支持，安装在基础上	Ro-Tex，布兰克筛分机，方形筛分机，回转筛分机
其他				滚筒筛
				回转筛
				风力式筛分机
				格筛

注：网面运动形式：L—直线运动；E—椭圆形运动；C—圆形运动。

　　世界上生产和使用的筛分设备有几百种，其中约 95% 以上为振动筛，生产产值约占 99%。

3.5.2　筛分设备的工作原理

　　筛分设备种类繁多，其筛分原理如表 3-90 所示。

表 3-90 筛分设备的工作原理

筛子类型	工作原理及特点
固定筛	工作部分固定不动，靠物料沿工作面滑动而使物料得到筛分。固定格筛是在选矿厂应用较多的一种，一般用于粗碎或中碎之前的预先筛分。它结构简单，制造方便，不耗动力，可以直接把矿石卸到筛面上。主要缺点是生产率低、筛分效率低，一般只有 50%～60%
圆筒筛	工作部分为圆筒形，整个筛子绕筒体轴线回转，轴线在一般情况下装成不大的倾角。物料从圆筒的一端给入，细级别物料从筒形工作表面的筛孔通过，粗粒物料从圆筒的另一端排出。圆筒筛的转速很低、工作平稳、动力平衡好。但是其筛孔易堵塞，筛分效率低，工作面积小，生产率低。选矿厂很少用它来作筛分设备
圆振动筛	工作部分为圆筒形，整个筛子绕筒体轴线回转，轴线在一般情况下装成不大的倾角。物料从圆筒的一端给入，细级别物料从筒形工作表面的筛孔通过，粗粒物料从圆筒的另一端排出。圆筒筛的转速很低，工作平稳，动力平衡好。但是其筛孔易堵塞，筛分效率低，工作面积小，生产率低。选矿厂很少用它来作筛分设备
直线振动筛	在矿山工业上广泛应用。其结构紧凑，振动参数合理，运动平稳，有较高的筛分和脱水效率。在选煤厂，常用于煤炭的脱泥、脱水、脱介和筛分作业。直线振动筛采用简式振动器，规格齐全，性能稳定
等厚筛	由于等厚筛分机的形状有点像香蕉，因此也称为香蕉筛。其原理是根据筛面上的物料群运动的理论开发的一种高效筛分技术。其特点是不管入料中小于筛孔的颗粒所占的百分比多大，在筛分过程中筛面上的物料层的厚度均保持不变或递增；而普通筛分法在筛分过程中，筛面上物料层的厚度都是递减。因此，等厚筛分法可成倍地提高筛机的处理能力
滚轴筛	工作面是由横向排列的一根根滚动轴构成的，轴上有盘子，细粒物料就从滚轴或盘子间的缝隙通过。大块物料由滚轴带动向一端移动并从末端排出。选矿厂一般很少用这种筛子
共振筛	在远离共振状态范围动作，以保持工作状态的稳定。共振筛反之，是有效利用设备的固有频率，在接近共振动状态下工作，因此消耗的动力极少。由于共振筛结构比较复杂，调整麻烦，故障率高，另外在结构强度方面存在问题多，所以从 20 世纪 80 年代开始，在我国矿山工业已很少推广采用
概率筛	以概率筛分理论为基础，迅速实现筛分过程。其特点是筛孔不易堵塞，便于维修；筛分精度低；由于筛面长度对透筛概率影响很小，就可以减小筛面长度，设备质量也轻；由于该类型筛运用概率原理进行筛分，筛孔尺寸较大，因此，只适用于物料的近似筛分，筛下产品中往往含有少量的粗颗粒，不能获得高筛分效率
摇动筛	摇动筛的筛箱由 4 根弹性支杆或弹性铰接支杆来支撑，用偏心轴和弹性连杆来传动。由于支杆是倾斜安装，所以筛箱具有向上和向前的加速度，使物料不断地从筛面上抛起，使小于筛孔的颗粒透筛，同时把物料向前输送
高频振动筛	主要用于细颗粒物料的筛分，特别是对 1mm 以下的物料的筛分，比普通筛分机有更高的筛分效率。采用高频细筛代替结构笨重的螺旋分级机，已取得了较好的效果
平面运动筛	按其平面运动轨迹又分为直线运动、圆周运动、椭圆运动和复杂运动。摇动筛和振动筛属于这一类

3.5.3 筛分设备的用途

物料通过筛面过孔，称为筛分。在选矿厂、选煤厂或其他工业领域，筛分设备主要有以下几种用途：

（1）预先筛分和检查筛分。在破碎前分出颗粒符合要求的合格产品（称为预先筛分），在破碎后将产品中粒度过大的物料筛出并且返回到破碎机再破碎（称为检查筛分）。

预先和检查筛分一般统称辅助筛分。

（2）准备筛分。按破碎作业和分选作业的要求将原矿分成不同的粒级，为进一步加工准备的筛分，称为准备筛分。对于破碎作业，准备筛分是为了从物料中分出已经合格的粒级，目的是避免物料过度粉碎，增加破碎设备的处理能力和减少动力消耗。对分选作业，不同的选煤方法，都要求一定的入选粒度上限（入选物料的最大粒度），否则将严重影响分选效果。

（3）脱水筛分。对带有水的矿物或其他物料进行的筛分，其目的是脱水。在选煤厂用于产品脱水的筛分机，称脱水筛。

（4）脱介筛分。在重介质选厂，对筛面上的重介质选矿产品用喷加压力清水进行筛分，使产品与重介质分离，这种作业称脱介筛分。在选煤厂用于产品脱介的筛分机，称为脱介筛。

（5）独立筛分。物料经筛分后即得到最后的产品，称为独立筛分。例如品位达到要求的富铁矿石经筛分后分为不同的粒级，分别送炼铁厂、烧结厂或球团厂。

3.6　筛分设备

3.6.1　固定筛

固定筛（stationary screen）是由平行排列的钢条或钢棒组成的，钢条和钢棒称为格条，格条借横杆连接在一起，格条间的缝隙大小即为筛孔尺寸。

固定筛分为格筛和条筛两种。格筛在原矿仓顶部，一般为水平安装。以保证粗碎机的入料粒度要求，筛上大块需要用手锤或其他方法破碎，以使其能够过筛。条筛主要用于粗碎和中碎前作预先筛分，一般为倾斜安装，倾角的大小应能使物料沿筛面自动地滑下，即筛条倾角应大于物料对筛面的摩擦角。条筛倾角一般为 40° ~ 50°，对于大块矿石，倾角可小些，对于黏性矿石，倾角应稍大些。

条筛筛孔尺寸为筛下粒度的 1.1 ~ 1.2 倍，一般筛孔尺寸不小于 50mm。条筛的宽度取决于给矿机、运输机以及破碎机给矿口的宽度，并应大于给矿中最大块粒度的 2 倍左右。条筛的优点是构造简单，无运动部件，也不需要动力；其缺点是易堵塞，所需高差大，筛分效率低，一般为 50% ~ 60%。

3.6.2　振动筛

振动筛（vibrating screen）是利用振子激振所产生的往复旋型振动而工作的。振子的上旋转重锤使筛面产生平面回旋振动，而下旋转重锤则使筛面产生锥面回转振动，其联合作用的效果则使筛面产生复旋型振动。其振动轨迹是一复杂的空间曲线。该曲线在水平面投影为一圆形，而在垂直面上的投影为一椭圆形。调节上、下旋转重锤的激振力，可以改变振幅。而调节上、下重锤的空间相位角，则可以改变筛面运动轨迹的曲线形状并改变筛面上物料的运动轨迹。

振动筛根据筛框的运动轨迹不同，可以分为圆运动振动筛和直线运动振动筛两类。圆运动振动筛包括单轴惯性振动筛、自定中心振动筛和重型振动筛。直线运动振动筛包括双轴惯性振动筛（直线振动筛）和共振筛，按筛网层数还可分为单层筛和双层筛两类。

振动筛是选矿厂普遍采用的一种筛子。它具有以下突出的优点：（1）筛体以低振幅、高振动次数做强烈振动，消除了物料的堵塞现象，使筛子有较高的筛分效率和生产能力。（2）动力消耗小，构造简单，操作、维护检修比较方便。（3）因为振动筛生产率和效率很高，故所需的筛网面积比其他筛子小，可以节省厂房面积和高度。（4）应用范围广，适用于中、细碎前的预先筛分和检查筛分。

3.6.2.1 惯性振动筛

国产惯性振动筛（inertia vibrating screen）可分为单层、双层、座式和吊式。图 3-89 为 SZ 型惯性振动筛外形图，图 3-90 为惯性振动筛的原理示意图。它是由筛箱、振动器、板弹簧组和传动电机等部分组成。筛网 2 固定在筛箱 1 上，筛箱安装在两椭圆形板弹簧组 8 上，板弹簧组底座与倾斜度为 15°~25° 的基础固定。筛箱是依靠固定在其中部的单轴惯性振动器（纯振动器）产生振动。振动器的两个滚动轴承 5 固定在筛箱中部，振动器主轴 4 的两端装有偏重轮 6，调节重块 7 在偏重轮上不同的位置，可以得到不同的惯性力，从而调整筛子的振幅。安装在固定机座上的电动机，通过三角皮带轮 3 带动主轴旋转，因此使筛子产生振动。筛子中部的运动轨迹为圆；因板弹簧的作用使筛子的两端运动轨迹为椭圆，在给料端附近的椭圆形轨迹方向朝前，促使物料前进速度增加；根据对生产量和筛分效率的不同要求，筛子可安装成不同的坡度（15°~25°）。在排料端附近的椭圆形轨迹方向朝后，以使物料前进速度减慢，有利于提高筛分效率。

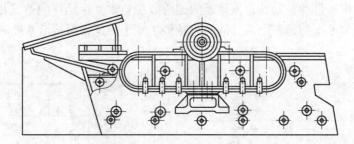

图 3-89 SZ 型惯性振动筛的外形

SZ 型惯性振动筛可用于选矿厂、选煤厂及焦化厂对矿石、煤及焦炭的筛分，入筛物料的最大粒度为 100mm。SXG 型惯性振动筛与 SZ 型惯性振动筛的主要区别在于此筛的筛箱利用弹簧悬挂装置吊起。电动机经三角皮带来带动振动器的主轴回转，由于振动器上不平衡质量产生的离心力作用，使筛子产生圆运动。这种筛子适用于矿石和煤的筛分。

惯性振动筛是由于偏重轮的回转运动产生的离心惯性力（称为激振力）传给筛箱，使筛子振动，筛上的物料受筛面向上运动的作用力而被抛起，前进一段距离后再落回筛面，直至透过筛孔。

惯性振动筛的振动器安装在筛箱上，轴承

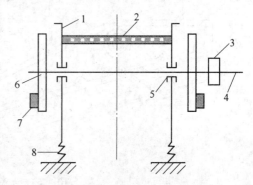

图 3-90 惯性振动筛的原理示意图

1—筛箱；2—筛网；3—皮带轮；4—主轴；

5—轴承；6—偏心重轮；7—重块；8—板弹簧

中心线与皮带轮中心线一致，随着筛箱的上下振动，从而引起皮带轮振动，这种振动会传给电机，影响电机的使用寿命，因此这种筛子的振幅不宜太大。此外，由于惯性振动筛振动次数高，使用过程中必须密切注意它的工作情况，特别是轴承的工作情况。

惯性振动筛由于振幅小而振动次数高，适用于筛分中、细粒物料，并且要求在给料均匀的条件下工作。因为当负荷加大时，筛子的振幅减小，容易发生筛孔堵塞现象；反之，当负荷过小时，筛子的振幅加大，物料粒子会过快地跳跃而越过筛面，这两种情况都会导致筛分效率减低。由于筛分粗粒物料需要较大的振幅，才能把物料抖动，并由于筛分粗粒物料时，很难做到给料均匀，故惯性振动筛只适用于筛分中、细粒物料，它的给料粒度一般不能超过100mm，同时，筛子不宜制造得太大。中、小型选矿厂一般采用惯性振动筛。

3.6.2.2　自定中心振动筛

国产自定中心振动筛（auto-centering vibrition screen）的型号为SZZ，按筛面面积有多种规格，各种规格的筛子又分为单层筛网（SZZ1）与双层筛网（SZZ2）两种。一般为吊式筛，但也有座式筛。自定中心振动筛用于冶金、化工、建材、煤炭等工业部门的中、细粒物料筛分。

图3-91所示为SZZ1250mm×2500mm自定中心振动筛的外形。它主要由筛箱、振动器、弹簧等部分组成。筛箱用钢板和钢管焊接而成，筛网用角钢压板压紧在筛箱上。在振动器的主轴上，除中间部分制出偏心外，在轴的两端并装有可调节配重的皮带轮和飞轮。电动机通过三角皮带带动振动器，振动器的偏心效应与惯性振动筛的情况相同，使整个筛子产生振动。弹簧是支持筛箱用的，同时也减轻了筛子在运转时传给基础的动力。

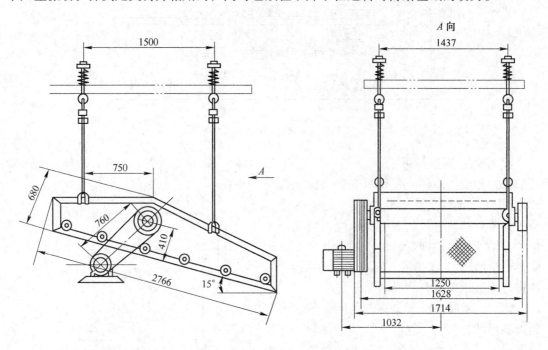

图3-91　SZZ型自定中心振动筛的外形

自定中心振动筛与惯性振动筛的主要区别在于，惯性振动筛的传动轴与皮带轮是同心安装的，而自定中心振动筛的皮带轮与传动轴不同心。下面将两种不同的结构作一比较。

惯性振动筛在工作过程中，当皮带轮和传动轴的中心线做圆周运动时，筛子随之以振幅 A 为半径做圆周运动，但装于电动机上的小皮带轮中心的位置是不变的，因此大小两皮带轮中心距将随时改变，引起皮带时松时紧，皮带易疲劳断裂，而且这种振动作用也影响电动机的使用寿命。为了克服这一缺点，研发了自定中心振动筛。

自定中心振动筛的结构如图 3-92 所示，与惯性振动筛相比较，不同的只是传动轴 4 与皮带轮 2 相连接时，在皮带轮上所开的轴孔的中心与皮带轮几何中心不同心，而是向偏心重块 3 所在位置的轴向相对位置，偏离皮带轮几何中心一个偏心距 A。A 为振动筛的振幅。因此，当偏心重块 3 在下方时，筛箱 1 及传动轴 4 的中心线在振动中心线 O—O 之上，距离为 A。同样由于轴孔在皮带轮上是偏心的，因此，仍然使得皮带轮 2 的中心与振动中心线 O—O 相重合。所以不管筛箱 1 和传动轴 4 在运动中处于任何位置，皮带轮 2 的中心 O 总是保持与振动中心线相重合，因而空间位置不变，即实现皮带轮自定中心。大小两皮带轮的中心距保持不变，消除皮带时紧时松现象。

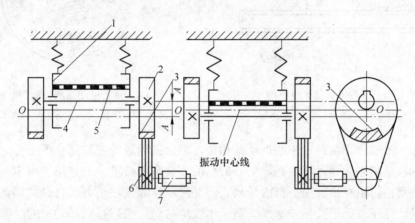

图 3-92　皮带轮偏心式自定中心振动筛示意图
1—筛箱；2，6—皮带轮；3—偏心重块；4—传动轴；5—筛网；7—电动机

自定中心振动筛实质上与惯性振动筛基本相同，其区别仅仅是使振动中心线不发生位移，因而两者的性能和用途基本上一样。

自定中心振动筛的动平衡是相对的，皮带轮的中心线有时也会发生位移。如果偏心重块的质量 q 过小，而参加振动的总质量 Q 不变，则筛箱将以半径小于振幅 A 的圆形轨迹回转；如果偏心重块过大，筛箱的回转半径就大于主轴的偏心距 r。在上述两种情况下，皮带轮中心线也将做圆周运动。但是，如果偏心重块质量变化不大，皮带轮中心线仅做直径很小的圆运动，不会对电机的挠性传动有什么影响。据此可以认为，自定中心振动筛的偏心重块质量的选择并不需要十分精确。

自定中心振动筛的优点是在电机的稳定方面有很大的改善，所以筛子的振幅可以比惯性振动筛稍大一些。筛分效率较高，一般可以达到 80% 以上。可以根据生产要求调节振幅的大小。但是，在操作中，筛子的振幅会受给矿量的影响而发生变化，当筛子的给矿量过大时，它的振幅变小，不能使筛网上的矿石全部抖动起来，因而筛分效率下降；反之，当筛子的给矿量过小时，矿石在筛面上筛分时间过短，也导致筛分效率下降。因此，给矿量不宜波动太大。这种筛子适用于中、细粒物料的筛分，选矿厂大多采用这种筛子。

3.6.2.3 重型振动筛

国产重型振动筛（heavy duty vibrating screen）（图3-93）的型号为SZX型，有单层筛和双层筛两种（SZX1型和SZX2型）。这种振动筛结构比较坚固，能承受较大的冲击负荷，适用于筛分大块度、质量大的物料，最大入筛粒度可达350mm。由于它的结构重、振幅大，双振幅一般4~80mm，而一般自定中心振动筛为4~8mm。在启动及停车时，共振现象更为严重，因此采用具有自动平衡的振动器，可以起到减振的作用。该振动器的结构如图3-94所示。

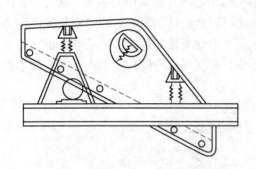
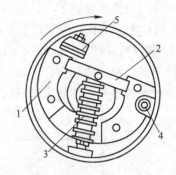

图3-93 重型振动筛示意图   图3-94 重型振动筛的自动调整振动器
                              1—重锤；2—卡板；3—弹簧；4—小轴；5—撞铁

重型振动筛的原理与自定中心振动筛相似，但是振动器的主轴完全不偏心，而以皮带轮中的自动调整器来达到运转时自定中心的目的。装有偏心重块的重锤1由卡板2支承在弹簧3上，重锤可以在小轴4上自由转动，因此振动器的重块是可以自动调整的。这种结构的特点是，筛子在低于共振转速时，筛子不发生振动；当超过临界转速时，筛子开始振动。筛子在启动（或停车）时，主轴的转速较低，重锤所产生的离心力也很小（因离心力随转速而变）。由于弹簧的作用，重锤的离心力不足以使弹簧3受到压缩，重锤对回转中心不发生偏离，因此产生的激振力很小，这时筛子不产生振动，可以平稳地克服共振转速。当筛子在启动和停车过程中达到共振转速时，可以避免由于振幅急剧增加而损坏支承弹簧。筛子启动后，转速高于共振转速，重锤产生的离心力大于弹簧的作用力，弹簧被压缩，重锤开始偏离回转中心，产生激振力，使筛子振动起来，这时撞铁对冲击力起缓冲作用。

筛子的振幅靠增、减重锤上偏心重块的质量来调节；振动次数可以用更换小皮带轮的方法来改变。重型振动筛主要用于中碎机前的预先筛分，可代替筛分效率低、易阻塞的棒条筛；对于含水、含泥量高的矿石，可用于中碎前的预先筛分及洗矿，其筛上物进入中碎机，筛下物进入洗矿脱泥系统。

3.6.2.4 直线振动筛

筛框做直线振动的筛子很多，这里介绍的是直线振动筛（linear vibrating screen）。它的结构示意图及双轴振动器的工作原理如图3-95所示。

直线振动筛主要由筛箱、箱型振动器、吊拉减振装置、驱动装置等组成。这种筛子的两根轴是反向旋转的，主轴和从动轴上安有相同偏心距的重块。当激振器工作时，两个轴

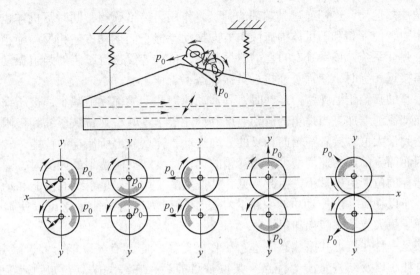

图 3-95 直线振动筛及双轴振动器的工作原理

上的偏心重块相位角一致，产生的离心惯性力的 x 方向分力促使筛子沿着 x 方向振动，y 方向的离心惯性力则大小相等，方向相反，相互抵消。因此，筛子只在 x 方向振动，称为直线振动筛。振动方向角通常选择 45°，筛上物的排除主要靠振动方向角的作用，所以筛子通常呈水平安装或呈 5°~10°角安装。

两个偏心重块，可以用一对齿轮的传动来实现反相等速同步运行，这样的振动筛称为强迫同步的直线振动筛。但是，在两个偏心重块之间，也可以没有任何联系，依靠力学原理，实现同步运行，这样的振动筛称为无强迫联系的自同步直线振动筛。

直线振动筛激振力大，振幅大，振动强烈，筛分效率高，生产率大，可以筛分粗块物料。由于筛面呈水平安装，脱水、脱泥、脱介质的效率相当高。但它的激振器复杂，两根轴高速旋转，故制造精度和润滑要求高。目前我国常用的直线振动筛有 ZS 型、ZSM 型、ZKX 型、ZKB 型、ZKR 型和 ZK 型等多种型号。

3.6.2.5 共振筛

共振筛（resonance screen）也称弹性连杆式振动筛，是用连杆上装有弹簧的曲柄连杆机构驱动，使筛子在接近共振状态下工作，达到筛分的目的。图 3-96 为共振筛的原理示意图，它主要由上筛箱 1、下机体（即平衡机体）2、传动装置 3、共振弹簧 4、板簧 5、支承弹簧 6 等部件组成。当电动机通过皮带传动装于下机体上的偏心轴转动时，轴上的偏

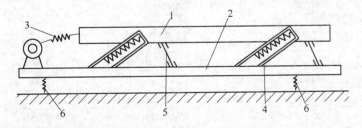

图 3-96 共振筛的原理示意图

1—上筛箱；2—下机体；3—传动装置；4—共振弹簧；5—板簧；6—支承弹簧

心使连杆做往复运动。连杆通过其端部的弹簧将作用力传给筛箱，同时下机体也受到相反方向的作用力，使筛箱和下机体沿着倾斜方向振动，但它们运动方向相反。筛箱和弹簧装置形成一个弹性系统，该系统有自己的自振频率，传动装置也有一定的强迫振动频率，当这两个频率接近相等时，使筛子在接近共振状态下工作。

当共振筛的筛箱压缩弹簧而运动时，其运动速度和动能都逐渐减小，被压缩的弹簧所储存的位能却逐渐增加。当筛箱的运动速度和动能等于零时，弹簧被压缩到极限，它所储存的位能达到最大值，接着筛箱向相反的方向运动，弹簧放出所储存的位能，转化成筛箱的动能，因而筛箱的运动速度增大。当筛箱的运动速度和动能达到最大值时，弹簧伸长到极限，所储存的位能也就最小。由此可见，共振筛的工作过程是系统的位能和动能相互转化的过程。所以在每一次振动中，只消耗供给克服阻力所需的能量就可以使筛子连续运转，因此筛子虽大但功率消耗却很小。

共振筛是一种在接近共振状态下进行工作的筛子。它具有处理能力大、筛分效率高、振幅大、电耗小以及结构紧凑等优点。共振筛目前尚存在一些缺点，如制造工艺比较复杂，机器质量大，振幅很难稳定，调整比较复杂，橡胶弹簧容易老化，使用寿命短。这种筛子常用于选煤和金属选矿厂的洗矿分级、脱水、脱介等作业。在我国选煤厂已经广泛应用，其他选矿厂应用不多。

南昌矿机是目前我国最大的大型筛分机制造公司之一，拥有 40 多年筛分机产品开发和制造历史，是筛分设备国家行业标准（JB/T 6388—2004、JB/T 6389—2006）的主要起草者。其 YKR 系列圆振筛的振幅、频率、筛面倾角均可根据实际情况进行调整。激振器采用外置式块偏心结构，每块侧板的激振器引起的合力通过侧板厚度中心，侧板只受拉、压力，不受弯矩，侧板和筛箱受力状况大为改善。与轴偏心振动器相比，提高了激振力，减轻了激振器质量，维修更换方便。激振器之间用万向节连接，具有使用、安装、更换灵活、使用寿命长的优点。

YKR、ZKR 系列振动筛有 100 多种规格，但只有 6 种规格的激振器，其相应的技术参数如表 3-91 与表 3-92 所示。

表 3-91　YKR 系列圆振筛的技术参数（南昌矿机）

| 型　号 | 筛　面 | | 倾角 /(°)（推荐范围） | 给料粒度 /mm | 处理量 /t·h^{-1} | 振动次数 /次·min^{-1} | 双振幅 /mm | 电动机 | | 质量/kg |
	面积 /m^2	筛孔尺寸 /mm						型　号	功率 /kW	
YKR2060EH	12	3~150	18(15~35)	<350	147~1470	800~900	7.0~11.0	Y180L-4	22	9230
YKR2460EH	14.4	3~150	18(15~35)	<350	176~1764	800~900	7.0~11.0	Y200L-4	30	11738
YKR3060EH	18	3~150	18(15~35)	<350	221~2205	800~900	7.0~11.0	Y200L-4	30	14102
2YKR1445EH	6.3	3~150	18(15~35)	<350	77~772	800~900	7.0~11.0	Y180M-4	18.5	7354
2YKR1645EH	7.2	3~150	18(15~35)	<350	88~882	800~900	7.0~11.0	Y180M-4	18.5	8726
2YKR1852EH	9.45	3~150	18(15~35)	<350	116~1158	800~900	7.0~11.0	Y200L-4	30	11520
2YKR2060EH	12	3~150	18(15~35)	<350	147~1470	800~900	7.0~11.0	Y225S-4	37	13272
2YKR2460EH	14.4	3~150	18(15~35)	<350	176~1764	800~900	7.0~11.0	Y225M-4	45	15432
2YKR3060EH 进口 5KF 轴承	18	3~150	20(15~35)	<350	221~2205	800~900	7.0~11.0	Y225M-4	45	19303

注：表内所列最大处理量是按对松散密度为 2.5t/m^3 的金属矿石进行干式分级给定的。所列处理量仅供参考。

表 3-92　ZKR 系列圆振筛的技术参数（南昌矿机）

| 型 号 | 筛　面 | | 倾角 /(°) (推荐范围) | 给料粒度 /mm | 处理量 /t·h⁻¹ | 振动次数 /次·min⁻¹ | 双振幅 /mm | 电动机 | | 质量/kg |
	面积 /m²	筛孔尺寸 /mm						型 号	功率 /kW	
ZKR1022H	2.25	0.25~50	0(-5、5)	<250	3~25	960	6.0~10.0	Y132SL-6	2×3	2215
ZKR1230H	3.6	0.25~50	0(-5、5)	<250	5~40	960	6.0~10.0	Y132M1-6	2×4	2693
ZKR1237H	4.5	0.25~50	0(-5、5)	<250	5~50	960	6.0~10.0	Y132M1-6	2×5.5	3118
ZKR1437H	5.25	0.25~50	0(-5、5)	<250	9~58	960	6.0~10.0	Y132M1-6	2×5.5	3210
ZKR1445H	6.3	0.25~50	0(-5、5)	<250	9~70	970	6.0~10.0	Y160M-6	2×7.5	4040
ZKR1645H	7.2	0.25~50	0(-5、5)	<250	10~80	970	6.0~10.0	Y160M-6	2×7.5	5005
ZKR1845H	8.1	0.25~50	0(-5、5)	<250	12~88	970	6.0~10.0	Y160L-6	2×11	5436
ZKR2045H	9	0.25~50	0(-5、5)	<250	14~98	970	6.0~10.0	Y160L-6	2×11	5969
ZKR2460H	14.4	0.25~50	0(-5、5)	<250	22~158	970	6.0~10.0	Y180L-6	2×15	9235
ZKR3060H	18	0.25~50	0(-5、5)	<250	27~190	970	6.0~10.0	Y200L2-6	2×22	11562
ZKR3660H	21.6	0.25~50	0(-5、5)	<250	32~235	970	6.0~10.0	Y200L2-6	2×22	14390
2ZKR1437H	5.25	0.25~50	0(-5、5)	<250	12~204	970	6.0~10.0	Y160L-6	2×11	5042
2ZKR1445H	6.3	0.25~50	0(-5、5)	<250	15~245	970	6.0~10.0	Y160L-6	2×11	6883
2ZKR1645H	7.2	0.25~50	0(-5、5)	<250	17~285	970	6.0~10.0	Y160L-6	2×15	8654
2ZKR1845H	8.1	0.25~50	0(-5、5)	<250	18~460	970	6.0~10.0	Y180L-6	2×15	8865
2ZKR2045H	9	0.25~50	0(-5、5)	<250	20~510	970	6.0~10.0	Y180L-6	2×15	9113
2ZKR2052H	10.5	0.25~50	0(-5、5)	<250	20~510	970	6.0~10.0	Y200L2-6	2×22	10128
2ZKR2060H	12	0.25~50	0(-5、5)	<250	20~510	970	6.0~10.0	Y200L2-6	2×22	10875
2ZKR2460H	14.4	0.25~50	0(-5、5)	<250	20~540	970	6.0~10.0	Y200L2-6	2×22	13560
2ZKR3060H	18	0.25~50	0(-5、5)	<250	22~595	980	6.0~9.0	Y225M-6	2×30	18253
2ZKR3660H	21.6	0.25~50	0(-5、5)	<250	26~714	980	6.0~9.0	Y280S-6	2×45	25400

注：表内所列单层筛处理量是按精煤脱水或湿法筛分计算的，双层筛处理量是按精煤分级计算的。所列处理量仅供参考。

3.6.3　高频振动细筛

　　细筛（fine screen）一般指筛孔尺寸小于 0.4mm、用于筛分 0.2~0.045mm 以下物料的筛分设备。当物料中的回收成分在细级别中大量富集时，细筛常用作筛分设备，以得到高品位的筛下物。据报道，我国目前生产的铁精矿有 50% 以上是细筛产出的筛下物。按振动频率划分，细筛可分为固定细筛、中频振动细筛和高频振动细筛 3 类，中频振动细筛的振动频率一般为 13~20Hz；高频振动细筛的振动频率一般为 23~50Hz。

　　高频振动细筛（high frequency vibrating fine screen）应用于磨矿分级回路中的分级作业，分级效率和精度高，可大幅度降低筛上物中合格粒级含量，从而降低磨矿分级循环负荷、提高磨机处理能力和减少磨矿产品的过磨泥化。在磨矿循环中采用细筛作为分级设备以取代螺旋分级机和水力旋流器，日益受到重视。另外，筛分过程对筛下物粒度控制严格，可消除过粗的未单体解离矿粒对精矿质量的不利影响，有利于提高精矿品位。目前，在磨矿分级作业中采用的高频振动细筛有美国德瑞克（Derrick）高频振动细筛、长沙矿冶研究院研制的 GPS 系列高频振动细筛、唐山陆凯公司生产的 MVS 陆凯高频振动细筛、广州有色金属研究院研制的 GYX 型高频振动细筛等。

　　细筛中最先进的当数美国 Derrick 公司的高频振动细筛，其拥有 Urethane 聚酯、Sandwich 夹层和 Pyramid 三维筛网独家专利技术。图 3-97 所示为德瑞克重叠式高频细筛的工作原理。该新型筛分设备最大包含 5 层相互并列重叠的筛框，顶部由两个振动器驱动，并列式筛框下倾角为 15°～25°。通过筛分设备上方的料浆分配器，物料给入筛面，每层筛面即是一个独立的筛分单元。各层筛面的筛上物、筛下物集中汇入统一的筛上、筛下受料斗，由两个出口分别排出。

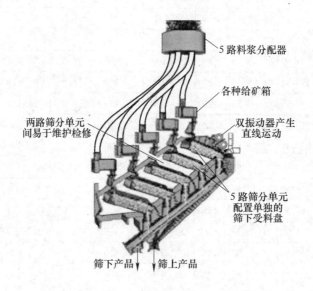

图 3-97　德瑞克重叠式高频细筛工作原理

　　GPS 高频振动细筛是长沙矿冶研究院吸收国外先进技术自主研制的产品，其在振动细筛关键技术"高频振动器的连续运转能力"、"橡胶弹簧悬挂支承"（隔振好，不需要混凝土地基）等方面处于国内领先水平，其系列产品已广泛应用于有色金属矿山、黑色金属矿山、建材玻璃砂生产、金属粉末制取、矿产品深加工等行业，是细粒物料筛分分级的有效设备。其工作参数见表 3-93。

表 3-93　GPS 系列高频振动筛的工作参数

型　号	筛面规格/mm	分离粒度/mm	生产能力/t·h⁻¹	驱动功率/kW	外形尺寸（$l \times b \times h$）/m×m×m
GPSⅡ-600	600×1000-1×2（干式）		0.15～3.0	1.5	1.4×1.4×1.6
GPSⅡ-900	900×1000-1×2（干式）		0.20～4.0	2.2	1.4×1.7×1.6
GPS-1200-3	1200×750-3	0.045～2.0	5～20	2.2	2.7×1.6×2.9
GPS-1400-3	1400×750-3		8～25	3.0	2.8×2.2×3.4

型　号	筛面规格/mm	分离粒度/mm	生产能力/t·h⁻¹	驱动功率/kW	外形尺寸($l \times b \times h$)/m×m×m
GPS(SP)-4	1440×405-4		10~45	3.0	3.2×1.8×3.2
GPS(SP)-6	1440×405-6		15~55	3.0	3.2×2.3×3.2
GPS(SP)-6B	1440×405-6	0.060~2.0	15~55	3.0	3.2×2.3×3.2
GPS(SP)-12	1440×405-12		30~100	3.0×2	4.5×2.3×4.5
GPS12-20	1200×2000	2~50	500m³(隔粗)	3.0	2.6×2.1×1.5
GPS14-30	1400×3000		800m³(隔粗)	3.0	3.8×2.3×2.7

注：1. 生产能力与分离粒度、给料粒度组成、颗粒形状、物料密度、含泥量等有较大关系，闭路磨矿-分级时，配置设计需考虑合适的返砂比，以避免作业能力不足（避免造成恶性循环）或过粉碎，选型前应联系商定。
　　2. 筛网材料可选用不锈钢筛网或高分子聚合物筛板；设备安装时，不能有钢架或管路搭焊在振动筛上。
　　3. 给矿浓度：湿式作业时，铁矿粗精矿浓度小于45%，其他矿小于35%；干式作业时，水分含量低于3%。

GYX、GZX型系列高频振动细筛是具有国际先进水平的细粒物料筛分设备。广泛应用于稀有金属、有色金属、黑色金属矿山、非金属矿山、冶金、化工、煤炭、建材、食品、轻工等工业的细粒物料的湿、干式分级脱水、脱泥等作业中。该系列产品规格齐全，可根据用户需要生产各种规格设备。GYX型系列高频振动细筛的技术参数如表3-94所示。

表3-94　GYX型系列高频振动细筛技术参数

型　号	GYX11-1210	GYX21-1210	GYX31-1210	GYX31-1510	GYX52-1207
振动速度/r·min⁻¹	2900	2900	2900	2900	1400
单振幅/mm	0~0.4	0~0.4	0~0.4	0~0.4	0~0.75
激振力/kg	0~1000	0~2000	0~2300	0~3300	0~12000
电机功率/kW	1.0	2.0	2.0	2.2	2.2×2
分离粒度/mm	≥0.04	≥0.04	≥0.04	≥0.04	≥0.04
给矿浓度/%	≤50	≤50	≤50	≤50	≤50
处理量/t·h⁻¹	1~12	2~25	3~35	4~40	10~80
筛分面积/m²	1.25	2.5	3.75	4.5	8.75
筛面用水/m³·h⁻¹	0.5~2.0	1.0~4.0	2.0~6.0	2.5~6.5	3.5~10.0
质量/t	0.8	1.5	1.8	2.2	4.8
外形尺寸/mm×mm×mm	1520×1666×1600	3130×1692×2875	3920×1694×3357	3920×1944×3560	5600×1712×4271

重叠式高频细筛采用直线振动，保证物料均匀给入筛面。它的开放式设计，便于观察各层筛面和物料流动状况。筛面更换非常容易，并可单独更换其中任一层筛面。所有与料浆接触部分全部采用聚氨酯涂层或衬胶，防止磨损和腐蚀。由于配置的强力双振动器产生直线和7.3g（一般振动器产生4~5g）重力加速度的强力振动，该细筛特别适合于细粒或微细粒物料的筛分。浮动式振动筛框和全封闭式振动器结构，经浮动橡胶弹簧传递给固定筛框的动负荷仅3%~5%，即振动力的95%~97%全部转化为筛分所需的振动力。安装筛机时不需考虑基础承受的动负荷，距离筛机1m处振动噪声低于85dB。

重叠式高频振动细筛采用占地面积小、筛分效率高和处理能力大的湿式细粒物料分级技术。全球已有数千台（包括在中国的 70 余台）重叠式高频振动细筛。在黑色金属和有色金属矿山得到广泛应用。该细筛的准确和高效分级，能够提高金属回收率，降低磨矿电耗，扩大磨机的处理能力，取得显著的经济效益。

复合振动筛是一种新型的细粒物料筛分、分级设备，简称为复振筛。复振筛广泛应用于选矿、选煤、建材、化工等各工业领域。按工作条件可分为湿法筛分和干法筛分两大系列：湿法筛分系列按用途又可分成分级和脱水两类，前者主要适用于选矿行业的物料磨后粒度分级（包括单层和叠层复振筛），适用分级粒度范围 0.043 ~ 3mm，而后者主要适用于选矿选煤行业的尾矿、石英砂和煤泥等脱水处理；干法筛分系列则主要用于建材、化工等领域的细粒分级（-10mm）。

复振筛的设计特点是，在筛机上装有两种不同的振动源——电磁激振器和振动电机组，电磁激振器通过振动传递机构驱动激振帽垂直敲击筛箱内张紧的筛网，使筛网产生垂直于筛面方向的高频振网振动；同时筛箱上安装的振动电机组驱动筛箱整体做直线振动，该直线振动方向与筛面方向呈一定交角。两振动源的振动频率、振动方向和振幅都不同。二者交互作用合成筛网网面的复合振动。

复合振动模式的优点是：电磁振动方向垂直于筛网网面方向，振动频率高（50Hz），振动强度大（8 ~ 10g），能强化细粒物料透筛，并有瞬时强振筛网自清理防堵孔作用；直线振动方向与筛网网面方向形成一定交角，振动频率较低（16Hz 或 25Hz），振幅较大，对物料起抛掷作用，有利于物料层的松散和向前输送。这种复合振动方式是目前国际上细粒筛分振动系统最佳的振动模式之一，比单一振动模式具有更高的工作效率。

河北省唐山市陆凯科技有限公司生产的复合振动筛，其运动方式独特，能耗低，筛分效率高，处理量大，是目前细粒物料筛分领域最为先进的设备之一。其设备型号与技术参数如表 3-95 ~ 表 3-97 所示。

表 3-95　FG 系列叠层共振式复合振动筛型号及参数表（陆凯）

型　号	筛箱层数	筛面面积/m^2	功率/kW	用　途
D2FG1014	2	2.80	3.72	
D3FG1014	3	4.20	3.72	
D4FG1014	4	5.60	3.72	湿法分级
D5FG1014	5	7.00	3.72	
D2FG1216	2	3.84	3.72	
D3FG1216	3	5.76	3.72	
D4FG1216	4	7.68	3.72	湿法分级
D5FG1216	5	9.60	3.72	
D2FG1224	2	5.76	3.72	
D3FG1224	3	8.64	5.20	
D4FG1224	4	11.52	5.20	湿法分级
D5FG1224	5	14.40	5.20	

表 3-96 DXMVSK 叠层筛系列工作参数

型 号	筛面层数	筛面面积/m²	外形尺寸 /mm × mm × mm	给料浓度/%	处理量 /t·h⁻¹	功率/kW
MVSK2020	1	4	2778 × 2676 × 2623		15 ~ 25	1.2
MVSK2420	1	4.8	2778 × 3076 × 2623		20 ~ 30	1.2
D3MVSK1518	3	8.1	4348 × 3674 × 3255		30 ~ 45	1.2
D2MVSK2418	2	8.64	3481 × 3296 × 2750	30 ~ 45	30 ~ 50	1.6
D3MVSK2418	3	12.96	4348 × 4750 × 3297		45 ~ 75	2.4
D4MVSK2418	4	17.28	5200 × 4750 × 3900		60 ~ 100	3.2

表 3-97 FMVS 系列复振筛系列工作参数

型 号	筛面层数	筛面面积/m²	外形尺寸 /mm × mm × mm	给料浓度/%	处理量 /t·h⁻¹	功率/kW
MV2020	1	4	2778 × 2676 × 2623	30 ~ 45	15 ~ 25	1.2
MV2420	1	4.8	2778 × 3076 × 2623		20 ~ 30	1.2

DXMVSK2418 筛机的振动系统采用全新结构设计,减轻了自重,从而使振动惯性减小,更为节能。每个激振器同时驱动四组传动系统,每个激振器工作参数单独可调。

整机结构采用多层筛箱叠加布置,每层筛箱独立工作,互不影响;筛上物、筛下物分别收集,汇集排出。总体布局紧凑,大大减少了筛机占地面积。其工作参数见表 3-98。

表 3-98 DXMVSK2418 筛机的工作参数

型 号	筛面层数	筛面面积/m²	外形尺寸 /mm × mm × mm	给料浓度/%	处理量 /t·h⁻¹	功率/kW
D2MVSK2418	2	8.64	3481 × 3296 × 2750		30 ~ 50	1.6
D3MVSK2418	3	12.96	4348 × 4750 × 3297	30 ~ 45	45 ~ 75	2.4
D4MVSK2418	4	17.28	5200 × 4750 × 3900		60 ~ 100	3.2

3.6.4 其他筛分设备

3.6.4.1 概率筛

概率筛(probability screen)的筛分过程遵循概率理论。由于这种筛分机是瑞典人摩根森(F. Mogensen)于 20 世纪 50 年代首先研制成功的,所以又称为摩根森筛。我国研制的概率筛于 1977 年问世,目前在工业生产中得到广泛应用的有自同步式概率筛和惯性共振式概率筛两种。

自同步式概率筛的工作原理如图 3-98 所示,其结构如图 3-99 所示。它由 1 个箱形框架和 5 层(一般为 3 ~ 6 层)坡度自上而下递增、筛孔尺寸自上而下递减的筛面组成。筛箱上带偏心块的激振器使悬挂在弹簧上的筛箱做高频直线振动。物料从筛箱上部给入后,迅速松散，并按不同粒度均匀地分布在各层筛面上，然后各个粒级的物料分别从各层筛面下端及下方排出。

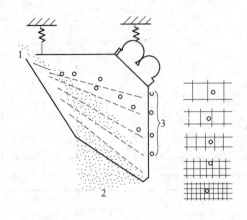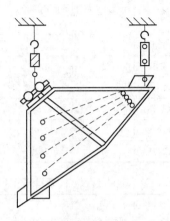

图 3-98　自同步式概率筛的工作原理　　　　　图 3-99　自同步式概率筛的结构

1—给料；2—细粒；3—粗粒

概率筛的突出优点是：

（1）处理能力大，单位筛面面积的生产能力可达一般振动筛的 5 倍以上；

（2）由于采用较大的筛孔尺寸和筛面倾角，物料透筛能力强，不容易堵塞筛孔；

（3）结构简单，使用维护方便，筛面使用寿命长，生产费用低。

3.6.4.2　等厚筛

等厚筛（equals thick screen）是一种采用大厚度筛分法的筛分机械，在其工作过程中，筛面上的物料层厚度一般为筛孔尺寸的 6~10 倍。普通等厚筛具有 3 段倾角不同的冲孔金属板筛面，给料段一般长 3m，倾角为 34°，中段长 0.75m，倾角为 12°，排料段长 4.5m，倾角为 0°。筛分机宽 2.2m，总长度达 10.45m。

等厚筛的突出优点是生产能力大，筛分效率高。其缺点是机器庞大、笨重，为了克服这个缺点，将概率筛和等厚筛的工作原理结合在一起，研制成功了一种采用概率分层的等厚筛，称为概率分层等厚筛。

概率分层等厚筛的结构特点是第 1 段基本上采用概率筛的工作原理，而第 2 段则采用等厚筛的筛分原理，其结构如图 3-100 所示。这种筛分机有筛框、2 台激振电动机和带有隔振弹簧的隔振器 3 个组成部分。筛框由钢板与型钢焊成箱体结构，筛框内装有筛面。第 1 段筛面倾角较大，层数一般为 2~4 层，长度为 1.5m 左右；第 2 段筛面倾角较小，层数一般为 1~2 层，长度为 2~5m。筛分机的总长度比普通等厚筛缩短了 2~4m。概率分层等厚筛既具有概率筛的优良性能，又具有等厚筛的优点，而且明显地缩短了机器的长度。

3.6.4.3　胡基筛

胡基筛（hukki screen）属于立式圆筒筛

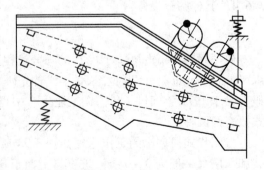

图 3-100　概率分层等厚筛结构

的一种，它兼有水力分级和筛分作用。如
图 3-101 所示。该筛分机主要由一个敞开的倒锥
体组成，顶部为圆筒筛，给矿由顶部中间进入，
利用一个装有径向清扫叶片的低速旋转圆盘使矿
浆以环形方式按一定角速度移动，给到圆筒筛
上，这样筛面可以不直接负载物料而进行筛分。
冲洗水引入圆锥体部分，使物料进一步产生分级
作用，粗粒沉落到锥体底部，通过控制阀排料。
粗粒部分沉降时所夹带下来的细粒，依靠向上冲
洗水送回旋转圆盘顶部进行循环处理。筛面由合
金、塑料楔棒构成，棒间向外扩展的长条筛孔与
水平呈直角，筛子有效面积为 5% ~ 8%。

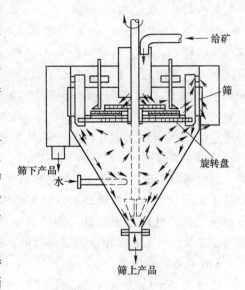

据胡基推荐，可采用这种筛分机械从旋流器
底流中分离细粒级。例如一种小型试验设备，当
长筛孔尺寸为 500mm，筛面为 0.24m² 时，每 1h
可以处理旋流器沉砂 13.2t，细粒级回收率达

图 3-101 胡基筛分装置

87%。1975 年在芬兰奥托昆普公司装一台直径 1.6m 的工业型胡基筛，生产率为 100 ~
200t/h。

3.6.4.4 超声波筛分机

沃利斯筛分机（wallis ultrasonic screen）的原理是利用低振幅、高频率的筛分运动，
使小于筛孔级别的颗粒与筛面接触的机会增多，从而使它通过筛孔的可能性增大，有利于
改善筛分效率。

沃利斯筛分机如图 3-102 所示。它包括筛面、超声传感器和发生器、带下槽的给矿
箱。这些部件都安装在铝制机架上，整个设备很轻，易于移动和安装，筛分机并不振动，
只有超声波的声频起作用。筛分机的筛面宽度为 0.77m，筛面由拉紧安装在铝架上的不锈
钢筛网构成，筛面呈 35°角倾斜安装。超声波传感器安装在筛下距筛网约 2cm 处，传感器
所需发生器的功率为 2kW，超声波频率 18kHz。

给矿箱是用不锈钢制的，基本上是一个堰板装置，
具有尺寸可变的出口缝，从而保证分配均匀地给矿到筛
上。它只适用于湿式筛分，不能进行干式操作，因为湿式
筛分的矿浆水兼有冷却传感器和传递超声波的作用。金刚
石矿的试验表明，用这种筛分机处理 750μm 以下的粒度，
筛分效率很高，超过此粒级以上时，筛分效率显著下降。
当筛分细物料时，筛分效率反倒增高，因为这种筛分机的
筛孔被堵塞的可能性小，另外超声波有助于避免筛孔堵
塞，在筛孔较细的情况下特别显著。用这种筛分机筛分
104μm 占 35% 的物料时，效果良好，处理能力为 15t/h，
筛分效率达 99%，筛上物含水分为 16% ~ 22%。这种筛
分机的缺点是筛网磨损快，传感器有时不起作用。

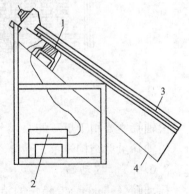

图 3-102 沃利斯筛分机
1—超声波换能器；2—发生器；
3—筛面；4—排水孔

3.6.4.5 圆筒筛

圆筒筛（cylinder screen）见图 3-103，其筛面为圆柱形，安装角度一般为 4°~5°。也有的筛面为圆锥形，采用水平或微倾斜安装。物料从一端给入筛筒内，随着筛筒的旋转，物料向另一端移动。在移动过程中，细粒物料透过筛孔落入筛下漏斗，大于筛孔的粗粒物料从另一端排出。

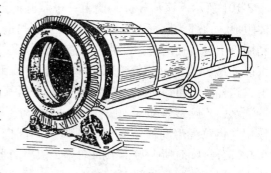

图 3-103　圆筒筛

圆筒筛属于低速筛分机，运转比较平稳，安装于高层建筑上，振动较轻。其缺点是筛分效率较低，处理量也较低。圆筒筛常用作湿筛，并兼作洗矿机。由于其结构简单，有些小型采石场将它用于石料分级。

3.6.4.6 滚轴筛

滚轴筛（roll screen）的结构见图 3-104。它由多根平行排列的滚轴组成，一般为 6~10 根滚轴，最多达 20 根滚轴。滚轴上装有偏心圆盘或三角形盘。滚轴由电动机和减速机经链轮或齿轮带动滚轴旋转。转动方向与物料流的方向相同，筛面倾角一般为 12°~15°。

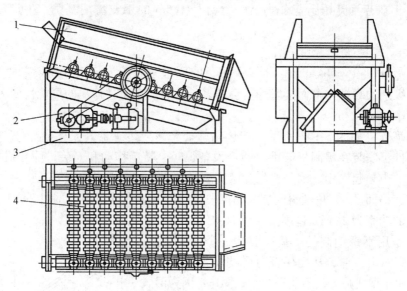

图 3-104　滚轴筛的结构
1—筛箱；2—传动装置；3—筛架；4—滚轴

滚轴筛主要用于煤矿的原煤分级和大块矸石脱介，以及焦化厂、炼铁厂等的物料筛分。滚轴筛虽然结构笨重，筛分效率较低，但是工作十分可靠。

3.6.4.7 摇动筛

摇动筛（shaker screen）的结构见图 3-105。它曾经被广泛应用于矿物的分级、脱水和脱介。摇动筛的筛箱由 4 根弹性支杆或弹性铰接支杆来支撑，用偏心轴和弹性连杆来传动。由于支杆是倾斜安装，所以筛箱具有向上和向前的加速度，使物料不断地从筛面上抛起，使小于筛孔的颗粒透筛，同时把物料向前输送。

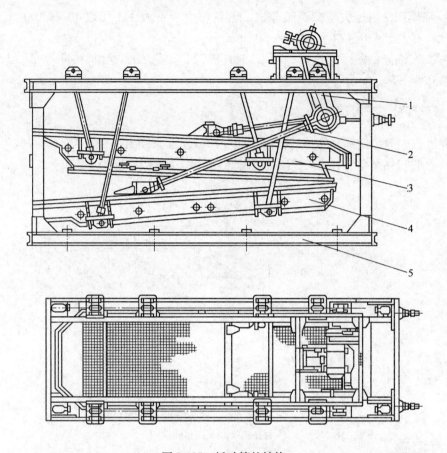

图 3-105 摇动筛的结构
1—传动部；2—连杆；3—上筛箱；4—下筛箱；5—架子

　　摇动筛的振动速度一般为 300~400r/min，快速摇动筛可达 500r/min。但是从摇动筛的总体来看，它属于慢速筛分机，其处理量和筛分效率都较低，因此，目前在一般选矿厂、选煤厂和采石场已很少使用。

3.7　破碎筛分工艺流程和设备选型计算

　　破碎筛分作业是选矿厂磨矿前的准备作业，在石料加工厂或辅助原料厂则是主要作业。在破磨过程中，为了降低能耗，力求"多碎少磨"，尽量减小破碎的最终产物粒度。

　　处理坚硬物料（花岗岩、硅质砾石等）或磨蚀性强的物料的破碎机，其破碎比一般为 3~10。为了把矿山开采出来的原矿碎至磨碎段的给料粒度，必须经过多段破碎（粗、中、细碎）。各段的给料及排料粒度范围及使用的破碎机类型如下：

　　（1）粗碎（包括一次或两次粗碎）：使用旋回破碎机或颚式破碎机。给料粒度不大于 1500mm，排料粒度不大于 100（或 150）~300（或 350）mm。

　　（2）中碎：使用标准型圆锥破碎机。给料粒度：不大于 100（或 150）~300（或 350）mm，排料粒度：不大于 19（或 40）~100（150）mm。

（3）细碎：使用短头型圆锥破碎机。给料粒度：不大于 19（或 40）~ 100（150）mm，排料粒度：不大于 4.8（或 5）~ 25（或 30）mm。

（4）二次细碎：使用辊压机、超细圆锥破碎机或柱磨机。给料粒度为 6 ~ 51mm，排料粒度为 0.83 ~ 9.5mm。

3.7.1　破碎筛分工艺流程

破碎流程一般包括筛分作业。破碎作业和筛分作业共同组成破碎段，所有破碎段的作业总和（有时包括洗矿等作业）构成破碎筛分流程，如图 3-106 所示。

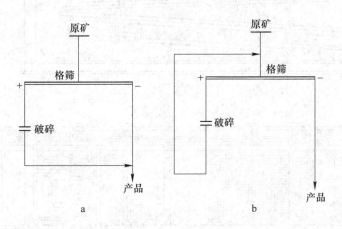

图 3-106　破碎筛分流程

a—开路破碎；b—闭路破碎

3.7.1.1　破碎筛分流程的确定因素

对于破碎筛分流程，应考虑以下几个因素。

A　确定合理的最终破碎产品粒度

对于破碎筛分厂，主要是为磨矿作业提供原料。由于最终破碎产品粒度即是磨矿机的适宜的给矿粒度，因此它对磨矿机的生产能力和单位产品的能耗（单产能耗）、单位产品钢耗（单产钢耗）有着重要影响。

确定磨矿机最适宜的给矿粒度（即最终破碎产品粒度）时，需要考虑破碎和磨矿总的技术经济效果。破碎的产品粒度越大，破碎机的生产能力就越大，破碎费用也越低；但磨矿机的生产能力将降低，磨矿费用将增高。反之，破碎费用高，磨矿费用低。因此，应综合考虑破碎和磨矿，选取总费用最低的破碎产品粒度，作为适宜的破碎最终产品粒度。

许多选矿学者提倡"多碎少磨"，力求降低破碎产品最终粒度，这一问题的实质是确定合理的最终破碎产品粒度。

美国学者 C. A. 罗兰（Rowland）建议用下式确定破碎最终产品粒度：

对棒磨机　　　　　　　　　$F_{or} = 16000 \sqrt{\dfrac{13}{W_{ir}}}$　μm　　　　　　　(3-43)

对球磨机　　　　　　　　　$F_{ob} = 4000 \sqrt{\dfrac{13}{W_{ib}}}$　μm　　　　　　　(3-44)

式中　F_{or}，F_{ob}——分别为棒磨机、球磨机最佳给矿粒度，μm；

　　　　W_{ir}，W_{ib}——分别为棒磨功指数、球磨功指数，$kW \cdot h/t$。

由最终破碎产品粒度与破碎、磨矿功耗曲线也可以确定合理的最终产品粒度。对每一种矿石，通过实验或计算都可以绘制如图 3-107所示的曲线。由图中曲线 3 的最小值即可确定合理的破碎产品粒度。

北京矿冶研究总院曾对凡口铅锌矿进行了最佳破碎产品粒度测定研究，结果为粒度在 8 ~ 10mm 范围内，与典型曲线（图3-107）相近。这一数值与经验数据也相当吻合。

对于自磨机，最适宜的给矿粒度为 200 ~ 350mm。砾磨机需要从破碎产品中分出一部分矿石作为砾石时，其粒度一般为 40 ~ 100mm。破碎产品直接入选时，可根据工艺和设备的要求来确定。破碎产品作为成品时，则根据用户要求确定，且随着新技术的发展而做相应改变。

棒磨机在开路作业时，适当增大破碎产品粒度。此外，还要考虑选用的破碎机所能达到的实际破碎比（表3-99）。

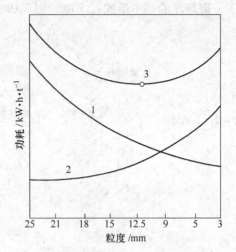

图 3-107　破碎产品粒度与功耗的关系
1—磨矿；2—破碎；3—破碎与磨矿

表 3-99　各种破碎机在不同条件下的破碎比

作　业	破碎机形式	工作条件	破碎比
粗　碎	大型颚式破碎机	开路	3 ~ 5
	旋回式破碎机	开路	3 ~ 5
	中小型颚式破碎机	开路	3 ~ 6
	锤式破碎机	开路	8 ~ 25
	反击式破碎机	开路	8 ~ 25
中　碎	标准型圆锥破碎机	开路	3 ~ 5
	中型圆锥破碎机	开路	3 ~ 6
	中型圆锥破碎机	闭路	4 ~ 8
	锤式破碎机	闭路	8 ~ 40
	反击式破碎机	闭路	8 ~ 40
细　碎	短头型圆锥破碎机	开路	3 ~ 6
	短头型圆锥破碎机	闭路	4 ~ 8
	对辊破碎机	闭路	3 ~ 15
	锤式破碎机	闭路	4 ~ 10
	反击式破碎机	闭路	4 ~ 10
超细碎	液压圆锥破碎机	闭路	6 ~ 10
	旋盘式破碎机	闭路	6 ~ 10
	超重型圆锥破碎机	闭路	6 ~ 10
	惯性破碎机	开路	10 ~ 20
	高压辊磨机	开路	10 ~ 20

B　选择合理的破碎段数

破碎段数是破碎流程的最基本单元。由于破碎段数以及破碎机和筛子的组合不同，破碎流程也不同。

破碎段是由筛分作业及筛上物所进入的破碎作业组成，也可以不包括筛分作业或同时有两种筛分作业。

破碎段的基本形式有 5 种（图 3-108）。

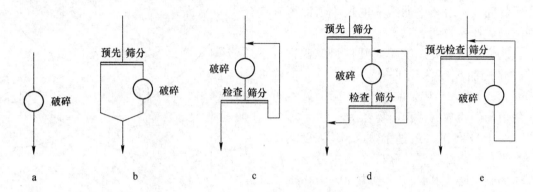

图 3-108　破碎段的基本形式
a—单一破碎段；b—预先筛分破碎段；c—检查筛分破碎段；
d，e—带有预先筛分和检查筛分的破碎段

两段以上的破碎流程是不同破碎段形式的各种组合，故有多种方案。

破碎段数的确定，主要取决于选矿厂的规模、原矿最大粒度与最终产品的粒度，以及各破碎段所能达到的破碎比。

选矿厂原矿的最大粒度，一般由采矿决定，与矿床赋存条件、矿山规模、采矿方法、矿山装卸及运输设备等因素有关（表 3-100）。

表 3-100　原矿最大粒度与采矿方法的关系

选矿厂规模	露天开采		地下开采	
	铲斗容积/m³	原矿最大粒度/mm	采矿方法	原矿最大粒度/mm
大　型	2~6	800~1500	深孔采矿	<500~600
中　型	0.5~2	350~800	深孔采矿	<400~500
小　型	0.2~1	200~500	浅孔采矿	<200~300

破碎段数的确定，就是要合理地确定总破碎比。再根据总破碎比分配各段破碎比，各段破碎比取决于采用的破碎机的工作制度和矿石性质。

C　确定预先筛分和检查筛分工作制度

预先筛分是在矿石进入破碎机之前的筛分作业。预先筛分细粒，可防止过粉碎，提高破碎机生产能力。当矿石含水分较高和粉矿较多时，预先筛分可避免破碎机堵塞，有利于破碎机工作。但矿石含水、含泥高时，又会堵塞筛孔，使预先筛分失去作用。因此，应权衡利弊，慎重取舍。不过，原则上认为设置预先筛分还是有利的。因为大多数原矿粒度特性曲线，特别是破碎机的产品粒度曲线均表明有相当数量的下一段破碎的合格产品。所以，预先筛除这部分细粒，对减轻该段破碎机的负荷、改善破碎机工作条件以及节约能耗都是有意义的。其缺点是：要增加厂房高度，增加基建投资。所以，若粗、中碎破碎机生产能力富余时，可以不考虑预先筛分。当大型旋回破碎机采用挤满给矿时，也不设预先筛分。

检查筛分的目的是为了控制破碎产品粒度和充分发挥破碎机的生产能力。

鉴于破碎机排矿的过大颗粒产品不可避免，且数量较多，为满足设计最终产品粒度要求，势必要设置检查筛分与最后一段破碎机组成闭路。各种破碎机排矿中小于其排矿口的过大颗粒含量 β 与相对过大粒度系数 Z（最大颗粒与破碎机排料口之比值）列于表 3-101（按国际生产的标准机型）。

表 3-101 破碎机排矿的过大颗粒含量 β 与相对过大粒度系数 Z 的关系

矿石可碎性等级	破碎机类型							
	旋回破碎机		颚式破碎机		标准圆锥破碎机		短头型圆锥破碎机	
	β/%	Z	β/%	Z	β/%	Z	β/%	Z
难碎性矿石	35	1.05	38	1.75	53	2.4	75	2.9~3.0
中等可碎性矿石	20	1.45	25	1.60	35	1.9	60	2.2~2.7
易碎性矿石	12	1.25	13	1.40	22	1.6	38	1.8~2.2

对于特大型选矿厂，有时不用检查筛分，而将细碎产品粒度放宽到 25~30mm，另加一段棒磨机作为细碎。有的加上一个第四段闭路破碎段，构成四段闭路破碎流程。

D 设置洗矿作业的必要性

在处理含泥较多的氧化矿或其他含泥含水较多的矿石时，容易堵塞破碎筛分设备、矿仓、溜槽和漏斗，使破碎机生产能力显著下降，甚至影响正常生产，因此破碎流程必须考虑设置洗矿设施。一般认为原矿含水量大于 5%、含泥量大于 5%~8%，就应该考虑洗矿，并以开路破碎为宜。

对某些矿石（如黑钨矿等），为了便于手选、光电选矿或重介质选矿，也需要设置洗矿作业。也有些矿石（如沉积铁锰矿床）在破碎过程中经过洗矿、脱泥，使有用矿物富集而获得合格产品。

3.7.1.2 破碎筛分流程的分类

按破碎段数组合可分为一段、二段、三段和四段。按与筛子之间联系可分为开路和闭路。

A 一段开路粗碎流程

如图 3-109 所示，这种流程适用于为各种类型和规格的自磨机提供原料，其给料粒度是由采矿方法决定的，破碎产品粒度为 200~350mm。

这类流程的特点是工艺简单，设备少，厂房占地面积小。从表 3-101 可看出，自磨机给料粒度偏大一些，应该降低到 300~0mm 较为合理。一般来说，采用自磨机碎磨矿石，其能耗是较高的。有人认为，比常规破磨流程的能耗高 25%；也有人认为不高，尚没有定论。但是，值得指出的是，采用自磨机处理含泥和含水量大的矿石，为流程的畅通提供了良好的操作条件，如表 3-102 中的东山铁矿、铜绿山铜矿和武山铜矿，原采用常规磨矿，流程不畅通，在生产中经常影响

图 3-109 一段开路粗碎流程

其他环节（如给矿机漏斗、破碎机腔、皮带机转换漏斗和筛子），严重影响生产的正常进行，后改为自磨磨矿，采用粗碎流程，生产上取得了良好效果。

表 3-102 列出了采用一段破碎流程的主要选厂。

表 3-102　采用一段粗碎流程的选厂

选厂名称	设计规模/万吨·年$^{-1}$	粗 碎 机	给料粒度/mm	产品粒度/mm	自 磨 机
金山店	400	800 × 1200 颚式（2 台）	600 ~ 0	350 ~ 0	φ5.5 × 1.8 湿式（2 台）
歪头山	500	1200 旋回（2 台）	1000 ~ 0	350 ~ 0	φ5.5 × 1.8 湿式（9 台）
吉　山	200	2100 × 1500 颚式（1 台）	1000 ~ 0	400 ~ 0	φ5.5 × 1.8 湿式（4 台）
石人沟	150	2100 × 1500 颚式（1 台）	1000 ~ 0	350 ~ 0	φ5.5 × 1.8 湿式（3 台）
东　山	100	900 × 1200 颚式（1 台）	600 ~ 0	350 ~ 0	φ5.5 × 1.8 湿式（1 台）
漓　堵	100	600 × 800 颚式（2 台）	450 ~ 0	350 ~ 0	φ5.5 × 1.65（1 台）
铜绿山	100	1200 × 1500 颚式	1000 ~ 0	350 ~ 0	φ5.5 × 1.8（2 台）
武　山	设计 150			350 ~ 0	φ5.5 × 1.8

B　两段破碎流程

采用两段破碎流程的大多是小型选矿厂，这是因为从采矿来的原矿粒度较小，也有的由于工艺有特殊的要求而采用两段破碎流程。

两段破碎流程大致结构有两种。

a　两段闭路流程

该流程如图 3-110 所示。

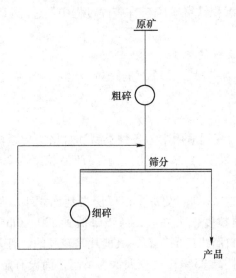

图 3-110　两段闭路流程

表 3-103 列出了采用两段闭路工艺流程的部分选厂。

表3-103 采用两段闭路流程的选厂

选厂名称	规模/万吨·年$^{-1}$	原矿粒度/mm	粗 碎 机	细 碎 机	产品粒度/mm	矿石类型
金 岭	50	650~0	900×1200 颚式(2台)	ϕ1800×1600 锤式(2台)	12~0	铁矿
高戈庄	32	600~0	400×600 颚式(2台)	ϕ1000×1000 锤式(2台)	20~0	铁矿
刘 岭	10	350~0	400×600 颚式(1台)	ϕ800×1000 锤式(2台)		铁矿
苏 家	10	350~0	400×600 颚式(1台)	ϕ1300 单缸液压圆锥破碎机		铁矿
酒埠江	22	350~0	400×600 颚式	ϕ1040×700 反击式 ϕ1650 圆锥		铁矿
羚 琥	25	350~0	400×600 颚式	ϕ1200 圆锥	17.5~0	金矿
乔 家	16.5	350~0	600×900 颚式	ϕ1750 中型圆锥		金矿
靳 城	10	350~0	400×600 颚式	ϕ1200 中型圆锥	16~0	金矿
巴 里	50	300~0	400×600 颚式	ϕ1200 中型圆锥	20~0	铜矿
东乡(含泥)	200	450~0	600×900 颚式	ϕ1750 多缸液压	25~0	铜矿
酒钢(焙烧)	80	650~0	800 旋回	ϕ2200 标准圆锥	75~0	铁矿
冶山(混合矿)(含泥)			600×900 颚式(2台)	ϕ1650 液压中型圆锥	25~0	铁矿
赤马山			600×900 颚式	ϕ1200 标准圆锥	20~0	铜矿
新 冶		450~0	600×900 颚式	ϕ1200 短头圆锥	15~0	铜矿
安溪冶炼厂		320~0	380×900 颚式	ϕ1520 单缸液压	12~0	铜渣

b 两段开路流程

该流程如图 3-111 所示。

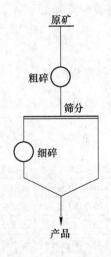

图 3-111 两段开路流程

表 3-104 列出了采用两段开路工艺流程的部分选厂。

表 3-104　采用两段开路流程的选厂

选厂名称	规模/万吨·年$^{-1}$	原矿粒度/mm	粗碎机	细碎机	产品粒度/mm	矿石类型
塔尔山	10	350~0	400×600 颚式	ϕ600×400 锤式	60~0	铁矿
深崖	10	350~0	400×600 颚式	ϕ900 圆锥	20~0	铁矿
小钛	20	350~0	400×600 颚式	250×400 颚式		铁矿
铁坑	30	300~0	400×600 颚式（3 台）	ϕ1650 中重、圆锥	25~0	铁矿
乔庄	5	210~0	250×750 全重强力细碎颚式机	ϕ600 旋盘破碎机	12~0	金矿

为了使破碎产品粒度更小，有的小选矿厂（3~5 家）采用了锤式破碎机，其中用得最好的是金岭铁矿，用二段闭路破碎流程，得到了 12~0mm 最终产品粒度，达到了三段闭路破碎工艺水平，进而使磨矿机磨矿效率得以提高。但是锤式破碎机的锤头磨损较快，每处理 1t 矿石的锤头消耗费用高达 0.28 元（1988 年底），而且维修量大。在生产中两段破碎流程大部分采用颚式破碎机和圆锥破碎机配套使用，近几年来也有采用粗碎颚式和细碎颚式破碎机配套使用的。

表 3-104 中的乔庄金矿采用了较为先进的设备，第一段粗碎采用了 250×750 强力细碎颚式破碎机（北京人民矿山机械厂产品），第二段采用了 ϕ600 旋盘式圆锥破碎机，破碎最终产品粒度为 12~0mm。

贵溪冶炼厂转炉渣分选车间，采用了 380×900 颚式破碎机和 ϕ1500 单缸液压破碎机与筛分机构组成闭路，给料为 300mm，破碎产品粒度全部小于 15mm，底部单缸液压圆锥破碎机破碎比大，排矿口调节容易，液压过载保护装置可靠且先进。

C　三段破碎流程

采用三段破碎流程的大多是中型和大型选矿厂，大部分黑色和有色金属矿山采用了三段闭路破碎流程。

a　三段闭路破碎流程

该流程如图 3-112 所示。

表 3-105 列出了采用三段闭路破碎流程的部分选厂。

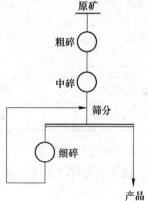

图 3-112　三段闭路流程

表 3-105　采用三段闭路流程的选厂

选厂名称	规模/万吨·年$^{-1}$	给矿粒度/mm	粗碎	中碎	细碎	破碎产品粒度/mm	矿石类型
南芬	700	1000~0	2100×1500 颚式	ϕ1200 标准	ϕ1650 短头	15~0	铁矿
弓长岭（一选）	660	1000~0	1200/180 旋回	ϕ2100 标准	ϕ2100 短头	12~0	铁矿
弓长岭（二选）	800	1000~0	1200/180 旋回	ϕ2200 标准	ϕ2200 短头	12~0	铁矿
东鞍山	500	1000~0	1200/180 旋回	ϕ2100 标准	ϕ2100 短头	12~0	铁矿
大孤山	550	1000~0	1200/180 旋回	ϕ2100 标准	ϕ2100 短头	12~0	铁矿
大石河	650	1000~0	900 旋回	ϕ2200 标准	ϕ2200 短头	12~0	铁矿

续表 3-105

选厂名称	规模/万吨·年$^{-1}$	给矿粒度/mm	粗 碎	中 碎	细 碎	破碎产品粒度/mm	矿石类型
水 厂	650	1000~0	1200/1200 旋回	φ2200 标准	φ2300 短头	12~0	铁矿
密 潮	150	600~0	900×1200 颚式	φ2100 标准	φ2200 短头	13~0	铁矿
凹 山	500	1000~0	1200×1500 颚式	φ2100 标准	φ2100 短头	12~0	铁矿
冶 山	175	500~0	600×900 颚式	φ1650 标准	φ1750 短头	12~0	铁矿
上 泉	150	350~0	600×900 颚式	φ1200 标准	φ1750 短头	12~0	铁矿
焖景山			1200×1500 颚式	φ2100 标准	φ2100 短头	15~0	铜矿
铜山口	100	1000~0	1200×1500 颚式	φ1750 标准	φ2200 短头	18~0	铜矿
德 兴	500	1000~0	1200×1500 颚式	φ2200 标准	φ2200 短头	20~0	铜矿
落 馨	215	750~0	900 旋回	φ2100 标准	φ2100 短头		铜矿
烂泥坪	75	500~0	600×900 颚式	φ1200 标准	φ2100 短头	12~0	铜矿
易 门	60	500~0	600×900 颚式	φ1650 标准	φ2200 短头	15~0	铜矿
牟 定	50	400~0	500 旋回	φ1650 标准	φ1750 短头	20~0	铜矿
大 姚	100	400~0	500 旋回	φ1200 标准	φ1750 短头	25~0	铜矿
长 坡	30	350~0	400×600 颚式	φ1200 中重	φ1200 短头	20~0	锡矿
车 和	130	600~0	900×1200 颚式	φ2700 标准	φ2200 短头	20~0	锡矿
长 岭	60	350~0	400×600 颚式	φ1200 标准	φ1750 短头	15~0	锡矿
金川（1）		1000~0	1500×2100 颚式	φ2100 标准	φ2100 短头	25~0	镍矿
金川（2）				φ1750 标准	φ1750 短头	12~0	镍矿
金厂峪	40	350~0	400×600 颚式	φ1200 标准	φ1200 短头	17~0	金矿
沂 南	10	460~0	600×900 颚式	400×600 颚式	φ1200 短头	20~0	金矿
凡 口	160	500~0	600×900 颚式	φ1650 标准	φ2250 短头	22~0	铅锌矿
西华山	16.5	350~0	500 旋回	φ1650 标准	φ1750 短头	12~0	钨矿

三段闭路流程在我国选矿厂应用较为广泛。一般来说，其适应性较强，对于含泥较少又不堵破碎机和筛孔的矿石，大都采用三段闭路破碎。大量工业实践表明，破碎产品粒度可以控制在 12~0mm，能为磨矿作业提供较为理想的给料。

b 三段开路破碎流程

该流程如图 3-113 所示。

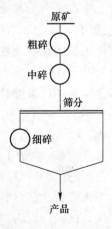

图 3-113 三段开路流程

表 3-106 列出了采用三段开路破碎流程的选厂。

表 3-106　采用三段开路流程的选厂

选厂名称	规模 /万吨·年⁻¹	给矿粒度 /mm	粗碎	中碎	细碎	产品粒度 /mm	矿石类型
因　民	150	350～0	700 旋回	φ1650 标准	φ1650 短头	20～0	铁矿
汤　丹	65	350～0	600×900 颚式	φ1650 标准	φ2200 短头	15～0	铁矿
木　奔	200	350～0	900 旋回	φ2100 标准	φ2100 短头	20～0	铁矿
铜　山	60	300～0	300 旋回	φ1650 标准	φ2100 短头	15～0	铁矿
桃　林	120	210～0	750 旋回	φ2100 短头	φ1650 短头	12～0	金矿

D　四段破碎流程

四段破碎流程在我国应用较少，过去只有包钢矿山公司采用四段开路破碎。近年来由于重视了矿石的破、磨节能，有些矿山进行了改造，增设了第四段破碎作业，但其效果尚不显著。

3.7.2　破碎筛分设备选型计算

3.7.2.1　破碎设备的选型计算

A　破碎机的选型原则

破碎设备类型的选择和规格的确定，主要与所处理矿石的物理性质（硬度、密度、黏性、含黏土量、水分、给矿中的最大粒度等）、处理量、破碎产品粒度以及设备配置等因素有关。所选用的破碎设备必须满足破碎产品粒度、设计处理量和适应给矿中最大矿块的要求。粗破碎机给矿中的最大矿块，一般不大于破碎机给矿口宽度的 0.8～0.85 倍；中、细破碎机不大于 0.85～0.9 倍。

a　粗碎机的选择

金属矿山选矿厂的粗碎破碎机，一般采用颚式破碎机或旋回破碎机，在某些非金属或水泥等工业中，当处理中等硬度或较软矿石时，也可采用反击式破碎机。

设计大、中型选矿厂时，在确定选用颚式破碎机还是选用旋回破碎机之前，一般都从设备安装功率、设备质量、基建投资、生产经营管理费、设备配置情况及工艺操作的优缺点等方面，进行技术经济比较，择优选用。

设计中、小型选矿厂时，为了适应采矿场来矿块度较大的特点，需要采用与矿块尺寸相适应的粗破碎机。

设在矿山坑内的大型破碎机应选择能解体吊装的特制的井下破碎机。设在露天采矿场的破碎机可采用半固定式或移动式破碎机。

颚式破碎机的优点：构造简单，质量轻，价格较低廉，便于维修和运输，外形高度小，需要厂房高差小；在工艺方面，工作可靠，排矿口调节方便，破碎潮湿矿石及含黏土较多的矿石时不易堵塞。其缺点是：衬板易磨损，处理量比旋回破碎机低，破碎产品粒度不均匀，过大块多，要求给矿均匀，需要设置给矿设备。

颚式破碎机应用范围较广，近年来，国内外许多厂家研制生产出一系列新型大破碎比颚式破碎机，使其性能得到很大改善，特别是中小型颚式破碎机更为突出。在选择破碎机时应予以充分注意。

旋回破碎机是一种破碎能力较高的设备，主要用于大、中型选矿厂破碎各种硬度的矿石。与颚式破碎机相比，其优点是：电耗少；能连续破碎矿石，处理量大，在同样给矿口与排矿口条件下，旋回破碎机处理量为颚式破碎机的 2.5～3 倍；破碎腔内衬板磨损分布均匀；破碎产品中过大块少，粒度均匀；当给矿条件比较合适时，可以"挤满给矿"，不需要给矿设备。其缺点是：设备构造复杂；机身重，要求有坚固的基础；机体高，增加了厂房高度。

在大型选矿厂使用旋回破碎机时，应该考虑两侧受矿，以便提高破碎机的处理量和使破碎机衬板的磨损均匀。

b 中、细碎设备的选择

破碎硬矿石和中硬矿石的中、细碎设备，一般选用圆锥破碎机，中碎设备选用标准型圆锥破碎机；细碎设备选用短头型圆锥破碎机；在采用两段破碎流程时，第二段可选用中型破碎机。近年来设计的单缸液压圆锥破碎机，与弹簧圆锥破碎机相比，其优点是：破碎力大；质量轻；外形尺寸小；价格便宜；容易实现过铁保护和调节自动化。其缺点是：液压系统和动锥的支承结构等制造比较复杂。弹簧圆锥破碎机与对辊破碎机相比，前者的优点是：生产能力大，破碎比大；适于破碎硬矿石和中硬矿石。其缺点是：不适宜处理含黏土多的矿石；排矿口不能太小，短头圆锥破碎机最小排矿口只能达到 6mm 左右。

对辊破碎机是一种较老的破碎机。它与圆锥破碎机相比：构造简单，易于制造；适于破碎含黏土多和要求产品粒度均匀的矿石，破碎产品粒度可小于 1～2mm，破碎比较高。其缺点是：生产能力低，占地面积大，滚筒磨损不均匀，要经常加工修理。目前，一般仅用在处理脆性矿石，或者在工艺上要求矿石破碎时减少过粉碎，以及处理量不大的中小型选矿厂。例如，在选别钨、锡矿石的重选厂，用来破碎中间产物。

反击式破碎机，属于用冲击能破碎矿石的一种设备，适用于破碎中硬矿石和脆性矿石。与其他形式的破碎机相比，其优点是：设备质量轻、体积小、生产能力大；构造简单，维修容易；单位电能消耗低，约比颚式破碎机节省 1/3 的电耗；破碎产物粒度均匀，细粒含量多，有利于提高磨矿机的效率；能有选择性地破碎矿石，过粉碎少；破碎比高（一般为 15～25，高时可达 40 以上），能达到一次完成中碎和细碎作业的要求，简化了破碎流程，节约了投资。其缺点是：打击板和反击板容易磨损，需要经常更换；要求运动部件精确平衡，否则机器会发生很大振动；噪声大，粉尘多。但随着科学技术的发展和材料质量的改善，这些问题是可以逐步得到解决的。煤炭、非金属矿山的破碎作业已广泛应用反击式破碎机，金属矿山选矿厂的应用则较少。

国内外制造的圆锥破碎机，经过多次改进，结构日臻完善，特别是液压装置的采用，实现了液压保护和液压调整排矿口。美国、前苏联制造的圆锥破碎机，最大规格已达 $\phi 3000$mm。

为了减小破碎产品粒度，以利于降低磨矿消耗，国内外研制了较多的新型细碎和超细碎设备，例如高压辊碎（磨）机等，已在适合的矿石超细碎作业中取得了一定的应用效果。在选择破碎机时，应予以充分注意。

B 破碎机生产能力的计算

破碎设备处理量与被破碎物料的物理性质（可碎性、密度、解理、湿度、粒度组成等），破碎机的类型、规格及性能，以及工艺要求（破碎比、开路或闭路作业、给矿均匀性及产品粒度）等因素有关。由于目前还没有把所有这些因素全部包括进去的理论计算方法，因此，在设计计算时，大多采用经验公式进行概略计算，并根据实际条件及类似厂矿生产经验加以校正。

　　a　颚式、旋回和圆锥破碎机处理量的计算

　　（1）开路破碎：处理量按下式计算：

$$Q = K_1 K_2 K_3 K_4 Q_S \tag{3-45}$$

式中　Q——在设计条件下破碎机的处理量，t/h；

　　　　Q_S——在标准条件下（中硬矿石、松散密度为 1.6t/m³）开路破碎时的处理量（t/h），按下式计算：

$$Q_S = q_0 e \tag{3-46}$$

　　　　q_0——颚式、旋回破碎机，标准、中型、短头圆锥破碎机单位排矿口宽度的处理量，t/mm·h，见表 3-107 ~ 表 3-111；

　　　　e——破碎机排矿口宽度，mm；

　　　　K_1——矿石可碎性系数，见表 3-112；

　　　　K_2——矿石密度修正系数，按下式计算：

$$K_2 = \frac{\gamma_0}{1.6} \approx \frac{\delta_0}{2} \tag{3-47}$$

　　　　δ_0——矿石密度，t/m³；

　　　　K_3——给矿粒度或破碎比修正系数，分别见表 3-113 及表 3-114；

　　　　K_4——水分修正系数，见表 3-115。

表 3-107　颚式破碎机的 q_0 值

破碎机规格/mm	250×400	400×600	600×900	900×1200	1200×1500	1500×2100
$q_0/\text{t}\cdot(\text{mm}\cdot\text{h})^{-1}$	0.4	0.65	0.95~1.0	1.25~1.30	1.99	2.70

表 3-108　旋回破碎机的 q_0 值

破碎机规格/mm	500/75	700/130	900/160	1200/180	1500/180	1500/300
$q_0/\text{t}\cdot(\text{mm}\cdot\text{h})^{-1}$	2.5	3.0	4.5	6.0	10.5	13.5

表 3-109　开路破碎时标准、中型圆锥破碎机的 q_0 值

破碎机规格/mm	φ600	φ900	φ1200	φ1650	φ1750	φ2200
$q_0/\text{t}\cdot(\text{mm}\cdot\text{h})^{-1}$	1.0	2.5	4.0~4.5		8.0~9.0	14.0~15.0

注：排矿口小时取大值，排矿口大时取小值。

表 3-110　开路破碎时短头圆锥破碎机的 q_0 值

破碎机规格/mm	φ900	φ1200	φ1650	φ1750	φ2200
$q_0/\text{t}\cdot(\text{mm}\cdot\text{h})^{-1}$	4.5	6.5		14.0	24.0

表 3-111 开路破碎时单缸液压圆锥破碎机的 q_0 值

破碎机规格/mm		$\phi900$	$\phi1200$	$\phi1650$	$\phi1750$	$\phi2200$
$q_0/\text{t} \cdot (\text{mm} \cdot \text{h})^{-1}$	标准型	2	4.6	—	8.15	16.0
	中型	2.76	5.4	—	9.6	20.0
	短头型	4.25	6.7	—	14.0	25.0

表 3-112 矿石可碎性系数 K_1 值

矿石性质	极限抗压强度/MPa	普氏硬度	K_1 值
硬	156.9 ~ 196.1	16 ~ 20	0.9 ~ 0.95
中硬	78.45 ~ 156.9	8 ~ 16	1.0
软	<78.45	<8	1.1 ~ 1.2

表 3-113 粗碎设备的给矿粒度修正系数 K_3 值

给矿最大粒度 D_{max} 和 给矿口宽度 B 之比: $\dfrac{D_{max}}{B}$	0.85	0.70	0.6	0.5	0.4	0.3
K_3 值	1.00	1.01	1.07	1.11	1.16	1.23

表 3-114 中碎与细碎圆锥破碎机破碎比修正系数 K_3 值

标准或中型圆锥破碎机		短头圆锥破碎机	
$\dfrac{e}{B}$	K_3 值	$\dfrac{e}{B}$	K_3 值
0.60	0.90 ~ 0.98	0.40	0.90 ~ 0.94
0.55	0.92 ~ 1.00	0.25	1.00 ~ 1.05
0.40	0.95 ~ 1.06	0.15	1.06 ~ 1.12
0.35	1.00 ~ 1.10	0.075	1.14 ~ 1.20

注: 1. e 为在开路破碎时上段破碎机排矿口宽; B 为本段中碎或者细碎圆锥破碎机给矿口宽。

2. 在闭路破碎时, $\dfrac{e}{B}$ 为闭路破碎机的排矿口与给矿口宽度之比;

3. 设有预先筛分时, K_3 取小值; 不设时, 取大值。

表 3-115 水分修正系数 K_4 值

矿石中水分含量/%	4	5	6	7	8	9	10	11
K_4	1.0	1.0	0.95	0.90	0.85	0.80	0.75	0.65

注: 矿石中除含有水分外, 还有成球的粉矿时, 才能引入 K_4 系数。

（2）闭路破碎: 破碎机的处理量, 按闭路通过的矿量计算。计算公式如下:

$$Q_e = K_e Q K_1 K_2 K_3 K_4 \tag{3-48}$$

式中　　　　Q_e——闭路破碎时破碎机的处理量, t/h;

　　　　　　K_e——闭路时, 平均给矿粒度变细的系数, 中型或短头圆锥破碎机在闭路时, K_e 一般取 1.15 ~ 1.4 （硬矿石取小值, 软矿石取大值）;

Q, K_1, K_2, K_3, K_4 ——符号意义同前。

b　光面对辊破碎机处理量的计算

光面对辊破碎机的处理按下式计算：

$$Q = 60\pi\mu dDnLe\gamma \tag{3-49}$$

式中　Q ——对辊破碎机的处理量，t/h；

μ ——破碎机排出口的充满系数，$\mu = 0.2 \sim 0.4$，破碎硬矿石和粗粒矿石时，取大值，反之，取小值；

d ——最大给矿粒度，mm；

D ——破碎机辊筒直径，m；

n ——破碎机辊筒转速，r/min；

L ——破碎机的辊筒长度，m；

e ——破碎机辊筒之间的排矿口宽度，m；

γ ——破碎矿石的松散密度，t/m³。

选择光面对辊破碎时，辊筒啮角有很大意义，一般按下式计算：

$$\cos\frac{\alpha}{2} = \frac{D + e}{D + d} \tag{3-50}$$

式中　α ——啮角，(°)；

D ——破碎机辊筒直径，mm；

e ——破碎机辊筒之间的排矿口宽度，mm；

d ——最大给矿粒度，mm。

根据啮角条件，为了不使破碎物料被抛出，破碎机能有效地工作，所选用破碎机辊筒直径应大于最大给矿粒度的 22～25 倍。

c　反击式破碎机处理量的计算

反击式破碎机的处理量按下式计算：

$$Q = 60Kc(h + a)bDn\gamma \tag{3-51}$$

还可以按下式计算：

$$Q = 3600\mu vLa\gamma \tag{3-52}$$

式中　Q ——反击式破碎机的处理量，t/h；

K ——理论处理量与实际处理量的修正系数，一般取 $K = 0.1$；

c ——转子上板锤数目；

b ——板锤宽度，m；

h ——板锤高度，m；

μ ——矿石充满系数，$\mu = 0.2 \sim 0.7$；

n ——转子的转速，r/min；

D ——转子的直径，m；

L ——转子的长度，m；

a ——反击板与板锤之间的间隙，m；

γ ——矿石的松散密度，t/m³；

v ——打击板锤的线速度，m/s。

反击式破碎机的转子圆周速度使用范围是 12 ~ 70m/s，一般常用的是 15 ~ 45m/s。

转子直径根据给矿中最大粒度选取：

$$D \geqslant 1.25 d_{max} + 200 \tag{3-53}$$

式中 D——反击式破碎机转子直径，mm；

d_{max}——最大给矿粒度，mm。

d 锤式破碎机处理量计算

$$Q = 60bLcd\mu mn\gamma \tag{3-54}$$

式中 Q——锤式破碎机的处理量，t/h；

b——筛格的缝隙宽度，m；

L——算条筛格的长度，m；

c——排矿算条的缝隙个数；

d——排矿粒度，m；

μ——充满与排料不均匀系数，一般取 $\mu = 0.015 \sim 0.07$，小型破碎机取较小值，大型破碎机取大值；

m——转子圆周方向的锤子排数，一般取 $m = 3 \sim 6$；

n——转子转速，r/min；

γ——矿石松散密度，t/m³。

由于理论公式计算较麻烦，一般采用经验公式计算。当破碎中硬物料和破碎比为 15 ~ 20 时，可用下式计算：

$$Q = (30 \sim 45)DL\gamma \tag{3-55}$$

式中 Q——锤式破碎机的处理量，t/h；

D——按转子外缘计算的转子直径，m；

L——转子长度，m；

γ——矿石松散密度，t/m³。

破碎煤时，锤式破碎机的处理量按下式计算：

$$Q = \frac{\eta LD^2\left(\dfrac{n}{60}\right)^2}{S-1} \tag{3-56}$$

式中 n——转子转速，r/min；

S——破碎比；

η——受物料硬度和破碎机结构形式影响的系数，对于煤，$\eta = 0.12 \sim 0.22$；

Q, L, D——符号意义同前。

以上经验公式都有局限性，应注意其使用条件。特别是对于颚式破碎机、旋回破碎机及圆锥破碎机，因制造厂家不同，即使同类型、同规格的设备，由于破碎腔、偏心距、转速、功率等的不同，处理量也各异，而式中的修正系数尚未考虑这些设备构造参数，设计计算时，可以按样本处理量乘以被破碎矿石的硬度、密度、给矿粒度和水分等修正系数来校正。

C 破碎机台数的计算

设计需要的破碎机台数按下式计算：

$$n = \frac{Q_d}{Q} \tag{3-57}$$

式中　　n——设计需要的破碎机台数；

　　　　Q_d——破碎作业的设计矿量，闭路破碎时，按通过闭路破碎机的设计矿量计，t/h；

　　　　Q——选用的破碎机单台处理量，t/h。

计算出设计需要的破碎机台数后，将小数进位取整数，选定破碎机。

D　颚式、旋回和圆锥破碎机生产能力的其他计算方法

这些破碎机的处理量也可根据产品目录中的处理量用下式计算：

$$Q = Q_0 K_1 K_2 K_3 K_4 \tag{3-58}$$

式中　　Q——开路破碎机的处理量，t/h；

　　　　Q_0——产品样本中，破碎机破碎标准矿石（中硬矿石、松散密度 $1.6t/m^3$）的处理量，t/h；

　　　　K_1——矿石硬度（可碎性）修正系数，见表 3-116；

　　　　K_2——矿石密度修正系数；

　　　　K_3——给矿粒度修正系数，见表 3-113；

　　　　K_4——水分修正系数，见表 3-115。

表 3-116　矿石硬度及给矿粒度修正系数

矿石硬度等级	矿石硬度修正系数 K_1										
	软		中硬				硬			特硬	
普氏硬度	10	11	12	13	14	15	16	17	18	19	20
系数 K_1	1.2	1.15	1.10	1.05	1.00	0.95	0.90	0.85	0.80	0.75	0.70
给矿粒度修正系数 K_2											
最大矿块和给矿口宽度之比 $\dfrac{d_{max}}{B}$		0.3		0.4		0.5		0.6		0.7	0.85
K_2		1.5		1.4		1.3		1.2		1.1	1.0

3.7.2.2　破碎筛分流程的计算

破碎筛分流程的计算，一般只是确定各种破碎产品和筛分产品的绝对质量 [即产量（t/h），以 Q 表示] 和相对质量 [即产率（%），以 γ 表示]。以此作为选择破碎和筛分设备的依据，并使各段的负荷能够大致平衡，使各段破碎机和筛分机在最优状态下工作。

应该指出，当破碎作业中有预选、洗矿（脱泥）、选别等作业时，则预选、洗矿、选别的产品还应计算其品位和回收率。

在破碎筛分过程中，仅是矿石的粒度及粒度组成发生变化，而进入各作业的产物的质量（或产率）与从该作业排出的产品的质量（或产率）仍是相等的。少量机械损失或其他流失在计算时均可忽略不计。故各产品或产率均可按质量或产率平衡方程式计算。

A　计算破碎流程的原始资料

a　破碎作业的处理能力

由于破碎作业的工作制度往往与磨矿作业不同，所以破碎作业的处理能力（t/h）计算，即为选矿厂规模（t/d）除以破碎作业工作时数。

b　原矿的粒度特性曲线

原矿粒度特性曲线可以通过工业试验直接测定，也可借助可碎性相近的典型粒度特性曲线，有时可直接应用原矿特性粒度曲线（图 3-114）。

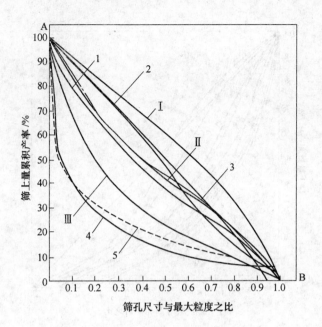

图 3-114 原矿粒度特征曲线

Ⅰ—难碎性矿石；Ⅱ—中等可碎性矿石；Ⅲ—易碎性矿石（石灰石）；
1—铜官山，$f=9\sim17$；2—华铜，$f=6\sim10$；3—通化，$f=8\sim12$；
4—锦屏海相沉积变质磷块岩，矿石松软；5—易门中硬偏软矿石，溜井放矿

c 各段破碎机产品粒度特性曲线

粒度特性曲线可以通过工业性试验直接测定，但测定工作量太大。一般可根据矿石可碎性试验或功指数值选用类似选矿厂的实际粒度特性曲线，也可根据典型粒度特性曲线确定。各种破碎机产品粒度特性曲线如图 3-115 ~ 图 3-121 所示。

d 原矿中最大粒度及要求的最终产品粒度

95%的矿石通过的筛孔尺寸，称为破碎产物中的最大粒度 d_{max}。因此，破碎产物中最大相对粒度 Z 就是最大粒度与破碎机排矿口之比。各特性曲线图中的水平虚线（筛上量累积产率为 5%处），相当于细粒级含量为 95%，该虚线与粒度特性曲线交点处相应的纵坐标，即是破碎产物中的相对最大粒度 Z。

目前，有两种用以表示矿石粒度的方法，就是以物料的 95% 通过的筛孔尺寸表示（d_{95}）和以物料的 80% 通过的筛孔尺寸表示（d_{80}）。我国常用的是以（d_{95}）表示方法。为求得这两种方法之间的对应关系，可根据矿石的原矿粒度特性曲线和各种破碎机产物的粒度特性曲线，求出换算系数 $K=d_{80}/d_{95}$，然后进行换算。

e 各段筛分作业的筛分效率

筛分效率要根据实际资料合理选择，粗碎和中碎前用作预先筛分的条筛，筛分效率一般为 50% ~60%，用作中碎和细碎的预先筛分或检查筛分的振动筛，一般为 80% ~85%。筛孔尺寸和筛分效率的正确选择，与筛子的生产能力密切相关。筛孔尺寸一般在破碎机排矿口与破碎产品最大粒度之间选取，或根据工艺要求确定。具体选用时，可参考表 3-117。

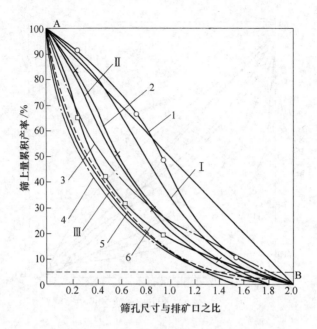

图 3-115　旋回破碎机破碎产品粒度特征曲线

Ⅰ—难碎性矿石；Ⅱ—中等可碎性矿石；Ⅲ—易碎性矿石；
1—铜官山，$f=9\sim17$；2—华铜，$f=6\sim10$；3—寿王坟，$f=8\sim12$；
4—易门中硬偏软矿石；5—东鞍山，$f=12\sim18$；6—大孤山，$f=12\sim16$

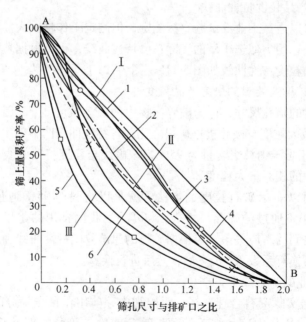

图 3-116　颚式破碎机破碎产品粒度特征曲线

Ⅰ—难碎性矿石；Ⅱ—中等可碎性矿石；Ⅲ—易碎性矿石；
1—瑶岗仙，石英脉含钨；2—恒仁，$f=8\sim12$；3—铁山，$f=12\sim16$；
4—褚几硅卡型铜矿，偏硬；5—南芬，$f=12\sim14$；6—浒坑，石英脉含钨

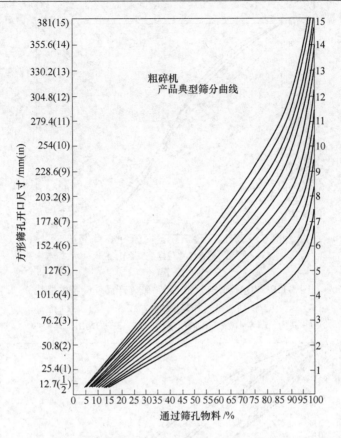

图 3-117　粗碎产品典型曲线（颚式、旋回）

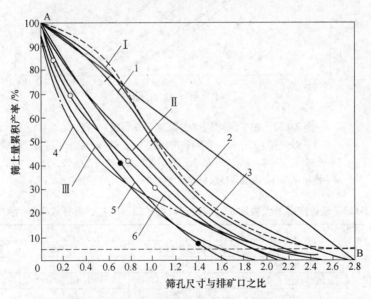

图 3-118　标准圆锥破碎机破碎产品粒度特征曲线

Ⅰ—难碎性矿石；Ⅱ—中等可碎性矿石；Ⅲ—易碎性矿石；

1—比子沟，$f=6\sim10$；2—铜官山，$f=9\sim17$；3—恒仁，$f=10\sim12$；

4—易门中硬偏软矿石；5—寿王坟，$f=8\sim12$；6—大孤山，$f=12\sim16$

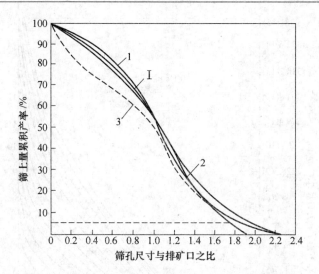

图 3-119　中型圆锥破碎机闭路破碎产品粒度特性曲线

Ⅰ—中等可碎性矿石；

1—新冶，$f = 8 \sim 10$；2—通化，$f = 8 \sim 12$；3—赤马山，$f = 8 \sim 9$

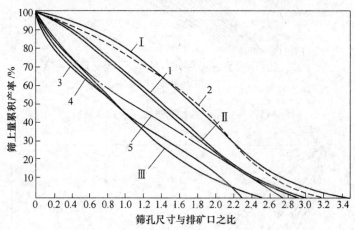

图 3-120　短头圆锥破碎机破碎产品粒度特征曲线

Ⅰ—难碎性矿石；Ⅱ—中等可碎性矿石；Ⅲ—易碎性矿石；

1—东鞍山，$f = 12 \sim 18$；2—泥坪，层状铜矿；3—铁山，$f = 12 \sim 16$；

4—桃林变质岩，火成岩脉状铅锌多金属矿；5—易门中硬偏软矿石

表 3-117　破碎产品最大粒度 d_{max} 与破碎机排矿口、筛孔、筛分效率等的关系

矿石性质	破碎流程	组 合 关 系		
		破碎机排矿口 e/mm	筛孔 d/mm	筛分效率 $E/\%$
中等可碎性矿石	闭路（组合 1）	$0.8d_{max}$	$1.2d_{max}$	80
	闭路（组合 2）	$0.8d_{max}$	$1.4d_{max}$	65
	开路（振动筛）	$0.4 \sim 0.5d_{max}$	$1d_{max}$	85
难碎性矿石	闭路（组合 1）	$0.8d_{max}$	$1.15d_{max}$	80
	闭路（组合 2）	$0.8d_{max}$	$1.3d_{max}$	65
	开路（振动筛）	$0.3 \sim 0.4d_{max}$	$1d_{max}$	85

注：闭路破碎时，一般选用组合 1 的关系。

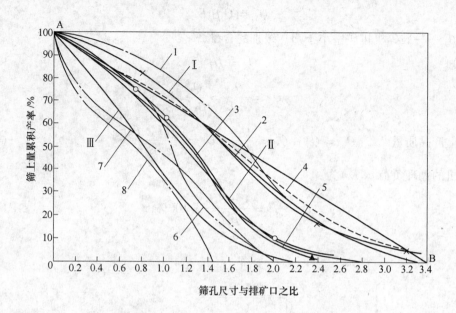

图 3-121 短头圆锥破碎机闭路破碎产品粒度特征曲线

Ⅰ—难碎性矿石；Ⅱ—中等可碎性矿石；Ⅲ—易碎性矿石；

1—华铜，$f=6\sim10$；2—南芬，$f=12\sim14$；3—恒仁，$f=10\sim12$；4—东鞍山，$f=12\sim18$；

5—寿王坟，$f=8\sim12$；6—通化，$f=8\sim12$；7，8—双塔山，$f=9\sim13$，液压圆锥破碎机

f 矿石的物理、机械性质

这主要是指矿石的可碎性、邦德冲击功指数。可以把矿石划分为硬矿石、中硬矿石和软矿石。还有矿石的密度、松散密度、含水量和含泥量等。

B 各种基本破碎流程的计算

a 没有预先筛分和检查筛分的破碎作业

如图 3-122a 所示的流程，破碎机排矿量 $Q_2(t/h)$ 等于它的给矿量 （t/h）。

b 有预先筛分的破碎作业

预先筛分的筛下产品质量 Q_2 等于给矿中小于筛孔级别的质量 $Q_1\beta_1$ 乘以筛分效率 E（%）。如图 3-122b 所示的流程可知：

$$Q_2 = Q_1\beta_1 E \tag{3-59}$$

式中 β_1——给矿中小于筛孔级别的含量，%。

筛上产品的质量 Q_3 则为：

$$Q_3 = Q_1 - Q_2 = Q_1 - Q_1\beta_1 E = Q_1(1 - \beta_1 E) \tag{3-60}$$

$$Q_3 = Q_4 \tag{3-61}$$

$$Q_5 = Q_2 + Q_4 = Q_1 \tag{3-62}$$

c 有检查筛分的破碎作业

如图 3-122c 所示，检查筛分的筛下产品质量 Q_5 等于破碎机排矿中小于筛孔级别的质量 $Q_3\beta_3$ 乘以筛分效率 E（%）。即：

$$Q_5 = Q_3\beta_3E \tag{3-63}$$

式中 β_3 ——破碎机排矿中小于筛孔级别的含量,%。

已知
$$Q_5 = Q_1 \tag{3-64}$$

则
$$Q_3 = \frac{Q_5}{\beta_3E} = \frac{Q_1}{\beta_3E} \tag{3-65}$$

筛上产品质量 $Q_4 = Q_3 - Q_5 = \frac{Q_1}{\beta_3E} - Q_1 = \frac{Q(1-\beta_3E)}{\beta_3E} \tag{3-66}$

则破碎机的循环负荷 $c(\%)$ 为:

$$c = \frac{Q_4}{Q_1} = \frac{1-\beta_3E}{\beta_3E} \times 100\% \tag{3-67}$$

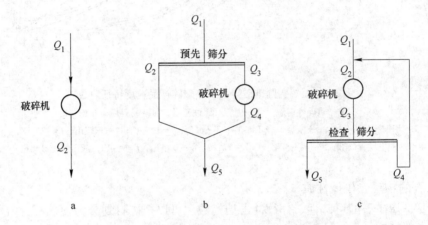

图 3-122   没有和有预先筛分和检查筛分的破碎作业流程计算单元

d   预先筛分和检查筛分合一的破碎作业

如图 3-123a 所示,筛分作业的给矿中小于筛孔粒级的质量由两部分组成,即原矿中小于筛孔粒级的质量 $Q_1\beta_1$ 和破碎机排矿中小于筛孔粒级的质量 $Q_5\beta_5$。则预先筛分和检查筛分的筛下产品质量 Q_3 为:

$$Q_3 = (Q_1\beta_1 + Q_5\beta_5)E \tag{3-68}$$

已知
$$Q_3 = Q_1$$

则
$$Q_5 = \frac{Q_1(1-\beta_1E)}{\beta_5E} \tag{3-69}$$

$$Q_4 = Q_5$$

筛分作业的循环负荷 $c(\%)$ 为:

$$c = \frac{Q_5}{Q_1} = \frac{1-\beta_1E}{\beta_5E} \times 100\% \tag{3-70}$$

e   预先筛分和检查筛分分开的破碎作业

如图 3-123b 所示,预先筛分的筛下产品质量:

$$Q_2 = Q_1\beta_1 E_1 \tag{3-71}$$

预先筛分的筛上产品质量：

$$Q_3 = Q_1(1 - \beta_1 E_1) \tag{3-72}$$

检查筛分的筛下产品质量：

$$Q_6 = Q_5\beta_5 E_2 \tag{3-73}$$

因为

$$Q_6 = Q_3$$

所以

$$Q_5 = \frac{Q_1(1 - \beta_1 E)}{\beta_5 E_2} \tag{3-74}$$

又

$$Q_4 = Q_5$$

则检查筛分的筛上产品质量：

$$Q_7 = Q_5 - Q_6 = Q_4 - Q_3 = Q_5 - Q_3$$

$$= \frac{Q_1(1 - \beta_1 E_1)}{\beta_5 E_2} - Q_1(1 - \beta_1 E_1)$$

$$= \frac{Q_1(1 - \beta_1 E_1)(1 - \beta_5 E_2)}{\beta_5 E_2} \tag{3-75}$$

故破碎机的循环负荷 $c(\%)$ 为：

$$c = \frac{Q_1}{Q_3} = \frac{Q_1(1 - \beta_1 E_1)(1 - \beta_5 E_2)}{\beta_5 E_2 Q_1(1 - \beta_1 E_1)} = \frac{1 - \beta_5 E_2}{\beta_5 E_2} \tag{3-76}$$

应当指出：当预先筛分和检查筛分合一时，则 $E_1 = E_2$；当预先筛分和检查筛分分开时，则筛分效率 E_1 和 E_2 可以不相等，也可以相等。

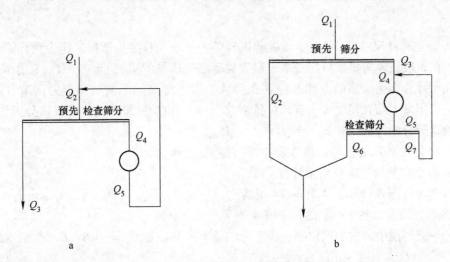

图 3-123　预先和检查筛分合一以及两者分开的破碎作业流程计算单元

在进行流程计算时，必须结合设备的选择同时进行，因为破碎流程计算必须利用选用破碎机的产品粒度特性曲线。在着手破碎流程计算之前，必须要拟定各段将采用的破碎机和筛分机的类型。

　　C　破碎流程计算步骤

　　以常见的三段一闭路和三段开路为例，如图 3-124
所示，其具体计算步骤如下：

　　(1) 求出总破碎比 $R_{总}$。

　　(2) 根据总破碎比确定破碎段数，并进行各段破
碎比分配。用计算各段破碎比的方法，即先求出各段
的平均破碎比 $\overline{R} = \sqrt[n]{R_{总}}$，式中 n 为破碎段数，本例中
n 为 3。而后根据各段破碎机可能合适的破碎比范围调
整各段破碎比，使各段破碎比的乘积等于总破碎比，
即 $R_{总} = R_1 R_2 R_3$。

　　(3) 求出各段破碎产品的最大粒度：

　　第一段　　$d_g = \dfrac{D_{max}}{R_1}$；

　　第二段　　$d_g = \dfrac{d_s}{R_2}$；

　　第三段　　闭路 $d_{11} = \dfrac{d_9}{R_3}$，开路 $d_{13} = d_{12}$。

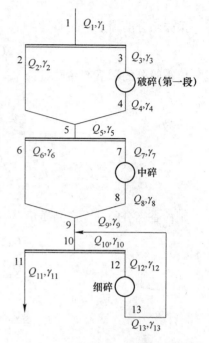

图 3-124　三段一闭路破碎流程

　　(4) 求出各段破碎机的排矿口 d_s。用于闭路破碎
的破碎机排矿口，一般略小于或等于最终产品的粒度，即 $d_{sc} = (0.8 \sim 1)P_{100}$；用于开路
破碎机排矿口，则应保证排矿中的最大粒度不超过所要求的本段或最终产品粒度。因此，
必须用表 3-118 所列的相对过大粒度系数 Z 去除以本段或最终产品粒度，即 $d_{so} = \dfrac{P_{100}}{Z}$ 或
$d_{so} = p_{100/1.8}$。

　　(5) 确定筛孔尺寸 a，都以本段破碎机排矿中的最大粒度为依据。作为预先筛分的筛
孔尺寸，在本段破碎机排矿口与排矿中最大粒度之间选取，即 $a_{预} = d_s \sim P_{100}$；用作检查筛
分的筛孔尺寸，即是闭路筛分作业的筛孔尺寸。为了提高筛子的处理能力而节省筛子台
数，往往采用增大筛孔使之大于破碎机排矿口 20% ~ 40%，即所说的等值筛分工作制度。
所以，检查筛分的筛孔尺寸 $a_{检} = (1 \sim 1.4)P_{100}$。

　　(6) 筛分效率 E 的选取。参考表 3-117 的数据选取。

　　(7) 各个产品的产率和质量计算。

　　根据平衡方程式计算。从图 3-124 可看出，$Q_1 = Q_5 = Q_9 = Q_{11}$；$\gamma_1 = \gamma_5 = \gamma_9 = \gamma_{11} =$
100%，然后分段求出各个产品的产率 (%) 和产量 (t/h)。

　　在第一破碎段中，应先求出第一段筛分的筛下产品质量 $Q_2 = Q_1 \beta^{-a_1} E_1$，然后求出产品
2 的产率 $\gamma_2 = \dfrac{Q_2}{Q_1}$ 和其他产品未知的产量和产率。

　　在第二段破碎段中，应先求第二段筛分的筛下产品质量 $Q_6 = (Q_1 \beta^{-a_2} + Q_4 \beta_4^{-a_2})E_2$，然
后求出其余产品未知的产率和产量。式中，$\beta_1^{-a_2}$ 与 $\beta_4^{-a_2}$ 分别为原矿中和第一段破碎中新生
的小于第二段筛子筛孔的含量，%。

在第三段破碎段中，则是利用已知与原给矿量相等的产品质量 Q_{11} 列出平衡方程式：

$$Q_{11} = (Q_1\beta_1^{-a_3} + Q_4\beta_4^{-a_3} + Q_8\beta_8^{-a_3})E_3 + Q_{13}\beta_{13}^{-a_3} \cdot E_3 \tag{3-77}$$

式中，$\beta_1^{-a_3}$、$\beta_4^{-a_3}$ 和 $\beta_{13}^{-a_3}$ 分别为原矿中及第一段破碎中、第二段破碎中和第三段破碎中新生的小于第三段筛孔粒级的含量，%。

由此求出循环负荷率：

$$c = \gamma_{13} = \frac{1 - (\beta_1^{-a_3} + \gamma_4\beta_4^{-a_3} + \gamma_8\beta_8^{-a_3})E_3}{\beta_{13}^{-a_3}E_3}$$

或

$$c = \gamma_{13} = \frac{1 - \beta_9^{-a_3}E_3}{\beta_{18}^{-a_3}E_3} \tag{3-78}$$

然后求出其余产品的未知产率和产量。

（8）绘出破碎数量、质量流程图，即标出各个产物编号及其产率（γ）与产量（Q），同时注明各个破碎、筛分作业所用设备及其作业条件，诸如筛孔尺寸、筛分效率与排矿等。

典型三段一闭路破碎工艺流程如图 3-125 所示。

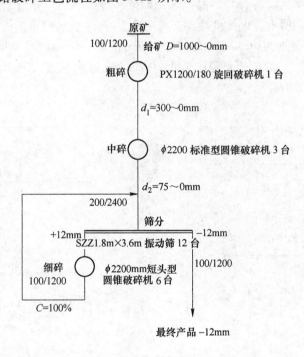

图 3-125　典型三段一闭路破碎工艺流程

3.7.3　典型金属矿山选厂的破碎筛分流程应用

3.7.3.1　铁矿选矿厂的破碎筛分流程

A　首钢大石河铁矿选矿厂破碎筛分系统

选矿厂目前生产的破碎系统粗碎采用一台 PXZ-1200/180 的旋回破碎机，生产能力为 1000~1600t/h；中碎采用三台 PYB2200mm 标准圆锥破碎机，生产能力为 590~1000t/h；细碎采用四台 PYD2200mm 的短头圆锥破碎机，生产能力为 125~350t/h；细碎采用预先检查筛分，两台振动筛对应两台细碎机，循环负荷 130%，采用 SZZ1800×3600mm 自定中心振动筛，筛孔尺寸为 12～14mm。原矿最大粒度为 1000mm，粗碎产品粒度为 350～0mm；中碎产品粒度为 75～0mm，细碎产品粒度为 25～0mm。最终产品粒度为 12～0mm。三段一闭路破碎流程如图 3-126 所示。

B　马钢凹山选矿厂破碎筛分系统

该选矿厂原破碎筛分流程是带有洗矿作业的三段一闭路流程，粗、中、细碎的实际产品粒度分别为 400～0mm、100～0mm 和 35～0mm，远没有达到设计要求。为了缩小破碎粒度，1985 年破碎流程取消洗矿作业，改为标准的三段一闭路流程，2000～2007 年中碎引进 CH880 液压圆锥破碎机，细碎引进 HP500 液压圆锥破碎机，提高了原矿处理量，其三段产品的粒度分别降至 300～0mm、75～0mm 和 20～0mm。实现了"多碎少磨"，节约了能耗。

现工艺流程为在中碎前设有预先筛分的三段一闭路破碎流程。采场原矿（1000～0mm）—粗碎—预先筛分—筛上产品进入中碎—中矿产品、预先筛分筛下产品与细碎产品合并给入细碎预先检查筛分。筛上产品给入细破碎—预先检查筛分筛下产品给入超细圆筒矿仓，流程如图 3-127 所示。设计处理能力为 700 万吨/年，破碎系统的处理能力 1178t/h，三段破碎产品的粒度分别为 300～0mm、75～0mm 和 20～0mm。在 2006 年年底高压辊磨机投入生产，将细碎产品原矿闭路辊压至 3～0mm，通过粗粒湿式磁选可抛出占原矿产率 50%、铁品位 9% 以下的合格尾矿。

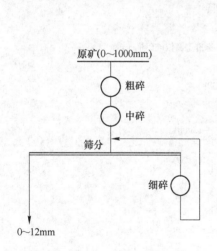

图 3-126　首钢大石河铁矿选矿厂
破碎筛分工艺流程

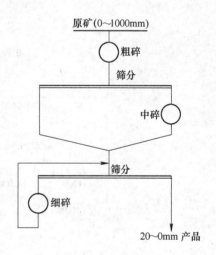

图 3-127　马钢凹山选矿厂破碎筛分流程

C　太钢尖山铁矿选矿厂破碎筛分系统

尖山铁矿选厂采用采、选、运连续生产工艺流程，矿石从采场入溜井，到精矿过滤，中间不落地。一段破碎设在溜井底部，溜井来矿粒度为 0～1000mm，经给料机给入颚式破碎机，破碎后的矿石通过 1、2 号胶带到达原料仓，颚式破碎机排矿粒度为 0～350mm。通过皮带运至中碎料仓，通过 G01 皮带给入中碎机，中碎机分别为一台美卓 HP500 和一台山特维克 H8800 的破碎机，排料粒度为 0～75mm，二段破碎后的矿石通过皮带进入干选料仓。通过干式磁选机对矿石进行选别，干选尾矿送至废石仓，干选精矿通过直线振动筛（7 台）进行筛分，合格的筛下产品（0～15mm）通过皮带给入磨选系统。其工艺流程如图 3-128 所示。

D　鞍钢东鞍山选矿厂破碎筛分系统

该选厂破碎筛分工艺为三段一闭路破碎流程，东鞍山铁矿 0～1000mm 原矿由电机车运送到粗破碎，矿石进入粗破碎机进行粗碎。粗破碎采用 1 台 B1200mm 型旋回破碎机，排矿粒度 0～350mm 的粗碎产品经皮带进入 2 台中碎机中，中碎机采用 2 台 H8800-MC 圆锥破碎机，排料粒度为 0～75mm 的中碎产品一路进入一台 2000mm×6000mm 的固定棒条筛，筛上产品送往露天矿仓储存，固定筛筛下运输给入检查筛分作业；另一中碎产品直接给入检查筛分作业。检查筛分筛上和露天矿仓矿石经运输进入细碎机，细碎机采用 3 台 H8800-EFX 型圆锥破碎机，细碎机排矿与固定筛筛下产品一起给入 6 台 2YA2760 型圆振筛，筛上产品返回细碎机再碎，筛下 -12mm 含量占 90% 以上的产品为最终破碎产品，直接运输到选矿车间。其破碎筛分流程如图 3-129 所示。

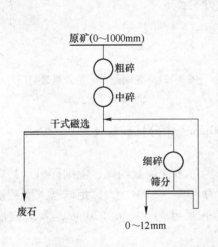

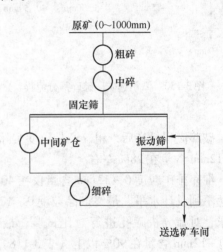

图 3-128　太钢尖山铁矿选矿厂破碎筛分工艺流程　　　图 3-129　鞍钢东鞍山选矿厂磨矿筛分工艺流程

E　酒钢选矿厂破碎筛分系统

该选厂有两个矿区，破碎设备的数量不同：

（1）桦树沟矿区：破碎机（SP-900、φ2200、PYB-1200）共 6 台，对小于 50mm 的桦树沟矿石进行预选抛废后运到山下。

（2）黑沟矿区：破碎机（PXZ-900/PYB-2200）两台，矿石经过两段破碎后，直接运到山下。其破碎后进入选矿工序的矿石经一次筛分 10 台 SSZL1.8m×3.6m 振动筛进行分级，筛孔尺寸为 14mm×40mm（聚氨酯筛），生产能力为 240t/（台·h），筛上产品为 15～100mm，产率为 55%，进入焙烧磁选系统选别，筛下产品为 15～0mm，产率为 45%，进入强磁选系统选别。其破碎筛分工艺流程如图 3-130 所示。

F　鞍钢鞍千矿业公司选矿厂破碎筛分系统

破碎筛分工艺为三段一闭路破碎流程，如图 3-131 所示。破碎采用 PXZ-1216 粗碎机（2 台），分别设在许东沟和哑巴岭采场，中细破碎筛分设在选厂，中破采用 H8800 圆锥破碎机两台，细碎采用 H8800 圆锥破碎机 3 台，筛分设备采用 2YA2460 圆振筛 12 台，设计指标为原矿处理量为 800 万吨/年，粗碎给矿粒度为 0~1000mm，排矿粒度为 0~350mm；中碎排矿粒度为 0~80mm，其中 0~12mm 含量不小于 28%；细碎排矿粒度为 0~30mm，其中 0~12mm 含量不小于 58%，最终产品粒度 0~12mm 含量不小于 95%。

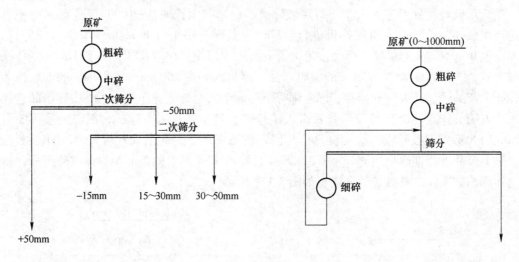

图 3-130　酒钢选矿厂破碎筛分流程　　　　　图 3-131　鞍钢鞍千矿业公司选矿厂
　　　　　　　　　　　　　　　　　　　　　　　　　　　破碎筛分工艺流程

破碎流程投产后，粗碎产品粒度实际为 0~300mm；中碎排矿粒度为 0~80mm，其中 0~12mm 含量在 28% 左右。

细碎排矿粒度 0~12mm 含量仅在 40% 左右，经过多次反复调试，但细碎机产品粒度仍达不到设计水平。最终产品粒度 0~12mm 含量为 80%~85%，为满足球磨入磨粒度的要求，对筛分机筛孔进行对比试验，最终确定筛孔尺寸为 14mm×20mm，入磨粒度达到 0~12mm 含量在 90% 以上（表 3-118）。

表 3-118　筛孔对比试验数据

筛孔尺寸/mm×mm	给矿 −12mm 含量/%	筛上 −12mm 含量/%	筛下 −12mm 含量/%	筛分效率/%
12×45	34.6	5.9	83.2	89.28
14×20	34.6	6.5	90.8	88.10

G　白云鄂博铁矿选矿厂破碎筛分系统

该厂粗碎建在白云鄂博矿山，粗碎采用两段开路工艺流程，第一段采用 1500mm 旋回破碎机，第二段采用 900mm 旋回圆锥破碎机。将原矿由 1200mm 破碎至 200~0mm。中碎细碎建在选矿厂，采用开路工艺流程，破碎工艺原则流程见图 3-132。原设计中碎 $\phi2200$mm 标准圆锥破碎机单机处理能力 531t/h，细碎 $\phi2200$mm 短头圆锥破碎机单机处理能力 241t/h。在投产后的实际生产中，中碎 $\phi2200$ 标准圆锥破碎机与细碎 $\phi2200$ 短头圆锥破碎机的单机处理能力均可达到甚至超过设计要求的能力，但最终破碎的产品中大于 25mm 的粒级占 15% 左右，大于 30mm 的粒级占 8% 左右，与设计的破碎粒度指标相差较大。其主要原因是开路破碎流程无检查筛分作业所致。由于破碎产品粒度粗，严重制约了磨矿系列的处理能力与磨矿产品的粒度。上述对原有破碎设备本身进行改进，在改善破碎粒度方面，虽然取得了一些效果，但效果并不明显。1993 年该厂做了很大的改进，增设了闭路破碎工艺，在原有的中、细碎破碎机之后，增设 4 台 7ft（1ft＝304.8mm）西蒙斯短头圆锥破碎机和 10 台 YA2460 圆振动筛，筛孔尺寸 12mm，形成五段一闭路破碎工艺，用于处理其磁铁矿，破碎产品粒度达到 14mm 以下，1998 年在超细碎上又采用了 1 台 HP800圆锥破碎机，其破碎工艺流程如图 3-133 所示。该闭路破碎工艺对提高磁铁矿系列磨矿处理能力起到了重要作用。

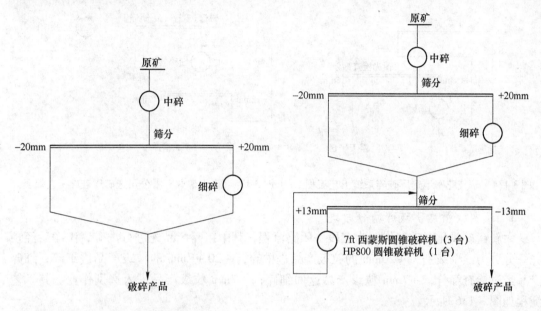

图 3-132　白云鄂博铁矿选矿厂　　　　图 3-133　磁铁矿破碎工艺流程
　　　　氧化矿破碎工艺流程

　　H　攀枝花密地钒钛磁铁矿选厂破碎筛分系统

　　该厂破碎原为三段开路破碎，破碎粒度为 −20mm，2003 年经改造实现了细碎闭路流程，现在为三段一闭路破碎流程，年破碎原矿能力为 1350 万吨，改造后破碎粒度由 20mm降低到 15mm。兰尖、朱矿采出的矿石经铁路运到选矿厂粗碎作业，经 2 台 PX-1200/180旋回破碎机及 4 台 PYB-2200 弹簧标准型圆锥破碎机破碎到 −70mm，进入干选机抛尾后，经筛分作业后进入 2 台 H8800 山特维克破碎机、8 台 PYD-2200 短头型圆锥破碎机破碎到−15mm 占 93%左右。破碎工艺流程如图 3-134 所示。

　　I　上海梅山矿业有限公司选矿厂破碎筛分系统

　　该流程如图 3-135 所示，为四段破碎两段闭路流程。井下 800～0mm 原矿，经设在井下的 2 台 C140 颚式破碎机粗碎后，运到选厂破碎车间。矿石经 φ2200 液压标准型圆锥破碎机一次中碎，排矿产品采用 YAH2460 圆振动筛筛分为 +50mm 和 50～0mm 两个粒级，+50mm 粒级给入 φ2200 液压标准型圆锥破碎机二次中碎，二次中碎排矿返回到 YAH2460圆振动筛，形成闭路。50～0mm 粒级给入预选工艺流程。2006 年原矿处理能力已达到400.76 万吨/年，中碎产量 596.09t/h，作业率 39.44%，细碎产量 248.09t/h，作业率33.21%，电耗 1.43kW·h/t。

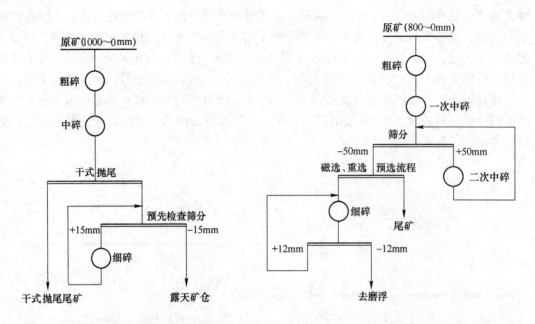

图 3-134　攀枝花密地选厂破碎系统工艺流程　　　图 3-135　梅山矿业有限公司选矿厂破碎工艺流程

J　广西大新锰矿破碎筛分系统

大新锰矿氧化锰破碎作业为三段一闭路流程，其中粗碎产品先进行洗矿，洗净后经预先筛分分为三个级别，+20mm 的粒级产品进中碎，−20 +7mm 的粒级产品进细碎，细碎产品经过检查筛分，+7mm 粒级产品返回细碎，−7mm 粒级产品进入选别作业。其工艺流程如图 3-136 所示。

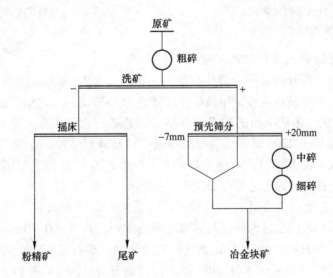

图 3-136　大新氧化锰生产工艺流程

大新锰矿碳酸锰破碎作业为三段一闭路流程，其中粗碎作业与中碎作业连续破碎，中矿产品经预先筛分，采用双层筛进行湿式筛分，筛孔为 200mm 和 7mm，+20mm 粒级产品进入细碎作业，细碎产品经检查筛分，+20mm 的粒级产品返回细碎。其工艺流程如图 3-137 所示。

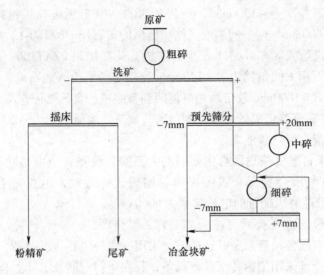

图 3-137 大新碳酸锰生产工艺流程

3.7.3.2 有色金属选矿厂的破碎筛分流程

A 乌努格吐山铜钼矿破碎选矿工艺

乌努格吐山铜钼矿位于内蒙古自治区新巴尔虎右旗，距满洲里市 22km，是中国黄金集团内蒙古矿业公司开发的低品位大型铜钼有色金属矿山，铜金属储量 267 万吨，钼金属储量 54 万吨。乌努格吐山铜钼矿选矿厂分两期建设：一期规模为 3 万吨/天(990 万吨/年)，分为两个系列，每个系列 1.5 万吨/天，是目前国内单系列处理能力最大的选矿厂；二期规模为 4.5 万吨/天，1 个系列，其中扩大一期生产能力 1 万吨/天，新增生产能力 3.5 万吨/天。选矿厂采用粗碎—SABC 碎磨—铜钼混合浮选—铜钼分离浮选工艺流程。乌努格吐山铜钼矿选矿厂在设计、建设过程中，率先采用了 8.8m × 4.8m 半自磨机、6.2m × 9.5m 溢流型球磨机、160m³ 浮选机等国产大型选矿设备和 SABC（半自磨 + 球磨 + 顽石破碎）碎磨流程、尾矿膏体排放、城市中水作为生产补给水等新工艺、新技术，为实现矿产资源高效利用和清洁生产奠定了良好基础。

根据矿石性质和选矿厂规模，乌努格吐山铜钼矿选矿厂采用如图 3-138 所示的粗碎—SABC 碎磨工艺流程，并首次采用国产 8.8m

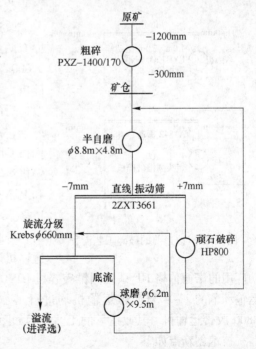

图 3-138 乌山铜钼矿选矿厂 SABC 破碎磨矿流程

×4.8m 半自磨机、6.2m×9.5m 溢流型球磨机和国内最大的密闭式储矿堆（最大储矿量12 万吨，有效储矿量 3.9 万吨）。

露天采出的矿石粒度为 −1200mm，经 PXZ-1400/170 旋回破碎机粗碎至 −300mm，用胶带输送机（B = 1600mm）运至储矿堆。储矿堆内的矿石用 GBZ180-12 重板给矿机及 B = 1400mm 胶带输送机给入 8.8m×4.8m 半自磨机，其排矿用 2ZXT3661 直线振动筛分级。直线振动筛筛上顽石用大倾角挡边 B = 1400mm 胶带输送机给入顽石仓，经 HP800 圆锥破碎机开路破碎后用 B = 1000mm 胶带输送机返回到自磨机；筛下产品进入 6.2m×9.5m 溢流型球磨机与 660mm 旋流器组成的一段球磨回路，旋流器溢流细度为 −200 目占 65% 左右，经调浆后进入铜钼混合浮选作业。

8.8m×4.8m 半自磨机是我国自主研制的大型磨矿设备，主电机功率达 6000kW，由低速同步电机、空气离合器、开式大小齿轮构成边缘传动，电机带有变频调速系统；6.2m×9.5m 溢流型球磨机配置的电机功率为 6000kW。

B　招金矿业股份有限公司河东金矿破碎工艺流程

招金矿业股份有限公司河东金矿选矿破碎采用三段一闭路工艺流程。原破碎系统处理能力 900t/d，设备全部采用国内传统破碎设备，存在运行时间长、人员配置多、运行成本偏高、生产能力低、破碎产品粒度粗等问题，已远远不能满足生产发展的需要。该矿通过多方论证，在原有厂房等的现场条件下，投资 500 余万元，对破碎系统进行了综合改造，引进了美卓矿机公司的诺德伯格 C100 颚式破碎机和 HP300 圆锥破碎机及破碎自动化控制系统，不仅使破碎产品粒度降低到 −12mm，使磨机处理能力提高 10%，而且缩短了破碎系统运行时间，实现了破碎生产"抢谷躲峰"，大大节约了生产成本。

改造前的破碎工艺流程如图 3-139 所示。

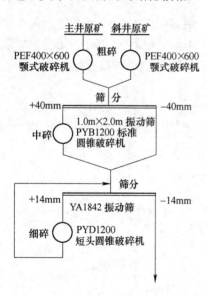

图 3-139　改造前的破碎工艺流程

改造后，仍然采用三段一闭路破碎工艺流程，将原有两个系列的粗碎系统合二为一，粗碎两台 PEF400×600 颚式破碎机更换为一台诺德伯格 C100 颚式破碎机，安装在主矿仓下，斜井矿石不经过破碎直接由改造后的 1 号 TD75-B1000 胶带运输机运输到地表主矿仓，斜井矿石和主竖井矿石在主矿仓混合后由诺德伯格 C100 颚式破碎机粗碎；粗碎产品由 0 号胶带运输机运输到中碎，中碎采用 YK1536 振动筛预先筛分和 PEX300×1300 颚式破碎机破碎工艺；中碎产品由 1 号、2 号胶带运输机运输到闭路检查筛，筛上物料由 3 号胶带运输机运输到细碎，筛下物料由 4 号胶带运输机运输到粉矿仓。细碎采用已在招远多家金矿成功应用的诺德伯格 HP 系列圆锥破碎机 HP300，闭路检查筛采用 YAg2160 圆振动筛；中间运输环节的 2~4 号胶带运输机均进行了加宽改造，由原来的 TD75-B600 改造为 TD75-B800 胶带运输机。其改造后的工艺流程如图 3-140 所示。

技术创新点如下：

（1）应用了具有世界领先技术的诺德伯格 C100 颚式破碎机和 HP300 圆锥破碎机；

（2）采用了大块矿石胶带运输线，运输矿石块度为 -350mm，运输量 350t/h，运输距离 100m；

（3）采用了破碎流程全自动化控制系统和循环矿仓计量加变频调速皮带控制系统，实现了无人参与连锁控制，达到了破碎生产率的最佳化；

（4）中碎用深腔颚式破碎机替代了标准圆锥破碎机，不仅减少了设备维护工作量，维护简单，价格便宜，而且降低了使用成本。这样配置的好处是在现有生产条件下可满足生产需要，而在将来生产规模扩大时，只需更换该设备，便可使破碎生产能力成倍提高，实现规模的扩大，为破碎系统的扩展预留了足够的空间。

C 德兴铜矿大山选矿厂破碎工艺流程

大山选矿厂是 20 世纪 90 年代初期投产的现代化大型斑岩铜矿选矿厂，设计的选矿工艺、厂房配置及主体设备配置，借鉴了国外大型斑岩铜矿选矿厂的设计和生产实践经验，装备和检测手段达到国际先进水平。

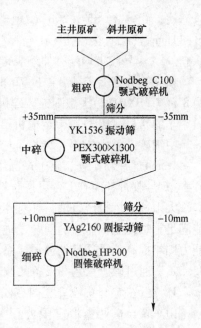

图 3-140 改造后的破碎工艺流程

碎矿工艺采用三段一闭路流程（见图 3-141）。该工艺中，强化了中碎前预先筛分，消除湿而黏的粉矿对碎矿作业的影响；采用新型高能圆锥破碎机降低破碎产品粒度，应用破碎机功率自动控制和可编程序控制新技术，提高了破碎效率。通过这些措施，碎矿最终产品粒度 P_{80} 控制在 7mm。

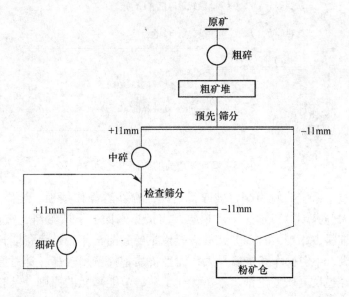

图 3-141 大山选矿厂破碎工艺流程

采矿场矿石由电动轮直接卸入 1 号、2 号 54in×74in（1in=25.4mm）旋回破碎机给料腔内，破碎产品经重型铁板给矿机和 1 号、2 号钢芯胶带运输机运往 6 万吨粗矿堆。

粗矿堆底部 8 台 1250mm×4500mm 铁板给矿机和 1 号、2 号胶带运输机将矿石运往筛分厂房，由 4 台 8ft × 20ft（1ft = 304.8mm）双层重型振动筛进行预先筛分，细粒级（−11mm）产品直接运往粉矿仓，粗粒级（+11mm）经过 3 号、4 号胶带运输机运往中碎矿仓。1~4 号胶带均配有伸缩胶带头，可将矿石分配到各自的两个预先或筛分中碎矿仓。

预先筛分筛上产品由 4 台 7ft SXHD 标准型圆锥破碎机进行破碎，检查筛分筛上产品由 8 台 7ft SXHD 短头型圆锥破碎机进行破碎，中细碎产品经 7 号、8 号胶带运输机和带卸料小车的 9 号、10 号胶带运输机给入检查筛分矿仓。

中细碎产品由 16 台 2400mm × 6000mm YAH 单层振动筛进行检查筛分，筛下产品（−11mm）运往粉矿仓，筛上产品（+11mm）通过 5 号、6 号胶带运输机运往细碎矿仓，5 号、6 号胶带各配有 1 台可逆胶带向各自的 4 个细碎矿仓卸料。

大山选矿厂投产以来，针对碎矿系统圆锥破碎机能力不足、胶带运输机及配套设施不能满足重负荷工作需要的问题，进行了大量技术改造，碎矿系统工艺设备日趋完善，生产能力逐年提高，平均日处理量、系统台效、系统运转率分别提高到 6.2 万吨、1503t/h 和 85.5%。通过碎矿工艺和设备的改造，2002 年实现了 6 万吨/天，圆满达产。

D　山东黄金矿业鑫汇有限公司破碎流程

山东黄金矿业鑫汇有限公司一期工程于 2002 年 10 月建成投产，设计处理能力为 500t/d。技术改造前选矿厂破碎工段采用四段一闭路工艺流程（见图 3-142），主要设备为 5 台破碎机和 1 台振动筛，原矿粒度为 −350mm，产品粒度为 −12mm，工作时间为 18 ~ 20h/d，工作制度为三班制。

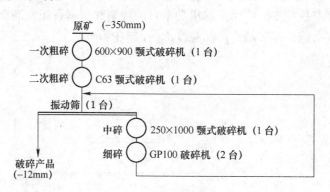

图 3-142　改造前的破碎工艺

由于改造前整个系统共使用 5 台破碎机，因而存在着操作烦琐、维修量大、费用高、产尘点多、能耗大等弊端。特别是一次粗碎，需铲车来回上下坡给料，造成车辆损耗大，并且由于矿石中细料占相当大一部分，故破碎机主要起漏斗作用，浪费能耗。细碎设备为 2 台 GP100 破碎机，不但操作和维修量大，而且备品备件费用较高。针对原破碎工艺存在的问题，选矿厂经过反复研究论证，本着优化工艺，节能降耗的原则，结合生产实际，提出以下技改方案：

（1）原矿格筛尺寸由 350mm × 350mm 改为 400mm × 400mm。

（2）将原来的 2 次粗碎改为 1 次粗碎，用 1 台 C80 破碎机代替原来的 1 台 C63 破碎机和 1 台 600 × 900 破碎机。

（3）中碎用 1 台 GP100S 破碎机代替原来的 1 台 250 × 1000 破碎机。

(4) 细碎用 1 台 HP300 破碎机代替原来的 2 台 GP100 破碎机。

(5) 将振动筛筛孔由原来的 12mm 改为 11mm。

按以上方案,改造后的破碎工艺流程如图 3-143 所示。

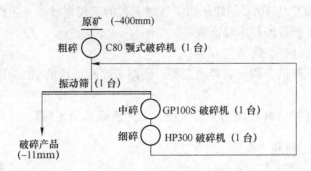

图 3-143 改造后的破碎流程

通过改造,破碎系统开车时间由原来的 20h/d 减少到 16h/d,提高了台效,降低了成本,而用 3 台破碎机代替原来的 5 台破碎机,减少了备品备件的消耗和维修工作量,从而真正实现了优化流程、节能降耗的目标。改造后,破碎系统的备品备件和维修费用每年节约 6 万元;电耗为 2.26kW·h/t,同比下降 0.15kW·h/t,每年增加经济效益 6.5 万元。

E 高压辊磨破碎工艺在钼矿中的应用

陕西金堆城钼业公司是国内首家引进高压辊磨机用于碎矿作业的有色金属矿山。公司为提高选矿技术水平、降本增效,采用"三段一闭路破碎—高压辊磨机辊磨—球磨机磨矿"的碎磨流程,选用魁珀恩公司规格为 500/15-1000 的高压辊磨机进行超细碎作业,设计最大处理能力为 556t/h,给矿粒度 25~0mm,开路破碎产品粒度 P_{80} 为 8mm 左右,选用碳化钨柱钉辊面及重力给料器。

通过工业实验得出,对金堆城钼矿石原矿采用"三段一闭路破碎 + 高压辊磨机破碎 + 磨矿"工艺流程,发现采用高压辊磨机具有以下很明显的优势:

(1) 大幅度降低了破磨系统能耗,提高了球磨机产能。高压辊磨料饼中大量的细粒和微细粒,以及粗粒内部有很多的应力裂纹,可以降低碎磨系统能耗,提高球磨机产能 15% 左右。

(2) 实现解离性磨矿。以预粉磨为代表的破碎作业,不但有较好的选择性破碎效果,而且形成了大量的细粒和微细粒产品,大量的矿物完成了初步解离,因此具备了较好的分选条件。

(3) 提高了粗选选钼回收率。磨矿效果不佳是粗选回收率低的主要原因。采用高压辊磨机后,入磨粒度大幅度降低,有利于在较粗的磨矿细度下形成有用矿物单体,从而减少过磨带来的金属流失,改善粗选指标,提高粗选回收率,为高效率的生产提供了参考和借鉴。

(4) 提高设备运转率,改善作业环境。高压辊磨机轴承等转动部件规格大,抗压、抗磨性能好,使用寿命长;自动控制系统先进,人机对话界面简单、易操作;设备运转平稳、噪声低,设备运作在一个相对密闭的系统中,扬尘少,生产环境整洁。

F 半自磨工艺在金矿的应用

甘肃省天水李子金矿有限公司(简称李子金矿)是一个中型的黄金采、选联合企业,隶属中金黄金股份有限公司。原有选矿厂采用 2 段破碎、球磨、分级、单一浮选流程。生产能力为 150t/d，供矿品位低，生产能力低，经济效益差。在中国黄金集团公司的支持下，该公司在 2006 年 10 月，走"超前思维，跨越式发展，科技兴矿"之路，进行采选技改扩建设计工作。2007 年 10 月新建采用半自磨工艺的选矿厂投产，生产能力 450 t/d，各项指标良好，取得了较好的技术经济效果。

原设计选择了两种碎、磨工艺方案：

方案一为颚式破碎机、圆锥破碎的二段一闭路破碎和一次磨矿加闭路分级流程，工艺流程见图 3-144。

方案二为自磨（半自磨）闭路分级流程，工艺流程见图 3-145。

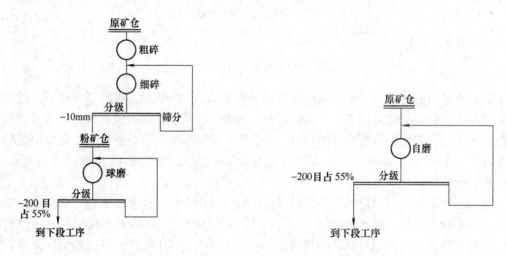

图 3-144　常规破碎、磨矿工艺流程　　　　　图 3-145　自磨（半自磨）工艺流程

通过两种方案比较可知：方案一投资大，设备数量多，建筑面积大，粉尘量大，运行成本高等。方案二占地面积小，设备数量少，与方案一比较可省投资 291 万元，维护量小，材料消耗低，节省 102 万元/年；生产环节少，管理方便，生产成本低 10.97 元/t；电耗略高，12 万元/年。最后采用方案二，一年多的生产实践表明：当自磨机装料率为 33% 不变、自磨机装球率 3% 时，生产能力为 380t/d；当装球率为 5% 时，生产能力为 410t/d；当装球率为 6% 时，生产能力为 450t/d；当装球率为 7% 时，生产能力为 480t/d。在生产中，通过调整，最佳装球率为 6% 时，生产能力达 450t/d，提高 23.68%，电耗降低 3%，返砂量 200%，可达到设计指标和满足生产要求。物料过多，介质过少，磨机产量降低；物料过少，介质过多，磨机产量降低，钢球和衬板的消耗增加。介质球直径为 100mm、磨矿浓度为 76% 时，生产成本低，电耗低，钢耗低。

3.7.3.3　其他矿选矿厂的破碎筛分流程

惯性圆锥破碎机在铜渣破碎流程的应用：

（1）赤峰某公司的铜渣是转炉渣，含铁较高，48% ~ 54%，该选厂破碎生产工艺流程设计为两段破碎。第一段用 PE400 × 600 颚式破碎机，第二段用 GYP-900 惯性圆锥破碎机。粒度为 −300mm 的原矿给入 PE400 × 600 颚式破碎机，破碎后物料直接进入 GYP-900 惯性圆锥破碎机，由于 GYP-900 惯性圆锥破碎机产品粒度细，可以开路破碎，产品直接进入粉矿仓，与传统铜渣破碎工艺相比，减少了一段破碎并实现了开路，破碎工艺大大简化，大幅度节约了基建投资和设备采购成本。其工艺流程如图 3-146 所示。

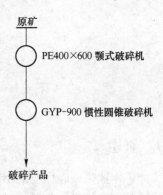

图 3-146 破碎工艺流程

（2）东营某公司渣选厂所处理的铜渣，是该公司铜冶炼厂的炉渣，含铜量较高。由于一直没有找到合适的处理设备，该公司在铜渣方面积压的资金就达上千万元，得不到及时回收，严重影响公司的正常运转。该厂铜渣的性质与赤峰选厂的基本一致，但由于后续处理得当，其物料的致密程度得到了一定改善。该厂破碎生产工艺流程同样采用的是两段破碎。第一段用 PE600×900 颚式破碎机，第二段用 GYP-1200 惯性圆锥破碎机。由于惯性圆锥破碎机产品粒度细，实现了开路破碎，产品直接进入粉矿仓，简化了破碎流程。从 2009 年 6 月 12 日起至今，GYP-1200 惯性圆锥破碎机运行情况良好，产品粒度合格，产量也达到了生产要求。在生产应用中多次取样测试，产量为 65.1～85.8t/h。当工作间隙为 55mm 时，产量为 76.5×10^3 kg/h。

4　磨矿与分级

4.1　概述

磨矿作业是破碎作业的继续，属于选别前准备作业。磨矿作业使用最为广泛的是普通卧式圆筒形磨矿机，其磨矿过程是将物料装入连续转动的圆筒中，圆筒内装入一定数量的不同形状的研磨体，如球、棒、短圆柱（磨段）或较大块的矿石、砾石等，当筒体以一定速度旋转时，这些研磨体则被带动产生冲击、剪切和研磨作用，从而将物料磨碎。因此，筒形磨矿机的粉碎作用是外力施加在研磨体上传递粉碎力给被磨物料，故又可称研磨体为研磨介质。这种磨碎作用称为介质磨碎。一般来说，磨矿是为了获得细粒或超细粒产品。除圆筒形磨矿机外（或称介质磨机外），有些设备，其磨碎力直接施加于被粉碎物料，也可以获得粒度很细的产品，故也属于磨矿作业范畴，如雷蒙磨、立式辊磨机、胶体磨和气流磨等。磨矿作业广泛应用于冶金矿山、化工、建材、陶瓷和医药等领域。

4.1.1　磨矿的重要性

在选矿工业中，除少数有用矿物已单体解离的砂矿和部分高品位富矿不需磨碎外，几乎都需要经磨碎使有用矿物获得较理想的单体解离度。选矿厂选别指标在很大程度上取决于磨矿产品的质量，若有用矿物解离度不够理想，则选别指标就不会理想。没有单体分离的连生体进入精矿将降低精矿品位，进入尾矿将降低有用矿物回收率。另外，磨矿产品又不宜过粉碎，过粉碎不仅增加电耗和钢耗，而且会恶化选别过程，降低选别指标。

磨矿作业动力消耗和金属消耗很大。通常电耗为 $6 \sim 30 kW \cdot h/t$，约占选矿厂电耗的 $30\% \sim 75\%$，有的厂高达 85%。磨矿介质和衬板消耗达 $0.4 \sim 3.0 kg/t$。磨矿作业的基建投资、维修费用也很高。因此，从生产的重要性和经济效益方面看，研究改进磨矿方法和工艺，研制新设备和新型耐磨材料，对降低选矿成本和提高选别指标有很大现实意义。

4.1.2　磨矿过程的影响因素

磨矿过程也是很复杂的物理-化学过程，影响因素有很多。其中属于被磨物料性质方面的有硬度、韧性、结晶特性、含泥量、入磨粒度及要求的磨矿产品粒度等。属于操作条件方面的有：磨机转速；研磨介质的密度、形状、尺寸、配比及添加量；湿磨时的磨矿浓度、矿浆流变特性及球料比、矿浆温度、成分及磨蚀特性；干磨时的气流速度、温度及风量等。属于磨机结构的有磨机的形式、衬板材质及形式、排料方式、磨机规格及长径比等。上述因素有许多属于随机性的，因此，迄今为止，还没有研究出把上述诸因素都包括在内的数学模型，能够解决生产优化、磨机的模拟放大以及生产过程的最优控制等问题。关于从实验室试验向工业应用过渡往往还需要经实验室、半工业以及工业规模的多次多段试验，特别是对于复杂矿石及自磨过程更是如此。

最近的研究表明，磨矿不但是物理过程，而且化学效应也占有重要位置，例如矿浆的酸碱度、化学成分等不仅对磨矿介质及衬板的磨损与腐蚀有很大影响，而且对磨矿效率和效果也有影响。对此有人从事化学助磨剂的研究。研究表明，当被磨物料粒度达到很细时（例如小于 $10\mu m$），将发生"形变"与"性变"。所谓"形变"即被磨物料的结晶形态发生变化，所谓"性变"即被磨物料的性质发生变化，例如发生"强化"（即硬度或韧性增加）趋于更难磨碎，或者"弱化"（即硬度或韧性降低）趋于容易磨碎。

按磨矿产品粒度的不同，磨矿过程可分为：

（1）粗磨矿，其产品粒度一般为 $1 \sim 0.3mm$；

（2）细磨矿，其产品粒度一般为 $0.1 \sim 0.075mm$；

（3）超细磨矿，其产品粒度一般小于 $10\mu m$，甚至更细。

常用的选矿方法，其有效回收的粒度下限一般不小于 $5 \sim 10\mu m$，因此多采用粗磨或细磨工艺，有些化学选矿或选冶联合流程，有时需要采用超细磨工艺。

根据被磨物料的介质环境不同，又分为干式磨矿和湿式磨矿两种。对于选矿作业，大多采用湿式磨矿。因为水对物料有"脆化"、助磨和分散作用，这对细磨和超细磨是非常有利的，而且湿式作业的劳动环境比干式作业好。20 世纪 50 年代，选矿工业出现干式自磨、湿式选别工艺。后来由于干式磨矿对环境污染严重、选别效果差，绝大多数干式自磨都被迫改为湿式作业。但是对于缺水地区，干式磨矿常常被采用，现在有些缺水地区（如内蒙古、甘肃）只能采用干式磨矿。

4.1.3　磨矿分级流程

由于矿石中有用矿物结晶颗粒不均一，再加上磨机磨矿作用的随机性，因此磨矿产品粒度分布不均匀。为了保证磨矿产品粒度合格又不过粉碎，通常采用分级作业与磨机构成闭路。选矿厂除棒磨多采用开路作业外，球磨机大多采用闭路作业。

选矿厂最常用的磨矿流程分为两类。

（1）常规流程：

1）破碎—棒磨流程；

2）破碎—棒磨—球磨流程；

3）破碎—球磨—球磨流程；

4）破碎—高压辊磨—球磨流程。

（2）自磨流程：

1）破碎—自磨流程；

2）破碎—自磨—球磨流程；

3）破碎—半自磨—球磨流程；

4）破碎—自磨—砾磨流程；

5）破碎—球磨或棒磨—砾磨流程。

20 世纪 60 ~ 70 年代湿式自磨及半自磨在世界范围内风行一时，最初认为它能简化流程，投资和经营费用较低，适于处理泥矿等。但近 20 年来的生产实践表明，湿式全自磨流程存在一些缺陷，例如磨机的作业率低，磨矿电耗高，产量波动大等。生产实践表明，只有在矿石含泥高、破碎流程中需要增加洗矿作业以及自磨过程中能产生足够的介质而不产生过多难磨颗粒（小于80mm 大于25mm）的条件下，采用湿式自磨流程才是适宜的。半自磨技术是在自磨机基础上，添加适量钢球衍生出来的。

4.1.4　磨矿分级设备的发展

目前选矿厂生产中最常用的圆筒形棒磨机和球磨机是19世纪末推广应用的，但由于其结构简单，生产稳定可靠，故在可预见的将来仍为选矿生产的主要磨矿设备；当然，也会有较大的改进，如设备大型化、生产操作的最优化和自动化、部件（如衬板等）维修的机械，以及耐磨、耐腐蚀材料的应用等。磨矿数学模型及模拟计算的研究和应用，将使磨矿技术产生较大的突破。

矿用球磨机已经有上百年的历史，但在较长一段时间内规格的发展都比较缓慢，直到21世纪初。近年来，对矿产资源需求的增加促使铁、铜和钼等价格接连攀升，全球随之掀起了一股选矿、找矿、开矿的热潮。在这种情况下，能够显著降低能耗、提高效率的大型球磨机得到重视，目前最大的球磨机直径已超过8m，自磨半自磨机直径达12m以上。大型球磨机不仅对设计制造和工艺等提出了新的挑战，同时，还需要解决与之配套的传动、液压、控制等一系列问题，确保它能正常运转。

高压辊磨机在国内外已普遍应用于水泥行业的粉磨、化工行业的造粒和钢铁厂球团矿增加比表面积的细磨。最近已用于金属矿石的磨矿前预破碎或预处理，以达到简化碎矿流程、实现多碎少磨、改善磨矿效果、提高系统生产能力和选别指标的目的。高压辊磨技术将会在矿山得到越来越广泛的应用。

超细磨矿技术在冶金、化工、陶瓷、电子和医药等工业部门的应用将越来越广泛，细磨设备如立式螺旋搅拌磨机（立磨机）在选矿生产上的应用越来越多。因此，超细磨已成为选矿磨矿技术方面很重要的研究和应用领域之一。

4.2　磨矿理论

为了经济合理地确定球磨机的工作参数（临界转速、工作转数、装球量和磨机功率等），提高磨矿的磨矿效率和生产率，必须研究磨机工作时研磨介质在磨机筒体内的运动规律。同时，磨矿功耗、钢耗以及磨矿生产指标直接与研磨介质在磨机中的运动状态有关。矿浆黏度影响磨矿效果和钢球磨损率等，特别是细磨和超细磨技术在选矿工业中的应用，必须深入研究矿浆流变性及助磨作用机理。计算机科学技术的发展，使得磨机及工艺流程的数值模拟可以更好地获得磨机及整个流程的参数，并进行改进、优化和完善，可以提高磨矿效率，因此磨机的数值模拟研究也非常重要。

4.2.1　球磨机中研磨介质的运动规律

在磨机中，研磨介质的运动状态与筒体的转速和研磨介质与筒体衬板的摩擦系数有关。研磨介质在筒体中的运动状态基本有三种。

4.2.1.1　泻落式运动状态

球磨机在低速运转时，所有研磨介质顺筒体旋转方向旋转一定的角度（见图4-1a），自然形成的各层介质基本按同心圆分布，并沿同心圆的轨迹升高，当介质超过自然休止角后，则像雪崩似的泻落下来，如此循环往复。在泻落的工作状态下，物料主要受研磨介质互相滑落时产生剪切和摩擦研磨的作用而粉磨。

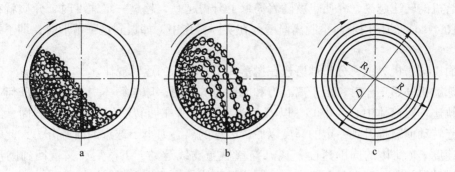

图 4-1 研磨介质的运动状态

a—泻落式运动状态；b—抛落式运动状态；c—离心式运动状态

棒磨机和管磨机一般采用这种状态工作。

4.2.1.2 抛落式运动状态

当研磨介质在高速运转的筒体中运动（见图 4-1b）时，任何一层介质运动轨迹都可以分为两段（见图 4-2），上升时，介质从落回点 A_1 到脱离点 A_5 是绕圆形轨迹 $A_1 \sim A_5$ 运动，但从脱离 A_5 到落回点 A_1，则按照抛物线轨迹 $A_1 \sim A_5$ 下落，以后又沿圆形轨迹运动，如此循环往复。在筒体内壁（衬板）与最外层介质之间的摩擦力作用下，外层介质沿圆形轨迹运动。在相邻各层介质之间也有摩擦力。因此，内部各层介质也沿同心圆的圆形轨迹运动，它们好像一个整体，一起随筒体回转，摩擦力取决于摩擦系数及作用在筒体内壁（或相邻介质层）上的正压力。正压力由重力的径向分力 N 和离心力 C 产生，重力的切向分力 T 对筒体中心的力矩使介质产生与筒体旋转方向相反的转动趋势，如果摩擦力对筒体中心的力矩大于切向分力 T 对筒体的力矩，那么介质与筒壁或介质之间便不产生相对滑动；反之，则存在相对滑动。

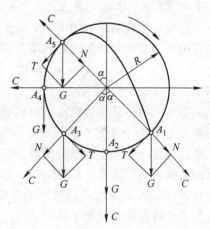

图 4-2 球磨机抛落式工作状态下球的运动轨迹及力

摩擦系数取决于矿石的性质、筒体内表面（衬板）的特点和矿浆浓度。当摩擦系数一定时，若筒体内研磨介质不多而筒体转速也低，由于正压力小而使摩擦力很小，则将出现介质沿筒壁相对滑动,而介质之间也有相对滑动。这时介质（球）同时也绕其本身几何轴线转动。

在任何一层介质中，每个介质之所以沿圆形轨迹运动，并不是单纯靠这个介质受到的摩擦力而孤立地运动，而是靠全部介质的摩擦力，这个介质只作为所有回转介质群中的一个组成部分而被带动，并被后面同一层的介质"托住"。

抛落式工作时，物料主要靠介质群落下时产生的冲击力而粉碎，同时也靠部分研磨作用。

球磨机就是采用这种工作状态。

4.2.1.3　离心式运动状态

球磨机的转速越高，介质也就随着筒壁上升得越高，超过一定速度时，介质就在离心力（见图4-1c）的作用下而不脱离筒壁。在实际操作中，如遇到这种情形时，即不发生磨矿作用。

下面以球磨机为例，分析球磨机在抛落式工作状态的运动规律。

当球磨机开始工作时，由于离心力和摩擦力的作用，球与筒体一起转动。任何一层球的运动轨迹均以筒体中心为中心，以 R 为半径（球所在回转层的半径）的圆周，当球与筒体一起转动而被提升到一定的高度以后，因球的离心力小于球重的向心分力，此时，球就以初速度 v（筒体的周围速度）离开筒壁做抛物线运动，下落后，又重回到圆形轨迹上。在运转过程中，球在球磨机内即按圆或抛物线的轨迹周而复始地运动着。

研究球在球磨机内的运动规律时，是分析筒体内最外层的一个球的运动来说明筒体内全部钢球的运动。为了使讨论简化，现作如下假定：

（1）在轴向各个不同的垂直断面上，球的运动状态完全相似；

（2）球与筒壁及球与球之间无相对滑动；

（3）钢球的直径可忽略不计，因此外层球的回转半径可用筒体内径表示。

4.2.1.4　球的脱离点

任取一垂直断面，如图4-3所示，当筒体回转时，筒体内的钢球在离心力 C 和摩擦力的作用下，随着筒体做圆周运动，其运动方程式为：

$$x^2 + y^2 = R^2 \tag{4-1}$$

式中　R——筒体内半径，m。

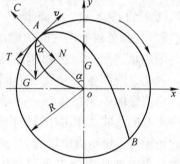

当球随筒体沿圆形轨迹运行到 A 点时，作用在球上的离心力 C 等于球重 G 的径向分力 N，而且其切向分力 T 被后面的一排球推力作用抵消。如球越过 A 点，则球就以切线方向的速度 v 离开筒壁沿抛物线轨迹下落。

若以 α 表示球脱离圆轨迹的角度（脱离角），则在 A 点（脱离点）上保持下列关系：

$$C = G\cos\alpha$$

图4-3　球的运动轨迹

式中，$C = mRw^2 = m\dfrac{v^2}{R}$，代入上式得：

$$\frac{v^2}{R} = g\cos\alpha \tag{4-2}$$

式中　m——球的质量；

　　　v——球的运动速度，$v = \dfrac{\pi R n}{30}$，m/min；

　　　n——筒体的转速，r/min；

　　　g——重力加速度，m/s²。

将 $v = \dfrac{\pi R n}{30}$ 代入式（4-2）中，简化后得：

$$R = \frac{900}{n^2}\cos\alpha \tag{4-3a}$$

式中，R 为从极点 o 到圆周上任何一点的向量半径；α 为向量半径与极轴的夹角；$\frac{900}{n^2}$ 为圆的直径。

式（4-3a）表示以原点 o 为极点，oy 轴为极轴的圆的极坐标方程式。

若将极坐标方程式变换为以 o 原点的直角坐标方程式，则在 xoy 直角坐标系中，$\cos\alpha = \frac{y}{R}$，并将此值和式（4-1）代入式（4-3a）中，即得：

$$x^2 + \left(y - \frac{900}{2n^2}\right) = \left(\frac{900}{2n^2}\right)^2 \tag{4-3b}$$

式（4-3a）表示筒体内各层球由圆运动转入抛物线运动时，脱离点的轨迹以 $o_1\left(o, \frac{900}{2n^2}\right)$ 为圆心，半径为 $\frac{900}{2n^2}$ 的圆的直角坐标方程式。由此可知，各球层脱离点的位置随筒体转速不同而变化，当筒体转速不变，已知某球层的半径时，则该球层脱离角为一定值，式（4-3a）或式（4-3b）为球的脱离点的轨迹方程式。

4.2.1.5 球的落点轨迹

球从 A 点离开筒壁，以初速度 v 与水平呈角度抛出而沿抛物线轨迹运动，最后落到壁上的 B 点（见图 4-4）。B 点称为落点，β 称为落角。

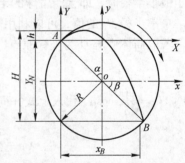

取 A 点为 XAY 坐标的原点，则对该坐标沿抛物线运动的轨迹方程式为：$Y = X\tan\alpha - \frac{gx^2}{2v^2\cos^2\alpha}$，或以式（4-2）中 $v^2 = Rg\cos\alpha$ 代入上式，则：

$$Y = X\tan\alpha - \frac{X^2}{2R\cos^3\alpha} \tag{4-4}$$

图 4-4　球的落点轨迹

对 XAY 坐标，球沿周围运动轨迹方程式为：

$$(X - R\sin\alpha)^2 + (Y + R\sin\alpha)^2 = R^2 \tag{4-5}$$

落点 B 的位置就是两运动轨迹的交点。将式（4-4）和式（4-5）联立求解，可得 B 点坐标：

$$X_B = 4R\sin\alpha\cos^2\alpha \tag{4-6}$$

$$Y_B = -4R\sin^2\alpha\cos\alpha \tag{4-7}$$

由图 4-4 知，落角 β 为：

$$\sin\beta = \frac{Y_B - R\cos\alpha}{R} = \frac{4R\sin^2\alpha\cos\alpha - R\cos\alpha}{R} = 3\cos\alpha - 4\cos^3\alpha$$

式中，Y_B 取绝对值。

由三角知识可知：

$$\cos 3\alpha = 4\cos^3\alpha - 3\cos\alpha$$

则　　　　　　　　　　　　$\sin\beta = -\cos 3\alpha = -\sin(90° - 3\alpha)$

故　　　　　　　　　　　　$\beta = 3\alpha - 90°$ 　　　　　　　　　　　(4-8)

由此，从图4-4中可以明显看出，从球的脱离点到它的落点的圆弧长度，以及与它相适应的圆心角等于4α。从式（4-8）可知，球的脱角 α 越大，其落角 β 也越大。此 β 角决定了落点 B 的位置。

4.2.1.6　最内层球的最小半径

当筒体的转速为一定值时，根据式（4-3a）和式（4-8）可以绘出包括不同回转半径的每一层球的脱离点和落点的曲线。图4-5中的 AA_1O 曲线即为脱离点曲线，而 BB_1O 为落点曲线。A_1 和 B_1 点分别为最内层球的脱离点和落点，R_1 为最内层回转半径，它又称最小半径。

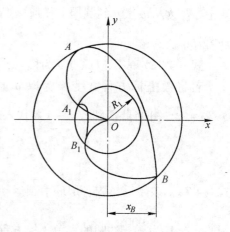

图 4-5　最内层球的最小半径

最小半径应保证该层球脱离后仍按抛物线轨迹降落而不与其他层球发生干涉作用。当最内层半径小于最小半径时，即会产生球的干涉作用，破坏球的正常循环。

最小半径 R_1 的值，可以利用落点 B 的横坐标对角 α 的一次导数等于 0 来求得。

若取筒体中心 O 为坐标原点，则由图4-5可知，B 点横坐标为：

$$x_B = 4R\sin\alpha\cos^2\alpha - R\sin\alpha$$

式中，$R = \dfrac{900}{n^2}\cos\alpha$，代入上式并简化，得：

$$x_B = \frac{900}{n^2}(4\cos^2\alpha\sin\alpha - \sin\alpha\cos\alpha)$$

令 $\dfrac{\mathrm{d}x_B}{\mathrm{d}a} = 0$，经化简整理后，得：

$$16\cos^4\alpha - 14\cos^2\alpha + 1 = 0$$

因此，可解得 x_B 为最小值时脱离 $\alpha_1 = 73°50'$，将 α_1 值代入式（4-3a）中，则最小半径为：

$$R_1 = \frac{250}{n^2}$$ 　　　　　　　　　　　(4-9)

由式（4-9）可知，当 n 一定时，要保证球载层的正常循环，球在层的最内层半径不得小于 $\dfrac{250}{n^2}$。

4.2.1.7　球的循环次数

球在球磨机中运动一周的时间并不等于筒体旋转一周的时间。球在圆的轨迹上运动时间为：

$$t_1 = \frac{60}{n} \cdot \frac{360 - 4\alpha}{360} = \frac{90 - \alpha}{1.5n}$$ 　　　　　(4-10)

球在抛物线轨迹运动的时间为：

$$t_2 = \frac{x_b}{v\cos\alpha} = \frac{4R\cos^2\alpha\sin\alpha}{\frac{\pi R n}{30}\cos\alpha} = 19.1\frac{\sin2\alpha}{n} \tag{4-11}$$

球运动一周的全部时间为：

$$t_0 = t_1 + t_2 = \frac{90° - \alpha + 28.6\sin2\alpha}{1.5n} \tag{4-12}$$

当球磨机旋转一周时间时，球的循环次数为：

$$j = \frac{t}{t_0} = \frac{90°}{90° - \alpha + 28.6\sin2\alpha} \tag{4-13}$$

式中　t——筒体回转一周的时间，$t = \dfrac{60}{n}$，s。

由此可见，球的循环次数取决于脱角 α。球磨机筒体转速不变时，球的循环次数因不同所在的回转层的位置不同而异。同一层球的循环次数，随转速的改变而变化，转速越高，α 角越小。因此，在筒体转一周的时间内，循环次数也越少，达到临界转速时，$\alpha = 0$，因此，在筒体转一周的时间内，球也回转一次。

以上是利用数学分析的方法来讨论钢球在筒体内运动的情况，因而导出一些试验方法进行观察时所不易得到的结论和参数关系。实验证明，理论与实际运动情形与理论间存在的差异，主要是钢球在筒体内的运动并不像推导数学公式所假定的那样，事实上，各层钢球之间并非互相静止，而是有滑动现象存在。

4.2.2　球磨机的临界转速和工作转速

当筒体的转速达到某一个数值，使外层球的 $\alpha = 0$，$c = G$ 时，如图4-6所示，即外层球在筒体内沿圆形轨迹上升最高点 A，并开始和筒体一起回转，而不离开筒壁。在这种情况下，球磨机的转速叫作临界转速。

由图4-6可知，在 A 点的脱离角 α 等于0。将 $\alpha = 0$ 代入式（4-3a）中，即可得出球磨机的临界转速 n_0（r/min）：

$$n_0 = \frac{30}{\sqrt{R}} = \frac{42.4}{\sqrt{D}} \tag{4-14}$$

式中　D——球磨机筒体直径，m。

由于式（4-14）是在上述三个假定的基础上推导出来的，因此，从理论上求的临界转速并非实际的临界转速。

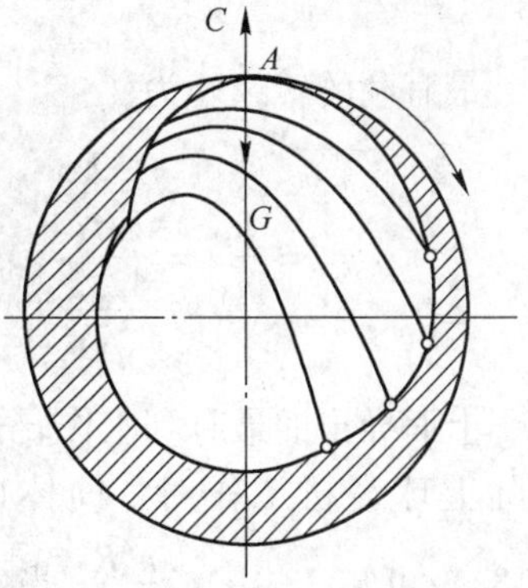

磨矿机的临界转速主要取决于介质和衬板、介质层与

图4-6　球磨机的临界转速

介质层之间的相对滑动量的大小。所以，磨矿机的理论临界转速只是标定球磨机工作转速的一个相对标准。

为了使球磨机正常进行磨矿工作，球磨机的转速必须小于临界转速。这一转速，就是通常所说的工作转速。球磨机一般是按"抛落"状态工作。实现这种工作状态的工作转速有很多，但一定有最有利的工作转速。球磨机的最有利工作转速应该保证球沿抛物线下落的高度最大，从而使球在垂直方向获得最大的动能来粉碎矿石。为此，必须求出球产生最大落下高度时的脱角 α，由此可确定球磨机最有利的工作转速。

由图 4-4 可知，球的下落高度为：

$$H = h + Y_N \tag{4-15}$$

球由脱离点 A 上升到高度 h，根据抛物的运动学，可由下式确定：

$$h = \frac{v^2 \sin^2 \alpha}{2g} \tag{4-16}$$

根据式（4-2），将 $v^2 = Rg\cos\alpha$ 代入上式，则得：

$$h = 0.5R\sin^2\alpha\cos\alpha$$

由式（4-7）可知，落点 B 的纵坐标（对 XAY 坐标）为：

$$\left| Y_B \right| = 4R\sin^2\alpha\cos\alpha \tag{4-17}$$

所以，球下落的高度为：

$$H = 0.5R\sin^2\alpha\cos\alpha + 4R\sin^2\alpha\cos\alpha = 4.5R\sin^2\alpha\cos\alpha \tag{4-18}$$

由式（4-18）可知，落下高度 H 是球的脱角 α 的函数，欲求 H 的最大值，必须使 H 对 α 的一次导数 $\dfrac{\mathrm{d}H}{\mathrm{d}\alpha} = 0$，即：

$$\frac{\mathrm{d}H}{\mathrm{d}\alpha} = \frac{\mathrm{d}(4.5R\sin^2\alpha\cos\alpha)}{\mathrm{d}\alpha} = 0 \tag{4-19}$$

上式经整理后得：

$$\alpha = 54°40' \tag{4-20}$$

这个脱角 α 能保证球获得最大落下的高度，而使球具有最大的冲击力。将此角代入式（4-3a）中，则可得到球磨机最有利的工作转速：

$$n_1 = \frac{30\sqrt{\cos\alpha}}{R} = \frac{30\sqrt{\cos 54°40'}}{\sqrt{R}} \approx \frac{22.8}{\sqrt{R}} \approx \frac{32}{\sqrt{D}} \tag{4-21}$$

最有利的转速率为：

$$\psi_1 = \frac{n_1}{n_0} = \frac{\dfrac{32}{\sqrt{D}}}{\dfrac{42.2}{\sqrt{D}}} \times 100\% = 76\% \tag{4-22}$$

上面导出的最有利工作转速是指筒内最外一层球，实际上球磨机工作时，筒体内装有许多层球，由式（4-3a）可知，$\cos\alpha = \dfrac{n^2 R}{900}$，当 n 值一定时，α 角因球的回转半径 R 的不同而异。显然，最外层球处于不利的工作条件（即 $\alpha = 54°40'$），其余各层球都将处于不利的工作条件，该层称为"缩聚层"。如果该层处于最有利的工作条件（ $\alpha = 54°40'$），则意味着所有各层球都处于最有利的工作条件。

如图 4-7 所示，用 A_0 和 B_0 表示"缩聚层"的

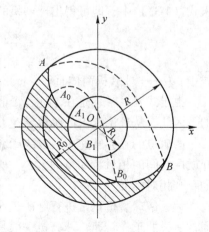

图 4-7　缩聚层的回转半径

脱离点和落点，R_0 表示该层的回转半径，其值可根据圆环对于其中心 O 的转动惯量等于有质量的圆周（极细的均值线环）计算，对于它中心 O 的转动惯量的计算由下式确定：

$$\frac{\pi}{2}(R^2 - R_1^4) = \pi(R^2 - R_1^2)R_0^2$$

即
$$R_0 = \sqrt{\frac{R^2 + R_1^2}{2}} \tag{4-23}$$

当"聚缩层"球处于最有利的工作条件时，即 $\alpha = 54°40'$，则由式（4-3）得：

$$R_0 = \frac{900\cos\alpha}{n^2} = \frac{900\cos 54°40'}{n^2} = \frac{520}{n^2} \tag{4-24}$$

最内层的回转半径，由（4-9）可知，$R_1 = \frac{250}{n^2}$。将 $R_0 = \frac{520}{n^2}$ 和 $R_1 = \frac{250}{n^2}$ 代入式（4-23）中，经简化后，即得"缩聚层"最有利的工作转速（r/min）：

$$n_2 = \frac{26.3}{\sqrt{R}} = \frac{37.2}{\sqrt{D}} \tag{4-25}$$

此时，球磨机最有利的转速率则为：

$$\psi_1 = \frac{n_1}{n_0} = \frac{\frac{37.2}{\sqrt{D}}}{\frac{42.4}{\sqrt{D}}} \times 100\% = 88\% \tag{4-26}$$

因此，在理论上，球磨机最有利的工作转速为：

$$n = (76\% \sim 88\%)n_0 \tag{4-27}$$

上述结论都是在介质与介质之间没有相对滑动的情况下得出的。但是，在磨矿机中，这种相对滑动量或多或少都是存在的，所以根据式（4-27）求得的工作转速，并不一定是最有利的，因此，球磨机的工作转速要根据实际情况选取，例如：

（1）衬板的表面形状：带有凸棱的衬板表面，能减少研磨介质的相对滑动量，增加其提升高度，故其工作转速应比采用平滑衬板时低些。

（2）矿石硬度和磨矿细度：对于大块坚硬矿石粗磨时，应采用较大的研磨介质和较高的工作转速，以利于增加对物料的冲击作用。反之，应采用较小的研磨介质和较低的工作转速，从而能强化研磨作用和减少动力消耗。

（3）磨矿方式：湿式磨矿，由于水的润滑作用，介质与衬板之间有较大的相对滑动，因此，在相同条件下，湿式磨矿机的工作转速应比干式磨矿机的转速高5%左右。

（4）研磨介质的填充率：填充率越低，则其相对滑动量越大，故工作转速应取高些。

目前，世界各国对最有利工作转速都进行了大量的研究和实验工作，积累了很多资料，认为从提高生产率的观点出发，增加球磨机的工作转速是有利的。国内实验资料表明，转速增加，生产率可以得到较大的提高，可是衬板的使用寿命急剧降低，而且功率消耗增加，所以目前生产中应用的球磨机，其工作转速大多为（76% ~ 88%）n_0。

对于棒磨机，为了防止钢棒互相干扰，取 $n = (0.65 \sim 0.70)n_0$。对于管磨机，由于磨矿细度的要求，取 $n = (0.68 \sim 0.76)n_0$。对于自磨机，取 $n = (0.83 \sim 0.85)n_0$。

因为临界转速理论计算公式中假定在磨矿介质与磨机衬板之间没有滑动，这将使计算出的临界值偏低。但是在实际上，这种滑动作用是存在的，即使转速达到 100% n_0，也有磨矿功能。在转速达到 125% n_0 时，仍然存在着磨矿功能，唯一不同的是超临界转速对球磨机的结构设计和相关零部件的材料特性提出了更高的要求。因此，在兼顾磨矿细度和能耗的情况下，可使用较高的磨机转速。

4.2.3　研磨介质的填充量

填充量的多少及各种介质直径的配比对磨矿效率有一定的影响。填充量过少，会使磨矿效率降低；填充量过多，内层球运动时会产生干涉作用，破坏球的正常抛落运动，使球荷下落时的冲击量减小，故磨矿效率也要降低。

研磨介质的装载 G 可按下式计算：

$$G = \frac{\pi}{4}D^2 L\gamma\varphi \tag{4-28}$$

式中　D，L——分别为筒体的内径和长度，m；

　　　　γ——研磨介质的松散密度，锻制钢球取 $\gamma = 4.5 \sim 4.8\text{t/m}^3$，铸造铁球取 $\gamma = 4.3 \sim 4.6\text{t/m}^3$，锻钢取 $\gamma = 4.5 \sim 4.8\text{t/m}^3$；

　　　　φ——研磨介质的充填率。

研磨介质充填率 φ 是指研磨介质的装载面积与筒体横断面内截面面积的比值，即：

$$\varphi = \frac{S}{\pi R^2} = \frac{S_1 + S_2}{\pi R^2} \tag{4-29}$$

式中　S_1，S_2——筒体内做圆周运动的球载面积。

由图 4-8 可知：

$$\theta = 270° - (\alpha + \beta)$$
$$= 270° - (\alpha + 3\alpha - 90°)$$
$$= 360° - 4\alpha = 2\pi - 4\alpha \tag{4-30}$$

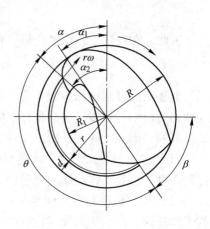

图 4-8　球磨机的装载面积

取微分弧形面积：

$$\mathrm{d}S_1 = r\theta \mathrm{d}r \tag{4-31}$$

由式（4-3a）可知：

$$r = \frac{900}{n^2}\cos\alpha$$

则

$$\mathrm{d}r = -\frac{900}{n^2}\sin\alpha$$

因此，式（4-31）可写为：

$$dS_1 = -\left(\frac{900}{n^2}\right)^2 (2\pi - 4\alpha)(\sin\alpha\cos\alpha)d\alpha = -\left(\frac{900}{n^2}\right)^2 (\pi - 2\alpha)\sin 2\alpha d\alpha \tag{4-32}$$

球载层做抛物线运动的微分球载面积为：

$$dS_2 = \omega r dr t_2 \tag{4-33}$$

$$t_2 = \frac{X_B}{v\cos\alpha} = \frac{4r\cos^2\alpha\sin\alpha}{\omega r\cos\alpha} = \frac{4\cos\alpha\sin\alpha}{\omega}$$

式中 ω——筒体的角速度；

t_2——球在抛物线轨迹上运动的时间。

因此，式（4-33）则变为：

$$dS_2 = \omega \cdot \frac{900}{n^2}\cos\alpha \cdot \left(-\frac{900}{n^2}\sin\alpha\right) \cdot \frac{4\cos\alpha\sin\alpha}{\omega}d\alpha$$

$$= -\left(\frac{900}{n^2}\right)^2 \sin\alpha 2\alpha d\alpha \tag{4-34}$$

球载面积 S 可由下式求出：

$$S = S_1 + S_2 = \int dS_1 + \int dS_2 \tag{4-35}$$

$$= \int_{\alpha_2}^{\alpha_1} -\left(\frac{900}{n^2}\right)^2 (\pi - 2\alpha)\sin 2\alpha d\alpha + \int_{\alpha_2}^{\alpha_1} -\left(\frac{900}{n^2}\right)^2 \sin\alpha 2\alpha d\alpha$$

$$= \frac{1}{2}\left(\frac{900}{n^2}\right)^2 \left| (\pi - 2\alpha)\cos 2\alpha + \sin 2\alpha - \alpha + \frac{1}{4}\sin 4\alpha \right|_{\alpha_2}^{\alpha_1}$$

由式（4-14）和式（4-21）可知，$\psi = \sqrt{\cos\alpha}$

故 $$\pi R^2 = \pi\left(\frac{900}{n^2}\right)^2 \cos^2\alpha = \pi\left(\frac{900}{n^2}\right)^2 \psi^2 \tag{4-36}$$

将式（4-35）和式（4-36）代入式（4-29）中，得：

$$\varphi = \frac{1}{2\pi\psi^4} \left| (\pi - 2\alpha)\cos 2\alpha + \sin 2\alpha - \alpha + \frac{1}{4}\sin 4\alpha \right|_{\alpha_2}^{\alpha_1} \tag{4-37}$$

当 $\psi = 0.76$，$\alpha = \cos^{-1}\psi^2 = 54°40'$，$\alpha_2 = \cos^{-1}\frac{R_1}{R}\cos\alpha_1 = \cos^{-1}k\psi^2 = 73°50'$ 时，由式（4-37）则可算出 $\varphi_{max} = 0.42$。

当 $\psi = 0.88$，$\alpha = \cos^{-1}\psi^2 = 39°15'$，$\alpha_2 = \cos^{-1}k\psi^2 = 73°50'$ 时，$\varphi_{max} = 0.58$。

通常，对湿式格子型球磨机，取 $\varphi = 0.4 \sim 0.45$；对溢流型球磨机、棒磨机，取 $\varphi = 0.35 \sim 0.4$；对干式格子型球磨机、管磨机，取 $\varphi = 0.25 \sim 0.35$。

从上面的分析可以看出，最有利的转速决定了最适当的研磨介质的填充量。因此，当其他条件一定时，对于既定转速的磨矿机，其填充量过多或过少都会降低磨机的处理能力

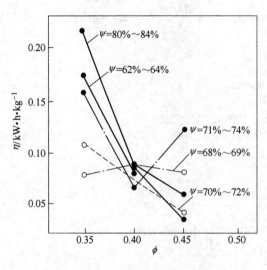

图 4-9　磨矿效率与充填率的关系

及磨矿效率。

当转速不同时，磨矿效率与充填率的关系如图 4-9 所示。

转速率不同时，其最佳充填率也不同。若 $\psi = 65\% \sim 75\%$，防滑耐磨衬板的最佳充填率可在 0.40 ～ 0.45 范围内选取。

装入球磨机中的钢球直径主要取决于给矿粒度、被破碎矿石的物理、机械性质以及磨矿细度等因素。给矿和磨矿细度愈大，矿石愈坚硬，要求钢球的直径愈大；反之，给矿和细磨细度愈小，矿石松脆，则要求钢球的直径愈小。

实际上，球磨机工作时，装入钢球的直径是不相等的。球载中不但应有足够数量的磨碎粗粒物料的大球，同时也应有研磨细粒物料的中球和小球。为了提高球磨机的磨矿效率，通常以某种适当的比例装入各种直径的钢球，该比例需根据具体生产条件确定。

在球磨机的运转过程中，钢球必然会磨损。运转一定时间以后，钢球的充填率就会下降。为了保证最佳的充填率，必须定期加钢球。钢球的补加量 ΔG 可按下式计算：

$$\Delta G = \frac{\phi - \phi_0}{\phi} \cdot G \tag{4-38}$$

式中　ϕ——理论充填率，%；

$\quad\quad G$——理论装球量，t；

$\quad\quad \phi_0$——实际充填率，%。

如图 4-10 所示，h 表示介质充填表面距磨机顶部高度，D_i 表示磨机有效内径，其比值为 $x = \dfrac{h}{D_i}$。根据比值 x 的大小可由图 4-10 查出实际充填率 ϕ_0。由此，按式（4-38）则可计算出应补加的钢球量。

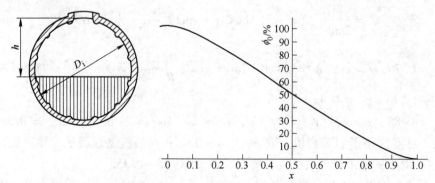

图 4-10　实际充填率 ϕ_0 与比值 x 的关系曲线

4.2.4 球磨机的功率

电动机功率 N_e(kW)可用下式计算:

$$N_e = (N_有 + N_空 + N_附) \frac{1}{\eta_1} \cdot \frac{1}{\eta_2} \tag{4-39}$$

式中 $N_有$——磨机有用功率,kW;

$\quad\quad N_空$——磨机空转功率(磨机中不加介质和物料),kW;

$\quad\quad N_附$——附加功耗,即由于磨机添加介质和物料导致增加的电耗损失,kW;

$\quad\quad \eta_1$——机械效率;

$\quad\quad \eta_2$——电动机效率。

电动机安装功率为:

$$N_安 = k_1 N_e \tag{4-40}$$

式中 k_1——备用系数,一般取1.1。

4.2.4.1 磨机有用功率的计算

球磨机的功率主要消耗于研磨介质在圆形轨迹上运动时,从落回点提升到脱离点,并使其具有一定的运动速度,即获得抛出的动能,而沿抛物线轨迹下落。这种功率消耗称为有用功率。此外,尚有一小部分功率消耗于克服空心轴颈与轴承之间的摩擦和传动装置的阻力。目前,确定球磨机所需功率的方法有:按每吨产量的单位功耗计算;按原理公式计算;按理论公式计算;按类比法计算。下面仅介绍后两种方法。球磨机功率的理论计算公式,主要是分析球磨机的有用功率的计算方法。有用功率的计算方法依球磨机的工作状态而定。对于泻落式工作状态,研磨介质和矿石位于偏斜位置时(图4-11),有用功率是根据其质量所产生的力矩来计算的。对于抛落式工作状态,有用功率是根据研磨介质和

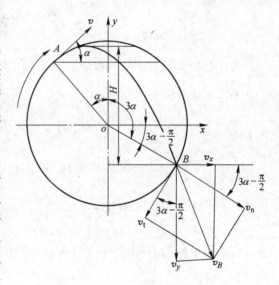

矿石落下时的动能等于使它做抛落运动所耗的功来计算的。

图4-11 介质球在落点的速度分析

以球磨机处于抛落式运动状态,分析它的有用功率的计算方法。

球磨机处于抛落工作状态时,物料在球磨机中的磨碎作用主要靠落下来的冲击功能,所以,球磨机所消耗的有用功率,应该等于抛落下来的球在单位时间内所做的功。

在球磨机筒体回转一周的时间内,单元球层质量 dm(kg·s^2/m)的冲击能为:

$$dE = \frac{1}{2} dm v_B^2 \tag{4-41}$$

$$dm = \frac{dG}{g} = \frac{1}{g} 2000\pi r L \gamma dr \tag{4-42}$$

式中，γ 为球载的松散密度，t/m^3。

v_B 为球在落点 B 的速度。任一层在脱离点 A 的水平速度为 $v_x = v\cos\alpha$（见图4-11），球沿抛物线运动到落点 B 时，其水平速度仍为 $v_x = v\cos\alpha$。落点的垂直速度为：

$$v_y = \sqrt{2gH}$$

由式（4-18）可知，$H = 4.5r\sin^2\alpha\cos\alpha$，代入上式中，则：

$$v_y = \sqrt{2gH} = \sqrt{2g4.5r\sin^2\alpha\cos\alpha} = 3v\sin\alpha$$

由此，得：

$$v_B = \sqrt{v_x^2 + v_y^2} = \sqrt{v^2\cos^2\alpha + 9v^2\sin^2\alpha} = v\sqrt{9 - 8\cos^2\alpha} \tag{4-43}$$

将式（4-40）和式（4-43）代入式（4-39）中，得：

$$dE = \frac{dmv_B^2}{2} = \frac{2000\pi rL\gamma dr}{g} \times \frac{v^2(9 - 8\cos^2\alpha)}{2}$$

根据式（4-2）和式（4-3a），$v^2 = rg\cos\alpha$，$\cos\alpha = \dfrac{r}{\alpha}$，$\alpha = \dfrac{900}{n^2}$。将上述各值代入上式，即转化为单一变量的函数：

$$dE = \frac{1000\pi\gamma L}{\alpha}\left(9r^3 - \frac{8}{\alpha^2}r^5\right)dr \tag{4-44}$$

对式（4-44）进行积分，积分上下限为 R 到 R_1，并令 $k = \dfrac{R_1}{R}$，则在球磨机筒体转一周时，整个落下球载所做的功为：

$$A = \frac{1000\pi\gamma L}{\alpha}\left(9\int_{R_1}^{R} r^3 dr - \frac{8}{\alpha^2}\int_{R_1}^{R} r^5 dr\right)$$

$$= \frac{1000\pi\gamma L^4}{4\alpha}\left[9(1 - k^4) - \frac{16R^2}{3\alpha^2}(1 - k^6)\right]$$

$$= \frac{1000\pi\gamma LR^3\psi^3}{4}\left[9(1 - k^4) - \frac{16}{3}\psi^4(1 - k^6)\right] \tag{4-45}$$

球磨机所消耗的有用功率 $N(kW)$，应该等于抛下来的球载在单位时间内所做的功，即：

$$N = \frac{An}{60 \times 10^2} = \frac{1000\pi\gamma LR^3\psi^3 n}{4 \times 60 \times 10^2}\left[9(1 - k^4) - \frac{16}{3}\psi^4(1 - k^6)\right]$$

以 $n = \psi\dfrac{30}{\sqrt{R}}$，$R = \dfrac{D}{2}$ 代入上式，得：

$$N = 0.678D^{2.5}L\gamma\psi^3\left[9(1 - k^4) - \frac{16}{3}\psi^4(1 - k^6)\right] \tag{4-46}$$

或再将 $\dfrac{G}{\varphi} = \dfrac{\pi D^2}{4}L\gamma$ 代入式（4-46），则：

$$N = 0.864\frac{G}{\varphi}\sqrt{D\psi^3}\left[9(1 - k^4) - \frac{16}{3}\psi^4(1 - k^6)\right] \tag{4-47}$$

在式（4-46）中，若球磨机充填率 φ 和筒体转速率 ψ 保持一定，系数 k 为常数。所以，球磨机在抛物线落式运动状态下工作时，若其他条件相同，它消耗的有用功率与 $D^{2.5}L$ 成比例。

按式（4-47）算出的球磨机的有用功率是偏高的，因为在球载落下时产生的冲击功能，只能有一部分动能消耗在击碎物料上，还有一部分能量传给球磨机筒体做回转运动。

在冲击的瞬间，球在落点 B 的速度为 v_B，其方向与打击线（筒体中心与打击接触点的连线 OB）呈一角度，将速度 v_B 分解为径向速度 v_1。

从图 4-11 可知，v_B 的径向分速度 v_n 为：

$$v_n = v_x\cos\left(3\alpha - \frac{\pi}{2}\right) + v_y\cos\left[\frac{\pi}{2} - \left(3\alpha - \frac{\pi}{2}\right)\right]$$

$$= v_x\cos\left(3\alpha - \frac{\pi}{2}\right) = v_y\sin\left(3\alpha - \frac{\pi}{2}\right)$$

$$= v\cos\alpha\sin3\alpha - 3\cos\alpha\sin3\alpha$$

又因为

$$\sin3\alpha = 3\sin\alpha - 4\sin^3\alpha$$

$$\cos3\alpha = 4\cos^2\alpha - 3\cos\alpha$$

所以

$$v_n = 8v\sin^3\alpha\cos\alpha \tag{4-48}$$

v_B 的切线速度 v_t 为：

$$v_t = -v_x\sin\left(3\alpha - \frac{\pi}{2}\right) + v_y\cos\left(3\alpha - \frac{\pi}{2}\right) = v_x\cos3\alpha + v_y\sin3\alpha$$

$$= v + 4v\sin^2\alpha\cos2\alpha$$

利用球的冲击作用使物料磨碎，仅靠径向分速度 v_n 所产生的垂直的冲击力。切线分速度 v_t 不会产生冲击作用，它只能使球沿圆形轨迹移动。即切线分速度 v_t 产生的动能转化成协助筒体旋转的主动力矩，所以，按式（4-47）计算的有用功率应该减去由 v_t 产生的这部分能量。

单元球层质量 dm 下落冲击时，其切线分速度 v_t 产生的动能为：

$$dE = \frac{dmv_t^2}{2} = \frac{1}{2} \cdot \frac{2000\pi rL\gamma dr}{g} \cdot v^2(1 + 4\sin^2\alpha\cos2\alpha)^2$$

$$= 1000\pi rL\gamma \frac{r^3}{\alpha}dr\left(12\frac{r^2}{\alpha^2} - 8\frac{r^4}{\alpha^4} - 3\right)^2$$

$$= 1000\pi rL\gamma dr\left(9\frac{r^2}{\alpha^2} - 72\frac{r^2}{\alpha^3} + 192\frac{r^7}{\alpha^5} - 192\frac{r^9}{\alpha^7} + 64\frac{r^{11}}{\alpha^9}\right) \tag{4-49}$$

根据上述方法，可以得到：

$$A_1 = 1000\pi rL\gamma\int_{R_1}^{R}\left(9\frac{r^2}{\alpha^2} - 72\frac{r^2}{\alpha^3} + 192\frac{r^7}{\alpha^5} - 192\frac{r^9}{\alpha^7} + 64\frac{r^{11}}{\alpha^9}\right)dr$$

$$= 1000\pi L\gamma R^3\psi^2\left[\frac{9}{4}(1 - k^4) - 12\psi^4(1 - k^6) + 24\psi^8(1 - k^8) - \right.$$

$$19.2\psi^{12}(1-k^{10})+\frac{16}{3}\psi^{16}(1-k^{12})\Big] \tag{4-50}$$

$$N_t=\frac{A_t n}{60\times10^2}=2.7LD\psi^3\gamma\Big[\frac{9}{4}(1-k^4)-12\psi^4(1-k^6)+24\psi^8(1-k^8)-$$

$$19.2\psi^{12}(1-k^{10})+\frac{16}{3}\psi^{16}(1-k^{12})\Big]$$

或　　　$$N_t=3.47\frac{G}{\varphi}\sqrt{D\psi^3}\Big[\frac{9}{4}(1-k^4)-12\psi^4(1-k^6)+24\psi^8(1-k^8)-$$

$$19.2\psi^{12}(1-k^{10})+\frac{16}{3}\psi^{16}(1-k^{12})\Big] \tag{4-51}$$

因此，球磨机的有用功率 N_0 为：

$$N_0=N-N_t$$

$$=LD^{2.5}\gamma\psi^7[29.03(1-k^6)-65.2\psi^8+(1-k^8)+52.2\psi^8(1-k^{10})-14.5\psi^{12}(1-k^{12})] \tag{4-52}$$

式（4-52）中的 k 值随不同的 φ 值和 ψ 值而变化，其值可根据表4-1选取，或按下式计算：

$$k=\sqrt[3]{1-\frac{\pi\varphi}{2.52\psi^2}} \tag{4-53}$$

表 4-1　k 值

$\varphi/\%$	$\psi/\%$						
	70	75	80	85	90	95	100
30	0.635	0.700	0.746	0.777	0.802	0.819	0.831
35		0.618	0.683	0.726	0.759	0.781	0.797
40		0:508	0.606	0.669	0.711	0.740	0.760
45			0.506	0.600	0.656	0.694	0.721
50				0.508	0.592	0.644	0.676

球磨机由于克服机械摩擦而消耗的功率，可以用机械传动效率 η 来考虑。对于中心传动的球磨机，$\eta=0.92\sim0.94$；对周边传动的球磨机，$\eta=0.86\sim0.90$。中间有减速装置时，应选用低值，直接传动则选用高值。

根据实际资料，球磨机的启动功率一般超过其电动机功率约 3.5 倍，但正常情况下工作时则不超过其 80%。

根据上述理论分析，球磨机所需的功率与其筒体直径 2.5 次方和长度成正比。因此，只要知道类似条件下工作时其他尺寸球磨机的功率，就可确定任一磨机的功率。通常，球磨机的功率都是根据实验的小型球磨机在各种具体磨矿条件下得到的实验数据进行推算的。这种方法称为类比法。球磨机功率的推算公式为：

$$N=\frac{D^y L}{D_e^y L_e}N_e \tag{4-54}$$

式中　N_e——实验的球磨机功率，kW；

D_e，L_e——分别为实验球磨机的筒体内径与长度，m；

D，L——分别为计算球磨机的筒体内径与长度；

y——系数，对于一般球磨机，$y=2.5$；对于自磨机，$y=2.5 \sim 2.6$。

由于影响球磨机有用功耗的因素很多，所以利用理论公式很难精确计算球磨机的有用功耗。根据实验测定，采用理论和实验相结合的计算方法是适宜的。

在稳定运转的情况下，球荷在球磨机中呈固定不对称的分布，球荷重心偏离球磨机轴线，重心至轴线的距离 a 值是未知数。它与被磨物料的性质、筒体直径、钢球与衬板及球层间的摩擦、球径 d、充填率 ϕ 和转速率 ψ 有关。此外，衬板的表面形状 s_f 对 a 值也有影响。因此，可写成下列函数形式：

$$a/D = f(\phi, \psi, d, s_f) \tag{4-55}$$

由此可求得球磨机有用功率 $N(\mathrm{kW})$ 的计算公式为：

$$N = Dm_k n[1.15f(\phi, \psi, d, s_f)] = Dm_k nC \tag{4-56}$$

式中　D——筒体有效直径，m；

m_k——球荷质量，t；

n——筒体转速，r/min；

C——功率系数，一般取 $C=0.14 \sim 0.26$。

因此，式（4-56）可以用来初步计算球磨机的电动机功率。

根据实验测得的功耗可知，无用功耗为全部功耗的10%～15%，而有用功耗为90%～85%。若其他磨矿因素不变，当充填率为定值时，功率系数与转速率的关系如图4-12所示。功率系数随转速率的增加而减小。当转速率不变时，功率系数随着充填率的增加而减小。

根据国产格子型球磨机的基本参数，按照图4-12选取功率系数，用式（4-56）计算球磨机的有用功耗，其结果与标准规定的电动机功率基本相同。因此，式（4-56）和图4-12可以用来初步计算球磨机的电机功率。

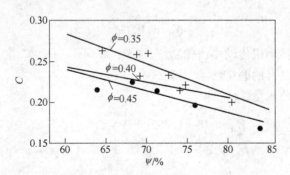

图4-12　功率系数与转速率的关系

4.2.4.2　计算球磨机功率的经验公式和半经验公式

计算磨机有用功率的理论公式：

$$N_{有} = \Delta V D^{0.5} f(\psi, \phi) \tag{4-57}$$

式中　Δ——介质松散密度，t/m^3；

　　　V——磨机有效容积，m^3；

　　　D——磨机有效内径，m；

$f(\psi,\phi)$——功率系数。

　　A　表面响应模型

　　从以上介绍的计算磨机功率的理论公式可以看出，当 Δ、V、D 一定时，各算式的差别为功率系数 $f(\psi,\phi)$ 不同。各功率系数中都包含有介质层比 K，而 K 是 ψ 和 ϕ 的二元函数，且 K 的计算甚为麻烦。因此可以把功率系数直接写成 ψ、ϕ 的二元函数，其形式为：

$$N_有 = \Delta VD^{0.5}(a_0 + a_1\psi + a_2\phi + a_3\psi^2 + a_4\phi^2 + a_5\psi\phi)$$

$$= \Delta VD^{0.5}f_8(\psi,\phi) \tag{4-58}$$

式中　a_0，a_1，$\cdots$，a_5——待定系数。

　　东北大学在试验室中以 $\phi460mm \times 600mm$ 球磨机做试验，求得功率系数的表面响应模型为：

$$f_8(\psi,\phi) = -4.42 + 7.98\psi + 12.33\phi - 4.48\psi^2 - 14.23\phi^2 + 2.76\psi\phi \tag{4-59}$$

式中　ψ，ϕ——分别为磨机转速率和介质填充率，取小数。

　　B　列文逊经验公式

$$N_有 = \Delta VD^{0.5}[7.808\psi\phi(1 + 0.274\psi^2)] \tag{4-60}$$

令　　　　　$$f_9(\psi,\phi) = 7.808\psi\phi(1 + 0.274\psi^2)$$

得　　　　　$$N_有 = \Delta VD^{0.5}f_9(\psi,\phi)$$

　　C　奥列夫斯基半经验公式

$$N_有 = \Delta VD^{0.5}f_{10}(\psi,\phi) \tag{4-61}$$

式中　　　　$$f_{10}(\psi,\phi) = 6.15\psi(0.1 + \phi) \tag{4-62}$$

　　D　邦德经验公式

　　对于棒磨机：

$$N_R = M_R G_R \tag{4-63}$$

式中　N_R——某型号棒磨机传动小齿轮功率，kW；

　　　M_R——吨棒所具有的磨矿功率，kW；

　　　G_R——磨机的装棒量，t。

$$M_R = D^{\frac{1}{3}}[1.752(6.3 - 5.4\phi)\psi] \tag{4-64}$$

令　　　　　$$f_{11}(\psi,\phi) = 1.752(6.3 - 5.4\phi)\psi \tag{4-65}$$

得　　　　　$$N_R = G_R D^{\frac{1}{3}}f_{11}(\psi,\phi) \tag{4-66}$$

　　对于球磨机：

$$N_B = M_B G_B \tag{4-67}$$

式中　N_B——球磨机传动小齿轮功率，kW；

　　　G_B——磨机的装球量，t；

M_B——磨机中吨球所具有的磨矿功率，kW。

$$M_B = \beta D^{0.3}\left[4.879(3.2-3.0\phi)\psi \times \left(1-\frac{0.1}{2^{9-10\psi}}\right)+S_B\right] \qquad (4-68)$$

令
$$f_{12}(\psi,\phi) = 4.879(3.2-3.0\phi)\psi \times \left(1-\frac{0.1}{2^{(9\sim10)\psi}}\right) \qquad (4-69)$$

式中 β——磨机形式系数，对于溢流型球磨机，湿磨时 $\beta=1.0$；对于格子型球磨机，湿磨时 $\beta=1.16$，干磨时 $\beta=1.08$；

S_B——考虑介质的影响而引入的修正系数：对于 $D<3.05$m 的磨机，$S_B=1.102$ $\dfrac{d_B-45.72D}{50.8}$；对于 $D>3.05$m 的磨机，

$$S_B = 1.102\frac{d_B-12.5D}{50.8} \qquad (4-70)$$

d_B——加球尺寸，mm；

D——磨机有效内径，m。

由以上关系可得：

$$N_B = \beta G_B D^{0.3}\left[f_{12}(\psi,\phi)+S_B\right] \qquad (4-71)$$

关于自磨、半自磨、砾磨的功率计算详见第 4 章。

4.2.4.3 球磨机功率计算公式的对比与评价

表面响应模型公式（4-58）的计算结果较准确，它不仅将功率系数与 ψ、ϕ 直接联系起来，避免了 K 值的复杂计算，而且因包含与其他磨矿因素有关的待定系数，便于自适应控制时应用。奥列夫斯基的半经验公式计算值的平均偏差为 8.5%，比表面响应模型偏差大，但其优点是公式简单，可用于做概算。

关于邦德的经验公式，用式（4-67）计算干式磨矿功耗相当准确，在 $\phi=30\%\sim55\%$、$\psi=60\%\sim96\%$ 的范围内，按小齿轮计算的功率值平均偏差不大于 3%，但计算的湿式磨矿磨机小齿轮功率值比实际偏高 7%~12%，因为根据实际测定，在同样磨矿条件下，湿式磨矿功耗比干式低 15%~20%，而邦德公式（4-69）仅考虑减少 8%。

进行磨机功率计算时，最好用上述几个较准确的公式分别进行计算，经分析对比后确定。

4.2.4.4 磨矿环境对磨机功率的影响

磨矿环境（固体物料、水、矿浆）对磨机功率的影响，取决于这些物料在磨机中的能量，具体来说就是球料比。球料比是指物料（固体干物料、水或矿浆）占介质空隙的比例，即：

$$\phi_m = \frac{V_m}{V_\mu} \qquad (4-72)$$

式中 ϕ_m——球料比，用小数表示；

V_m——磨机中干物料（或水、矿浆）所占的体积；

V_μ——磨机静止时介质中的空隙体积。

A 干物料的影响

磨机中固体物料不同的 ϕ_m 值对磨机功率的影响，如图 4-13 所示。当磨机速率 $\psi<$

75% ~80% 时，磨机有用功率随 ϕ_m 的增加而增加；当 $\psi>70\%\sim75\%$ 时，磨机有用功率随 ϕ_m 的增加而减小。这是因为被磨物料充填空隙中相当于增加了介质松散密度，从而使磨机负荷增加。但加入固体物料又使球荷有效中心距离（图 4-14）减小，这主要是因为当磨机转速较高时，物料在离心力作用下趋向于筒体周壁，从而将球荷挤向中心，这样就缩短了球荷中心的力臂值，造成磨机有用功率降低。

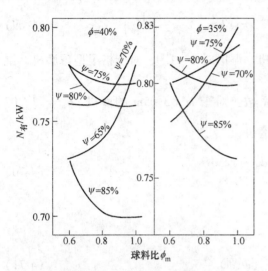

图 4-13　干物料不同 ϕ_m 值对磨机有用功率的影响

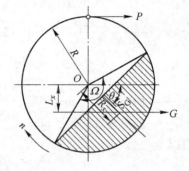

图 4-14　磨机运转状态介质体偏转形态

B　加清水的影响

水有浮力作用，因此磨机中有水存在时，介质的有效密度降低，从而使有用功率降低。图 4-15 所示出为实测结果。由测定结果可以看出，磨机有用功率随加水量的增加而降低；当加水量一定时，磨机有用功率随磨机转速的增加而略有提高。例如当加水量 $\phi_w=0.7$ 时，磨机有用功率降低 3% ~5%；当 $\phi_w=1.0$ 时，有用功率降低 9% ~12%；当 $\phi_w=1.3$ 时，有用功率降低 10% ~14%。

C　矿浆的影响

矿浆对磨机功率的影响是一个很复杂的问题，虽然应用流变学的观点和方法来研究，但目前研究进展不大。一般来说，磨机中矿浆的

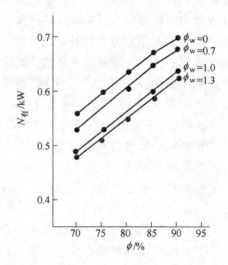

图 4-15　不同加水量 ϕ_w 对磨机有用功率的影响

存在对有用功率的影响有：（1）矿浆的浮升作用及阻力作用改变了介质间互相冲击和摩擦作用的强度；（2）矿浆中的固体颗粒改变了介质彼此之间直接作用的摩擦力；（3）由于介质的空隙中充填了矿浆，等于增加了介质的松散密度。上述几个方面因素作用的结果，最终导致功率消耗的降低。对于格子型球磨机，由于磨机中矿浆水平面较低，且矿浆排出时又由排矿格子将矿浆提升，因此其功率消耗比溢流型高 15% ~20%。根据申科林考的研究，当磨机中有矿浆存在时，磨机的有用功率要比上述理论计算值低 15% ~20%。

对于自磨机，由于磨机中矿浆量不大，故矿浆对自磨机有用功率的影响也不大。

4.2.5 球磨机生产能力的计算

在生产中影响球磨机生产能力的因素很多，变化也较大，因此，目前很难用理论公式来计算它的生产能力。现在一般根据"模拟方法"来计算球磨机的生产能力，即根据实际生产的球磨机在接近最优的条件下工作的资料，再结合球磨机形式和尺寸、矿石的可磨性、给矿及产品粒度等因素加以校正。

球磨机生产能力的计算一般按新形成级别的方法进行。此方法一般采用 $-0.074mm$（-200 目）作计算级别。

设计的球磨机的生产能力 Q 按下式计算：

$$Q = \frac{Vq}{\beta_2 - \beta_1} \tag{4-73}$$

式中　V——设计的球磨机有效容积，m^3；

β_2——产品中小于 $0.074mm$ 级别含量，%；

β_1——给矿中小于 $0.074mm$ 级别含量，%；

q——按新形成级别（$-0.074mm$）计算的实际单位生产能力，$t/(m^3 \cdot h)$。

q 值由实验确定，或采用矿石性质类似、设备及工作条件相同的生产指标。当无试验与生产指标时，可按式（4-74）计算：

$$q = q_0 k_1 k_2 k_3 k_4 \tag{4-74}$$

式中　q_0——生产厂球磨机按新形成级别（$-0.074mm$）计算的实际单位生产能力，$t/(m^3 \cdot h)$；

k_1——矿石磨矿难易度系数，该系数可用实验方法确定，球磨机研磨设计规定处理的矿石与研磨供比较用的矿石（即现场目前处理的矿石）时，按新形成级别计算的生产率之比，就是系数 k_1，系数 k_1 亦可按表 4-2 选取；

k_2——球磨机类型校正系数（见表 4-3）；

k_3——球磨机直径校正系数，$k_3 = \left(\dfrac{D_1 - b_1}{D_2 - b_2}\right)^{0.5}$，其中，$D_1$ 和 D_2 分别为设计的和目前工作的球磨机的直径，m；b_1 和 b_2 为球磨机衬板的厚度，m；

k_4——球磨机给矿粒度和产品粒度系数，$k_4 = \dfrac{m_1}{m_2}$，其中，m_1、m_2 分别为计算的与生产的给矿和产品粒度按新形成级别（$-0.074mm$）计算的生产能力，m_1/m_2 值见表 4-4。

表 4-2　矿石磨矿难易系数 k_1

矿石硬度		可磨度系数
普氏系数	硬度系数等级	
<2	很　软	1.4 ~ 2.0
2 ~ 4	软　的	1.25 ~ 1.5
4 ~ 8	中等硬的	1.0
8 ~ 10	硬　的	0.75 ~ 0.85
>10	很　硬	0.5 ~ 0.7

表 4-3　球磨机类型校正系数 k_2

球磨机类型	格子型球磨机	溢流型球磨机	棒磨机
k_2	1.0	0.9	1.0 ~ 0.85

注：棒磨机 k_2 值，当矿石磨矿细度大于 0.3mm 时，取最大值；反之，取最小值。

表 4-4　给矿粒度及产品粒度相对生产能力 m_1/m_2 值

给矿粒度 /mm	产品粒度					
	0.4mm	0.3mm	0.2mm	0.15mm	0.10mm	0.074mm
	−0.074mm 级别含量					
	40%	48%	60%	72%	85%	95%
0 ~ 40	0.77	0.81	0.83	0.81	0.80	0.78
0 ~ 20	0.89	0.92	0.92	0.88	0.86	0.82
0 ~ 10	1.02	1.03	1.00	0.93	0.90	0.85
0 ~ 5	1.15	1.13	1.05	0.95	0.91	0.85
0 ~ 3	1.19	1.16	1.06	0.95	0.91	0.85

注：1. 本表为一般矿石在不同给矿粒度和排矿粒度时，按新形成 −0.074mm 级别计算的球磨机相对生产能力（标准磨矿条件为给矿粒度 0 ~ 10mm，产品粒度 0.2mm）；

　　2. 磨矿产品的粒度以 95% 的矿量通过的筛孔尺寸来表示。

β_1 和 β_2 在计算中应按照实际选取，若无实际数据资料时，一般可按表 4-5 和表 4-6 选取。

表 4-5　给矿粒度中的 −0.074mm 级别含量 β_1

β_1/%	给矿粒度/mm	40 ~ 0	20 ~ 0	10 ~ 0	5 ~ 0	3 ~ 0
	难碎性矿石	2	5	8	10	15
	中度可碎性矿石	3	6	10	15	23
	易碎性矿石	5	8	15	20	25

表 4-6　产品粒度中的 −0.074mm 级别含量 β_2

产品粒度/mm	0.4	0.3	0.2	0.15	0.1	0.074
β_2/%	40	48	60	72	85	95

　　根据戴维斯理论，只有当球磨机内部球荷处于抛落式状态时，才能建立以上筒形球磨机介质力学的数学模型。当内部球荷处于混合式和滑落式运动状态时，就不能建立数学模型。必须指出，球荷的混合式和滑落式运动状态，彼此是有联系的，这些运动的改变取决于磨矿条件的变化、筒体的转速率、矿石与球荷的充填率、衬板的磨损、磨矿介质的状况、被磨物料的物理和机械性质、物料的水力或风力运输条件等。

　　戴维斯理论不仅未考虑球荷中的内摩擦力的影响，而且还忽视了蠕动肾形区（微动核心）的存在。靠近球磨机中心的部分，球荷的运动并不明显，仅做蠕动，磨矿作用较弱。蠕动肾形区的大小在很大范围内变动，它取决于球磨机的工作条件，如充填率 φ、转速率 ψ、衬板和磨矿介质的状况、被磨物料的物理和机械性质。在某种情况下，蠕动肾形区的质量相当于沿圆形的、倾斜的或抛物线的轨迹运动着的球荷质量（图4-16）。

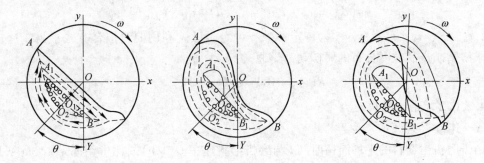

图4-16 球磨机在不同工况下蠕动肾形区的变化

4.2.6 磨矿动力学

磨矿动力学的含义是指被磨物料的磨碎速率与磨矿时间关系的规律。由于影响磨矿过程的因素很多，因此磨矿动力学的数学表达式也很多。

4.2.6.1 批次磨矿动力学

批次磨矿一阶动力学的表达式为：

$$\frac{\mathrm{d}R(t)}{\mathrm{d}t} = -k_1 R(t) \tag{4-75}$$

积分后得：

$$R(t) = R(0)\exp(-k_1 t) \tag{4-76}$$

式中 $R(t)$——磨矿时间为 t 时磨矿产品中粗颗粒级产率；

$\quad\quad R(0)$——原矿中（$t=0$）该粗颗粒级产率；

$\quad\quad k_1$——动力学参数。

当考虑磨矿给料和整个粒度分布时，式（4-76）也可表示为：

$$R_i(t) = R_i(0)\exp(-k_i t) \tag{4-77}$$

式中 i——窄粒级数目，$i=1，2，3，\cdots，j$。

在很多情况下，n 阶动力学比一阶动力学更符合实际情况，即：

$$R_i(t) = R_i(0)\exp(-k_i t^{n_i}) \tag{4-78}$$

式中 n_i——动力学参数，与物料性质有关，当 $n_i=0$ 时，称为零阶动力学；当 $n_i=1$ 时，称一阶动力学。

C. Ф. 申科林考（Шинкоренко）把磨矿过程看作一个不可逆的热力学过程，根据热力学理论推导出另外一种形式的磨矿动力学方程，其表达式为：

$$R_i(t) = R_i(0)\exp\{-k_i'[t_0\ln(t_0+1)^{n_i'}]\} \tag{4-79}$$

式中 n_i'——与物料性质有关的动力学参数；

$\quad\quad t_0$——规定的基准磨矿时间。

动力学方程式（4-77）~式（4-79）很容易线性化。线性化以后进行磨矿试验，然后进行曲线拟合，即可求得动力学参数。

根据东北大学的研究，式（4-78）中的参数 n_i、k_i 为产品粒度的函数，其形式为：

$$n(d) = c_0 + c_1 d^{\tau_1}, \quad k(d) = a_0 + a_1 d^{\tau_2}$$

式中，c_0、c_1、a_0、a_1 及 τ_1、τ_2 为待定参数，可经过试验利用曲线拟合方式求得。这样可得出求解磨矿产品粒度分布的磨矿动力学通式：

$$R(t) = 100\exp[k(d)t^{n(d)}] \tag{4-80}$$

4.2.6.2 连续磨矿动力学

A 连续开路磨矿动力学

由于磨机中物料的平均滞留时间 t 与磨机给料速率 $Q(t/h)$ 或比生产率 $q(t/(m^3 \cdot h))$ 成反比，故仿式（4-76），连续开路磨矿动力学方程可写成：

$$R(t) = R(0)\exp\left(-\frac{k_2}{Q^{n_2}}\right) \tag{4-81}$$

或

$$R(t) = R(0)\exp\left(-\frac{k_2'}{q^{n_2'}}\right) \tag{4-82}$$

利用上述两式可估算不同给料粒度和产品粒度对磨机产量的影响，或者作为可磨度指标。

B 连续闭路磨矿动力学

如图 4-17 所示，Q 代表相应产物的流率（t/h），γ 代表各相应产物对原矿 Q_0 的产率，R 代表相应各产物的粒度分布（筛上累积产率）。

当不考虑分级效率时，仿式（4-81）得：

$$R_m = R_1 \exp\left(-\frac{k_2}{Q_1^{n_2}}\right) \tag{4-83}$$

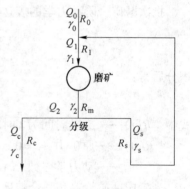

图 4-17 连续闭路磨矿流程

或

$$R_m = R_1 \exp\left(-\frac{k_2'}{q^{n_2'}}\right) \tag{4-84}$$

或

$$R_m = R_1 \exp\left\{-\frac{k_2'}{[Q_0(1+c)]^{n_2'}}\right\} \tag{4-85}$$

式中 c——返砂比。

由物料平衡得：

$$R_m = \frac{R_c + cR_s}{1+c} \tag{4-86}$$

$$R_1 = \frac{R_0 + cR_s}{1+c} \tag{4-87}$$

$$R_c = (R_0 + cR_s)\exp\left[-\frac{k_2'}{Q_0(1+c)^{n_2'}}\right] \tag{4-88}$$

求得动力学参数 k_2'、n_2' 及产率值 R_0、R_c、R_s 后，利用上式可预测任意给料速率 Q_0 时的磨矿产品粒度分布 R_c。

当考虑分级效率 E 时，根据物料平衡可得：

$$\gamma_1 = \frac{\gamma_0}{\varepsilon_x - ER_m} \tag{4-89}$$

$$R_1 = 1 - \left[\frac{1-R_0}{1+c} + (1-R_m)(1-\varepsilon_{-x})\right] \tag{4-90}$$

$$R_c = 1 - \frac{\varepsilon_{-x}(1-R_m)(1+c)}{\gamma_0} \tag{4-91}$$

$$Q_0 = \frac{k_2'}{\left[\ln\left(\dfrac{R_1}{R_2}\right)\right]^{\frac{1}{n_2'}}} \tag{4-92}$$

$$R_m = R_1\exp\left\{-\frac{k_2'}{[Q_0(1+c)]^{n_2'}}\right\} \tag{4-93}$$

式中　ε_{-x}——按小于粒级 x 的分级溢流效率。

4.2.7　磨矿数值模拟

磨矿是选矿厂最重要的组成部分，同时也是选矿厂能耗最大的单元工艺。磨矿过程错综复杂，影响磨矿效率的因素很多，单纯从理论和试验角度难以有效提高磨矿效率。迅速发展的先进的计算机技术，能够为磨矿设备、磨矿产品、磨矿流程提供详尽的信息，通过对磨机及磨矿流程进行数值模拟，可以更好地获得磨机及整个回路的参数，并对其进行改进和完善，可以大幅度地提高磨矿效率和产能。

4.2.7.1　磨矿流程的数值模拟

近年来，选矿领域对于磨矿和分级的模拟仿真的研究很多，因为磨矿是选矿厂中能耗最多的过程。相比之下，选矿厂其他流程的模拟仿真研究就没有这么多。

因为邦德功指数不能对磨矿产品全粒级进行预测而是只能预测磨矿产品中 P_{80} 的粒度，所以其在模拟仿真中的作用很小，也就不能对磨机处理量以及分级效果进行预测。对于磨矿产品全粒级信息的掌握，可以方便地对磨矿分级回路中的辅助设备（例如筛子和分级机）进行模拟仿真，所以数量、质量平衡模型在磨矿回路的设计、优化和控制中的作用越来越大（Napier-Munn 等，1996）。使用这些模型最成功的当数矿物加工流程模拟软件 JK-SimMet，文献中对于这方面的报道很多，主题包括磨矿回路的设计和优化，研究的学者主要有 Richardson，Lynch，Morrell，McGhee 等。模型将磨机内破碎的物料全粒级分成很多小的粒级区间，颗粒尺寸减小的过程可以用以下矩阵方程定义：

$$\boldsymbol{P} = \boldsymbol{K} \cdot \boldsymbol{f}$$

方程中的 $\boldsymbol{P}$ 代表产品，$\boldsymbol{f}$ 代表给料，产品中的 $\boldsymbol{P}_{ij}$ 可由以下矩阵给出：

$$P_{ij} = K_{ij} \cdot f_j$$

方程中的 K_{ij} 代表产品中 j 粒级分布中小于 i 粒级的质量分数。磨矿产品的粒度分布可以用产品矩阵来表达。

不过只有当 K 值已知时，产品矩阵才有用。每一个小区间的颗粒行为可以通过破碎系数 S、B 来定义，其中 S 为破碎速率函数，B 为破碎分布函数，$S \cdot f$ 为被破碎物料的质量分数，而 $(1 - S) \cdot f$ 则为未被破碎物料的质量分数，由此可以得到破碎过程的方程为：

$$P = B \cdot S \cdot f + (1 - S) \cdot f$$

然后，再将这个模型与物料在磨机内的磨矿停留时间结合起来，可以用来表述开路磨矿的情况，再与分级机的信息结合起来，就可以用来表述闭路磨矿回路。然而对于特定的系统，只有使用精确的方法来估算模型的参数才能实现该系统的最优化。由于滚筒式球磨机的破碎磨矿环境复杂，所以模拟仿真的成功应用取决于能否有效地从实验室数据中准确估算出模型的参数。Lynch 等对确定模型参数的各种方法进行了比较，结果表明，现代球磨机中的破碎率以及破碎粒度分布函数方法相似，但是各自对于物料流的表述又各有特点。

目前已经进行商业化的选矿流程模拟软件（均包含磨矿回路的数值模拟），主要有澳大利亚昆士兰大学开发的 JKSimMet 软件，法国地矿研究局开发的 USIM PAC 软件以及美国犹他大学开发的 MODSIM 软件。

A　JKSimMet 软件

JKSimMet 是澳大利亚昆士兰大学所属的研究机构 JKMRC（Julius Kruttschnitt Mineral Research Center）推出的软件产品。几十年来 JKMRC 致力于矿物加工过程的建模和模拟技术研究，特别是在破碎磨矿和分级模型研究方面积累了不少经验。通过一些原创模型的建立以及相关应用软件的研发和推广，在国际矿物加工数学模型和过程模拟研究领域有较大的影响力。利用数学模型和数值模拟来描述、分析和优化破碎和磨矿回路是 JKMRC 的研究特色之一。最早的软件是用 FORTRAN 语言写成，输出和输入采用文本文件形式，使用者必须具备一定的编程知识，这对大多数选矿专业工程师有很大难度。为了解决这个问题，JKMRC 于 1980 年制定了开发用户友好型软件包的目标，1984 年在确立软件原型（prototype）的基础上，进一步将目标定位在开发商品化的流程模拟软件，并确定通过设立专门的商业化运作机构 JKTech 来负责 JKMRC 的研究成果向工业界的转让。JKTech 成立于 1986 年，1987 年在 DOS 环境下运行，具有模拟计算和模型参数拟合双重功能的第一个 JKSimMet 版本问世。随后，此软件不断得到改进、扩展和升级。1988 年加入了对原始数据进行数据协调处理的功能。20 世纪 90 年代末完成了运行环境和人机界面从 DOS 平台向 Windows 平台的转换。据报道，世界各地的 JKSimMet 用户已有 300 多家，主要分布在澳大利亚和北美地区。

JKSimMet 软件中内置的单元作业模型包括破碎机、球磨机、棒磨机、自磨和半自磨机、高压辊磨机、简单的粉碎模型（粒度分布变化给定）、振动筛（单层或双层）、DSM 筛、水力旋流器、简单的分级效率曲线、分样器等。该软件中混合器不作为单独的单元模型提供，而是自动包含在各设备模型的给料入口处。在最新版本的 JKSimMet 软件中，每个单元设备模型最多能接受 6 个输入物料流。

JKSimMet 软件中所考虑的给矿物料参数包括矿石处理量（固体流量）、固体浓度、给矿粒度分布、矿石粉碎特征等参数。其中矿石粉碎特征参数与粉碎设备工作参数一起决定粉碎单元的作业效果。矿石粉碎特征参数需要通过专门的试验方法来测定，这种试验是在由 JKMRC 研发的专用设备上按特定的规范要求进行的。

JKSimMet 主要用于对破碎回路和磨矿回路进行数值模拟。使用软件的基本步骤为：

(1) 绘制流程图（使用软件提供的设备和料流符号）；

(2) 输入数据（设备参数和给矿物料参数）；

(3) 过程模拟（对不同选项内容进行模拟计算）；

(4) 结果显示/输出（表或图）。

JKSimMet 软件的使用者界面包括流程图窗口、参数设置窗口以及报表和图线显示窗口等。利用 JKSimMet 软件绘制出粉碎回路的流程结构后，给定给矿物料参数和设备参数，就可以计算出回路中所有物料流的固体含量、固体浓度和固体粒度分布。JKSimMet 也可用来对流程考察的原始测量数据进行物料平衡协调，用来根据试验数据或生产数据确定模型参数，用来确定设备的尺寸和工作参数，或用来将实验室矿石粉碎特性参数测定与现场流程考察数据相结合，以建立实际回路的过程模型。该多功能软件具有对整个回路进行一体分析的能力，与其他一次仅能分析某个单元作业过程的软件或只能使用经过物料平衡协调处理后的数据的软件相比，有很大的优越性。图 4-18 所示为 JKSimMet 工作界面。

JKSimMet 特别适合于用来帮助对现有的破碎磨矿流程进行优化。根据 JKMRC 的经验，通过利用 JKSimMet 软件分析实际工业回路的运行数据，找出薄弱环节加以改进，一般可使回路的产能提高 5% 左右，或使磨矿分级产品更好地满足后续选别作业的要求。应用 JKSimMet 软件也有利于提高新回路的设计水平。对于采用多段分级的回路，进行模拟计算研究是优化回路结构的有效方法。因此，一些主要的水力旋流器制造厂商也在 JKSim-Met 软件的用户名单之列。

JKSimMet 软件中所含的粉碎和分级模型多为 JKMRC 自行研发的粉碎模型。各种粉碎单元作业模型均采用一个特征参数表达物料的粉碎行为，这个参数被称为 t_{10} 参数。t_{10} 参数的意义为碎块的粒度分布函数在粒度为原始被碎颗粒粒度 1/10 处取值，以百分数表示。这个参数仅是粒度分布曲线上的一个点，本身并不能反映整条粒度分布曲线所包含的信息。实际上 JKMRC 在破碎磨矿建模时需要在特殊的试验装置（摆锤装置、落重装置或新近研发的转子定子冲击装置）上进行一套不同粒度和不同能耗条件下的窄粒级粉碎试验，并从每个试验获得的产品粒度分布数据中提取一组 t_n 数据（$n = 2$、4、10、25、50、75），t_n 表示碎块粒度分布函数在粒度为原始被碎颗粒粒度 $1/n$ 处的取值。JKMRC 的建模方法仅将 t_{10} 参数与粉碎条件相联系，再以不同粉碎条件下获得的 t_n 数据为节点，在三维空间上利用样条函数曲面回归拟合的方法，建立起 t_{10} 参数与其他 t_n 数值的关系。对于任何特定的物料，这些节点数据可被存入相应的物料特性数据库，供 JKSimMet 软件进行模拟计算时调用。所以 JKMRC 模型所用的物料粉碎特性参数其实并不止 t_{10} 参数一个，也应包括所有的 t_n 节点数据。实际上，t_{10} 参数本身的选取带有任意性，没有任何粉碎原理方面的意

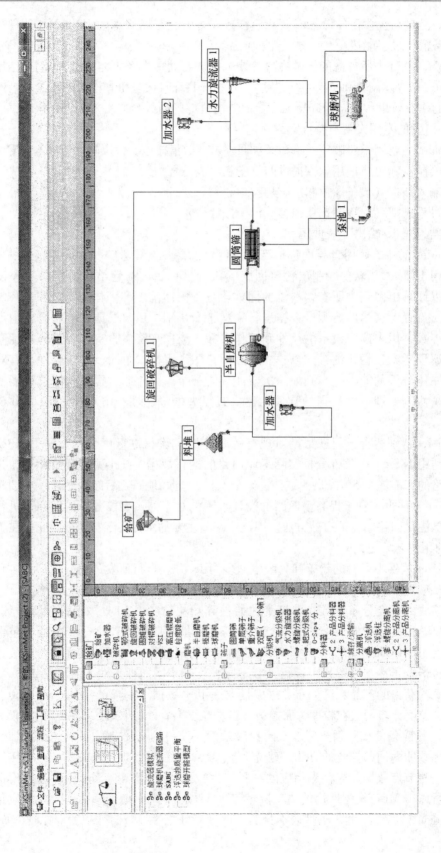

图 4-18　JKSimMet 模拟仿真工作界面

义。若是 t_{10} 参数与其他 t_n 数据关系未能用一些较为简单的关系来描述，这种对原始粒度分布数据进行的复杂转换处理与直接采用碎裂函数的方法相比，很难说是一种进步。据称根据已获得的大量实验数据，该方法获得的 t_{10} 参数与其他 t_n 数据关系普遍适用于绝大多数的矿石种类，仅有少数种类的物料（如煤炭等）是例外。应该指出的是，迄今为止这类物料参数均是通过在单颗粒粉碎条件下对粒度大于 10mm（破碎的粒度范围）的几个窄粒级进行粉碎试验测定获得的，最初是用于破碎作业的模型计算。将这套参数直接用于磨矿作业模型计算时，实际上就意味着此套粉碎参数未经试验证实就向下外推至磨矿的粒度范围。从粉碎原理上说，颗粒粒度对粉碎结果的影响很大。被破碎颗粒粒度相差很大时，碎裂概率及所生成碎块的粒度分布会有较大的差异，因此采用这种外推法处理不太合适。JKMRC 新近研发的转子定子冲击装置已将试验粒度下限降至 1mm 左右，通过提高装置内部真空度等改进措施，还可进一步降低给矿粒度下限，从而解决不得不对物料粉碎参数进行关于粒度的大幅度（跨数量级）外推所引起的系统误差。然而，在这种装置中试验颗粒受到的是单颗粒单接触点方式的冲击粉碎，与球磨机中物料颗粒在颗粒群环境中受到的多接触点压载粉碎为主相比，颗粒的被破碎机制、碎裂概率及所生成碎块的粒度分布应该是很不一样的。因此，若用这种测试装置获得的物料粉碎参数进行球磨机磨矿过程的建模，模拟计算的结果仍将不可避免地受到粉碎参数方面系统误差的影响。

B　USIM PAC 软件

USIM PAC 是法国地矿研究局（BRGM）开发的选矿流程稳态模拟软件，第一个商业化版本于 1986 年发布。BRGM 采取了与 JKMRC 完全不同的开发策略，不是立足于自由模型的软件化，而是将在专业文献上见到的各种矿物加工单元作业模型汇集于自己的软件中，包括破碎、磨矿、分级、浮选、重选、磁选、湿法冶金等方面的数学模型。USIM PAC 还允许用户根据需要加入自己的模型，并为此配备了专用的开发工具（USIM PAC Development Kit）。USIM PAC 软件还带有物料平衡数据协调功能、模型参数拟合功能等。USIM PAC 初始的版本也是在 DOS 环境下运行，但它向 Windows 平台的转换比 JKSimMet 进行得更早些，1993 年的 USIM PAC2.0 已是 Windows 的版本。早期版本中可用的单元模型主要涉及传统选矿领域的各种单元作业，随着后续软件升级，可用模型的数目不断增加，单元作业类型也逐渐扩大到湿法冶金、超细磨矿、土壤清洗和废弃物处理等领域。

USIM PAC 软件中所用的单元作业模型根据其复杂程度划分为四个级别：0 级模型是任由用户自行规定单元作业性能的模型，不考虑设备尺寸参数。在进行模拟计算时，单元作业结果不受设备尺寸或物料流量的影响。这类模型常被用于新厂设计时流程的初步估算。1 级模型需要少量由试验获得的参数，无试验数据时可用估计值或经验值代入。这类模型通常能解决初步设计所遇到的大多数问题。例如，利用邦德功指数法估计磨机能耗需求的算法就被归入这一类模型中。2 级、3 级模型以总量平衡原理为建模基础。复杂程度较高的模型被划入 3 级，被划入 2 级的则是一些 3 级模型的简化形式。这两类模型可用于流程的详细计算及单元作业和流程的优化。USIM PAC 软件提供的各类单元作业设备模型共有 100 多个。用于破碎磨矿回路的单元模型有颚式破碎机、锤式破碎机、旋回破碎机、圆锥破碎机、对辊破碎机、球磨机、棒磨机、自磨机和半自磨机、砾磨机、搅拌磨、筛分机、螺旋分级机、耙式分级机、水力旋流器、旋风分级机等；用于分选回路的单元模型有浮选槽、浮选柱、调浆桶、重介质旋流器、跳汰机、螺旋选矿机、摇床、矿泥摇床、磁选机等；用于湿法冶金流程的模型有浸出、CIL、CIP、沉淀、过滤洗涤、蒸发、凝固、电解、萃取、洗脱等。另外，软件中还配备有一些通用模型，如混合器、分样器、给矿机、输送机、浓密机、过滤机、固体浓度和药剂浓度调节器等。

用 USIM PAC 进行模拟计算所需的参数可分为物料参数和单元模型参数两大类。USIM PAC 采用一种灵活的相模型来描述选厂所处理的物料（包括原矿、产品、药剂、水和尾矿等）；软件使用者可以根据需要选用不同的方法来描述物料。例如：对于破碎磨矿回路初步设计，给定给矿量、给水量和给矿粒度分布参数就已足够；对于包括磨矿和浮选作业的流程，除了上述参数外，还需要描述物料的物质组成以及矿物的可浮性的参数；对于涉及磨矿、浮选、浸出和炭浆法处理的金矿选别流程，则还应加上关于液相成分、炭相成分和流量的参数。单元模型参数又分为可见参数和隐藏参数两类；前者可由软件使用者直接操纵；后者仅用于模型标定，参数取值须由试验数据算出。USIM PAC 软件的使用界面如图4-19 所示。

USIM PAC 的应用范围可贯穿于一个选厂项目从可行性研究、工程设计、投产运行、流程优化、改造升级直至工厂完成使命退役的整个生命周期。典型的应用场合主要有三个方面：

（1）在初步设计阶段，对整个流程进行初步计算。根据小型试验结果、推荐流程和生产目标，先用正向模拟法计算流程中所有物料流的流量、品位和粒度组成，接着用逆向模拟法倒推所需主要设备的尺寸，然后再用正向模拟法计算未来选厂的运行结果并估算所需的投资费用。重复应用这个方法可对不同的方案进行比较。

（2）在详细设计阶段，对整个流程进行详细计算。根据半工业试验原始数据进行物料平衡数据协调，利用协调后的数据通过逆向模拟法进行半工业试验流程的模型参数标定，并根据一定的比例放大规则计算实际选厂设备的尺寸。然后用正向模拟法计算未来选厂的运行结果并估算所需的投资费用。

（3）现有流程的优化和升级。根据现场流程考察获得的原始数据进行物料平衡数据协调，利用协调后的数据通过逆向模拟法进行生产流程模型参数标定，再用正向模拟法计算各种可能的方案及工艺条件下流程的运行结果，并进行技术、经济和环境影响指标的对比分析。

C　MODSIM 软件

美国犹他大学开发的 MODSIM 选矿仿真软件，最初版本于 1982 年在第 13 届 CMMI 会议上首次发布，后经不断更新，使得该软件更容易、更方便，图 4-20 为其操作界面。

MODSIM 软件的使用方法与 JKSimMet 类似，整个流程的建模与仿真也分为以下几个步骤：

（1）绘制流程图（选择软件提供的设备并用料流符号连接起来）；

（2）编辑系统的给矿物料参数；

（3）编辑单元模型的参数；

（4）进行仿真运算；

（5）结果显示/输出（表或图）。

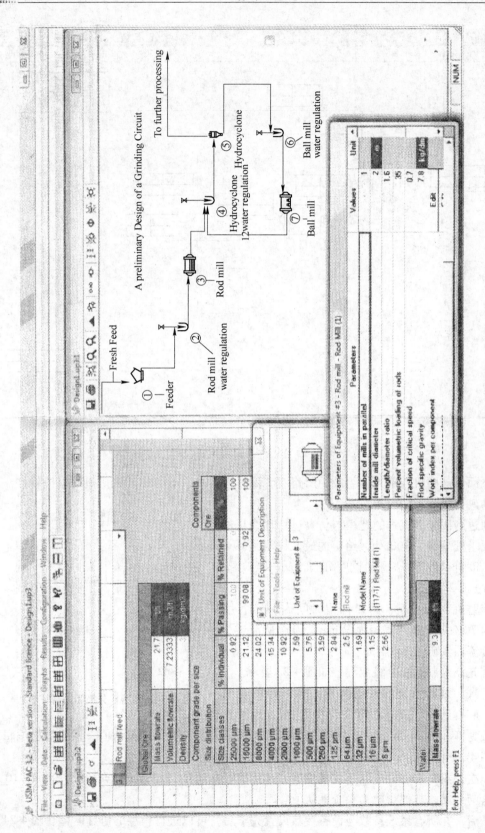

图 4-19 USIM PAC 磨矿回路模拟仿真界面

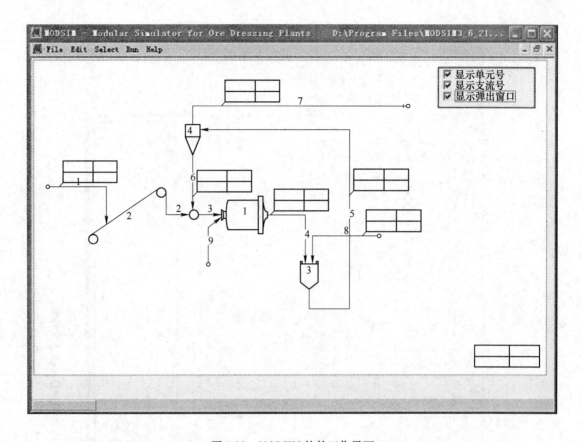

图 4-20　MODSIM 软件工作界面

下面以球磨机与旋流器组成的闭路磨矿流程为例介绍 MODSIM 选矿流程模拟软件。该闭路磨矿分级流程如图 4-21 所示。

通过磨矿分级流程的建模与仿真进行球磨机的选型，要求处理量为 100t/h，给矿的最大粒度为 10mm，给矿粒度符合罗辛-拉姆勒粒度分布，$D_{63.2} = 2.5$mm，参数 $\lambda = 1.2$。

球磨机为溢流型，磨矿停留时间为 7min，磨矿浓度为 70%。旋流器直径为 38mm，10 个旋流器为一组，旋流器给矿浓度为 45%。

首先，绘制磨矿分级流程，如图 4-22 所示。

其次，编辑系统与设备参数，磨矿停留时间为 7min，矿石选择石灰石，密度为 2.7t/m³，邦德球磨功指数为 $W_i = 11.1$kW·h/t，破碎速率函数和选择函数使用系统默认值，系统数据编辑界面如图 4-23 所示。

再次，编辑水力旋流器的设备参数，选择模型 CYCL，设置旋流器直径为 38cm，10 个旋流器为一组，其他参数为系统默认值。

最后，在所有系统参数与设备参数设置完毕后，可以进行模型的仿真运算（图 4-24）。

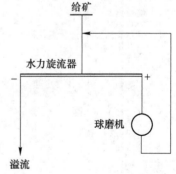

图 4-21　磨矿分级闭路磨矿流程

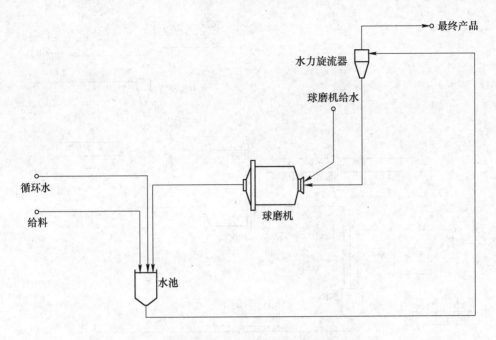

图 4-22　使用 Modsim 绘制的磨矿分级流程

Specify the parameters for model GMIL for unit 1

Residence time in the mill　　　7　　　minutes

Selection function:
Limestone

Breakage function:
Limestone

Parameters for the selection function	
Specific rate at 1mm	1.56
Alpha	0.768
Mu in mm	1.567
Lambda	2.81

Parameters for the breakage function	
Beta	0.441
Gamma	1.714
Delta	0
Phi at 5 mm	0.501

图 4-23　系统数据编辑界面

　　从仿真运算结果不仅可以方便查看各料流的数量、质量情况，还可以通过改变球磨机的停留时间、磨矿浓度等磨矿设备参数和水力旋流器的给矿浓度、压力，给矿管直径，沉砂嘴直径等分级设备参数，从而得到最佳的返砂比及磨矿效率等。

　　采用流程模拟软件进行磨矿回路的设计和过程优化，不但可以提高效率，减少所需试验的规模和工作量，而且还可以提高磨矿分级回路的处理量，增加选厂的经济效益。但在运用这类软件时，必须十分重视单元作业模型的选择。模型不是具体设备，它只是过程的一种数学抽象。模型对实际原型描述的逼真程度决定了模拟计算结果对实际过程的拟合程度。另外，各种单元作业模型其实都有其适用范围的限制，盲目地应用模拟软件往往也容易生成一堆毫无实际意义的"模拟结果"数据。只有将选矿工作者的专业知识、经验和直觉与软件的应用紧密结合，才能获得较好的模拟计算结果。

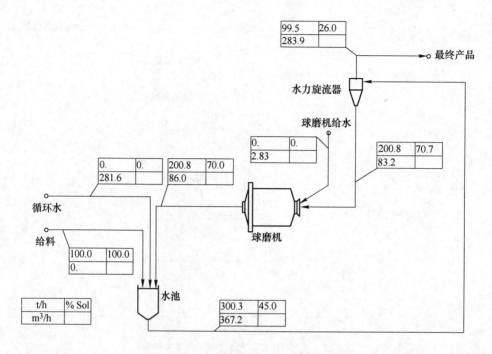

图 4-24　磨矿分级仿真运算结果

4.2.7.2　磨矿单元的数值模拟

除进行磨矿回路流程数值模拟外，目前还有很多学者使用离散元方法对磨机个体进行数学建模与仿真研究，包括对磨机内介质球的运动状态、磨机搅拌器的结构、磨机的衬板结构等各种参数展开了卓有成效的研究。这与过程数值模拟不同，通过该项研究可以详细地给出钢球、矿石、矿浆的运动状态，同时还可以描述颗粒破碎受磨机衬板和格筛的影响。

离散元法（discrete /distinct element method，DEM），通过跟踪单颗粒的运动，利用颗粒之间、颗粒与边界之间的碰撞产生的能量交换来预测颗粒群的详细运动过程。离散元法是用来计算散体介质系统力学行为的一种数值方法，它将所研究的散体（或介质）离散为独立的单元，根据其几何特征分为颗粒和块体两大系统，颗粒离散元法适于颗粒型散体或粉体。

DEM 的颗粒计算循环过程为：根据实际问题，选择合适的接触模型，通过力-位移定律把相互接触的两部分力与位移联系起来，由力与相对位移的关系可得到两单元间法向和切向的作用力。利用单元之间存在的各种力与力矩，运用牛顿第二定律，用单元内一点的线速度与单元的角速度来描述单元的运动。

DEM 应用于磨机中颗粒物料的运动特性研究已经比较成熟，从简单的二维模拟效果的验证到复杂的三维过程模拟，从单一的 DEM 模型到 DEM 与其他技术的结合使用，都取得了实质性的突破。通过捕捉磨机中介质行为，精确预测单颗粒运动轨迹、颗粒碰撞时的接触力和能量的分布、磨机中颗粒物料的破碎机制、衬板磨损情况及磨矿所需的功率等。

Toshio Inoue 等发表了用 DEM 法研究球磨机工作过程的论文，研究结果能够动态模拟出球磨机内球体在不同的操作条件下的临界状态及相应的磨机能耗分布状况。在第 20 届国际选矿会议上，他们又发表了用 DEM 法研究离心球磨机工作过程的论文，并用模拟结果优化了离心球磨机的结构参数，为离心球磨机的优化设计提供了指导。

G. Glover 等发表了用 DEM 法研究不同球磨机衬板结构形式的磨损规律及其优化措施。

美国盐湖城尤他大学（Salt Lake City University of Utah）的 Dr. Amlan Datta 教授应用 DEM 对卧式球磨机的介质运动、粒度分布及功率消耗进行了分析。

澳大利亚 CSIRO 中心的 P. W. Cleary 教授采用 DEM 法和 CFD 法研究了卧式球磨机和离心球磨机的介质运动、功率消耗及衬板磨损。

南非金北大学（Unversity of the Witwatersrand）的 M. A. van Nierop 等对卧式球磨机进行了 2D 数值模拟。

日本 Tsuji. Y. 教授应用 DEM 法系统研究了混合机、球磨机和离心磨机的数值模拟。

北京机械工业学院的黄小龙、郝静如等利用 ANSYS 有限元软件对鼠笼卧式搅拌磨机进行了流场建模及探索性研究分析，提出了改进结构参数的意见，对提高粉碎效果有所帮助。西安理工大学的闫民、郭天德等采用 DEM 法对振动磨机进行了建模和分析，对 WGM-3 型振动磨进行分析和计算，计算结果与实验结果基本吻合。

DEM 技术已经对很多工业应用进行了建模，其中 Mishra 和 Rajamani，Inoue 和 Okaya，Cleary，Datta 等使用该技术对破碎过程中的球磨机进行了建模，另外 Rajamani 和 Mishra，Bwalya 等，Cleary，Nordel 等以及 Djordjevic 对半自磨机进行了建模。

A 磨机介质球的运动学、动力学模拟

三维 DEM 仿真的一个特点是能给出磨机中颗粒运动的剖面图，图 4-25 所示为直径 1.8m 半自磨机的模拟仿真实例。

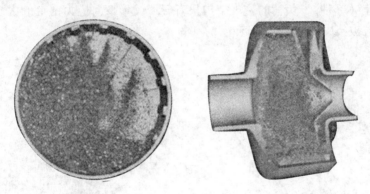

图 4-25 半自磨机的球和颗粒运动的三维 DEM 模拟仿真实例

利用 DEM 法对半自磨机 SAG 进行建模可以帮助理解磨机负载动力学，并提供优化磨机的设计、控制以及降低磨损的方案。这可以帮助减少停工时间，提高磨机效率，增大处理量，降低易损件的消耗和能耗等。DEM 技术目前还没有达到磨机模型的预测能力，但是可以改进磨机的机械模型和设计方程。目前 DEM 技术还不能对矿浆中的颗粒状态以及破碎情况进行模拟仿真。Govender 等在 2001 年使用了自动三维追踪技术对小型 SAG 中的颗粒运动状态进行了试验室追踪试验，从而对 DEM 建模的准确性进行验证，图 4-26 所示表明试验结果与模拟仿真结果基本一致。

图 4-26　三维 DEM 模拟仿真与实验数据的对比

　　球磨机中介质运动轨迹如图 4-27 所示。根据碰撞能分成不同颜色，深色为能量较高的碰撞。第一种球具有周期性的行为，它位于衬板和提升棒上，周而复始地在同一位置离开提升棒并以差不多相同轨迹碰撞底脚区的相同位置。依据底角区其他颗粒情况，介质球立即被衬板捕获和拖动或者被邻近介质弹回然后被捕获。第二种轨迹显示介质有超过一半的时间在负荷回路的眼部被捕获。它位于衬板输送的颗粒层的最外层，远离衬板。它沿向上运动层的切变弹跳，经历更高能碰撞。有时它可以进入外部颗粒层被运送到肩部，以不同轨迹离开衬板。这种轨迹比第一种情况要少。球磨机的介质轨迹模拟证实了底脚区的负荷碰撞能最高。

　　图 4-28 所示为球磨机中的应力情况，颗粒以受到的总应力大小标记（深灰至浅灰）。主要的应力链与大多数负荷的动态质量相一致。应力链从衬板开始扩展至负荷，它们形状弯曲，变化快速（毫秒），负荷的微观结构只有轻微的形变。应力链上的大多数颗粒为大颗粒，这些颗粒被集中的压应力所破碎。

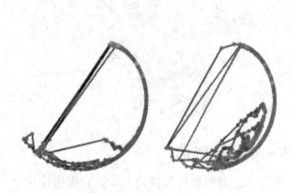
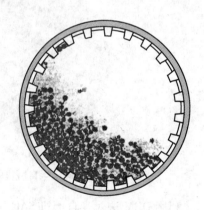

图 4-27　球磨机介质运动轨迹　　　　　　　　　　　图 4-28　球磨机的应力链

　　立磨机（塔磨机）介质运动轨迹比较简单，介质沿着一个半径小于搅拌器半径的螺旋急剧上升，然后沿直径稍大一点螺旋下降。这种轨迹在立磨机中很少变化，这种行为的一致性可以保证碰撞图谱分布较窄（图 4-29）。

　　三维空间中，每对颗粒每次碰撞的力链用短圆柱段表示，颗粒缩小至小球代表节

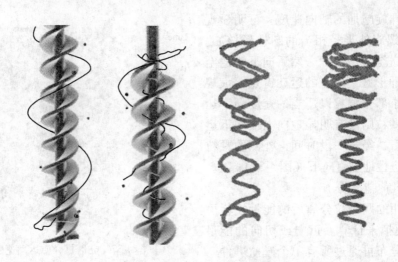

图 4-29　立磨机介质球运动轨迹

点，以便能清晰地识别力的圆柱，柱的颜色的深浅对应力的大小。正向力和切向力分别列出。

　　由于旋转的螺旋施加给负荷向上的推力，立磨机内呈现高力矩向上及从螺旋表面径向向外的"射线形"传递（图 4-30），一些颗粒处于强负载链上，而许多颗粒处于稍弱的二次链上，还有一些颗粒则不处在链上，可以自由运动。螺旋在颗粒场中产生各向异性、方向一致的应力场，使颗粒床保持螺旋向上的运动。向下滑动的圆柱层球越过圆柱层后被螺旋提升。这种一个球层滑过另一个球层的研磨行为不同于任何一种磨机。

　　立磨机中，颗粒平衡运动速度最高的是螺旋叶片的边缘，螺旋外缘的垂直带速度峰值约为 0.5m/s。靠近筒壁外为低速区，螺旋搅拌器与筒壁之间存在的速度梯度使环形球层之间存在很强的剪切作用。这是立磨机的研磨机制（图 4-31）。缓慢运动的外层物料区随着浓度而稍微变大，而剪切区则会变小，在螺旋与筒体底部存在一个低速甚至不动区。每个螺旋的速度分布相似，不随高度变化。

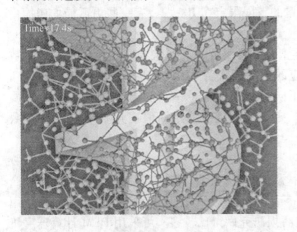

图 4-30　立磨机中应力链

图 4-31　立磨机的研磨机制

对于由螺旋施加的轴向速度，可明显观察到一个与螺旋外半径相当的圆柱形核心。物料向上输送至自由表面，然后向下输送至螺旋外部的环形区。向下的运动有点不太规律，其中一小部分颗粒以适当的速度向下运动，大部分颗粒则没有明显地向上或向下运动，总体而言，经过一段时间，外部的颗粒会缓慢、渐进性地垂直向下（图4-32）。

Time=10.0s

速率
0.7
0.5
0.3
0.2
0

图 4-32　立磨机介质运动速度
（时间为 10s）

B　磨机的能量分布

相互作用的两颗粒分离后的能量损耗可以用 DEM 模拟来计算。正向或切向的能量损失的频率分布可通过所有单个碰撞事件来确定。可由每种碰撞事件计算出各种粒级球和岩石的图谱。碰撞能谱图可以有助于更好地了解磨机中各种因素对能量损耗的影响。了解操作参数、磨机结构参数引起对能谱的变化，为通过减少作用小的碰撞增加作用大的碰撞来提高磨矿效率提供了可能。

图 4-33 为 36in(1in = 25.4mm)自磨机能谱（正向和切向）。图 4-33a 为所有碰撞的能谱，大量的碰撞（约 10^5/s）都是最低能量 0.01J 或更低。对于正向能量损耗，碰撞频率随能量线性下降（双对数坐标）直到只有少数碰撞高于 100J（最高能量为 300J）。切向损耗曲线中，很大一部分碰撞能为 0.1 ~ 5J。与正向能量相比，高切向能量难以发生，但最大的能量损耗约 500J 则是剪切机制。

球-衬板能谱图非常平，低能碰撞的数量非常小（在 0.01J 时约 20 次碰撞/s），而高能碰撞的概率非常大，尤其是发生于 100 ~ 350J 的高能碰撞（正向损失）的频次与所有负荷相当，这就是为什么矿石-矿石碰撞中很少有高能碰撞的原因。大多数的高能碰撞发生在球-衬板之间。这证明了高负荷产生的高能碰撞基本上浪费在破坏衬板上，而非有用的颗粒破坏。

立磨机的能谱图如图 4-34 所示。图中有三条曲线，一条为碰撞时能量损失的正向组分，一条为切向，一条为总损失。已将能量的下限限定在 10^{-10}J，有一些更低能的碰撞由于频次低，因此未计入。

立磨机的能谱图显示对于每种碰撞类型及能量组分，其形状相同，呈现扭曲的对数正态分布，总能量最大约为 0.1J，其对应的碰撞频次为 0.01 或更高，总能量的峰值在图谱中用垂直线标出。每种碰撞类型的正向组分都出现了一个弱高能拐点。介质-介质在高能和低能的碰撞概率基本相同，但介质-介质的碰撞能量峰值比介质-衬板高一个数量级。

C　磨机衬板磨损模拟

衬板的设计和操作参数会影响介质和衬板磨损，衬板磨损会影响磨机的功率和磨机产能。可通过 DEM 磨机模拟磨损的提升棒在不同条件参数下提升棒的磨损程度来解决。用 DEM 方法预测自磨磨机的衬板与提升棒的磨损研究做得比较多。可采用 DEM 计算球磨机内冲击能与颗粒碰撞之间的关系来估算磨损。

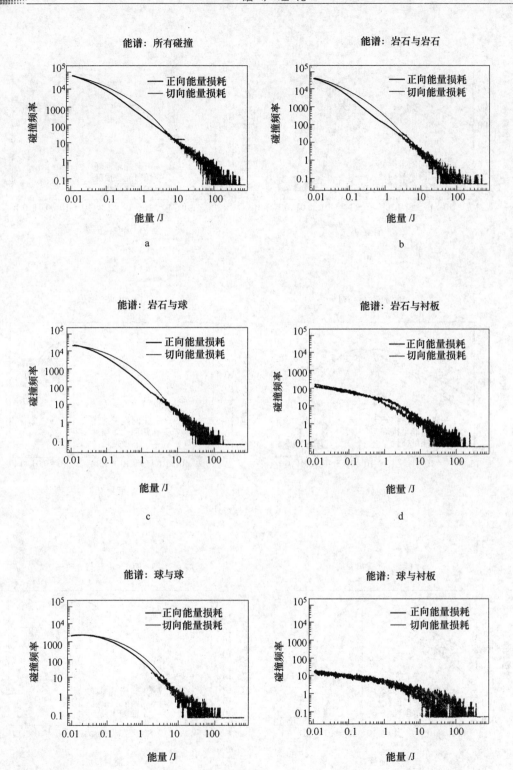

图 4-33 自磨机能谱图

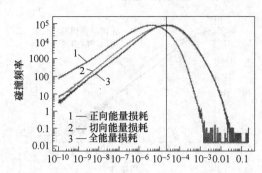

a

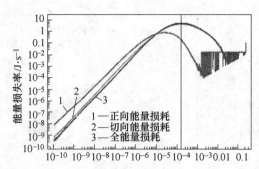

b

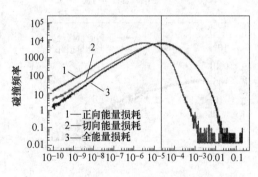

c

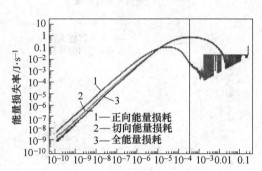

d

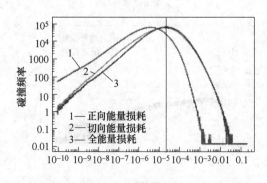

e

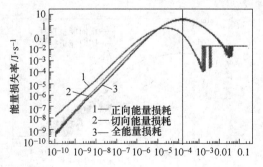

f

图 4-34 立磨机能谱图

　　Cleary 采用了两种方法来预测衬板的冲击破坏。第一种为颗粒与衬板之间的正向碰撞带来的能量损失，第二种为测量碰撞的过量动能。低速碰撞（小于 0.1m/s）数量较多但对衬板破坏作用小，高速碰撞对衬板破坏大。图 4-35 所示为滚筒磨的冲击破坏。整个提升棒顶部的磨损都很大，峰值出现在顶角处。前、后面由于受陡峭面角和封闭提升空间引起抛落流的保护而破坏很小。当提升棒打击底脚区的介质时，在提升棒引导面的上部产生较强的磨损。衬板的磨损很高，中间部位最高。这种破坏由抛落流穿透提升棒间重击衬板引起。衬板的中间部分是最受冲击的，因此磨损程度最高。

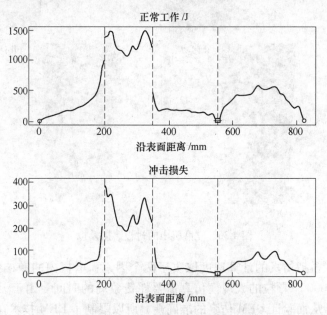

图 4-35　圆筒磨机沿提升棒和衬板面的冲击磨损速率

　　磨机表面的能量吸收速率是磨损的关键衡量参数。塔磨机总应力和剪切应力的分布对磨机的破坏和磨损速率影响如图 4-36 所示。塔磨机筒壁的滑流速度随着筒体高度下降，因为床压力增加使颗粒更紧地贴近筒壁。在螺旋的上部表面，滑流速度随半径增大，在螺旋的外径边缘处达到最大，介质球速度最高，但介质球的速度远低于螺旋边缘速度（0.73m/s）。

　　压力在筒体和螺旋上呈对称分布，但也存在一个总应力和剪切应力都很高的螺旋"底脚"区，在该区域中，高总应力扩展至底脚区主导面外侧一半位置处，而剪切应力集中于螺旋前缘的下角扩展而成的下三角地区。

　　总功率相对于剪切功率而言较小。因此冲击破坏很小，集中于螺旋的外边缘，中等应力分布于螺旋底脚区引导面的三角区，峰值位于底部外角处，此处螺旋没入介质中。剪切能量的吸收程度表明磨蚀为磨机主要磨损形式。螺旋顶部的外边缘承受了很强的摩擦磨损，随着时间的推移，边缘将被逐渐磨圆，在磨蚀最强的螺旋底脚区的外部前表面处会发生整个端角腐蚀，因此工业上安装碳化钨叶片来保护底脚区域免受这种破坏。

　　尽管计算机技术的发展促进了 DEM 模拟仿真技术的进步，但是对于不断增加的更加复杂的过程，三维 DEM 仿真技术对筒体内拥有千万个颗粒的大型磨机的模拟仿真是一项

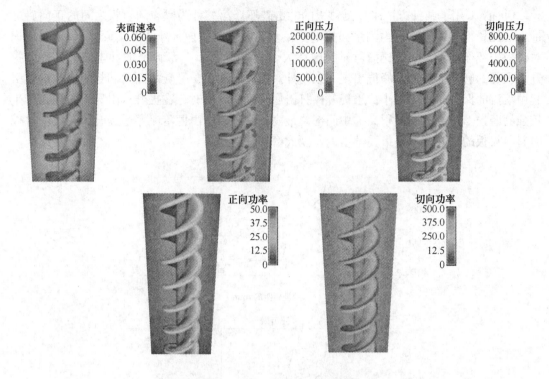

图 4-36　立磨机中的衬板磨损模拟

非常耗时的工作。模拟仿真的计算速度取决于两个因素：磨机内的颗粒数以及物料性质。对于拥有超过 100000 个颗粒的大规模仿真需要耗费数周的时间。由于无法对大量的颗粒状态进行实际试验从而验证 DEM 仿真的准确性，所以限制了 DEM 技术在实际工业中的应用。如何将模拟仿真结果与实际的试验数据进行对比验证仍有大量的工作要做。但是可以肯定，使用 DEM 进行模拟仿真进行预测的结果要远远比使用半经验模型预测的结果准确。

　　D　磨机运行状态的测定

正电子发射颗粒跟踪技术（positron emission particle tracking，PEPT）指通过同位素衰变时产生的正电子来实现显像的正电子发射型计算机断层扫描技术，具体为采用两个相对的探测器对正电子湮灭辐射产生的位于一条直线上、方向相反的两个光子产生的 γ 射线进行监测，从而确定闪烁点位置。该系统包括一个正电子相机、跟踪剂位置和速度的定位算法以及跟踪标记技术。

正电子相机即正电子发射断层扫描仪（positron emission tomography，PET），采用 3D 采集模式，在南非开普敦大学 PEPT 实验室安装的 ECAT "EXACT3D"（型号：CTI/西门子 966）正电子发射断层扫描仪相机，为 PEPT 研究提供高灵敏度、高分辨率图像。相机由 48 个环状标准锗酸铋探测器元件组成，环的直径为 82cm，轴向视场为 23.4cm，显著大于其他常规环形 PET 相机。数据获取系统可以保持每秒 400 万个符合事件的持续获取速率。测定的 PET 成像系统扫描仪的平均空间分辨率为 4.8mm ±0.2mm 半高及 5.6mm ±0.5mm 全宽。

PEPT 技术成像原理：一对 γ 射线由两个探测器同时测定，确定最接近射线源的轨迹。Parker 等开发了定位算法。该算法是基于给定事件的无损轨迹最终相交于空间中的某点这一事实开发的，该点即为颗粒位置。定位算法计算颗粒位置时，最小化了不同轨迹间垂直距离的总和。Yang 等开发了能同时跟踪三个颗粒的新定位算法。该算法的原理如下：首先采用常规 PEPT 算法确定第一个颗粒，按常规剔除事件，然后算法重新检查原始数据，剔除所有已发现路线的相近路线，用标准 PEPT 算法定位第二颗粒，依此类推，实现了三个颗粒的同时定位。

PEPT 的示踪剂为发射正电子的放射性同位素，半衰期由数分钟至数年。放射性同位素的半衰期（$t_{1/2}$）时间既要保证实验完成，又要在使用后能够安全废弃。PEPT 试验通常使用的放射性同位素有 66Ga（$t_{1/2} = 9.45h$），68Ga（$t_{1/2} = 68min$），18F（$t_{1/2} = 109min$），61Cu（$t_{1/2} = 204min$）及 64Cu（$t_{1/2} = 2.7h$）。另外，22Na（$t_{1/2} = 2.6a$）也经常在 PEPT 实验中使用，并且可以回收利用。

a 球磨机运行状态的测定

南非开普敦大学矿物研究中心采用 PEPT 技术进行了球磨机的功率需求测定计算、剪切率的测定以及循环负荷的计算等研究。他们采用的实验装置如图 4-37 所示。

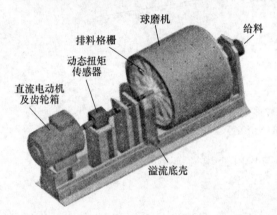

图 4-37　PEPT 试验的试验磨机
（右图为位于 PEPT 单元两个探测器中间的磨机）

Bbosa 采用 PEPT 技术进行了球磨机功率需求研究，通过 PEPT 获得速率场和功率分布数据，并根据"厢式力矩"方法计算得到功率，计算所得的功率需求与实际测定的相一致（图 4-38）。

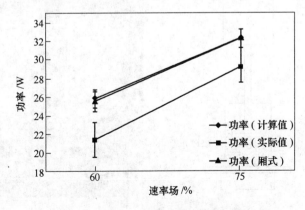

图 4-38　由 PEPT 试验计算得到的功率需求值

　　Govender 基于 PEPT 获得的数据，采用平均时间速率分布和替代方法计算和表征了球磨机的剪切率。研究发现剪切率随固体含量增加而减小，最高的剪切率数据在最低固体浓度时获得。高转速时，产生的剪切率数量级最高，剪切率受转速控制。低转速时，剪切率受固体含量控制。

　　Lallon 等基于 PEPT 数据建立了负荷循环率与磨机物理参数之间的关系模型。该研究中，磨机的操作参数由 PEPT 跟踪颗粒的在线流场获得。研究发现循环率为转速、填充率、静安息角、离去角、摩擦系数等磨机操作参数的函数，循环率与这些参数呈线性关系。基于 PEPT 数据建立的模型与 PEPT 测定的数据具有一致性（图 4-39）。

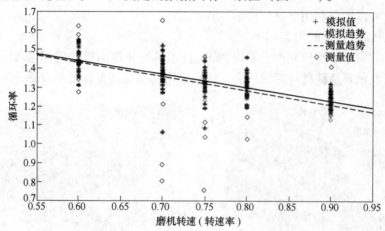

图 4-39　模型计算的循环率与 PEPT 获得的循环率对比

b　立式搅拌磨介质运动状态的测定

　　英国埃克塞特大学 Conway-Baker（康威·贝克）等于 2002 年采用 PEPT 技术，进行了立式搅拌磨研磨介质运动方式的测定，这是最早采用 PEPT 进行球磨机中颗粒物料动态行为测定的研究。该研究采用如图 4-40 所示装置测定了介质充填量、浆料密度、介质尺寸及阻力等条件对磨机内介质运动的影响方式。研究发现磨机内存在上部循环、中部加速及

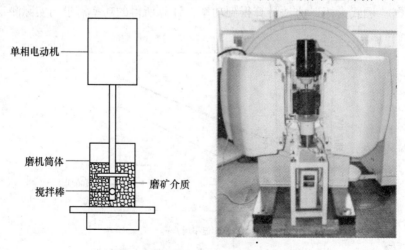

图 4-40　立式搅拌磨原理及 PEPT 装置内的磨机照片

下部循环三个不同介质运动方式的区域（图4-41），在不同区域内颗粒破碎的方式会有不同，可通过改变介质充填量、介质尺寸、浆料密度以及阻力等条件来改变这些区域分布，从而控制产品粒度分布。

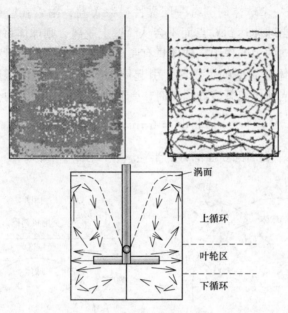

图 4-41 总介质流场

（转速 600r/min，50%介质量，50%固体量，无分散剂）

4.2.8 磨矿矿浆流变性和助磨剂

4.2.8.1 磨矿矿浆流变性

A 磨矿矿浆流变性质

磨矿过程可以分解为矿浆的流动过程和应力作用过程这两种主要行为，任何影响以上过程的因素都会影响磨矿效率。矿物的黏性影响矿浆流动过程，进而影响磨矿效率，在细粒磨矿过程更为明显。细粒磨矿速率的降低与细颗粒在黏性流中的运动行为有关。黏性流分布于较大阻力体（如磨矿介质）周围，由于颗粒细小，黏性力使其在阻力体周围流动而不是与其发生碰撞，即黏性力阻碍了细颗粒与磨矿介质互相接近到足够小的距离。

在黏性流中两个接近的球体之间遵从以下公式：

$$\frac{dh}{dt} = -\frac{Fh}{6\pi\eta b^2} \tag{4-94}$$

式中 h——半径为 b 的球之间的距离；

η——流体动力黏度；

F——作用在运动球体上的力，滚筒磨机为重力，搅拌磨为摩擦力。

当球体相互接近时，随时间的延长而逐步减慢，小于某临界尺寸的颗粒将不能被破碎，这一临界尺寸由式（4-95）确定：

$$h_{min} = b\exp\left(-\frac{FT}{6\pi\eta b^2}\right) \tag{4-95}$$

式中 T——磨矿时间。

式（4-95）表明，矿浆黏度越大，被磨碎颗粒的临界尺寸越大，也就是说，越细的颗粒越不容易磨细。

从磨矿介质的运动学角度，分析了矿浆黏性影响，提出了矿浆临界黏度的计算方法。如图 4-42 所示，假想一个球体周围有一层黏性矿浆覆盖，附着在磨机筒壁上，从球体的运动分析可以得到，当球体达到 C 点而不会从筒壁上脱离，则球体将做离心运动，并失去磨矿作用。由于沿径向的力的作用，球体具有脱离筒壁的趋势，此过程需要通过一层黏性矿浆层，从而造成球体与筒壁的负压区，引起周围矿浆向这些负压区流动（图 4-42b）。由于这种负压作用，当球体离开表面运动时，受到平衡这种作用力的合力为：

$$F = \int_0^{R_m} -p2\pi r dr = 6\pi\eta u R_b^2 \left[\frac{R_b - c}{h(h + R_b - c)} \right] \tag{4-96}$$

式中　r——平等于水平表面的断面部分的半径（图 4-43）。

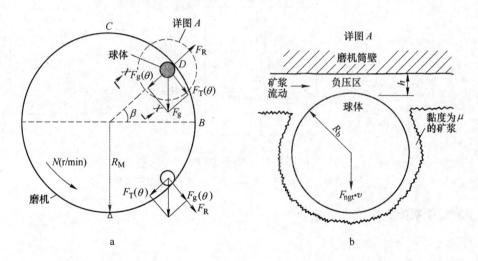

图 4-42　矿浆临界黏度计算模型
a—磨机内单一球体的受力；b—黏附于磨机筒壁上的球体

在磨矿过程中，假设：

（1）球体相对于磨机筒壁来说是稳定的；

（2）球体与筒壁间的起始距离一定，并且比较小；

（3）筒壁相对于磨矿球体曲率可以看成是平的；

（4）矿浆分布于磨矿介质与磨机筒壁之间，并正比于它们的相对表面积；

（5）矿浆层相对于磨机筒壁是稳定的；

（6）矿浆层为牛顿体。

一个球体在 A 点（图 4-42a）时，当磨机转动时球与磨机筒壁一起无滑地运动，作用于球体的离心力 F_R：

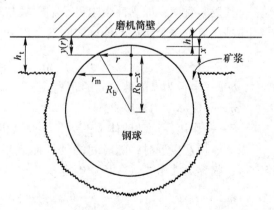

图 4-43　球体在磨机筒壁矿浆层的几何尺寸

$$F_R = \frac{mv^2}{R_m} = \frac{m\left(\dfrac{2\pi R_m N}{60}\right)^2}{R_m} \tag{4-97}$$

式中，m 为球质量；R_m 为磨机半径；N 为磨机转速。

F_g 为向下的重力，可分解为径向和切向的分量，$F_g(\theta)$ 和 $F_T(\theta)$。因不考虑球体向后的滑动，$F_T(\theta)$ 可忽略不计，在球体从 A 点到 B 点运动过程中，F_R 和 $F_g(\theta)$ 作用方向都是向外的，球体附着在筒体上，当球体达到 B 点，并从 B 点向 C 点运动时，重力分量 $F_g(\theta)$ 与 F_R 方向相反。$F_g(\theta)$ 随着转动角度的增大而增大，当达到某一转动角 $\theta = \theta_{CR}$ 时，$F_g(\theta)$ 与 F_R 达到相等，方向相反，即：

$$F_g(\theta_{CR}) = mg\sin\theta_{CR} = F_R \tag{4-98}$$

在 $\theta_{CR} \leqslant \theta \leqslant \pi/2$ 范围，沿径向方向的合力为：

$$F_g(\theta) = F_g(\theta_{CR}) - F_R \qquad \theta_{CR} \leqslant \theta \leqslant \pi/2 \tag{4-99}$$

其均值为：

$$\overline{F} = \int_{\theta_{CR}}^{\pi/2} \frac{F(\theta)\,\mathrm{d}\theta}{\dfrac{\pi}{2} - \theta_{CR}} \tag{4-100}$$

将式（4-100）代入并积分，得：

$$\overline{F} = \frac{mg\cos(\theta_{CR})}{\dfrac{\pi}{2} - \theta_{CR}} - \frac{m(2\pi R_m N/60)^2}{R_m} \tag{4-101}$$

式中，$\overline{F}$ 为使球体脱离筒壁的沿径向的平均拉力，将 $\overline{F}$ 代替式（4-96）中的 F，可以得到球体脱离筒壁的时间为：

$$t = \frac{6\pi\eta R_b^2}{F}\ln\left[\frac{h_t}{h_o}\left(\frac{h_0 + R_b - C}{h_t + R_b - C}\right)\right] \tag{4-102}$$

从而得到临界黏度：

$$\eta_{CR} = \frac{\overline{F}t_f}{6\pi\eta R_b^2\ln\left[\dfrac{h_t}{h_0}\left(\dfrac{h_0 + R_b - C}{h_t + R_b - C}\right)\right]} \tag{4-103}$$

$$t_f = \frac{60}{N}\left(\frac{\dfrac{\pi}{2} - \theta_{CR}}{2\pi}\right) \tag{4-104}$$

B　磨矿矿浆流变性对磨矿过程的影响

根据磨矿过程矿浆流变性，可分为以下几种类型：（1）矿浆中固体体积分数低于 40% ~ 45% 时，黏度较低，流变特性为膨胀体（图4-44），磨矿速度遵循一级磨矿动力学规律，磨机的处理能力随矿浆浓度的变化不明显；（2）矿浆体积分数为 45% ~ 55%，黏度增高，矿浆流变特性为假塑性体，磨矿仍符合一级动力学规律，但磨矿速度高于膨胀体，磨机的处理能力随浓度增大而提高的幅度较大，磨矿效率较高；（3）矿浆浓度过高，屈服应力急剧增大，流变特性表现为高屈服应力的塑性体，这时磨矿速度降低，表现为非一级动力学规律，磨机处理能力大幅度下降。由此可见，为了提高磨矿速度，对矿浆流变性应有一定的要求。

矿浆黏度也是影响钢球磨损率的主要流变学因素，当矿浆黏度为 500～1000mPa·s 时，钢球的磨损率出现最大值，当矿浆体积分数较高时，添加化学助剂，钢球的磨损率降低，磨矿效率提高。控制磨矿条件能改善矿浆的流变学特性，使钢球表面的罩盖层厚度处于最佳值，从而提高磨矿效率，降低钢球的磨损率。

磨矿时间（实质是磨矿细度）对磨矿矿浆流变性影响很大。图 4-45 所示为不同磨矿时间的磨矿速度曲线。可以看出，随着磨矿时间延长，磨矿速度不断减小。图 4-46 所示为不同磨矿时间矿浆的流变曲线，随着磨矿时间延长，矿浆的非牛顿流体特性增大，屈服应力增大。

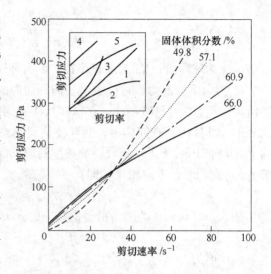

图 4-44　固体体积分数对矿浆流变特性的影响

1—牛顿体；2—假塑性体；3—膨胀体；

4—宾汉塑性体；5—屈服假塑性体

除了磨矿时间以外，影响矿浆流变性的重要因素还有矿浆浓度。随着矿浆浓度的增大，矿浆流变特性发生改变，由牛顿流体变为明显的非牛顿流体，磨矿动力学过程发生变化。

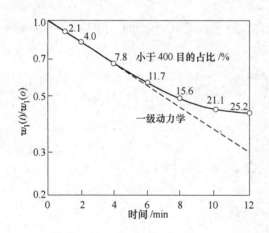

图 4-45　磨矿行为随时间的变化

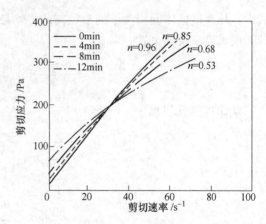

图 4-46　煤浆流变性随磨矿时间的变化

C　磨机的矿浆流模拟

湿磨过程中，矿浆流动对于给矿和磨细物料的输送以及排矿非常重要，操作参数及结构参数会影响矿浆的分布。Matt Sinnott 等采用 DEM 与光滑粒子流体动力学（Smoothed Particle Hydrodynamics，SHP）相结合的方法对立磨机及自磨机中的矿浆流进行了模拟（图 4-47），以评价流体分布及矿浆流动方式随矿浆黏度的变化。

如图 4-48 所示立磨机中矿浆黏度对矿浆流动和矿浆输送影响很大，压力分布和流体场对黏度都很敏感。在低黏度下（如 0.01Pa·s），压力分布为水静态，流体相更易流动

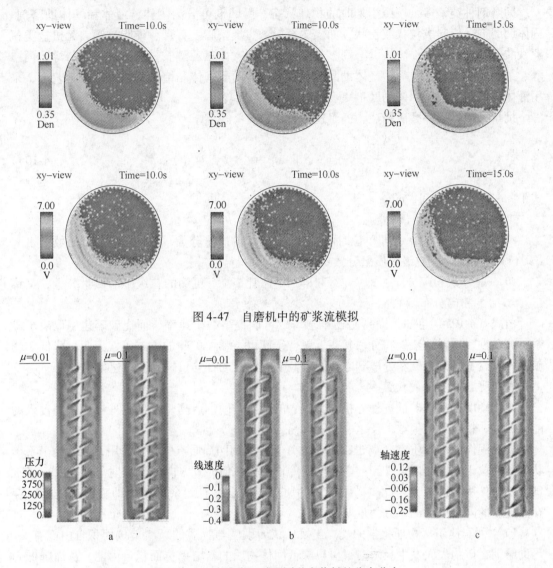

图 4-47 自磨机中的矿浆流模拟

图 4-48 立磨机中两种不同黏度浆料的稳态分布
a—压力；b—线速度；c—轴速度

且更易不依赖固体负荷流动。流体上流集中于螺旋顶端内的窄带，靠近筒壁处的下流速度高。在高黏度下，压力小而且均一，介质拖动力占主导地位，流体在固体载荷推动下环绕磨机运动，上流流速与低黏度时相近，但区域宽得多，因此产生了较大体积的回流，下流较为均一且较窄，在磨机较大的截面上出现。

因此，通过有效分级控制细颗粒的比例使浆料黏度保持在不会影响研磨行为的范围内。

4.2.8.2 磨矿助磨剂

助磨剂也称磨矿（粉碎）助剂，是为了改变磨矿环境或物料表面的物理化学等特性，而在磨机内添加的化学药剂，大多是有机或无机的化学药品。适宜、适量的助磨剂添加到被磨物料中，可改变物料的易碎性和分散性，从而提高磨矿效率，降低磨矿能耗。

助磨剂种类繁多，按照添加时的物理状态，助磨剂可分为固体、液体和气体助磨剂。固体助磨剂一般制成粒状或粉状，如煤、石墨、焦炭松脂、石膏、硬脂酸钙、无机盐类氰亚铁酸钾、硬脂酸等；液体助磨剂多是溶液或乳剂，如三乙醇胺、醋酸铵、乙二醇、丙二醇、某些无机盐类、水等；气体助磨剂有水蒸气、丙酮气体和惰性气体等。在工艺上，采用液体助磨剂比采用固体助磨剂更容易控制。

批量磨矿方程将磨矿描述为一个速度过程：

$$\frac{\mathrm{d}W_i(t)}{\mathrm{d}t} = -S_iW_i(t) + \sum_{j=1}^{i-1} b_{ij}S_jW_j(t) \tag{4-105}$$

式中　t——磨矿时间，min；

　　W_i——i 粒级的质量分数；

　　S_j——比破碎速率，即单位时间新生成 i 粒级的质量分数，又称粉碎速率函数；

　$W_j(t)$——t 时刻 j 粒级的质量分数；

　　b_{ij}——一次粉碎分布，即 j 粒级粉碎后进入比 j 粒级更细的粒级中的质量分数，又称粉碎分布函数。

由式（4-105）可知，提高比破碎速率 S_j 可以提高磨矿速率，而比破碎速率取决于矿浆的流动性、物料的絮凝和分散状态、颗粒硬度以及颗粒破碎的方式等，因此，降低矿物硬度、改变物料的絮凝和分散状态以及提高矿浆的流动性均可提高磨矿速率。

A　助磨剂对矿物硬度的影响

矿物硬度是指岩矿抵抗外界机械力侵入的性质，硬度愈高，则抵抗外界机械力侵入的能力愈大，粉碎时愈困难，反之，则愈容易。

处于固体内部的质点（离子、原子或分子）受到四周质点的相互作用，能量处于平衡状态，而位于表层的质点受到向内方向强的作用力，但向外方向（即面对空气一方）受空气分子的作用力极弱，因此，矿物表层的质点便表现出有剩余键能（即表面自由能）存在。硬度的降低可从三个方面说明：

（1）列宾捷尔从物理化学的观点出发，认为硬度与物质的新增单位面积自由能有关。当助磨剂在矿物表面发生吸附时，可以降低固体物质的新增单位面积自由能，从而降低固体的表面硬度。

从物理化学观点出发，对硬度作出如下定义：

$$H = \frac{\Delta W_n}{\Delta S} \approx K_n\frac{\Delta G}{\Delta S} = K_nR_{1,2} \tag{4-106}$$

式中　H——固体的硬度；

　ΔW_n——产生新的表面积所需要的功；

　　ΔS——产生的新表面积；

　　ΔG——固体新表面积上的表面自由能；

　　K_n——分散过程中的不可逆性系数；

　　$R_{1,2}$——固体物质与分散介质间的比表面能。

式（4-106）表明，助磨剂作用于矿石后，由于可降低比表面能，因而必然可降低固体的硬度 H。从现象上看，表面活性剂作用于矿石后，矿石变得易磨碎，同样条件下产品比不加添加剂更细一些,这足以证明表面活性剂的加入,降低了矿石的硬度。

(2)根据格里菲斯定律,固体颗粒脆性断裂所需的最小应力与物料的比表面能成正比,降低颗粒比表面能,可以降低矿物颗粒断裂所需要的应力。因此,在磨矿中加入助磨剂,通过其在矿物颗粒表面的吸附,以降低矿物的表面能,从而降低断裂所需要的力,有利于提高磨矿速率。

(3)根据列宾捷尔的强度削弱理论,裂纹的存在和扩展导致断裂,当物料颗粒受到外力作用时,在裂纹尖端处呈现局部应力集中。当拉应力超过物质分子的引力时,则裂纹扩展。如果裂纹继续扩展,就产生新的表面,使表面自由能增加。在被粉碎的物料中添加适量的助磨剂,它们将吸附在裂纹上,使裂纹上的表面自由能降低,而且助磨剂的吸附能平衡裂纹表面剩余价键及电荷,避免裂纹愈合,从而有利于裂纹的扩展,提高物料的易磨性。

B 助磨剂对颗粒分散的影响

对于可流动的浆体来说,颗粒间的作用力包括静电排斥力、范德华力、空间排斥力、水化排斥力等。

助磨剂在颗粒表面形成一定厚度的吸附层,颗粒的有效半径增加,产生强空间位阻效应,使颗粒间产生强位阻排斥力,空间排斥势能增大;较厚的水化吸附层可减小 Hamaker 常数,从而增大范德华吸引能;矿浆中的助磨剂溶解后产生的离子会与矿物颗粒发生吸附,从而改变或增大矿物表面的电荷量,使矿物颗粒之间的静电排斥力增加。

助磨剂在矿物表面的吸附使颗粒间相互作用的双电层排斥能、空间排斥能增大,范德华吸引能增大,总势能变大,排斥力增强,颗粒间距变大,从而使矿浆中的悬浮体分散,避免凝聚和矿泥罩盖现象的发生。这与矿浆黏度试验结果一致,当助磨剂吸附量增大时,矿浆黏度变小,明显改善矿浆流变效应,在适宜用量下,会形成单分子吸附薄膜,增大空间排斥能的同时,也可以减小颗粒间的摩擦力。

C 助磨剂对矿浆流变学特性影响

矿浆流变特性对磨矿过程有着显著的影响,克利佩尔经过大量试验得出了关于物料有效粉磨范围与矿浆浓度的关系,如图 4-49 所示。可将矿浆浓度分为 A、B、C 三个区域:在 A 区,矿浆浓度较低,黏度也较小,磨机产量不发生多大变化,实测磨矿速率呈一阶函数;在 B 区,矿浆浓度增大,黏度较高,磨机产量也较高,实测磨矿速率也呈一阶函数,但较低黏度时的磨矿速率快,此区较高的矿浆黏度可由增加矿浆浓度或调节粒度分布来达到;C 区为过高黏度区,在此区域内磨机产量降低,这与非线性磨矿速率有关。

由图 4-49 可以看出,添加一定量的助磨剂,在一定范围内可以扩大 B 区,且可增加磨矿速率;在 A 区添加药剂并没有多大效果。

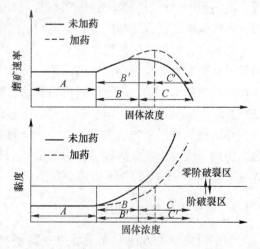

图 4-49 磨矿速率与矿浆黏度的关系

适当选择和添加可调节矿浆流变特性的药剂可扩大 B 区，进一步提高磨机生产能力。在其他条件不变时，调节矿浆流变特性使磨机稳定在 B 区工作是使磨机高效率工作的必要条件。一般来说，应使磨机中矿浆具有尽量高的浓度和适宜的黏度。添加适当的助磨药剂可保持矿浆高浓度下具有适宜的黏度，即适当降低黏度使矿浆具有较适宜的流动性。

助磨剂可以降低矿浆黏度，提高磨矿速率，扩大了图中的 B 区，使磨机在高浓度下稳定在 B 区工作。这是因为黏度增大时，更多的矿浆由磨机表面带动上升，破碎区域的矿浆减少，磨矿介质在矿浆中的运动速度减小，从而使其冲击能量和频率都降低。矿浆中的颗粒的黏性阻力将阻碍颗粒进入粉碎区域。由于颗粒的黏性大，小颗粒黏附在大颗粒表面上，对大颗粒有一定的包裹作用，不利于大颗粒的粉碎；加入助磨剂后可以明显降低矿浆黏度、改变矿浆流变性，物料流动性的增加将改变物料的运动状态，使颗粒能很快到达粉磨区域，增加料球之间相互作用的频率，从而使磨矿效率提高，降低粉磨电耗。

4.3　磨矿设备

4.3.1　概述

磨矿是碎矿过程的继续，是选别前的矿石准备作业。在选矿工业中，当有用矿物在矿石中呈细粒嵌布时，为了能把矿石中的脉石与有用矿物相互分开，必须将矿石磨细至 0.3～0.1mm，有时磨至 0.05～0.07mm 以下。磨矿细度大于 0.15mm 时，一般采用一段磨矿；小于 0.15mm 时，采用两段磨矿。选矿厂选别指标很大程度上取决于磨矿产品质量，有用矿物解离度不够理想，则选别指标就不理想，因而适当减小矿石的磨碎细度能提高金属的回收率和产量。没有单体分离的连生体进入精矿会降低精矿品位，进入尾矿会降低有用矿物回收率。因此，磨矿作业在选矿的工艺流程中占有非常重要的地位。

磨矿设备是指用以完成磨矿作业的机械。我国的磨矿设备研发和制造工业是在新中国成立后才逐步发展起来的。最初是靠引进消化国外的设备，1958 年开始进入自行设计制造阶段，1966 年才能进行磨矿设备的系列设计。从 20 世纪 70 年代末以来，我国的磨矿设备开始逐步采用国外已出现的新技术，如气动离合器、动静压轴承、先进润滑方式、顶起装置、高铬耐磨钢衬板、橡胶衬板和 PLC 自动控制装置等，同时增加了规格品种和扩大了应用，使我国的磨矿设备制造工业提高到了新的水平。

磨矿设备对磨矿作业越来越重要，研发大型化、节能、细磨和超细磨设备是磨矿设备的发展趋势。目前我国在球磨机制造总体水平和设备综合性能方面与国外先进水平相比，在球磨机的传动方式、大型球磨机的启动、衬板的更换装置和耐磨材料应用等方面还存在一定差距。但最近几年我国在制造大型球磨机方面进展较快，中信重工研发制造的半自磨机和球磨机达到国际先进水平，已成为能够制造直径 8m 以上球磨机和 12m 以上自磨/半自磨机的三大厂商之一。例如，中信重工为澳大利亚 SINO 铁矿项目提供的自主研制的世界最大直径 7.93m×13.6m 溢流型球磨机和 12.2m×11m 自磨机，已成功运行。

4.3.2　磨矿设备分类和用途

磨矿设备分类方法有介质磨机（球磨机）和无介质磨机（立式辊磨机）等。其中，圆筒形介质球磨机是根据磨矿介质来划分的：例如介质是钢球的为球磨机，介质是钢棒的为棒磨机,以被磨矿石本身作介质的为自磨机,加少量钢球和被磨矿石本身作介质的为半自磨机,以矿石或砾石作介质的为砾磨机等。工业生产中广泛应用的磨机种类很多,分类方法也不相同,有的按研磨介质的形状分类,有的按筒体形状分类,有的按排矿方式分类,也有的按磨矿生产方式分类等。圆筒形磨矿机的主要类型和分类方法,分别如图4-50和表4-7所示。

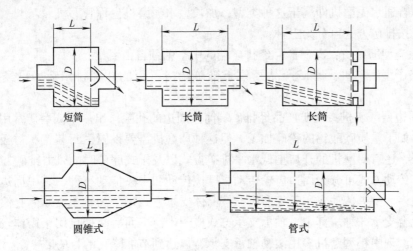

短筒　　　　　　　　长筒　　　　　　　　长筒

圆锥式　　　　　　　　　　　　　管式

图 4-50　圆筒形磨矿机的主要类型

表 4-7　圆筒形磨矿机的分类

磨机名称	磨矿介质	筒体形状	筒体长径比 (L/D)	排矿方式	传动方式	筒体支撑方式	用　途
球磨机	钢球	圆筒形	0.8～2	格子型 溢流型 周边型 风力(干式)	齿轮传动 摩擦传动 中心传动	轴承支撑 托滚支撑 混合支撑	各工业部门
棒磨机	钢棒	圆筒形	1.3～2.6	溢流型 周边型 开口型	齿轮传动 摩擦传动	轴承支撑	选矿工业 化学工业
管磨机	粗磨室为钢球或钢棒	中长筒形	2.0～3.5	溢流型 周边型 风力(干式)	齿轮传动	轴承支撑	水泥工业 选矿工业
多室管磨机	最后的细磨室用小球或钢段	长筒形	3.5～6				
自磨机 (半自磨机)	待磨矿石本身 (最大块矿粒度一般为300～400mm)	短筒形	0.2～0.3	格子型 风力(干式)	齿轮传动 环形传动	轴承支撑	选矿工业 化学工业 建材工业
砾磨机	矿石或砾石 (块度为50～100mm)	圆筒形	1.3～1.5	格子型 溢流型	齿轮传动	轴承支撑 托滚支撑 混合支撑	选矿工业 化学工业 硅酸盐工业

　　磨矿机按筒体形状可分为圆锥形和圆筒形两种。圆锥形球磨机筒体由圆锥和圆筒构成。在筒体内,大粒径的磨矿介质较多地分布在加料枢轴圆筒部分,而小粒径的磨矿介质

较多地分布在卸料器的圆锥部分。因此，物料在筒体内先经大粒磨矿介质磨成小颗粒，再经小粒径磨矿介质细磨成微细粒径的产品。因此，产品粒度比长度相同的圆筒球磨机均匀，且磨矿效率较高。目前国内制造圆锥形磨矿机不多，主要是制造圆筒形磨矿机，其中圆筒形磨矿机又包括短筒形和管形的。短筒形磨机的筒体长度与直径之比小于1，自磨机即属于这种类型；管形磨机的筒体长度与直径之比大于2，物料在筒体内的滞留时间长、粉碎比大，普通水泥磨机即属于这种类型，加长型水泥磨机也称管磨机。

磨矿机按排矿方式可分为三种：

（1）溢流型磨矿机：磨矿产品经排矿端的中空轴颈自由溢出；

（2）格子型磨矿机：磨矿产品经位于排矿端格子板的孔隙排出后，再经中空轴颈流出；

（3）周边型磨矿机：磨矿产品经排矿端筒体周边的孔隙排出。干式磨矿常用周边卸料式磨矿机，如干重质碳酸钙的粉碎加工。但这种球磨机需要设置密封装置，衬板结构也较复杂。此外，还有棒磨机的开口型低水平排矿方式以及干式磨矿时的风力排矿方式。

按筒体传动方式可分为周边齿轮传动、摩擦传动和中央传动三种，其中周边齿轮传动方式应用最多，中央传动多用于管磨机。按筒体支承方式可分为轴承支承、托滚支承、轴承和托滚混合支承3种。其中，轴承支承方式应用广泛，而后两种仅用于筒体较短的球磨机和砾磨机。现中小型磨机多用滚动轴承支承，以达到节能降耗的目的。

磨矿机还可按磨矿生产方式分为干式和湿式两种。目前选矿生产一般采用湿式磨矿机，干式磨矿机仅用于工艺需干法使用的场合或缺水地区。

利用料层粉碎原理的高压辊磨机，在水泥工业上应用取得了成功。随着其结构和性能的逐步优化和日臻成熟，其在金属矿粉碎的应用也提上了日程，成为磨矿设备领域的新热点。国外有代表性的先进高压辊磨机，是德国 ThyssenKrupp Polysius 公司的 POLYCOM® 型高压辊磨机和 KHD Humboldt Wedag 公司的高压辊磨机。国内生产高压辊磨机的有四川成都利君、中信重工和合肥水泥院等企业。

此外，超细磨矿机得到了较大发展，如立式螺旋搅拌磨机（塔磨机 TOWERMILL）、卧式搅拌磨机（ISAMILL）、振动磨机和辊盘式磨机等。

通常，棒磨机主要用于粗磨作业；球磨机主要用于细磨作业，但也常用于粗磨作业；自磨机主要用于矿石破碎后的粉磨作业，可代替中碎、细碎及粗磨作业；搅拌磨机主要用于再磨细磨作业或超细磨矿作业。

4.3.3　球磨机

球磨机是选矿厂生产的关键设备之一。在矿山建设时期，球磨机的设备及基建投资约占选矿厂破碎磨矿设备总投资的50%，在矿山生产期间，球磨机的能耗（电耗和材料）同样占全部碎磨作业的50%以上。同时，在矿山生产中，球磨机作为主要的生产设备，其运转率和效率往往决定了全厂（系列）的生产效率和指标，成为全厂（系列）生产的"咽喉"环节。

4.3.3.1　球磨机的结构和分类

球磨机主要由筒体、衬板、给矿器、排矿装置、主轴承、传动装置和润滑系统等部件组成，可用于开路或闭路磨矿流程对物料进行干磨或湿磨。金属矿选矿厂应用最多的是格子型或溢流型球磨机。周边排矿型球磨机主要用于制备球团原料的润湿磨及易于过粉碎物料的磨碎。由于排矿格子构造复杂，故应用较少。下面主要介绍溢流型球磨机和格子型球磨机。图 4-51 所示为湿式格子型球磨机的结构图。图 4-52 所示为湿式溢流型球磨机的结构造图。

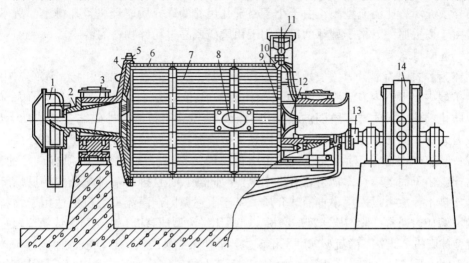

图 4-51　格子型球磨机的结构示意图

1—给料器；2—进料管；3—主轴承；4—端衬板；5—端盖；6—筒体；7—筒体衬板；8—人孔；
9—中心衬板；10—排料格子板；11—大齿轮；12—锥形体；13—联轴器；14—电动机

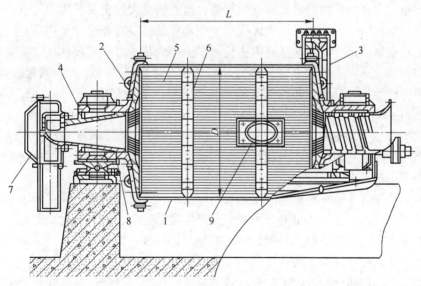

图 4-52　溢流型球磨机的结构示意图

1—筒体；2—端盖；3—大齿圈；4—轴承；5，6—衬板；7—给料器；8—给料管；9—人孔

A　格子型球磨机

其结构特点是在排矿端筒体内安装有排料格子板（图 4-51）。格子板上有不同形状的格子孔，当磨机旋转时，矿浆在筒体排矿端经格子孔流入排矿室（格子板与筒体端盖组成的空间）从排矿口排出。这种加速排料作用可保持筒体排矿端矿浆面较低，从而使矿浆在磨机筒体内的流动加快，可减轻物料的过粉碎和提高磨机生产能力。生产实践表明，格子

型球磨机产量比同规格溢流型球磨机高 10% ~ 15% 。由于排矿端中空轴内安装正螺旋，生产过程中磨损的小碎球也能经格子孔从磨机中排出；这种"自动清球"作用可以保证磨机内球介质多为完整的球体，从而增强磨矿效果。格子板能阻止直径大于格子孔的球介质排出，其介质充填率比溢流型高；由于小于格子孔尺寸的球介质能经格子孔排出，故不能加小球。由于以上原因，格子型球磨机适用于粗磨矿或易过粉碎物料的磨碎。

　　B　溢流型球磨机

　　筒体为卧式圆筒形，筒体长径比（L/D）较大，经法兰盘与端盖相接，两端有中空枢轴，给矿端中空枢轴内有正螺旋，以便筒体旋转时给入物料，排矿端中空枢轴内有反螺旋，以防止筒体旋转时球介质随溢流排出。给矿端安装给料器，排矿端安装传动大齿轮。筒体设有人孔，以便检修。筒体端盖及内壁上敷设衬板，筒体内装入大量研磨介质。磨机的轴承负载整个设备（包括钢球），并将负荷传递给基础，因此轴承必须有良好的润滑，以免磨损。由于筒体较长，物料在磨机中停留时间较长，且排矿端排料孔内的反螺旋能阻止球介质排出，故可以采用小直径球介质。基于上述原因，溢流型磨机更适用于物料的细磨。两段磨矿时通常一段用格子型球磨机，二段用溢流型球磨机，中矿再磨或第三段也都采用溢流型球磨机。此外，溢流型球磨机排矿主要靠矿浆充满磨机后自动溢流而出，矿粒的排出很大程度上受矿石自身密度及粒度的影响。密度大的矿粒因沉降速度快而不易从磨机中空轴颈排出，而易沉入磨机底层经磨碎到较细粒度后方能排出；密度小的矿粒因沉降速度慢，所以能在较粗的粒度下从磨机排出。造成磨机产品粒度不均匀，其中密度大的粒度细，密度小的粒度粗，大密度矿物的过粉碎现象严重，这对密度大的金属矿物的回收是不利的。

　　溢流型球磨机与格子型球磨机的区别在于在排矿端部没有装设排矿格子板，靠矿浆液位差排矿。对于球磨机，筒体是球磨机进行磨矿工作的基本部件。筒体两端装有端盖，端盖上的中空轴颈支承在主轴承上。筒体的排矿端装有排矿格子板。大齿圈固定在筒体上。筒体两端焊有法兰盘，分别与两端端盖的法兰盘连接。为便于磨机内部检修和安装衬板，筒体上开设 1 ~ 2 个人孔。

　　当电动机通过小齿轮和大齿轮带动磨机旋转时，物料经给矿器通过中空轴颈进入筒体。物料在筒体内受到磨球的冲击和研磨作用被磨细。已磨细的产品通过排矿格子板的箅孔，经由中空轴颈排出。

　　筒体内壁及端盖均装有衬板。筒体衬板的作用：一是防止筒体遭受研磨介质和物料直接打击及矿浆的腐蚀磨损；二是提升研磨介质产生磨矿运动。故筒体衬板的材质和几何形状对磨机的生产有一定的影响。衬板材料种类很多，一般可以分为金属（合金）和非金属材料两大类。金属材料衬板主要有高锰钢、中锰铸铁、高铬白口铸铁、硬镍白口铸铁和其他合金材料等。非金属材料衬板主要有陶瓷、尼龙、橡胶、磁性衬板和橡胶磁性衬板等。

　　橡胶衬板的主要优点是抗腐蚀性能强。湿磨生产中钢衬板易被酸性矿浆腐蚀，但橡胶衬板对酸性或碱性介质、水、溶液等，在一定温度下抗腐蚀和耐腐性能好。橡胶的弹性高，承受磨球冲击作用可以变形，受力较小而减少磨损，节能效果明显。国产橡胶衬板一般节电 10% ~ 15% ；磨机噪声一般降低 10 ~ 15dB；质量轻，通常比高锰钢轻 50% ~ 85% ；用于细磨作业时，使用寿命提高 2 ~ 3 倍。

　　筒体衬板的几何形状也多种多样，大体上可分为表面平滑和非平滑两类。通常，表面形状比较平滑的衬板，钢球与衬板之间的相对滑动较大，在磨机相同的转速下，钢球被提升的高度较低，适用于细磨；表面形状呈波形或凸棱形的非平滑衬板，对钢球的提升度大，多用于粗磨。金属制筒体衬板厚度通常为50~130mm，一般采用螺栓固定在筒体上，磁性衬板则不需要螺栓固定。

4.3.3.2 球磨机的技术参数

湿式格子型球磨机的主要技术参数见表4-8，干式格子型球磨机的主要技术参数见表4-9，溢流型球磨机的主要技术参数见表4-10。

表4-8　湿式格子型球磨机的主要技术参数

型　号	筒体直径/mm	筒体长度/mm	筒体有效容积/m³	最大装球量/t	工作转速/r·min⁻¹	主电动机功率/kW
MQ-09X□	900	900~1800	0.45~0.9	0.96~1.9	34.8~39.5	7.5~15
MQ-12X□	1200	1200~2400	1.1~2.2	2.4~4.7	29.8~33.8	2245
MQ-15X□	1500	1500~3000	2.2~4.5	4.7~9.7	26.5~30.1	55~90
MQ-21X□	2100	2200~4000	7~12	15~27	22.3~25.3	140~250
MQ-24X□	2400	2400~4500	10~18	21~39	20.8~23.6	210~355
MQ-27X□	2700	2100~5400	11~28	23~59	19.6~22.2	260~630
MQ-32X□	3200	3000~6400	22~47	46~98	17.9~20.4	500~1120
MQ-36X□	3600	3900~7000	36~64	75~135	16.9~19.2	1000~1800
MQ-40X□	4000	4500~7200	52~83	103~165	15.6~17.3	1400~2200
MQ-43X□	4300	4700~7500	63~100	125~200	15.0~16.7	1600~2500
MQ-45X□	4500	5000~7700	73~113	147~226	14.7~16.3	2000~3100
MQ-48X□	4800	5300~7900	89~132	178~265	14.2~15.8	2200~3300
MQ-50X□	5000	5500~8100	100~147	199~293	13.9~15.5	2600~3800
MQ-52X□	5200	5700~8300	112~163	224~326	13.6~15.2	3000~4300
MQ-55X□	5500	6000~8500	132~187	265~375	12.9~14.0	3700~5200

注：1. □ 表示筒体长度，因为筒体长度可根据要求再确定，故留白；

2. 筒体直径是指筒体内径，筒体长度是指筒体的有效长度；

3. 给矿粒度不大于25mm。

表4-9　干式格子型球磨机的主要技术参数

型　号	筒体直径/mm	筒体长度/mm	筒体有效容积/m³	最大装球量/t	工作转速/r·min⁻¹	主电动机功率/kW
MQG-09X□	900	900~1800	0.45~0.9	0.96~1.9	34.8~39.5	7.5~15
MQG-12X□	1200	1200~2400	1.1~2.2	2.4~4.7	29.8~33.9	22~45
MQG-15X□	1500	1500~3000	2.2~4.5	4.7~9.7	26.5~30.1	55~90
MQG-21X□	2100	2200~4000	7~12	15~27	22.3~25.3	140~250
MQG-24X□	2400	2400~4500	10~18	21~39	20.8~23.6	210~355
MQG-27X□	2700	2100~5400	11~28	23~59	19.6~22.2	260~630
MQG-32X□	3200	3000~6400	22~47	46~98	17.9~20.4	500~1120
MQG-36X□	3600	3900~7000	36~64	75~135	16.9~19.2	1000~1800
MQG-40X□	4000	4500~7200	52~83	103~165	15.6~17.3	1400~2200
MQG-43X□	4300	4700~7500	63~100	125~200	15.0~16.7	1600~2500
MQG-45X□	4500	5000~7700	73~113	147~226	14.7~16.3	2000~3100

注：1. 筒体直径是指筒体内径，筒体长度是指筒体的有效长度；

2. 给矿粒度为不大于25mm。

表 4-10 溢流型球磨机的主要技术参数

型　号	筒体直径/mm	筒体长度/mm	筒体有效容积/m³	最大装球量/t	工作转速/r·min⁻¹	主电动机功率/kW
MQY-09X□	900	1100 ~ 2100	0.6 ~ 1.2	1 ~ 2	34.8 ~ 39.5	11 ~ 15
MQY-12X□	1200	1600 ~ 2900	1.6 ~ 2.8	3 ~ 5	29.8 ~ 33.9	22 ~ 45
MQY-15X□	1500	2000 ~ 3600	3.2 ~ 5.7	6 ~ 11	26.5 ~ 30.1	55 ~ 110
MQY-21X□	2100	2700 ~ 5000	9 ~ 16	17 ~ 30	22.3 ~ 25.3	160 ~ 315
MQY-24X□	2400	3100 ~ 5800	13 ~ 24	24 ~ 45	20.8 ~ 23.6	250 ~ 460
MQY-27X□	2700	3500 ~ 6500	19 ~ 34	35 ~ 65	19.6 ~ 22.2	380 ~ 710
MQY-32X□	3200	4200 ~ 7700	32 ~ 58	58 ~ 108	17.9 ~ 20.4	700 ~ 1300
MQY-36X□	3600	4500 ~ 8600	45 ~ 83	84 ~ 154	16.9 ~ 19.2	1000 ~ 1900
MQY-40X□	4000	5100 ~ 8800	61 ~ 103	108 ~ 182	15.6 ~ 17.3	1400 ~ 2400
MQY-43X□	4300	5500 ~ 9400	80 ~ 132	141 ~ 233	15.0 ~ 16.7	1900 ~ 3100
MQY-45X□	4500	5800 ~ 9800	92 ~ 151	163 ~ 267	14.7 ~ 16.3	2200 ~ 3600
MQY-48X□	4800	6100 ~ 10400	111 ~ 184	196 ~ 325	14.2 ~ 15.8	2700 ~ 4500
MQY-50X□	5000	6400 ~ 11000	126 ~ 210	223 ~ 370	13.9 ~ 15.5	3100 ~ 5200
MQY-52X□	5200	6700 ~ 11300	142 ~ 232	250 ~ 410	13.6 ~ 15.2	3600 ~ 6000
MQY-55X□	5500	7100 ~ 11500	169 ~ 266	298 ~ 469	12.9 ~ 14.0	4000 ~ 6300
MQY-58X□	5800	7400 ~ 12000	196 ~ 310	319 ~ 504	12.6 ~ 13.6	4800 ~ 7600
MQY-60X□	6000	7700 ~ 12500	219 ~ 345	356 ~ 561	12.3 ~ 13.4	5400 ~ 8600
MQY-62X□	6200	8000 ~ 12600	242 ~ 372	371 ~ 571	12.1 ~ 13.2	5900 ~ 9200
MQY-64X□	6400	8200 ~ 13000	264 ~ 409	406 ~ 628	11.9 ~ 13.0	6500 ~ 10100
MQY-67X□	6700	8600 ~ 13500	304 ~ 467	467 ~ 716	11.7 ~ 12.7	7700 ~ 11900
MQY-70X□	7000	9000 ~ 13600	348 ~ 515	485 ~ 718	11.4 ~ 12.4	8600 ~ 12800
MQY-73X□	7300	9400 ~ 14000	395 ~ 577	570 ~ 832	11.2 ~ 12.1	10000 ~ 14700
MQY-76X□	7600	9800 ~ 14600	447 ~ 653	644 ~ 941	10.9 ~ 11.9	11500 ~ 17000
MQY-79X□	7900	10200 ~ 15000	501 ~ 724	675 ~ 977	10.7 ~ 11.7	12700 ~ 18400
MQY-82X□	8200	10600 ~ 15500	561 ~ 807	756 ~ 1088	10.5 ~ 11.4	14500 ~ 20800
MQY-85X□	8500	11000 ~ 16000	625 ~ 895	843 ~ 1207	10.3 ~ 11.2	16400 ~ 23600

注：1. 筒体直径是指筒体内径，筒体长度是指筒体的有效长度；

　　2. 给矿粒度不大于25mm。

国内生产球磨机的厂家中，中信重工和北方重工生产的产品规格最大。下面介绍几家典型的球磨机生产企业。

A　中信重工

中信重工（洛矿）可生产直径 $\phi8m$ 的球磨机，主要用于粉磨各种矿石及其他物料，被广泛地应用于选矿、建材及化工等行业。球磨机是中信重工（洛矿）的主要专业产品，是大型磨机系列产品之一，有一流的球磨机研究与设计队伍，完善的球磨机试验与检测手段，并具有球磨机自主知识产权。

中信重工（洛矿）开发设计的球磨机的技术特点是：

（1）传动形式有边缘传动、中心传动、多点啮合边缘传动等传动形式；驱动形式有异步电机＋减速器＋小齿轮＋大齿轮和同步电机＋空气离合器＋小齿轮＋大齿轮。

（2）一般采用两端静动压轴承的支撑方式，采用完全封闭式的自调心1200线接触"摇杆型"轴承，亦可采用单滑履、双滑履静动压的支撑方式或全静压支撑。

（3）大型开式齿轮采用美国AGMA标准设计，装备有密封可靠的齿轮罩，设有甘油自动喷雾润滑装置。

（4）筒体为磨机的关键件，利用计算机对其进行有限元分析，保证其使用的可靠性。

（5）大中型磨机装备有慢速驱动装置和高低压润滑站。

（6）控制与保护系统采用PLC控制。

中信重工（洛矿）磨机典型产品：1992年与Fuller公司合作制造 $\phi5.5m×8.5m$ 溢流型球磨机；1993年制造 $\phi5.03m×6.4m$ 出口球磨机；2001年研制 $\phi4.27m×6.1m$ 出口大型矿用磨机；2004年与美卓公司合作制造 $\phi8.53×3.96$ 最大的半自磨机；2005年8月承制金川集团 $\phi5.5m×8.5m$ 溢流型球磨机；2006年5月承制鞍钢集团 $\phi5.49m×8.8m$ 溢流型球磨机。2006年与美卓公司合作制造昆钢大红山 $\phi8.54m×3.6m$ 自磨机。2006年7月承制凌钢集团 $\phi8.0m×2.8m$ 自磨机。2011年为澳大利亚SINO铁矿制造 $\phi7.93m×13.6m$ 溢流型球磨机。

中信重工（洛矿）球磨机型号含义如下：

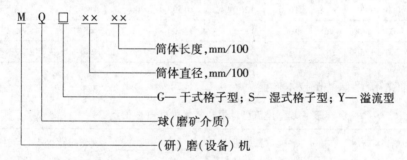

中信重工湿式格子型球磨机技术性能见表4-11。

表4-11 湿式格子型球磨机技术性能（中信重工）

型号及规格	筒体直径/mm	筒体长度/mm	有效容积/m³	磨机转速/r·min⁻¹	研磨体装载量/t	传动方式	电动机 功率/kW	电动机 转速/r·min⁻¹	外形尺寸（长×宽×高）/m×m×m	质量/t	备注
MQS12×24	1500	3000	5	26.6	9	边缘	95	742	6.4×2.9×2.6	18	鼓形给料器
MQS15×15	1500	1500	2.3	29.2	4.8		60	725	5.7×3.2×2.8	13.7	
MQS15×24	1500	2400	3.7	29.2	7.6		90	730	6.9×3.3×2.8	16.5	
MQS15×30	1500	3000	4.6	26.6	10	边缘	90	742	7.6×3.4×2.8	19.5	橡胶衬板
MQS21×30	2100	3000	9.4	22.1	20		220	740	8.5×4.65×3	45	
MQS24×30	2400	3000	12.2	21	25		250	980	8.8×4.7×4.4	55	
MQS24×70	2400	7000	26.66	21	54		475	740	14.3×5.8×4.4	67	橡胶衬板

续表4-11

型号及规格	筒体直径/mm	筒体长度/mm	有效容积/m³	磨机转速/r·min⁻¹	研磨体装载量/t	传动方式	电动机		外形尺寸（长×宽×高）/m×m×m	质量/t	备 注
							功率/kW	转速/r·min⁻¹			
MQS27×21	2700	2100	10.6	19.7	22		280	733	9.7×6.5×4.8	69	
MQS27×36	2700	3600	18.5	20.5	39		400	187.5	12×5.8×4	74	
MQS27×40	2700	4000	20.5	20.24	38		400	187.5	12.4×5.8×4.7	77	
MQS27×60	2700	6000	34.34	19.5	53		630	589	12×5.7×4.5	84	
MQS29×41	2900	4100	26	19.34	42		450	740	9.9×6.1×5.1	76.1	
MQS31×64	3100	6400	43.7	18.3	56		1000	167	15.2×6.98×5.8	141	
MQS32×31	3200	3100	22.65	18.3	46.9		500	167	13.9×7.3×6.0	109	
MQS32×36	3200	3600	26.3	18.3	54		630	167	14.3×7.3×6.0	116.94	
MQS32×40	3200	4000	29.2	18.2	60		710	980	14.7×7.3×6.0	121.4	
MQS32×45	3200	4500	32.9	18.3	68.5		800	167	15.2×7.3×5.9	126.23	
MQS32×54	3200	5400	39.4	18.3	81.6		1000	167	16.6×7.3×6.1	135.4	
MQS36×45	3600	4500	41.4	17.25	86		1000	167	13.5×7.3×6.3	153.1	
MQS36×60	3600	6000	54	17.3	112	边缘	1400	167	15.5×8.3×6.3	190.6	
MQS36×85	3600	8500	79	17.4	144		1800	743	20×8.2×7.1	260.89	
MQS40×60	4000	6000	69.8	16.0	126		1500	200	17.4×9.34×7.5	215.5	
MQS40×67	4000	6700	76	16.0	155		1600	980	16×8.43×7.5	235.2	
MQS40×13.5	4000	13500	157	16.5	280		3300	980	24.2×9.9×7.8	284/375	橡胶衬板

中信重工溢流型球磨机技术性能见表4-12。

表4-12　溢流型球磨机技术性能（中信重工）

型号及规格	筒体直径/mm	筒体长度/mm	有效容积/m³	磨机转速/r·min⁻¹	研磨体装载量/t	传动方式	电动机		外形尺寸（长×宽×高）/m×m×m	质量/t	备 注
							功率/kW	转速/r·min⁻¹			
MQY15×30	1500	3000	5	26.6	9	边缘	95	742	7.4×3.4×2.8	18.5	鼓形给料器
MQY15×36	1500	3600	5.7	26.6	10.6		95	742	8.0×3.4×2.8	17.22	橡胶衬板
MQY18×61	1830	6100	13.4	24.5	24.6		220	736	10.2×5.1×4.0	37.3	
MQY21×30	2100	3000	9.4	22.1	15		200	740	8.5×4.65×3	45	
MQY24×30	2400	3000	12.2	21	22.5		250	980	8.8×4.7×4.4	55	
MQY24×70	2400	7000	26.66	21	48		475	740	14.3×5.8×4.4	67	橡胶衬板
MQY27×36	2700	3600	18.5	20.5	39		400	187.5	9.8×5.8×4.7	61.34	
MQY27×40	2700	4000	20.5	20.24	38		400	187.5	10.4×5.8×4.7	70	
MQY27×45	2700	4500	23.5	20.5	43.5		500	187.5	12.5×5.8×4.7	76	
MQY27×60	2700	6000	34.34	19.5	53		630	589	13.5×5.9×4.7	71.2	橡胶衬板
MQY28×54	2800	5400	30	19.5	55.2		630	167	13×5.83×4.7	97.8	

型号及规格	筒体直径/mm	筒体长度/mm	有效容积/m³	磨机转速/r·min⁻¹	研磨体装载量/t	传动方式	电动机功率/kW	电动机转速/r·min⁻¹	外形尺寸（长×宽×高）/m×m×m	质量/t	备注
MQY28×80	2800	8000	43	20	78.6		800	137	16.5×7.3×5	115	水煤浆用
MQY30×11	3000	11000	69.2	17.3	100	中心	1250	429	28.9×3.8×5	227.8	水煤浆用
MQY32×36	3200	3600	26.3	18.3	48.4	边缘	500	167	14.3×7.3×6	116.94	
MQY32×40	3200	4000	29.2	18.2	60		560	980	16.7×7.3×6	121.4	
MQY32×45	3200	4500	32.9	18.3	60.5		630	167	13×7.0×5.82	124.23	
MQY32×54	3200	5400	39.4	18.3	73		800	167	14.2×7.0×5.82	129	
MQY32×64	3200	6400	46.75	18.3	86		1000	167	15.2×7.0×5.8	140	
MQY32×75	3200	7500	55.5	18.3	102		1250	743	17.7×8.4×6.3	154	
MQY32×90	3200	9000	64.2	18.3	106.6		1250	150	18.5×7.3×6	173	
MQY34×45	3400	4500	37	18.4	74.6		800	167	11.5×7×6.1	129.8	
MQY34×56	3400	5600	45.8	17.9	84.3		1120	985	16.7×7.6×6.3		
MQY36×45	3600	4500	41.4	17.25	76		1000	167	13×7.3×6.3	144.1	
MQY36×50	3600	5000	46.7	17.5	85.96	边缘	1250	167	15×7.6×6.2	150	
MQY36×50	3600	5000	46.7	17.3	85.96	中心	1250	429	23×4.6×6.3	176	
MQY36×56	3600	5600	55.4	17.76	106.3	边缘	1250	750	14.4×8×6.3	159.7	
MQY36×60	3600	6000	55.7	17.3	102.5	中心	1250	429	24×4.6×6.3	138.73	
MQY36×60	3600	6000	54	17.3	102	边缘	1250	167	15.6×8.3×6.3	162.7	
MQY36×61	3600	6100	55.36	17.76	106.3		1200	980	15.8×8.5×6.2	164.1	
MQY36×85	3600	8500	79	17.4	131		1800	743	20×8.2×7.1	251.89	
MQY36×90	3600	9000	83.5	17.4	138	中心	1800	743	28×4.6×5.6	286	
MQY38×67	3800	6700	70	16.5	130	边缘	1400	743	19×8.2×7.1	185.2	
MQY40×60	4000	6000	69.8	16.0	126		1500	200	17.4×9.5×7.6	203.5	
MQY40×67	4000	6700	78	16.0	136.3		1600	200	15.6×9.6×7.3	206.2	
MQY40×135	4000	13500	155	16	233		3300	200	23×10×4.9	343	水煤浆用
MQY43×61	4270	6100	80	15.67	144		1750	200	14×10×7.7	215.3	
MQY50×64	5030	6408	120	14.4	251		2600	200	14.6×11×9.1	318.5	
MQY50×83	5030	8300	152.3	14.4	266		3300	200	22×10.5×9	402.6	
MQY55×65	5500	6500	143.3	13.8	264		3400	200	18.5×9.8×8.9	451.5	
MQY50×85	5500	8500	187.4	13.8	335		4500	200	20.5×12×9.8		

B 北方重工

北方重工从20世纪50年代开始生产各类磨机。80年代，通过与多家国际知名公司合作生产和技术引进，在消化吸收的基础上，结合公司的技术优势并加以创新，逐步形成具有自主知识产权的大型磨机系列，从原有的φ0.9~3.6m球磨机系列，逐步发展到φ8m的新型球磨机，自磨机、半自磨机从原有的φ4~6m球磨机系列，逐步发展到φ12.2m等直径的新型自磨机、半自磨机。

北方重工球磨机的技术特点:

(1) 采用空气离合器或液态软启动的方式,实现球磨机主电机-筒体的分段启动,降低装机功率,启动电流由直接启动时的 6.5 倍降到 2.5 倍。

(2) 采用动静压或全静压轴承。动静压轴承:用高低压油站联合润滑,启动和停机时用高压油时回转部浮升,正常运转时用低压油润滑。全静压轴承:磨机运行全过程采用高压油工作浮升回转部。两种形式轴承均能有效地避免"烧瓦"现象的产生,提高轴承寿命。

(3) 轴承形式:单瓦巴氏合金、单瓦高铅青铜、滑履轴承(巴氏合金)。

(4) 驱动形式:同步电机单驱动、异步电机单驱动、同步电机双驱动、异步电机双驱动、环形电机无齿驱动。

(5) 选用新的耐磨材料,如衬板、进出料衬套及轴瓦等,提高易损件使用寿命。

(6) 采用新的加工工艺,简化工艺流程,加工时筒体、端盖、大齿轮法兰等可以分开加工,互不影响。

(7) 配备辅机(如微拖装置、起重装置)。

(8) 优化磨机结构,针对物料特点及粉磨要求,采用不同的结构形式,已有多项专利。

(9) 提高磨机自动化控制水平,采用 PLC 控制,具有声光报警、故障诊断等功能,实现机电液控制一体化。

北方重工球磨机型号含义:

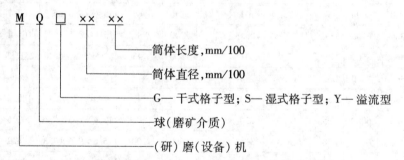

北方重工溢流型球磨机技术参数见表 4-13。

表 4-13　溢流型球磨机技术参数(北方重工)

型号及规格	筒体内径 /mm	筒体有效 长度/mm	有效容积 /m³	筒体工作转速 /r·min⁻¹	介质充填率 /%	最大 装球量/t	主电动机 功率/kW	主电动机 极数
MQY2130	2100	3000	9	23.8	40	18	210	8
MQY2136	2100	3600	11	23.8	40	20	210	8
MQY2736	2700	3600	20.6	18.5	40	34	400	32
MQY2740	2700	4000	20.6	20.5	40	38	400	32
MQY2745	2700	4500	23	20.5	40	42	450	32
MQY2760	2700	6000	30.4	20.5	40	56	630	32

型号及规格	筒体内径 /mm	筒体有效 长度/mm	有效容积 /m³	筒体工作转速 /r·min⁻¹	介质充填率 /%	最大 装球量/t	主电动机 功率/kW	主电动机 极数
MQY3245	3200	4500	32.8	18.5	40	61	630	36
MQY3254	3200	5400	39.5	18.5	40	73	1000	36
MQY3260	3200	6000	43.7	18.5	40	81	1000	36
MQY3645	3600	4500	41	17.5	40	76	1000	36
MQY3650	3600	5000	46.2	17.3	40	86	1250	40
MQY3660	3600	6000	55	17.3	40	102	1250	40
MQY3690	3600	9000	83	17.3	38	145	1800	30
MQY3862	3800	6200	64	16.8	40	118	1500	30
MQY4060	4000	6000	70	16.8	35	113.4	1500	30
MQY4067	4000	6700	78	16.2	38	138	1600	30
MQY4361	4270	6100	80	15.7	40	144	1750	30
MQY4385	4270	8500	110	15.7	40	205	2500	30
MQY4561	4572	6100	93.3	15.1	35~38	151	2200	30
MQY4564	4500	6400	97	15.1	30~35	134	1950	30
MQY4576	4500	7600	111.7	15.1	30~38	180	2200	30
MQY4669	4600	6900	105.9	15	38~40	185	2300	30
MQY4870	4800	7000	118.9	15	38~40	208	2500	30
MQY4883	4800	8300	138	15	38~40	240	3000	30
MQY5064	5030	6400	121	14.4	40	224	2600	30
MQY5067	5030	6700	123.2	14.4	40	227	3000	30
MQY5070	5030	7000	128.8	14.4	38~40	227	3000	30
MQY5074	5030	7400	136	14.4	38~40	240	3300	30
MQY5080	5030	8000	147.2	14.4	38~40	246	3300	30
MQY5583	5500	8300	182	13.7	35~38	296	4100	30
MQY5585	5500	8500	185	13.7	35~38	300	4500	30
MQY5588	5500	8800	191.5	13.7	35~38	335	4500	30
MQY6095	6000	9500	249.3	13	38	462.6	6000	30
MQY67116	6710	11570	385	12.5	35~38	625	2×4700	30
MQY73115	7315	11497	494.1	12	38	871.2	2×6750	30
MQY80120	8000	12000	570.5	11.5	38	1005.8	15000	—

北方重工湿式格子型球磨机技术参数见表 4-14。

表 4-14　湿式格子型球磨机技术参数（北方重工）

型号及规格	筒体内径/mm	筒体有效长度/mm	有效容积/m³	筒体工作转速/r·min⁻¹	最大装球量/t	主电动机功率/kW	主电动机转速/r·min⁻¹
MQS0909	900	900	0.5	39.2	0.96	17	720
MQS0918	900	1800	1	39.2	1.92	22	720
MQS1212	1200	1200	1.2	31.3	2.4	30	730
MQS1224	1200	2400	2.4	31.3	4.8	55	730
MQS1515	1500	1500	2.5	29.2	5	60	725
MQS1530	1500	3000	5	29.2	10	95	725
MQS2122	2100	2200	6.6	23.8	15	155	730
MQS2130	2100	3000	9	23.8	20	210	735
MQS2721	2700	2100	10.8	20.5	23	260	735
MQS2727	2700	2700	13.9	20.5	29	310	735
MQS2736	2700	3600	18.5	20.5	39	400	187.5
MQS3230	3200	3000	21.8	18.5	46	500	167
MQS3236	3200	3600	26.2	18.5	58	630	167
MQS3245	3200	4500	32.8	18.5	65	800	167
MQS3639	3600	3900	36	17.5	75	1000	167
MQS3645	3600	4500	41	17.5	90	1250	150
MQS3650	3600	5000	46.2	17.3	96	1400	150
MQS3660	3600	6000	57	17.3	120	1600	150
MQS4560	4500	6000	87.1	15.3	153	2300	200
MQS4866	4800	6600	107.5	15	200	3000	200
MQS5592	5500	9200	202	13.7	375	5200	200

C　济南重工

济南重工股份有限公司球磨机的技术参数见表 4-15。

表 4-15　球磨机的主要技术参数（济南重工）

	序号	型号	筒体有效容积/m³	最大装球量/t	工作转速/r·min⁻¹	产量/t·h⁻¹	质量（不含电动机）/t	主电动机			
								型号	功率/kW	电压/V	重量/t
湿式格子型球磨机参数	1	φ1500×1500	2.2	4.7	26.5~29.8	3.3~1.4	≤14	JR115-8	60	380	1.1
	2	φ1500×2250	3.4	7.2	26.5~29.8	5~2.4	≤16	JR117-8	80	380	1.2
	3	φ1500×3000	4.5	9.7	26.5~29.8	6.1~3.1	≤17.5	JR125-8	95	380	1.4
	4	φ2100×2200	6.7	14.7	22.2~25.2	10~4.7	≤42.6	JR128-8	155	380	1.8
	5	φ2100×3000	9.2	19.8	22.2~25.2	14~6.4	≤45	JR137-8	210	380	1.9
	6	φ2400×2400	9.8	20.7	20.8~23.5	14.7~6.9	≤45	JR137-8	210	380	1.9
	7	φ2400×3000	12.2	25.8	20.8~23.5	18.5~8.7	≤45	JR148-8	240	6000	3.3

续表 4-15

	序号	型 号	筒体有效容积/m³	最大装球量/t	工作转速/r·min⁻¹	产量/t·h⁻¹	质量(不含电动机)/t	主电动机 型 号	功率/kW	电压/V	重量/t
湿式格子型球磨机参数	8	φ2700×2100	10.7	23	19.6~22.2	16.7~8.5	≤63	JRQ1410-8	280	6000	3.5
	9	φ2700×2700	13.8	29	19.6~22.2	20.7~11	≤67	JR148-6	310	6000	3.3
	10	φ2700×3600	18.4	39	19.6~22.2	28~13	≤77	TDMK400-32	400	6000	11.2
	11	φ3200×3000	21.8	46	18~20.4	33~15.5	≤111	TDMK500-36	500	6000	13.8
	12	φ3200×3600	26.2	56.5	18~20.4	39.6~18.6	≤115	TDMK630-36	630	6000	14.3
	13	φ3200×4500	32.8	65	18~20.4	49~24	≤124	TDMK800-36	800	6000	14.8
	14	φ3600×3900	35.3	75	17~19.2	52.8~25	≤145	TDMK1000-36	1000	6000	15.7
	15	φ3600×4500	40.8	88	17~19.2	61~29	≤161	TDMK1250-40	1250	6000	29.4
	16	φ3600×5000	45.3	96	17~19.2	73~35	≤161	TDMK1400-40	1400	6000	34
	17	φ3600×6000	54.4	117	17~19.2	82~38	≤191	TDMK1600-40	1600	6000	37
溢流型球磨机参数	1	φ1500×2250	3.4	6.5	22.5~29.8	4.5~2.1	≤14	JR117-8	80	380	1.2
	2	φ1500×3000	4.5	8.6	22.5~29.8	6~2.8	≤16.5	JR125-8	95	380	1.4
	3	φ2100×3000	9.2	17.6	19~25.2	12.6~5.8	≤43.5	JR137-8	210	380	1.9
	4	φ2100×3600	11	21	19~25.2	12.8~6	≤47	JR137-8	210	380	1.9
	5	φ2400×2400	9.8	18.8	17.8~23.5	13.2~6.2	≤44	JR148-8	240	6000	3.3
	6	φ2400×3000	12.2	23	17.8~23.5	16.6~7.8	≤46.5	JR148-8	240	6000	3.3
	7	φ2700×2100	10.7	24	16.8~22.2	14.6~6.8	≤48	JR1410-8	280	6000	3.5
	8	φ2700×3600	18.4	35	16.8~22.2	25~11.7	≤70	TDMK400-32	400	6000	11.2
	9	φ2700×4000	20.4	38	16.8~22.2	27.7~13	≤79	TDMK400-32	400	6000	11.2
	10	φ2800×3800	20.3	38	20.6	27~12.6	≤75	TDMK400-32	400	6000	11.2
	11	φ3200×4500	32.8	61	15.5~20.4	44~21.6	≤113	TDMK800-36	800	6000	14.8
	12	φ3200×5400	39.4	73	15.5~20.4	52.8~25.9	≤121	TDMK800-36	800	6000	14.8
	13	φ3600×4500	40.8	76	14.5~19.2	55.6~24.3	≤135	TDMK1250-40	1250	6000	29.4
	14	φ3600×5000	45	86	14.5~19.2	67~28.1	≤145	TDMK1250-40	1250	6000	29.4
	15	φ3600×6000	54	102	14.5~19.2	74.1~32.4	≤154	TDMK1600-40	1600	6000	37

　　脱硫用湿式溢流型石灰石球磨机技术参数见表4-16。脱硫用湿式格子型石灰石球磨机技术参数见表4-17。

表 4-16　脱硫用湿式溢流型石灰石球磨机技术参数

型号及规格	筒体直径/mm	筒体长度/mm	筒体有效容积/m³	最大装球量/t	工作转速/r·min⁻¹	主电动机功率/kW	排矿粒度/μm	生产能力/t·h⁻¹	质量/t
MST-1842	1800	4200	9.1	12	22.2~27.2	≤110	44	3.5	32
MST-2150	2100	5000	15.1	18	22.2~25.2	≤200	44	5	43
MST-2254	2200	5400	18.0	23	21.7~24.5	≤280	44	7	52

续表 4-16

型号及规格	筒体直径 /mm	筒体长度 /mm	筒体有效 容积/m³	最大 装球量/t	工作转速 /r·min⁻¹	主电动机 功率/kW	排矿粒度 /μm	生产能力 /t·h⁻¹	质量/t
MST-2458	2400	5800	23.2	29	20.8~23.5	≤380	44	10	58
MST-2760	2700	6000	30.4	40	19.6~22.2	≤500	44	14	70
MST-2965	2900	6500	38.3	50	18.9~21.4	≤630	44	18	82
MST-3270	3200	7000	50.8	64	18.0~20.4	≤1000	44	25	108
MST-3685	3600	8500	78.0	98	17.0~19.2	≤1400	44	43	137

注：1. 质量不包括主电动机质量。

　　2. 生产能力是估算生产能力，其给矿粒度不大于 20mm 的石灰石。

　　3. 生产能力是排矿粒度为 44μm、筛余 10% 的生产能力。

表 4-17　脱硫用湿式格子型石灰石球磨机技术参数

型号及规格	筒体直径 /mm	筒体长度 /mm	筒体有效 容积/m³	最大 装球量/t	工作转速 /r·min⁻¹	主电动机 功率/kW	排矿粒度 /μm	生产能力 /t·h⁻¹	质量/t
MSGT-1838	1800	3800	8.20	11	23.2~27.2	≤110	44	3	33
MSGT-2145	2100	4500	13.60	18	22.2~25.2	≤200	44	5	44
MSGT-2254	2200	4500	18.16	24	21.7~24.5	≤280	44	7	51
MSGT-2450	2400	5000	20.0	27	20.8~23.5	≤380	44	10	57
MSGT-2755	2700	5500	27.86	37	19.6~22.2	≤500	44	14	68
MSGT-2960	2900	6000	35.35	47	18.9~21.4	≤630	44	18	80
MSGT-3268	3200	6800	49.30	66	18.0~20.4	≤1000	44	27	110
MSGT-3675	3600	7500	68.80	92	17.0~19.2	≤1400	44	40	135

注：1. 质量不包括主电动机质量。

　　2. 生产能力是估算生产能力，其给矿粒度为不大于 20mm 的石灰石。

　　3. 生产能力是排矿粒度为 44μm、筛余 10% 的生产能力。

4.3.3.3　球磨机的给矿装置

为了将破碎最终产品和分级机的返砂给入球磨机，在磨机筒体的给矿端部安装一种给矿器。干式磨矿时，给矿器可以采用简单的溜槽。湿式磨矿时，常用的给矿器有鼓形、蜗形和联合给矿器三种形式。

（1）鼓形给矿器。如图 4-53 所示，它是一个开口的锥形壳体，安装在球磨机给矿端的中空轴颈上，同磨机一起转动；它适用于物料流入磨机的位置高于磨机轴线的场合。壳体由铸铁或钢板焊接而成，内部带有螺旋形隔板，隔板有一个使物料进入壳体螺形部分的扇形孔。物料通过进料孔和扇形孔进入锥形壳体，由壳体内部的螺旋形提升板将物料提起，

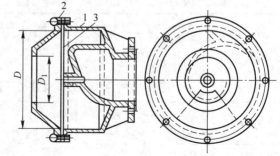

图 4-53　鼓形给矿器

1—壳体；2—盖子；3—隔板

给入球磨机的中空轴颈内。

（2）蜗形给矿器。如图 4-54 所示，它也固定在球磨机给矿端的中空轴颈上，随磨机一起转动；它有一个螺旋形状的勺子，在转动时可将矿槽中的物料铲入勺内。物料通过勺底处的侧壁上的圆孔，进入中空轴颈。在勺子末端装有耐磨材料制作的、可以更换的勺头，其材料为高锰钢或合金钢等。这种给矿器能将给矿槽内的矿浆（或返砂）从低于球磨机的轴线位置上铲起、提升，给入球磨机内。

（3）联合给矿器。如图 4-55 所示，它是鼓形和蜗形给矿器的集合体；它兼有上述两种给矿器的作用，是闭路磨矿作业中普遍采用的一种给矿装置。

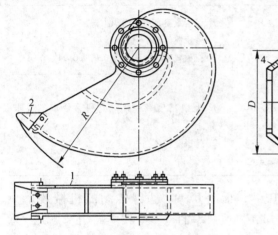

图 4-54　蜗形给矿器
1—勺子；2—勺头

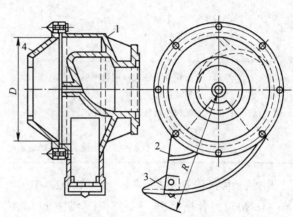

图 4-55　联合给矿器
1—壳体；2—勺子；3—勺头；4—盖子

4.3.3.4　球磨机的传动系统

A　磨机的传动方式

棒磨机、球磨机、管磨机及自磨机等圆筒形磨机的特点是重载荷、低转速、转动扭矩大，其传动装置均根据这些特点来确定。

球磨机按传动装置所在位置可分为中心传动型（图 4-56a）、边缘传动型（图 4-56b）以及托辊传动型（又称摩擦传动型）（图 4-56c）。中心传动球磨机所有部件均位于同一轴或同一平行轴线上，依次安装电动机、液力耦合器、减速器、排料部、主

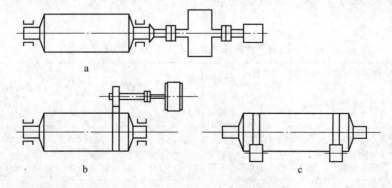

图 4-56　球磨机的传动方式示意图

轴承及筒体等，以中心传动取代常规磨机大小齿轮周边传动；边缘传动球磨机的传动装置是将电动机的动力经过减速机后，传到与球磨机筒体中心线相平行的传动轴上，再经过这根轴上的齿轮带动装在球磨机筒体上的大齿轮，使得磨机转动；摩擦传动球磨机属于边缘传动球磨机，它是由安装在筒体上的轮带与主动轴上的托轮相摩擦而传动的。

边缘传动与中心传动球磨机的优缺点比较如表4-18所示。

表4-18　边缘传动与中心传动球磨机的比较

类　型	边　缘　传　动	中　心　传　动
优　点	1. 齿轮加工精度要求较低； 2. 整机造价低	1. 结构紧凑，占地面积小； 2. 整机质量较小； 3. 机械效率高，一般为0.92~0.94
缺　点	1. 大齿轮直径较大，制造困难，占地面积大； 2. 整机质量较大； 3. 机械效率较低，0.86~0.90； 4. 电耗高； 5. 操作和检查不方便，磨损快，使用寿命短	1. 制造精度高，对材质和热处理的要求较高； 2. 整机造价高

此外，中心传动的机械效率为0.92~0.94，最高0.99；边缘传动的机械效率为0.86~0.90，二者相差5%左右。对大型球磨机，机械效率的差异导致电耗相差很大。总之，中心传动较先进，在球磨机功率较小（2500kW以下）时，两种传动形式均可选。而功率大于2500kW时，应尽可能选用中心传动方式。

为了提高传动效率，我国球磨机的设计都在向中心传动方式转变。由于我国ZZ型行星大功率减速器技术已成熟，实现中心传动方式的改进已有可靠的部件保障。一些厂家已开始设计制造中心传动球磨机。衡阳冶金矿山机械厂研制的QSZ-1530中心传动球磨机，与其格子型球磨机相比，台效增加0.33t/h，溢流产品细度增加11个百分点；并由于中心传动球磨机比同规格的球磨机装机容量减少20kW，实测功耗减少25kW，节能28.4%。某铝业公司2001年对其一台在用的2736球磨机进行由周边传动到中心传动的改造，采用ZZ型行星减速器。改造前后实际台时产能提高30.3%。球磨机运转率提高21.05%。节电效果显著。国内新型的中心传动型球磨机的技术参数见表4-19。

表4-19　高效节能轴承式中心传动球磨机的技术参数

型号及规格	筒体规格/mm		转速/r·min⁻¹	装球量/t		给料粒度/mm	排料粒度/mm	生产能力/t·h⁻¹	装机功率/kW	外形尺寸/mm×mm×mm	质量/t
	直径	长度		最小	最大						
MQJφ750×1500	750	1500	45.1	0.4	0.6		0.074~0.6	0.2~0.8	4	2800×900×1050	2.48
MQJφ750×1800	750	1800	45.1	0.5	0.7	<20	0.074~0.6	0.3~1	5.5	3100×900×1050	2.74
MQJφ750×2400	750	2400	45.1	0.8	1		0.074~0.6	0.4~1	7.5	3700×900×1100	3.58

型号及规格	筒体规格/mm		转速/r·min⁻¹	装球量/t		给料粒度/mm	排料粒度/mm	生产能力/t·h⁻¹	装机功率/kW	外形尺寸/mm×mm×mm	质量/t
	直径	长度		最小	最大						
MQGφ900×1800	900	1800	41	0.9	1.3		0.074~0.6	0.5~1.8	11	3550×1200×1300	4.68
MQGφ900×2400	900	2400	41	1.1	1.7		0.074~0.6	0.5~2	15	4200×1200×1350	5.48
MQGφ1200×2400	1200	2400	32.16	2.5	4		0.074~0.6	0.5~3	37	6730×1530×1500	11.8
MQGφ1200×3000	1200	3000	32.16	3	4.5		0.074~0.6	0.6~4	45	7330×1530×1500	13.2
MQGφ1200×4500	1200	4500	32.16	4.5	7		0.074~0.6	0.8~5	55	9130×1600×1500	17.2
MQGφ1500×1500	1500	1500	29.3	2.5	4	<25	0.074~0.4	1.4~4.5	45	6900×1850×1850	14
MQGφ1500×3000	1500	3000	29.3	4	7.5		0.074~0.4	2.8~8	70	8500×1980×1850	20.5
MQGφ1500×5700	1500	5700	31	9	13		0.074~0.4	3~9.5	115	11500×2100×1850	
MQGφ1500×7500	1500	7500	31	13	18		0.074~0.4	4.0~13	130	13300×2100×1850	
MQGφ1800×3000	1800	3000	27	8	14		0.074~0.8	3.5~10	110	9830×2545×2360	31.5
MQGφ2100×3000	2100	3000	25	10	17		0.074~0.8	9.0~18	155-180	9830×2545×2360	43.2
MQGφ2100×3800	2100	3800	25	13	19		0.074~0.8	12.0~20	180-220	10630×2545×2360	46.2
MQGφ2400×3600	2400	3600	23	16	26		0.074~0.8	20~30	280	6950×4480×2875	68.6
MQGφ2700×3600	2700	3600	22	19	30		0.074~0.8	40~70	400	12090×3420×3160	90

B 磨机的主轴承和润滑系统

磨机的主轴承主要是承担整个磨机及筒体内的介质和物料的质量，由于磨机转速较低，所以通常采用滑动轴承。这种滑动轴承不同于一般的滑动轴承，在轴承的下半部有半圆形的轴瓦，上半部为空心的轴承盖，而且轴承直径很大，长度较短。由于磨机筒体的长度和载荷很大，筒体将产生一定挠度；故大型磨机的滑动轴承制成自位调心的。主轴承一般由轴瓦、轴承座、轴承盖及润滑系统组成。轴瓦一般多用巴氏合金浇铸，有的也用青铜等材料制作。主轴承是磨机的关键部件之一，故润滑是一个重要问题。润滑方法最简单的是采用油杯滴油润滑，用于小型磨机。较为完善的方法是用稀油循环系统的动压油膜润滑，以及静压油膜润滑。后一种方法用压力约为 700kPa（70 个大气压）的高压油泵，将油注入轴瓦入口，使轴瓦与轴颈间形成厚度约为 0.2mm 的油膜层。即使轴颈停止转动时，这种油膜也存在，从而避免金属摩擦，以减少摩擦损失。例如，美国哈丁公司的球磨机，主轴承直径小于 1.2m 时，采用动压油膜润滑方法；轴承直径大于 1.2m 时，则用静压油膜润滑。磨机主轴承有时设有水冷却装置，冷却水能将轴颈与轴瓦在运转中产生的热量带走，使润滑油得到冷却，轴瓦不发热，保证磨机安全运转。

现阶段，磨机的轴承系统逐步向滚动轴承转变。20 多年前就开始在国内逐步推广球磨机筒体部两支撑部件的滚动轴承替代滑动轴承的工作，但因当时大内径调心滚子轴承价格高，性能较差，选择轴承型号时非常慎重。

　　现在，随着技术进步，大内径滚动轴承性能有很大提高，价格也有所降低，可放心地选用滚动轴承以取代球磨机滑动轴承。改进后效果都非常明显，2006 年 10 月陕西某矿 2130 球磨机滑动轴承改为滚动轴承后，节电 17.53%。华北某金矿 2007 年 2736 溢流球磨机改造后，节电率达 10.75%。年增效益 49.63 万元。一般情况下，滚动轴承取代滑动轴承，改造后节电率达 8% ~ 13%。且滚动轴承 5 年不用更换，没有日常维护及年底大修，提高了球磨机作业率，节约水和润滑油。大量事实证明，滚动轴承取代滑动轴承是有效可行、节电显著的成熟途径，这已普遍得到认可。

4.3.3.5　球磨机的发展趋势

　　我国磨矿设备的发展方向，主要集中在磨机大型化的同时，提高磨矿设备的能源利用率，使磨机更加高效节能化。

　　目前，由于富矿储量的逐渐枯竭和国家对基础建设的大量投入，对金属的需求也大量增加，矿业部门要处理的矿石量也随着需求而日益增加，对大型化球磨机的需求也变得非常急迫，同时为了提高劳动生产率、降低基建建设和生产费用，球磨机的大型化一直是矿山设备制造部门的重要研究课题。

　　全球设计制造大型球磨机的公司主要有：中国的中信重工机械股份有限公司和北方重工集团有限公司、澳大利亚的 ANI 公司和奥图泰集团（原奥托昆普公司 Outokumpu）公司、日本的川崎重工和德国的 Krupp 公司、丹麦 F. L. Smidth 集团下的 FFE Minerals 公司、瑞典的 METSO 公司等。

　　世界已运行的球磨机最大规格为 $\phi 8.0 m \times 11.7 m$，安装于南非英美资源公司（Anglo Platinum）的 Mogalakwena 铂金矿，共有 2 台，装机功率为 17500kW/台。

　　正在安装的球磨机最大规格为 $\phi 8.53 m \times 13.41 m$，用于中铝秘鲁矿业公的 Toromocho 铜矿，共 2 台，装机功率为 22000kW/台。

　　全球最大的齿轮传动球磨机是中国黄金公司乌努格吐山二期项目应用中信重工机械股份有限公司的球磨机，规格为 $\phi 7.9 m \times 13.6 m$ 的溢流型球磨机，是继 2008 年 7 月，中信重工为中国黄金集团乌努格吐山项目研制的当时国内最大的 $\phi 8.8 m \times 4.8 m$ 半自磨机和 $\phi 6.2 m \times 9.5 m$ 溢流型球磨机，此次 $\phi 7.93 m \times 13.6 m$ 溢流型球磨机成功应用，中信重工成为了国际公司全球高端磨矿装备的制造商。中信重工为中铁资源伊春鹿鸣钼矿项目研制的、用于目前国内最大钼矿的首台 $\phi 7.32 m \times 11.28 m$ 特大型球磨机，标志着大型磨机技术在短短几年内使我国大型矿山装备制造真正掌握高端技术，进入世界矿业高端市场。图 4-57 为我国中信重工生产的最大型溢流型球磨机外形。

　　然而球磨机的大型化在带来经济效益的同时，也带来了一些困扰。其中最主要的问题是由于球磨机运动质量的增大，球磨机在运行过程中的不平衡扰力也变得复杂起来，因而对基础设计的要求也更高了。由于目前动力机器基础的设计仍以传

图 4-57　$\phi 7.9 m \times 13.6 m$ 的溢流型球磨机的外形

统方法为主,基础设计时只进行静力计算,这样设计出的基础在大型磨机的运行过程中,就有可能产生较大的振动,无法满足目前大型磨机对基础的要求。基础的较大振动必然会影响大型球磨机的正常运转,影响附近的设备和仪器以及人员的正常工作和生活,严重时会损坏机器,进而影响整个磨矿作业的效率,一旦大型球磨机发生故障停机,就会给公司带来不小的经济损失。如何设计出合理的动力机器基础及传动系统,解决机器振动较大的问题,成为了人们关注的焦点,也是未来球磨机设计与发展的方向。

随着球磨机产业的发展,球磨机节能方面的改进的重点基本集中在滚动轴承取代滑动轴承、中心传动取代边缘传动及采用自动控制等几个方面。

选矿过程自动控制可使设备能力提高 10% ~ 15%,生产成本降低 3% ~ 5%。同时显著提高选矿回收率。国外早已普遍采用。国内早期是凤凰山铜矿、凡口铅锌矿、德兴铜矿进口芬兰、美国等的控制系统,进行系统改造,取得显著经济效益。白银公司、西林铅锌公司、山东河东金矿采用国产控制系统,也取得满意结果。1998 年,丹东东方测控公司对鞍钢弓长岭矿一选车间磨选自动控制改造投产后,选厂设备台时处理量提高 10%,年增效益 5000 万元。

此外,还从衬板方面进行研究,从最初的锰钢衬板、铬钢衬板和橡胶衬板,发展到现在的磁性衬板。目前对衬板波形的研究较多。衬板波形的研究主要是通过改变衬板的波形来改变球磨机筒体内钢球的运动状态,改变运动学和力学特性,以提高磨矿效率。如河南东桐峪金矿的高效衬板,通过独特构思的衬板波形,使磨矿效率提高 57%,磨矿单耗下降 50%。波形衬板、衬板微阶段化等新结构衬板的研究和新型衬板材料的研究方兴未艾,其方向是高耐磨性的高分子、复合型新材料的工业应用,必将产生巨大的经济效益和社会效益。

北方重工大型球磨机的典型应用见表 4-20。

表 4-20 北方重工大型球磨机的典型应用

序 号	型号及规格	数量/台	用 户
1	MQY5074 溢流型球磨机	2	吉林珲春
2	MQY5075 溢流型球磨机	5	印度 Vedanta 氧化铝
3	MQY5088 溢流型球磨机	2	吉尔吉斯斯坦
4	MQY5585 溢流型球磨机	2	青海德尔尼铜矿
5	MQY5585 溢流型球磨机	1	福建紫金集团公司
6	MQY5585 溢流型球磨机	2	安徽铜陵一冶
7	MQS5592 格子型球磨机	2	南 非
8	MQY6095 溢流型球磨机	1	昆明大红山铁矿
9	MQY5083 溢流型球磨机	1	昆明大红山铁矿
10	MQY5585 溢流型球磨机	4	河北钢铁集团
11	MQY5083 溢流型球磨机	4	河北钢铁集团
12	MQY5588 溢流型球磨机	4	黑龙江多宝山矿业
13	MQY5085 溢流型球磨机	4	攀钢白马铁矿
14	MQY5585 溢流型球磨机	1	新疆焱鑫铜业
15	MQY5575 溢流型球磨机	1	内蒙古乌拉特后旗

中信重工大型球磨机的典型应用见表4-21。

表 4-21　中信重工大型球磨机的典型应用

序　号	规格/m×m	数量/台	用　户
1	φ6.2×9.5 溢流型球磨机	2	中国黄金集团乌努格吐山铜钼矿
2	φ7.93×13.6 溢流型球磨机	6	澳大利亚 SINO 铁矿项目
3	φ5.03×6.4 溢流型球磨机	1	巴基斯坦山达克铜矿
4	φ5.5×8.8 溢流型球磨机	1	巴西淡水河谷公司
5	φ7.32×11.28 溢流型球磨机	2	中铁资源伊春鹿鸣钼矿
6	φ7.32×12.5 溢流型球磨机	3	太钢袁家村铁矿
7	φ7.32×11.28 溢流型球磨机	3	太钢袁家村铁矿
8	φ7.32×10.68 溢流型球磨机	2	江西铜业集团德兴铜矿
9	φ5.03×8.0 溢流型球磨机	1	甘肃金徽矿业
10	φ6.2×11.5 溢流型球磨机	4	Phonesack 集团 KSO 金矿
11	φ6.2×10.2 溢流型球磨机	1	刚果（金）Sicomines 铜钴矿
12	φ5.2×8.5 溢流型球磨机	1	菲律宾 PASAR 项目铜冶炼
13	φ7.9×13.6 溢流型球磨机	2	中国黄金集团乌努格吐山铜钼矿

4.3.4　棒磨机

4.3.4.1　棒磨机的结构和分类

棒磨机是因筒体内所装载研磨体为钢棒而得名的。棒磨机的结构与球磨机基本相同，主要区别在于：棒磨机不用格子板进行排矿，而采用开口型、溢流型或周边型的排矿装置。

棒磨机由电机通过减速机及周边大齿轮减速传动或由低速同步电机直接通过周边大齿轮减速传动，驱动筒体回转。棒磨机以钢棒为磨矿介质，棒的直径为 φ50~100mm，长度比筒体短 25~50mm，筒体长度为直径的 1.5~2.0 倍。为了防止钢棒在磨机运转中产生倾斜，其筒体两端的端盖衬板通常制成与磨机轴线垂直的平直端面；排矿端中空轴颈的直径比同规格溢流型球磨机大得多，目的是为了加快矿浆通过磨机的速度。棒磨机多采用波形或阶梯形等非平滑衬板，当棒磨机运转时，磨矿介质在离心力和摩擦力的作用下，被提升到一定高度，呈抛落或泻落状态落下，筒体内钢棒之间是线接触，首先粉碎粒度较大的物料。当钢棒被带动上升时，粗大颗粒常被夹持在棒与棒之间，而细小颗粒易随矿浆从棒的缝隙中漏下，过磨现象较少，产品粒度比较均匀，故棒与棒之间还有一种"筛分分级"作用，使棒磨机具有较强的选择性磨碎特性。棒磨机主要用于重选厂一段磨矿，也用于三段碎矿的最后一段开路作业。图 4-58 为棒磨机的结构示意图。

棒磨机按照矿浆的排放方式，可以分为溢流型棒磨机和周边排矿型棒磨机。

（1）溢流型棒磨机的排矿端没有中空轴颈，只是在排矿端的中央开有一个孔径很大的喇叭形的溢流口，为避免矿浆飞溅和钢棒从磨机筒体内滑出，排矿口用固定的锥形盖挡住，矿浆经喇叭形溢流口与盖子之间的环状空间溢出。溢流型棒磨机应用最为普遍，产品粒度比其他两种细，一般用来磨细破碎后的产品，再供给球磨机使用，产品粒度为 2~0.5mm。

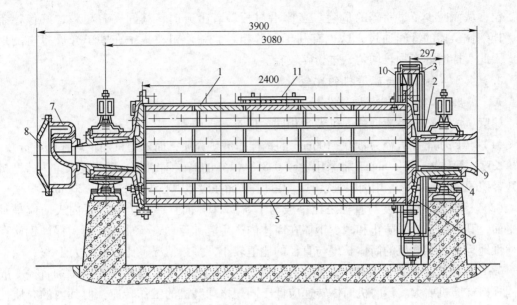

图 4-58　溢流型棒磨机的结构示意图

1—筒体；2—端盖；3—传动齿轮；4—主轴承；5—筒体衬板；6—端盖衬板；
7—给矿器；8—给矿口；9—排矿口；10—法兰盘；11—检修口

（2）周边排矿型棒磨机分为筒体端部（排矿端）周边型和筒体中部周边型两种。除排矿方式不同外，其他结构与溢流型球磨机基本相同。端部周边排矿棒磨机一般用作干式磨矿，产品粒度较粗，此种棒磨机也可用作湿式磨矿。采用周边排矿棒磨机可以获得高的梯度和好的流动率，产品粒度为 5～2mm。中心周边排矿棒磨机也可用于湿式和干式，产品粒度更粗，物料从棒磨机的两端给入，磨碎过程短，很快就排出，梯度高，此种棒磨主要用于骨料工业，生产砂石。

周边排矿型棒磨机比溢流型棒磨机的磨矿效率更高。鉴于这种棒磨机具有磨矿效率高、节省能耗和提高产品质量等优点，目前已在我国某些工业生产中得到应用。可用于干、湿磨及润湿磨矿作业。润湿磨矿过程中磨矿浓度可达 87%～92%。球团作业常采用。

4.3.4.2　棒磨机的工艺特点

与球磨机磨矿相似，棒磨机的磨矿产物的粒度特性也与磨碎的矿石情况有关。棒磨机具有以下工艺特点：

（1）节省动力。棒磨机比老型设备节省动力 40% 以上。产物粒度较均匀，含粗大粒和矿泥较少。棒磨机产物和球磨机产物的粒度特性相比，开路工作的棒磨的产物粒度特性曲线与闭路工作的球磨的特性曲线几乎一样。

（2）出料粒度更均匀、产量更高。采用先进的可控进出料棒磨机技术，结合实际用户的研磨物料配用合适的研磨体，改传统球磨机的面接触为线接触，使出料粒度更均匀、产量更高，适用于不同硬度（莫氏硬度 5.5～12）的矿石。

（3）出料细度可调。通过简单的调整即可改变出料的粒度。内置细度控制装置，出料可加筛分装置，两道把关，确保既不产生过磨又不会使不合格产品混入成品。棒磨产物的粒度特性与棒磨碎矿石的情况有关。当棒打击矿石时，首先是打着粗粒，而后才磨碎较小的矿粒，从而减少了过粉碎的危险。当棒沿衬板转着上升时，其间夹着粗粒，好像棒条筛，让细粒从棒的缝间通过，这也有利于夹碎粗粒，并使粗粒集中在磨矿介质打击的地方。因此，棒磨的产物较均匀，过粉碎较轻。

4.3.4.3 棒磨机与球磨机的比较

A 棒磨机与球磨机的构造分析

棒磨机的构造与溢流型球磨机大致相同，但有三点区别：

(1) 棒磨机常用直径为 $\phi 50 \sim 100mm$ 的钢棒作磨矿介质，而球磨机用钢球作磨矿介质。钢棒长度比筒体短 $25 \sim 50mm$，常采用含碳 $0.8\% \sim 1\%$ 的高碳钢制造；棒的装入量为棒磨机有效容积的 $35\% \sim 45\%$，用肉眼观察时，棒的水平面在筒体中心线以下 $100 \sim 200mm$。

(2) 棒磨机筒体长度与直径之比一般为 $1.5 \sim 2.0$，而且端盖上的衬板内表面应是垂直平面，其目的是为了防止和减少钢棒在筒体内产生混乱运动、弯曲和折断，保证钢棒有规律性地运动。球磨机的筒体长度与直径的比值较小，多数情况下比值仅略大于1。

(3) 棒磨机不用格子板排矿，而采用溢流型、开口型排矿；排矿端中空轴颈直径一般比同规格球磨机要大。棒磨机筒体转速应低于同规格球磨机的工作转速，使其内的介质处于泻落式状态工作。

B 棒磨机的用途

棒磨机广泛应用于金属和非金属矿山及水利、建材部门的各种矿石或岩石粉磨。与球磨机相比，棒磨的用途大致有三种：

(1) 钨锡矿和其他稀有金属矿的重选或磁选厂，为了防止过粉碎引起的危害，常采用棒磨机。

(2) 当采用二段磨矿流程，如果第一段是从20~6mm 磨到 3~1mm，采用棒磨作第一段磨矿设备时，生产能力较大，效率也较高。因为一定质量的棒荷比相同质量球荷的表面积小得多，所以作第二段细磨时，棒磨比球磨的生产率和效率都低。

(3) 在某些情况下，可以代替短头圆锥碎矿机作细碎。当处理较软的或不太硬的矿石（尤其是黏性大的矿石），用棒磨将 19~25mm（甚至32mm）的矿石磨到3.35~1mm 时，比用短头圆锥碎矿机与筛子成闭路时的配置简单，成本也较低，并且可以使碎矿车间的除尘简化。对于硬矿石，用短头圆锥碎矿机与筛子成闭路的方法比较经济。

在设计中，究竟选用球磨还是选用棒磨，必须根据具体情况制订方案，加以比较后才能确定。

4.3.4.4 棒磨机的技术参数

A 参数

湿式棒磨机的技术参数见表4-22。

表4-22 湿式棒磨机的技术参数

型 号	筒体直径 /mm	筒体长度 /mm	筒体有效容积 /m³	最大装棒量 /t	工作转速 /r·min⁻¹	主电动机功率 /kW
MB-09X□	900	1400~2200	0.7~1.1	1.7~2.8	29.0~31.3	11-15
MB-12X□	1200	1800~2500	1.6~2.2	4.1~5.6	25.2~28.0	30~37
MB-15X□	1500	2100~3000	3.3~4.5	8.4~11.5	23.0~25.0	75~95

型　号	筒体直径 /mm	筒体长度 /mm	筒体有效容积 /m³	最大装棒量 /t	工作转速 /r·min⁻¹	主电动机功率 /kW
MB-21X□	2100	3000~3600	9.2~11	23.5~28	19.0~21.0	175~210
MB-27X□	2700	3600~4500	18.4~23	47~59	17.2~18.5	360~450
MB-32X□	3200	4500~5400	32.8~39	82~99	14.7~17.1	630~800
MB-36X□	3600	4500~6000	40.8~54.8	104~140	13.7~16.0	1000~1250
MB-40X□	4000	5000~6000	63~74	144~170	13.0~15.2	1250~1500
MB-43X□	4300	5000~6000	74~87	169~199	12.5~14.6	1400~1800
MB-45X□	4500	5000~6000	80~95	183~217	12.2~14.3	1600~2000

注: 1. 筒体直径是指筒体内径,筒体长度是指筒体的有效长度。

　　2. 给矿粒度不大于 25mm。

B　厂家

国内生产棒磨机的厂家,其类型大同小异,下面介绍几家典型的棒磨机生产企业。

(1) 沈阳重型通用矿冶设备有限公司是原沈阳重型机械集团公司的分公司,是生产棒磨机比较早的企业。其生产的棒磨机主要有 MBS 系列,其性能参数见表 4-23。

表 4-23　MBS 棒磨机的性能参数

型号及规格		MBS 0918	MBS 0924	MBS 1530	MBS-Z 1530	MBS 2130	MBS-Z 2136	MBS-Z 2136
图　号		K9275	K9276	K92516	K92520	K9248	K9243A	K92410
筒体直径/mm		900		1500		2100		
筒体长度/mm		1800	2400	3000		3600		
旋转方向		左　右						
介质装入量/t		2.5	3.55	8	13	25	32.5	27
产量/t·h⁻¹		0.62~3.2	0.81~4.3	2.4~7.5		按工艺条件定		
主电动机	型号	Y225M-8 JQ0281-8	JQ0282-8 Y250M-8	JR125-8		JR137-8		
	功率/kW	22	30	95		210		
	转数 /r·min⁻¹	730		725		735		
	电压/V	380						
机器外形 尺寸	长/m	4.98	5.67	7.6	7.49	8.7	9.335	9.0
	宽/m	2.37	3.28	3.2	3.34	4.8	4.835	4.7
	高/m	2.02	2.02	2.77	2.7	4.4	4.294	4.4
质量/t		5.7	5.88	17.14	17.285	42.18	57.4	45
型号及规格		MBS 2736	MBS 2740	MBS-Z 2740	MBS 3245	MBS 3645	MBS 3654	MBG-B 2130
图　号		K9239	K92311	K92312	K9229	K9213	K92110	K9249
筒体直径/mm		2700			3200	3600		2100
筒体长度/mm		3600	4000		4500		5400	3000
旋转方向		左　右						

续表 4-23

型号及规格	MBS	MBS	MBS-Z		MBS		MBG-B
	2736	2740	2740	3245	3645	3654	2130
介质装入量/t	51			50	110	124	25
产量/t·h⁻¹	按工艺条件定						
主电动机	型号	TDMK 400-32	TDMK 400-32	TDMK 400-32	TDMK 630-36	TDMK 1250-40	TM 1000-36/2600	JR137-8
	功率/kW	410	400		630	1250	1000	210
	转速 /r·min⁻¹	187.5			167	150	167	735
	电压/V	6000						380
机器外形尺寸	长/m	11.9	12.3		14.6	15.2	15.9	8.1
	宽/m	5.7	5.7		7	8.8	8	4.7
	高/m	4.7			5.3	6.8	6.7	4.4
质量/t	69.7	72	75	109	159.9	150	43

注：机器总重不含电动机。

（2）烟台鑫海矿山机械厂生产的棒磨机有溢流型棒磨机、端头周边排矿棒磨机、中心周边排矿棒磨机三种类型，其产品主要是 MBY 系列。其产品的主要技术参数见表4-24。

表 4-24　MBY 系列棒磨机的主要技术参数

型号及规格	筒体直径/mm	筒体长度/mm	电机型号	电机功率/kW	电机转数/r·min⁻¹	长/mm	宽/mm	高/mm	处理能力/t·h⁻¹	最大装棒量/t	顶起装置	静动压轴承	质量/kg
MBY0918	900	1800	Y225M-8	22	730	4980	2370	2020	0.62~3.2	2.5	—	—	5700
MBY0924	900	2400	Y250M-8	30	730	5670	3280	2020	0.81~4.3	3.55	—	—	5880
MBY1224	1200	2400	Y280M-8	45	730	6450	2800	2500	0.4~4.9	5	—	—	13700
MBY1530	1500	3000	JR125-8	95	725	7490	3340	2700	2.4~7.5	13	—	—	17285
MBY2130	2100	3000	JR137-8	210	735	8700	4800	4400	14~35	25	—	—	49180
MBY2136	2100	3600	JR138-8	245	735	9376	4700	4400	43~61	32.5	—	—	57400
MBY2736	2700	3600	TDMK400-32	400	187.5	11900	5700	4700	32~86	51	有	—	69700
MBY2740	2700	4000	TDMK400-32	400	187.5	12300	5700	4700	43~110	51	有	—	75000
MBY3040	3000	4000	YR400-8	400	740	9800	3900	3900	54~135	58.5	有	有	90000
MBY3245	3200	4500	TDMK800-36	800	167	14600	7000	5300	64~180	85	有	有	109000
MBY3645	3600	4500	TDMK1250-40	1250	167	15200	8800	6800	80~230	110	有	有	139000
MBY3645	3600	4500	TDMK1250-40	1250	167	15200	8800	6800	80~230	110	有	有	139000

4.3.5　管磨机

管磨机的显著特点是筒体长度远远大于筒体直径，通常长径比 $L/D = 2.6 \sim 6$。由于筒体很长，故物料在筒体内受磨碎的时间也长，可以获得很细的磨矿产品。当用隔仓板将磨机筒体分为二、三或四个不同长度的仓（室）时，称为多仓（室）管磨机。多仓管磨机一般用于水泥厂。管磨机（或称加长型球磨机）也用于选矿工业细磨作业中。

4.3.5.1 管磨机的结构

单仓管磨机和短筒球磨机不同之处仅在于它的长度比直径大2~7倍，物料在管磨机中的时间较长，产品细度均匀，粉碎比大。当用隔仓板将磨机筒体分为二、三或四个不同长度的仓（室）时，称为多仓（室）管磨机，实际上多仓管磨机比单仓式应用更广泛。在多仓管磨机中，隔仓板将磨机筒体分隔成若干仓（室），在每一个仓内，根据物料细磨情况配合研磨体，这样就使物料的细磨逐仓分阶段进行，因而获得较高的研磨效率，它的单位动力产量也较大，多仓管磨机多用于水泥厂。

图4-59为多仓管磨机的结构图。这种类型磨机的筒体、排矿方式、传动装置、主轴承和润滑系统等结构与球磨机基本相同，但筒体衬板、隔仓板和磨机的给矿装置却有明显区别。

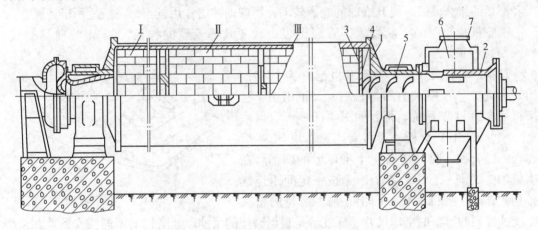

图4-59　多仓管磨机的结构示意图

Ⅰ，Ⅱ，Ⅲ—第一、二、三仓（室）；1—排矿端盖；2—传动接管提升板；3—排矿格子板；
4—举板；5—排矿螺旋叶片；6—圆筒筛；7—排矿外罩

管磨机与球磨机的主要区别是：管磨机造价低、成本低，占地面积小，一般适用于小量生产，直径在4m以下，可单独使用，一般作为熟料成粉。它还具有以下优点：

（1）对物料物理性质（如粒度、水分、硬度等）波动的适应性较强，且生产能力较大。

（2）粉碎比大（一般在300以上，进行超细粉磨时可达1000以上），产品的细度细，且颗粒级配易于调节。

（3）可适应不同的作业，如干法作业，湿法作业，烘干与粉磨两个工序合起来同时作业，开路粉磨，闭路粉磨等。

（4）密封性良好，可负压操作，工作场地无粉尘飞扬。

（5）便于大型化，可满足现代化企业大规模生产的需要。

4.3.5.2 管磨机的衬板

管磨机与球磨机结构大致相同，但是在管磨机的筒体内部结构中，却有着较大的区别，管磨机筒体内分成一个或多个磨矿仓，仓（室）的最重要的组成部分就是隔仓板与衬板。

管磨机基本由一个或多个仓（室）组成，而不同的仓（室），磨矿作用力是不同的；衬板材料一般应根据其在筒体各仓内的受力状况和作用的不同而进行选择。管磨机的一、二仓

（粗磨仓）通常装入钢棒或大直径的磨球，衬板受冲击作用力时，应选用耐磨性好的高锰钢或橡胶衬。三、四仓（细磨仓）的研磨介质多用小球或磨段，衬板受冲击力小，主要为研磨作用，常用合金白口铸铁。对于湿式管磨机的细磨仓，采用橡胶衬板，使用寿命和经济效益优于合金衬板。筒体衬板应根据物料性质、给料粒度、磨机转速和各仓的粉碎作用等条件确定。

多仓管磨机筒体衬板的工作表面形状，常见的主要有以下几种：波纹衬板，用于棒球磨机的棒仓（一仓）；凸棱衬板，由于凸棱表面提升磨球能力较强，大多用于多仓件磨机的球仓；梯形衬板，管磨机的棒仓和球仓都能使用。平行衬板，工作表面平滑，提升磨球（段）能力差，常用于管磨机的细磨仓；方形压条橡胶衬板，对研磨介质提升能力较强，介质产生的冲击作用较大，大多用于粗磨仓；非对称型的"K"形压条橡胶衬板，由于提升面为直线和圆弧的组合曲线，提升磨球的能力较弱，磨球的冲击作用较小，一般适用于细磨仓。

随着科技产业的不断发展，管磨机也出现了几种新型的衬板，如 SUW 阶梯衬板、KUC 分级衬板。

日本川崎公司（KHI）继 20 世纪 80 年代初推出管磨机二仓的 KUC 分级衬板后，又推出用于管磨机一仓的 SUW 阶梯衬板，如图 4-60 所示。

图 4-60　SUW 阶梯衬板

（1）从 SUW 衬板外形可看出，每块 SUW 型衬板的提升面上排列着若干个半球形的凹槽。在磨机轴向的同一行中，各个槽是按一定间距连续排列的，而在磨机回转方向上，前、后行的槽又是交替排列的。槽的半球尺寸、深度等是根据磨球的尺寸以及磨机的不同操作条件和粉磨情况确定的。

（2）SUW 型衬板的粉磨机理。磨机衬板的作用除了保护筒体不被磨损外，还必须使磨球有一个最佳的运动轨迹。对一仓而言，就是找到磨球运动冲击能如何有效地转化为物料的破碎粉磨能的最佳路径和形式。磨内球与球之间的冲击对破碎粉磨物料固然重要，但实际上球和衬板之间的冲击也是每时每刻都在发生的。磨机一仓最早使用的是凸棱衬板，现以凸棱衬板为例进行运动分析，如图 4-61 所示。衬板的凸棱将球提升到图中的 C 点，球便惯性地落到 A 点，而后由于惯性的作用，球朝磨机转向的相反方向运动到 B 点，冲击到积聚在 B 点处的物料而丧失了动量。

但是，由于凸棱衬板形状的局限性，球在凸棱上的冲击线是很狭窄的（见图 4-62），

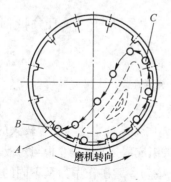

图 4-61　磨机装凸棱衬板时的磨球运动轨迹

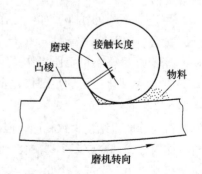

图 4-62　球在凸棱衬板上的冲击线

因而破碎效果较差。凸棱衬板在凸棱处提球能力强，但在其余部位，球只能靠它和衬板之间的摩擦力将球提升，因而凸棱衬板的提升能力是不均匀的，这是一个很大的缺点。随着时间的推移，磨机一仓衬板几乎都采用阶梯衬板来取代凸棱衬板。阶梯衬板是靠其斜面和球之间的摩擦力提升球的，因此各点的提升力都是均匀的，从而对磨内物料粉磨的稳定性起到重要作用。

图4-63 磨机装阶梯衬板时的磨球运动轨迹

使用阶梯衬板时（见图4-63），球落到 A 点时发生了点冲击，由于球由磨机转向相反方向运动时没有受到阻挡，因此大量的冲击能不能有效地施加到物料上，起不到高效破碎粉磨物料的作用。

川崎公司根据以上两种衬板的不同特性研制出 SUW 型衬板，它既有阶梯衬板均匀带球的能力，又有阻挡磨球使之将磨球的动能转化为物料破碎能的结构特性。SUW 型衬板的特征如图4-64所示，磨球和衬板之间具有比凸棱衬板更大的接触面积，因而才有更高的破碎粉磨能力。

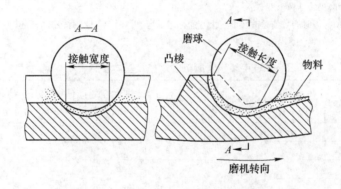

图4-64 SUW 型衬板和磨球的接触

（3）SUW 型衬板的实践。日本川崎公司的生产实践表明，将 SUW 型衬板用于磨机一仓，可节省磨机功耗的5%，其节能的比值取决于一仓的长度，若一仓长，则节能比例高。

表4-25所示为川崎公司将一台 $\phi 3.5 m \times 11.5 m$ 磨机一仓常规衬板改成 SUW 型衬板后，产量提高4.3% ~5.5%，节能5.3%的实例。

如果原先采用常规衬板的磨机，将其一仓衬板改为 SUW 型，二仓衬板改为 KUC 型分级衬板，前者可节能5%，后者可节能10% ~12%，则最高总节能可达15%左右，经济效益是十分可观的。

4.3.5.3 管磨机的技术参数

管磨机的规格及基本参数见表4-26。

我国生产管磨机的厂家较多，但是管磨机的类型基本上相似。北方重工管磨机技术参数如表4-27所示。其产品广泛应用于选矿厂、耐火材料厂、水泥厂、玻璃厂等的细磨中等硬度物料。

表4-25　SUW 型衬板和常规衬板粉磨性能的对比

项　目		衬板改造后	衬板改造前
磨机规格/m		$\phi3.5m \times 11.5m$	
一仓有效长度/m		3.48	4.23
二仓有效长度/m		7.44	6.69
一仓料板形式		SUW 衬板	常规衬板
二仓衬板形式		KUC 衬板	分级衬板
钢球规格/mm	Ⅰ仓	$\phi80 \sim 60$	$\phi80 \sim 60$
	Ⅱ仓	$\phi60 \sim 17$	$\phi40 \sim 30$
钢球装载量/t		145	150
物　料		熟料 + 石膏	
产量/t·h^{-1}		50.7(51.3)	48.6
电机功耗/kW		1531(1550)	1550
功耗/kW·h·t^{-1}		30.2	31.9
增产/%		4.3(5.5)	—
节能/%		5.3	—

注：1. 括号内的数值是指使用 SUW 型衬板后，磨机仍按常规衬板时的功率操作所得的数值；

2. 改造前、后磨机装球量未变；

3. 不用 SUW 型衬板时的数值是改造前三个月的标定平均值；用 SUW 型衬板时的数值为改造后连续五个月生产的标定平均值。

表4-26　管磨机的规格及基本参数

规格/m×m	名　称	生产能力/t·h^{-1}	粉磨方式	传动方式	磨机转速/r·min^{-1}	有效容积/m³	研磨体装载量/t	电动机功率/kW
$\phi1.2 \times 4.5$	原料磨	1.6	—	边缘	29	4.33	5.2	55
	水泥磨	1.4						
$\phi1.5 \times 5.7$	原料磨	4~5	开流	边缘	31.9	8.4	12.25	130
	水泥磨	2~4						
$\phi1.8 \times 6.4$	原料磨	7.5~8.5	开流	边缘	24	14.5	18	220
	水泥磨	5~6						
$\phi2.2 \times 6.5$	原料磨	15~16	烘干圈流	边缘	22	18	22	320
	水泥磨	12~14	圈流			21	31	380
$\phi2.2 \times 11$	原料磨	20~22	开流	中心	21	33	58	630
	水泥磨	14~16						
$\phi2.4 \times 10$	原料磨	3.0	圈流	边缘	20	43.2	40	570
	水泥磨	17~18					50	
$\phi2.4 \times 13$	原料磨	40~46	湿法开流	中心	19	50	70	800
	水泥磨	20~23	开流			51	65	
$\phi3 \times 9$	原料磨	36~44	圈流	中心	18	55	75	1000
	水泥磨	30~35						
$\phi3 \times 11$	原料磨	45~50	烘干圈流	中心	17.6	69	100	1250
	水泥磨	40~47	圈流					
$\phi3.27 \times (1.8+7)$	烘干磨	48~52	烘干圈流	中心	17.8	44.5	58	1000

表4-27 管磨机技术参数（北方重工）

型号及规格	水泥 /t·h⁻¹	生料 /t·h⁻¹	筒体直径/m	筒体长度/m	筒体工作转速 /r·min⁻¹	传动方式	电机 功率/kW	电机 转速 /r·min⁻¹	电机 电压/V	参考质量 /t
2MGG-B1806	6	8.5	1.83	6.4	23.9	边缘	210	735	380	35
2MGG-B1807	7.2	10	1.83	7	23.9	边缘	245	735	380	36
2MGG-Z2206	10-11	18-19	2.2	6.5	20.79	中心/边缘	400	500	6000	74
2MGG-Z2208	20-21	35-37	2.2	8	19.5	边缘	630	167	6000	116.7
3MGG-Z2413		38-45	2.4	13	21.6	边缘	800	742	6000	130
3MGG-B2610	17-18	27-30	2.6	10	19.5	边缘	630	738	6000	127
3MG-Z2613	28-29	43-50	2.6	13	21.6	中心/边缘	1000	740	6000	157
3MGN-Z3009	30		3	9	17.52	中心	1000	742	6000	144
3MGN-Z3011	30		3	11	17.65	中心	1250	742	6000	178
3MGN-B3012	38		3	12	17.6	边缘	1450	741	6000	180.7
MHG-B3288		50	3.2	8.8	17.7	边缘	800	741	6000	141
3MGN-B3213	45-50		3.2	13	18.1	边缘	1600	741	6000	213
MHG-Z3510		75	3.5	10	16.5	中心	1250	741	6000	136.8
MHG3511		80	3.5	11.5	16.5	中心	1800	743	6000	150
2MGN-Z3813	60		3.8	13	16.3	中心	2500	740	6000	225
2MGN-Z4213	75/150		4.2	13	16	中心	3550	742	6000	256
2MGN-Z42145	175		4.2	14.5	15.6	中心	4000	745	6000	275
2MGN-Z5015	160/280		5	15	14.5	中心	6300	745	6000	427

徐州亚隆重型机械集团有限公司（原徐州建材机械制造厂）生产的管磨机的技术参数见表4-28。

表4-28 管磨机技术参数（徐重）

规格型号	产量 /t·h⁻¹	主传动 电动机 型号	kW	V	主传动 减速机 型号	速比	外形尺寸 （长×宽×高） /mm×mm×mm	质量/t
φ1.5m×5.7m	4-6	JR127-8	130	380	ZD40-5-Ⅱ	3.55	9400×3630×2000	21
φ1.83m×7m	8-10	JR138-8	245	380	ZD60-8-Ⅱ	4.481	12571×4645×3830	36
φ2.2m×7m	12-14	JR158-8	380	6000(10000)	ZD70-9-Ⅰ	5	12571×4645×3830	52
φ2.2m×7.5m(高细)	12-16	JR158-8	380	6000(10000)	ZD70-9-Ⅰ	5	13065×5365×3840	60
φ2.2m×9m(高细)	15-19	JR1510-8	475	10000	ZD70-9-Ⅰ	5	16765×5865×3900	74
φ2.4m×8m(高细)	16-18	YR630	570	6000(10000)	ZD80	5.6	14380×5683×4500	84
φ2.4m×9m(高细)	17-19	YR630	570	10000	ZD80	5.6	16968×6162×4590	98
φ2.4m×13m(高细)	28-31	YR1000-8/1180	1000	10000	MBY800	5.6	24638×5820×4590	183
φ2.6m×10m	30-34	YR800-8/1180	800	10000	MBY710	5.6	23870×5620×4520	130
φ2.6m×11m	30-34	YR800-8/1180	8000	10000	MBY710	5.6	24870×5620×4520	136

规格型号	产量 /t·h⁻¹	主 传 动					外形尺寸（长×宽×高）/mm×mm×mm	质量/t
		电动机			减速机			
		型号	kW	V	型号	速比		
$\phi2.6m \times 13m$	30-34	YR1000-8/1180	1000	10000	MBY800	5.6	26870×5820×4520	146
$\phi3m \times 9m$（高细）	29-32	YR1000-8/1180	1000	10000	MBY800	5.6	19150×7560×5800	185
$\phi3m \times 11m$（高细）	35-38	YR1250-8/1430	1250	10000	MBY800	5.6	22000×6560×5800	190
$\phi3m \times 13m$（高细）	38-40	YR1400-8/1430	1400	10000	MBY900	5.6	26870×6200×5900	195
$\phi3.2m \times 13m$（高细）	40-44	YR1600-8/1430	1600	10000	MBY1000	5.6	27270×6500×6190	225

4.3.6　自磨机和半自磨机

自磨机，又称无介质磨矿机。其工作原理与球磨机基本相同，不同的是它的筒体直径更大，不用球或任何其他粉磨介质，而是以筒体内被粉碎物料本身作为介质，在筒体内连续不断地冲击和相互磨剥，以达到粉磨的目的。为了提高处理能力，有时也可加入少量钢球，通常只占自磨机有效容积的 2% ~3%。给入自磨机的最大块矿石为 300 ~350mm；在磨机中大于 100mm 的块矿起研磨介质的作用，小于 80mm、大于 20mm 的矿粒磨碎能力差，其本身也不易为大块矿石磨碎，故这部分物料通常称为"难磨颗粒"或"顽石"；为了磨碎这部分物料，有时往自磨机中加入占磨机容积 4% ~8% 的钢球，处理能力可以提高 10% ~30%，单位产品的能耗降低 10% ~20%，但衬板磨损相对增加 15%，产品细度也变粗些，因此称半自磨机。

按磨矿工艺方法不同，自磨机可分为干式（气落式）和湿式（泻落式）两种。目前我国广泛使用的是湿式自磨机。自磨机有变速和定速两种拖动方式，有的自磨机还配备有微动装置。为便于维修，配备有筒体顶起装置；对于大型自磨机，为消除启动时的静阻力矩，采用了静压轴承等现代先进技术，以确保自磨机能够安全运转。

SABC 工艺在世界上应用已较成熟，比如澳大利亚的 Cadia 金矿、智利的 Escondida 铜矿（四期）、巴西的 Sossego 铜矿、美国的 Kennecott 铜矿（改造）等，国内近年新建和在建的自磨选矿厂，如中国黄金集团乌努格吐山铜钼矿（一期、二期工程）、铜陵冬瓜山铜矿、昆钢大红山铁矿、江西铜业、太钢袁家村铁矿和中铁资源鹿鸣钼矿等也都采用了SABC 流程。

4.3.6.1　干式自磨机

A　干式自磨机的结构和工作原理

干式自磨机结构（图 4-65）与球磨机基本相同，但与球磨机相比，又有其显著的特点：干式自磨机的筒体直径很大，长度很短，其长径比（L/D）一般为 0.3 ~0.35，这是由矿石本身自磨碎的特性决定的。由于矿石密度远远小于研磨介质，欲使矿石获得相当于金属介质的冲击和研磨作用力，需将自磨机筒体直径设计得大些。筒体所以较短，主要是为了防止自磨过程中产生矿石的"偏析"（大块矿石集中在一端，小块矿石集中在另一端）现象。此外，筒体较短，可以降低风流流过筒体时的阻力损失，并增加风携量（每立方米风量、每小时携带出的干料物量）。自磨机生产中产生"偏析"时，在筒体内的中块矿石（如小于 80mm、大于 20mm）越积越多，不仅明显地降低磨矿效率，而且严重时将导致磨机

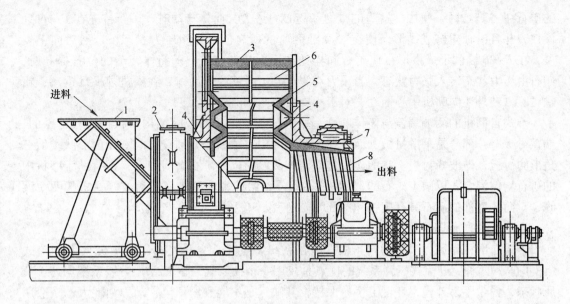

图 4-65　干式自磨机的结构示意图

1—给矿漏斗；2—轴承；3—磨机筒体；4—端板；5—波峰衬板；6—T 形衬板；7—排矿端轴承；8—排矿衬套及自返装置

"胀肚"。自磨机筒体两段中空轴颈的直径大、长度短，通常中空轴颈内径约为最大给矿粒度的 2 倍。直径大是为了适应自磨机给矿块度大，同时便于风流运输物料。自磨机筒体安装有 T 形提升衬板，其主要作用是为了提升矿石，严防大块矿石向下滑动，同时与下降矿石碰撞时起尖劈作用。其工作原理如图 4-66 所示。

如图 4-66 所示，给矿中的小颗粒由给矿端进入后，沿 A 面均匀地落于筒体的中心，然后向两侧扩散。大块由于具有较大的动能总是趋向较远一端，但是其中一部分必然要与 AB 面相撞，然后向另一侧返回，因此也使得大块均匀分布。A—A、B—B 在这里的作用是防止矿料发生偏析，自排矿端沿下面返回的矿粒如同新给料中的细颗粒一样，均匀地落于筒体底部中心，然后向两边扩散。

大块和细粒在筒体底部沿着轴向运动，方向正好相反，于是产生剥磨作用。提升板 C—C 和波峰衬板 B—B，有楔住矿石的作用，在物料运动轨迹（图 4-67）中，均匀分布

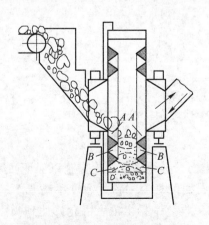

图 4-66　干式自磨机的工作原理

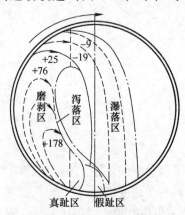

图 4-67　自磨机物料的运动轨迹

的矿石在"真趾区"集中，这里的重力和离心力最大。筒体转动时，矿石首先在 C—C 处锁住，并且沿轴向挤成拱形，使在"真趾区"的所有矿石处于压力状态下，然后向上发展，在 B—B 之间形成拱形，使矿石同样处在压力状态。矿石随筒体转动的位置提高时，矿石由压力状态转入张力状态，当重力克服离心力时就脱离筒体，在磨机内循环运动，粗颗粒除自转外还向磨机中心运动，对于小颗粒产生剥磨作用。

干式自磨机的两端端盖与筒体断面呈垂直配置，端盖衬板的结构形状是比较特殊的，端盖衬板有一部分是平滑衬板，而在靠近两端的中空轴颈处分别设置两圈断面形状类似三角形的衬板，即波峰衬板。它的作用是使筒体两段附近的矿石抛向中央，这有助于磨机中的矿石均匀混合，以减少矿石的"偏析"；此外，给矿端盖和排矿端盖波峰衬板的两个波峰，对筒体底部的矿石具有楔住和"压紧"作用，有利于矿石的碎裂。

B 干式自磨机的输送方式

干式自磨机靠风力输送物料，根据风路系统特点又分为开流式（图 4-68）和闭流式（图 4-69）两种。开流式风路系统的优点是仅用一个抽风机，整个磨矿-分级系统均处于负压状态，粉尘不易外逸，环境卫生易保持；其缺点是不能利用回风，动力消耗大；一般用于小型自密机。而闭流式风路系统有两个风机，一个为主风机，用于磨矿分级系统工作；另一个为副风机，用于从主风系统中抽出部分回风和补充新空气，借以保持回风中粉尘浓度较低，不致磨损主风机。其优点是动力消耗较开流式低，故可用于大、中型自磨回路；其缺点是系统复杂。实践证明，正确设计、选择、安装和操作风路系统及设备是保证干式自磨机高产、稳产、减少粉尘、降低磨耗的关键。目前，除石棉、云母等矿石的加工以及磨料工业的干磨干选等特殊情况外，干式自磨已逐步为湿式自磨取代。

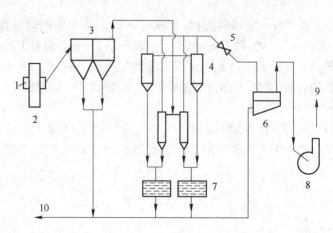

图 4-68　干式自磨开流风路系统

1—给矿；2—自磨机；3—沉降箱；4—旋风集尘器；5—文丘里管；
6—气水分离器；7—水封箱；8—风机；9—排气；10—产品

为了避免空气污染，减小管路和主风机叶轮的磨损，必须采取净化措施以保证回风管路中回风粉尘浓度很低。根据实际测定，对于铁矿石回风气流中粉尘浓度不高于 5～6g/m³ 时，主风机叶轮不会很快磨损；对于较小风机回风气流中粉尘浓度可允许达到 8～9g/m³。由于空气净化消耗大量能量，因此大型干式自磨机多采用闭流系统。闭流风路系统的

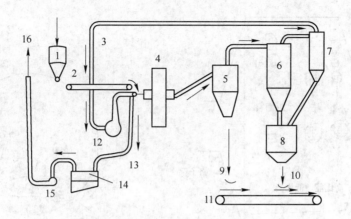

图 4-69　干式自磨闭流风路系统

1—矿仓；2—给矿皮带；3—回风管；4—自磨机；5—沉降箱；6—旋风分离器；7—除尘器；8—矿仓；
9—粗产品；10—细产品；11—皮带；12—主风机；13—副风管；14—气水分离器；15—副风机；16—排气

特点是包括主风路和辅风路；前者主要用于物料运输和分级，后者用以净化。辅风路的主要作用有：（1）保证主风路有足够的负压；（2）抽风换气以降低主风路回风气流中粉尘浓度及水分。根据理论计算和实践经验，辅风机的抽风量约为主风机供风量的 $\frac{1}{6} \sim \frac{1}{4}$ 时较合适。闭流系统的缺点是流程复杂。

自磨机采用电动机通过小齿轮和大齿圈的周边传动装置，而大齿圈安装在靠近磨矿端的筒体上。

自磨机由于规格很大，载荷较重，主轴承润滑采用静压油膜式较好。

C　干式自磨机的特点

（1）中空轴颈短，筒体短，这样可以使物料容易给入和易于分级，缩短物料在磨矿机中滞留时间，因而生产能力高。

（2）端盖和筒体垂直，并装有双凹凸波峰状衬板（或称换向衬板），其作用除保护端盖外，还可以防止物料产生偏析现象，即物料落到一衬板的波峰后，可以被反弹到另一方，使之增加与下落的物料相互碰撞的机会，同时保证不同块度的物料在筒体做均匀分布。

（3）筒体上镶有丁字形衬板，成为提升板，其作用是将物料提升到一定高度后靠其自重落下，以加强冲击破碎作用。

（4）给料经过进料槽进入自磨机，被破碎后的物料则随风机气流从自磨机中排出，再进入相应的分级设备中进行分级，粗粒物料则又在排出过程中借助于自重返回自磨机中再磨；自磨机的筒体直径很大，通常约为其长度的三倍。

4.3.6.2　湿式自磨机

湿式自磨机，又称瀑落式自磨机。20 世纪 50 年代瑞典波立登（Boldin）公司对湿式自磨机结构进行了系统的研究；后来美国哈丁（Harding）公司生产的湿式自磨机在工业上应用较多，故湿式自磨机又俗称哈丁（Harding）式自磨机。湿式自磨机和半自磨机的工作原理分别见图 4-70 和图 4-71。湿式自磨机的结构如图 4-72 所示，其特点也是筒体直

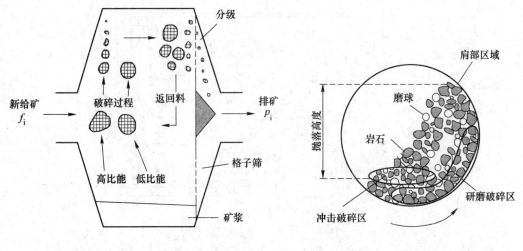

图 4-70　自磨机的工作原理　　　　　　　　图 4-71　半自磨机的工作原理

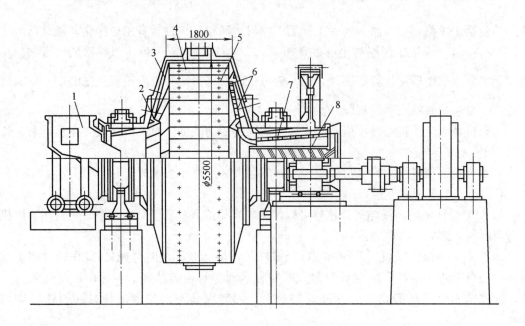

图 4-72　湿式自磨机的结构示意图

1—给矿；2—波峰衬板；3—端盖衬板；4—筒体衬板；5—提升衬板；

6—格子板；7—圆筒筛；8—自返装置

径大、长度短，但其长径比大于干式自磨机，一般为 0.3 ~ 0.5。图 4-73 为湿式自磨机剖面图，其主要结构特点为：端盖为锥体，锥角 150°；筒体中间衬板微向内凹，这样可促使筒体内物料向中央积累，避免被磨物料产生粒度偏析而导致自磨效率降低。湿式自磨机均为格子排矿，调节格子板的高、低可调节排矿速度。有时，格子板上开设尺寸为 80mm × 20mm 左右的砾石窗，以排出磨机中的难磨颗粒，提高自磨机产量。自磨机排矿端外装圆筒筛和自返装置，细物料过筛后进行下步处理，粗大颗粒借自返装置返回磨机再磨。湿式自磨机细磨时产量很低，不能发挥其效能，故常与球磨机连用，自磨产品进入球磨机再细磨处理。湿式自磨机的优点是分级系统比干式自磨机简单得多；含泥多的矿石采用湿式自磨机处理可省去洗矿作业，更为适宜。湿式自磨机的缺点是作为研磨介质用的大块矿石在矿浆中破碎能力降低，因此易形成难磨颗粒积累，破坏适宜料位（一般为 38% ~ 40%）。20 世纪 80 年代以后，湿式自磨机在哈丁式短筒型的基础上加长筒体，使长径比 L/D 达 1.0 ~ 1.5，这样可以提高单位容积产量。根据经验，湿式自磨机规格愈大，磨矿效果愈好。美国阿里斯（Allis）公司已生产

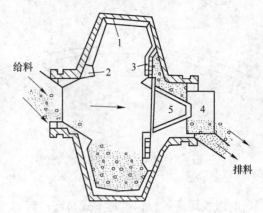

图 4-73　湿式自磨机剖面图
1—提升板；2—波峰衬板；3—排矿格子；
4—圆筒筛；5—自返装置

$D \times L = 13.4 m \times 7 m$ 的湿式自磨机，安装功率 2600kW，采用环型电机（无齿轮）传动。

湿式自磨机的排矿格子板与格子型球磨机有所不同，后者自筒体内衬至筒体中心线部分的格板上均有格孔，而湿式自磨机的排矿格板在靠近筒体内衬趋向筒体中心处则有一段高度的挡板上没有格孔。根据这个高度的不同，湿式自磨机又分为低水平排矿、中水平排矿、高水平排矿，可根据生产要求，借助于更换无格孔挡板来调整排矿水平。

湿式自磨机的特点：（1）端盖与筒体不是垂直连接，端盖衬板呈锥形；（2）排矿端侧增加了排矿格子板，从格子板排出的物料又通过锥形筒筛，筛下物由排矿口排出，筛上物则经螺旋自返装置返回自磨机再磨，形成了自行闭路磨矿，可以进一步控制排矿粒度，减少返矿量；（3）给矿侧采用移动式的给矿小车；（4）大齿轮固定在排矿端的中空轴颈上。湿式自磨机的其他部分构造和干式自磨机大致相同。

湿式自磨机的排矿端一般均安装有自返装置（图 4-74）。自返装置类似于圆筒筛，内装反螺旋，随磨机一起旋转。当料浆通过格子板并由格子板的提升板提升时，送到圆筒筛上。细粒级通过筛孔，经中空轴颈排出机外而进入下段工序，而粗粒级则沿筛面运动至左右方的举板处，经过举板的提升，送入输料螺旋内，输料螺旋的旋转，使粗粒级物料送回磨机内再磨。圆筒筛从粒度为 20 ~ 30mm 以下的物料中分离出 3 ~ 5mm 以下的细粒级，而将粗粒级返回。返回的粗粒虽然较为集中于排料端，没有经过整个筒体长度的磨碎，但是，自磨机长度短，又有端盖衬板对物料下落时的折回作用，使返回的粗粒级物料抛向筒体中部，因

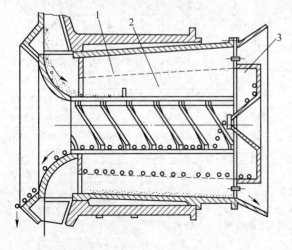

图 4-74　自磨机的自返装置
1—圆筒筛；2—反螺旋；3—返砂提升板

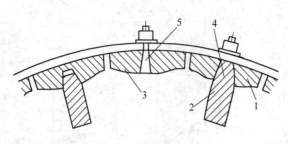

图 4-75　湿式自磨机的衬板类型

1—提升板垫板；2—提升板；3—隔板；4，5—螺栓

而磨碎效果仍较好。

图 4-75 为湿式自磨机的衬板形式，提升板的高度和两个提升板的间隔对物料在自磨机中的运动状态影响很大，也影响磨机的生产指标。

湿式自磨机的衬板材料，除采用合金钢（如高锰钢、硬镍钢和铬钼钢等）材质以外，近年来还成功地使用非金属材料的橡胶衬板，这是一种高-低型交错排列的橡胶压条衬板，也是湿式自磨机筒体专用的橡胶衬板。一般认为，高型橡胶压条衬板凸出筒体橡胶平衬板的高度约等于最大的给矿块度，而且当高型衬板磨去一半时，低型衬板正好全部磨掉。这样，磨机在整个生产中，总是采用新的高型衬板去更换低型衬板，从而在磨矿工作中始终保持橡胶衬板的高-低型的正确关系，以保证自磨机的工作稳定。

湿式自磨机的传动方式与干式自磨机相仿。小规格自磨机，例如 $D \leqslant 6.0 \mathrm{m}$，一般采用单电机驱动；大规格自磨机采用双电机驱动。我国制造的直径 7.5 m × 2.5 m 湿式自磨机采用双电机驱动，每台电机功率为 1000 kW。蒙古奥尤陶勒盖项目选矿厂半自磨机采用西门子环形无齿驱动电机。

湿式自磨机基本参数见表 4-29，湿式半自磨机基本参数见表 4-30。

表 4-29　湿式自磨机基本参数

型号及规格	筒体直径 /mm	筒体长度 /mm	筒体有效容积 /m³	最大装棒量 /t	工作转速 /r·min⁻¹	主电动机功率 /kW
MA-40 × □（AG-40 × □）	4000	1400 ~ 3600	17 ~ 42	2 ~ 6	16.2	220 ~ 540
MA-45 × □（AG-45 × □）	4500	1600 ~ 4100	24 ~ 61	3 ~ 9	15.3	320 ~ 830
MA-50 × □（AG-50 × □）	5000	1800 ~ 4500	34 ~ 83	5 ~ 12	14.5	500 ~ 1200
MA-55 × □（AG-55 × □）	5500	1800 ~ 5000	42 ~ 112	6 ~ 16	13.8	630 ~ 1700
MA-61 × □（AG-61 × □）	6100	2400 ~ 5500	69 ~ 152	13 ~ 28	13.1	1050 ~ 2400
MA-67 × □（AG-67 × □）	6700	2600 ~ 6000	93 ~ 201	82 ~ 99	12.5	1500 ~ 3300
MA-73 × □（AG-73 × □）	7300	2800 ~ 6600	120 ~ 264	17 ~ 37	12.0	2000 ~ 4500
MA-80 × □（AG-80 × □）	8000	3200 ~ 7200	160 ~ 347	22 ~ 48	11.4	2800 ~ 6200
MA-86 × □（AG-86 × □）	8600	3400 ~ 7700	197 ~ 429	27 ~ 60	11.0	3500 ~ 7900
MA-92 × □（AG-92 × □）	9200	3700 ~ 8300	246 ~ 530	34 ~ 74	10.7	4500 ~ 10000
MA-98 × □（AG-98 × □）	9800	3900 ~ 8800	296 ~ 640	41 ~ 89	10.3	5600 ~ 12500
MA-104 × □（AG-104 × □）	10400	4200 ~ 9400	359 ~ 770	50 ~ 107	10.0	7000 ~ 15400
MA-110 × □（AG-110 × □）	11000	4400 ~ 9900	422 ~ 909	59 ~ 127	9.8	8400 ~ 19000
MA-116 × □（AG-116 × □）	11600	4600 ~ 10400	492 ~ 1064	69 ~ 148	9.5	10000 ~ 22000
MA-122 × □（AG-122 × □）	12200	4900 ~ 11000	580 ~ 1246	81 ~ 174	9.2	12000 ~ 27000

注：1. 筒体直径是指筒体内径，筒体长度是指筒体两端法兰与法兰之间的长度；有效长度需根据端衬板、格子板的尺寸确定；有效容积是指筒体、端盖去除衬板后的容积，包括锥体容积。

2. 给矿粒度为不大于 350mm。

3. 最大装球量按有效容积的 3% 计算。

4. 工作转速为临界转速的 75%，变频调速时按额定转速 -10% ~ 5% 上下浮动。

5. 括号内的型号为习惯用型号。

表 4-30　湿式半自磨机基本参数

型号及规格	筒体直径 /mm	筒体长度 /mm	筒体有效容积 /m³	最大装球量 /t	工作转速 /r·min⁻¹	主电动机功率 /kW
MA-40×□(AG-40×□)	4000	1600~3600	19~42	13~29	16.2	310~710
MA-45×□(AG-45×□)	4500	1800~4100	27~61	19~43	15.3	470~1100
MA-50×□(AG-50×□)	5000	2000~4500	38~83	27~58	14.5	700~1500
MA-55×□(AG-55×□)	5500	2200~5000	51~112	36~78	13.8	960~2200
MA-61×□(AG-61×□)	6100	2400~5500	69~152	48~106	13.1	1400~3100
MA-67×□(AG-67×□)	6700	2700~6000	93~201	65~140	12.5	2000~4300
MA-73×□(AG-73×□)	7300	2900~6600	120~264	84~184	12.0	2600~5900
MA-80×□(AG-80×□)	8000	3200~7200	160~347	112~242	11.4	3600~8100
MA-86×□(AG-86×□)	8600	3400~7700	197~429	137~299	11.0	4600~10000
MA-92×□(AG-92×□)	9200	3700~8300	246~530	172~370	10.7	5900~13000
MA-98×□(AG-98×□)	9800	3900~8800	296~640	206~446	10.3	7300~16000
MA-104×□(AG-104×□)	10400	4200~9400	359~770	250~537	10.0	9100~20000
MA-110×□(AG-110×□)	11000	4400~9900	422~909	294~634	9.8	11000~25000
MA-116×□(AG-116×□)	11600	4600~10400	492~1064	343~742	9.5	13000~30000
MA-122×□(AG-122×□)	12200	4900~11000	580~1246	405~869	9.2	16000~36000

注：1. 筒体直径是指筒体内径，筒体长度是指筒体两端法兰与法兰之间的长度；有效长度需根据端衬板、格子板的尺寸确定；有效容积是指筒体、端盖去除衬板后的容积，包括锥体容积。

2. 给矿粒度为不大于 350mm。

3. 最大装球量按有效容积的 15% 计算。

4. 工作转速为临界转速的 75%，变频调速时按额定转速 −10%~5% 上下浮动。

5. 括号内的型号为习惯用型号。

4.3.6.3　自磨机和半自磨机的应用

国外生产制造自磨机的厂家有芬兰的 Metso 公司、Outotec 公司以及美国的 Fuller 公司。我国制造自磨机的厂家主要有中信重工和北方重工等。

A　美卓自磨机与半自磨机

美卓自/半自磨磨机用于碎磨原矿或粗破产品。该自磨机/半磨机的给料粒度受实际输送和磨机最大入料尺寸的限制。美卓自磨机的产品可为最终粒度，或为球磨机、砾磨机或立磨中最终磨矿的中间粒度。湿式磨矿适用于固体浓度 50%~80% 的矿浆。自磨/半自磨可实现二段和三段破碎及筛分、棒磨机或球磨机部分或全部的碎磨功能。由于磨机规格齐全，自磨/半自磨一般可完成上述碎磨要求。

自磨/半自磨可应用于各种工艺流程。可在矿石试验阶段确定最佳工艺流程。

常见工艺流程包括：（1）单段自磨；（2）与破碎机形成的自磨闭合回路；（3）一台破碎机 + 球磨机配合的半自磨；（4）单段半自磨；（5）与球磨/立磨配合的半自磨磨矿。

世界上大型自磨/半自磨机主要由 Metso 提供，其外形如图 4-76 所示。国外矿山应用的自磨/半自磨机如表 4-31 所示。

图 4-76　非洲某金矿半自磨机

表 4-31　国外矿山应用的自磨/半自磨机

磨机规格（$D \times L$）		台数	功　率		电机形式	制造厂名称	矿石	安装地	厂矿名称	年份	形式
ft	m		hp	kW							
40×24	12.19×7.32	1	29480	21983	RM	Metso	铜矿	秘鲁		2008	SAG
40×24.8	12.19×7.56	1	29480	21983	RM	Metso	铜矿	智利		2008	AG
40×24	12.19×7.32	1	26800	19985	RM	Metso	铜金矿	BC		2008	SAG
40×25.5	12.19×7.77	1	29480	20983	RM	Metso	铜矿	智利		2007	SAG
40×24	12.19×7.32	1	28140	20984	RM	Metso	铜矿	智利	Collahuasi	2001	SAG
40×22	12.19×6.70	1	26000	19388	RM	Svedala	金矿	澳大利亚	Cadia	1996	SAG
38×24.8	11.58×7.56	2	29480	21983	RM	Metso	铜金矿	巴拿马		2008	SAG
38×45	11.58×13.72	2	30284	22583	RM	Metso	铜矿	瑞典		2006	AG
38×23	11.58×7.01	1	26000	19389	RM	Metso	金矿	加拿大		2006	SAG
38×24.5	11.58×7.47	1	26800	19985	RM	Metso	金矿	Undecided		2006	SAG
38×24.5	11.58×7.47	1	26800	19985	RM		金矿	委内瑞拉		2006	SAG
38×24.5	11.58×7.47	1	26800	19985	RM	Metso	金矿	巴西		2005	SAG
38×23	11.58×7.01	1	26800	19985	RM	Metso	铜矿	巴西	Sossego	2002	SAG
38×22	11.58×6.71	1	26000	19388	RM	Metso	铜矿	智利	EI Teniente	2000	SAG
38×22.5	11.58×6.86	1	26000	19389	RM	Fuller	铜矿	智利	Escondida	1999	SAG
38×21	11.58×6.40	1	27000	20134	RM	Fuller	铜锌	秘鲁	Antamina	1999	SAG
38×25.5	11.58×7.77	1	24120	17986	RM	Svedala	镍矿	澳大利亚	Olympic Dam	1996	AG
38×20	11.58×6.10	1	26000	19388	RM	Svedala	铜金矿	印度尼西亚	Freeport		

　　B　中信重工自磨机与半自磨机

　　中信重工自磨机/半自磨机类产品的规格为 $\phi 2.4m \times 1.2m \sim \phi 11.0m \times 5.4m$。中信重工开发设计自磨机/半自磨机的技术特点是：

　　（1）磨机采用的传动形式有边缘传动、中心传动、多点啮合边缘传动等传动形式；驱动形式有异步电机+减速器+小齿轮+大齿轮和同步电机+空气离合器+小齿轮+大齿轮。

（2）一般采用两端静动压轴承的支撑方式，采用完全封闭式的自调心1200线接触"摇杆型"轴承，亦可采用单滑履、双滑履静动压的支撑方式或全静压支撑。

（3）大型开式齿轮采用美国AGMA标准设计，装备有密封可靠的齿轮罩，设有甘油自动喷雾润滑装置。

（4）筒体为磨机的关键件，利用计算机对其进行有限元分析，保证其使用的可靠性。

（5）大、中型磨机装备有慢速驱动装置；大、中型磨机装备有高低压润滑站；控制与保护系统采用PLC控制。

生产的自磨机/半自磨机典型产品是2004年与美卓公司合作制造 $\phi8.53m \times 3.96m$ 最大的半自磨机；2006年与美卓公司合作制造昆钢大红山自磨机。2006年7月为凌钢集团承制 $\phi8.0m \times 2.8m$ 自磨机，中国黄金集团内蒙古矿业的直径 $11m \times 5.4m$ 双电机驱动半自磨机（图4-77），总功率为 $2 \times 6343kW$，其设计直径为目前国内最大，单系列设计日处理量为3.5万吨，最大日处理量可达4.2万吨。

图4-77　中国黄金集团内蒙古矿业的半自磨机

中信重工生产的自磨机/半自磨机的技术参数如表4-32所示。其结构外形如图4-78所示。

表4-32　自磨机/半自磨机的技术参数

型号及规格	筒体直径 /mm	筒体长度 /mm	有效容积 /m³	磨机转速 /r·min⁻¹	端盖结构形式	传动方式	电动机 功率/kW	电动机 转速 /r·min⁻¹	外形尺寸（长×宽×高） /m×m×m	质量 /t	备注
MZ24×10	2400	1000	4.5	22			55	740	7.8×3.5×3.3	18.5	
MZ32×12	3200	1200	9.2	18.2	焊接		160	740	8×4.1×3.7	32.8	
MZ40×14	4000	1400	16.6	17.6	焊接		250	735	11.5×5×4.7	63	
MZ55×18	5500	1800	34.6	15	铸造	边缘	800	167	14.1×7×6.3	178	
MZ64×33	6400	3300	107	12.8	铸造		2000	200	23×10.3×9	306	
MZ75×25	7500	2500	107	11.4	铸造		2000	200	23×10.5×10	355	
MZ85×40	8500	4000	225	102	铸造		4850	200	27×14.2×12.9		

注：现在已能生产11m×5.4m双电机驱动半自磨机。

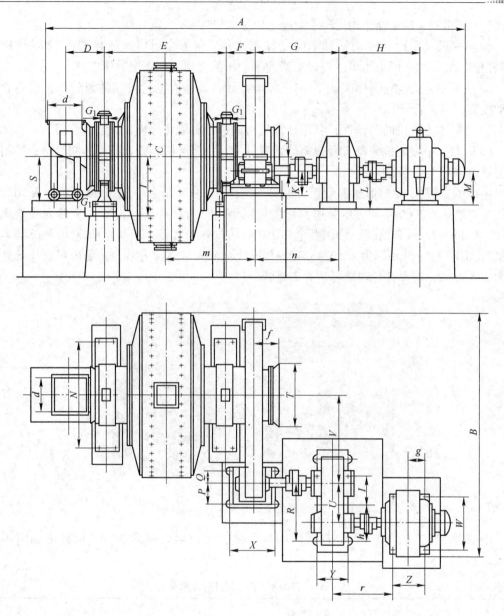

图 4-78　自磨机结构外形

国内最近自磨半自磨的应用实例如表 4-33 所示。

表 4-33　国内自磨半自磨的应用实例

磨机规格（$D \times L$）		台　数	功率/kW	电动机数量	制造厂名称	矿　石	厂矿名称
ft	m						
28×14	8.53×4.27	1	5400	2	Metso、中信重工合作	铁矿	大红山
28×13	8.53×3.96	1	4850	2	Metso	铜矿	冬瓜山
	8.00×2.80	1	3000	1	中信重工	铁矿	保国
	8.80×4.80	1	6000	2	中信重工	铜钼矿	乌山一期
	11.00×5.40	1	6343	2	中信重工	铜钼矿	乌山二期

磨机规格（$D \times L$）		台　数	功率/kW	电动机数量	制造厂名称	矿　石	厂矿名称
ft	m						
36×22	10.97×6.71	2	16000	2	中信重工	铁矿	袁家村
34×18	10.36×5.49	3	11000	2	中信重工	铁矿	袁家村
34×18.75	10.36×5.72	1	11920	2	中信重工	铜矿	德　兴
	10.37×5.19	2	11920	2	中信重工	钼矿	中铁鹿鸣钼矿
30×16.5	9.15×5.03	1	8400	2	中信重工	铁矿	白马二期
24×14	7.32×4.27	2	3800	1	中信重工	铁矿	白马二期
40×36	$12.19 \times 10.97AG$	6	28000	6	中信重工	铁矿	中信 Sino

C　北方重工自磨机与半自磨机

北方重工集团有限公司生产的自磨机与半自磨机从原有的 $\phi 4 \sim 6m$ 球磨机系列，逐步发展到 $\phi 12.2m$ 等直径的新型自磨机与半自磨机。其中最新开发的 MZS8848 半自磨机，在设计上对筒体内部的衬板进行了全面优化设计，筒体采用高低衬板。簸箕板和格子板采用"曲线形"衬板。这种结构在国内也是首次研发设计，是国际上最先进的衬板结构，能有效地提高研磨、排料效率，实现半自磨最佳性能指标。轴承部铜瓦采用"田"字形油囊，取代矩形油囊，可减少加工过程中的轴瓦变形；大齿轮采用环形冒口结构，可提高铸件致密度，减少气孔及沙眼；小齿轮轴承采用 SKF 迷宫甩油环结构，代替之前的 J 型密封结构，杜绝漏油渗油现象；慢速传动操作机构由齿轮齿条传动、拨叉、固定箱体及推杆等组成，其推力放大倍数为 10 倍，操作更加省力。

北方重工大型自（半）磨机的典型应用见表 4-34。

表 4-34　大型自（半）磨机的典型应用（北方重工）

序号	规格/m×m	数量/台	用　户	序号	规格/m×m	数量/台	用　户
1	$\phi 4 \times 1.4$	1	俄罗斯	6	$\phi 6.0 \times 3.0$	2	栾川中铁矿业
2	$\phi 4 \times 3.6$	1	江西东乡铜矿	7	$\phi 6.4 \times 3.3$	1	江铜城门山
3	$\phi 5 \times 1.8$	1	广西凤山	8	$\phi 6.4 \times 3.3$	1	古马岭铁矿
4	$\phi 5.5 \times 2.2$	1	云南北衙金矿	9	$\phi 8.8 \times 4.8$	1	昆明大红山铁矿
5	$\phi 6.0 \times 3.0$	1	栾川金财源				

4.3.6.4　自磨机与半自磨机的发展

自磨机的发展趋势主要有设备的大型化与新型衬板的使用等方面。

A　设备的大型化

自磨和半自磨设备的大型化是降低基建投资和生产费用、提高劳动生产率的重要途径，也是自磨和半自磨技术发展的重要标志之一。自磨和半自磨工艺在工业上应用以来，自磨机的大型化一直是选矿界和设备制造部门的重要开发研究课题，并不断取得新进展。

自磨/半自磨设备大型化和结构革新的趋势自从 1987 年第一台传动功率为 15000 马力（1 马力 =735.499W）的环形电动机或称无齿轮传动装置用于智利的丘基卡马塔铜矿的

$\phi10198\text{mm}\times5118\text{mm}(36\text{ft}\times17\text{ft})$ 半自磨机以来，就朝大型化方向发展。直到 1996 年，当时的斯维达拉公司（现今的 Metso 公司）向澳大利亚的卡地亚金矿提供了一台 $\phi12120\text{mm}\times6110\text{mm}(40\text{ft}\times20\text{ft})$ 半自磨机，安装功率为 26000 马力和两台 $\phi6170\text{mm}\times11000\text{mm}$ $(22\text{ft}\times36\text{ft})$ 的球磨机和一台 MP1000 的圆锥破碎机，构成 SABC 流程，一个系列的处理量可到 5 万 t/d。环形电动机由西门子电气公司提供。

随后，陆续有多台大型采用环形电动机的自磨/半自磨机在选矿厂投产。2005 年一台 $\phi12120\text{mm}\times7132\text{mm}(40\text{ft}\times24\text{ft})$ 半自磨机在智利的科拉豪西（Collahasi）铜选厂投产，其日处理量为 6.15 万吨/d，功率为 28140 马力的环形电动机由英国的 BBC 公司提供。迄今为止，全世界已经有 30 多台大型自磨/半自磨机在生产中应用。据悉 Metso 公司和 Outotec（原 Outokumpu）公司已经完成了 42ft 和 44ft 自磨/半自磨机的设计准备，装机容量可达 30000kW，一旦有用户需要，就可进行设计和制造。

在提高设备大型化的同时，提高设备可靠性对扩大磨机规格具有重要意义。当使用几台大型设备时，不仅停机的费用较大，而且机械事故的费用也较高。为了保证大型磨机的可靠性，制造厂家正在采用一些新技术（如有限元分析法等），能精确快速地确定应力的形式和载荷的分布。这些分析提高了大型磨机的制造和应用的可靠性。

B　衬板的发展趋势

在自磨机和半自磨机问世之时，就出现了衬板的磨损问题，由于当时磨机直径小，自动化程度低，因此对衬板的磨损没有引起重视。随着磨机规格加大和自动化程度提高，衬板磨损问题已变得越来越突出。衬板耐磨性差会导致频繁更换衬板，降低了设备运转率，提高了磨矿成本。目前制造自磨机和半自磨机衬板的主要材质是高锰钢，高锰钢衬板使用中受到的冲击力较小，很难产生高程度的加工硬化，因此耐磨性较低，不能满足生产要求。并且锰钢衬板使用寿命短、噪声大、能耗高，严重影响生产和环境。近 20 年来，橡胶衬板已在自磨机和半自磨机上得到了广泛的应用。橡胶衬板主要有以下优点：（1）噪声低；（2）橡胶衬板较轻，橡胶的密度约是钢铁的 1/5，因此减轻了磨机的质量，减轻了更换衬板的劳动强度，降低了维修费用；（3）橡胶衬板的能耗低；（4）钢铁衬板的磨损取决于衬板的硬度和被磨物料的硬度，而橡胶衬板的硬度比被磨物料软得多，其磨损基本与被磨物料的硬度无关，所以当矿石较硬时，采用橡胶衬板合适；（5）使用橡胶衬板可降低磨矿成本。

C　自磨机和半自磨机支撑部分的改进

从 20 世纪 60 年代自磨机和半自磨兴起到 80 年代初，磨机一直被设计为以磨机端盖外伸部的耳轴为支承，基本类似于棒磨机和球磨机。80 年代末，一种基于使用多滑靴轴承支承座环的新型筒体支承设计出现了。该设计与耳轴支承结构相比，有以下改进：（1）制造成本减少，不再需要端盖和耳轴铸件、车间检验和运输的成本；（2）建设成本减少，由于磨机从给矿端到排矿端的整个长度减小，磨矿车间跨度减小，只需要更低成本的起重机械；（3）严格的部件质量：重型结构铸件不用了，这表明发生结构故障的风险很小；（4）改善了给料斜槽的布置，磨机端盖是没有耳轴的竖直的圆形挡板，极大地简化了给料斜槽的设计。

D　自磨机和半自磨机支撑轴承的改进

支撑磨矿机的筒体，既可以用流体支压也可以用流体静压的轴承靴来运转。为使这些轴承无故障、无磨损运行，所有的轴承靴必须具有自调整支撑，因而能够保持自己调整到平行于滑环的表面是很重要的。由于边棱支撑的结果，由挠曲、热变形、制造误差引起的滑环的摆动和偏心，可以被每个轴承靴独立补偿，因而轴承缓冲垫不会过载。轴颈轴承套或轴承靴能自发地与旋转的滑环表面保持平行也很重要。与轴颈轴承靴相比，具有自调整支撑的滑块缓冲轴承靴，能够容易地完成任何调整动作，这种调整动作对摆动运行滑环是必不可少的。由于这个原因，滑动靴轴承设计比同样设计的轴颈轴承能承载更高的轴承载荷，因而实际上就能无磨损运行。

E 研制新型结构

例如，超细层压自磨机，工作原理是：沿一端圆筒中心给矿给水，另一侧端面下部排矿，矿石受到的冲击力被转化成大量的层压力，由于矿石颗粒表面有很多裂隙和裂纹，所以这种来自于四面八方的快速的层压力，使磨矿效果得到提升。这种结构形式也增加了磨剥力和排矿速度，从而可以避免"胀肚"事故的发生。

自磨机除了上述的发展趋势外，在自磨机的工艺流程上也有了发展。国外磨矿专家认为，将破碎、棒磨甚至球磨等多段作业应完成的粉磨任务集中在一个作业来完成，即一段自磨或半自磨，在经济上是不合算的，磨矿效率也不会高，大多主张两段作业。针对（半）自磨流程的特点和选别工艺的需要，经过几十年的应用实践，（半）自磨流程不断变化和完善，对不同的矿石类型采用不同的工艺流程，目前用得较多的自磨、半自磨流程有：半自磨+球磨（SAB）流程；（半）自磨+球磨+破碎（ABC 或 SABC）流程；（半）自磨+砾磨流程（AP）；自磨+砾磨+破碎流程（APC）。

自磨和半自磨技术的应用越来越广泛，同时，随着计算机及自动控制技术的发展，磨机的结构、形状及衬板的几何形状的最佳化设计也都成为现实，这就为半自磨技术的应用创造了优越的条件。因此，随着科学技术的发展及对冶金产品提出越来越高的要求，半自磨技术必将显示其更大的优越性。

4.3.7 砾磨机

以砾石为研磨介质的磨机，称为砾磨机。砾磨机主要应用于以下三种场合：（1）被磨物料严禁铁质金属的混入，以免影响产品质量或下道加工工序，如化工、陶瓷等工业；（2）某些有用矿物很软，采用金属磨球作研磨介质易造成过粉碎，如钼精矿或中矿的再磨作业；（3）为了提高湿式自磨机产量，从自磨机中排除足够的难磨颗粒作为砾磨介质。砾磨机主要用于二段磨矿需要尽可能降低矿物受污染程度和运行成本的场合。砾磨机还用于矿石能够产生适当砾石的场合。其应用范围类似于球磨机。

砾磨机的结构与球磨机基本相同，只是由于所用介质密度比金属球小，所以其单位容积的产量较低。另外，砾磨机都采用格子型而不采用溢流型，其原因是格子排矿时矿浆面低，可较充分地发挥介质的冲击作用；排矿快，可减少过磨现象；矿量及介质量有变化时，排矿亦较均衡，且不会涌出大块矿石。

通常，格子型球磨机也可用作砾磨机，加之砾磨机在选矿工业中应用很少，因此，制造砾磨机的厂家也少。砾磨机技术性能见表 4-35，外形尺寸见表 4-36。

砾磨机筒体衬板可采用瓷砖、硅砖等非金属材料，但采用橡胶衬板尤为适宜。当砾石介质的粒度尺寸小于 90mm 时，砾磨机使用橡胶衬板比钢质衬板更为经济。筒体橡胶衬板由压条衬板与平衬板组成，生产实践表明，橡胶压条衬板形状和磨机转速对磨机增产节能的影响很大。当磨机临界转速为63%时，衬K型橡胶压条衬板（图4-79）的磨机处理能力比方形橡胶压条衬板增加30%，单位电耗降低20%；当临界转速为75%时，前者比后者增加10%，电耗只减少10%。利用橡胶格子板替换砾磨机的铸钢格子板进行排矿，既能有效地防止算孔堵塞，又能降低格子板的磨损。

表 4-35　砾磨机技术参数

规格（直径×长度）/mm×mm	有效容积/m³	筒体转速/r·min⁻¹	装砾量/t	给料粒度/mm	生产能力/t·h⁻¹	配套电动机				质量/t
						型号	功率/kW	转速/r·min⁻¹	电压/V	
3600×5500	51	16.4	30	100~150	按条件	JS150-6	650	985	6000	240
4600×6000	83	14.6	55	100~150		TDMK1600-40	1600	150	6000	345

表 4-36　砾磨机外形尺寸

规格(直径×长度)/mm×mm	安装尺寸/mm						外形尺寸(长×宽×高)/m×m×m
	A	B	C	D	E	F	
3600×5500	3600	3600	8500	1400	400	2741	14.330×7.177×6.214
4600×6000	4600	4600	9500	1550	1100	3150	16.500×9.200×8.150

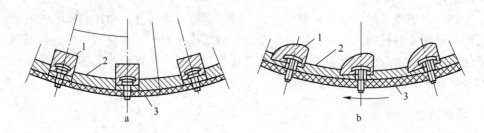

图 4-79　橡胶提升衬板

a—普通型；b—K型

1—提升板；2—衬板；3—筒体

4.3.8　辊式磨机

4.3.8.1　辊式磨机主要类型、结构和工作原理

物料在两个滚压的滚压面之间或在滚压着的研磨体（球、辊）和一个轨道（平面、球、盘）之间受到压力而粉磨的设备，称为辊磨机。研磨体所施加的力由离心力、外加的液压力或弹簧的弹性力提供。磨矿区域位于封闭的机箱内，颗粒形成物料层，由压力和剪切力向颗粒施加应力。辊磨机有雷蒙磨、摆式辊磨、环磨、辊磨和盘磨等，其结构如图4-80所示。

辊磨机有时也称离心式磨机，例如环式离心磨矿机。虽然辊磨机的结构多样，但基本结构都包括磨轨，研磨体，力的产生和传递机构，空气的流动和便于更换易损件的装置。

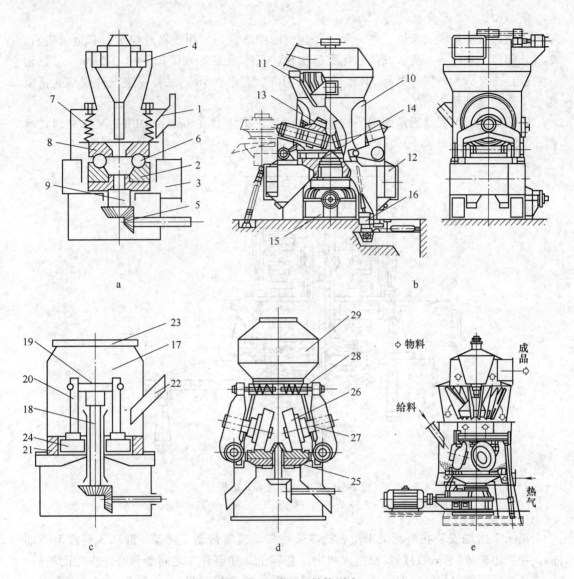

图 4-80 辊磨机的结构形式

a—滚球式辊磨机（弹簧压力式）；b—辊子式辊磨机（液压式）；c—摆辊式辊磨机；

d—辊子式辊磨机（弹簧压力式）；e—MPS 磨机

1，22—喂料管；2—下圆环；3—进风管；4，11，29—分离器；5—圆锥齿轮；6—圆球；7，28—弹簧；

8—上圆环；9，18—主轴；10—上机壳；12—下机壳；13—磨辊；14—磨盘；15—减速器；

16—液压装置；17—机壳；19—横梁；20—摆；21，26—辊子；

23—排料口；24—圆环；25—圆盘；27—轴

由于辊磨机具有处理量大、工作可调、产品粒度便于调节、容易与干式微细分级机组成整体设备等特点，所以一般在化工原料、非金属加工、耐火材料等行业用于处理莫氏硬度 6 以下的矿物原料的干式细磨。例如滑石、轻烧镁粉、高岭土、硅灰石、石膏、石灰、膨润土等物料，产品可在 $10 \sim 100\mu m$ 范围内调节，常见的雷蒙磨主要生产 $-0.045mm$ 的产品。

4.3.8.2　雷蒙磨机

雷蒙磨又称悬辊式磨机，是一种中等速度的细磨设备，用于磨碎煤炭、非金属矿石、玻璃、陶瓷、水泥、石膏、农药和化肥等物料，其产品细度为 0.125～0.045mm。根据辊子的数目，又分为三辊（通称 3R）、四辊（4R）、五辊（5R）三种。这三种规格的雷蒙磨的工作情况都是相同的。

雷蒙磨是属于圆盘固定而辊子转动的辊磨机，雷蒙磨（RaymondMill）又称悬辊式磨机，其结构见图 4-81。

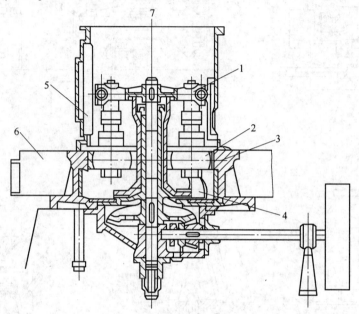

图 4-81　雷蒙磨（悬辊式磨机）

1—梅花架；2—辊子；3—磨环；4—铲刀；5—给料；6—返回风扇；7—排料

辊子 2 由轴安装在梅花架 1 上，梅花架在传动装置带动下转动，磨环 3 是固定不动的，物料由机体侧部通过给料机给入机内，在辊子 2 和磨环 3 之间受到磨碎作用而粉碎，气流从磨环下部以切线方向吹入，经过辊子同圆盘之间的磨矿区，与粉尘一起进入磨机上部风力分级机。梅花架上悬有 3～5 个辊子，绕机体中心轴线公转。由于公转产生的离心力，辊子向磨环压紧并在其上滚动。给入磨机内的物料由铲刀 4 铲起并扬到辊子与磨环之间磨碎。

图 4-82 所示为雷蒙磨工艺系统。物料由颚式破碎机粗碎后，给入斗式提升机，然后落入给料仓，再通过电磁振动给料机由雷蒙磨磨环下部沿切线方向给入，磨细物料被扬起后，经过设置在磨机内的分级机（或选粉机）分级，粗粒落下再磨，细粒通过旋风收集器（集粉器）收集成为产品。对于这个系统可以送入热风，雷蒙磨可以作为磨细与干燥联合使用，给料水分可达 10%～12%，而产品的水分接近于零。

分级机的叶轮由转盘和若干个径向叶片组成。叶轮的转速愈高，分级物料粒度愈细。为了提高分级效率和调节分级粒度，可以制成双排式叶轮分级机。单排式叶轮分级机的分级粒度为 60% -0.147mm～95% -0.074mm；双排式叶轮的分级粒径为 60% -0.147mm～

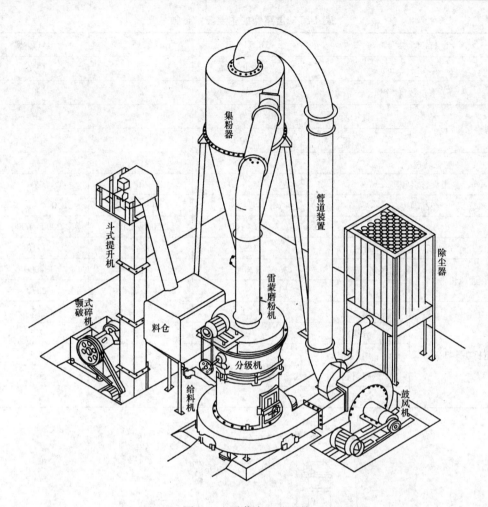

图 4-82　雷蒙磨工艺系统

99.9% −0.043mm。另有一种单锥或双锥形分级机，结构简单，但分级粒度的调节不如叶轮型分级机精确；其中单锥型只能用于分级大于 0.14mm 的物料。

雷蒙磨的主要技术参数列于表 4-37。由于雷蒙磨具有性能稳定、操作方便、能耗较低、产品细度可调等优点，因而广泛应用于煤、石英、滑石、石墨、重钙和化工原料等物料的细磨。

影响雷蒙磨操作的因素较多，主要有风力分级机的类型及工作参数、辊子的转速、辊子个数以及鼓风机的工作特性等。

雷蒙磨与管磨机相比，其主要优点是：能同时进行磨碎和烘干物料；烘干前入磨物料水分含量可达 15% ~20%；能量消耗低，单位电耗降低 20% ~30%；给矿粒度一般为 5 ~10mm，大型磨机可达 30 ~50mm；占地面积小，只有管磨机的 50%；整个系统的投资较低，设备价格为管磨机的 70%；粉磨效率高，处理能力大，台时产量高达 50t。这种磨碎机的主要缺点是辊子的辊套使用寿命较短（4500 ~8000h）。因此，辊套需用硬度高、耐磨性能好的材质制成。

雷蒙磨的工艺系统如图 4-83 所示。

表 4-37　雷蒙磨的主要技术参数

技 术 参 数		3R2714 型	4R3216 型	5R4119 型
磨环内径/mm		830	970	1270
磨辊数目/个		3	4	5
磨辊尺寸/mm	直　径	270	320	410
	厚　度	140	160	190
主轴转速/r·min^{-1}		145	124	95
最大进料粒度/mm		15	20	20
产品粒度/mm		0.044~0.125	0.044~0.125	0.044~0.025
生产能力/kg·h^{-1}		300~1600	1000~3200	2000~6300
分级机叶轮直径/mm		1096	1340	1710
通风机	风量/m^3·h^{-1}	12000	19000	34000
	风　压	1.67	2.70	2.70
电机功率/kW	磨　机	22	28	75
	分级机	3	5.5	7.5
	给料机	1.1	1.1	1.1
	提升机	3	3	5.5
	通风机	13	30	55

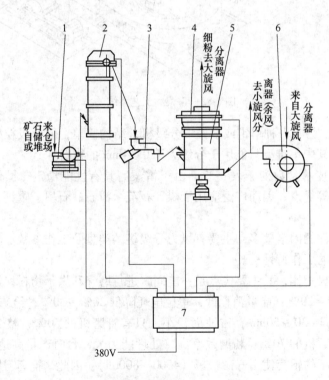

图 4-83　雷蒙磨的工艺系统

1—破碎机；2—斗提机；3—给料机；4—分级机；5—主机（摆式粉磨机）；6—鼓风机；7—控制箱

雷蒙磨广泛应用于非金属矿物、化工原料的干法粉磨。例如生产滑石、重质碳酸钙、石墨、高岭土、硅灰石、长石、石英等 0.075~0.037mm 目的产品。现已在锰矿磨矿中得到应用。针对碳酸锰及二氧化锰的特点，鸿程锰粉磨粉机采用多项专利技术，研制成功 HC1700 超大型磨粉机，加工 0.18~0.15mm 二氧化锰，产量高达 18~22t/h、加工碳酸锰产量 10~15t/h。

表 4-38 所示为 4R-3216 型雷蒙磨粉碎物料的实例。

表 4-38　4R-3216 型雷蒙磨粉碎物料的实例

物料名称	产品细度		生产能力/kg·h^{-1}
	网目	通过分数/%	
钾长石	200	99.92	1000
钾长石	120	99.95	2000
石英	325	100.00	625
石英	100	100.00	875
滑石	200	100.00	625
滑石	100	100.00	750
苏州高岭土	325	99.99	800
瓷石	350	99.50	1200

4.3.8.3　立式辊磨机

立式辊磨机是目前比较先进的干法磨矿技术，它具有能耗低、产量高、维修工作量小等优点，已在水泥生产、钢铁和电力行业、非金属矿超细微粉制备和锰矿得到广泛应用。

立式辊磨机的型号很多，如国产来歇磨，有 TRM 型、MPS 磨、HRM 型、PRM 型、ATOX 型辊磨机等。磨辊和磨盘的组合形式有锥辊-平盘式、锥辊-碗式、鼓辊-碗式、双鼓辊-碗式、圆柱辊-平盘式、球-环式等。

立式辊磨机的工作原理如图 4-84 所示，HRM 型立磨的结构如图 4-85 所示。

由电动机驱动减速机带动磨盘转动，需粉磨的物料由锁风喂料设备送入旋转的磨盘中心。在离心力作用下，物料向磨盘周边移动，进入粉磨辊道。在磨辊压力的作用下，物料受到挤压、研磨和剪切作用而被粉碎。同时，热风从围绕磨盘的风环高速均匀向上喷出，粉磨后的物料被高速气流吹起，一方面把粒度较粗的物料吹回磨盘重新粉磨，另一方面对悬浮物料进行烘干；细粉则由热风带入分离器进行分级，合格细粉随同气流出磨，由收尘设备收集下来即为产品，不合格粗粉经分离器叶片作用后重新落至磨盘，与新喂入的物料一起重新粉磨。如此循环往复，完成粉磨作业全过程。

立磨辊机传动装置由主电机、联轴器、减速机组成。减速机采用螺旋伞齿轮加行星齿轮传动结构，强耐磨性的巴氏合金推力瓦可承载更大的压力载荷，提高运行寿命。立磨系统配置先进的电控系统，可实现 PLC 控制、集中控制和 DCS 系统控制，满足不同客户的需要。

国内生产立式辊磨机的企业较多，如中材装备、合肥水泥院、中信重工和青岛、上海等地有不少中小企业生产。

HRM 矿渣立式辊磨主要参数见表 4-39~表 4-41。

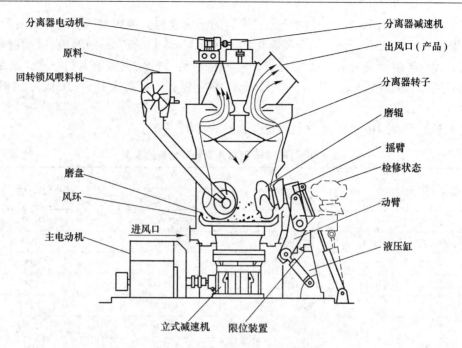

图 4-84 立式辊磨机的工作原理

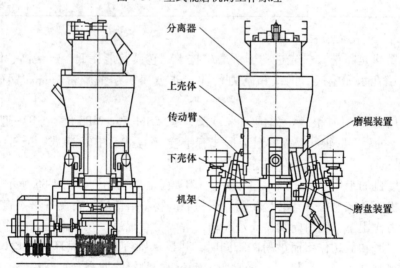

图 4-85 HRM 型立式辊磨机的结构

表 4-39 HRM 矿渣立式辊磨基本参数

型 号	1300M	1500M	1700M	1900M	2200M	2400M	2800M	3200M
产量/t·h⁻¹	10~15	16~22	20~28	26~35	35~45	40~50	55~70	80~100
原煤水分/%	<15							
煤粉细度(R0.08)①	3%~12%							
煤粉水分/%	≤1							
主电机功率/kW	185	250	315	400	500	560	710	1120

① 煤粉中大于 $80\mu m$ 的含量。

表 4-40 HRM 煤粉立式辊磨（冶金行业用）基本参数

型 号	800M	1250M	1300M	1500M	1700M	1900M	2200M	2400M	2800M
产量/t·h⁻¹	3~5	9~13	13~17	18~22	22~30	30~40	40~50	50~70	70~100
原煤水分/%					<15				
煤粉细度				-0.074mm 占80%以上					
煤粉水分/%				≤1					
主电机功率/kW	55	132	160	250	315	400	500	630	800

表 4-41 HRM 脱硫石灰石粉立式辊磨（电力行业用）基本参数

型 号	1250X	1300X	1500X	1700X	1900X	2400X	2800X
产量/t·h⁻¹	6~9	9~13	13~18	20~25	26~32	36~42	56~70
入磨物料水分/%				≤5			
石灰石粉细度			-0.043mm 占90%以上				
主电机功率/kW	160	200	280	355	500	630	1120

非金属矿的种类很多，有叶蜡石、高岭土、重钙、膨润土、石膏、石英砂等，原料特性差别很大，其深加工产品的特点是对产品细度要求高，一般在 97% 通过 1250~325 目（10~44μm）范围。制备非金属高细矿粉的立式磨，称为高细立式辊磨机，其主要参数见表 4-42。

表 4-42 HRM 高细立式辊磨机基本参数

型 号	800X	1250X	1300X	1500X	1700X	1900X	2400X	2800X
产量/t·h⁻¹	1~3	2.2~7	3~10	4~14	6~20	7.5~25	10~32	17~58
入磨物料粒度/mm	0~15	0~20	0~25	0~35	0~35	0~40	0~40	0~40
入磨物料水分/%				<10				
产品细度			10~44μm，97%以上					
煤粉水分/%				≤1				
主电机功率/kW	55	132	180	250	355	450	560	1000

立式辊磨机磨制叶蜡石和高岭土的运行效果表明，与雷蒙磨相比，单机生产能力提高 10 倍以上，满足了玻璃纤维生产所需的叶蜡石和高岭土粉粉磨大规模工业化生产的需求。同时，单位产品能耗和设备消耗比雷蒙磨粉磨系统降低 40% 以上。达到了玻璃纤维等生产企业和高岭土粉企业迅速提高企业规模，并达到节能减排和降耗的目的。非金属矿用立式超细辊磨机如图 4-86 和图 4-87 所示。

ALPINE AWM 型辊磨机（roller mill）及工艺流程见图 4-88 和图 4-89。磨机上部设置有超细分级机，可以生产产品 $d_{97} = 10\mu m$ 的干法超细产品。主要应用在莫氏硬度小于 6 的矿物加工，例如重钙、滑石、高岭土、磷肥、石灰石、化工原料等物料的干式磨矿。

图 4-86 非金属矿用立式超细辊磨机

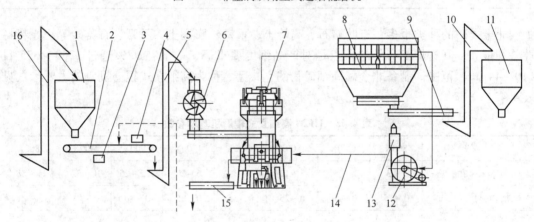

图 4-87 非金属矿用立式辊磨机生产系统

1—原料仓；2—给料皮带机；3—皮带秤；4—除铁器；5—提升机；6—锁风喂料阀；7—超细立磨；
8—脉冲除尘器；9—螺旋输送机；10—成品提升机；11—成品仓；12—离心引风机；
13—消声器；14—管道等非标件；15—螺旋输送机；16—斗式提升机

4.3.8.4 筒辊磨机

筒辊磨是法国 FCB 公司首先研制成功并于 1993 年应用于生产的粉磨设备。筒辊磨作为一种新型节能粉磨设备，集辊压机的节能效果、立式磨的结构紧凑及球磨机的运转可靠性于一体。运转工作时，被磨物料依靠重力经入口溜道落在水平回转的圆柱形筒体内，受离心力作用均匀分布于由圆柱形筒体内表面构成的磨床的入口端，随着筒体的回转运动物料进入磨床和磨辊构成的挤压通道内，磨辊依靠液压系统向磨床上的被磨物料施加压力并借助挤压力引起的摩擦力做被动的回转运动，物料在挤压通道内完成一次粉碎作业后被提升并通过导料装置进行下一次挤压粉磨作业。经多次挤压粉磨后的物料离开磨床，从卸料

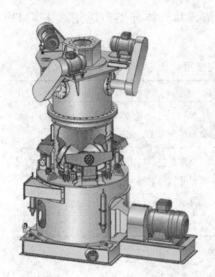

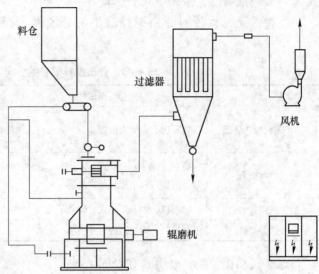

图 4-88 ALPINE AWM 型辊磨机   图 4-89 ALPINE AWM 型辊磨机应用的工艺流程

溜道排出磨机。出磨物料经提升机进入选粉机，粗粉返回磨机，而细粉经过收尘器，作为成品送入成品库。

　　筒辊磨与其他粉磨设备相比，最大的区别（也是它节能的关键所在）在于它是以回转中空圆柱体的内壁作为通道，造成挤压通道形式的不同。筒辊磨为"柱面＋内环面"，而立磨的挤压通道形式为"柱面＋平面"，辊压机的挤压通道形式为"柱面＋柱面"，由几何关系可以看出，筒辊磨的挤压通道收缩率最小，这种挤压通道一方面能形成较宽的压力区，使压力分布均匀；另一方面，被挤压物料在通道内流变行为较稳定，所以可采用较高的磨辊辊面速度，从而改善机械的功率输入性能和磨辊轴承工况。2004 年 4 月由中材国际南京水泥设计研究院研发的具有自主知识产权、冀东水泥集团有限责任公司承建的 $\phi 1.6m$ 筒辊磨预粉磨水泥熟料系统在冀东水泥二分厂开始运行，经过厂、院及唐山水泥机械厂的共同努力，至 2004 年 6 月该系统已稳定运行近 800h，球磨机提高产量 30%，整个粉磨电耗下降 13%，筒辊磨实现的能量利用系数达 2.39。目前我国许多设计单位也正在积极研究和开发筒辊磨。北方重工集团公司沈重设计院于 2008 年已成功研发出筒辊磨试验系统和日产 2500t 水泥生产线配套用的 SG3800 筒辊磨。筒辊磨试验系统将逐渐用于水泥熟料及矿渣的生产试验，有望在水泥行业和炉渣中应用。

4.3.9 搅拌磨机

　　搅拌磨机的筒体内装有搅拌装置和介质球（陶瓷球、玻璃球、钢球等），搅拌装置旋转使介质球转动，从而产生冲击、剪切和研磨作用，将物料进行研磨粉碎。

　　按搅拌磨机的结构特点，可分为塔式、搅拌槽式、流通管式和环式等。这类磨机可作为超细磨机、搅拌混合机或分散机等。按生产方式，它可分为干式和湿式两种。干式磨矿时，物料粒子的压力强度增加，粒子的表面能增大，粒子之间产生凝聚，容易附着在磨机筒体内壁上。采用湿式磨矿时，粒子分散性能好，使粒子的表面能降低，可防止粒子间产生凝聚，故超细磨时，采用湿式磨矿较好。

日本神保元二教授对介质搅拌磨机的分类做了介绍，其具体分类与应用如表 4-43 所示。

表 4-43　介质搅拌磨机的分类与应用

分　类	构造与操作特点	应用范围
立磨机（螺旋搅拌磨机）	筒径比大，螺旋搅拌器，干式、湿式两用	矿物加工（金矿、铅锌矿等再磨）、非金属矿深加工、化工原料
槽式搅拌磨机	搅拌装置可采用棒、盘、环；循环、连续、间歇式，干式、湿式两用	精细陶瓷、粉末冶金、非金属矿深加工、磨料和磁性材料
流通管式搅拌磨机	砂磨机，主要是湿式，少量干式	油墨、涂料、染料、工业填料
环式搅拌磨机	二圆筒，内筒回转，介质小，湿式	涂料、染料、高新材料

与球磨机相比，搅拌磨机具有以下优点：

（1）产品可以磨至 1μm 以内，搅拌磨机采用高转速和介质填料及小介质尺寸球，利用摩擦力研磨物料，所以能有效地磨细物料。

（2）能量利用率高，由于高转速、高介质充填率，搅拌磨机获得了极高的功率密度，从而细粒物料的研磨时间大大缩短。由于采用小介质尺寸球，提高了研磨的机会，提高了物料研磨的效率。如与常规卧式球磨机相比，立磨机节能 50% 以上。

（3）产品粒度容易调节。

（4）振动小，噪声低。

（5）结构简单，操作容易。

搅拌磨机研制工作从 20 世纪 40 年代开始，到 60 年代搅拌磨技术得到了迅速的发展。国内外的立式搅拌磨机的代表机型有 Union Process 公司的 Attritor 磨机、Netzsch 公司的 PE 砂磨机、Metso 公司的 Vertimill 磨机、爱立许公司的 Towermill、长沙矿冶研究院的 JM 系列立式螺旋搅拌磨机及 Stirred Media Detritor（SMD）磨机；卧式搅拌磨机的代表机型为 Xstrata 公司的 IsaMill 磨机。

4.3.9.1　立式螺旋搅拌磨机（塔磨机/立磨机）

1928 年 Klein 和 Szegvari 最先提出了搅拌磨机的概念，1952 年日本的河端重胜博士发明塔磨机（TowerMill，即立式螺旋搅拌磨矿机）。第一台在矿物加工应用的立式螺旋搅拌磨矿机是由日本 Kubota 公司制造的，Metso 矿物公司于 1979 年取得该项技术，生产的磨机叫作 Vertimill 磨机（立磨机）。现在有 Metso 生产的 VTM-Vertimill、日本爱立许生产的 KW-TowerMill 和长沙矿冶研究院生产的 JM-立式螺旋搅拌磨矿机。

A　立磨机的结构原理及特点

立式螺旋搅拌磨机（塔磨机/立磨机）的主要结构由筒体、螺旋搅拌器、传动装置和机架等组成，见图 4-90。筒体内充满一定的磨矿介质（钢球、瓷球和砾石）。螺旋搅拌器经减速机驱动做缓慢旋转，磨矿介质和物料在筒体内做整体的多维循环运动和自转运动，物料在磨矿介质质量压力和螺旋回转产生的挤压力下利用摩擦、少量的冲击挤压和剪切被粉磨。

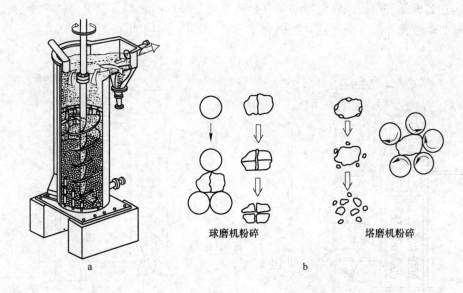

图4-90 立式螺旋搅拌磨矿机结构（a）及磨矿原理（b）

立磨机（图4-91）是一种垂直安装、带有螺旋搅拌装置的细磨设备。物料从磨机的下部给入，物料经筒体内介质研磨后，合格的产品从磨机的顶部溢出，较粗的颗粒则留在磨机内继续被研磨。立磨机的最大给矿粒度为6mm，产品粒度为74~20μm，国外最大的安装功率为1125kW，处理能力超过100t/h。Metso研发了一台3000hp（2240kW）立磨机，主要用于选矿厂再磨作业，尤其是二段磨矿的选矿作业。

Vertimill现由Metso公司提供，为一种立式搅拌磨，使用螺旋式搅拌器对垂直安装的磨矿腔内的介质进行搅拌，搅拌器边缘线速度约为3m/s，介质一般使用标准的12mm钢球。使用

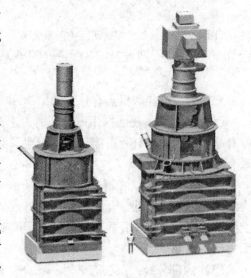

图4-91 立磨机及结构

Vertimill处理粗颗粒矿石时，介质的最大直径可达30mm，作为超细磨时研磨介质尺寸还可更小些。矿浆从磨机的下部给入，经筒体内介质研磨后，磨矿产品从磨机的顶部溢出。为了安装及维修方便，Vertimill的磨矿筒体被设计成"侧开门式"，便于更换螺旋易损件，缩短了停机时间。

立磨机也分干式和湿式两种。图4-92为湿式立磨机闭路生产系统图。垂直筒体内的主（竖）轴上装有螺旋搅拌叶片（或搅拌器），并由电动机的驱动装置带动它做快速的旋转运动，以此强迫搅拌筒体内的研磨介质和被磨物料强烈地旋转，使物料受到研磨作用而粉碎。粉碎产品由磨机流入分级机，再经水力旋流器进行分级，溢流即为磨矿产品，粗粒通过管道返回磨机再磨。

干式立磨机除采用旋风收尘器的空气分离系统与湿式不同外，磨机筒体、螺旋搅拌叶片和主轴驱动装置等部分同湿式立磨机完全一样。干式立磨机生产系统见图4-93。

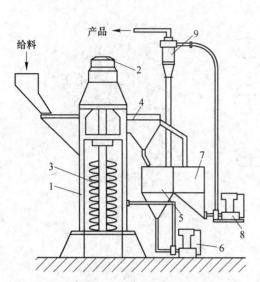

图4-92　立磨机的湿式闭路生产系统

1—垂直圆形筒体；2—电动驱动部分；3—螺旋搅拌器；
4—分级机；5,7—砂泵池；6,8—砂泵；9—水力旋流器

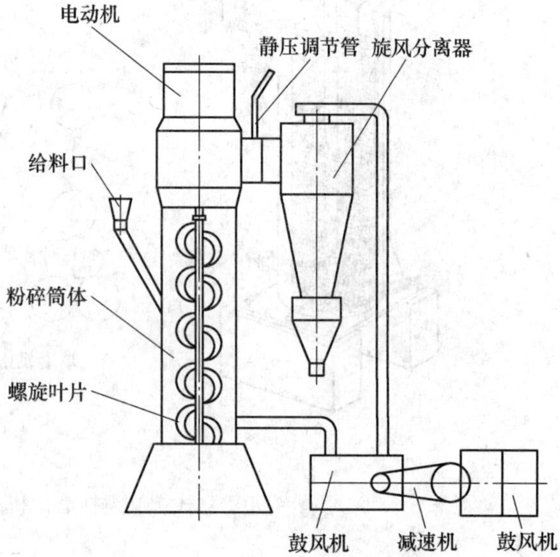

图4-93　立磨机的干式生产系统

立式螺旋搅拌磨机具有独特的结构和工作参数，因此具有以下显著特点：

（1）磨剥离。粉磨作用以磨剥离为主，有少量的冲击和剪切作用。这样可以保持物料原有晶格形状，充分利用能量，有效地研磨物料。因为细磨和超细磨矿、摩擦研磨磨矿是最有效的粉磨方式。

（2）分层研磨。在磨矿区域，介质表面压力是由介质质量压力和离心运动产生的挤压力组成，因为转速低，介质表面压力可近似为介质质量压力。介质表面压力，磨机筒体从上到下逐渐增大，在介质充填的最底层磨矿作用最强烈。粗颗粒由于沉降在磨机筒体下部而得到有效磨矿。

（3）内部分级。湿法磨矿时，在介质充填之上是搅拌分级区域，物料按自然沉降和离心沉降分级，减少了过粉磨。

（4）独有的介质运动规律。介质的均衡运动、多维运动和自转运动，使搅拌器传输的能量均匀弥散地研磨物料。

B　立磨机与球磨机的对比

1953年，立磨机开始用来代替球磨机作为中矿再磨用。国内外后来都相继对立磨机进行过试验室试验和工业试验。例如美国在新墨西哥州的铜加工厂（Copper Flats）安装一台塔式磨机，用来再磨钼精矿。加拿大安大略州的马卡萨（Marcassa）安装一台200kW的立磨机，用来同时磨碎和浸出选金的尾矿。这台磨机处理该尾矿的生产能力为12.2t/h，尾矿邦德功指数约为14.5kW·h/t，尾矿中−0.045mm含量占45%，磨至−0.045mm占95%。生产试验表明，该立磨机与一般球磨机相比，电能节省60%以上，而投资相近，立

磨机所需基础较小且节省空间，故安装费用大大低于球磨机。表4-44列出了利用球磨机和立磨机磨铀矿时的试验结果对比。从该试验结果可以看出，按产生一吨小于0.074mm物料所消耗的电能计算，立磨机的电耗仅为球磨机的一半。

表4-44 磨铀矿时立磨机和球磨机的指标对比

指　　标	球　磨　机	立　磨　机
磨机规格/mm	$\phi600\times200$	$\phi400\times2000(H)$
磨机功率/kW	2.24	3.7
辅助设备功率/kW	0.75(分级机)	2.24(泵)
研磨介质质量/kg	钢球250	钢球230
给料粒度/mm	-3	-3
按生产-0.074mm量计算磨矿效率/t·(kW·h)$^{-1}$	0.008~0.011	0.020~0.021
按生产-0.074mm量计算功耗/kW·h·t^{-1}	95.6~169.9	48.8~50.1

表4-45列出了美国科珀恩（Kopper）公司提供的立磨机与球磨机的工作性能对比结果。表中，A、B为试验室的试验结果；C为南方麦奇根烟气脱硫系统磨机的工作结果；D为装在可兰德湖拉卡矿业公司再磨回路的应用情况。从该公司的试验结果可以看出，立式磨不能完全取代常用圆筒式球磨机，它主要用于金属矿物再磨作业，此外可用于烟气脱硫过程中石灰石浆的制备，石灰熟化，金的浸出回路中磨碎和浸出，水-煤及煤油的混合配制，煤或其他物料的超细磨矿。立磨机给料应不大于6mm，否则设备处理能力和效率均下降。当给料粒度合适、产品粒度小于74μm时，其能耗比普通磨机省得多。当要求产品粒度较粗，例如大于74μm时，一般立磨机不比球磨机节省能量。图4-94为球磨机与搅拌磨的能耗分析对比图，可以看出，使用传统球磨机在粗磨阶段（$P_{80}>74$μm），球磨机的单位能耗与搅拌磨机基本相当，随着磨矿细度的降低，球磨机与搅拌磨机的单位能耗差距显著变大。如将矿物颗粒磨至P_{80}为-40μm时，球磨机的单位能耗约为75kW·h/t，而使用搅拌磨机的单位能耗约为50kW·h/t，球磨机的能耗比搅拌磨机高50%。随着磨矿粒度的降低，两种磨矿设备的能耗差距更大，搅拌磨显示出了传统球磨机难以比拟的粉磨效率高、能量利用率高的优势。

表4-45 立磨机与普通球磨机的工作性能对比结果

项　　目	A	B	C	D
立磨机型号	KW-20	KW-20	KW-100	KW-200
处理矿石	文石	石灰石	石灰石	金矿
邦德功指数/kW·h·t^{-1}	>10	10	10	10
回　　路	闭　路	闭　路	闭　路	闭　路
分级机	水力旋流器	水力旋流器	水力旋流器	水力旋流器
给料粒度/mm	+4.76(9.2%)	-4.76	-12.7	-0.044(45%)
立磨机净功耗/kW·h·t^{-1}	41.64	39.22	20.52	6.48
F_{80}/mm	0.56	1.825	6.44	0.105
P_{80}/mm	0.026	0.011	0.028	0.035
球磨机净功耗/kW·h·t^{-1}	51.72	51.83[①]	23.14	14.22
节能/%	19.5	24.3	11.4	54.44

① 邦德功指数计算值。

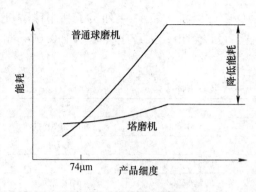

图 4-94　塔磨机与球磨机的能耗对比示意图

总的来看，立磨机与球磨机相比，其优点是：（1）适合于细磨或超细磨矿；（2）设备结构简单，占厂房面积少，不需庞大的设备基础，可节约安装费用；（3）可进行开、闭路及干、湿法作业，开路磨矿也能获得极细的产品，简化了流程和操作；（4）运行平稳，振动较小，噪声低，一般在 85dB 以下，而球磨机一般为 $95 \sim 120$dB；（5）可将物料的磨细和浸出过程在立磨机中同时完成，实现边磨边浸，简化了工艺、提高了效益；（6）电耗较低，效率较高。

立式磨矿的缺点是给料粒度不能太大，因此不适合于原矿或粗级磨矿。此外，当磨机高度增加时，研磨介质间的压力也增大，磨矿效率提高，但搅拌部件及衬板的磨损问题突出，这就限制了立磨机的大型化和大规模推广应用。

C　立磨机的应用范围

立磨机（塔磨机）可以广泛地应用于金/银矿、铜矿、铅/锌矿、镍矿、铁矿、石灰石、生石灰、熟石灰、熟石灰渣、锌残渣镍矿渣、氧化铁、烟气脱硫泥浆及石油焦炭等的搅拌研磨。

立磨机可将物料磨至亚微米级，在金属矿山则在 P_{80} 为 $15 \sim 74 \mu m$ 应用，如图 4-95 所示。

D　国内外典型的立磨机

a　爱立许的高效塔磨机

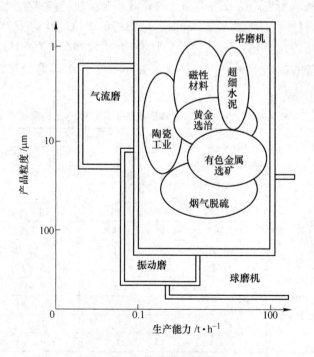

图 4-95　立磨机的应用范围

日本爱立许（Eirich）公司的塔磨机（Tower Mill）的研发始于 19 世纪 50 年代，主要结构如图 4-96 所示。爱立许公司生产的立磨机主要有 KD 与 KW 系列，现在可提供 NE-008、KW-5、KW-20、KW-50、KW-100、KW-200、KW-300、KW-500、KW-700 及 KW-1500 等型号的产品。

图 4-97 为爱立许公司的塔磨机在现场应用。

表 4-46 列出了爱立许公司生产的立磨机的系列产品，并列出了该系列产品处理给料粒度小于 3mm、产品粒度平均为 $10\mu m$ 的小时处理量（t）。

b 美卓的立磨机 Metso VERTIMILL

美卓（Metso）公司的立磨机有一个立式固定的磨矿室，其中有一个螺旋搅拌器，用于搅动直径为 $\phi12\sim25mm$ 的钢球磨矿介质。螺旋搅拌器以顶端边线速度 3m/s 旋转，属于低速搅拌磨机。矿浆从磨机的底部给入，利

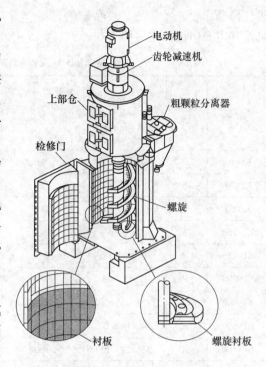

图 4-96 塔磨机结构示意图

用重力进行磨矿，磨矿产品从磨机顶部作为溢流流出。立磨机最大的安装功率为 1120kW，处理能力超过 100t/h。Metso 公司研发了一台 3000HP（2240kW）立磨机，主要用于选矿厂

图 4-97 爱立许公司的塔磨机在现场应用

进行再磨作业，尤其是二段磨矿的选矿作业。如图 4-98 所示为一台标准配置的大型立磨机及其主要组件。主要用于获得 P_{80} 为 15 ~ 30 μm 的矿物再磨回路。

表 4-46　KD 与 KW 型系列塔磨机的主要技术参数

类　型	功率 /kW	外形尺寸 (高×长×宽) /m×m×m	粉碎产品平均为 10μm 的粉碎处理量 /kg·h⁻¹	类　型	功率 /kW	外形尺寸 (高×长×宽) /m×m×m	粉碎产品平均为 10μm 的粉碎处理量 /kg·h⁻¹
KD-10	7.5	4.8×3×2.8	80	KW-10	7.5	4.8×3.5×2.6	200
KD-20	15	5.3×3.5×3.4	260	KW-20	15	5.3×4×3	650
KD-50	37	6.5×5.5×4.5	1000	KW-50	37	6.5×5.5×4	2500
KD-100	75	8×7×6	2800	KW-100	75	8×7×6	7000
KD-150	110	11×10×8	4600	KW-150	110	11×10×8	11500
KD-200	150	12×12×9	6400	KW-200	150	12×12×9	16000
KD-300	220	12.5×13×10	9800	KW-300	220	12.5×13×10.3	24000
KD-500	370	14×16×12)	17600	KW-500	370	14×17×12.6	44000
KD-600	450	15×17×13	21600	KW-600	450	15×18.5×13.8	54000
KD-800	600	16×18×14	29000	KW-800	600	16×20×15	72000
KD-1000	750	18×20×15	36000	KW-1000	750	18×23×16.5	91000

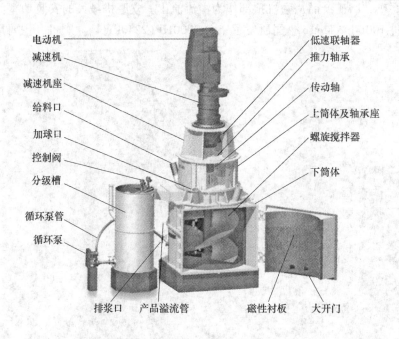

电动机　减速机　减速机座　给料口　加球口　控制阀　分级槽　循环泵管　循环泵

低速联轴器　推力轴承　传动轴　上筒体及轴承座　螺旋搅拌器　下筒体

排浆口　产品溢流管　磁性衬板　大开门

图 4-98　VERTIMILL 标准配置及主要组件

　　美卓公司的大型立磨机设计，为了方便维修以及节省停机时间，立磨机的筒体设计成侧开门式。美卓公司的立磨机的主要技术参数见表 4-47。

表 4-47 美卓公司的立磨机的主要技术参数

型 号	高度/m	长度/m	宽度/m	功率/kW(hp)	质量/t
VTM-15-WB	7076	1520	1320	11(15)	5.5
VTM-20-WB	7180	1520	1320	15(20)	5.9
VTM-40-WB	7460	1780	1520	30(40)	8.2
VTM-60-WB	7600	1780	1520	45(60)	8.8
VTM-75-WB	7900	1960	1700	56(75)	12.5
VTM-125-WB	9270	2670	2310	93(125)	17.9
VTM-150-WB	9780	2670	2310	112(150)	19.6
VTM-200-WB	9780	2670	2310	150(200)	20.5
VTM-250-WB	9650	3660	3180	186(250)	33.8
VTM-300-WB	9650	3660	3180	224(300)	35.7
VTM-400-WB	11320	3910	3380	298(400)	52.7
VTM-500-WB	12070	3860	3780	373(500)	66.1
VTM-650-WB	12270	3250	3860	485(650)	82.6
VTM-800-WB	13460	3560	4060	597(800)	100.4
VTM-1000-WB	13460	3660	4270	746(1000)	116.1
VTM-1250-WB	13460	4090	4520	932(1250)	125.4
VTM-1250-WB	14660	5385	4547	1120(1500)	143.3
VTM-3000-WB	17948	6604	3683	2237(3000)	342.7

部分立磨机在矿山应用情况见表 4-48。

Copperton（科伯顿）选矿厂位于美国犹他州盐湖城西南 40km，矿石产自 8km 以外的宾厄姆峡谷露天矿。原矿为含 Cu 0.4%～0.5%（质量分数，下同）、Mo 0.02%～0.03% 的黄铜矿和辉钼矿，还含有金、银、硒、铂、钯和碲等。目前日处理原矿石 18 万吨，是世界最大的选矿厂之一，主要产品为含铜 28% 的铜精矿和含钼 54% 的钼精矿。磨矿设备中，第一段磨矿为 36 英尺（10.98m）半自磨机 4 台，二段球磨机 8 台，磨矿粒度为 −0.074mm 粒级占 80%，浮选粗选用 Wemco（威姆柯）300m³ 自吸式浮选机（圆柱形 ϕ8m×6m），1986 年建厂初期用 85m³ Wemco 浮选机（方槽形），以后改为圆柱形 300m³ Wemco（1 台 300m³ 可替代 4 台 85m³），占地面积小。三段磨矿机为立磨机，粗精矿再磨，磨矿粒度为 −30μm 粒级占 80%，一次精选采用浮选柱，若再选也用浮选柱，精选尾矿、扫选精矿再磨后用浮选柱或者浮选机，其精矿和浮选柱精矿合并为最终精矿。混合铜精矿含 Cu 23%～25%，Cu 回收率 88%，Mo 回收率 63%，尾矿含铜 0.02%～0.03%。混合浮选工艺及磨设备采用立磨机，而浮选采用 300m³ 大型浮选机粗选和浮选柱精选联合的工艺。如图 4-99 所示。

c JM 系列立式螺旋搅拌磨机

表 4-48　部分立磨机生产(或设计)实例

矿　山	矿　石	作　业	球磨功指数/kW·h·t⁻¹	设备规格	台数	装机功率/kW·台⁻¹	流程量/t·h⁻¹	设备能力/t·(h·台)⁻¹	粒度/μm 给矿 F_{80}	粒度/μm 产品 P_{80}	功耗(按装机功率计)/kW·h·t⁻¹	安装年份	数据来源
澳大利亚 Cadia	铜金矿(低品位)	再磨		VTM650	1	450		30~40	70~80	30~40	11.3~15	1997	2009 年 10 月
	铜金矿(高品位)	再磨		VTM1250	2	930		30~40	70~80	20~30	23~31	2003	澳大利亚考查
美国希宾选矿厂	铁矿	再磨		VTM1250	2	930		125		33(−325 目 90%~95%)	7.5		太钢考查报告
巴西 CVRD Sossego	铜金矿	再磨	16.0	VTM1500	2	1120				44	11.9~15.7		国际自磨会议论文
Magma	铜矿	再磨	17.2	VTM1250	2	930		90.7		30	10.25	1993	Svedala 立磨安装实例
Newmont 印尼	金矿	再磨		VTM1250	2	930		96		25	9.69	1997	
澳大利亚 SINO	铁矿	三磨	17.8	VTM1500	5	1120	322	64.4	75	28	17.4	2009 年设计	原用于半自磨系列,现已取消
澳大利亚 Karara	铁矿	二磨	20	KW1500	3(4)	1120	1155	385(289)	55	35	2.91(3.87)		Eirich 试验
		三磨		KW1500	1	1120	124	96	35	25			设　计
中国莱钢谷家台	铁矿	铜钴再磨		VTM125WB	1	125HP	4.65			−400 目 96%		2010 年设计	设　计

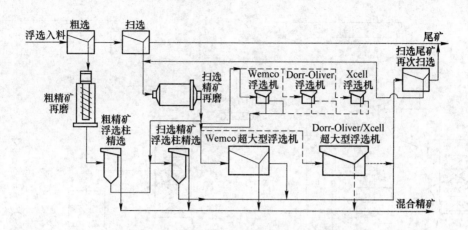

图 4-99 科伯顿（Copperton）磨矿浮选流程

JM 系列大型立磨机是 20 世纪 80 年代末期由长沙矿冶研究院研发的一款大型立式螺旋搅拌磨机。该磨机在国内是比较有代表性的，其主要外形结构如图 4-100 和图 4-101 所示。

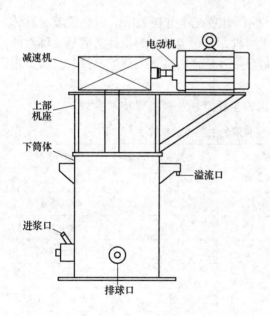

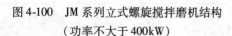

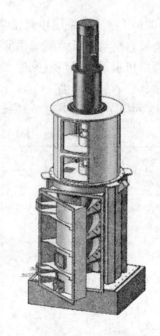

图 4-100　JM 系列立式螺旋搅拌磨机结构　　　　图 4-101　JM 系列立式螺旋搅拌磨机结构
　　　　（功率不大于 400kW）　　　　　　　　　　　（功率为 400～1120kW）

JM 型系列立式螺旋搅拌磨机的生产工艺流程如图 4-102 所示。

图 4-102a 开路流程采用底部给矿，顶部排矿；闭路流程采用水力旋流器分级，具体流程为先将矿物用旋流器分级，粗粒的矿物经高位槽由磨机底部进料口加入磨机，经一定时间的搅拌研磨后，细粒的矿物浆体经磨机顶部排料口溢流进入搅拌桶，最后由砂泵将料浆泵入旋流器进行新一轮的分级。

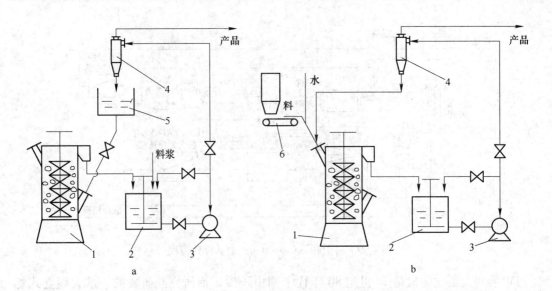

图4-102　立式螺旋搅拌磨机磨矿分级工艺流程

1—立式螺旋搅拌磨机；2—搅拌桶；3—砂泵；4—旋流器；5—高位槽；6—给料机

图4-102b开路流程采用顶部给矿，顶部排矿；闭路流程也是采用水力旋流器，具体流程为矿物浆料由给料机由磨机顶部进料口加入磨机，经一定时间的搅拌研磨后，细粒的矿物浆体经磨机顶部排料口溢流进入搅拌桶，最后由砂泵将料浆泵入旋流器进行分级，粗粒的矿物重新进入磨机研磨。

表4-49列出了JM系列立式螺旋搅拌磨矿机的主要型号及其主要技术参数。

表4-49　JM系列立式螺旋搅拌磨的主要技术参数

型　号	电机功率/kW	筒体内径/mm	有效容积/m³	处理量/t·d⁻¹
JM-1000	45	1000	2.0	70 ~ 120
JM-1200	75	1200	3.0	100 ~ 200
JM-1500	132	1500	5.0	200 ~ 300
JM-1800	250	1800	8.0	400 ~ 600
JM-2200	355	2200	12.0	600 ~ 800
JM-2600	600	2600	22.0	900 ~ 1200
JM-3200	800	3200	30.0	1300 ~ 1500
JM-3500	1000	3500	35.0	1400 ~ 1800
JM-3800	1120	3600	45.0	1800 ~ 2200

注：处理量为给矿粒度 -0.074mm占60% ~70%，产品粒度 -0.038mm占85% ~95%的数据。

4.3.9.2　艾萨磨机（卧式搅拌磨机）

艾萨磨机于20世纪90年代获得工业应用，其中艾萨磨机是由Mount Isa矿山与德国Netzsch Feinmahltec公司共同研制，首先在澳大利亚的Mount Isa矿山应用。它是由颜料工业所用的Netzsch搅拌磨大型化并适合矿业磨矿加以改进的。目前，艾萨磨机由澳大利亚超达公司（Xstrata）提供整体技术装备。

艾萨磨机是一种用于细磨和超细磨的高速卧式搅拌磨机，磨矿细度 P_{80} 能达到小于 $7\mu m$。艾萨磨机主要由筒体、机架、传动机构、磨盘和产品分离器等组成。有一组水平安装在悬臂轴上的圆盘，搅拌器转速高达 1000r/min 以上。这些圆盘以线速度为 15～20m/s 高速旋转，使介质与物料呈流态化运动。电机经过减速箱带动磨盘转动，磨盘搅动介质和物料进行连续工作，产品分离器的作用是将介质控制在磨机中而将合格产品顺利排出。与常规球磨机和塔磨机相比，艾萨磨机磨矿效率更高。艾萨磨机自 1994 年开发成功以来，已经成功应用于铅、锌、铜、钼、金、铂族金属等矿石细磨，目前磨机最大功率为 3.0MW。图 4-103 为艾萨磨机结构示意图。

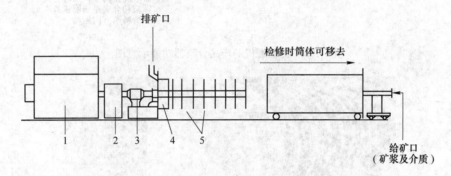

图 4-103 艾萨磨机结构示意图

1—电动机；2—减速机；3—轴承座；4—动态分离器；5—磨盘

艾萨磨机的工作原理如图 4-104 所示。

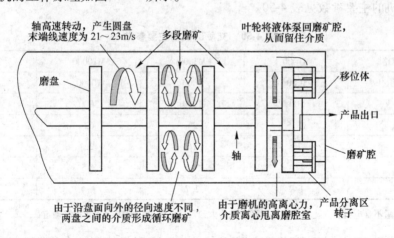

图 4-104 艾萨磨机的工作机理

艾萨磨机的排矿端设有由转子和置换体组成的产品分离器。该分离器为专利技术，艾萨磨机具有内部分级功能。产品分离器只将粒度合格的磨矿产品排出磨机，而将介质和粒度未达到要求的颗粒留在磨机中，这样，就使得艾萨磨机实现了开路磨矿，可以获得的产品粒级分布窄，省去了筛子或旋流器，简化了流程，减少了投资。艾萨磨机产品分离器结构及其分级功能如图 4-105 所示，实物见图 4-106。

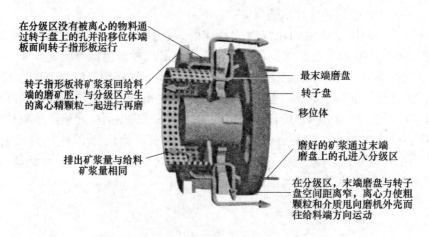

图 4-105　艾萨磨机的产品分离器功能示意图

图 4-106　艾萨磨机的产品分离器实物

艾萨磨机的主要参数见表 4-50。

表 4-50　艾萨磨机的主要参数

型号及规格	M1000	M3000	M10000	M50000
磨矿腔体积/L	1000	3000	10000	46000
驱动功率/kW	500	1500	3000	8000
质量/t	13.5	25	62	126
长/m	10	16	22	34
宽/m	1.4	3.5	3.5	4.7
高/m	1.2	2.7	3.4	5.4

注：设备质量不含电机和变速箱，宽度和高度均为大致尺寸，需电机确定后才能最终确定尺寸。

　　使用细颗粒介质是艾萨磨机高效磨矿的关键。立磨机使用的介质通常为 10~12mm，而艾萨磨机则可以使用 1mm 的介质，这意味着单位磨矿体积内介质的比表面积更大。单位磨矿体积内，装 2mm 的介质的比表面积是装 12mm 介质比表面积的 90 倍，因而大大增加了介质与颗粒尤其是与细颗粒的碰撞。通常，艾萨磨机可使用的磨矿介质种类繁多，成本低且可就地取材，如河砂、炉渣等惰性介质。常规的球磨机或立磨机都是以钢球为介质，但钢球介质的使用对浮选的影响通常都会抵消单体解离度的增加所带来的效益，特别是当磨矿细度小于 25μm 时。这是因为铁质介质磨矿容易使矿物颗粒表面形成金属沉淀和氢氧化铁薄膜，从而影响矿物的可浮性和选择性，如要获得相当的回收率，则必将导致浮选药剂消耗的增加。而艾萨磨机使用惰性磨矿介质则成功地避免了这个缺陷。试验不同磨矿介质磨矿时，通过 XPS 分析获得的方铅矿表面的原子组成情况，采用高铬介质磨矿与采用低碳钢介质磨矿相比，矿物表面的 Fe 含量由 16.6% 降到了 10.2%，而采用惰性陶瓷介质磨矿后，矿物表面的 Fe 含量则小于 0.1%，远远低于以上两种材质的介质，这将明显有利于后续浮选作业。

艾萨磨机研磨介质现主要应用圆形陶瓷介质球，典型的有 MT1 陶瓷介质球，其特性见表 4-51，不同陶瓷介质的消耗及磨矿能耗对比见表 4-52。

表 4-51　MT1 陶瓷介质的特性

组成（质量分数）	硬度	断裂韧度	密度/t·m^{-1}	松散密度/t·m^{-1}
79% Al$_2$O$_3$，6.5% SiO$_2$，14% ZrO$_2$	1300~1400HV	5~6	3.7	2.3~2.4

表 4-52　不同陶瓷介质的消耗及磨矿能耗对比

介 质 类 型	消耗 /g·(kW·h)$^{-1}$	比功耗 /kW·h·t^{-1}	消耗 /kg·t^{-1}	250t/h 处理量时的净功耗/MW
MT1 陶瓷(−4+3mm)	15	7.6	0.11	1.9
陶瓷1(−4+3mm)	128	13.1	1.68	3.3
陶瓷2(−4+3mm)	295	12.4	3.66	3.1
澳大利亚河砂(−4+3mm)	200	27.9	5.58	7
澳大利亚硅砂(−6+3mm)	781	11.2	8.77	2.8
镍渣(−4+1mm)	1305	17.8	23.23	4.4

艾萨磨机对于难处理硫化矿石的预氧化处理，迄今已有多种成熟工艺进入了应用阶段，如生物氧化和加压氧化工艺。奥尔滨工艺则是难处理硫化矿预氧化的一种崭新技术。奥尔滨工艺诞生于 1993 年，并且已获得国际专利。图 4-107 所示为奥尔滨（Albion Process）工艺流程。它是由芒特艾萨（MIM Holdings）控股有限公司（现为斯特拉塔公司 Xstrata Plc）发明的，适用于难处理贱金属和贵金属矿石的预处理。

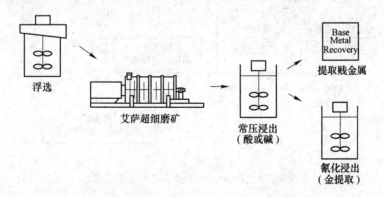

图 4-107　奥尔滨（Albion Process）工艺流程

奥尔滨工艺主要包括超细磨矿和常压氧化浸出过程。奥尔滨工艺创造性地采用了 Isamill 磨矿技术，在较低单位能耗下能够获得高反应活性的超细精矿粉体。超细磨精矿在传统搅拌槽中进行常压浸出。由于工艺流程简单，采用奥尔滨工艺的工厂投资、成本大大低于相同生产规模的生物氧化和加压氧化工厂。

奥尔滨工艺的关键技术是超细磨矿。超细磨矿过程中，矿物晶格内部产生大量应力，从而在矿物中形成比处理前高几个数量级的大量晶体裂隙和晶格缺陷。矿物的晶格缺陷数量增大会提高矿物的反应活性，从而加快浸出速度。经超细磨矿后，矿物表面积显著增大，这也有利于提高浸出速度。通过超细磨矿，浸出过程中产生的硫中间产物对矿物表面钝化作用也会降低到最小。浸出过程中矿物表面生成的沉淀，通过阻止化学物质与矿物表面接触，逐渐对矿物形成钝化。当沉淀厚度达到 $2 \sim 3 \mu m$ 时，将对矿物构成完全钝化。经过超细磨矿后，矿物细度可以达到小于 $8 \sim 12 \mu m$ 的占 80%，由于在沉积层达到足够厚度对矿物形成钝化之前，矿物已进行浸出反应并分解，所以钝化作用被消除。

艾萨磨机在 Mount Isa 铅锌矿的选矿工艺流程见图 4-108。图 4-109 为现场应用。Mount Isa 铅锌矿，矿石中含有部分紧密共生的矿物，其中一部分粒度较粗（$P_{80} = 37 \mu m$）时达到单体解离，一部分矿物粒度较细（$P_{80} = 12 \mu m$）时可以单体解离，还有一部分矿物需要磨细到 $P_{80} = 7.5 \mu m$ 时才能解离。Isa 磨机的使用满足该段工艺的解离度与分选的需求。锌浮选最大的问题是 Zn、Si、FeS_2 矿物粒度微细共生难以分离，依靠 Isa 磨机细磨至 $8 \mu m$ 左右使其解离才能获得好的分选效果。

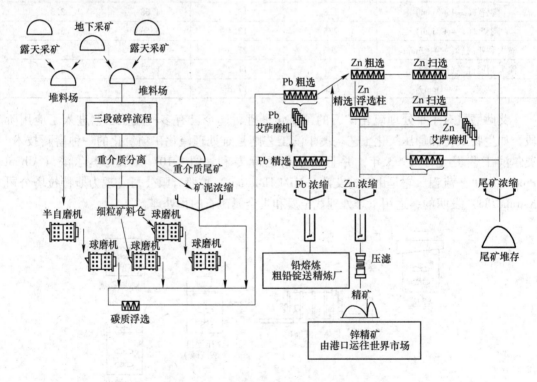

图 4-108　Mount Isa 铅锌矿选矿工艺流程

重介质精矿进入球磨机磨矿，磨矿产品（$P_{80} = 40 \sim 45 \mu m$）和浓缩产品合并一起进入浮选，先进行碳质浮选，浮选槽内产品进入 Pb 浮选粗选，泡沫进入 Isa 磨机磨矿至 $P_{80} = 8 \mu m$，然后进入 Pb 精选，得到 Pb 精矿，铅粗选尾矿以及精选尾矿一起进入锌浮选粗选。

锌浮选流程为"一粗一扫二精",粗选泡沫进入浮选柱进行第一次精选,浮选尾矿再进入浮选柱精选,扫选尾矿与中矿再磨后精选尾矿一起作为最终尾矿进入浓密机浓缩。精选中矿进入 Isa 磨机磨矿至 $P_{80}=8\mu m$ 之后再次精选,精选泡沫和前两次精选泡沫合并作为锌精矿入浓密机浓缩脱水,总精矿进入压滤机。

在 Pb 循环系统中含有 4 台 Isa 磨机,其他 4 台根据 Zn 矿石情况来决定运转台数,8 台磨机容积均为 3000L,给矿粒度 $P_{80}=40\sim45\mu m$,磨矿产品粒度一般为

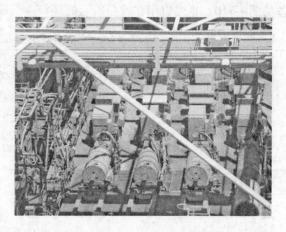

图 4-109　Mount Isa 铅锌矿艾萨磨机

$P_{80}=8\mu m$,粒度可以调节,有时可为 $P_{80}=5\mu m$,干矿处理能力为 $15\sim16t/h$,干矿能耗为 $60kW\cdot h/t$。在 Zn 精选过程中采用了浮选柱浮选。

在铅锌矿、铂族尾矿再利用及金矿超细磨等方面的主要实例及参数介绍如下:

(1)澳大利亚 Mount Isa 铅锌矿选厂铅粗精矿再磨回路及锌中矿再磨回路中安装了 8 台 M3000(1.12MW)艾萨磨机,给矿粒度 $F_{80}=40\sim45\mu m$,产品粒度 $P_{80}=8\mu m$,生产能力 $15\sim16t/($台·h$)$,比功耗为 $50\sim60kW\cdot h/t$。

(2)南非 Anglo 铂矿选厂安装了世界上第 1 台 M10000(2.6MW)艾萨磨机,用于处理已有尾矿库中的铂尾矿,给矿粒度为 $F_{98}=42.5\mu m$,产品粒度 $P_{80}=16.5\mu m$,比功耗为 $37kW\cdot h/t$。

(3)吉尔吉斯斯坦 Kumtor 金矿安装了 1 台 M10000(2.6MW)艾萨磨机处理再磨球磨机的排矿,艾萨磨机的给矿粒度 $P_{80}=20\mu m$,产品粒度 $P_{80}=10\mu m$,设计处理能力 $65t/h$,实际平均处理能力为 $72t/h$,目前实际利用功率 1950kW,相当于比功耗为 $27.1kW\cdot h/t$。

由于 MT1 陶瓷介质和艾萨磨机的大型化发展,如今,在惰性介质下大规模粗磨也变得经济可行,除超细磨应用外,细磨领域应用艾萨磨技术越来越多。

(1)老挝 Phu Kham 金矿采用了 1 台 M10000(2.6MW)艾萨磨机处理粗精矿,处理量为 $168t/h$,给矿粒度 $F_{80}=106\mu m$,产品粒度 $P_{80}=38\mu m$,磨矿介质为 MT1 陶瓷介质。

(2)澳大利亚 Prominent Hill 金矿选用 1 台 M10000(3MW)艾萨磨机处理粗选精矿,处理量为 $138t/h$,给矿粒度 $F_{80}=125\mu m$,产品粒度 $P_{80}=24\mu m$,磨矿介质为 MT1 陶瓷介质。

(3)南非英美铂公司采用 M10000 艾萨磨机处理球磨机排矿,设计给矿粒度 $F_{80}=75\mu m$,产品粒度 $P_{80}=53\mu m$,磨矿功耗为 $9kW\cdot h/t$,磨矿介质为 MT1 陶瓷介质,介质最大粒度为 3.5mm。应用艾萨磨的磨矿作业则需要 8MW 的安装功率,而现在采用 1 台 M10000 艾萨磨机只需要球磨机不到一半的安装功率。

(4)McArthur River 铅锌矿已完成艾萨磨处理半自磨闭路旋流器底流的试验,试验结果:给矿粒度 $F_{80}=350\mu m$,产品粒度 $P_{80}=20\sim30\mu m$,采用 3.5mm 的 MT1 陶瓷介质,比功耗为 $10\sim15kW\cdot h/t$,约为立磨机(塔磨机)完成相同试验所需功耗的三分之一。

北京瑞驰、广东派勒和重庆化工机械生产大型卧式搅拌磨机,主要参数见表 4-53,设

备见图 4-110，主要应用在钛白粉后处理行业，现正逐步向矿业领域推广应用。

表 4-53　HDM 大型卧式搅拌磨机的主要参数

型　号	HDM500	HDM800	HDM1000	HDM1200	HDM3000
筒体容积/L	560	800	1060	1250	3000
电机功率/kW	160	250	315	355	1100
小时产量/kg·h^{-1}	2000	2600	3200	4000	8500
小时产量/m³·h^{-1}	5	6.5	8	9	20
进料粒度/μm	$d_{97} \leqslant 10$				
进料粒度/μm	$d_{50} \leqslant 1.5, d_{99} \leqslant 1.0$				
每天工作时间/h	24				
年工作天数/d	330				
年工作小时/h	7920				
年产量/t	15000	20000	25000	28000	65000

注：产量为研磨钛白粉的产量。

图 4-110　HDM 大型卧式搅拌磨机的外形

4.3.9.3　立式高速搅拌磨机

A　SMD 立式搅拌磨机

由 Metso 矿物公司制造的 SMD 立式搅拌磨机，是英国陶瓷黏土公司为高岭土磨矿而研制的一种立式棒式搅拌磨机（图 4-111）。该机由筒体、棒式搅拌器、传动装置和机架等组成。磨机有一个八边体外壳，用来支撑安装在磨机中心轴上的多层长棒搅拌器，磨矿筒体的高度与直径比约为 1∶1。工作时，SMD 磨机有一个八边体外壳，磨机筒体固定不动，筒内充满一定介质球（钢球、锆球、刚玉球等），棒式搅拌器在电机驱动下以中高速度旋转，转速达 550r/min，其棒梢速度可达 11m/s。磨机搅拌器采用旋转运动方式，利用棒式搅拌器旋转动能，带动筒体内介质球与料浆做多维循环转运动，使介质与料浆混合物近似流态化，物料在介质球间受到强大的冲击力和剪切力的作用下而被粉磨。在精确控制给矿矿浆流量作业参数的情况下，物料经过充分磨碎、自然沉降分级和离心力分级过程后，上升到磨机上端的细粒料浆，通过磨机上部备有的一套筛孔尺寸为 300μm 的筛网后，溢流出而成为合格产品，球介质不能通过筛网而留在磨机中。SMD 磨机在矿业领域得到广泛应用，处理的矿物包括铜、金、镍、铂族金属等矿石。

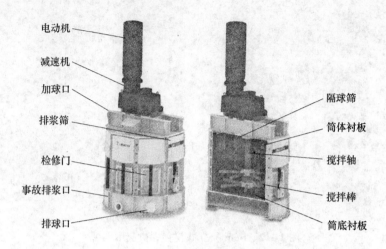

图 4-111　Detritor 立式搅拌磨机

Detritor 立式搅拌磨机在实际运行中，搅拌磨工作的过程参数控制非常重要。在磨机高功率强度输出条件下，为使磨机内的介质与高浓度矿浆完全混合，实现高效磨矿、有限磨损以及磨矿时所产生的热量迅速消散，得到所要求粒度的磨矿产品，磨机的处理量最大，以及其能耗最小，磨矿过程参数需要优化。磨矿产品粒度与效果取决于介质粒度、磨机的转速、介质的装载体积、制造介质的材质和矿浆浓度等主要参数的优化与操控。工作时主要通过补充介质方式，以保持磨机所要求的功耗，从而达到所要求的处理量和产品粒度。依据工艺要求，可以串联布置多级磨机生产流程，以保证最终产品的粒度及粒度分布。

Detritor 立式搅拌磨机采用立式布置的优点在于，完全利用磨机本体来支撑动力和传动系统，使设备占地面积小、基础更加简单。此外，采用立式布置，还可节省料浆密封装置或降低给料口压力。Detritor 磨机的规格为 7.5kW ~ 1100kW，据统计全球现有 149 台在运行，总安装功率为 4.5 万 kW。其中 355kW 的 Detritor 磨机是目前最成熟、市场应用最广泛的，其处理量约 20t/h，其应用现场见图 4-112。Detritor 立式搅拌磨机主要参数如表 4-54 所示。

表 4-54　Detritor 立式搅拌磨机主要参数

型号及规格	装机功率 /kW	处理量 /m³·h⁻¹	装球量 /kg	设备质量（空载）/kg	设备质量（带负荷）/kg	占地面积 /mm×mm	设备高度 /mm
SMD-0.75-L	0.75	N/A	2	400	400	1071×480	1215
SMD-7.5-P	7.5	21	125	1500	1950	1262×1399	2213
SMD-18.5-P	18.5	43	300	2100	2900	1282×1837	2393
SMD-90-E	90	60	1500	4020	10500	2130×2130	4215
SMD-185-E	185	115	3000	7590	19750	2511×2511	4659
SMD-355-E	355	115	6000	15500	31000	3050×3050	6498
SMD-1100-E	1100	225	18000	44500	79000	4600×4600	8400

图 4-112　Detritor 立式搅拌磨机应用现场

B　KE 立式盘式砂磨机

砂磨机是一种高速搅拌磨机，根据使用性能大体可分为立式砂磨机、卧式砂磨机、篮式砂磨机。根据搅拌器结构形式可分为盘式和棒式砂磨机等。其中立式砂磨机主要用于矿石和陶瓷的研磨与加工。立式砂磨机主要由机体、磨筒、盘式搅拌器、底阀、电机、送料泵和冷却系统组成。工作时，筒内装有一定数量的研磨介质，即玻璃球或陶瓷珠，物料由送料泵吸料，经研磨筒底部送入研磨筒内，主电机通过主轴带动盘式搅拌器高速旋转，其转速可达 1600 ~ 2200r/min。研磨介质、物料经由盘式搅拌器的高速转动，赋予研磨媒体以足够的动能，与被研磨的颗粒发生强烈的冲击、剪切、挤压和摩擦作用，对物料进行粉碎和研磨。经磨碎产生合格粒度的物料，通过筒体上部的介质分离装置与研磨介质分离，从出料口排出。由于采用连续进料—研磨—出料，整个生产过程都是连续进行的。

立式砂磨机采用搅拌器的高速回转使研磨介质和物料在整个筒体内不规则地翻滚运动，使研磨介质之间产生强烈的剪切、冲击和研磨作用，物料得到很好的磨细效果。通过合理选择研磨片的转速，提高设备的研磨和分散效率，防止选择过高的转速使能耗增加，造成浪费；设计新颖的盘式搅拌器结构，在靠近轴心部位开设通流面积较大的通槽，使磨矿介质和物料能够较为顺畅地做轴向流动以补充轴心部位的真空，使物料在磨腔中央区域能得以磨细，提高磨机容积与能量利用率；合理确定研磨筒的长径比为 3.5 ~ 4，提高磨矿介质的压强，实现高的磨细效率；加强对磨矿介质系统的研究以适应产品细度不断提高的要求。因此，立式砂磨机具有生产效率高、砂磨产品细度高、连续性强、成本低、磨机操作简单，运行平稳，结构合理，易于维护保养，适合连续生产等优点。由于圆盘搅拌器高速旋转，筒壁磨损严重，发热大，外壳须设冷却夹套。

立式砂磨机已广泛应用于油漆、化妆品、食品、油墨、药品、磁铁氧体等工业领域的高效研磨。工作时，根据物料产品细度要求选取 0.2 ~ 3mm 磨矿介质，研磨介质与物料相互以 10 ~ 16m/s 的剪切速度运动，可将 200μm 的物料研磨至 1 ~ 2μm。随着科研工作者对砂磨机的基础理论、设备结构的系统优化研究，使腔体内的研磨能量密度更加均匀，可以获得产品粒度更细、粒度分布更窄和单位产品能耗更低的研磨效果。

耐弛公司生产的砂磨机如图4-113所示。它已应用于钛白粉、重钙、高岭土和金属矿细磨作业。大型矿用砂磨机结构尺寸见图4-114，参数如表4-55所示。

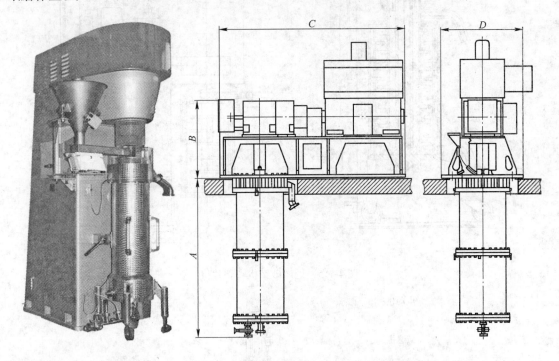

图 4-113 KE 型砂磨机   图 4-114 大型矿用砂磨机的结构尺寸

表 4-55 大型矿用砂磨机参数

型　号	磨机容积/L	搅拌器速度 /r·min⁻¹	矿浆流量 /L·h⁻¹	电动机功率/kW	质量/kg
KE-200C	200	140 ~ 525	≤7000	90	4400
KE-500C	470	130 ~ 390	≤15000	250	11500
KE-1000C	1280	85 ~ 325	≤35000	400	20000
KE-2500C	3150	60 ~ 185	≤75000	710(1000)	27000

国产立式盘式砂磨机主要应用于油漆、化工和重钙高岭土行业，少量应用于矿业，主要是搅拌器磨损太大。国产砂磨机如图4-115所示。

C LJM 大型超细搅拌磨机

LJM 大型超细搅拌磨机由多边形（四角、六角、八角）筒体、组合式搅拌器、传动装置和机架组成。筒体内充满一定的磨矿介质（锆珠、瓷珠或玻璃珠），传动机构带动搅拌轴以中等速度旋转，通过优化的搅拌器结构强制带动介质球做旋转，矿浆经加料口送入磨腔内，经介质之间强烈的研磨、剪切和冲击而磨细，成品浆由上部筛网过筛溢出，排入搅拌桶。其结构如图4-116所示，现场应用如图4-117所示。研磨工艺可采用一段或多段磨

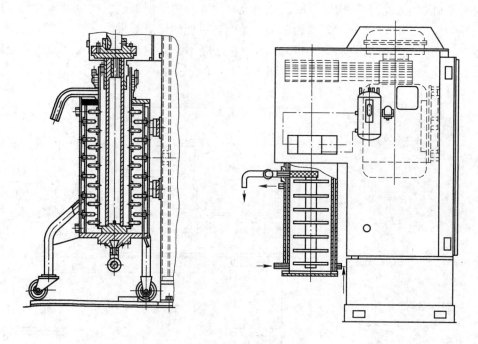

图 4-115　国产砂磨机和剥片机

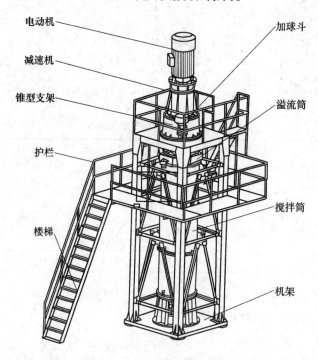

图 4-116　LJM 大型立式搅拌磨机的结构示意图

矿，如图 4-118 所示。主要应用于重质碳酸钙、软质高岭土、水煤浆、云母、石墨、伊利石、膨润土、稀土、氧化铁红和磁性材料等物料的超细研磨，产品细度可达微米及亚微米级。LJM 大型立式搅拌磨机主要技术参数见表 4-56。

图 4-117 LJM 大型立式搅拌磨机的现场应用

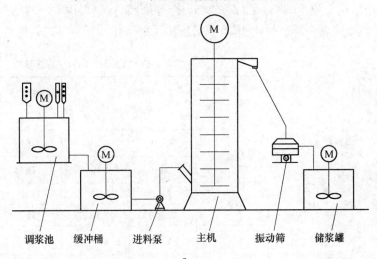

调浆池　缓冲桶　进料泵　主机　振动筛　储浆罐

a

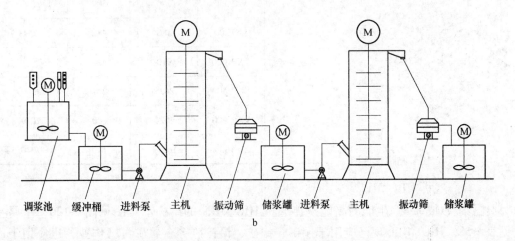

调浆池　缓冲桶　进料泵　主机　振动筛　储浆罐　进料泵　主机　振动筛　储浆罐

b

图 4-118 LJM 大型立式搅拌磨机的研磨工艺

表 4-56　LJM 大型立式搅拌磨机的主要技术参数

型　号	磨机容积/L	主电机功率/kW	处理能力 /kg·h⁻¹	外形尺寸(长×宽×高) /mm×mm×mm	质量/t
LJM-1000	1000	90	400 ~ 1000	1600 × 1600 × 5500	9.5
LJM-1500	1500	132	600 ~ 1500	1800 × 1800 × 6000	10.5
LJM-2000	2000	160	800 ~ 2000	2000 × 2000 × 7600	12.0
LJM-3600	3600	250	1500 ~ 3200	2200 × 2200 × 8500	16.5
LJM-4500	4500	400	2200 ~ 4800	2300 × 2300 × 9300	25.5
LJM-5600	5600	600	3000 ~ 6800	2500 × 2500 × 10800	30.8

注：处理能力以 0.045mm 重钙浆料（固含量 75%）磨细为 $-2\mu m$ 占 60% ~ 90% 的产品。

D　立式搅拌磨机（VXPMILL）

丹麦史密斯公司（FLSmidth）生产的立式搅拌磨机（VXPMILL）的结构示意图见图 4-119，其主要参数见表 4-57。VXPMILL 现已应用于铜矿铅锌矿等矿的再磨作业。

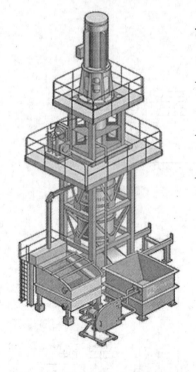

图 4-119　VXPMILL 结构示意图

表 4-57　VXPMILL 的主要参数

类　别	型　号	容积/L	设计转速 /r·min⁻¹	装机功率 /kW(hp)
试验室	VXP2	3	1763	3.7(5)
	VXP10	10	1763	15(20)
半工业	VXP25	27	1175	30(40)
	VXP50	50	1175	56(75)
工业生产	VXP100	110	764	110(148)
	VXP250	290	509	132(177)
	VXP500	480	432	224(300)
	VXP1000	910	304	337(452)
	VXP2500	2425	241	699(937)
	VXP5000	5026	180	1475(1978)
	VXP10000	10273	140	3000(4023)

E　高能磨机 HIG MILL

奥图泰（Outotec）生产的高能搅拌磨机 HIG MILL 的结构示意图见图 4-120，主要参数见表 4-58。HIG MILL 现已应用于铜矿、钼矿、铅锌矿等金属矿再磨作业，也应用于重钙浆料生产。

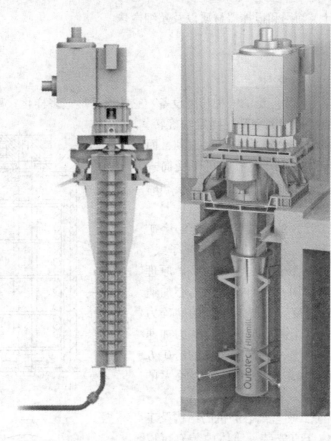

图 4-120　HIG MILL 结构

表 4-58　HIG MILL 的主要技术参数

型　号	HIG130	HIG200	HIG500	HIG700	HIG1100	HIG1600	HIG2300	HIG3000	HIG3500	HIG4000	HIG5000
装机功率/kW	130	200	500	700	1100	1600	2300	3000	3500	4000	5000

F　纳米搅拌磨机

在微细介质磨机中添加粉碎助磨剂可制备亚微米甚至纳米级超细粉体。一些学者认为，可用超细搅拌球磨机械法生产纳米粉体或浆料。德国 NETZSCH Feinmahltechnik 公司应用卧式循环搅拌球磨机生产细度小于 200nm 的产品，主要应用在油墨、油漆、颜料、染料及高科技材料行业。J. R. 麦克劳克林采用 Drais DCP 超细搅拌球磨机生产细度小于 150nm 的产品。相继开发的纳米超细磨机型号有 SC 型（图 4-121）、ZR120 型等，它们的共同特点是：（1）采用氧化锆 YTZ 陶瓷微珠，尺寸为 0.1～0.5mm；（2）均采用离心超细搅拌区域，力求粉碎区域受力均匀；（3）采用循环磨矿。它的关键技

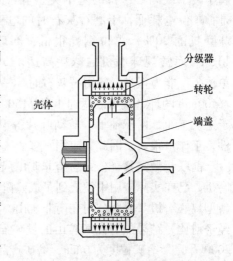

图 4-121　SC 型纳米超细球磨机

术是：粉碎腔形设计、筛网和搅拌器材质以及超细微珠。

4.3.10　离心磨机

4.3.10.1　立式离心磨机

离心磨机也是应用较为广泛的一种粉磨设备。它的设计形式多样化，离心式磨机与常规球磨机不同，它的磨矿室围绕某一固定轴旋转，并以某一预先确定的频率和振幅做机械振动，而不是做简单的绕轴旋转运动。这样，可不受筒式磨机那样的临界转速的限制，使得给定功率和磨机的体积大大减小，磨矿效率显著提高。

按照筒体（磨矿管）的安放位置，离心磨矿机分为立式和卧式两种，立式又有单管（转子式）和三管（行星式）离心磨矿机。它们的磨矿原理与常规球磨机的磨矿不同，它们是借助离心加速度（不是通过重力加速度）来提高钢球的磨碎力而进行磨矿的，而且这个离心加速度为重力加速度的 10 ~ 15 倍，所以这是一种高加速度的磨矿方法。但衬套磨损速度快是离心磨的一个较大的缺点。

图 4-122 所示为立式多室离心磨机的结构及工作原理。该机的筒体竖直安装，筒体内装有可以旋转的立轴；轴上安装带叶片的圆盘（转子），它将磨机筒体隔成多个磨矿室。每个室内，分别装入一定数量的研磨介质（磨球、钢段和矿石自身等）。我国研制的 $\phi530mm \times 400mm$ 的环磨机，就属于转子或离心磨机的基本类型。它的主要特点是：单位电耗低，干磨石灰石时的电耗仅为常规球磨机的 20%；单位钢耗很低，磨球消耗仅为 40g/t，而常规球磨机的球耗高达 1.5 ~ 2.0kg/t；单位生产能力很高，粉磨石灰石时，一台 $\phi530mm$

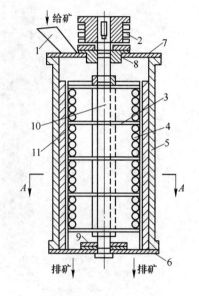

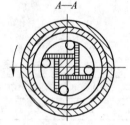

图 4-122　立式多室离心磨机
1—给矿口；2—皮带轮；3—分室隔板；4—研磨球；
5—筒体；6—底板；7—顶盖；8—上轴承座；
9—下轴承座；10—主轴；11—衬板

$\times 400mm$ 的环磨机可以达到 4 台 $\phi1500mm \times 1500mm$ 的常规球磨机的能力。但这种磨机用于选矿工业，由于轴承、转动叶片等磨损严重，并且为了保持动平衡需定期检修运动部件，工作量很大，因此，应用不多。

前联邦德国鲁奇公司与南非矿山局合作共同研制出 55kW、1000kW 和 1400kW 的离心磨机，已在实际应用中发展到了成熟阶段。这是一种体积小、磨矿强度大、能超细粉碎的新型离心磨机。鲁奇公司在南非矿山，对离心磨矿机和常规球磨机的设备性能作了详细的经济对比，结果如下：某矿山的铁矿石磨碎到要求的磨矿产品细度，每台磨机年产量为 2000 万吨，给矿粒度为 6mm，磨矿产品细度的比表面积为 1700 ~ 1800cm²/g，采用水力旋流器进行湿式闭路磨矿等，在相同条件下，选用一台 $\phi4.2m \times 8.5m$ 常规管磨机和 $\phi1.0m$

×1.2m 离心磨矿机进行对比试验，对比结果如表 4-59 所示。由表可知，离心磨矿机组的总成本为球磨机组的 74%。

表 4-59　离心磨机与普通球磨机的性能对比

参　数	普通球磨机	离心磨机	参　数	普通球磨机	离心磨机
总安装功率/kW	5000	4200	所占空间/%	100	40
磨机输入功率/kW	2×2000	2×1600	磨机基础/%	100	52
磨机质量/t	2×220	2×85	钢结构件/%	100	65
磨机规格/m×m	φ4.2×8.5	φ1.0×1.2	总成本/%	100	74
占地面积/%	100	55			

　　表 4-59 所示的结果表明，两种磨机在单机能耗基本相同的条件下，磨矿产品的粒度组成和比表面积，以及研磨介质工作表面的磨耗大致相同。由此可见，采用离心磨矿机代替常规球磨机，对选别作业的工艺制度并无影响。由该表还可看出，离心磨机虽有较高的生产能力，但排矿产品粒度中小于 5μm 的粒级含量和常规球磨机几乎一样。

4.3.10.2　Szego 磨机

　　Szego 磨机是一种独特的行星式离心辊碾磨磨矿机，Szego 粉碎机结构原理如图 4-123 所示。

　　这种磨机是由一个垂直固定筒体和 3~8 个有螺旋槽的辊子组成，每个辊子安装在法兰盘上，可以径向活动。给料从磨机上部给入，在辊子和筒体之间被重复地进行粉磨。物料主要受挤压、剪切、摩擦、冲击作用而粉碎。Szego 磨机由于具有独特的粉磨原理，因而广泛地应用于方解石、煤（水煤浆）、石墨、云母等非金属矿的粉磨，也适合于化工原料、橡胶填料等矿物的粉磨，另外还可应用在干、湿磨矿，特别在湿磨矿（含有固体物质高浓度的糊状体）应用较多。

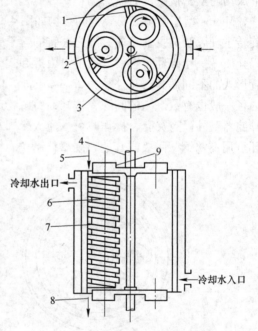

图 4-123　Szego 磨机结构原理
1—被粉碎物料；2—螺旋槽碾磨辊；3—固定圆筒；
4—立轴；5—进料口；6—辊子轴；7—辊子；
8—出料口；9—辊子轴承

　　Szego 磨机的主要技术参数见表 4-60。

4.3.10.3　Micros 磨机

　　Micros（日本奈良株式会社）被认为是辊辗磨中较先进的机型，Micros 粉碎机主要用于湿式粉碎。超细粉碎前，先将物料粉碎到一定的细度，然后将细粉与水配制成均匀浆料，再用砂泵将这些浆料送入研磨腔体内。采用湿法粉碎可使物料粉碎到 2μm 以下，甚至 0.5μm 以下。

表 4-60　Szego 磨机主要技术参数

技 术 参 数	磨机功率/kW	生产量/kg·h⁻¹	给料粒度/mm	外形尺寸 (M×L×W) /mm × mm × mm
SM-160-1 型	2.2	30～300	3	550×690×310
SM-220-1 型	15	100～2000	6	1060×860×480
SM-280-3 型	30	100～2000	6	2000×860×500
SM-320-1 型	22	200～3000	6	1400×1000×500
SM-460-1 型	56	500～5000	10	1870×2000×1250
SM-640-1 型	93	1000～7500	10	2300×2500×1600

日本大多采用刚玉、氧化锆或超硬高耐磨合金来制造研磨环和腔体内衬。

在传统的辊辗磨中，由于管或棒太长，很难使管或棒的表面之间以及与磨腔内壁之间形成均匀紧密接触进而碾磨物料。因此，用短环状（短棒状）研磨介质代替长管或长棒。

Micros 型超微湿式粉碎机的结构如图 4-124 所示。该机的主体机壳内设有机械带动的旋转主轴以及与主轴相连并随之公转的若干副轴。在每个副轴上分别装有数十枚环状的粉碎介质——粉碎环。它设计成可自由拆卸式，使得拆装非常容易；粉碎环的尺寸大小因装置形式的不同而异，其外径为 25～45mm，厚度在数毫米范围内。副轴的外径与粉碎环的内径一般也有数毫米的间隙，这样，每个粉碎环都可以自由地运动（自转和公转）。在粉碎腔器壁外设有夹套，操作时可以通入冷却水以控制磨内物料的温升。粉碎腔内壁和粉碎环可用不锈钢、陶瓷或其他超硬材料制作。

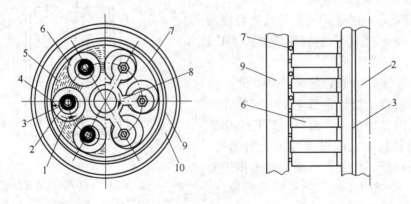

图 4-124　Micros 型粉碎机结构示意图

1—自转；2—副轴；3—轴套；4—离心力；5—浆料；6—粉碎环；7—衬里；8—公转；9—粉碎腔；10—夹套

当主轴旋转时，粉碎环随副轴运动产生离心力，此时，粉碎环与副轴间的间隙沿径向移动，粉碎环对粉碎腔内壁强力挤压，且由于两者间的摩擦力使粉碎环在副轴上做自转运动，即在粉碎机内部粉碎环反复进行公转和自转运动。原料进入粉碎腔以后即被旋转的粉碎环与器壁夹住，在离心力和旋转摩擦力等的作用下，不同大小的颗粒在腔体内被粉碎和分散。由于粉碎环高速运转，对于粉碎和分散处理黏度高低不同的物料都可以达到满意的效果。

MICROS 型超微湿式粉碎机的型号及主要技术参数见表 4-61，其中 MIC-0 型既能进行湿式又能进行干式粉碎作业。它适用于各种浓度的浆料的粉碎，易于粉碎（切断）纤维状物料，也可对石墨、滑石等层状物料进行剥离粉碎。

表 4-61 MICROS 型超微湿式粉碎机的型号及主要技术参数

型　号	MIC-0	MIC-1	MIC-2	MIC-3	MIC-5	MIC-10	MIC-20
有效容积/L	0.45	1	1.7	3	4.8	9.8	22.3
功率/kW	2.2	3.7	5.5	11	15	30	55
质量/kg	120	600	700	1200	1300	2500	4000

该机的主要特点：超微粉碎时的粉碎时间只需其他机型的 1/6～1/30 即可将原料粉碎到要求粒度；粉碎后的产品粒径分布狭窄；能较容易地粉碎（切断）纤维状的物料；被粉碎物料的浓度（固含量）范围比较宽；适用于原料粒径为数微米至 100 μm 范围内的粉碎，对石墨之类的层状物也能进行剥离和粉碎；可根据原料特性，自由选择不锈钢、陶瓷、碳化钨等材质作为粉碎腔和粉碎环的材料；内设气体密封结构，可以使内部操作在隔绝空气或在惰性气体（N_2、Ar）保护下进行；由于它不使用球、珠等研磨介质，机内的清洗较方便、简单；适用于连续、半连续或循环操作；粉碎腔体外设有夹套结构，可用来控制机内的操作温度，因此，在进行粉碎作业时能实现对物料的加温、冷却和保温，并可以直接测定粉碎腔内介质的温度；在用于需要防爆的场合，轴封可采用双端面机械密封，使机内与外界完全隔离；由于该机具有高强的剪切和压缩力，对那些高黏度的物料也能进行混合、粉碎和分散。

4.3.11 行星磨机

常规筒式磨机（球磨机、棒磨机、自磨机等）主要是在地球重力场制约条件下进行磨碎工作的。振动磨机的工作力场可以提高到 $(3～10)g(g$ 为引力加速度$)$；它的基本特点是靠研磨介质的高频振动而磨碎物料。搅拌式磨机兼有部分离心力作用，但这类磨机主要靠搅拌器旋转带动研磨介质运动而产生磨碎作用。行星磨机和回转磨机则与上述几类磨机的运动截然不同；这类磨机依靠磨机筒体本身具有强烈的自转和公转而使研磨介质产生巨大的冲击、研磨作用来磨碎物料。

图 4-125 为行星磨的结构及工作原理。当传动轴 6 由电动机带动旋转时，则连接杆 2、

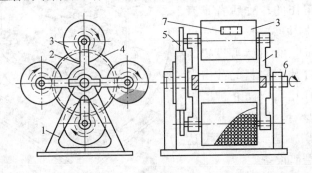

图 4-125　行星球磨机结构示意图

1—机架；2—连接杆；3—筒体；4—固定齿轮；5—传动齿轮；6—传动轴；7—料孔

筒体3将围绕公共轴6转动；与此同时，齿轮4带动齿轮5转动，由此而使装有研磨介质的筒体3绕自己的轴心旋转。行星磨主要靠磨机中间及物料与研磨介质间的强烈摩擦而粉碎物料。

行星磨机的介质充填率为30%，适宜的料球比为0.2左右。控制研磨时间和筒体的公转与自转转速比，可调节产品粒度和研磨效率。但这种磨机产量低，间歇工作，筒体的运动速度不能太大，故仅用于特殊物料的小批量超细磨碎。

4.3.12　振动磨机

装有物料和磨矿介质的筒体支撑在弹性支座上，电机通过弹性联轴节驱动平衡块回转，产生极大的扰动力，使筒体做高频率的连续振动，导致研磨体产生抛射、冲击和旋转运动，物料在研磨体的强烈冲击和剥蚀下，获得均匀粉碎。振动磨机就是利用筒体内研磨介质对物料的高频碰撞和研磨等作用而使物料粉碎的一种细磨或超细磨设备，如图4-126与图4-127所示。振动磨机于20世纪30年代由德国开始研制，60年代在建材、化工、医药等部门广泛应用，并形成系列化产品。

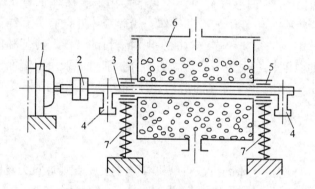

图4-126　振动球磨机结构示意图

1—电动机；2—挠性轴套；3—主轴；4—偏心重块；5—轴承；6—筒体；7—弹簧

一般磨机是在振动加速度为9.8m/s^2（重力加速度）的情况下工作的，而振动磨机却是在振动加速度为$(3 \sim 10) \times 9.8$m/s^{2}的情况下工作的，故后者具有很强的粉碎作用。振动磨的振动频率可达1000～1500次/min，因此大幅度提高了单位时间内研磨介质对物料的冲击次数。这种高频冲击作用可以防止被磨物料表面裂隙的重新聚合，因此它非常适合于物料的超细磨矿，是产品粒度可达很细（几微米）的磨矿设备。

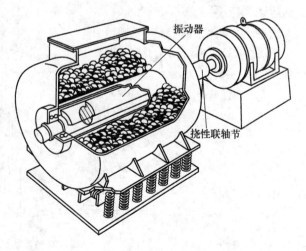

图4-127　振动球磨机示意图

4.3.12.1　振动磨机的种类

按其振动特点，分为惯性式、偏旋

式振动磨机；按筒体的数目，分为单筒式、双筒式和多筒式振动磨机；按安放方式，分为立式和卧式振动磨机；按操作方法，分为间歇式和连续式振动磨机。

图4-128为惯性振动磨机示意图。它主要由筒体、振动器、支架、弹性联轴器和电动机等组成。

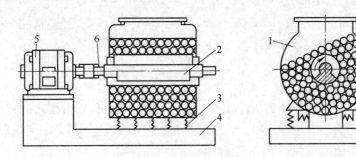

图4-128　惯性振动磨机示意图

1—筒体；2—振动器；3—弹簧；4—支承架；5—电动机；6—弹性联轴器

电动机通过联轴器带动振动器的轴旋转，振动器在不平衡旋转体的惯性力作用下振动。由于振动，引起了装有一定量研磨体和物料的筒体摇动运动。而筒体和振动器的这种摇动给研磨体以快速脉冲，使研磨体沿筒体壁滑动上抛，分布在研磨体孔隙间的物料受研磨体的打击和研磨作用而被粉碎。振动器由2个彼此压紧并安装在不平衡轴承上的管子组成。在两管之间的空腔中通水，使与研磨体接触的振动器的轴承和外管得到冷却。支承装置可以装设弹簧或以橡胶垫的弹性支座代替。振动器用两个对开的锥形环固装在磨机筒体上，筒体内装有研磨介质。

电动机带动主轴旋转时，筒体内的研磨体不仅不断地沿与主轴转向相反的方向循环运动，而且还有自转运动。在筒体径向或轴向截面上，研磨体的排列都很整齐。在振动频率低的情况下，球与球之间紧密接触，一层层地共同按一个方向运动，各个研磨体仅在其中心位置附近做有限移动。随着频率的增加，达到临界范围时，研磨体运动剧烈，各层间隙扩大，研磨体几乎呈悬浮状态。靠近筒体壁的研磨体受到剧烈碰击和较强的研磨作用。由于轴上偏重产生离心力使筒体振动，强制筒体内研磨介质和物料高频振动，物料受到研磨介质强烈的冲击、摩擦和剪切作用而被粉碎。

4.3.12.2　振动磨机参数的确定

A　研磨体的选择

研磨体的选择主要考虑其材料、形状、大小等几个方面。研磨体材料选择应满足：有大的相对密度，以实现有高的冲击力；耐腐蚀和不与物料起化学反应，且表面不易剥落。研磨体形状应以重心集中为好，一般是球状或长径比为1.1的短圆柱体。研磨体大小应从装球数量和单个球的冲击力两方面综合考虑。装球量少，球的直径大，质量大，冲击力大。但球与球之间的空隙多，影响粉碎粒度。装球量多、球径小、质量小，冲击力就小。一般使用的球径为10~15mm，球径与被磨物料的尺寸之比应不小于5~6。

B　研磨体的装载量

振动磨的工作效率以筒体全部容积都处在研磨体作用范围之内为最大。被填入的研磨体和被磨物料的充填率，以装填系数表示，有多种计算方法：

$$\psi = 填入研磨体的质量／筒体填满研磨体的总质量 = m/(\pi \cdot R^2 \cdot L \cdot \rho) \quad (4\text{-}107)$$

或 $\psi = 筒体静止时研磨体的充填截面面积／筒体的有效截面面积 = F/(\pi \cdot d^2)$

$$(4\text{-}108)$$

或 $\psi = 填入的研磨体的体积／筒体的有效体积 = V/(\pi \cdot R^2 \cdot L) \quad (4\text{-}109)$

装填系数的参考值：干式振动磨机，$\psi = 0.4 \sim 0.45$；湿式振动磨机，$\psi = 0.5 \sim 0.55$。而被加工物料与研磨体的装载量之比为 $1.11 \sim 1.2$。研磨体量和物料量在振动磨内的充填率为 70% ~ 80%。

C 振幅的改变

当频率一定时，改变动力矩的大小就可以直接改变振动磨的振幅、调整振动磨的操作。当振动器不平衡而动力矩一定时，若空车运转，振动部分质量减小，则振幅较大，可能导致弹簧的破坏，故应避免。

D 功率

对于振动磨，其功率的计算如下：

$$P = CmD^{1/2} \quad\quad\quad (4\text{-}110)$$

式中 P——振动磨功率，kW；

m——筒内装载总质量，kg；

D——振动磨筒体直径，m；

C——功率计算系数，见表4-62。

表 4-62 功率计算系数

球填入系数	0.1	0.2	0.3	0.4	0.5
功率计算系数 C	9.8	9	8.3	7	5.8

图 4-129 所示为双筒串联的连续振动磨机。

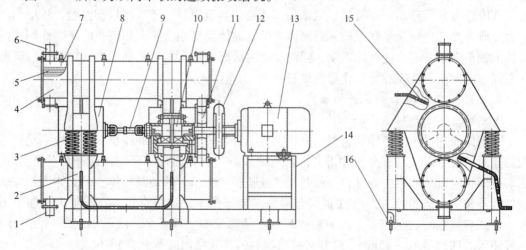

图 4-129 连续振动磨机

1—出料口；2—机座；3—弹性支撑；4—磨筒；5—磨破介质；6—进料口；7—衬筒；8—防护罩；9—万向联轴器；
10—激振器；11—连接管；12—挠性联轴器；13—电动机；14—电动机支架；15—冷却水管；16—地脚螺栓

该机主要由带冷却或加热夹套的上下筒体4，两筒体依靠支撑板装置在主轴上，主轴通过万向联轴器9和联轴器12与电动机13连接。上筒体出口与下筒体入口由上、下筒体连接管11相连，上、下两个筒体出口端均有带孔隔板。

物料由进料口6加入上筒体内进行粗磨，被磨碎的物料通过带孔隔板，经上下筒体连接管被吸入下筒体，在下筒体内被磨成细粉。产品通过带孔隔板，经出料口排出。

图4-130所示为立式振动磨机（又称三维式立式振动磨机）。

该设备由研磨室2、弹簧6、基座7、中心柱8、耐磨内衬9和机壳10、上部重块11、下部重块14和电动机5等组成。

立式振动磨机是依靠激振电动机（或激振器）产生的激振力和激振力矩使机体产生三维振动，从而使筒体内物料和介质发生碰撞研磨而达到细磨或超细磨的目的。

前联邦德国Palla振动磨机结构示意图见图4-131，其结构见图4-132，给排料方式见图4-133，其主要参数见表4-63。

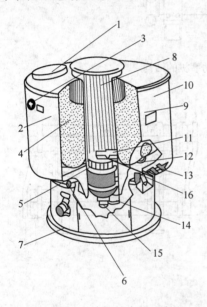

图4-130 立式振动磨机示意图

1—给料口；2—研磨室；3—系列磨机入口；4—研磨介质；
5—电动机；6—弹簧；7—基座；8—中心柱；9—耐磨内衬；
10—机壳；11—上部重块；12—介质支撑座；13—排料手柄；
14—下部重块；15—超前角调节器；16—排料口

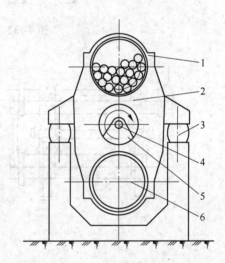

图4-131 Palla振动磨机结构示意图

1—筒体；2—支承板；3—主轴；4—隔振弹簧；
5—偏心块；6—机座

表4-63 Palla U 系列振动磨的主要参数

型 号	总容量/L	介质（钢球）质量/kg	总质量/kg	电动机功率/kW	处理能力/kg·h^{-1}
Palla20U	68	250	1040	5.5	100～250
Palla35U	39	1400	3900	30	400～900
Palla50U	1180	4400	9800	75	800～1700
Palla65U	2820	10400	23200	160	2000～4500

注：总质量包括介质（直径1/2in钢球充填率80%）、电机和磨机的质量。

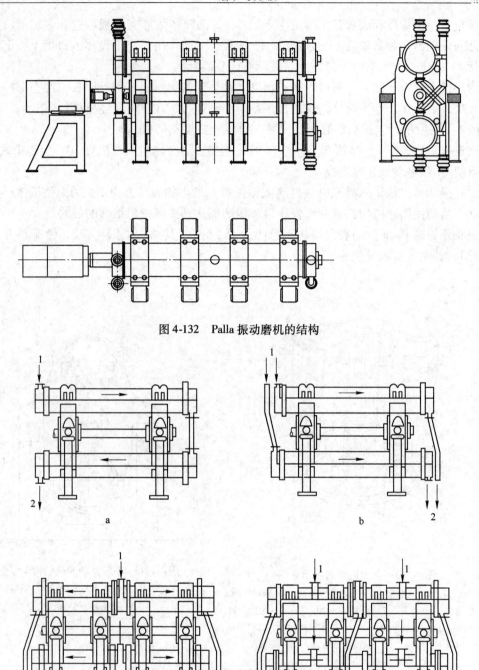

图 4-132　Palla 振动磨机的结构

图 4-133　Palla 振动磨机的给排料方式

a—串联；b—并联；c—半并联；d—1/4 并联

1—给料；2—产品

单筒、双筒和三筒 MZ 系列振动磨机主要参数分别见表 4-64 ~ 表 4-66。T22 系列振动磨机主要参数见表 4-67。

表 4-64 单筒 MZ 系列振动磨主要参数

参　数	MZ-100	MZ-200	MZ-400	MZ-800	MZ-1600
筒体体积/L	100	200	400	800	1600
筒体外径/mm	560	710	900	1120	1400
振动频率/Hz	24	24.3	24.5	16.3	16.2
振幅/mm	≤3			≤7	
磨介量/L	65~85	130~170	260~340	520~680	1040~1360
进料粒度/mm	≤5				
出料粒度/μm	≤74				
生产能力/kg·h⁻¹	100	200	400	800	1600
电机功率/kW	5.5	11	22	45	90
振动部分质量/kg	≤380	≤610	≤1220	≤2450	≤4900

注：1. JB/T 8850—2001 的振幅是指简谐振动的峰值。

　　2. 生产能力是指粉磨红瓷土原料时的生产能力。

表 4-65 双筒 MZ 系列振动磨主要参数

参　数	2MZ-100	2MZ-200	2MZ-400	2MZ-800	2MZ-800
筒体体积/L	100	200	400	800	1600
筒体外径/mm	224	280	355	450	560
振动频率/Hz	24	24.3	24.5	16.3	16.2
振幅/mm	≤3			≤7	
磨介量/L	65~85	130~170	260~340	520~680	1040~1360
进料粒度/mm	≤5				
出料粒度/μm	≤74				
生产能力/kg·h⁻¹	90	180	350	700	1400
电机功率/kW	7.5	15	30	35	110
振动部分质量/kg	≤540	≤960	≤1910	≤3820	≤7650

注：1. JB/T 8850—2001 的振幅是指简谐振动的峰值。

　　2. 生产能力是指粉磨蜡石原料时的生产能力。

表 4-66 三筒 MZ 系列振动磨主要参数

参　数	3MZ-30	3MZ-90	3MZ-150	3MZ-300	3MZ-600	3MZ-1200
筒体体积/L	30	90	150	300	600	1200
筒体外径/mm	168	224	280	355	450	560
振动频率/Hz	24.3	24	24	24.3	24.7	16.2
振幅/mm	≤3					≤7
磨介量/L	20~25	52~68	98~128	195~255	390~510	780~1020

参　数	3MZ-30	3MZ-90	3MZ-150	3MZ-300	3MZ-600	3MZ-1200
进料粒度/mm	≤5					
出料粒度/μm	≤74					
生产能力/kg·h⁻¹	20	60	125	250	500	1000
电功率/kW	2.2	4	7.5	15	37	75
振动部分质量/kg	≤190	≤380	≤610	≤1210	≤2410	≤4800

注：1. JB/T 8850—2001 的振幅是指简谐振动的峰值。

　　2. 生产能力是指粉磨黑钨矿精矿原料时的生产能力。

表 4-67　T22 系列振动磨的主要参数

型号规格	筒体体积/L	电动机功率/kW	振动频率/r·min⁻¹	质量/kg
T2280	800	2×23	1000	6100
T2240	400	1×23	1000	3900
T2210	100	1×15	1000	1200

　　振动磨机与球磨机相比，有显著的不同。在介质球的运动方式上，球磨机筒体中介质是做泻落或抛落式运动，而振动磨内筒体中的介质是做振动、旋转运动，物料由于受冲击、剪切和摩擦等的作用而被粉碎；磨机内介质的充填量可达80%，比球磨机高；处理量比同容量的球磨机大；结构简单；通过调节振幅；频率、介质类型、配比等，可进行细磨或超细磨，生产各种不同粒度的产品。由于振动磨采用振动方式粉磨物料，对于大型振动磨的弹簧、轴承等的机械零件强度要求较高，也难以大型化，目前中小型振动磨设备应用较广泛。

　　20 世纪 50 年代巴特尔（Batal）等的研究认为：振动粉磨效率随振动强度的增加而增加，随振幅的增长而明显上升。在这种理论指导下振动磨获得较快的发展。例如 20 世纪 70 年代联邦德国的 Palla 型振动磨，后来日本所研制的类似于 Palla 型的 CH 型及 RSM 型。我国振动磨的研究起步较晚，但目前已获得较大进展。温州矿山机械厂已有系列产品；西安冶金建筑科技大学研制的 MGZ-1 型振动磨，振动强度达 15g，华南理工大学研制的行星振动磨，将行星磨与振动磨原理结合起来，磨碎效果更好。

　　振动磨可用于间歇、连续、干式或湿式作业，现主要应用于氧化铁、磁性材料、锆英石、石英、硬质合金、颜料、石墨和氧化铝等原料的磨碎，产品粒度可达 1μm 以下。当粉磨物料要求不含铁时，可用锆球或瓷球和胶衬或瓷衬。

　　振动磨机具有单位容积产量大、磨碎效率高、占地面积小、设备质量轻和流程简单等优点。近年来，对粉磨冶金、化工染料、特种陶瓷和高级耐火材料等产品细度提出了特殊的要求，振动磨机又有了新的发展。改进磨机筒体使之便于密闭，或加入惰性气体进行超低温保护性磨矿，适合于易燃、易爆以及易于炭化等固体原料的超细磨碎。振动磨机用于干式磨矿时，可将粒径为 1~2mm 的物料，粉磨为 85~5μm 的产品粒度；用于湿式磨矿时，产品粒度可达 5~0.1μm 的微细颗粒。

　　振动磨机也有一些缺点：对机械特别是大规格机器要求高，由于弹簧和轴承易损坏，对某些物料（如韧性物料、热敏物料）的磨碎就较困难；对水分的要求严格，当原料中含水量超过4%～5%时，产量大幅度下降；磨机不很大；其单机产量低，不能满足大规模生产的要求。

4.3.13 胶体磨机

胶体磨机（简称胶体磨），一般分为立式、卧式、管式等几种形式。胶体磨由磨头部件、底座传动部件、电动机三部分组成。材质一般为碳钢和不锈钢两种，胶体磨的基本原理是流体或半流体物料通过高速相对运动的定齿与动齿之间，物料受到强大的剪切力、摩擦力及高频振动等的作用，被有效地粉碎、乳化、均质和混合，从而获得满意的精细加工的产品。立式胶体磨的结构形式如图4-134a所示。

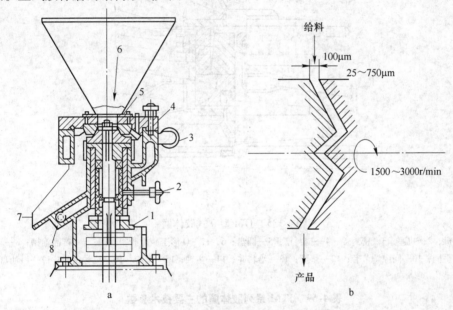

图4-134 胶体磨机的结构形式

a—立式胶体磨结构；b—胶体磨工作原理

1—调节手轮；2—锁紧螺钉；3—出水口；4—上部和下部圆盘（旋转盘和固定盘）；
5—混合器（分散物料）；6—给料；7—产品溜槽；8—入水口

如图4-134b为胶体磨的工作原理示意图。胶体磨机由一个高速（1500～3000r/min）旋转盘和一个固定盘组成；旋转盘和固定盘之间的间隙为0.005～1.0mm。盘子的形状可为平的、槽形或锥形。给料粒度小于0.2mm，以料浆形式给入磨机圆盘之间。处在两个盘子中间的料浆，由于受到高速旋转盘的剪切、研磨和冲击等作用而被粉碎；其产品粒度可以达到1μm以下。试验表明，盘子的圆周速度越高，产品粒度越细，它们之间的大致关系见表4-68。

表4-68 圆周速度与产品粒度的关系

盘子的圆周速度/m·s^{-1}	10	30	40
产品平均粒度/μm	1	0.1	0.01

图 4-135 为 JTM 型立式胶体磨结构原理图。物料由给料斗 13 给入机内，在快速旋转的盘式转齿和定齿之间的间隙受到摩擦、剪切、冲击和高频振荡的作用被粉碎和分散。定子和转子的间隙可以由间隙调节套 10 调节。

JTM 系列胶体磨主要技术参数见表 4-69，JM 系列胶体磨的技术参数见表 4-70。

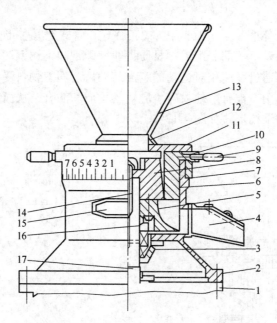

图 4-135　JTM 型立式胶体磨

1—电动机；2—机座；3—密封盖；4—排料槽；5—圆盘；6，11—O 形丁腈橡胶密封圈；7—产品溜槽；8—转齿；9—手柄；10—间隙调节套；12—垫圈；13—给料斗；14—主轴；15—铭牌；16—机械密封；17—甩油盘

表 4-69　JTM 系列胶体磨的主要技术参数

型　号	JTM50	JTM85	JTM120	JTM180
转齿直径	50	85	120	180
转速/r·min⁻¹	8000	3000	3000	3000
电机功率/kW	1	5.5	13	30
处理量/kg·h⁻¹	20~100	80~500	300~1000	800~3000
产品细度/μm	1~20	1~20	1~20	1~20
机重/kg	30	110	140	300
外形尺寸/mm×mm×mm	290×270×691	620×500×1000	590×450×1226	655×600×2085

胶体磨适用于各类乳状液的均化及食品、化工原料、日用品料、医药、陶瓷等物料的超细磨。为满足石油、矿山、冶金大型企业的生产需要，生产了 D-100 特种胶体磨。该磨机为硬质合金磨片，产量可达 30t/h。

表 4-70 JM 系列胶体磨的主要技术参数

产 品 类 型			物料处理细度/μm 单循环或多循环	产量 /t·h⁻¹	转速 /r·min⁻¹	电机功率 /kW	外形尺寸（长×宽×高）/mm×mm×mm	质量/kg
JM280QF			2~50	4~15	3100	45	1215×550×912	820
JM220QF			2~50	3~10	3100	37	1165×500×862	750
JM180QF			2~50	2~7	3100	22	1015×430×812	620
JM180A	立式	L	2~50	1~4	2960	11	620×500×850	250
	卧式	W					730×485×485	220
	分体	F			3500		840×430×1050	420
JM140-TP	立式	L	2~50	1~6	2930	18.5	620×500×850	260
	卧式	W					735×450×450	220
	分体	F			3500		840×430×1050	460
JM140-T	立式	L	2~50	1~5	2930	15	620×500×850	250
	卧式	W					735×450×450	210
	分体	F			3500		840×430×1050	440
JM140-1A	立式	L	2~50	1~4	2930	11	430×500×850	235
	卧式	W					735×450×450	200
	分体	F			3500		840×430×1050	420
JM140-2A	立式	L	2~50	0.5~3.5	2900	7.5	450×450×760	200
	卧式	W					630×450×450	170
	分体	F			3500		840×430×1050	400
JM140-3A	立式	L	2~50	0.5~3	2900	5.5	450×450×760	200
	卧式	W					630×450×450	170
	分体	F			3500		840×430×1050	390
JM120	立式	L	2~50	0.5~2.5	2900	4	340×340×680	112
	卧式	W					550×340×340	84
	分体	F			3500		340×720×980	220
JM100A	立式	L	2~50	0.5~2	2890	3	340×340×660	92
	卧式	W					520×340×340	64
	分体	F			3500		340×720×980	215
JM80-1A	立式	L	2~50	0.1~1.5	2840	2.2	340×340×610	52
	分体	F			5000		580×222×510	130
JM80-2A	立式	L	2~50	0.1~1	2840	1.5	340×340×610	52
	分体	F			5000		580×222×510	130
JM50	立式	L	2~50	0.05	2840	1.1	280×280×480	45

4.3.14　气流磨机

气流磨（又称流能磨/喷射磨）是利用高速气流（300～1200m/s）喷出时形成的强烈多相紊流场使其中的颗粒自撞、摩擦或与设备内壁碰撞、摩擦而引起颗粒粉碎的一种超细粉碎设备。超细气流粉碎机在工业上的应用始于20世纪30年代，经过几十年来的改进，迄今已发展为相当成熟的超细粉碎技术。扁平式气流磨机如图4-136所示。

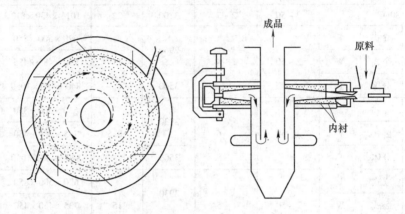

图4-136　扁平式气流磨机

目前工业上应用较广泛的主要类型是扁平（水平圆盘）式气流磨、循环管式（跑道式）气流磨、对喷式（逆向式）气流磨、冲击式（靶式）气流磨、超声速气流磨和流态化床逆向气流磨等。气流磨机的主要粉碎作用区域在喷嘴附近，而颗粒之间碰撞的频率远远高于颗粒与器壁间的碰撞，因此气流磨机中的主要粉碎作用以颗粒之间的冲击碰撞为主。气流磨机与其他超细粉碎机相比，具有以下优点：

（1）粉碎仅依赖于气流高速运动的能量，机组无须专门的运动部件；

（2）气体绝热膨胀加速，并伴有降温，粒子高速碰撞会使温度升高，但由于绝热膨胀使温度降低，所以在整个粉碎过程中，物料的温度不高，这对热敏性或低熔点材料的粉碎尤为适用；

（3）粉碎主要是粒子碰撞，几乎不污染物料，而且颗粒表面光滑，纯度高，分散性好。

气流磨机广泛地应用于化工原料和高纯非金属等物料的超细粉碎，产品细度可达1～5μm。

超细气流磨机种类较多，结构各有不同。

4.3.14.1　扁平式气流磨机

扁平式气流磨机的粉碎室结构简单，容易制造，因而应用广泛。该机的典型结构如图4-133所示。它主要由粉碎室、喷嘴口、出料口、气流出口、压缩空气入口、分级区等组成。

这种粉碎机通过装在粉碎室内的喷嘴把压缩空气或过热蒸汽变为高速气流，当物料通过加料器送入粉碎室时，受到高速气流的剪切作用，强烈的冲击和剧烈的摩擦将颗粒物料粉碎成超细产品。这种气流磨机还有一个特点，即设计的喷嘴角度所产生的旋涡流，不仅能达到粉碎的要求，而且由于离心力的作用还能达到分级的目的，可以使超细产品分离出来。粉碎产品的粒径根据该机喷嘴的安置角确定，并通过调节投料量的方法来实现简便的控制。

扁平式气流磨的主要特点：

（1）适用于干性、脆性物料（一般物料含水量小于3%）的超细粉碎，冲击速度大，很容易获得数微米的粒子；

（2）由于粉碎主要是靠粉体间相互作用的自磨粉碎，所以产品不易被其他物质污染，可以获得高纯度的超细粉体；

（3）可以根据不同性质的物料，选配相应的内衬材料（主要在粉碎室四周及进、出料管部分），从而可以解决硬物料（莫氏硬度不大于9）和黏壁性物料在粉碎中所带来的问题；

（4）结构简单，没有运转部件，除内衬正常磨损外，其他零部件一般不会损坏；

（5）整个粉碎过程密闭、无粉尘飞扬；

（6）噪声低，无振动；

（7）拆洗方便，不需基础；

（8）能实现大处理量、连续生产，自动化程度高。

表 4-71 所示为 QS 系列扁平气流磨机的主要技术参数。

表 4-71　QS 系列扁平气流磨机的主要技术参数

型号及规格	粉碎室直径/mm	粉碎压力（表压）/MPa	空气耗量/$m^3 \cdot min^{-1}$	生产能力/$kg \cdot h^{-1}$	配套空压机功率/kW
QS-50	50	0.7 ~ 0.9	0.6 ~ 0.8	0.5 ~ 2	7.5
QS-100	100	0.7 ~ 0.9	1.5	2 ~ 10	15
QSB-200	200	0.7 ~ 1.0	5 ~ 6	30 ~ 75	37
QSB-280	280	0.7 ~ 1.0	7 ~ 10	50 ~ 150	65 ~ 75
QS-300	300	0.6 ~ 0.8	5 ~ 6	20 ~ 75	37
QS-350	350	0.6 ~ 1.0	7.2 ~ 10.8	30 ~ 150	65 ~ 75
QSB-500	500	0.6 ~ 0.8	17 ~ 18	200 ~ 500	130
QS-600	600	0.6 ~ 0.8	23	300 ~ 600	190

注：QS—单相流粉碎喷嘴型；QSB—闭回路内循环型。

表 4-72 所示为 GTM 系列扁平式气流磨机的主要技术参数。GTM 系列气流磨机是采用高硬工程陶瓷材质制作所有过流部件的扁平式气流磨，适用于高硬脆性物料和凝聚物料，如锆英石、氧化铝、氧化锆、滑石、涂料、农药及花粉等物料的超细粉碎。

表 4-72　GTM 系列扁平式气流磨机主要技术参数

型号及规格	供气量/$m^3 \cdot min^{-1}$	工作压力/MPa	进料压力/MPa	进料温度/℃	粉碎能力/$kg \cdot h^{-1}$	装机功率/kW
GTM-10	1.6	0.7 ~ 1.0	0.3 ~ 0.4	20	3 ~ 30	13 ~ 15
GTM-20	3 ~ 4	0.7 ~ 1.0	0.2 ~ 0.4	20	10 ~ 50	30
GTM-30	5.5	0.7 ~ 1.2	0.4 ~ 0.5	20	50 ~ 15	55
GTM-38	10	0.7 ~ 1.2	0.2 ~ 0.4	20	70 ~ 200	65 ~ 75
GTM-60	30	0.7 ~ 1.2	0.3 ~ 0.5	20	200 ~ 600	180
GTM-76	40	0.8 ~ 1.2	0.3 ~ 0.5	20	500 ~ 1000	240

注：给料粒度小于150μm，产品细度小于5μm。

4.3.14.2 循环管式气流磨机

图 4-137 为循环管式气流磨机粉碎原理图。物料经加料喷射器 3 加入混合室 4，压缩空气经过粉碎喷嘴 6 进入粉碎腔，将颗粒加速，使颗粒之间产生强烈冲击、碰撞粉碎，气流夹带被粉碎过的颗粒沿上升管 8 向上进入一级分级腔 1。在一级分级腔，由于离心力场的形成和离心力与分级区轮廓的配合，使密集的颗粒流分层，粗颗粒在外层，细颗粒在内层，在产品出口 11 处，安置二级分级腔 10 再进行分级，产品细度再次提高。

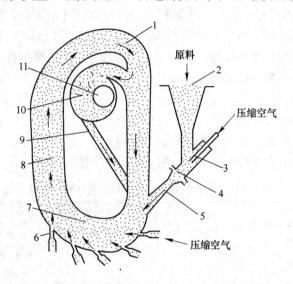

图 4-137 循环管式气流磨机工作原理

1—一级分级腔；2—进料口；3—加料喷射器；4—混合室；5—文丘里管；6—粉碎喷嘴；
7—粉碎腔；8—上升管；9—回料通道；10—二次分级腔；11—产品出口

QON 型循环管式气流磨机的主要技术参数如表 4-73 所示。

表 4-73 QON 型循环管式气流磨机的主要技术参数

型 号	QON75	QON100
粉碎压力/MPa	0.6 ~ 0.9	0.6 ~ 0.9
耗气量/m³ · min⁻¹	6.2 ~ 9.6	13.5 ~ 20.6
生产能力/kg · h⁻¹	30 ~ 150	100 ~ 500
功率/kW	65 ~ 75	110 ~ 135
质量/kg	350	650

4.3.14.3 对撞式气流磨机

对撞式气流磨机是一种使物料在超声速气流中自身产生对撞而实现粉碎的超细粉碎设备。它克服了传统靶面撞击式和环形旋转式气流磨机磨腔易被磨损这一弱点，可以加工莫氏硬度 9.5 以下较脆性金属和非金属物料。

图 4-138 所示为布劳-诺克斯型气流磨机（Blaw Knox Jet Mill），它装有四个相对喷嘴，粉碎过程是：物料经螺旋加料器 3 推进到喷射式加料器 9 中，被加料气流吹入粉碎室 6，在这里被来自四个喷嘴的喷气流所加速，并相互撞击而粉碎。被粉碎物料在一次分级室 4 中进行初步分级后，较粗的颗粒返回粉碎室 6 进一步粉碎，细颗粒进入风力分级机 1 中分

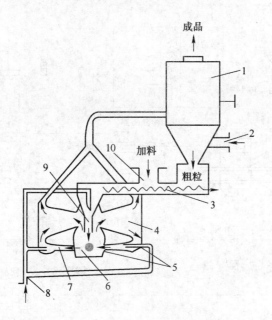

图 4-138 Blaw Knox 型气流磨机

1—风力分级机；2—二次入风口；3—螺旋加料器；4—一次分级室；5—喷嘴；6—粉碎室；
7—喷射器混合管；8—气流入口；9—喷射式加料器；10—物料入口

级，然后用旋风除尘器和袋式除尘器除尘。

表 4-74 所示为 QLM 系列对撞式气流磨机的主要技术参数。

表 4-74 QLM 系列对撞式气流磨机的主要技术参数

型 号	QLM-Ⅰ	QLM-Ⅱ	QLM-Ⅲ	QLM-Ⅳ	QLM-Ⅴ
进料粒度/目			200 ~ 350		
出料粒度/μm			0.15 ~ 20		
功率/kW	35	75	150	320	1000
用水量/t·h⁻¹	风冷	6	8	24	40
设备占地面积（不包括压缩机）/m²	6×3	6×3	9×4	13×4	15×6

QLM 型对撞式气流磨机的粉碎工艺流程如图 4-139 所示。

其粉碎过程是将压缩空气从特殊设计加工的喷嘴射入研磨室，使物料流态化。物料在超声速的喷射气流中被加速，在各喷嘴交汇处汇合，自身互相碰撞而达到粉碎。被粉碎的产品随上升气流输送到涡轮式超微细分级器。当物料粒径被粉碎到分级粒径以下时，由分级器分级出合格粒径。粉碎和分级在同一研磨室内进行，大大提高了粉碎和分级的工效，未被分级器精选的粗料又返回研磨室继续粉碎，最后产品经输出管输送到高效旋风分离器分离，粉碎用气体在内部循环使用，粉碎过程在闭环中完成，对环境无污染。如果采用惰性气体作工作介质，可对金属和易氧化合金粉体实现超细粉碎。

4.3.14.4 流态化床逆向气流磨机

如图 4-140 所示为 AFG 型流态化床逆向喷射气流磨机。

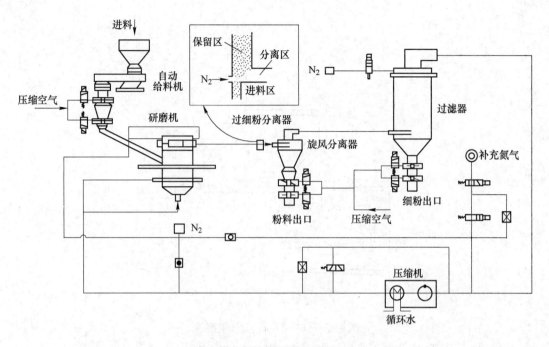

图 4-139　QLM 型设备工艺流程

物料通过阀门给入料箱。螺旋 1 将物料送入粉碎室 2。空气通过逆向喷嘴喷入粉碎室使物料层流态化。被加速的颗粒物料在各喷嘴交汇点汇合，颗粒因互相冲击碰撞而被粉碎。粉碎后的物料由上升气流送至涡轮式超细分级器，细粒物料经产品出口排出后收集为产品；粗颗粒沿机壁返回粉碎室。料箱及粉碎室的料位由水平探测器控制。

LCF 系列流态化床式气流磨机的主要技术参数见表 4-75。

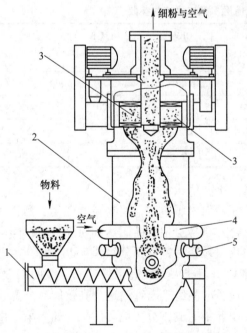

图 4-140　AFG 型流态化床逆向喷射气流磨机
1—螺旋加料器；2—粉碎室；3—分级叶轮；
4—空气环形管；5—喷嘴

表 4-75　LCF 系列流态化床式气流磨机的主要技术参数

技术参数	LCF-200 LCF-200A	LCF-350 LCF-350A
进料粒度/目	≤150	≤150
工作压力/MPa	0.7 ~ 1	0.7 ~ 1
耗气量/m³·min⁻¹	≤12	≤18
粉碎硬度（莫氏）	1 ~ 10	1 ~ 10
分级机转速/r·min⁻¹	11.00 ~ 11000	600 ~ 6000
产品平均粒径/μm	5.5 ~ 80	5.5 ~ 80
生产量/kg·h⁻¹	30 ~ 200	50 ~ 350

LCF 系列流态化床式气流磨机具有以下特点：

（1）它与扁平式、对喷式气流磨机不同，进料口与进气的喷管分开，从而避免了喷管的磨损和频繁的更换；

（2）采用超声速喷嘴，因出口气流温度低，特别适合于热敏性、低熔点物料的超细粉碎，因物料碰撞在高速气流下瞬间完成，也不会改变物料的化学性质；

（3）采用多头喷管，粉碎过程主要在粉碎腔中心的交汇点处实现，从而减少了粉碎腔内壁的磨损，有利于坚硬物料的粉碎，加之整机采用全密封系列，也可确保粉碎物料的高纯度；

（4）粉碎效率高，可实现微粉（0.5~10μm）生产；

（5）分级效果好，该机采用具有特别隔离和气封结构的超细、高速卧式涡轮分级机，可实现对于粒度范围要求苛刻的物料粉碎；

（6）能耗低，与一般扁平式、对喷式气流磨相比，可节能 30%~40%；

（7）结构紧凑，操作、维修方便。

AFG 流态化床式逆向喷射磨机的主要技术参数见表 4-76。

表 4-76 AFG 流态化床式逆向喷射磨机的主要技术参数

型　号	100AFG	200AFG	400AFG	630AFG	800AFG	1250AFG
空气耗量（压力 6Pa）/m³·h⁻¹	50	200	800	2000	5200	10500
喷嘴直径/mm	2	4	8	11	16	22
有效容积 粉碎室/L	0.85	25~30	80~90	340	1250	3400
有效容积 料箱/L		15	55	230	1100	3000
分级机 Turboplex 型	50ATP	100ATP 3(4)	200ATP	315ATP 11(15)	3×315ATP 3×11(15)	6×315ATP 6×11(15)
驱动功率/kW	1		5.5			
转速/r·min⁻¹	22000	11500	6000	4000	4000	4000
辅助设备 ALPine 过滤器		K6	M12	G20	G48	G104
辅助设备 ALPine 旋风分离器	GAZ180	MAZ224	KAZ315	KAZ500	KAZ800	KAZ1120
产品细度（d_{97}）/μm	2.5~40	4~50	5.5~90	7~90	7~90	7~90

气流磨机可以广泛地应用于化工、农药、矿业、医药、陶瓷、电子、国防、轻工和食品等行业。表 4-77 所示为 QS 型气流磨机应用实例，表 4-78 所示为 400AFG 流化床逆向喷射气流磨机应用实例，表 4-79 所示为 Jet-O-Mizer 型气流磨机应用实例。

表 4-77　QS 型扁平式气流磨机应用实例

型　号	物料名称	粉碎压力/MPa	加料速度/kg·h⁻¹	原料粒度	产品均径/μm	产品粒度
QS50	高岭土	0.80	0.9	0.15mm	0.73	$d_{max}=5\mu m$
	鳞片石墨	0.85	1.5	0.075mm	0.53	$d_{max}=5\mu m$
	滑　石	0.95	1.0	0.15mm	0.35	$d_{max}=5\mu m$
	云　母	0.80	0.3	0.037mm	1.04	$d_{max}=5\mu m$
	碳　黑	0.80	0.5	0.15mm	0.35	$d_{max}=5\mu m$
QSB280	钛酸钡	0.75	90	$d_{50}=8.75\mu m$	0.85	$d_{max}=20\mu m$ $-6\mu m$ 88.5%
	碳酸钙	0.80	37.5	$d_{50}=3.61\mu m$	1.13	$d_{max}=20\mu m$
	高岭土	0.76	18	$d_{50}=0.67\mu m$	0.48	$d_{max}=10\mu m$ $-4\mu m$ 占 87.4%
	磷酸钙	0.60	45	0.025mm	1.86	$d_{max}=20\mu m$ $-10\mu m$ 占 89.7%
QS350	沉淀硫酸钡	0.78	60	0.045mm	0.44	$d_{max}=5\mu m$
	滑　石	0.78	20	0.045mm	1.21	$d_{max}=5\mu m$ $-3\mu m$ 97.5%
	石　墨	0.78	35	0.15mm	0.64	$d_{max}=3\mu m$ $-2\mu m$91.1%
	煅烧高岭土	0.80	30	0.15mm	0.91	$d_{max}=5\mu m$ $-4\mu m$ 97.4%
	氧化铝	0.80	48	0.075mm	1.38	$d_{max}=10\mu m$ $-8\mu m$ 占 87.1%
	氧化钛	0.70	45	0.075mm	0.80	$d_{max}=10\mu m$ $-5\mu m$ 占 90.7%
	重晶石	0.75	54	0.045mm	0.74	$d_{max}=10\mu m$ $-4\mu m$ 占 98.4%
	颜　料	0.80	58	0.025mm	0.39	$d_{max}=5\mu m$ $-2\mu m$ 占 98.2%

表 4-78　400AFG 流化床逆向喷射气流磨机应用实例

物料名称	给料平均粒度/μm	产品粒度(d_{97})/μm	生产能力/kg·h⁻¹
膨润土	56	15	190
石　英	100	7	45
滑石粉	8	1.7	130
	10	3	330

续表 4-78

物料名称	给料平均粒度/μm	产品粒度(d_{97})/μm	生产能力/kg·h^{-1}
硅灰石	87	6	80
	87	9.5	150
锆硅酸盐	140	24	120
	240	4.5	15
锆 砂	240	24	175

表 4-79　Jet-0-Mizer 型气流磨机应用实例

物料名称	机 型	给料粒度/mm	产品粒度(d_{50})/μm	产量/kg·h^{-1}
鳞片石墨	0405	0.25～0.18	1	318
合成氧化铁	0405	4.75	0.66	544
硅藻土	0808	4.75～3.35	0.4	1315
云 母	88	0.30	4.5	680
方解石	88	0.18	5	2177
六六六粉	0405	—	2.0～2.5	363
钛白粉	0808	0.18	1	454
碳化硅	88	—	3.7	1810

4.4　分级设备

4.4.1　概述

分级是矿物加工的重要作业之一。近年来分级设备主要有 4 大类，即水力分级、气流分级、筛分分级和复合力场分级等。按作用力不同，可分为重力分级和离心力分级两种。按介质不同，可分为湿法分级和干法分级。一些干式选矿厂采用了干法磨矿分级设备。

用于金属矿山磨选工艺的分级设备主要有螺旋分级机、直线振动筛、圆锥分级机（沉降分级）、水力旋流器、细筛和斜窄流分级机等。

螺旋分级机是沿用最久的分级设备，曾被广泛应用，但由于它有分级效率低、占地面积大、设备笨重等缺点，欧美地区主要工业发达国家已采用水力旋流器。在我国，也只在一段粗磨作业中才使用它，且近期一些新建的大型选矿厂中它已被水力旋流器取代。

水力旋流器结构简单、轻便灵活、占地面积小和分级效率高，已成为取代螺旋分级机较为理想的设备，广泛应用于各行各业的细粒物料的分级作业。但是水力旋流器的分级过程在离心力场中进行，不可避免地会受到矿物密度的干扰。因此，在水力旋流器的溢流产品中存在一定数量的较低密度的粗粒物料，而在沉砂产品中则存在一定数量的较高密度的细粒物料。近年来经过不断改进和自动控制水平的提高，水力旋流器和水力旋流器组在我国铁矿、铜矿、铜钼矿、铅锌矿和其他矿山中作为粗细分选设备得到了广泛的应用。

细筛具有分级效率高、大幅度降低循环负载和筛上物中细粒级含量、减少过磨等特点，在我国贫磁铁矿选矿厂得到广泛使用。新型高效高频细粒筛分分级设备的研制和成功应用，为我国铁矿的提铁降硅作出了重要贡献。

4.4.2　螺旋分级机

螺旋分级机是一种老式的分级设备。20 世纪 50 年代沈阳矿山机器厂首先试制了 ϕ1400mm 双螺旋分级机，到 20 世纪 60 年代已初步形成系列产品。经过多年的使用和改进，国内螺旋分级机已基本定型，先后制造出 FG、FC 型螺旋分级机系列产品，并制定了参数标准，目前已有 20 多种规格，满足了工业生产需要。

4.4.2.1　螺旋分级机的分类及特点

螺旋分级机按螺旋数目不同，可分为单螺旋分级机和双螺旋分级机；按溢流堰的高低，又分为高堰式、低堰式和沉没式三种螺旋分级机。

低堰式螺旋分级机的溢流堰低于螺旋轴下端轴承的中心。这种分级机面积小，螺旋搅动的影响大，溢流粒度粗。

高堰式螺旋分级机的溢流堰比下端轴承高，且低于下端螺旋的上边缘。它适合于分离出 0.15 ~ 0.2mm 的粒级。

沉没式螺旋分级机的下端螺旋有 4 ~ 5 圈全部浸在矿浆中，分级面积大，适宜分离出小于 0.15mm 的粒级。

螺旋分级机的优点是工作稳定可靠，操作方便，可与球磨机自流连接，省去泵扬送。目前我国制造的最大螺旋分级机的规格为直径 ϕ3.0m，可与 ϕ3.6m × 4.0m 球磨机实现自流连接。由于螺旋分级机的容积大，有一定的缓冲作用，并起到运输物料的作用，同时返砂浓度高达 65% ~ 80%，因而对方便磨机操作、发挥磨矿作用都有利。

螺旋分级机的缺点是机体笨重，占地面积大，检修工作量大，且不易实现自动控制；受密度及形状的影响，物料不能按粒度精确分级，致使密度大的细粒物料和密度小的粗粒物料分别在沉砂和溢流中反富集，因而分级效率低，一般仅为 20% ~ 40%；溢流粒度主要靠浓度调节，最高产品粒度可达 – 0.074mm 占 90%。

4.4.2.2　螺旋分级机的工作原理

螺旋分级机是借助于固体颗粒的密度不同，因而在液体中沉降速度也不同的原理制造的一种机械分级设备。磨机磨出的矿浆在分级槽中沉降过滤，粗料被螺旋叶片提升旋入磨机进料口，沉降过滤出的细料从溢流管排出。螺旋分级机主要靠固体颗粒大小和密度不同，因而在液体中沉降速度不同来进行机械分级的。细矿粒悬浮在水中成溢流排出，粗矿粒则沉于槽底，由螺旋旋转提升推向上部排入磨机，如图 4-141 所示。磨矿后的矿浆从位于沉降区中部的进料口给入水槽，倾斜安装的水槽下端是矿浆分级沉降区，螺旋低速转动，对矿浆起搅拌作用，使细、轻颗粒悬浮到上面，流到溢流边堰溢出，进入下一道工序处理，粗重颗粒则沉降到槽底，由螺旋输送到排料口作为返砂排出。通常螺旋分级机与磨机组成闭路，将返砂返回磨机再磨。

4.4.2.3　螺旋分级机的结构

螺旋分级机主要由传动装置、螺旋体、槽体、升降机构、下部支座（轴瓦）和排矿阀组成。高堰式螺旋分级机的结构如图 4-142 所示。半圆形水槽 2 由钢板和型钢焊接成，槽

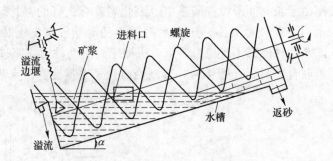

图 4-141 螺旋分级机的工作原理

体中部侧壁上有进料口，槽体上端的下部有返砂口。槽体下端的底部有放水阀，槽内装有纵向空心轴，轴上以卡箍方式装有与螺旋导角相适应的支板架，上面固定有左右螺旋叶片，其螺旋机构多采用双头等螺距螺旋，并在叶片边缘装有耐磨衬板。螺旋转动搅拌矿浆使轻细颗粒浮起，同时把沉于槽底的粗重颗粒向上端排送。空心轴常用无缝钢管制成，其上、下两端焊有轴颈，上端支承在可转动的十字形轴头上，下端支承在下端支座上。十字形轴头支座如图 4-143 所示，支座两侧的轴头支承在传动架上，既可以使螺旋轴做旋转运动，又可以做升降运动。

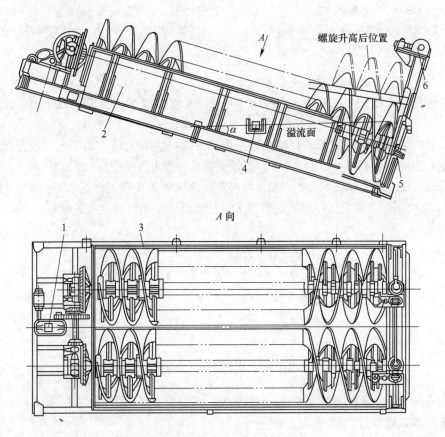

图 4-142 高堰式双螺旋分级机

1—传动装置；2—水槽；3—左右螺旋轴；4—进料口；5—下部支座；6—提升机构

下端的轴承支座由于长时间浸没在矿浆中，因此需要有良好的密封装置。过去常用3种密封装置：机械密封滚动轴承支座、压力水封树脂瓦滑动轴承支座和压力水封橡胶轴衬。这些结构形式的密封性能都不理想，后来对机械密封滚动轴承支座进行了改进，采用了盘根式和高压干油联合密封式（图4-144），从而改善了密封性能，使轴承使用寿命延长到1年左右。

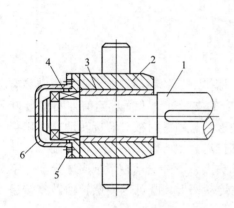

图4-143 十字形轴头支座

1—轴；2—支座；3—轴衬；4—止推轴承；

5—压盖；6—端盖

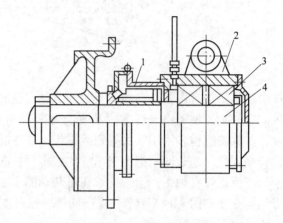

图4-144 高压干油多层盘根密封的下部支座

1—多层密封；2—支承座；3—滚动轴承；4—轴

4.4.2.4 螺旋分级机的主要参数

水槽倾角。水槽倾角一般为12°～18°30′，当要求分级细度细时，取小值，反之则取大值。

要求分级细度细时，溢流堰高度应取小值，反之，应取大值。高堰式螺旋分级机的溢流堰高度 h 为螺旋直径 D 的1/4～3/8，沉没式螺旋分级机的 h 为 D 的3/4～1。

螺旋轴长度。螺旋轴长度是根据溢流堰高度、水槽倾角 α 和返砂脱水区长度（图4-145）确定的。l 取决于配套磨机所要求的返砂含水量及磨机尺寸和位置，通常为1.5～2m。

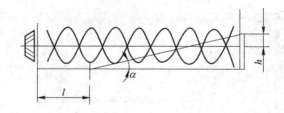

图4-145 螺旋轴长度的确定

螺旋直径 $D(\mathrm{m})$ 是根据螺旋个数（单或双）和溢流量，采用经验公式计算的：

对于高堰式螺旋分级机

$$D = 0.103 \sqrt{\frac{24Q_2}{mK_1K_2}} - 0.08$$

对于沉没式螺旋分级机

$$D = 0.115 \sqrt{\frac{24Q_2}{mK_1K_2}} - 0.07$$

式中　Q_2——溢流量，t/h；

　　　m——螺旋个数；

　　　K_1——物料密度修正系数（表4-80）；

　　　K_2——溢流粒度修正系数（表4-81）。

表 4-80　物料密度修正系数 K_1

物料密度 /g·cm⁻³	2.70	2.85	3.00	3.20	3.30	3.50	3.80	4.00	4.20	4.50
K_1	1.00	1.08	1.15	1.25	1.30	1.40	1.55	1.65	1.75	1.90

表 4-81　溢流粒度修正系数 K_2

溢流粒度/mm	1.17	0.83	0.59	0.42	0.30	0.20	0.15	0.10	0.074	0.061	0.053	0.044
K_2（高堰式）	2.50	2.37	2.19	1.96	1.70	1.41	1.00	0.67	0.46			
K_2（沉没式）						3.00	2.30	1.60	1.00	0.72	0.55	0.36

螺旋导程与所需返砂量、螺旋直径和转速等因素有关，实践经验表明，一般应为螺旋直径的 0.5 ~ 0.6。

螺旋轴转速应既能及时地返回沉砂，又不致产生强烈的搅拌作用，以保证所要求的溢流细度。螺旋轴的转速通常为 3 ~ 12r/min，大型螺旋分级机取小值，反之取大值。要求溢流细度较粗时，螺旋轴转速应高些；反之，应低些。还可以按螺旋叶片的圆周速度计算，一般为 15 ~ 40m/min。

处理量。螺旋分级机的处理量可分别按经验公式以返砂量和溢流量来计算。以返砂量 Q_1 计算处理量的经验公式为：

$$Q_1 = 5.625mK_1D^3n$$

式中　n——螺旋转速。

以溢流量 Q_2 计算处理量时，对于高堰式螺旋分级机：

当 $D < 1.2$m 时，$Q_2 = mK_1K_2(94D^2 + 16D)/24$

当 $D > 1.2$m 时，$Q_2 = mK_1K_2(65D^2 + 74D - 27.5)/24$

对于沉没式螺旋分级机：

当 $D < 1.2$m 时，$Q_2 = mK_1K_2(75D^2 + 10D)/24$

当 $D > 1.2$m 时，$Q_2 = mK_1K_2(50D^2 + 50D - 18)/24$

4.4.2.5　螺旋分级机的应用

20 世纪 50 年代我国开始研制螺旋分级机，至今已有多个厂家可以生产，包括沈矿、辽重、南重、沈冶、诸矿等公司，经过多年使用和改进，国产螺旋分级机已基本定型，并于 1992 年制定了新的 FG（高堰式螺旋分级机）和 FC（沉没式分级机）系列参数标准。表 4-82 列出了北方重工（原沈阳矿山机器厂）生产的产品系列，共有 22 个规格，其中高堰式单、双螺旋分级机各有 7 个和 5 个规格，螺旋直径为 0.5 ~ 3m；沉没式单、双螺旋分

表 4-82　螺旋分级机的技术性能和参数

型　号	FG-5	FG-7	FG-10	FG-12	FG-12	2FG-12	2FG-12	FG-15	FG-15	2FG-15	2FG-15
螺旋直径（mm）×个数	500×1	750×1	1000×1	1200×1	1200×1	1200×2	1200×2	1500×1	1500×1	1500×2	1500×2
螺旋转速/r·min⁻¹	8.5~15.5	4.5~9.9	3.5~7.6	5,6,7	2.5,4,6	5,6,7	3,8,6	2.5,4,6	2.5,4,6	2.5,4,6	2.5,4,6
水槽　长/mm	4500	5500	6500	6500	8400	6500	8400	8265	10500	8265	10500
水槽　宽/mm	555	830	1112	1372	1372	2600	2600	1664	1664	3200	3200
水槽　倾角①	14°~18°30′										
溢流堰高度/mm	310	400	521	290	1100	400	1100	500	1300	500	1300
螺旋提升高度/mm	—	—	1000	1000	1400	1000	1400	1000	1800	1000	1800
计算生产能力②/t·d⁻¹	32	65	85	155	120	310	240	235	185	470	370
返砂量/t·d⁻¹	143~261	256~564	473~1026	1170~1600	1170~1630	2340~3200	1770~2800	1140~2740	1140~2740	2280~5480	2280~5480
外形尺寸（长×宽×高）/mm×mm×mm	5413×934×1248	6720×1267×1584	8004×1570×1934	8180×1570×3130	10371×1534×3912	8230×2787×3110	10371×2787×3912	10410×1920×4052	12670×1810×4888	10410×3392×4070	12670×3368×4888
质量/t	1.6	2.83	4	8.54	11.1	15.84	19.61	11.68	15.32	21.11	27.45

型　号	FG-20	FG-20	2FG-20	2FG-20	FG-24	FG-24	2FG-24	2FG-24	2FG-24	2FG-30	2FG-30
螺旋直径（mm）×个数	2000×1	2000×1	2000×2	2000×2	2400×1	2400×1	2400×2	2400×2	2400×2	3000×2	3000×2
螺旋转速/r·min⁻¹	3.6、5.5				3.64		3.67			3.2	
水槽　长/mm	8400	12900	8400	12900	9130	14130	9130	14130	11130	12500	14300
水槽　宽/mm	2200	2200	4280	4280	2600	2600	5100	5100	5100	6300	6300
水槽　倾角①	14°~18°30′										
溢流堰高度/mm	700	1800	700	1800	2000	2000	2000	2300	2300	2000	2200
螺旋提升高度/mm	1300	2100	1300	2100	2100	2300	2100	2300	2300	2600	2600
计算生产能力②/t·d⁻¹	400	320	800	640	580	455	1160	910	910	1785	1410
返砂量/t·d⁻¹	3890~5940	7780~11880	7780~11880	6800	6800	13600	13700	13700	23300		
外形尺寸（长×宽×高）/mm×mm×mm	10788×2524×4486	15398×2524×5345	10995×4595×4490	15760×4595×5635	11562×2910×4966	16700×2926×7190	12710×5430×5690	14710×5430×6885	17710×5430×7995	16020×6640×6350	17820×6640×8680
质量/t	20.45	29.056	36.341	50	25.65	37.267	45.874	53.491	73.03	65.283	84.87

① 倾角可由用户根据安装需要自定；

② 计算生产能力是按矿石密度为 2.7t/m³，溢流粒度为 0.147mm（对高堰式）或 0.074mm（对沉没式）计算的。

级机分别有4个和6个规格，直径为1.2~3m；其他厂家生产的设备的规格也大致相同。

螺旋分级机主要安装在磨矿回路中，供预先分级和检查分级使用，还可用于洗矿和脱泥作业。

4.4.2.6 螺旋分级机的操作和维护

工业上影响螺旋分级机分级效率的因素很多，除了操作因素外，还和矿粒本身的性质（主要是矿石密度、粒度、含泥量和给矿浓度）有关，另外，还与分级机的结构、工作参数有关。

A 提高分级效率的措施

螺旋分级机效率低的根本原因在于细重矿粒以及粗轻矿粒在分级过程中沉降紊乱，产生等降现象，造成了分级机沉砂大量夹细以及溢流跑粗。可以考虑采取以下措施，提高分级效率：

(1) 改变传统的螺旋分级机的排矿方式，采用双侧排矿，缩短矿粒在分级机中的运动路径，避免矿浆的回流，及时排出细粒溢流，缩短沉降时间。

(2) 对已经沉降至槽体底部的细矿粒，在螺旋分级机的下端可增设一搅拌装置，重新将其带到矿浆表面，随溢流排出，从而减少沉砂中的夹细，提高效率。例如，烟台鑫海螺旋分级机返砂端增加了返砂自动提升装置，取消球磨机大勺头的配置，大大提高了分级效率。

(3) 在分级区域内，改变传统的重力沉降分级，增加新的力场，比如在分级机上部增加圆筒筛，进行二次分级，可以提高分级机的效率。

B 螺旋分级机应用的注意事项

(1) 螺旋分级机叶片磨损：叶片磨损后，相对于返砂量减小，造成磨矿细度变粗，另外，若叶片磨损严重，将影响分级机使用寿命，所以在工作中应及时检查叶片磨损情况，及时更换磨损的叶片。

(2) 螺旋分级机下开口高低、分级机下开口大小、分级机上开口高低、分级机上开口大小是在设备安装期间进行现场制作的，在许多选厂，因为在设备安装中对分级机开口大小、高低没有调整好，而工人在操作过程中又不太留意，无形中影响了磨矿作业。分级机下开口低，矿砂沉淀区相对大了，所以返砂量大了，磨矿细度相对细了；分级机下开口大，矿砂沉淀区相对大了，水流较为平缓，所以返砂量大了，磨矿细度相对细了；分级机上开口低，返砂量相对大了，磨矿细度相对细了；分级机上开口大，返砂量相对大了，磨矿细度相对细了。反之亦然。

(3) 螺旋分级机中螺旋的转速不仅影响溢流产品的粒度，也影响分级机输送沉砂的能力。因此，在选择螺旋转速时，必须同时满足溢流细度和返砂生产率的要求。转速愈快，按返砂计的生产能力愈高，但因对矿浆的搅拌作用变强，溢流中夹带的粗粒增多，适合于粗磨循环中使用的分级机。而在第二段磨矿或细磨循环中使用的分级机，要求得到较细的溢流产品，螺旋转速应尽量放慢一些。

C 影响分级效果的因素及提高分级机效率的措施

(1) 分级给料的含泥量及粒度组成。分级给料中含泥量或细粒级愈多，矿浆黏度愈大，则矿粒在矿浆中的沉降速度愈小，溢流产物的粒度就愈粗；在这种情况下，为保证获得合乎要求的溢流细度，可适当增大补加水，以降低矿浆浓度。如果给料中含泥量少，或者是经过了脱泥处理，则应适当提高矿浆浓度，以减少返砂中夹带过多的细粒级物料。

（2）矿石的密度和颗粒形状。在浓度和其他条件相同的情况下，分级物料的密度愈小，矿浆的黏度愈大，溢流产品的粒度愈粗；反之，分级物料的密度愈大，矿浆黏度愈小，溢流粒度愈细，返砂中的细粒级含量增加。所以，当分级密度大的矿石时，应适当提高分级浓度；而分级密度小的矿石时，则应适当降低分级浓度。由于扁平矿粒比圆形或近圆形矿粒的沉降慢，分级时应采用较低的矿浆浓度，或者是加快溢流产品的排出速度。

（3）分级机槽子的倾角。槽子的倾角大小不仅决定着分级的沉降面积，还影响螺旋叶片对矿浆的搅动程度，因而也就影响溢流产物的质量，槽子的倾角小，分级机沉降面积大，溢流细度较细，返砂中细粒含量增多；反之，槽子的倾角增大，沉降面积减小，粗粒物料下滑机会较多，溢流粒度变粗，但返砂夹细较少。当然，分级机安装之后，其倾角是不变的，只能在操作条件上适应已确定的倾角。

（4）溢流堰的高低。调整溢流堰的高度，可改变沉降面积的大小。当溢流堰加高时，可使矿粒的沉降面积增大，分级区的容积也增大，因此螺旋对矿浆面的搅动程度相对较弱，使溢流粒度变细。而当要求溢流粒度较粗时，则应降低溢流堰的高度。

4.4.3　水力旋流器

水力旋流器是一种借助离心力实现按颗粒沉降速度分级的设备。该分级设备，矿浆旋转产生的离心力比重力大几十倍乃至上百倍，使颗粒的沉降速度以相应的倍数增加，既可以提高生产能力，又可以降低分级粒度下限，故水力旋流器适用于各种细粒、微细粒物料的分级。我国云南锡业公司最早制造和使用水力旋流器，20世纪60年代开始应用于铁矿石选厂，但由于它磨损快、使用寿命短、工艺参数不易控制，因此长期没能推广。近十多年，随着水力旋流器的结构和制造材质的改进以及自动化装置的使用，它已逐渐得到推广应用。

4.4.3.1　水力旋流器的结构和工作原理

A　水力旋流器的结构

水力旋流器的结构如图4-146所示，其上部是一个中空的圆柱体，下部是一个与圆柱体相通的倒锥体，它们组成水力旋流器的工作筒体。圆柱体上端切向装有给矿管，顶部装有溢流管及溢流导管，在圆锥形筒体底部有沉砂口，各部分之间用法兰盘及螺栓连接。给矿口、筒体和沉砂口通常衬有橡胶、聚氨酯或辉绿岩铸石，以便减少磨损，并在磨损后及时更换。沉砂口还可以制成可调的，即根据需要调节其大小。

B　水力旋流器的工作原理

水力旋流器是一种按粒度、密度进行分级或分离的设备。待分级/分离物料以切线从圆筒内壁高速给入，介质、颗粒的混合体产生旋转形成离心力场，不同粒

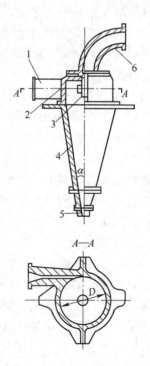

图4-146　水力旋流器的结构示意图
1—给矿管；2—圆柱形筒体；3—溢流管；
4—圆锥形筒体；5—沉砂口；6—溢流导管

度、不同密度的颗粒（或液相）产生不同的运动轨迹，在离心力、介质黏滞阻力、浮力、重力等力场的作用下，粗颗粒、大密度的颗粒向周边运动，通过锥形体从沉砂口排出；细颗粒、低密度的颗粒（或液相）向中心运动，由溢流管排出，从而实现固体颗粒的粗细分级和不同密度流体的分离，如图4-147所示。

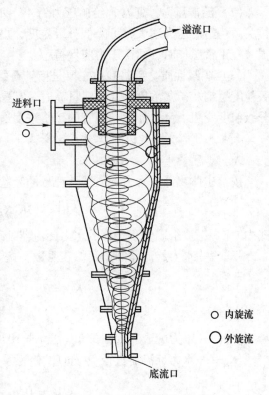

图 4-147　水力旋流器的工作原理

4.4.3.2　水力旋流器的参数选择

与水力旋流器有关的参数很多，如有结构方面的、工艺操作方面的和给料性质方面的参数。它们往往是相互关联、相互制约、不易调整和控制的。

（1）圆柱形筒体的直径和高度。圆柱形筒体的直径是旋流器的主要规格尺寸，它与其他各部件尺寸都有一定的关系。此直径增大，可提高处理能力，但溢流粒度变粗，反之亦然。为了进行微细粒物料分级并增大处理量，通常采用许多小型旋流器并联成组的方法。

圆柱形筒体的高度，对矿浆在旋流器中停留时间和分级效率有影响，但其过高或过低都不好，一般为直径的0.6～1.0。

（2）给矿口直径。给矿口直径通常为旋流器直径的0.08～0.25，大于此值可提高处理量，但分级效率低，给矿口还往往制成矩形的。

（3）溢流管直径。溢流管直径一般为旋流器直径的0.1～0.4，可用来调节溢流和沉砂的相对产率。溢流管直径增大，溢流量增加，溢流粒度变粗，沉砂中细粒减少，而浓度提高。

（4）沉沙口直径。通常，沉砂口直径增大，溢流量减少，溢流细度变细，而沉砂量增加、浓度变低、细度变粗，但对处理量无明显影响；沉砂口直径减小，沉砂排出量减少，溢流中会出现"跑粗"现象，若直径过小，会使粗粒在锥顶越积越多，以致出现堵塞现象。合适的沉砂口直径应使沉砂呈伞状排出，其夹角为40°～70°。沉砂口直径与溢流管直径之比为0.4～0.8。

（5）溢流管插入深度。溢流管插入过浅会使粗粒来不及在离心场中分级而进入溢流，插入过深会使底部粗粒进入溢流，两种情况都会降低分级效率。溢流管插入深度一般应为圆柱筒体高度的0.7～0.8。

（6）圆柱形筒体的锥角。锥角增大会减小设备的高度，而增大矿浆的平均径向流速，同时，由于锥体的阻流作用增大，使矿浆向上的流速增大，致使溢流粒度变粗。因此分离粒度粗时，采用大锥角（30°～60°）旋流器，分离粒度细时，采用小锥角（15°～30°）旋流器，脱泥时采用锥角更小（10°～15°）的旋流器。

（7）给矿压力。通常，给矿压力为 49 ~ 157kPa。给矿压力与处理量和分离粒度有直接关系。给矿压力增大，可降低分级粒度，提高处理量，但会显著增加动力消耗和设备磨损。在正常工作时，给矿压力应保持稳定。

（8）矿浆性质。矿浆性质主要是指矿石的密度、粒度、矿浆浓度。矿石密度越大，分级粒度越细。矿浆浓度大、含泥量高时，其黏度和密度增大，增加了粒度的运动阻力，使分级粒度变粗。反之亦然。适宜的矿浆浓度通常是根据具体情况由试验确定。

4.4.3.3　水力旋流器工作参数计算

A　处理量

按给矿体积计算水力旋流器处理量的经验公式为：

$$V = 3K_\alpha K_D d_n d_c \sqrt{p_0}$$

式中　V——按给矿体积计算的水力旋流器处理量，m^3/h；

　　　K_α——水力旋流器圆锥角修正系数，按下式计算：

$$K_\alpha = 79 + \frac{0.044}{0.0397 + \tan\frac{\alpha}{2}}$$

　　　α——水力旋流器的圆锥角，当 $\alpha = 10°$ 时，$K_\alpha = 1.0$。

　　　K_D——水力旋流器直径 $D(cm)$ 的修正系数，按下式计算或查表 4-83：

$$K_D = 0.8 + \frac{1.2}{1 + 0.1D}$$

　　　d_n——给矿管当量直径，cm，按下式计算：

$$d_n = \sqrt{\frac{4bh}{\pi}}b$$

　　　b——给矿口宽度，cm；

　　　h——给矿口高度，cm；

　　　d_c——溢流管直径，cm；

　　　p_0——旋流器入口处矿浆工作计示压力，MPa。对于直径大于 50cm 的水力旋流器，入口处的计示压力应考虑水力旋流器的高度，即：

$$p_0 = p + 0.01H_r\rho_n$$

　　　p——旋流器入口处矿浆压力，MPa；

　　　H_r——旋流器的高度，m；

　　　ρ_n——给矿矿浆密度，t/m^3。

表 4-83　水力旋流器直径修正系数 K_D 值

直径 D/mm	150	250	360	500	710	1000	1400	2000
K_D	1.28	1.41	1.06	1.0	0.95	0.91	0.88	0.81
旋流器高度 H_r/m					3.5	4.5	6	8

B　分离粒度

水力旋流器的分离粒度有不同的定义，因此就有各种不同的分离计算方法，即：

$$d_H = \sqrt{\frac{D d_c \beta_u}{\Delta K_D P_0^{0.5}(\rho_1 - \rho_0)}}$$

式中 d_H——溢流中最大粒度（d_{95}），μm；

β_u——给矿中固体的含量（质量分数），%；

Δ——沉砂口直径，cm；

ρ_1，ρ_0——分别为矿浆中固体物料和水的密度，t/m^3。

C 沉砂口直径 Δ

其计算公式如下：

$$\Delta = \left(4.162 - \frac{16.43}{2.65 - \rho + \dfrac{100\rho}{C_w} + 1.10\ln\dfrac{u}{0.907\rho}}\right) \times 2.54$$

式中 Δ——沉砂口直径，cm；

ρ——物料密度，t/m^3；

C_w——沉砂浓度（质量分数），%；

u——沉砂量，t/h。

4.4.3.4 水力旋流器的特点及用途

A 特点

水力旋流器的优点是：（1）构造简单，轻便灵活，没有运动部件；（2）设备费用低，容易装拆，维修方便，占地面积小，基建费用少；（3）单位容积处理能力大；（4）分级粒度细，可达 $10\mu m$ 左右；（5）分级效率高，有时可达到 80% 左右；（6）矿浆在旋流器中滞留量少和滞留时间少，停机时容易处理。

水力旋流器的缺点是：（1）给矿用砂泵的动力消耗大，且磨损快，单位电耗比螺旋分级机低，但分级效率高，可弥补电耗损失；（2）磨损件（主要是给料口和沉砂口）磨损快；（3）给矿浓度、粒度、黏度和压力的微小波动就对工作指标有很大影响，为此可配置相应的自动控制装置。

B 用途

水力旋流器在选矿工业中主要用于分级、分选、浓缩和脱泥。因此，水力旋流器一般可分为分级用和重介质选别用两种。这里主要介绍分级用的水力旋流器，它同时也适用于浓缩和脱泥。

水力旋流器用作分级设备时，主要用于与磨机组成磨矿分级闭路磨矿系统；用作脱泥设备时，可用于重选厂脱泥；用作浓缩脱水设备时，可用于将选矿尾矿浓缩后送去充填地下采矿坑道。

水力旋流器的主要用途：

（1）与磨机闭路的分级作业；

（2）与细筛闭路的多次分级；

（3）尾矿堆坝、充填前的分级脱泥作业；

（4）非金属矿物加工中的除砂作业；

（5）重选前的分级、脱泥作业；

（6）尾矿高浓度输送前的辅助浓缩作业；

（7）采油工业中的油-砂、油-水分离作业。

4.4.3.5　典型水力旋流器产品及应用

水力旋流器在我国应用初期，主要按国外的型号、规格进行仿制。经过数十年的摸索改进，现在已步入自主创新阶段，形成了系列产品。设备规格为最小直径 10mm，最大 710mm，可以满足生产的需要。在耐磨材质的研发上也取得了重大的进展。早期的铸铁制品及衬辉绿岩铸石的旋流器，因笨重已逐渐被淘汰，现机体外壳已采用铸钢、铸铝、钢板卷焊以及聚氨酯制作。内衬则采用耐磨橡胶、碳化硅、高铝陶瓷、高铬合金、聚氨酯以及 KM 抗磨负荷材料制作，少数旋流器采用聚氨酯整体制作。

A　Kerbs-gmax 旋流器

它是美国 KREBS（克莱博斯）工程公司的拳头产品（见图 4-148）。其设计包括以提高性能为特征的新型沉砂嘴、锥体、入料口蜗壳和延长耐磨寿命的 25mm 厚弹性内衬或陶瓷内衬。对旋流器入口和圆锥部分进行改进，最大限度地减小了紊流和磨损，但处理能力仍远远高于其他同类旋流器。该公司从 1952 年开始生产，是世界上主要的旋流器制造商。45 年来，已在专业技术、产品和客户优质服务方面获得了很高的声誉。Kerbs-gmax 的主要特点：

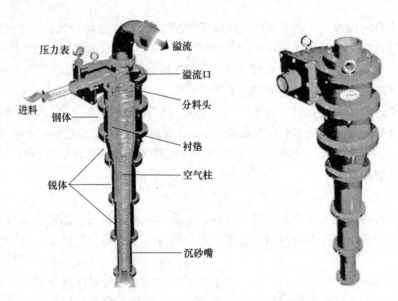

图 4-148　Kerbs-gmax 水力旋流器原理及结构

（1）入料口蜗壳设计。其进料入口是按已保持先进水平 40 多年的开线型进料入口改进的。外壁渐开线型入口使固体物料进入旋流器主体前进行预分级。旋流器的上部还包括改进的涡流导向器与顶盖板的衬板设计。入料口蜗壳的这些改进，减少了粗颗粒错位进入溢流的机会，大大增加了旋流器的耐磨寿命，且与旋流器下部采用的优质陶瓷衬板相结合，降低了旋流器的维修频率。入料口的特征是波状倾斜入料口对渣浆进行预分级，减少了紊流，使粗颗粒进入溢流的机会降到最低。

（2）锥体设计。通过采用 CFD 分析，FLSmidth 克莱博斯设计较上部锥体陡锐的 gmax 旋流器，上部锥体紧接着长角锥的下部锥体。这一组合最大限度地加大了旋流器上部的切向速度，从而为旋流器下部的关键分选区提供了较长的颗粒停留时间。这一结果导致较少细颗粒进入底流，而使分选更精细。

在美国、加拿大、墨西哥、欧洲和中国，Kerbs-gmax 已成功地应用于铁矿、铜矿、磷矿、金矿、钼矿、钾矿和煤矿等行业的分级工艺中。

Kerbs 水力旋流器的性能见图 4-149。

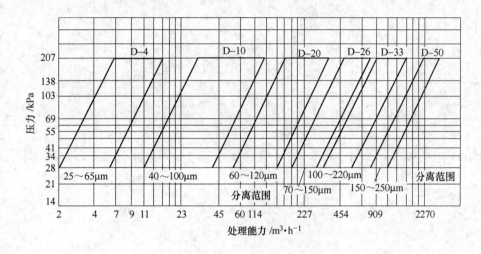

图 4-149　Kerbs 水力旋流器的性能

B　FX 旋流器

现在我国已有众多矿山设备厂可生产水力旋流器，如威海海王旋流器有限公司、长沙矿冶研究院和鑫海矿机等，其中威海海王旋流器有限公司分级用旋流器系列标准共有 16 种规格，见表 4-84。

为了适应分级粒度细而矿浆量大的需要，海王旋流器公司还制造多种规格的旋流组，将多台同规格的旋流器组装在一个机架上，统一给矿，分流处理，再集中得到溢流和沉砂产品，以充分发挥小规格旋流器适合于处理细粒级的优势。FX 旋流器组的系列规格见表 4-85。

表 4-84　FX 分级用水力旋流器产品系列规格和主要参数

型号及规格	内径/mm	溢流管径/mm	沉砂口径/mm	锥角/(°)	最大给料粒度/mm	入料压力/MPa	处理能力/m³·h⁻¹	分离粒度/μm	外形尺寸(长×宽×高)/mm×mm×mm	单体质量/kg
FX850	850	260 ~ 340	80 ~ 200	20	22	0.03 ~ 0.4	600 ~ 850	100 ~ 350	1600 × 1300 × 3300	2260
FX710	710	220 ~ 300	60 ~ 180	20	16	0.03 ~ 0.4	400 ~ 550	74 ~ 250	1120 × 950 × 3000	1245
FX660	660	150 ~ 260	60 ~ 160	20	16	0.03 ~ 0.4	250 ~ 420	74 ~ 220	1215 × 850 × 2720	950
FX610	610	140 ~ 220	40 ~ 120	12	16	0.03 ~ 0.4	200 ~ 260	74 ~ 200	1010 × 800 × 2450	670
FX500	500	100 ~ 200	35 ~ 115	25	10	0.03 ~ 0.4	140 ~ 220	74 ~ 200	951 × 718 × 1825	416
				20					850 × 623 × 1825	490
				15					951 × 718 × 2280	556

型号及规格	内径/mm	溢流管径/mm	沉砂口径/mm	锥角/(°)	最大给料粒度/mm	入料压力/MPa	处理能力/m³·h⁻¹	分离粒度/μm	外形尺寸(长×宽×高)/mm×mm×mm	单体质量/kg
FX350	350	70~135	30~85	20 15 7	6	0.03~0.4	85~150	50~150	530×413×1411 530×413×1411 530×413×1674	135 155 230
FX300	300	65~135	16~60	20 15	5	0.05~0.4	45~90	40~150	563×410×1305 563×410×1490	88 169
FX250	250	45~120	15~60	20 15 10	3	0.05~0.4	40~80	30~100	548×534×1178 548×390×1057 548×415×1380	63 120 123
FX200	200	40~85	15~40	20 15	2	0.05~0.4	25~40	30~100	320×307×1125 320×307×1114	36 64
FX150	150	25~50	8~30	20 15 8	1.5	0.05~0.4	15~30	20~74	252×270×682 290×349×899 280×295×1267	22 20 60
FX125	125	25~40	8~26	17 8	1	0.05~0.4	8~15	20~100	210×185×617 250×240×973	10 12
FX100	100	20~40	6~22	20 15 8	1	0.05~0.4	8~15	10~100	257×210×525 257×210×575 257×210×229	8 5 6
FX75	75	15~20	3~13	15 7	0.6	0.1~0.5	3~7	5~74	240×230×459 240×230×700	4 7
FX50	50	11~18	3~12	15 6	0.3	0.1~0.5	1.5~3	5~74	160×152×325 160×152×550	2 2.5
FX25	25	5~8	2~5	5 3	0.2	0.1~0.5	0.3~1	2~10	160×152×587 120×110×576	0.8 1.4
FX10	10	2~4	1~2	4	0.1	0.1~0.6	0.05~1	1~5	60×34×140	0.5

表 4-85　FX 水力旋流器组产品系列规格和主要参数

型号及规格	给矿总管径/mm	溢流总管径/mm	沉砂总管径/mm	最大给料粒度/mm	入料压力/MPa	处理能力/m³·h⁻¹	分离粒度/μm	外形尺寸(长×宽×高)/mm×mm×mm
FX710×2	DN300	DN400	DN300	16	0.03~0.15	400~1100	74~250	4250×2606×3368
FX660×4	DN350	DN400	DN350	16	0.03~0.15	500~1680	74~220	4100×4100×4953
FX610×6	DN300	DN450	DN300	12	0.03~0.15	600~1560	74~200	5700×5700×4800
FX500×8	DN400	DN500	DN350	10	0.05~0.15	560~1760	74~200	5100×5100×4200
FX350×8	DN250	DN350	DN300	6	0.08~0.20	340~1200	50~150	2830×2830×3200
FX300×4	DN150	DN250	DN250	5	0.08~0.20	90~360	40~150	2027×2027×2460

续表 4-85

型号及规格	给矿总管径/mm	溢流总管径/mm	沉砂总管径/mm	最大给料粒度/mm	入料压力/MPa	处理能力/m³·h⁻¹	分离粒度/μm	外形尺寸(长×宽×高)/mm×mm×mm
FX250×12	DN250	DN300	DN300	3	0.08~0.20	240~960	30~100	3600×3600×3640
FX150×24	DN300	DN350	DN300	1.5	0.10~0.30	180~720	20~74	3319×3319×2559
FX100×16	DN200	DN300	DN300	1	0.10~0.30	64~240	20~74	2250×2250×2418
FX75×25	DN150	DN250	DN150	0.6	0.10~0.40	36~175	20~74	2340×2340×2180

水力旋流器的给矿方式多用变速砂泵直接给矿，稳定给矿压力是操作中的重要事项。另外，为了避免砂泵受损及旋流器堵塞，砂泵给矿箱须设置除渣装置。

C CZ 水力旋流器

长沙矿冶研究院的 CZ 水力旋流器的主要特点：

（1）给矿口弧线采用双圆弧设计，显著减轻进口磨损物料，物料流线保持稳定；

（2）内衬采用与乌克兰合作研制的 CNU 耐磨材料；

（3）长柱、变锥设计，增大了有效分级空间。

长期工业实践表明，CZ 型旋流器的溢流粒度较细，沉砂中合格粒级含量减少，分级效率高出普通旋流器 10%~20%。其主要技术参数见表 4-86。

表 4-86 CZ 水力旋流器的主要技术参数

型 号	CZ75	CZ100	CZ125	CZ150	CZ200	CZ250	CZ300	CZ350	CZ500	CZ660
$Q/m^3·h^{-1}$	2.5~3	6~8	8~10	10~12	20~30	34~39	40~48	70~86	175~212	300~370
D_o/mm	18±2	22±2	36±4	40±4	54±6	70±5	83±8	100±10	150±10	205±20
D_u/mm	8±1	10±2	16±2	18±4	18±4	34±4	42±5	55±5	80±10	105±10
溢流细度/μm	10~37	14~40	19~43	26~53	30~60	37~62	40~75	44~88	74~150	90~210

注：Q 是给矿压力 $P=0.1$MPa 的条件下清水的处理能力；D_o 为溢流直径；D_u 为沉砂嘴直径。

下面简要介绍 CZ 水力旋流器的典型应用实例。

凡口铅锌矿二段磨矿使用后，提高了二段磨机的处理能力。原系统处理能力为 2050t/d；二段分级机溢流细度为 -0.074mm 占 88.0%；溢流浓度为 39.05%；分级效率为 35%；二段球磨机 $q(-0.074mm)$ 为 0.785t/(m³·h)；采用 CZ350 旋流器代替原系统 350 标准旋流器后，二段磨机处理量为 2655.4t/d；溢流细度为 85.4%（-0.074mm）；溢流浓度为 38.61%；沉砂浓度为 74%；CZ350 分级效率为 42.20%，球磨机 $q(-0.074mm)$ 为 1.068t/(m³·h)。

包头选矿厂使用后，提高了二段球磨的磨矿细度。将二段球磨的 krebs 旋流器改成 CZ500 高效旋流器，二段球磨机 $q(-0.074mm)$ 为 0.636t/(m³·h)，提高了 15%，总溢流细度为（-0.074mm）占 93.15%，相对提高 6.09%，分级效率相对提高 14.26%。

凡口铅锌矿尾砂分级使用后，旋流器给矿浓度为 22.53%，-19μm 含量占 37.28%，沉砂产率为 60.37%，浓度为 70.94%，-19μm 含量占 7.64%，+19μm 粒级回收率为 88.90%，分级效率为 76.07%。CZ 高效旋流器的应用彻底解决了充填尾砂的质量问题，为凡口铅锌矿的可持续发展提供了关键的装备。

攀枝花钛铁矿细粒级脱泥浓缩采用1台6×CZI-100高效浓缩脱泥旋流器组浓缩分级斜板分级浓缩机的溢流，给矿浓度为4.01%，-10μm含量占32.17%。各项指标如下：沉砂浓度为36.01%，产率为69.69%，-10μm含量占92.92%，沉砂中+10μm粒级的回收率为95.44%，旋流器组处理量为45.9m³/h·组，分级效率为80.03%。

4.4.3.6　湿式超细分级机及应用

在湿法超细磨矿或黏土类矿物的湿法提纯工艺中，为了提高磨矿效率及控制成品粉粒的细度，常采用小直径水力旋流器及超细水力旋分机等湿式超细分级机。

A　小直径水力旋流器

在超细颗粒的湿法分级时，一般选用小直径（10~15mm）的水力旋流器。因为该旋流器下部圆锥形锥角较小，适合于超细分级。

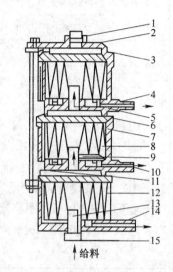

图4-150为TM3型三段式水力旋流器结构图。每一段即为一旋流器。每一段由24个直径为15mm的橡胶制成的小旋流器组成，小圆锥上部呈圆柱形，下部呈圆锥形。在较高压力作用下，矿浆沿切向进入圆柱内，产生高速旋流。粗粒在离心力作用下，被抛向筒壁，在重力作用下，做螺旋向下运动，最后由下部排砂嘴排出；细粒则在旋流作用下，沿中心向上运动，并从上部溢流管排出。

图4-150　TM3型三段式水力旋流器结构

1—第三段溢流阀；2—第三段溢流；3—溢流室盖板；
4—第三段底流；5—第二段溢流；6—平盖；
7—塑料盖板结合块；8—橡胶旋流器；
9—第一段溢流；10—第二段底流；
11—卡紧螺栓；12—第一段外壳体；
13—进浆料管；14—第一段底流；
15—给料阀门

三段式旋流器是将三级小直径旋流器串接在一起，目的是扩大生产能力，克服单个旋流器处理能力小的缺点。

影响小直径旋流器分级效果的主要因素有上部圆柱直径、下部圆锥锥度、溢流口及沉砂口直径、浆料输入压力、浓度、粒度、给料速度等。

表4-87列出部分国产小直径旋流器的主要技术参数。

表4-87　部分国产小直径旋流器的主要技术参数

型　号		HC1057	HC2506	HC2510	HC5006
每组旋流器个数		57	6	10	6
处理能力/m³·h⁻¹		10~16	2.4~6	4~10	12~24
结构参数	直径/mm	10	25	25	50
	锥度/(°)	7	7	7	7
		3.2	7	7	14
	溢流口直径/mm	2.6	5.5	5.5	11
		2.0	5	3	8

续表 4-87

型 号		HC1057	HC2506	HC2510	HC5006
结构参数	沉砂口直径/mm	2.0	3.2	3.2	8
		1.5	2.2	2.2	6
		1.0	1.5	1.5	3

小直径旋流器分级效率高，产量大，产品细度较细，溢流产品细度可达到 $d_{80} = 2\mu m$。其缺点是对给料浓度、粒度、压力的控制要求较高，机体磨损严重。

B 超细水力旋分机

图 4-151 为国产 GSDF-1099 型超细水力旋分机结构图。它由四个同心圆环组成三个环形空间，溢流、进浆、底部分别在外、中、内的环形空间内。中间环形空间内安装有数层旋流器，旋流器锥底孔与外环相通成为溢流；而锥顶孔则通过内环成为底流。浆料被泵入旋流器后，细粒由溢流口溢出，粗粒在离心力作用下由底流口排出。

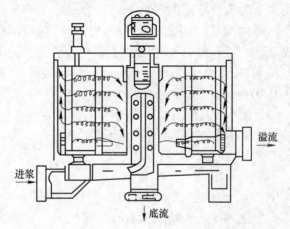

图 4-151 国产 GSDF-1099 型超细水力旋分机结构

GSDF-1099 型超细水力旋分机中布置有 99 个直径为 10mm 的旋流器。其具有占地面积小、处理能力大的特点，已在高岭土、方解石等非金属矿的超细分级中得到应用。该机用于高岭土精选，处理能力可达 2.5t/h，产品中不大于 $2\mu m$ 细粒含量可达 93%，不大于 $5\mu m$ 细粒含量可达 95% ~ 99%。其主要技术参数见表 4-88。

表 4-88 GSDF-1099 型超细水力旋分机的主要技术参数

型号及规格	技 术 参 数					
	处理量/m³	进浆浓度（质量分数）/%	溢流浓度（质量分数）/%	进浆压力/MPa	外形尺寸（长×宽×高）/mm×mm×mm	质量/kg
GSDF-109	≤25	<30	<28	0.6~1.2	800×700×1090	120
GSDF-1060	≤15	<30	<28	0.6~1.2	800×645×934	95
GSDF-1010	≤2.5	<30	<28	0.6~1.2	415×350×985	60

4.4.4 圆锥水力分级机

4.4.4.1 分泥斗

分泥斗是一种最简单的圆锥分级机，其结构见图 4-152。矿浆从上部中心的给矿筒中连续给入，充满锥体，并从上部周边溢出，锥体中存在上升和水平液流。沉降速度大于上升液流速度的矿粒，沉下后从沉砂管中排出，为沉砂；沉降速度小的矿粒，被上升液流带上，从上面周边溢至溢流槽中，汇集后由溢流管排出。为防止沉砂管堵塞，底部装有压力水管。

在我国，分泥斗主要用于重选厂中，在分选和分级之前，对给料进行脱泥和浓缩，同时还起缓冲作用，供给下一工序浓度和矿量比较稳定的沉砂。在二、三段中、小型磨矿机前，也常用分泥斗对给料进行浓缩和脱泥。

分泥斗的锥角一般为 55°~60°，锥角过大，则沉下的矿粒不能沿边滑下，锥角过小，则分泥斗的高度剧增，安装配置不便。选矿厂应用的分泥斗，直径不大于 3m，否则需在厂外安装。分泥斗给矿的最大粒度为 2~3mm，溢流粒度一般为 0.074mm。

分泥斗和其他类型圆锥分级机及水力分离机，按溢流体积计的生产率，可用下式计算：

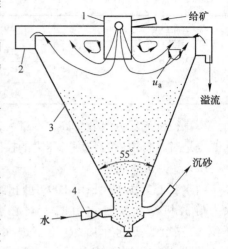

图 4-152　分泥斗
1—给矿筒；2—溢流槽；3—锥体；4—压力水管

$$Q_1 = KFv = Kv(D^2 - d^2)/4 \tag{4-111}$$

式中　Q_1——按溢流体积计的生产率，m^3/s；

　　　　F——分泥斗液面的面积，m^2；

　　　　v——边界颗粒的沉降速度，m/s；

　　　　K——考虑到给矿筒附近不起分级作用的"死区"而选取的系数，一般为 0.75；

　　D, d——分别为分泥斗和给矿筒的直径，m。

Q_1 也可以按下式计算：

$$Q_1 = W\left[\left(\frac{1}{\delta} + R_F\right) - \gamma_s\left(\frac{1}{\delta} + R_s\right)\right] \tag{4-112}$$

式中　W——给矿固体质量，kg/s；

　　　　δ——矿石密度，kg/m^3；

　R_F, R_s——分别为给矿和沉砂的液固质量比；

　　　　γ_s——沉砂的固体产率，小数。

按给矿固体计的生产率可用下式计算：

$$Q_2 = \frac{1.76vD^2}{R_F - \gamma_s R_s + \dfrac{1 - \gamma_s}{\delta}} \tag{4-113}$$

式中　Q_2——给矿固体生产率，t/h；

　　　　δ——矿石密度，t/m^3；

　　　　v——边界颗粒的沉降速度，mm/s。

分泥斗的技术规格见表 4-89，某锡选矿厂的生产指标见表 4-90。

表 4-89 分泥斗的技术规格

分泥斗直径/mm	给矿筒直径/mm	给矿管直径/mm	沉砂管直径/mm	边界粒度/mm	溢流量/m³·d⁻¹
1500	125	50	38	0.074	400
2000	300	63	38 ~ 50	0.074	700
2500	430	76	50	0.074	1100
3000	552	100	50 ~ 63	0.074	1600

表 4-90 分泥斗处理锡矿石的脱泥指标

作业名称	分泥斗直径/mm	脱泥效率/%	脱泥粒度/μm	-74μm 含量/%			溢流量/m³·d⁻¹	溢流浓度/%	给矿量/t·d⁻¹	单位面积生产率/t·(m³·d)⁻¹
				给矿	沉砂	溢流				
二段摇床分级给矿脱泥	2000	55.2	74	41.5	24.9	95.9	430	8.6	157.7	55.2
沉砂摇床分级给矿脱泥	2000	26.9	74	43.1	35.5	91.9	415	10.8	331.0	105.0
原生矿泥脱泥	3000	49.4	74	48.1	31.8	99.0	740	3.3	100.0	14.3

4.4.4.2 自动排料圆锥分级机

自动控制沉砂排料的圆锥分级机（图 4-153）有砂锥和泥锥两种。它们都是利用浮漂杠杆原理来使沉砂口阀门打开增大，或关闭缩小，达到控制沉砂浓度和排出量的目的。所得沉砂的浓度比分泥斗的大，排出量也比较稳定。

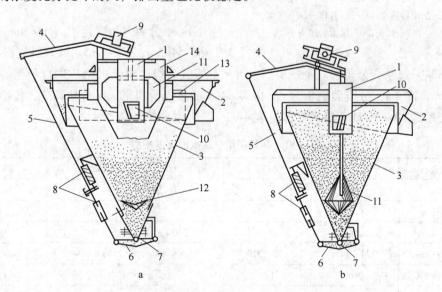

图 4-153 自动排料圆锥分级机的结构

1—给矿筒；2—溢流槽；3—圆锥体；4，6—杠杆；5—联杆；7—活阀；8—弹簧；
9—平衡锤；10—缓冲器；11—浮漂；12—隔板；13—减缩环；14—内圆锥

这种分级机，若管理不当，常会失灵，沉砂口也易堵塞。因此，给料应先经隔渣筛，

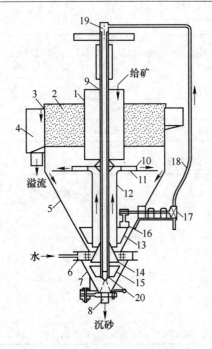

图 4-154 胡基圆锥分级机的结构

1—给矿筒；2—放射状固定隔板；3—溢流堰；4—溢流槽；
5—圆锥体；6—环形洗水管；7—收集锥；8—沉砂管；
9—空心转轴；10，11—分配盘；12—中心股流管；
13—上搅拌叶片；14—锥形罩；15—下搅拌叶片；
16—浓度传感器；17—阀门；18—压力水管；
19—接头；20—压力水喷头

除去其中混入的过大矿粒、木渣、草根等杂物。

4.4.4.3 胡基圆锥分级机

胡基（Hukki）圆锥分级机的结构见图 4-154。它是一种装有搅拌器和自动控制沉砂排出的装置，下部供入清洗水的圆锥分级机。

某铁矿选矿厂用胡基圆锥分级机代替原来用于处理球磨机排料的旋流细筛，在溢流粒度为 −74μm 占 62% 时，分级效率为 58.26%。而原来细筛的效率仅在 20% 左右。

胡基圆锥分级机的技术规格见表 4-91。

4.4.4.4 虹吸排料圆锥分级机

虹吸排料圆锥分级机（图 4-155）是由道尔奥利沃（Dorr Oliver）公司推出的。它的外形近于水力分离机，特点是沉砂的排出采用虹吸管法，并由自动控制装置调节吸程的高低，使沉砂排出的速度和浓度保持稳定。机中较均匀地供以上升水流，以提高分级效率。

这种分级机的直径有 0.9m、2.4m、3.6m、4.2m、4.8m、5.4m 几种规格。

前苏联采选联合公司的一个选矿厂，曾用虹吸式分级机对钛磁铁矿进行脱泥。分级机直径3.6m，高2m，分级面积8.5m²，内装 ϕ40mm 虹吸管四只，可单独调节，按给矿固体计的生产率为 30~35t/h。脱泥指标见表 4-92。

表 4-91 胡基圆锥分级机的技术规格

分级机直径/mm	ϕ500	ϕ750	ϕ1000	ϕ2500	ϕ3000
容积/m³			0.67	7.1	8.5
分级面积/m²	0.2	0.44	0.76	4.9	7.0
叶轮直径/m	250	300	330	900	900
叶轮转速/r·min⁻¹	224~442	193~310	60~614	111~159	78~111
电机功率/kW	0.6	1.1	4	17	17
最大生产率/t·h⁻¹			10~15	100~150	150~200
质量/t	0.5	0.75	1	5	5
外形尺寸 （长×宽×高） /mm×mm×mm	630×780×1600	900×900×1809	1298×1298×2325	2720×2970×5220	3220×3220×4909

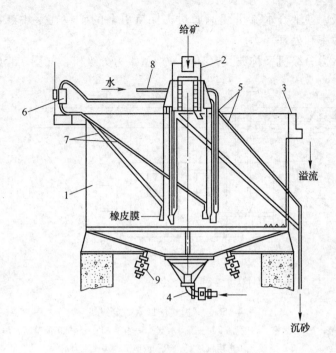

图 4-155　虹吸排料圆锥分级机的结构

1—分级槽；2—给矿筒；3—溢流槽；4—压力水管；5—虹吸管；6—检测器；7—测压管；8—水管；9—清洗管

表 4-92　虹吸式圆锥分级机的脱泥指标

| 产物 | 产率/% | 含量/% | | | 单位面积生产率 /t·(m²·h)⁻¹ | 上升水耗量 /m³·h⁻¹ | 上升水流速 /m·s⁻¹ |
| | | 固体 | 粒级/mm | | | | |
			+0.074	-0.045			
给矿	100.0	18.4	30.3	45.1			
溢流	38.1	5.4	1.1	88.7	1.62	2.66	0.306
沉砂	61.9	60.0	48.1	18.3			
给矿	100.0	33.7	38.6	40.9			
溢流	25.6	8.0	0.4	86.6	4.05	1.19	0.389
沉砂	74.4	57.5	51.6	25.1			
给矿	100.0	21.9	35.6	41.6			
溢流	42.0	7.9	3.6	72.2	2.63	1.61	0.367
沉砂	58.0	69.9	58.7	15.2			

4.4.4.5　箱式和槽式水力分级机

这类分级机的外形多呈角锥形和长方形。有些分级机的内部分为多个分级室，有的则由多个独立的分级箱用槽子串联成一个分级组，可以同时产出多个不同粒级的沉砂和一个溢流，供摇床、跳汰机、螺旋选矿机和圆锥选矿机等重选设备处理。

这类分级机底部一般均供入上升水流。分级主要在上升水流中进行，分级室上部近于水平的液流对分级也有作用，但主要是将各室的溢流输送至下一室中分级。在上升水流作用下，将有一些沉降速度与上升水速相等的矿粒在分级室中悬浮着，并发生分层作用。这些粒群的存在，将使后来进入分级室的矿粒受到较强的干涉作用，可以减少不合格矿粒进入沉砂和溢流的量，有提高分级效率的作用。因此，一些分级机的分级室，横断面向上扩展，或者装有筛板，使上升水流呈变速通过，保持更多的矿粒在室中悬浮，增强干涉作用，以提高分级效率和处理能力。

筛板式槽形水力分级机又称典瓦（Denver）型水力分级机，如图4-156所示。

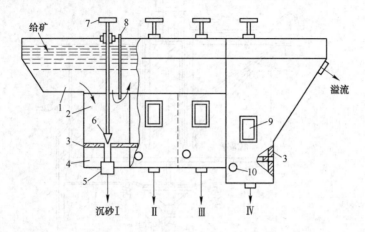

图4-156　筛板式槽形水力分级机

1—给矿槽；2—分级室；3—筛板；4—压力水室；5—排矿口；6—排矿调节塞；7—手轮；

8—挡板（防止粗粒越室）；9—玻璃窗；10—压力水管

它是利用筛板造成干涉沉降条件的设备。机体外形为一角锥形箱，箱内用垂直隔板分成4~8个分级室。每个室的断面积为200mm×200mm。在距室底一定高度处设置筛板。

筛板上钻有36~72个直径为3~5mm的筛孔。压力水由筛板下方给入，经筛孔向上流动。在筛板上方悬浮着矿粒群，进行干涉沉降分层。粗颗粒通过筛板中心孔排出，排出量用锥形塞控制。

矿浆由一侧给入，依次进到各室中，各室的上升水速逐渐减小，由此得到由粗到细的各级产物。分级室内上升水速分布是否均匀对分级效果有重要影响。减小筛孔并相应增加筛孔数目，可在一定程度上改善效果。但水速分布不均是难免的。由此引起二次回流搅动是效率不高的重要原因。

筛板式箱式水力分级机的优点是构造简单，不需要动力。与机械搅拌式水力分级机比较，高度较小，便于配置。可以根据选厂处理能力的不同，制成四室、六室、八室等不同的规格。这种分级机在我国中小型钨矿选矿厂应用较多。

4.4.4.6　云锡式水力分级箱

该机在云锡地区应用最多，且历史较久，故称云锡式水力分级箱，其结构见图4-157。

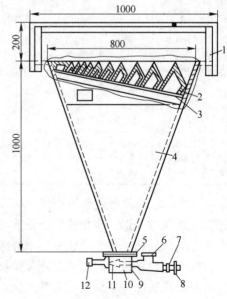

图4-157　云锡式水力分级箱的结构

1—流矿槽；2—阻砂条；3—角铁架；4—分级室；5—螺栓；

6—上升水管；7—旋塞；8—调节手轮；9—阀杆；

10—底阀；11—锥形阀（砂芯）；12—沉砂管

分级箱的箱体呈角锥形，上部装有阻砂条。矿浆由流矿槽流经分级箱时，受阻砂条作用，流速变慢，矿粒通过阻砂条缝隙进入分级室，其余的矿粒被液流带走。进入分级室中的矿粒，在底部供入的上升水流作用下进行分级，粗矿粒沉下后由沉砂管中排出，细矿粒向上穿过阻砂条间隙，成为溢流。调节供入的上升水量，可以改变分级的分离粒度，将锥形阀推进或移出，可控制沉砂的排出量和浓度。

云锡式水力分级箱的宽度有 200mm、300mm、400mm、600mm、800mm 五种，长度和高度均分别为 800mm 和 1000mm。通常由 4~8 个分级箱用槽子串联成一个机组，分级箱的宽度由窄向宽递增，沉砂则由粗到细递减。每个分级箱的沉砂供一台摇床处理。当给矿粒度较粗时，第一、二个分级箱的沉砂，有时可供跳汰机分选。

云锡某选厂一段摇床八联分级箱沉砂的粒度分析结果见表 4-93。

表 4-93 云锡式水力分级箱沉砂的粒度分析结果

箱号	箱宽 /mm	粒级/mm							合计
		+12	1.2~0.6	0.6~0.3	0.3~0.15	0.15~0.074	0.074~0.037	-0.037	
		产率/%							
1	200	2.82	18.13	46.15	28.39	3.68	0.32	0.47	100
2	300	1.32	9.56	43.32	36.98	7.82	0.63	0.37	100
3	300	0.65	6.27	38.24	44.59	8.62	0.86	0.77	100
4	400		2.42	25.27	54.95	16.04	0.77	0.55	100
5	600		1.17	16.78	57.78	19.71	1.75	2.81	100
6	600		0.31	10.14	53.93	29.24	3.62	2.76	100
7	800			6.01	42.08	35.96	8.44	7.51	100
8	800			5.05	38.64	34.34	10.61	11.36	100

云锡式水力分级箱结构简单，工作可靠，不耗动力，配置高差较小，可与摇床设于同一台阶上，操作方便。虽然其分级效率较低，但因存在上述优点，在国内获得较广泛的应用。

4.4.5 螺旋式离心分级机

螺旋式离心分级机的结构如图 4-158 所示。分级筒（转鼓）和筒内螺旋推料器以稍不

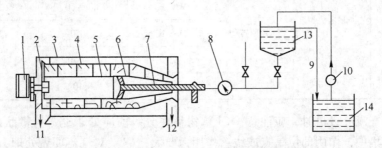

图 4-158 螺旋式离心分级机结构示意图

1—差速器；2—溢流环；3—机壳；4—转鼓；5—螺旋推料器；6—进料仓；7—进料管；8—流量计；
9—溢流；10—泵；11—细颗粒悬浮液出口；12—沉砂；13—混合槽；14—稳压缓冲槽

同的速度进行高速旋转。由此产生的离心力使细颗粒和粗颗粒形成内外两层液层。粗颗粒形成的液层为沉渣层，被螺旋推送到出渣口排出；细粒形成的分离液层从溢流口排出。由于螺旋高速旋转产生的离心加速度远高于重力加速度，浆料中颗粒的沉降速度明显增加，因此可进行超细分级。

该机适用于固体颗粒范围为 $1.0 \sim 10 \mu m$、固体含量（质量分数）为 $2\% \sim 50\%$ 的浆料的超细分级。

4.4.6　干式分级设备

干式分级越来越多地用于干式选矿，干式磨矿分级系统可用于矿山、建筑、工业矿物和化工行业的 $1.4mm$（12目）$\sim 5\mu m$（2500目）干式物料分级。其典型应用工业领域如下：

(1) 矿山：干式磨矿，干旱地区采矿；
(2) 建筑：混凝土矿，沥青砂，矿物填料；
(3) 工业矿物：碳酸钙，高岭土，石墨，云母，长石，滑石，石膏，膨润土等；
(4) 水泥：矿渣，水泥，泥尘；
(5) 化工：化肥，纯碱，冶金处理添加剂。

干式分级设备主要有离心分级和惯性分级两类，其分级原理有差别。最常见的有空气旋流式和转子式（涡轮式）气流分级机两类。其分类详见表4-94。

表4-94　干式分级机的分类

类　　型			形　　式	分级粒径/μm	处理能力/$kg \cdot h^{-1}$
惯性分级	碰撞式		可变冲击式	$0.3 \sim 10$	$0.45 \sim 20$
	Coanda 型		附壁式	$0.5 \sim 30$	$10 \sim 2000$
离心分级	（半）自由涡型		DSX 式	$1 \sim 100$	$10 \sim 500$
			NPK 式	$3 \sim 20$	$10 \sim 1000$
	强制涡流型	分级室内转型	TC 式	$0.5 \sim 30$	$10 \sim 50$
			Acucut 式	$0.5 \sim 65$	$0.5 \sim 2000$
		叶片回转型	MPS 式	$2.5 \sim 60$	$20 \sim 6000$
			MSS 式	$1 \sim 50$	$5 \sim 1500$
			ATP	$2 \sim 150$	$2 \sim 5000$
		颗粒回转型	O-Sepa 式（NF60）	<10	

选用干式气流分级机时，应注意：（1）物料在分级前应处于充分分散状态；（2）分散作用力相对集中，作用部位是点或线，作用力要大；（3）对气流要做处理，避免产生局部旋涡，以提高分级精度；（4）分级后的超细粉粒应及时排出。

4.4.6.1　自由涡离心式分级机

图4-159为自由涡离心式分级机结构图。筒体2由若干圈螺线组成，排气管不插入筒

体内部，锥体4较短，排粉口用锁风装置5锁风。螺线型结构使切向流场延长，分离、捕集作用较大；各螺线间距离较小，使颗粒在较短时间即可达到器壁。排气管不插入筒体内部，可减少筒体次流的作用，减少细颗粒的逃逸。这种分级机结构简单，基本可满足超细分级的要求。该机气流进口速度为10~18m/s，阻力损失为100~400MPa，部分分级效率可达95%，切割粒径可达2μm。

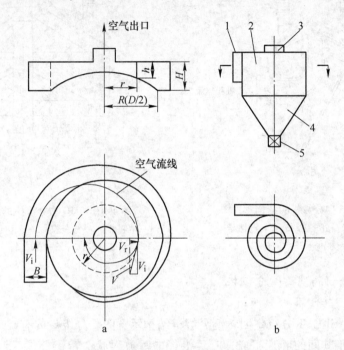

图4-159　自由涡离心式分级机原理及结构
a—自由涡型离心分级机；b—自由涡型离心分级机结构
1—进口；2—筒体；3—排气管；4—锥体；5—锁风装置

4.4.6.2　准自由涡型离心分级机

A　DS型准自由涡型离心分级机

图4-160为DS型分级机的结构示意图。该机工作时，待分级粉体由进口进入机体内分级室，在此与二次空气相遇，形成涡流。在重力和涡流的离心力作用下，粗颗粒由于所受的离心力大，沉降至筒壁附近，由分级锥分离，并沉落到底部粗粉出口，细颗粒则由细粉口排出。DS型分级机分级精度较高（$d_{75}/d_{25}=1.1~1.5$），分级粒径调节范围较宽（$1~300\mu m$），允许的气固比也较高。

B　MC型准自由涡流离心分级机

图4-161为MC型分级机的结构示意图。与DS型不同的是，该机分级室中有高速运动的转子。该机工作时，进入到旋涡中的待分级颗粒由圆锥形的超速转子导入分级室，在离心力作用下，粗粉与细粉分离，粗粉沿外壁落至底部出口，细粉处于圆锥体中心，经上部出口排出。切割粒径为$5~50\mu m$，可由分级锥体的高度、二次风量和改变各区域的压力来调整。

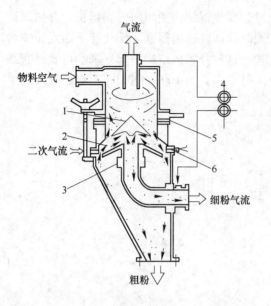

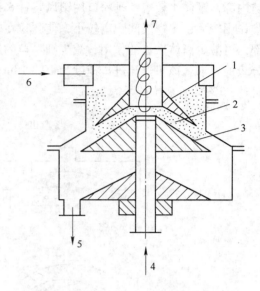

图 4-160　DS 型分级机的结构示意图
1—中心锥；2—分级锥；3,5—调整环；
4—压力计；6—导向板

图 4-161　MC 型分级机的结构示意图
1—中心锥；2—分级腔；3—分级锥；4—空气入口；
5—粗粒出口；6—给料口；7—细粉出口

4.4.6.3　强制涡型离心分级机

A　分级式回转型离心分级机

图 4-162 为 ACUCUT 分级室回转型分级机结构示意图。分级室内有锭子和转子。转子由上下盖板和位于其间的叶片组成，叶片沿径向呈放射状，转子外缘与锭子间隙为 1mm 左右。该机工作时，待分级粉料由喷嘴射入转子，转子高速旋转（转速一般为 7000 ~ 8000r/min），粗颗粒在离心力作用下飞向锭子壁，在锭子与转子之间的间隙处，受二次气流的作用沿锭子壁做圆周运动，经过粗粉出口片被排出分级机。细粉由于受的离心力小，则在气流带动下，直接进入分级室中心，并在气流带动下从中心排风管向上直接排出。为避免粗颗粒直接射入分级室中心，喷射方向应与叶片方向呈一定角度。

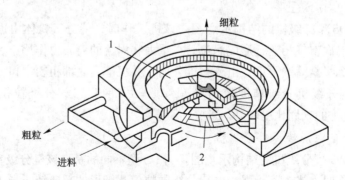

图 4-162　ACUCUT 分级室回转型分级机的结构示意图
1—转子；2—分级室

该机切割粒径为 0.5 ~ 60μm，分级粒度可达 $d_{75}/d_{25} = 1.3 ~ 1.6$，分级效果较好。

B 叶片回转型离心分级机

图4-163 为 MSS 型叶片回转型超细分级机结构示意图。它的主要部件包括机身、分级转子、分级叶片调隙锥、进风管、给料管、细粉排出管和粗粉排出管。该机工作时，风机的抽吸作用使待分级粉经给料管进入分级室，分级转子和分级叶片使得分级粉分散和分级。粗粉沿筒壁沉落，至粗粉出口排出；细粉在气流带动下，穿过分级转子的叶片间隙由上部的细粉出口排出。随粗粉一同沿筒壁沉落的还有部分细粉，在调隙锥处，由二次进风口进入的二次空气把其中的细粉分离并送分级室进一步分级。三次空气的作用是使分散和分级反复进行，强化分级机对物料的分散和分级作用，提高分散效率和粒度细度。该机分级粒度为 $1\sim30\mu m$，分级精度高，分级粒度细，可在 $1\sim2\mu m$ 范围内进行分级。

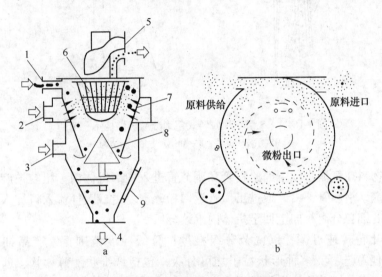

图4-163 MSS 型叶片回转型超细分级机结构示意图

MSS 型超细分级机分级实例如表4-95 所示。

表4-95 MSS 型超细分级机分级实例

物料名称	机 型	处理量/kg·h⁻¹	平均产品细度/μm
碳酸钙	MSS-1	80	~5(占100%)
金属硅	MSS-1	40	2.7
云 母	MSS-1	70	~10(占90%)
二氧化锰	MSS-1	50	1.5
锆 砂	MSS-1	—	1.5
膨润土	MSS-1	40	~10(占99%)
氢氧化镁	MSS-1	30	~5(占97%)
氧化铝陶土	MSS-1	30	~10(占75%)

图4-164 为 MS 型叶片回转式超细分级机结构示意图。其主要部件包括旋转叶轮、机体、环形体、给料管、调节管、斜管等。其特点是引入二次风，以提高分级精度。该机工

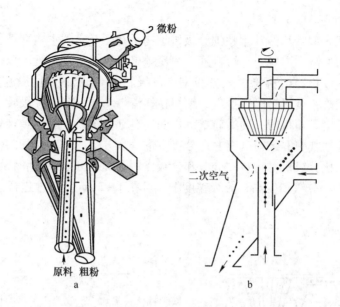

图 4-164　MS 型叶片回转式超细分级机结构示意图

a—MS 分级机模型；b—MS 分级机内部结构

作时，待分级物料在气流带动下经给料管和调节管进入中部机体内，粗粒被旋转叶轮甩到圆柱形壳体内壁，沿斜管下沿，通过出口管返回粉碎室。由二次气流入口导入的二次气流使混入粗粒中的细粒分离，向上回至机体内继续分级。

该分级机叶轮转速可调，以调节分级粒度；分级粒度范围宽，产品细度可在 3～150μm 范围内任意选择；多种形状粒子均可分级，包括纤维状、薄片状、近似球状、块状、管状等；由于分级叶轮旋转形成了稳定的离心力场，且引入了二次气流，分级精度较高；旋转叶轮转速较高，因此分级粒度较细。

MS 型微细分级机分级实例见表 4-96。

表 4-96　MS 型微细分级机分级实例

物料名称	机　型	处理量/kg·h⁻¹	产品细度/μm
碳酸钙	MS-4	1000	$d_{50}=1$
滑　石	MS-4	1100	～10，占98%
氧化铝	MS-4	1200	～5，占95%
活性黏土	MS-4	2000	～10，占98%
膨润土	MS-5	6500	～45，占90%
二氧化锰	MS-4	2000	～10，占90%

图 4-165 为叶片回转式超细分级机结构示意图。待分级物料通过给料阀进入分级室，分级轮旋转产生的离心力和气流的阻滞力，使粗粉沉落至下部的粗粒物料排出口排出，细粒从细粒出口排出。该分级机分级粒度细，精度高，结构紧凑，磨损较轻，但处理能力较低，为了提高处理能力，可选用多轮超细分级机。

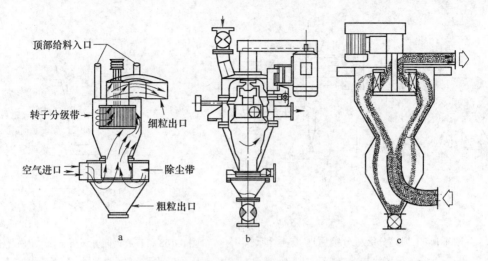

图4-165　叶片回转式超细分级机原理及结构示意图

图4-166 为 APT 多轮超细分级机的结构示意图,与单轮分级机相比,由于分级室顶部设置了多个直径相同的分级轮,其处理能力明显提高。

ATP 分级机广泛应用于各种非金属矿的超细分级,如石灰石、方解石、白垩、大理石、长石、滑石、石英、硅藻土、石膏、石墨、硅灰石等,分级细度可达 3 ~ 5μm。

4.4.6.4　惯性分级式超细分级机

惯性分级机是一种最简单的分级机,分级室由几根大小不同的矩形管子组成,其结构如图 4-167 所示。其进料管与出料管相互垂直。依据的原理是:质量大的颗粒惯性大,质量小的颗粒惯性小,当它们从同一入口,以同一速度射入时,由于惯性沿运动轨迹做偏转运动,大颗粒运动方向基本不变,将从粗粉出口排出。小颗粒运动方向改变,分别从相应的出口排出。该机调节分级粒径时,可通过调节二次控制气流的入射方向和入射速度以及各出口的压力来调节,粒度控

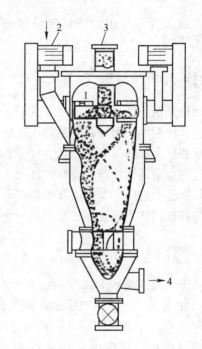

图4-166　APT 多轮超细分级机的结构示意图
1—分级轮;2—给料;3—微细物料出口;
4—粗粒物料出口

制范围较大。该机分级粒径可达到 2 ~ 10μm,若能防止细颗粒团聚以及避免分级室内涡流的存在,分级粒径可达亚微米级。但该机分级精度较差,随分级气流速度的增大,分级精度可适当提高。

图 4-168 所示为有效碰撞分级机,它也是惯性分级机的一种。它由上、下两个耐磨材料制成的加速圆筒 1 和直圆筒 2 组成,圆筒内有层状颗粒流,层状颗粒流为洁净

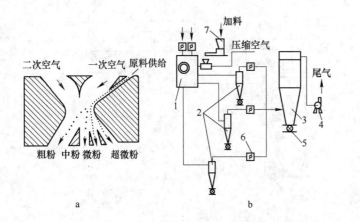

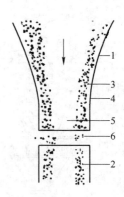

图 4-167　惯性分级机分级原理（a）和
工艺流程图（b）

图 4-168　有效碰撞分级机工作原理示意图
1—加速圆筒；2—直圆筒；3，5—清洁空气；
4—颗粒流；6—侧向出口

空气流。在加速圆筒中，颗粒流被加速，在进入直圆筒处发生碰撞，超细颗粒从侧边出口排出。

4.5　磨矿介质及衬板

在磨机其他条件一定的情况下，磨矿介质的材质形状和磨机衬板材质及结构是影响磨机的产量、作业率、钢耗和电耗的决定性因素。磨机中物料是经过磨矿介质的作用而磨矿的，因此磨矿介质的材质、形状、尺寸、配比、充填率及合理补加量，亦即合理的介质制度及合理的介质运动状态，是磨机优化工作的先决条件。关于磨矿介质充填率对磨矿的影响在前几章已有论述，本章仅介绍磨矿介质的材质、形状和尺寸对磨矿的影响。磨矿衬板的作用有保护筒体不被磨损，影响磨矿介质的运动状态。

4.5.1　磨矿介质

生产中适宜的磨矿介质制度，其理论计算迄今为止还没有很好解决，其主要原因：一是矿石性质多变，生产中很难做到随矿石性质的变化及时改变介质制度；二是加工介质材质的多样化、磨机内物料或矿浆性质、成分的多变及复杂性，导致介质的磨损规律变化不定。由此，很难确定优化的介质工作制度，确定后也很难在生产条件下保持操作。

应考虑的是，根据矿石性质、给料和产品粒度分布以及磨矿条件，确定适宜的介质尺寸、形状和配比的计算方法，选择特殊材质的介质和加工工艺，提高介质的耐磨性和介质残体形状的不变性，这样既可提高磨矿效率，又可减少介质消耗。

4.5.1.1　磨矿介质形状

磨矿介质形状可分为球形、棒形、短圆柱形、短截头锥形及其他形状。由于形状的不同，其磨矿作用原理也不同，这为选择性磨矿和磨矿节能降耗提供了可能。目前，常见的磨矿介质形状主要有以下几种。

A　球形

它有最好的转动性能，点接触破碎，破碎力大，但精确性差，选择性解理差，贯穿破碎作用较多，过粉碎现象严重，特别是当球的尺寸过大时，这种现象更为严重。在细磨中，细磨由于介质的研磨面积增大而效果显著，由几何知识可知，同体积的物体中以球形的表面积为最小，因而球形在细磨中并不是最好的选择。

B　棒形

线接触破碎，粗颗粒存在于棒间，使细矿粒不易被破碎，过粉碎现象少，产品粒度均匀。但它只有绕轴向的转动性能好，其他方向不能转动，而且棒形单位体积的介质表面积也比较小，因此棒磨只适于粗磨。

C　短柱形或短截头锥形

此类介质形状是棒形及球形介质的变种，既有球形介质传动性能好及表面积大的优点，又有棒形介质线接触可减轻过粉碎的优点。但是同质量介质破碎力比球形小，同体积介质有效研磨面积也比球形小。属于短线接触，减轻过粉碎不如棒形。其优缺点介于球和棒之间，是两者的综合。工艺试验研究证明，在细磨阶段，短柱形、小尺寸介质比同质量的球形介质细磨效果好，在处理量相同时，磨不细级别及过粉碎级别都有明显减少，合格粒级产率有明显增加，产品粒度均匀，故常用于细磨。常见的短柱形介质有两种形状，一种是双球面段，另一种是双平面段。目前生产的短圆柱形和短圆锥形介质的种类很多。其规格习惯用柱体或锥体的圆直径 D 与柱体或锥体长度 L 的乘积表示。一般长径比 L/D 的值选取 $1.0 \sim 1.5$，当要求细磨效果好时，取小值，当要求过粉碎轻时，取大值。

a　双球面段

这类球从外形上看，它们是两端呈球面，中间为柱形或梯形。按柱形和梯形又分为 A、B 型球，见图 4-169。

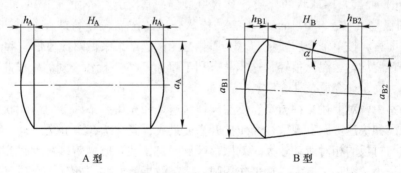

图 4-169　A、B 型球介质形状示意图

A 型球：$H_A : a_A = 3 : 2, a_A : h_A = 1 : 0.3$；

B 型球：$H_B : a_{B1} = 1 : 1, H_B : d_{B2} = 1 : 0.5; a_{B1} : h_{B1} = 1 : 0.3, a_{B2} : h_{B2} = 1 : 0.3$。

b　双平面段

这类段见图 4-170。它兼有钢球和钢棒的优点，同体积、等直径介质有效研磨面积比球形大 17% 左右，因此磨矿细度及过粉碎粒度均优于钢球，目前在金川、江铜、铜陵有色、洛钼、云铜、昆钢、云锡等公司的细磨段已广泛推广应用。

多功能磨球是球与球之间为点、线、面介质，其冲击、磨剥物料的效率高于球形、短柱形状的磨球。目前正在一些厂矿推广使用。

粗磨矿及磨碎脆性物料一般采用长圆棒，例如棒磨机；而中、细粒磨矿，特别是超细磨矿大多采用球或其他异形介质（短柱或棒、球）。水泥厂或某些选煤厂也采用短圆棒（柱）作为研磨介质。

国内外对不同形状介质的磨矿效果进行过广泛的研究和对比，但由于存在具体的矿石性质或磨矿条件的差异，而得出了

图 4-170　双平面段磨球外形示意图

不同的结论。表 4-97 所示为 D. F. 凯尔索尔（Kellsall）在试验室中利用湿式批次磨矿对不同形状介质的试验结果，由该表数据可以看出，球形介质的磨矿效果优于其他形状。

表 4-97　不同形状介质的磨矿效果对比

介 质 形 状	球体	立方体	短柱	等长短柱	长柱	六面体柱
当量直径/mm	25. 40	19. 05	25. 40	22. 35	19. 05	22. 35
长度/mm	—	23. 62	17. 02	22. 35	30. 23	20. 07
$P_{80}=208\mu m$ 时的相对产量	1. 000	0. 529	0. 640	0. 752	0. 825	0. 514

东北大学曾在试验室中对不同形状介质做过详细的试验研究，所用介质形状为短柱、棒球、球三类，结果如下：（1）不同类型的磨矿介质，其产品粒度分布也不同，就粗级别（按 +0.1mm）而言，棒球状的介质，其含量最低；其次为柱介质（Ⅱ）；再次为球介质（Ⅱ）。就细级别（按 -0.074mm）而言，棒球介质的产品粒度与球介质（Ⅱ）差不多。就异形介质而言，按单个介质质量与球介质相当的试验结果来做对比更恰当些。（2）棒球介质的产品粒度均匀、泥化很轻，这非常有利于浮选。（3）就各级别的生成速率而言，棒球介质均大大高于球介质及柱介质。

在试验室中曾对上述几种类型介质在同样转速率和充填率条件下的运动状态进行了研究，实际观测和快速摄影发现，柱介质提升高度最大，其次为棒球介质，球介质最低。这说明球介质与衬板的相对滑动较大。就抛落区域而言，柱介质抛落区最大，其次为棒球介质，球介质最小。抛落区域大，冲击作用强，磨矿效果就好些。此外，介质与物料及介质与介质之间的接触方式也有很大影响。柱介质具有明显的选择磨碎作用，但滚动性差，因此适用于粗磨矿而不适于细磨矿。试验室批次磨矿试验表明，当磨矿产品粒度大于 0.5mm 时，柱介质的磨矿速度比球介质高 10% 以上。棒球介质兼有选择破碎和细磨作用，故产品粒度均匀、过粉碎轻，为一种很好的磨矿介质形状，但使用时需注意的是要正确选择其长径比。

首钢矿山公司大石河铁矿选矿厂、鞍山矿山公司大孤山铁矿选矿厂进行过类似的工业实验。大孤山选矿厂的工业实验表明，采用柱球介质，与球形介质对比，- 0.074mm

磨矿效率提高 0.14t/(m³·h)，-10μm 泥量减少 2%。

采用异形介质的关键是介质残体要保留原来形状，这样才能保证磨矿效率不变和介质消耗不增加。

国际上 Doering 研制的圆柱状 Cylpebs 介质（图 4-171），Donhad 公司生产的长柱状磨矿介质，Powerpebs 和 Wheelabrator Allevard Enterprise 公司制造的抛丸磨矿介质 Millpebs，均在金属矿山选厂应用，效果良好。

图 4-171　圆柱状 Cylpebs

4.5.1.2　磨矿介质尺寸

研磨介质的适宜尺寸取决于许多因素，例如矿石硬度、磨机给料及产品粒度、磨机规格、衬板形式、介质形状及材质等。目前还没有完全适用的计算研磨介质尺寸的公式，生产中往往根据经验公式概算，然后通过试验确定适宜的介质尺寸。

实践证明，介质的适宜尺寸 d_{opt} 是磨机给料粒度 d 的函数。该函数的形式多种多样，常见的公式为：

$$d_{opt} = kd^n \tag{4-114}$$

式中　k，n——参数，与磨机给料粒度及磨矿作业条件有关。

A　球磨机球径的计算公式

（1）戴维斯公式：

$$d_{B-opt} = k_1 d^{0.5} \tag{4-115}$$

式中　k_1——物性常数，对于硬矿石，$k_1 = 35$，对于软矿石，$k_1 = 30$。

（2）斯塔劳柯公式：

$$d_{B-opt} = k_2 d^{0.5} \tag{4-116}$$

对于硬矿石，$k_2 = 23$，对于软矿石，$k_2 = 13$。

（3）拉祖莫夫公式：

$$d_{B-opt} = 28 d^{\frac{1}{3}} \tag{4-117}$$

（4）奥列夫斯基公式：

$$d_{B-opt} = 52 d^{0.2} \tag{4-118}$$

（5）邦德公式：

$$d_{B-opt} = 7.55 \left(\frac{\delta W_1}{\psi \sqrt{D}} \right)^{\frac{1}{8}} (d_{80})^{\frac{1}{2}} \tag{4-119}$$

式中　δ——被磨物料密度，t/m³；

　　W_1——邦德功指数，kW·h/t；

　　ψ——磨机转速率，%；

　　D——磨机内径，m；

　　d_{80}——按 80% 物料过筛计的磨机给料粒度，mm。

式（4-119）可简化为：

$$d_{B-opt} = 2^{\frac{k_3}{2}}d \qquad (4-120)$$

对于硬矿石，$k_3 = 5$；对于软矿石，$k_3 = 4$。

（6）斯梅什利也夫公式：

$$d_{B-opt} = 5d \qquad (4-121)$$

利用上述公式算出的球径，差别很大。

（7）球径半理论公式。昆明理工大学段希祥教授利用破碎力学原理和戴维斯等的理论推导出球径半理论公式：

$$D_b = K_c \frac{0.5224}{\psi^2 - \psi^6} \sqrt[3]{\frac{\sigma_压}{10\rho_e D_0}} d_f \qquad (4-122)$$

式中　D_b——特定磨矿条件下给矿粒度 d 所需的精确球径，cm；

　　　K_c——综合经验修正系数（由表 4-98 确定）；

　　　ψ——磨机转速率，%；

　　　$\sigma_压$——岩矿单轴抗压强度，kg/cm^2；

　　　ρ_e——钢球在矿浆中的有效密度，g/cm^3，$\rho_e = \rho_s - \rho_n$，式中，ρ_s 为钢球密度，g/cm^3，ρ_n 为矿浆密度，g/cm^3，其确定方法为：$\rho_n = \delta_t/[C + \delta_t(1 - C)]$，式中，$\delta_t$ 为矿石密度；C 为矿浆质量分数，%；

　　　d_f——95% 过筛最大粒度，cm；

　　　D_0——球荷"中间缩集层"直径，cm，$D_0 = 2R_0$，$R_0 = \sqrt{\dfrac{R_1^2 + R_2^2}{2}} = \sqrt{\dfrac{R_1^2 + (KR_1)^2}{2}}$，$R_1$ 和 R_2 分别为磨机内最外层和最内层半径，$K = R_2/R_1$，K 与转速率及充填率有关（由表 4-99 确定）。

表 4-98　综合经验修正系数 K_c

粒度 d/mm	50	40	30	25	20	15	12	10
K_c	0.57	0.66	0.78	0.81	0.91	1.00	1.12	1.19
粒度 d/mm	5	3	2	1.2	1.0	0.6	0.3	0.15
K_c	1.41	1.82	2.25	3.18	3.44	4.02	5.46	8.00

表 4-99　各种装球率 φ 及转速率 ψ 时的参数 K 值

ψ / φ	65%	70%	75%	80%	85%	90%	95%	100%
30%	0.527	0.635	0.700	0.746	0.777	0.802	0.819	0.831
35%	—	0.511	0.618	0.683	0.726	0.759	0.781	0.797
40%	—	0.237	0.508	0.606	0.669	0.711	0.740	0.760
45%	—	—	0.288	0.506	0.600	0.656	0.694	0.721
50%	—	—	—	0.332	0.508	0.502	0.644	0.676

式（4-122）考虑了影响球磨机效率的十几个因素，计算结果比较符合生产实际。

B 棒磨机棒径的计算公式

（1）奥列夫斯基公式：

$$d_{R-opt} = (15 \sim 20) d^{0.5} \tag{4-123}$$

（2）邦德公式：

$$d_{R-opt} = 2.08 \left(\frac{\delta \overline{W}_I}{\psi \sqrt{D}} \right)^{\frac{1}{2}} (d_{80})^{\frac{3}{4}} \tag{4-124}$$

适宜的棒径或球径最好通过做试验，按颗粒最大消失速率法求得。

4.5.1.3 磨矿介质的补加

磨机内整体球荷尺寸的精确化要靠装球来解决，靠补球来维持。因此，球磨机的装补球问题十分重要。

A 精确化装、补球方法的原理及步骤

（1）针对待磨矿石开展矿石抗破碎性能的力学研究，测定矿石单轴抗压强度、弹性模量及泊松比，为精确化装、补球提供力学依据，加强磨矿的针对性。

（2）对于待磨矿料（包括新给矿及返砂）进行筛析，确定待磨矿料的粒度组成，并将其进行分组。

（3）用球径半理论公式精确计算最大球径及各组矿料所需的球径。

（4）用破碎统计力学原理指导配球，根据概率论原理，某个粒极的破碎概率与能破碎该粒极的钢球产率成正比，由此，可根据待磨矿料的粒度组成而确定钢球的球荷组成。简单的方法是，每种钢球的产率与适合它磨碎的矿粒组产率大致相当。另外，还要根据磨矿的目的，对需要加强磨碎的级别应在装球时增加其破碎概率，对不需要破碎的级别减小其破碎概率。

（5）为了保险起见，前面配出的初装球应该用扩大试验进行验证，证明确定的初装球方案是最好的方案。

（6）补球可以用磨损计算法，也可以用作图法确定补加球。生产中的补球通常是按前一日的处理量及钢球的单耗指标（kg/t）计算出球总量，再按不同规格比例分摊补加量，通常以3~5种混合球补入。

B 钢球的技术参数和规格

技术参数和规格，对于计算磨机的充填率和进行正确的补球很有意义。公制单位和英制单位的钢球技术性能分别见表4-100~表4-102。

研磨介质的材质、加工方法及热处理等决定了介质本身的硬度，硬度越高就越耐磨。根据前苏联 H. A. 优洛诺娃等用铁段做的实验得出：铁段越硬，越耐磨；同时当硬度由 HB = 200 上升到 HB = 500 时，磨损急剧下降；硬度大于 HB = 500 时，磨损的降低就不明显了。由此可见，将铁段的硬度控制在 HB = 500 ~ 600 比较合适。硬度再高，铁段易碎裂。

表 4-100　钢球规格、直径偏差及最大不圆度

公称直径/mm	直径偏差					最大不圆度				
	建材行业标准 Q/JC 104—1982	冶标 YB 527—1965	日本 JIS M 4108	前苏联 ГОСТ 7524—1965	厂标 CB 80—铬03	建材行业标准 Q/JC 104—1982	冶标 YB 527—1965	日本 JIS M 4108	前苏联 ГОСТ 7524—1965	厂标 CB80—铬03
15②										
17										
20										
25			+2/−1					9		
30	+2			±2						
40	−1					2		8		
50		±2	+3	±2				7	2	
60										2
70								6		
75①	+3/−2	+3/−2	−1	±2.5		3		3	3	3
80										
90		+4	+4	±3				5		4
100	+4		−2	±4				4	4	
110	−2	+3								

① φ75mm 钢球这一档，只有日本标准中有，其余标准都没有。

② 近年来，微介质磨机得到发展，因而也就出现了直径小于 15mm 的小钢球。

表 4-101　磨机用钢球的技术参数

钢球的直径 /mm	钢球的单重 /kg	钢球的个数 /t·个⁻¹	钢球的质量 /kg·m⁻³	钢球的表面积 /cm²·个⁻¹	钢球的表面积 /m²·t⁻¹
15	0.014	71428		7.069	50.493
17	0.020	50000		9.079	45.40
20	0.033	30303		12.566	38.08
25	0.064	15625		19.63	30.67
30	0.111	9009	4850	28	25.0
40	0.263	3802	4760	50	19.0
50	0.514	1946	4708	78	15.2
60	0.889	1125	4660	113	12.7
70	1.410	709	4640	154	11.0
75	1.736	576	4630	176.7	10.18
80	2.107	474	4620	201	9.5
90	2.994	334	4590	254	8.5
100	4.115	243	4560	314	7.6
110	5.478	183		380	6.95

表 4-102 磨机用钢球的技术参数

钢球的直径		钢球的单重		每个钢球的体积		1ft³ 钢球的质量/b	1ft³ 钢球的个数/个	每短吨钢球的个数/个	钢球的表面积		
in	mm	b	kg	in³	cm³				in²/个	in²/ft³	ft²/st
3/4	19.05	0.063	0.0285	0.221	3.62	281.86	4474	31956	1.77	7905.9	392.16
7/8	22.225	0.099	0.0449	0.351	5.75	278.88	2817	20124	3.14	6776.5	336.13
1	25.40	0.148	0.0671	0.524	8.58	279.28	1887	13481	3.14	5929.4	294.12
1¼	31.75	0.290	0.1315	1.023	16.76	280.14	966	6902	4.91	4743.5	235.29
1½	38.10	0.501	0.2273	1.767	28.96	280.06	559	3994	7.07	3952.9	196.08
2	50.80	1.187	0.5384	4.189	68.64	280.13	236	1685	12.57	2964.7	147.06
2½	63.50	2.318	1.0515	8.181	134.07	280.48	121	863	19.64	2371.8	117.65
3	76.20	4.006	1.8171	14.137	231.67	280.42	70	499	28.27	1976.5	98.04
3½	88.90	6.361	2.8853	22.449	367.88	279.88	44	314	38.48	1694.1	84.03
4	101.60	9.495	4.3069	33.510	549.14	275.36	29	211	50.27	1482.4	73.53
5	127.0	18.544	8.4116	65.450	1072.53	278.16	15	108	78.54	1185.9	58.82

4.5.1.4 磨矿介质的材质

磨矿介质的材质及加工工艺对介质的磨损起很大作用。

（1）按制作方式划分：

1）锻（压）球，由锻打或模压而成；

2）轧球，由专用轧机轧制而成；

3）铸球，由砂模或铁模铸造而成。

（2）按磨矿介质（即化学成分）划分：

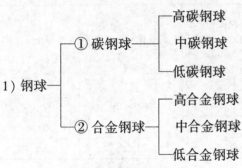

1）钢球
- ① 碳钢球 —— 高碳钢球 / 中碳钢球 / 低碳钢球
- ② 合金钢球 —— 高合金钢球 / 中合金钢球 / 低合金钢球

2）铁球
- ① 普通铸铁球：以 GB 铸 14 ~ 铸 22 生铁为原料，熔化后铸球或少量废钢熔化后铸球。
- ② 合金化铸铁球：以 GB 铸 14 以上标号生铁为原料，熔化后铸球过程中额外加入(炉前或炉后加入)某一种或几种合金元素(有的另加入废钢，调整碳含量)铸球，统称合金化铸铁球。例如，中锰稀土镁球、中锰球墨铸铁球、多元素抗磨铸铁球，高、中、低铬铁球。
- ③ 天然多元素低合金铸铁球：GB 5025—1985 含钒生铁铸铁球；GB 9949—1988 磷铜钛低合金耐磨铸铁球

（3）按是否经过热处理划分：1）未经热处理的钢、铁球，即锻、轧、铸成型后，直接交付使用；2）经热处理的钢、铁球：①经锻后余热、轧后余热处理的钢球；②经铸后余热处理的钢、铁球；③经二次加热处理的钢、铁球。

（4）按钢球、铁球的显微结构（即金相组织）划分：1）珠光体（白口）球；2）马氏体（白口）球；3）奥氏体球；4）贝氏体球。

对于钢球，锻打、轧制、铸造均可成球。铁球只能铸造，因为铁的延展性远不如钢，既不能锻打也不能轧制。对某一种固定材质而言，锻钢球成本最高，铸钢球成本最低，轧钢球生产效率高。锻钢球组织致密，密度大，综合力学性能优良（表4-103），无论粗磨还是细磨，其效果都是很好的（表4-104）；轧钢球（指经热处理的锻轧钢球）次之。对于综合力学性能，各使用厂家必须根据主客观条件，对不同的生产工艺进行合理的选择。

表4-103　磨矿介质密度、φ120mm球堆密度、球单体质量的比较

材　料	密度/t·m^{-3}	堆密度/t·m^{-3}	球单体质量/kg
锻钢球	7.8	4.85	7.057
轧钢球	7.8	4.85	7.057
铸钢球	7.5	4.65	6.785
铸铁球	7.1	4.40	6.423
中锰稀土球墨铸铁球	7.0	4.35	6.333

表4-104　4种一段磨矿磨球介质测定的结果

材　质	高铬铸球		中锰稀土镁铸铁球		混号低合金锻钢球	20MnV 锻钢球	
热处理方法	二次加热淬火，油冷		空冷		空冷	锻后余热淬火，水冷	
金相组织	马氏体＋碳化物（马氏体中有二次析出碳化物并结晶，细微晶粒明显）		针状马氏体55%＋奥氏体30%＋碳化物15%		珠光体＋铁素体	板条马氏体	
硬度[①]（HRC）	58.5	58.5	47	47	HB90-120	41	42
	58.5	58.5	47	47		39	31
	58.5	58.5	47	47		30	28
磨矿效率/t·(m³·h)$^{-1}$	1.04		1.23		1.28	1.48	

①由球的表层到心部每隔3mm打一测点所得的数据。

A　锻钢球和轧钢球

国内大、中型黑色冶金矿山选矿厂，粗磨一般选用锻钢球或轧钢球。例如，首钢矿业公司大石河、水厂两座年产精矿粉均在250万吨以上的大型选矿厂，1981～1990年，一段磨矿的φ127mm磨球一直采用低碳低合金锻后余热淬火钢球；1982年以后，攀枝花冶金矿山公司选矿厂一直采用中、高碳锻后余热淬火钢球；1986～2002年，鞍钢东鞍山烧结厂、大孤山、弓长岭、齐大山等选矿厂一直采用轧后余热淬火钢球。经统计，进行锻后或轧后余热处理的钢球与未经热处理的相同材质的锻或轧钢球相比，可降耗30%以上。由此可见，锻、轧钢球经热处理而改变其显微结构是降耗的关键。并且利用锻后、轧后、铸后余热进行钢、铁球热处理，是节省能源、设备、场地，淬火效果好，投入少、产出多的合理可行的磨球热处理工艺。

B　铸铁球

国内大、中型黑色冶金矿山选矿厂，细磨一般选用铸铁球。因细磨过程以磨剥为主，冲击为辅，不强求磨球有很高的冲击韧性。从磨球制造角度衡量，铁球（高合金化铁球除外）初始费用低，对选矿厂具有吸引力。铸铁球按硬度、韧性两个指标评价，可分为3个等级，即低、中、高三档。

a　低档铸铁球

以 $\phi50mm$ 为例，冲击值为 $a_k = 2.94J/cm^2$ 左右，表层 $0 \sim 5mm$ 的洛氏硬度 HRC $\leqslant$ $28 \sim 32$；心部硬度 HRC $\leqslant 15 \sim 20$，俗称普通铸铁白口铁。球的断口、表层呈银白色，金相组织为莱氏体→珠光体；心部呈灰黑色，金相组织为铁素体 + 珠光体。典型的普通铸铁球全部选用国家标准铸造生铁，铸 14 ～ 铸 18，$\phi50mm$ 铁球断口的白口曾为 1 ～ 3mm。适量加入 3% ～5% 废钢，铁球韧性略有改善。若在铸 14 ～ 铸 18 占 80% 用量的基础上，掺加 20% 的炼钢生铁，铁球断口的白口层为 3 ～7mm。冷却速度过快，则通体为白口。这种低档铁球硬度低、韧性差，投入磨机使用后，破损率高达 10% ～25%。磨球残体磨圆度不好，多呈砾石状。用于格子型磨机，残体排出量占总投球量的 30% ～40%；用于溢流型磨机，磨矿效率为 5% ～8%。即使如此，一些大、中型铁选厂仍在使用。

b　中档铸铁球

它属合金化铁球范畴。中锰稀土镁球墨铸铁球，符合 GB 3180-82 规定的技术条件，另有低铬球。近几年新推出的中档铁球——天然多元素低合金淬火铁球（简称淬火球），以首钢矿业公司为代表，淬火球的生产全部采用 GB 9949—1988 磷铜钛低合金耐磨铸铁，在此基础上根据球径大小予以化学成分的调整，并进行淬火、回火热处理。淬火球所含有益合金元素有 20 余种，大多为冶炼生铁的烧结矿中固有的。因此，淬火球比高铬球、低铬球、中锰稀土镁球、墨铸铁球的生产成本低，性能却可与低铬球、各类中锰球相媲美。显微结构基体组织为马氏体（70% ～75%） + 磷共晶 + 碳化物 + 少量索氏体。冲击韧性，a_k 值为 4.9 ～7.8J/cm^2，硬度值根据球径大小的需要，能满足用户的要求。首钢矿业公司大石河铁矿选矿厂 12 个系列，所有二段球磨机改用这种淬火球，经 10 多年的使用表明，比普通铸铁淬火球耗量降低 13%；比未经热处理的普通铸铁球（即低档球）降耗 35% ～ 40%，是一种很有前途的中档铁球。

c　高档铸铁球

这里指高合金铁球，典型的如高铬球。通常 50 ～120mm 高铬球硬度为 HRC = 58 ～62，a_k 冲击值为 3.9 ～6.7J/cm^2。金相组织：从表层到心部均为细针状马氏体 + 碳化物。该球的突出特点是硬度高，初始费用高。就其综合经济效益而言，在水泥行业应用是成功的。黑色冶金矿山选矿厂不宜采用。铁矿处理多为湿磨，高铬球球间摩擦系数小（表 4-105 和表 4-106），滑动过多，在降低球耗的同时，也降低了磨机处理能力。

表 4-105　钢球、铸铁球滚动摩擦系数 K 的比较

摩擦材料	淬火钢与淬火钢	软钢与软钢	铸铁与铸铁
K	0.001	0.005	0.005

表 4-106　钢球、铸铁球滑动摩擦系数 f 的比较

摩擦材料	钢与钢	钢与软钢	铸铁与铸铁
无润滑剂	0.15	0.20	0.15
有润滑剂	0.05 ~ 0.1	0.1 ~ 0.2	0.07 ~ 0.12

　　湿磨矿比干磨矿的研磨介质和衬板的消耗要高（见表 4-107），这是因为水及矿浆中某些化学成分对研磨介质和衬板的腐蚀作用增加的缘故。为了减少磨矿介质的化学腐蚀，加入防腐剂是有益的（见表 4-108）。防腐剂一般根据矿浆性质及介质或衬板的材质通过试验确定。

表 4-107　干湿磨矿作业中研磨介质和衬板的消耗对比

矿　石	平均磨损指数[①]/g	湿式棒磨机的消耗/g		湿式球磨机的消耗/g		干式球磨机的消耗/g
		钢棒	衬板	钢球	衬板	钢球
石灰石	0.0238	0.130	0.0084	0.074	0.0062	0.0070
页　岩	0.0209	0.111	0.0076	0.061	0.0054	0.0051
菱镁矿	0.0783	0.196	0.0152	0.138	0.0112	0.0140
铜　矿	0.1472	0.232	0.0190	0.178	0.0140	0.0190
赤铁矿	0.1647	0.238	0.0198	0.186	0.0147	0.0205
磁铁矿	0.2217	0.255	0.0219	0.207	0.0161	0.0235
花岗岩	0.3880	0.286	0.0292	0.264	0.0194	
铁燧岩	0.6237	0.297	0.0302	0.316	0.0224	
石英岩	0.7751	0.320	0.0322	0.330	0.0240	
矾　土	0.8911	0.336	0.0336	0.340	0.0248	

① 磨损指数是根据邦德磨损指数试验器测出的，其单位为金属磨损量。

表 4-108　不同药剂对研磨介质腐蚀的影响

加入药剂名称	矿浆中浓度/%	介质损失量		磨矿产品中 -200 目的增加/%
		绝对量/g	相对量/%	
无	0	1.779	100.00	54.9
硼砂	1	1.776	-0.17	53.9
亚硝酸钠	1	0.901	-49.4	54.6
铬酸钠	1	0.966	-45.7	57.8
偏硅酸钠	0.5	0.963	-45.9	53.7
苯酸钠	1	2.12	+190	56.1

注：矿浆固体浓度（质量分数）为 60%。

　　宁国耐磨材料总厂低铬合金球及铸锻在冶金矿山的使用情况及对比结果见表 4-109。

表 4-109　低铬合金球及铸锻在冶金矿山的使用情况及对比结果

厂矿名称	磨机规格 /m×m	耐磨性对比			破碎率/%	经济效益/元		
		吨矿普球磨耗/kg	低铬球磨耗/kg	耐磨系数提高/倍		普球磨耗成本	低铬球磨耗成本	吨矿节约成本
德兴铜矿	φ3.2×3.1	1.2	0.587	2.062	1.68	1.536	1.396	0.140
梅山铁矿	φ2.7×3.6	1.912	0.735	2.61	1.45	2.103	1.780	0.323
东鞍山烧结厂	φ2.7×3.6	1.811	0.672	2.695	基本无破碎球	2.260	1.382	0.878
落雪铁矿	φ3.2×3.1	1.6	0.62	2.581	<1	1.988	1.592	0.396
白银公司	φ2.7×3.6	1.99	0.73	2.726	<1	2.587	1.861	0.726
酒钢选矿厂	φ2.7×3.6	0.82	0.276	2.970	1.02	0.820	0.676	0.144
大姚铜矿	φ3.2×3.1	2.351	0.893	2.622	0.8	2.821	2.260	0.561
金厂峪金矿	φ2.7×2.1	2.4	0.837	2.876	1.2	8.000	2.134	5.866
金堆城钼矿	φ3.6×4.0	2.29	0.788	2.966	<2	2.326	1.734	0.592
狮子山铜矿	φ3.2×3.1	1.85	0.673	2.749	1.6	1.940	1.480	0.420
凡口铅锌矿	φ2.7×3.6	1.094(中锰稀土球)	0.5647	1.930	几片	1.760	1.600	0.160
东厂金矿	φ1.5×3.6	2.97	0.897	3.31	无	3.861	2.280	1.581
庞家堡铁矿	φ2.7×3.6	1.94	0.678	2.86	<1	2.620	1.695	0.925
琅琊山铜矿	φ3.2×3.1	1.675	0.763	2.20	<2	2.533	2.016	0.517
武山铜矿	φ3.2×3.1	2.22	0.87	2.55	无破碎	2.575	2.157	0.418

注：数据资料来源于各单位的试用报告。

4.5.1.5　磨矿介质的选择

球磨机钢球的质量直接影响磨机生产率的大小，也影响球耗的高低，从而影响磨矿介质的成本。单纯追求高硬度、低单耗是不正确的。高硬度及低单耗并不等于低成本，高硬度及低单耗的球往往价格也高。高硬度不一定使生产率增加，甚至会下降，只有生产率高才能使各项单耗指标相对下降。因此，选择钢球的首要标准应该是磨机生产率大及磨矿介质成本低。只有高生产率和低的磨矿介质成本才能产生好的经济效益。

（1）黑色冶金矿山选矿厂粗磨。即球径大于或等于φ80mm 的磨球，应选用经过淬火、回火热处理的中、低碳合金钢球，中、高碳钢球。其冲击值为 $a_k = 9.8 \sim 19.6 \text{J/cm}^2$。根据矿石硬度 $f = 6 \sim 16$ 所对应钢球的硬度值 HRC 限制在 50～40 范围内。

（2）黑色冶金矿山选矿厂细磨。即球径小于或等于φ60mm 的磨球，应选用中档铁球。特别是天然多元素低合金淬火铸铁球及低铬铸铁球，冲击值 $a_k > 4.9 \text{J/cm}^2$，硬度值限制在 HRC = 55～45 范围内。

（3）有色冶金矿山选矿厂选择磨球的原则，应与黑色冶金矿山选矿厂一致，从计算经济效益出发，所用大、小球均可用中档铸铁球。

（4）热电厂。磨煤最适合用锻钢球。

（5）水泥厂。用于水泥厂干磨磨球时，从保证水泥的质量考虑，普遍认为采用高铬球为宜。

（6）细磨设备，立磨机一段加 $\phi12mm \sim 30mm$ 的轧钢球或高耐磨轴承钢球（GCr15）。

4.5.1.6　磨矿介质的研制和应用

我国磨矿介质研究起步于 1981 年，比发达国家晚 20 余年。1981 年以前主要是受苏联的影响，大型国有企业采用轧制钢球的数量最大。例如鞍钢中板厂的 1 套轧球机、本钢的 1 套轧球机、邯钢的 1 套轧球机，全部为铁矿选矿厂生产服务。20 世纪 80 年代中期～90 年代中期，比利时 Magotteaux 公司生产圆柱球和圆球，应用于世界各地选厂。我国磨矿介质的研制和应用，发展速度很快，取得了良好的效果，主要有以下几个方面。

A　中钢碳钢磨球或低合金钢淬火锻球或轧球取代普通低碳钢磨球

（1）中钢碳钢锻后余热淬火钢球。鞍钢东鞍山烧结厂在 $\phi3200mm \times 3100mm$ 一段格子型球磨机推广 $\phi127mm$ 中高碳钢锻后余热淬火钢球，3 年累计节球 9650t，比原用低碳钢球降耗 33% 以上，磨矿已停用低碳钢球。鞍钢集团矿业公司在东鞍山烧结厂、大孤山、齐大山选矿厂使用 $\phi60mm$ 中高碳钢锻后余热淬火钢球，单耗比低碳钢球降低 35% ~40%。

（2）中碳低铬锻后余热淬火钢球。鲁中冶金矿山公司选矿厂在 $2700mm \times 3600mm$ 二段格子型球磨机推广 $\phi100mm$ 中碳低铬锻后余热淬火钢球，球耗由原低碳钢球的 0.817kg/t 降为 0.347kg/t，降耗 57%，吨矿磨球费用节省 0.39 元。

（3）高碳低合金钢锻热淬火钢球。山东冶金设计研究院研制的 $\phi100mm$ 高碳低合金钢锻热淬火钢球，在莱芜铁矿选矿厂 $\phi2700mm \times 2100mm$ 球磨机的工业应用试验，球耗由中锰铸铁单耗 0.95kg/t，降为 0.348kg/t，降耗 63%。

B　低铬合金铸球在选矿厂二、三段磨矿球磨机上得到应用

（1）酒钢选矿厂。在 $\phi2700mm \times 3600mm$ 球磨机上采用宁国耐磨材料总厂生产的高碳低铬铸球进行了工业试验，球耗由原普碳球的 0.82kg/t 降为 0.276kg/t，降耗 66%。

（2）上海梅山铁矿选矿厂。在 $\phi2700mm \times 3600mm$ 球磨机上采用低铬合金铸球，球耗由普碳球 2.27kg/t 降为 0.733kg/t，降耗明显，4 年共节球 3000t。

（3）江西铁坑铁矿选矿厂。在 $\phi2700mm \times 3600mm$ 球磨机上采用低铬合金铸球进行工业试验，球耗由原普碳球的 0.6kg/t 降为 0.2599kg/t。

（4）铜陵有色金属公司狮子山铜矿选矿厂。在 $\phi3200mm \times 3100mm$ 球磨机上试用低铬合金铸球，球耗由原普碳球的 1.85kg/t 降为 0.63kg/t。

（5）白银有色金属选矿厂。在 $\phi2700mm \times 3600mm$ 球磨机上进行低铬合金铸球工业试验，球耗由原普碳球的 1.99kg/t 降为 0.73kg/t。

（6）张家口金矿选矿厂。使用低铬合金铸球，球耗由普碳球的 2.10kg/t 降为 0.816kg/t。

（7）马钢姑山铁矿选矿厂。采用马鞍山市金属耐磨铸锻材料公司生产的低铬合金铸球，在一段 $\phi2700mm \times 3600mm$ 球磨机上使用，球耗由原普碳球的 2.77kg/t 降为 1.35kg/t。

（8）郑州铝厂。采用宁国铸钢厂生产的 $\phi120mm$ 高韧性低铬合金铸球进行工业试验，球耗由原 45 号锻钢球的 1.62kg/t 降为 0.521kg/t。

（9）河北小寺沟铜矿选矿厂。在 $\phi2700mm \times 3600mm$ 球磨机上采用辛集市赵马磨球厂生产的低铬合金铸球进行工业试验，球耗由原中锰稀土镁铸球的 1.289kg/t 降为 0.579kg/t。

（10）金堆城钼业公司百花岭选矿厂。采用自产的低铬合金铸球在 $\phi3600mm \times 4000mm$ 球磨机上进行工业试验，球耗由原 50Mn 钢球的 1.99kg/t 降为 0.963kg/t。

(11) 鞍钢集团矿业公司齐大山铁矿选矿分厂。从美国引进了 3 个系统的大型磨矿设备，$\phi5.49m \times 8.83m$ 球磨机 6 台。为了降低磨矿介质消耗，进一步提高磨矿效率，鞍钢矿山耐磨材料公司研制了低铬多元合金铸铁段，并在齐大山铁矿选矿分厂进行了工业试验。该磨矿介质与轧钢球相比，磨矿介质消耗下降了 0.194kg/t。

C 开发多元合金磨球并成功应用

(1) 磷铜钛低合金铸球。首钢矿业公司大石河和水厂选矿厂在 $\phi2700mm \times 3600mm$ 二段球磨机上使用云南楚雄禄丰钢铁厂生产的 $\phi50mm$ 磷铜钛低合金铸球，球耗由原淬火铸铁球的 1.02kg/t 降为 0.88kg/t。

(2) 铬铜 2 号合金铸球。武钢大冶铁矿选矿厂在 $\phi2700mm \times 3600mm$ 二段球磨机上采用铜陵市玛钢厂生产的 $\phi60mm$ 铬铜 2 号合金铸球，球耗下降 0.32kg/t。

(3) 高碳低铬钨锻钢球。江西德兴铜矿选矿厂采用南昌钢铁厂生产的高碳低铬钨锻钢球，在 $\phi3200mm \times 3100mm$ 球磨机上使用，球耗由原普碳球的 1.555kg/t 降为 0.73kg/t。江西永平铜矿选矿厂在 $\phi5030mm \times 6400mm$ 球磨机上采用高碳低铬钨锻钢球，球耗由原来的 2.17kg/t 降为 1.32kg/t。

D 高（中）铬铸球在大中型水泥和电力磨煤等干式磨矿的应用

水泥磨机的每吨水泥高铬铸球球耗的水平：德国为 16 ~ 40g，美国为 25 ~ 40g。西欧一些水泥公司采用含 12% Cr 的高铬铸球，球耗为 65 ~ 110g/t；含 17% Cr 时为 15g/t，我国水泥工业锻球球耗为 300 ~ 500g/t，采用高铬铸球为 40 ~ 60g/t。

安徽省马鞍山市矿友耐磨材料（集团）股份有限公司，引进了日本先进的金属水平分型浇铸的铸球生产工艺，专业生产铬铁铸球。

E 贝氏体钢球的应用

首钢水厂选矿厂组织了贝氏体钢球与普通钢球的工业生产应用试验。贝氏体钢球与普通钢球相比，球耗由 0.67kg/t 下降到 0.45kg/t，降低了 0.22kg/t，且未出现碎裂及脱皮现象，具有硬度高、韧性大、耐磨性能好、失圆度小的特点。

普通钢球和贝氏体钢球的主要化学成分分别见表 4-110 和表 4-111。

表 4-110 普通钢球的主要化学成分

元 素	C	Si	Mn	P
含量(质量分数)/%	0.22	0.45	1.31	0.022

表 4-111 贝氏体钢球的主要化学成分

元 素	C	Si	Mn	Cr
含量(质量分数)/%	0.59	1.68	0.58	0.84

两种钢球工业试验结果见表 4-112。

表 4-112 两种钢球的工业试验结果

钢球种类	试验前充填率/%	试验后充填率/%	消耗球量/t	原矿处理量/t	钢球单耗/kg·t⁻¹
普 通	38.37	37.88	37.88	57100	0.67
贝氏体	38.28	38.37	25.58	56861	0.45

从表 4-112 可看出，贝氏体钢球消耗指标大大低于普通钢球，与普通钢球消耗 0.67kg/t 相比，降低了 0.22kg/t。

两种钢球的磨矿效率见表 4-113。

表 4-113   两种钢球的磨矿效率

项目	普通钢球			贝氏体钢球		
	新生成/%	处理量/t	磨矿效率/t·(m³·h)⁻¹	新生成/%	处理量/t	磨矿效率/t·(m³·h)⁻¹
以 -0.074mm 含量计算	22.74	71.17	0.88	23.87	71.04	0.92

从表 4-113 可看出，贝氏体钢球的磨矿效率比普通钢球的磨矿效率高 $0.04t/(m^3 \cdot h)$。

F 棒球或铸锻异形介质的应用

（1）高碳钢轧后余热淬火棒球。鞍钢矿山公司在大孤山、弓长岭选矿厂三段球磨机上推广高碳钢 $\phi30mm \times 40mm$ 轧后余热淬火棒球。

（2）低铬合金铸段。鞍钢大孤山选矿厂采用宁国耐磨材料总厂生产的 $\phi35mm \times 45mm$ 和 $\phi25mm \times 35mm$ 低铬合金铸段，经 $\phi2700mm \times 2100mm$ 和 $\phi2700mm \times 3600mm$ 二段球磨机使用，前者球耗由原中锰稀土铸球的 0.64kg/t 降为 0.221kg/t，后者球耗由原 $\phi30mm$ 普碳球的 0.53kg/t 降为 0.221kg/t。

（3）唐钢庙沟铁矿选矿厂在 $\phi1500mm \times 3000mm$ 二段球磨机采用 $\phi25mm \times 35mm$ 低铬合金铸段，球耗由原 $\phi40mm$ 普通锻钢球的 1.05kg/t 降为 0.70kg/t，分级溢流 -0.074mm 含量提高 3%。

（4）在磨矿介质形状改进方面，我国自 1983 年推出棒球（亦称柱球、胶囊球）以来，已在铁矿选矿厂二、三段球磨机上获得了广泛应用。

4.5.1.7 超细磨磨矿介质

立磨机和艾萨磨机在矿业中的应用需要更细的钢球和陶瓷球。细磨和超细磨中常用的介质球尺寸主要为 $\phi3 \sim 20mm$ 和 $\phi0.2 \sim 3mm$。其中 $\phi0.2 \sim 3mm$ 为研磨微珠。氧化锆球和刚玉球尺寸均以公制单位制作，因为钢球在滚动轴承中作为滚珠，而在磨机中作为磨矿介质球。几种超细磨用研磨介质的应用条件见表 4-114。

表 4-114   几种超细磨用研磨介质的应用条件

介质品种	真密度/g·cm⁻³	假密度/g·cm⁻³	耐磨性	分散片线速度/m·s⁻¹	推荐浆料黏度/Pa·s
玻璃珠	2.5	1.6	好	10	<1.5
渥太华天然砂	2.64	1.8	好	10	1.5
MINI 介质	2.82 ~ 2.96	1.74 ~ 1.83	好	9.5	3.0
钢珠	7.85	5.0	好	6.0	35.0
锆珠	5.4	3.75	好	7.5	10.0

法国西普（SEPR）公司的氧化锆球研磨介质形状为椭圆球，其短径与长径之比不小于 0.7，其装填的致密度比玻璃球低（约为 0.61）。钢球的圆度比玻璃球好，其致密度略高（一般为 0.66）。广州柏励司研磨介质有限公司（GPGM）专门为涂料（油漆、油墨和

水墨）、农药（悬浮剂和种衣剂）、化妆品、食品、电子浆料、非金属矿（碳酸钙、高岭土、钛白粉、石英砂和硅酸锆等）和有色金属矿等用户提供专营优质的耐诺（Nanor®）和赛诺（Cenobeads TM）研磨介质，包括玻璃珠、硅酸锆珠、复合锆珠、氧化锆珠（球）、铬钢珠（球）、石球、陶瓷球和玛瑙球等。

过去，密度曾用比重（真比重）和散重（假比重）来表示。各种氧化物的相对分子质量和组分决定了研磨的密度，常用的超细磨用研磨介质的密度见表4-115。

表 4-115　常用的超细磨用研磨介质的密度

类　型	玻璃珠	硅酸锆珠	氧化锆珠	氧化铝珠	钢　球	锆　珠
比重/g·cm^{-3}	2.5	4.1	6.0	3.7	7.8	6.2
散重/g·cm^{-3}	1.5	2.5	3.6	2.3	4.6	3.9

4.5.2　磨机衬板

磨矿机的筒体衬板不仅保护筒体内表面不受磨损，而且还传递能量和控制磨矿介质在筒体内的运动状态。为了提高磨机衬板的耐磨性能，开发了合金衬板、橡胶衬板和磁性衬板，延长了衬板的使用寿命。国内外球磨机衬板主要有三类：

（1）金属合金型衬板。主要包括高锰钢、高铬铸铁、硬镍合金、耐磨铸铁等材质。

（2）非金属型衬板。主要包括橡胶和聚氨酯材质。

（3）复合衬板。采用两种或两种以上材质制成的衬板，主要有钢盖式橡胶磁性复合衬板和金属磁性复合衬板。生产钢盖式橡胶磁性复合衬板的厂家以瑞典的斯克嘉（SKEGA）为代表，金属磁性衬板以中国冶金矿业总公司北京金发工贸开发公司和河北邯郸三元特钢铸造有限公司为代表。国内外均加强了高强耐磨材料的研究，而且还对筒体衬板的断面形状做了许多理论和试验研究，衬板的断面形状及材质是衬板的两大考虑因素，它既影响磨矿效果又影响其使用寿命。

对于大型球磨机和自磨机，为了节省停机时间和保证安全，现在衬板更换大部分采用机械手来更换。

4.5.2.1　磨机衬板的形状

适宜的衬板工作表面形状，因磨矿方式和矿石性质不同而异。当球磨机处理硬矿石或属于抛落式磨矿时，钢球的冲击作用是最有效的，因此应尽量减小钢球对筒体衬板的滑动作用。但磨软矿石或进行泻落式磨矿时，研磨作用是最有效的，因此钢球有小的滑动现象对矿石的研磨有利。但对于冲击作用为主的抛落式磨矿机，在接近筒体衬板的那一层磨矿介质和衬板之间的滑动应尽量减少。

衬板的工作表面形状，直接影响磨矿介质在磨机中的运动状态和分布规律，从而影响磨矿效率。此外，不同的衬板形状，还影响衬板磨损规律，影响衬板的使用寿命。因此，研制合适的衬板形状，既能延长衬板使用寿命，降低磨矿钢耗和能耗，又能提高磨矿效率。

选矿厂和水泥厂的各类磨机采用了各种形状的衬板形式（图4-172和图4-173），它们有各自的特点和应用条件，现分别介绍如下：

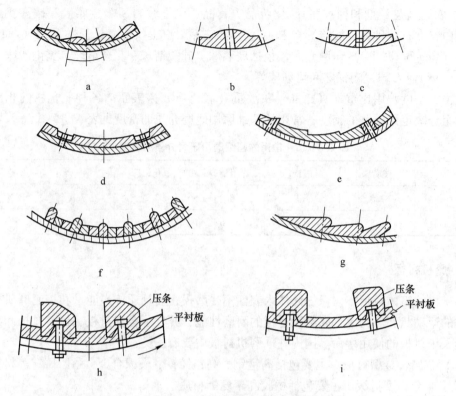

图 4-172　磨机衬板的形状

a—楔形；b—波形；c—凸形；d—平滑形；e—阶梯形；f—长条形；
g—船舵形；h—K 形橡胶衬板；i—B 形橡胶衬板

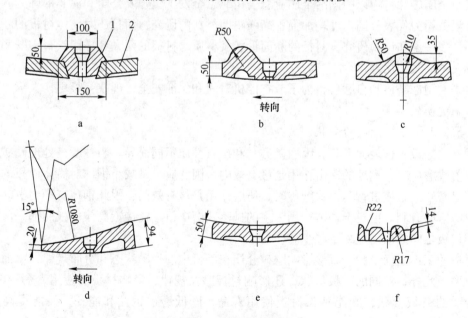

图 4-173　水泥厂磨机的衬板形状

a—压条衬板（其中 1 为压条，2 为无螺栓的平衬板）；b—突棱衬板；
c—波形衬板；d—阶梯衬板；e—平衬板；f—波纹衬板

（1）平衬板。它的工作表面有完全光滑的或铸有花纹的两种。这种衬板主要用于细磨矿或长筒形管磨机的细磨仓（室），它对钢球的提升作用主要靠衬板与磨矿介质之间的摩擦力。湿式磨矿时，它们两者的摩擦系数为 0.35，干式磨矿则在 0.4 左右。

（2）压条衬板。一般由压条和平衬板两部分组成（图 4-174），图 4-175 中的 K 型和 B 型橡胶衬板亦属于这种形式。

这种衬板表面除了固有的摩擦力外，还有压条侧面对钢球的直接提升作用，因此它加大了对磨矿介质的提升能力。压条衬板适用于第一段磨矿和管磨机粗磨仓（室）的筒体衬板，尤其是适用于处理物料粒度较大、以冲击磨碎作用为主的抛落式磨机的衬板。其主要优点是衬板磨损时一般只需更换压条。但转速较高的磨机采用此种衬板时能耗高、钢耗较大。

压条衬板的主要参数是压条的高度、角度和密度。高度（实际上是突出高度），不得超过磨机最大球径的一半；角度（对水平面而言），一般为 40°~45°；密度（即压条在筒体圆周上的数目），通常为 8~16 根。两根压条衬板之间的距离，约为磨机最大球径的三倍较好。

（3）突棱衬板。这种衬板突棱的作用与压条相同，参数的选取与压条衬板大体相似。

（4）波形衬板。断面形状又分为单波形（图 4-174a）和双波形（图 4-174b）两种。这种衬板提升钢球的能力比突棱衬板低，比较适用于一段球磨机。生产实践表明，波形衬板用于粗磨机时，衬板的磨损较低，而且双波形比单波形衬板的单位消耗还要低。

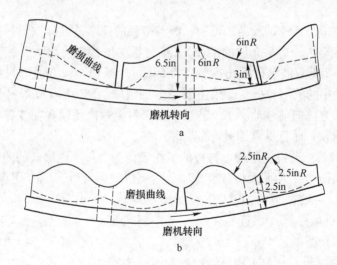

图 4-174　一段磨机球磨机波形衬板
a—单波形；b—双波形

一段球磨机采用双波形筒体衬板的磨矿效果较佳。同时波峰的间距、高度和波谷的曲率半径等对衬板磨损和磨矿效率均有重要影响。在一般情况下，衬板波峰的高度不应超过最大球径，如果波峰高度大于球径，往往会造成钢球不必要的过高升举，这对降低磨矿能耗和钢耗均不利。但波峰的最低高度不得小于磨机最大球径的一半，否则波峰不能很好地约束靠近筒体衬板的球层，使得球层在衬板上产生滚动。波形衬板的波峰高度通常等于最大球径的一半。波谷的曲率半径是筒体波形衬板设计的关键参数，一般等于或稍大于最大球径的 1/2。

从表 4-116 可以看出，S-201 双波形衬板与 Climax 双波形衬板比较，虽然质量大 12%，磨损速度仅低 9%，但衬板的使用寿命却为 Climax 双波形衬板的 1.8 倍。S-201 双波形衬板的使用寿命增加和磨损速度降低，主要是由于采用了较陡峭的波形断面，减少了荷载的滑动和提高了衬板材料的耐磨性能。

表 4-116　三种波形衬板的对比试验结果

衬板形状	Climax 双波形	S-100 单波形	S-201 双波形
衬板质量/kg	30.3	38.6	32.8
衬板材料	含锰 6%，含钼 1%	US 合金	US 合金
产量/t·h^{-1}	137.2	140.8	141.1
产品粒度（+0.15mm 的百分比）	35.1	34.8	33.4
衬板寿命/h	8018	12004	14141
衬板磨损速度/kg·t^{-1}	0.0276	0.023	0.016

注：计算衬板的磨损速度时，包括整个衬板的质量在内。

S-100 单波形衬板的使用寿命和磨损速度虽然比 Climax 双波形衬板优越，但是，这种优越性并不是由衬板的断面形状产生的，而是由于衬板厚度较大和衬板材料的耐磨性能较好。S-100 单波形衬板的波峰磨损后，就形成了类似于搭接式衬板的断面形状，因而提升能力降低，磨矿能力下降。

由上述三种波形衬板的试验结果可知，波谷半径的选取是设计波形衬板断面形状的关键。波谷半径小（略大于磨矿介质的半径），则衬板的摩擦阻力增大，提升能力提高，磨损速度降低。如 S-201 双波形衬板波谷半径为 64mm，而 Climax 双波形衬板的波谷半径为 147mm。波谷半径小的波形衬板，磨损主要发生在波峰。S-201 双波形衬板磨损后的波峰和波谷顺筒体旋转方向向前移动了半个波长，由于衬板螺栓孔设置在波谷中心，这不仅防止了衬板螺栓的损耗，而且提高了衬板金属利用率。

（5）阶梯形衬板。磨机中阶梯形衬板的工作表面为各种不同形式的曲面。经研究分析发现，衬板工作表面曲线为阿基米德螺线时（图 4-175），有以下三个优点：1）提升同一层球群的高度均匀一致；2）衬板工作表面磨损均匀；3）减少衬板与磨机最外层（靠近筒体那一层）钢球及各层钢球之间的滑动磨损。

（6）角状螺旋衬板。有用矿物呈细粒嵌布时，为了提高金属的回收率，必须采用细磨，使有用矿物与脉石充分达到单体分离，以利于有用矿物的回收。但是，细磨消耗的能量较多，因而生产费用增加。为了在能量消耗较小的情况下，提高细磨时的生产能力，Waagner-biro 设计了一种角状螺旋衬板。在磨矿机中，平面衬板沿筒体长度按螺旋状排列。筒体断面由圆形变成了类似于正方形（图 4-176）。磨矿机在运转时，由于荷载脱离点不

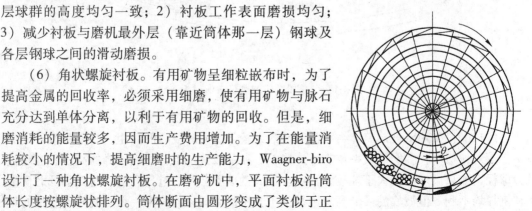

图 4-175　阶梯形衬板的工作面曲线

同而产生附加的相对运动，荷载形成了紊流运动状态。荷载互相掺混、互相碰撞，有助于使产品的细度趋向均匀，强化了磨矿作用。产品粒度可达 15μm 以下。由于衬板按螺旋状排列，有助于矿浆流动，从而提高了磨矿机的生产能力。长期的运转试验表明，这种衬板具有以下优点：

1）磨矿机的生产能力提高 15% ~ 25%；

2）单位能量消耗降低 15% ~ 30%；

3）充填率低，磨矿介质的单位消耗量降低 10% ~ 20%；

4）磨矿产品粒度可达 15μm 以下，且粒度均匀；

5）衬板磨损少；

6）噪声小。

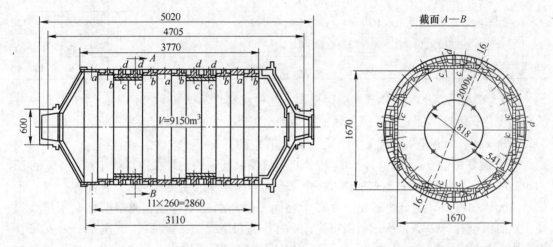

图 4-176　角状螺旋衬板

（7）橡胶衬板（图 4-177）。断面形状有 K 型和 T 型，橡胶衬板断面形状将在 4.5.2.3 节中详细介绍。

图 4-177　磨机橡胶衬板

a—棒磨机提升条与筒板；b—自磨机提升条与筒板

4.5.2.2　合金衬板

磨机衬板的材质主要有铸造（或锻造）合金钢、橡胶、聚氨酯、陶瓷、碳化钨及磁性材料，以及这些耐磨材料的复合衬板。

铁基合金一直是球磨机和棒磨机筒体衬板的主要材料。这种材料的组成成分和硬度范围见表 4-117。

表4-117　常用磨机的合金衬板材料及性能

| 序号 | 材 料 | 成 分 | | | | | | | 硬度 HB | 相对磨损速率/% |
		C	Mn	Si	Cr	Mo	Ni	Cu		
1	马氏体 CrMo 白口铸铁	2.4~3.2	0.5~1.0	0.5~1.0	14.0~23.0	1.0~3.0	0~1.5	0~1.2	620~740	88~90
2	马氏体高碳 CrMo 钢	0.7~1.2	0.3~1.0	0.4~0.9	1.3~7.0	0.4~1.2	0~1.5		500~630	100~111
3	马氏体高 Cr 白口铸铁	2.3~2.8	0.5~1.5	0.8~1.2	23.0~28.0	0~0.6	0~1.2		550~650	98~160
4	马氏体 NiCr 白口铸铁	2.5~3.6	0.3~0.8	0.3~0.8	1.4~2.5	0~1.0	3.0~5.0		520~650	105~109
5	马氏体中碳 CrMo 钢	0.4~0.7	0.6~1.5	0.6~1.5	0.9~2.2	0.2~0.7	0~1.5		500~620	110~120
6	奥氏体 6Mn1Mo 钢	1.1~1.3	5.5~6.7	0.4~0.7	0.5 最多	0.9~1.1			190~230	114~120
7	珠光体高碳 CrMo 钢	0.5~1.0	0.3~1.0	0.4~1.0	1.5~2.5	0~0.5	0~1.0		250~420	126~130
8	奥氏体 12Mn 钢	1.1~1.4	11.0~14.0	0.4~1.0	0.0~2.0	0~1.0			180~220	136~142
9	珠光体高碳钢	0.6~1.0	0.3~1.0	0.2~0.4					240~300	145~160
10	珠光体白口铸铁	2.8~3.5	0.3~1.0	0.3~0.8	0~3.0				370~530	100

（1）高锰钢。从1882年开始应用至今，这种材料作为磨机衬板使用，由于得到充分的冷作硬化，硬度不能充分发挥。硬度能达到 HB300~350，韧性却特别高，冲击值 $\alpha_k = 700N \cdot m/cm^2$。可见它是一种硬度不足、韧性有余的材料。

（2）镍硬铸铁。这种材料是20世纪30年代发展起来的，是在白口铁中加入5%的 Ni 和3%的 Cr，使非合金白口铁的球化体被马氏（M）体和残余奥氏（A）体基本代替，形成了马氏体白口铁。由于硬碳化物存在于硬而不易屈服的基体上，使耐磨性有了很大提高。然而由于有50%碳化铁，所以很脆，不宜作为粗磨仓的衬板材料。它适合于在细磨仓中应用，效果令人满意。上海水泥厂有一台从丹麦进口的管磨机，在细磨仓中应用这种材料铸造小波纹镶砌衬板，使用了20年才被磨坏。当前，镍硬铸铁已发展了四种牌号，见表4-118。镍硬1号和2号使用较久，镍硬3号和4号是后发展起来的。镍硬铸铁中含有较多的镍元素，其价格昂贵。

表4-118　镍硬铸铁的牌号及化学成分

| 牌号 | 化学成分（质量分数)/% | | | | | | | | 硬度（HRC） |
	C	Si①	Mn	S	P	Ni	Cr	Mo	
I	3.0~3.6	0.4~0.8	0.3~1.0	≤0.15②	≤0.3③	3.30~4.80	1.5~2.6	0.0~0.4	53~61(56~64)④
II	2.9	0.4~0.8	0.3~1.0	≤0.15②	≤0.3③	3.30~5.00	1.4~2.4	0.0~0.4	52~59(55~62)
III	1.0~1.6	0.4~0.7	0.4~0.7	≤0.05	≤0.05	4.00~4.75	1.4~1.8	—	34~45(51~59)
IV	2.6	0.4~0.8	—	≤0.05	≤0.05	约5.0	约8.0	0.5	约51

① 较薄铸件或灰心时，Si 含量可以大于0.8% ；
② 表列值是最大值，S 一般约为0.05% ；
③ 表列值是最大值，P 一般约为0.07% 或更低；
④ 括弧内数字为冷模铸造，其余为砂模铸造。

（3）高铬铸铁。由于镍硬铸铁存在上述两方面的问题，许多国家特别是美国对含有10%~30% Cr 的铸铁进行了研究。这种材料在含有约12% Cr 时形成了碳化铬（Cr_2C_3）而不是碳化铁（Fe_3C），铬的碳化物比碳化铁更硬，所以更耐磨。碳化铬的组织形态是断续的块状碳化物，而不是镍硬铸铁那样的网状碳化物，因而用途广泛，其耐磨性在耐磨材料中居首位。因为硬度很高，所以它也是一种脆性材料。现在高铬铸铁已发展了四个牌号，见表4-119。为了提高韧性，又发展了高铬铸钢，这也是一种用途广泛的耐磨材料。

表4-119　高铬铸铁的化学成分

牌　号	化学成分（质量分数）/%					铸态硬度 HB
	C	Cr	Ni	Mo	Cu	
I	2.4 ~ 2.8	11 ~ 14	<0.5	0.5 ~ 1.0	<1.2	>550
II	2.4 ~ 2.8	14 ~ 18	<1.0	<3.0	<1.2	>450
	2.8 ~ 3.6			2.5 ~ 3.5		>550
III	2.0 ~ 2.6	18 ~ 23	<1.5	<3.0	<1.2	>450
	2.6 ~ 3.2					>450
IV	2.4 ~ 2.8	22 ~ 28	<1.5	<1.5	<1.2	>400
	2.8 ~ 3.2					>450

在干式磨矿条件下，马氏体高铬白口铸铁衬板的使用寿命为高锰钢板的4 ~ 5倍；在湿式磨矿生产条件下，高铬铸铁衬板的使用寿命为高锰钢的1.5 ~ 2.0倍（见表4-120）。

表4-120　高铬铸铁衬板的使用寿命

球磨机规格/m × m	矿　石	衬板材质及寿命		寿命提高/倍
		高锰钢	高铬铸铁	
φ2.7 × 3.6（一段）	磁铁矿	5.3 个月	10 个月	1.89
φ3.96 × 3.66（一段）	钼 矿	8200h	12100h	1.48
φ5.5 × 6.4（单段）	铜 矿	11 个月	22 个月	2.0
φ3.2 × 1.2	铁 矿	5.5 个月	11.7 个月	2.07
φ2.4 × 1.2（一段）	钼 矿	7800h	16255h	2.08

4.5.2.3　橡胶衬板

橡胶是一种较好的耐磨材料。1914年尼皮辛（Nipissing）矿山首先采用橡胶作为磨机衬板，1923年获得专利。1936年多米尼宁（Dominion）橡胶公司生产磨机橡胶衬板，采用压条式固定。第二次世界大战后，20世纪50年代起瑞典司凯嘉（SKAGA）和特雷尔伯格（TRELLBORG）公司逐步将橡胶衬板成功地应用于球磨机、砾磨机、棒磨机和自磨机。

A　常用的耐磨橡胶及其主要性能

（1）天然橡胶（NR）。有极好的耐磨性能；用作磨矿的耐磨材料时，长时间工作的温度不应超过70℃，偶尔允许90 ~ 100℃；有极好的耐水性、耐弱酸和耐碱（水解作用）性；不耐芳香剂和燃料油。

（2）氯丁二烯橡胶（CR）。有良好的耐磨和抗水解作用的性能；有一定的耐油性；好的耐臭氧和耐热老化性能；连续工作温度为90 ~ 100℃，偶尔可达120℃。

（3）乙-丙烯橡胶（EPDM）。有很好的耐磨性；有很好的抗大气、抗臭氧、抗水解（尤其是热水和水汽）性能；有良好的耐强酸和脱氧酸的性能；连续工作温度为100℃，偶尔可达 120 ~ 130℃。

（4）丁基橡胶（HR）。有很好的耐高浓度脱氧化学药剂（酸）的性能；连续工作温度为 100℃，偶尔可达 120℃；50℃ 以下可耐浓度为 20% 的硫酸；有很好的抗大气、臭氧、耐水解的性能。但其耐磨损性差。

（5）腈橡胶（NBR）。有很好的耐汽油和燃料油的性能，但抗大气、臭氧、磨损等的性能不佳。

（6）氯磺酰聚乙烯合成橡胶（海帕伦）（CSM）。有很好的抗氧化和耐热老化性能；在 120℃ 高温的情况下，具有优于其他种类橡胶的耐氢氟酸的性能；有很好的抗大气、臭氧、水解作用的性能；有良好的耐磨性。但耐汽油和燃油的性能较差。

（7）苯乙烯橡胶（SBR）。有优良的耐磨性、防切割和削割特性，可以代替天然橡胶用在严重磨损的条件下。但不耐芳香剂和燃料油。

（8）丁二烯橡胶（BR）。有很好的耐磨性能。但抗切割的性能稍差；不耐芳香剂和燃料油。

（9）氨基甲酸乙酯人造橡胶（UR）。有良好的机械强度和耐磨性能。其限制温度范围为 - 20 ~ 70℃。由于易受水汽的水解，因而不能用在酸碱溶液中。由于其价格太贵，使用受到限制。

B　橡胶的磨损特性

橡胶和铁基合金钢的性质虽有相似之处，但前者具有弹性，因此其磨损特性大不一样。

（1）疲劳磨损。也称为表面疲劳磨损。在初始变形条件下，由摩擦引起的作用力太小，不足以引起破坏和从表面上切伤材料，但在长时间使用后，由于反复作用的结果，使材料表面层强度变弱。

（2）研磨磨损。也称为摩擦磨损。在研磨过程中，研磨物料是坚硬而带有尖棱的，如果以很大的载荷将其压向耐磨材料，则会在材料表面产生很大的应力，并将引起切割作用，导致其迅速磨坏。载荷越大、研磨物料越尖锐、硬度越大，磨损速度越快。

（3）液压磨损-附着磨损。橡胶的液压磨损和钢的附着磨损虽不同，但有很多相似之处。对于橡胶，由于受黏滞性、应力和摩擦力的综合作用，剪切应力高，引起橡胶表面被分层破坏。

（4）热裂磨损。在摩擦力、速度和压力的综合作用下，会引起高温，促使橡胶的热裂现象发生，从而导致橡胶以液体或气体形式消失掉。

（5）化学腐蚀-化学磨损。除了受高浓度酸的损害外，橡胶是不受腐蚀的。由于选矿通常所用的化学药剂的浓度较低，因此可采用天然橡胶和相应质量的合成橡胶。

采用特殊的合成橡胶，可以处理高浓度酸性矿浆，在低于 25℃ 的条件下，一般的天然橡胶耐磨件的 pH 值适用范围为 2 ~ 14；采用特殊合成的耐磨橡胶也可以处理 pH 值低于 2 的矿浆。

在上述条件下，铁基合金衬板的化学腐蚀是相当严重的。

C　橡胶衬板的应用条件

（1）被磨物硬度。对于中硬以下的物料铁基合金，与橡胶衬板差不多，对于中硬以上的物料，橡胶衬板更优越。

（2）采用橡胶衬板的温度。一般为 70 ~ 90℃，特殊情况下可达 110 ~ 130℃。干磨时温度应低一些。

（3）给料粒度。对于球磨机，一般应不大于 20~25mm；对于自磨机，因不加钢球，给料粒度可大一些。

（4）介质尺寸。一般来说，采用橡胶衬板适用于加小钢球的细磨作业；钢球尺寸大于 80~90mm 时，橡胶衬板的磨损将增加。图 4-178 所示为钢和橡胶衬板磨损费用与球径的关系。对于棒磨机，棒的直径可达 75~90mm，但需采用特殊耐磨形式的衬板，如非对称断面的提升衬板。

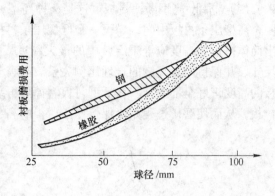

图 4-178 钢和橡胶衬板的磨损费用与球径的关系示意图

（5）磨机转速。衬板磨损与磨机速度的平方成正比；带提升板的橡胶衬板磨机转速率一般低于 76%~78%；平滑衬板可高一些。

D 橡胶衬板的断面形状

磨机筒体的橡胶衬板是由压条（提升）衬板和筒体平板组成。正确设计橡胶压条衬板的断面形状和结构尺寸（压条高度和宽度），以及压条衬板之间合适的间距，对衬板使用寿命、能量消耗、成本费用等有着重要的影响，甚至是橡胶衬板能否成功应用的关键问题。

橡胶衬板的断面形状与铁基合金不同，有它自己的特点。不同的磨机类型和磨矿条件，必须采用不同形状断面的橡胶衬板。目前，橡胶压条衬板分为对称型和非对称型断面形状两类。

a 对称型压条衬板

对称型衬板断面主要有：

（1）T 形压条断面。压条实际上是一种高度、宽度相等的正方形断面。这种衬板结构的特点是当断面的一端磨损后，可以调整方向，使用另一端。

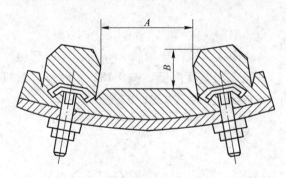

图 4-179 F 形压条衬板

（2）F 形压条断面。它与 T 形断面基本类似，只是断面顶端两边有 45°倾角（导角），见图 4-179。一端磨损后可使用另一端。适用于钢球直径大和给矿粒度大的粗磨机。

b 非对称型压条衬板

非对称型衬板断面主要有：

（1）K 形断面衬板。其特点是：衬板的提升工作面由直线和圆弧两部分组成，非提升面为垂直面，同时断面的宽度明显增加；这种形状的衬板可以用到很薄（甚至可以薄到 30mm），因此可以提高磨机处理能力和降低磨机单位电耗。

（2）S 形断面衬板。它是 K 形压条衬板断面的发展，其特点是衬板提升面的宽度比 K 形断面的宽度要宽，非提升面基本是曲线形式。这种衬板一般用于棒磨机。

（3）B 形断面衬板。它是由 F 形衬板断面形状演变和改进而成的。主要的区别是衬板的非提升面采用橡胶加强筋板，具有较高的弹性和缓冲作用。一般用于细磨机或临界转速的大型磨机。

（4）高-低-高型断面衬板。这是一种高型和低型压条断面交替排列的橡胶衬板，即在两个高型压条衬板中间，增设一个低型压条衬板（图4-180）。一般认为，高型压条衬板突出筒体衬板的高度应等于给矿中的最大粒度，而且要选择合适的高-低型压条衬板的断面尺寸，并保持两者高度的合理比例关系。当高型压条衬板的高度磨去一半时，低型压条衬板的高度正好全部磨掉。在低型衬板磨掉处再装上高型压条衬板，故生产中总是补加高型衬板，从而使磨矿过程始终保持压条衬板的高-低型的正确关系。

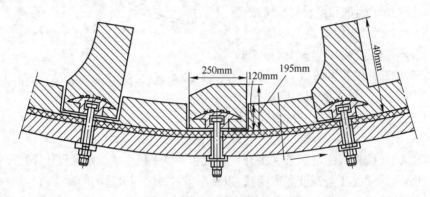

图4-180　高-低-高型橡胶衬板

合理选择橡胶压条衬板的间距 A 和高度 B 的适宜比例，是橡胶衬板经济性的重要问题。它们之间的合理关系可用经验公式计算：

$$B = A(1 - \psi) \tag{4-125}$$

式中　ψ——磨机转速率，%；
　　　A——压条间距，mm；
　　　B——压条高度，mm。

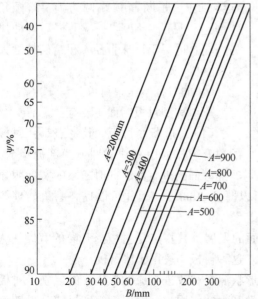

图4-181　橡胶压条衬板的间距 A 和高度 B 的关系

根据式（4-125）可作成图4-181。

根据试验，合理的 A/B 值，应使磨机产量提高和电耗降低。图4-182 所示为自磨机在 $\psi = 75\%$ 时三者之间的关系。

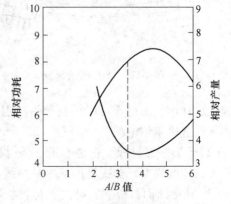

图4-182　$\psi = 75\%$ 时，自磨机功耗和产量与 A/B 值的关系

参考图 4-181 及图 4-182 或式（4-125），可方便地求出已知磨机转速时的压条 A/B 值。

橡胶衬板的主要优点：

（1）橡胶衬板比钢衬板轻 1/6，安装、拆卸容易，节省工时，减轻劳动强度。

（2）降低噪声。根据试验，橡胶衬板比锰钢衬板噪声低 8~10dB。

（3）节省电能。通常橡胶衬板比锰钢节省电耗（kW·h/t）10%~15%。

（4）提高磨机作业率。橡胶衬板使用寿命一般比锰钢长 1.5~3.5 倍，且更换工时短，因此装橡胶衬板的磨机作业率比锰钢高 5%~10%。

（5）提高产量、降低成本。一般来说，采用橡胶衬板时磨机产量有不同程度的提高，因为衬板变薄，磨机有效容积增大。橡胶衬板虽投资高，但由于节省电能和钢耗，使用寿命长，故总的磨矿费用比钢衬板低 5%~10%。

表 4-121 和表 4-122 所示为海南司克嘉橡胶衬板与金属衬板应用的对比。

表 4-121 橡胶衬板与金属衬板应用的对比（一）

项　目	橡胶衬板		金属衬板		对比	
	一段	二段	一段	二段	一段	二段
使用寿命/h	5600	18000	1800	5000	+3800	+13000
产量/kt	1960	6300	980	1750	+980	+4550
电耗/kW·h·t⁻¹	10.72		11.3		−0.58	
噪声/dB	89		94		−5	
衬板质量/t	10		38		−28	
安装工时/h	16		36		−20	
衬板成本/万元·a⁻¹					−13.8	

注：鞍钢集团矿业公司齐大山铁矿选矿分厂：磨机规格为 $\phi5500 \times 8830mm$；研磨介质为 90mm（最大）；铁矿进料粒度为 12mm（最大），产品粒度为 $P_{80}0.074mm$，能力为 350t/h。

表 4-122 橡胶衬板与金属衬板应用的对比（二）

项　目	橡胶衬板	金属衬板	对比
使用寿命/h	16~20/20~30	4~6/10~12	+12~+14/+10~+18
产量/kt	5349	2900	+2449
电耗/kW·h·t⁻¹	10.72	11.3	−0.58
噪声/dB	89	94	−5
衬板质量/t	45	150	−105
衬板成本/万元·a⁻¹	0.21	0.41	−0.2
若钢衬板相对成本为 100，则橡胶衬板成本为 44			

注：德兴铜矿：1989 年以来，已在 $\phi7500mm \times 2800mm$ 自磨机、$\phi5500mm \times 8550mm$、$\phi3600mm \times 6000mm$、$\phi3200mm \times 4500mm$、$\phi2100mm \times 3000mm$ 共 12 台磨机上使用海南司克嘉橡胶衬板。磨机规格为 $\phi5500mm \times 8550mm$；研磨介质为 80mm（最大）；黄铜矿进料粒度为 12mm（最大），F_{80} 为 8.5mm，产品粒度为 P_{80} 0.074mm；能力为 350t/h。

E　橡胶复合衬板

美国亚利桑那州曾在大规格磨机上试验复合材料衬板（图4-183），其二波峰间距、波峰高度、波谷半径对提高磨矿效果和降低磨耗速率起到重要作用。但生产中波峰易磨耗，磨耗后最佳曲面就不能保持。因此波峰（图中阴影剖面）可采用较耐磨的材料制成。这样连续工作条件下可保持衬板曲面形状不变，残留体最少。橡胶衬板在粗磨磨机中磨损快，但如果将耐磨性较高的合金钢或铁制成波峰压入到橡胶中构成复合衬板就可解决这个问题。试验表明，这种衬板磨矿效率可增加5%，与铬、钼合金衬板比较，经济上是合算的。

钢胶复合衬板如图4-184所示。它主要包括筒体橡胶提升条、筒体衬板、端部提升条等。采用高耐磨橡胶与超硬、耐磨、高温、高压合金钢复合压制而成，具有超强抗冲击、高耐磨、使用寿命长、安装更换方便、节省电耗、降低噪声等特点。用于一段作业的溢流型球磨机、格子型球磨机、棒磨机、多仓型球磨机的头仓、自磨机/半自磨机，能有效解决一段粗磨钢球直径大、给料粗的工作条件带来的衬板使用寿命短、球耗和电耗大、磨机传动部件磨损快等问题。磨机直径为 $\phi2700 \sim 5500mm$（长度不限），自磨机最大规格可达 $\phi10500mm$。

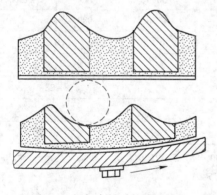

图4-183　复合材质的波形衬板

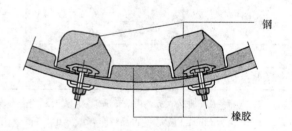

钢

橡胶

图4-184　钢胶复合衬板截面图

4.5.2.4　磁性衬板

A　磁性衬板的工作原理及优点

磁性衬板的特点是靠近磨机筒体安装永久磁铁块，在磁铁块外部敷设橡胶或耐磨金属作护板，如果被磨物料为磁铁矿，则在磨矿过程中衬板表面因磁力作用而吸附钢球和磁性颗粒，形成"自动再生保护层"，从而减缓衬板的磨损（图4-185）。这种衬板最早于20世纪70年代在北欧（瑞典、挪威）做过试验，后来在美国、加拿大等国的选矿厂使用，效果良好。我国长沙矿冶研究院与邯郸炼铁厂合作，在该厂 $\phi1.5m \times 3m$ 球磨机上做过长期试验，所用磁块为钷铁硼永久磁铁，采用金属护板，处理磁铁矿。生产实践表明，与一般锰钢衬板相比，其耐磨性提高15倍，处理每吨矿石，衬板节省30%，钢球节省22.8%；按 $-0.074mm$ 生产量计算，产量提高10%，电耗有所下降。

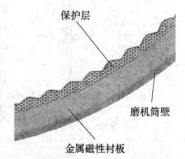

保护层

磨机筒壁

金属磁性衬板

图4-185　磁性衬板的工作原理

同传统锰钢衬板相比，磁性衬板具有以下优点：

（1）使用寿命长。对于铁矿，二段、三段磨一般为 4~6 年；对于有色金属矿，二段、三段磨一般为 2~4 年。比普通锰钢衬板延长 4~6 倍。

（2）质量轻，厚度薄。其质量为锰钢衬板的 40%~50%。

（3）节电省球。与使用锰衬板相比，球磨机电耗可降低 7%~10%、球耗降低 10% 左右。

（4）工况条件好。球磨机不漏矿，不研磨轴瓦，无磁团聚现象。

（5）容易安装。正常情况下一天即可安装完毕，减轻了工人劳动强度。

（6）最佳使用环境。介质温度为 0~100℃，使用钢球直径为 $\phi60mm$ 及以下。

生产实践证明，在大型球磨机上使用磁性衬板，其使用寿命比锰钢衬板延长 4~6 倍，其综合效益十分显著，是冶金矿山增效降耗的有力措施。

B　磁性衬板的研制历史

1982 年报道了由瑞典一家橡胶制造商特瑞利保格（Trelleborg）公司制造的橡胶磁性衬板在瑞典的 LKAB 基律纳（KIRVNA）选矿厂 $\phi5.9m\times7.7m$ 的二段砾磨机上使用。该选厂于 1980 年开始整机安装橡胶磁性衬板进行试验，结果节电 11.4%，节约砾石消耗 30%，运转 5000h 后无明显磨损。1987 年又报道了该选厂的三台砾磨机全部安装了磁性衬板，当磨机转速提高到临界转速的 86.2% 时，处理量增加了 4%。并同时在 1986 年国际矿山设备展览会上展出了特瑞利保格公司的磁性衬板模型，磨矿介质小于 40mm。

在加拿大霍内选矿厂共进行了三批橡胶磁性衬板试验。

1982 年 2 月，第一批橡胶磁性衬板试验在二段炼铜熔渣磨机上进行。磨机 $\phi7ft\times12ft$（3.66m×6.34m），在筒体的中心部位，截面为 48in×48in（1.22m×1.22m）安装了试验橡胶磁性衬板，在运转一个月内，发现橡胶磁性衬板表面被细粒渣层的磨矿介质覆盖着。

随着二段磨矿橡胶磁性衬板的试用成功，第二批试验转向一段熔渣磨机，12ft×20.8ft（3.66m×6.34m）磨机，磨机每日处理 −8in（−203.2mm）铜熔渣约 1500t，磨矿介质为 5in（127mm）的锻钢球，球消耗量为 1.5lb/t（0.0681kg/t），球填充率为 10%~14%。为减轻大尺寸介质产生的强大冲击力，防止破坏磁体，磁体粘在不锈钢的骨架上，不锈钢挂 3mm 橡胶层。

1982 年 8 月初，安装筒体衬板 36in×43.5in（914.4mm×1105mm），在磨机运转前，用 2in（50.8mm）厚的 20 目（0.833mm）钢粒层覆盖磁性衬板，作为衬板最初保护层。经每周检查发现，衬板覆盖着碎裂和磨损的磨矿介质和熔渣，吸附到衬板的碎球和渣量达 8lb（3.632kg）/块，保护层厚度仅为 2.5~3.0mm，所以磨机运转一个月后，发现不锈钢板衬上 3mm 的橡胶层已经磨掉，但钢衬板本身没有磨损。

第三批试验，衬板安装在 Chadbovrne 金矿，用于一段磨机 7ft×12ft（2.13m×3.66m）中，处理 −0.5in（−12.7mm）的硅质含金矿石，矿石无磁性。磨矿介质为 4in（101.6mm）硬镍合金棒，属棒磨机。1982 年 9 月，安装尺寸为 36in×36in（914.4mm×914.4mm）的橡胶磁性衬板。运转三周后如同第二批一样，3mm 厚的橡胶覆盖层又被磨掉。由于矿石没有磁性部分，无法形成矿物基质的衬垫层来充填磨矿介质之间的空隙，作为衬板的保护层。但在运转两个月后，检查发现磁性衬板有一层 2in（50.8mm）厚的介质覆盖层，衬板未被磨损。

瑞典产橡胶磁性衬板，在美国一家铜矿的 ϕ3.2m×4.88m 球磨机、加拿大一家铁矿的 ϕ4.11m×8.53m 球磨机、墨西哥一家铁矿的 ϕ5.03m×10.67m 球磨机上均已应用。其中一台处理量为 165t/h 的 ϕ4.88m 的磨机使用了 3 年，其预计使用寿命为 5 年。

前苏联黑色金属选矿研究所研制的磁性衬板用于磨矿介质不大于 40mm 的磨机，使用寿命增加 1.7 倍，节电 1.4%~4.4%，节约磨矿介质 2.7%~4.0%。

据报道，瑞典的 Treilex 公司使用的橡胶磁性衬板（小于 40mm 球），已运行 13 年，目前尚在正常运行。

从国外的应用情况可以看出：

（1）采用瑞典的橡胶复合型衬板，仍以不锈钢为主要骨架，外挂 3mm 橡胶层。

（2）3mm 橡胶层起不到保护作用，运转一个月即全部磨损。

（3）在一段磨机 ϕ127mm 或 101mm 大球使用寿命较短。

（4）在处理非磁性矿物磨机上应用仍是可行的，靠介质仍能产生 50mm 厚的保护层，说明保护层的形成主要靠磨矿介质，而不是磁性矿物，只是在运转初期由于保护层尚不稳固时，可以起到保护层作用，在长期运转后，因钢屑的比磁化系数和导磁率远远高于磁铁矿物，在运转中被钢屑置换。

（5）二段磨机只适用于小于 40mm 的小球，使用寿命已达 13 年以上。

（6）国外的材质受磁路设计及结构参数选择不够合理等因素影响，其节电省球的经济效益并不十分明显，可能与我国磨机传动方式有别，国外多采用液压传动，而我国仍是齿轮传动与油压重力轴瓦有关，我国的磁性衬板由于磨机重力负荷减轻，节电效率明显。

（7）相关文献没有报道磁性衬板对产量的影响，与我国磁性衬板对处理量没有影响的情况是一致的。

中国于 20 世纪 80 年代中期开始研究磁性衬板。长沙矿冶研究院和北京矿冶研究总院研制了橡胶磁性衬板，中国冶金矿业总公司研制了金属磁性衬板。橡胶磁性衬板与传统的金属型衬板相比，在技术性能和使用功能上有不可比拟的优点，但由于橡胶材质和结构上的原因，未能从根本上摆脱橡胶衬板固有的缺点，抗滑动摩擦能力差，使用中不得不安装提升板以减少物料介质的滑动，增加球磨机的磨剥能力。但提升板与平衬板磨损周期不同步，同时为防止刮划和撕裂，要求磨矿介质和矿石中不能混入金属杂物，因而受到磨矿工艺的限制，仅局限于磨矿介质小于 50mm 的球磨机，没有得到推广应用。由中国冶金矿业总公司研制生产的第三代金属磁性衬板，经过 10 多年来不断完善和技术创新，在材质、结构、磁路设计等方面进行了更新换代的改造，使金属磁性衬板技术更加成熟。针对磨机规格型号、矿石类型、磨矿介质与规格等不同特点，科学地选择适合于不同磨矿工艺要求的普通型、聚合型、重型等 3 大类金属磁性衬板，满足了黑色金属矿山、黄金、有色金属矿山、建材、非金属矿山等的要求。鞍钢集团矿业公司齐大山铁矿选矿分厂 ϕ5.5m×8.8m 球磨机应用金属磁性衬板的成功，本钢歪头山铁矿 ϕ3.2m×4.5m 球磨机磁性衬板已超过 10 年使用周期。中国冶金矿山总公司、原沈阳光大科研所及本钢歪头山铁矿联合开发研制了我国第一代金属磁性衬板，该衬板 1992 年 11 月 10 日成功地安装在歪头山选矿 ϕ3.2m×4.5m 球磨机上。

中国冶金矿业总公司北京金发工贸公司研发的悍马牌金属磁性衬板，广泛应用于上述行业，使湿式磨机衬板寿命比传统锰钢衬板寿命提高5～6倍。经过十多年的不断发展和完善，目前已成为具有国际领先水平的矿山行业磨矿首选技术，在金属矿山二段磨机上装机量达300多台（套），应用厂家逾百家，在为用户创造显著经济效益的同时，也产生了明显的社会效益。

C　磁性衬板磨损分析

当衬板使用1年时，母体衬板棱角仍然分明，当衬板使用4年时，发现衬板棱角部分最先磨圆。磨损原因是：自衬层在强大的冲击力与磨剥力的作用下有小量位移，加之自衬层形成坚固状态需3～4个月时间，初始自衬层首先在棱体内平面形成，而衬板棱角暴露部分最先受到冲击及磨剥，因此，磨损量大。当棱角磨损到一定程度，即与平面一致时，衬板磨损速率也趋一致。使用初期磨损量较大，而中期则磨损较慢，主要是由于自衬层初始形成时尚不坚固，而使用一段时间后自衬层密度增大，磁阻减小，从而使自衬层更坚固。而衬板使用4年后，由于衬板外壳棱角被全部磨成大平面，并已形成坚硬无比的自衬层。当使用9年时，停机检查发现，磁性衬板自衬层吸附仍非常牢固，厚度达25～30mm。衬板母体与使用6年时相比，磨损了2～3mm，历年衬板磨损速率见图4-186。

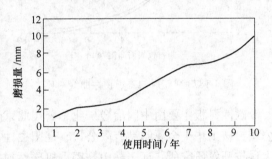

图4-186　磨损量-使用时间曲线

当磁性衬板达到使用周期10年时，在距磨机给料端2m处的磁性衬板完全磨掉，至此磁性衬板已经完成了它的历史使命，可谓"十年磨一衬"。而没有磨掉的衬板，仅剩下很薄的壳体框架，随时都有可能磨漏。通过对歪头山铁矿磁性衬板的10年磨损分析，磁性衬板虽然有自衬层作为保护层，自衬层直接受到介质和物料的冲击、磨剥和矿浆腐蚀等，能量间接传递给磁性衬板，通过自衬层传导到金属磁性衬板，同样也受到冲击磨损、疲劳磨损、剪切磨损、磨料磨损及化学腐蚀等，只是自衬层受到直接磨损，磁性衬板受到间接磨损，因而磨损速率较慢，使用周期会大大延长。因此可以得出一个结论：在形成良好的自衬保护层的前提下，金属磁性衬板使用寿命的长短，取决于磁性衬板的金属壳体的工作面厚度与筋板的高低和金属壳的材质、热处理工艺水平，其耐磨耐腐程度将直接影响磁性衬板的使用寿命。同时，也证明10年冲击磨损对磁性衬板磁体的场强影响不大，只要有保护壳在，不磨损磁体，金属磁性衬板就可以继续工作，一直到壳体完全磨损为止。

从歪头山铁矿8号球磨机磁性衬板使用周期10年磨损情况可以看出，延长金属磁性衬板使用寿命的关键，一是要形成良好的自衬保护层，二是选择合适的金属壳体的几何尺寸与耐磨材质。8号磁性衬板工作面厚度与筋高均为10mm，其平均磨损速率为1mm/a。其磨损规律可分为4个阶段，初始期棱角磨损速率较快，磨损近2mm左右，主要原因是棱角暴露部分为形成坚硬保护层最先磨损。第1～4年为前期磨损，此段可视为不磨期，磨损最慢，磨损速度小于1mm。第4～9年为线性磨损期，磨损量为6mm，磨损速度为1mm/a左右，第9～10年为快速磨损期，磨损速度为2mm/a，此次磁性衬板已处于疲劳磨损的极限，如不及时观察，随时都有可能发生衬板脱落而磨坏筒体。

延长磁性衬板使用周期的研究方向：一是要形成坚硬保护层，主要是在磁路设计方面，从十多年设计实践看，磁性衬板的磁场强度问题不难解决，可以形成坚硬保护层，因此，应重点考虑金属壳体的设计；二是研究金属壳体的厚度、耐磨韧度与强度、抗矿浆腐蚀程度等。

磁性衬板的永磁体属陶瓷型锶铁氧体，教科书认为磁块在温度、湿度、振动、冲击等

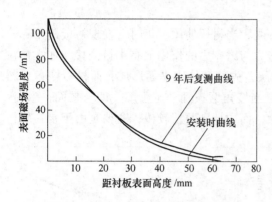

恶劣作业条件下，磁场强度会发生变化。但在湿式选矿厂作业条件下，失效不大，退磁缓慢。歪头山选厂的永磁过滤机磁系在使用 20 年后，磁系磁场特性曲线，竟与 20 年前测定的曲线相吻合。运行 9 年的磁性衬板的磁场特性测量表明，其数据仍与安装前数据完全吻合。因此，在二次磨矿振动与冲击条件下，在矿浆温度 40℃ 左右，浓度为 75% 的湿法磨矿中不会发生大的退磁，磁场特性相对稳定。磁场特性对比曲线见图 4-187。

图 4-187　9 年后的磁场物性曲线对比

磁性衬板主要由中国冶金矿业总公司北京金发工贸公司、河北邯郸三元特钢铸造有限公司、鞍山华士金属制品有限公司、辽阳磁性衬板厂、鞍山市特种耐磨设备厂、沈阳市光大科技开发研究所、辽宁鞍山鞍钢重机磁性衬板等厂家生产。图 4-188 所示为大红山铁矿应用的磁性衬板。

图 4-188　大红山铁矿 ϕ4.8m×7.0m 磨机磁性衬板

4.5.2.5　磨机衬板失效的影响因素

如果参照磨损模型实例对磨损过程进行理论分析，其影响因素主要可以分为两类。

在形状和材料类中，主要因素是磨损过程的材料组合，即材料的匹配。另一类的主要因素是能量输入，它与载荷的性质有关，而载荷性质又是运动模式的函数。还有一个附加类别是中间物质，即被粉磨的物料。由此可见，不仅衬板的材料重要，衬板的结构设计也相当重要。具体地说，影响衬板磨损的主要因素有四个方面：

（1）物料。

1）物料的粒度。物料粒度越大，衬板的磨损越严重。

2）物料的硬度。物料硬度越高，衬板的磨损越严重。

3）物料的易磨性。同种物料，含游离 SiO_2 多的易磨性差，因此，衬板的磨损也较严重。

（2）衬板的结构形式。衬板的工作表面形状设计合理，不仅能提高粉磨效率，而且使衬板磨损减小。同时，还能防止断裂、变形及失效。

（3）衬板材料的耐磨性。一般来说，越硬的衬板越耐磨。耐磨性与硬度的关系不是正比例的关系，硬度超过某个值时，提高衬板硬度，对其耐磨性的影响才比较明显。

（4）磨机的参数。

1）磨机的直径。一般认为，衬板的磨耗随磨机直径的增大而降低。实际上，这并不十分准确。大直径的磨机，衬板上所受的压力增大，其使用寿命也会降低。

2）磨机的转速。转速比较高的磨机，研磨力增大，因此衬板磨损会加剧。

3）研磨体的填充率。研磨体填充率较大的磨机，其衬板所受研磨体的冲击次数增多，滑动时压力较大，因而衬板磨损也会增大。

影响衬板磨损的因素如表 4-123 所示。

表 4-123 影响衬板磨损的因素

序 号	磨损较重	磨损较轻	序 号	磨损较重	磨损较轻
1	湿 磨	干 磨	6	低料浆位	高料浆位
2	热 磨	冷 磨	7	大直径磨机	小直径磨机
3	腐蚀性物料	惰性物料	8	转速较高	转速较低
4	硬物料	软物料	9	大研磨体	小研磨体
5	喂料粒度大	喂料粒度小	10	硬质研磨体	软质研磨体

4.5.2.6 磨机衬板材料的选择

从衬板的失效分析得出，磨机衬板要选用一种合适的耐磨材料，以提高磨机的运转率，降低金属消耗和成本。

要正确地选用合适的耐磨材料，必须掌握磨机的运转特性和材料的性能。

当前，世界上作为备选的衬板材料，基本上可以分为三大类：一是铁基合金，即金属材料；二是橡胶或其他弹性材料；三是陶瓷或石质材料。后两类都是非金属材料。除此之外，还有专门烧成的碳化钨和两种性质不同的复合材料等。磨机衬板大都用金属材料，而非金属及新材料领域，衬板大都用后两大类材料。

用作衬板的金属材料主要有 ZGMn13、高铬铸铁等。

硬度和韧性取决于合金的显微结构和合金元素。一种好的耐磨材料必须在韧性基体中填充硬质粒子的显微结构。硬质粒子阻止研磨物体穿入其表面，而韧性基体可靠地保护着硬质粒子。最耐磨的材料是在马氏体基体中含有碳化物。碳化物中最硬的是含有铬的化合物。其他元素，如锰、镍、铜等有助于形成基体结构。马氏体最硬，其次为奥氏体、贝氏体和珠光体。

一般来说，较硬的材料韧性都较差，反之亦然。这是一个很大的矛盾，二者不可兼得。搅拌磨机已成功应用聚氨酯弹性体、刚玉内衬。

　　A　耐磨性与韧性的协调

应根据衬板不同的工作部位进行选材，不能片面追求高硬度的材料。

　　B　综合考虑经济指标

合金组合物的增加，会使耐磨材料的成本提高。在其成本中，约55%是合金元素的费用。减少任一合金元素，尤其是镍和铬元素，都会大幅度地降低合金的价格。

在选用衬板材料时，一定要考虑购置费、安装费、更换衬板时停车的劳务费、物资消耗和产量受影响等的费用。只有综合费用较低才是合理的。

　　C　磨机的工作温度

一定要考虑衬板材料对温度的适应性。当衬板温度超过250℃时，高锰钢要析出碳化物，高铬铸铁要发生相变。聚氨酯弹性体衬板在80℃时会软化，逐步失去其耐磨性能。

材料工业的技术进步，为用户提供了越来越多的耐磨材料，近年来出现的耐磨材料有耐磨铸钢、高镍耐磨铸铁、增强尼龙、聚四氟乙烯、增韧陶瓷（刚玉制品）、超高分子量聚乙烯、聚氨酯、橡胶和磁性材料等。表面硬化处理也得到了大力发展，例如堆焊硬质合金、化学处理、表面喷涂特氟龙等。各种衬板材料的性能和价格是不同的，机械设备的磨损形式也不同，因此在选用衬板材料时应全面考虑其经济性和实用性。

4.6　磨矿设备选型计算和操作维护

4.6.1　磨矿设备的选择

选择磨矿设备，主要根据所处理矿石的性质、生产规模、产品粒度要求等条件，同时要考虑企业对装备水平和自动化程度的要求和投资限额等因素，最后通过方案对比来确定。

中、小型选矿厂设计一般采用常规的棒磨或球磨设备；对于大型选矿厂，要考虑选用自磨或半自磨机；对于干式选矿厂，要考虑选用立式辊磨机或其他先进干磨设备；对于嵌布粒度细的矿物，要考虑采用细磨和超细磨设备。

4.6.1.1　磨机的选择原则

磨机选择一般考虑以下原则：

（1）保证生产能力。所选用的磨矿设备，在保证达到所需磨矿粒度的条件下，完成所规定的产量。设计能力应适当留有富余，富余系数一般取1.15～1.20。设计要考虑矿石硬度和粒度的变化，一般矿床深部矿石变硬或变细，所选用的磨矿机应能适应，同时确保初期顺利投产。

（2）必须做磨矿选型试验。在设计中没有实际资料作依据时，要求必须做磨矿试验，特别是大型选矿厂，应利用获得的基础数据进行磨矿机选择计算和比例放大。

（3）优先考虑设备大型化。设备大型化是近年来的设计方向。设备大型化的优点是，总的设备质量轻，占地少，生产系统少，操作人员少和辅助系统少，相应的投资和生产成本较低。但大型设备对操作和管理水平要求高，作业率若稍有降低，就会降低选矿产量，因此大型设备的稳定可靠非常重要，设计时应对比分析，选择适当的设备。

（4）选用可靠性好的设备。应选用运转率高、可靠性好的设备，以减少检修和停车时间。

4.6.1.2 磨机类型的选择

目前选矿厂常用的磨矿设备有棒磨机、格子型球磨机、溢流型球磨机、自磨机/半自磨机、砾磨机、高压辊磨机和超细磨机（塔磨机和艾萨磨机等），干式磨矿设备还有立式辊磨机等。

A 棒磨机

该设备的特点是：磨矿介质棒在磨矿机中与矿石呈线接触，磨矿介质有一种"筛分作用"，故有选择性磨矿的优点，所以不易过磨，产品粒度均匀，特别适用于磨碎脆性物料。我国钨、锡矿石重选厂采用较多。粗磨时棒磨机的单位生产能力大于球磨机；当产品粒度小于 0.5mm 时，生产能力下降。最合适的产品粒度为 3 ~ 1mm。给矿粒度一般为 15 ~ 25mm，大直径的棒磨机可达 40 ~ 50mm。它可以给入三段开路破碎流程的产品，从而简化破碎流程。棒磨产品给入下段球磨机再磨，可提高球磨机生产能力。例如我国包头选矿厂就采用 3200mm × 4000mm 棒磨机进行四段碎矿。国外选矿厂中一段用棒磨机，二段用球磨机进行磨矿的实例较多，特别是加拿大和俄罗斯的选矿厂。

B 格子型球磨机

格子型球磨机分为短筒形和长筒形两种。短筒形用于粗磨，磨矿产品粒度在 −0.074mm 占 45% ~ 50% 时采用；长筒形适合于细磨，一般磨矿产品粒度在 0.074mm 占 65% 以上时采用。

该设备的特点是：在排矿端留有格子板，矿浆液面低，加速排矿，使合格的矿粒能及时排出，避免过粉碎；由于液面低，球的冲击受到的阻力小，对破碎矿石有利；另外可装多种球，装球量也大，易于实现球的合理添加；其生产能力比溢流型球磨机大 10% ~ 15%。

C 溢流型球磨机

该设备的特点是构造简单、易于维修、磨矿产品较细，一般在 0.2mm 以下。常用于二段磨矿和粗精矿及中矿再磨。该设备由于磨机中液面高，矿浆在机内停留时间长，与格子型球磨机相比，生产能力较低，易产生过粉碎。

D 自磨机/半自磨机

自磨机的最大特点是可以将来自采场的原矿或经过粗碎的矿石等直接给入磨机，自磨机可将物料一次磨碎到 −0.074mm 含量占产品总量的 20% ~ 50% 以上。自磨机是一种兼有破碎和粉磨两种功能的新型磨矿设备。

与传统的多碎少磨工艺相比，自磨/半自磨的优点是工艺流程短、环节少、钢耗少、配置方便、投资省和容易管理，可减少物料的过粉碎，改善磨矿产品的粒度分布，为后续浮选创造更为有利的工艺环境条件。同时，在生产操作、基建投资、经营费用和选别指标等方面也具有优越性。

自磨磨矿最大的影响因素是所磨矿石的物理性质的变化。

半自磨机生产率高，单位功耗低于自磨机，但钢耗有所上升。由于钢耗的增加可能抵消添加钢球所带来的好处，所以在矿石性质稳定和矿石自磨顺利的情况下，一般不宜加球。半自磨往往用于有色金属矿山磨矿。

E 砾磨机

该设备的主要优点是：利用砾石作为磨矿介质，可减少钢耗，对于稀有金属矿、铀矿，可减少铁质的污染。另外，不易过粉碎和泥化，因此有利于选别。该设备磨矿产品可达 $-0.045mm$ 含量占 90%，磨矿产品粒度越细，成本越低，与球磨机相比，砾磨机生产能力低，这就增加了设备质量或增大规格，增大投资。砾磨机一般用于两段磨矿的第二段磨矿。我国凤凰山铜矿用于二段磨矿，效果较好。

F　高压辊磨机

高压辊磨机是一种超细碎兼粗磨的设备。它具有单位破碎能耗低、单位钢耗低、单位处理能力大、破碎产品粒度均匀、占地面积少和设备作业率高等特点，现已成为多碎少磨技术的机型。

与传统碎磨机械相比，高压辊磨机主要有以下优点：

（1）粉磨效率高，能耗低。与圆锥破碎机、棒磨机和球磨机相比，能耗降低 20% ~ 50%。生产量高达 $1000t/h$，可使整个系统增产 30% ~ 40%。高压辊磨机粉碎物料的单位能耗为 1.0 ~ $3.0kW \cdot h/t$，比一般的破碎粉磨设备的单位能耗低 20% ~ 50%。

（2）耐磨性好。由于采用了耐磨硬质合金挤压辊，耐磨性好。适用于粉碎铁矿石等较硬物料，使用寿命大大提高。

（3）可处理含水量较高的物料，有利于形成较坚固的自生式料垫，改善辊磨机的工况和辊面使用寿命。如磨碎铁矿石制备球团给料时，其水分可高达 10%。

（4）高压辊磨机结构紧凑、体积小、质量轻，便于对系统改造，而且操作和维修方便，振动和噪声较低。

（5）破碎比大，可以在碎矿、磨矿流程中，代替现有的粗破、细破和磨矿作业，能够将 30 ~ $60mm$ 的块矿粉碎到 $3mm$ 以下，对于铁矿石矿山的贫矿、极贫矿、表外矿，经过高压辊磨处理后，可以在磨前抛去 50% 以上的尾矿，入磨矿石的品位得以大幅度的提高。原有的磨矿选矿能力提高 100% 以上，粉磨的电耗和选矿成本大幅度降低，从而可以实现在磨矿前大量抛尾，使流程中的磨矿能力得以大幅度的提高。

高压辊磨机适用于物料碾磨的行业。选矿行业中，需要对矿石进行粉磨，而高压辊磨机不仅可用于预磨，还可和球磨机一起使用对矿物进行粉磨。另外，高压辊磨机适用于氧化球团行业，完全可以替代氧化球团行业目前所使用的润磨机。高压辊磨机可在水泥熟料、铝矾土和石灰石的粉磨作业中应用（见表4-124）。

表 4-124　国内外高压辊磨机的应用

矿　山	HPGR 型号	矿石	辊径 /mm	辊宽 /mm	球磨功指数 /kW·h·t^{-1}	给矿水分 /%	给矿粒度 /mm	产品粒度 /mm	处理能力 /t·h^{-1}	能耗 /kW·h·t^{-1}	比压力 /N·mm^{-1}	电机功率 /kW
Argyle （澳大利亚）	RP10- 170/140	金刚石	1700	1400	18 ~ 20	2 ~ 4	6 ~ 20	$P_{40}=1.2$	800	1.75	3.2	2×950
Los Colonados （智利）	RP16- 170/180	铁矿	1700	1800	11 ~ 15	0 ~ 1	0 ~ 63	$P_{55 \sim 70}=6.3$	2000	1.4	3.2	2×1850
Emprire （美国）	RP7- 140/80	铁矿	1400	800	13 ~ 15	3 ~ 5	0 ~ 45	$P_{50}=2.5$	400	<1.7	5.1	2×670
Boddington （澳大利亚）		金铜矿	2400	1650	15.6		0 ~ 89	$P_{80}=17.9$	3350	1.5		2×2800
Cetro Venle （秘鲁）		铜矿	2400	1600	15.3				2500	1.7 ~ 2.0	3.5 ~ 4.0	2×2500

矿 山	HPGR 型号	矿石	辊径 /mm	辊宽 /mm	球磨功指数 /kW·h·t⁻¹	给矿水分 /%	给矿粒度 /mm	产品粒度 /mm	处理能力 /t·h⁻¹	能耗 /kW·h·t⁻¹	比压力 /N·mm⁻¹	电机功率 /kW
Kasachsmys（哈萨克斯坦）	RPS13-170/140	铜矿	1700	1400		3	0~38	3	945	2	5	2×1150
SNIM（毛里塔尼亚）	RP16-170/180	铁矿	1700	1800	11~15	0~0.5	1.6~20	$P_{40}=1.6$	1800	1.0	2.7	2×900
Suchoj Log（俄罗斯）	RP5-100/90	金矿	1000	900		6.5	25	$P_{40}=1,$ $P_{70}=5$	320	1.8	5	2×400
Mopalakwena（南非）		铂矿	2200	1650	27							2×2800

G 立磨机（塔磨机）

立磨机不能完全取代常规圆筒式磨机。它主要用于选矿厂中矿再磨、精矿再磨和尾矿细磨。此外还可用于烟气脱硫过程中石灰石浆的制备、石灰熟化、金的浸出回路中的细磨和浸出、水煤浆及油煤浆等。立磨机给料应不大于5mm，否则设备处理能力和效率均下降。金属矿山再磨作业经常采用的给料粒度是小于0.074mm的占60%左右，产品粒度达到−0.045mm的占90%时，其能耗比普通筒式磨机小得多。立磨机适用的产品粒度 P_{80} 为10~75μm。

H 艾萨磨机

艾萨磨机利用高速搅拌研磨的原理来使矿物解理磨细，其产品粒度 P_{80} 可达到5μm。艾萨磨机的功率密度很大，可达350kW/m³。艾萨磨机使用的磨矿介质为陶瓷、河沙、炉渣等。由于高速运转，研磨盘使用寿命较短，介质球磨损费用较高。

I 立式辊磨机

立式辊磨机（立磨）广泛应用于冶金、电力、水泥、化工、陶瓷、非金属矿、电厂脱硫、水渣、矿渣、炉渣、煤炭、水泥熟料、玻璃、石英、石灰石等行业的大规模物料粉磨和超细粉磨加工。在干式选矿场合用作干式磨矿，如浸出前的矿石干式超细粉磨至 P_{80} 为 −10μm 的直接投入浸出槽简化工艺流程。

4.6.1.3 磨矿产品粒度的确定

选矿厂设计一般按"选矿试验报告"的建议确定适宜的磨矿产品粒度，主要依据矿物的工艺矿物学分析、矿物嵌布粒度特性，提出合适的解离粒度，并进行试验得出的建议产品粒度。当选矿指标相差不大而粒度变化大时，则选择粗磨矿是经济的。有时根据磨矿粒度与回收率的关系很难判断最经济的磨矿粒度，因此在设计大型选矿厂时，必须进行方案比较和经济分析。考虑产品价格、电费、回收率、投资等因素，找出磨矿粒度与净现值的关系，用净现值来确定最佳的磨矿产品粒度。

A 方案比较和经济分析

具体内容包括：

（1）磨矿产品粒度与回收率的关系；

（2）磨矿产品粒度与所需功率的关系；

（3）所需功率与回收率的关系；

（4）根据产品粒度选择磨矿设备，计算出投资；

（5）计算出消耗 1kW·h 电所需的投资；

（6）按电耗、球耗和衬板消耗，计算出成本；

（7）按金属回收率计算出产品产值；

（8）磨矿产品粒度与净现值的关系。

在不同的产品价格和电价的条件下，以投资、生产成本和产品产值来确定企业在生产年限内的年流动资金；用流动资金计算在不同贴现率时的净现值；用净现值来衡量收益，收益最大的磨矿产品粒度具有最高的净现值。

B　计算时的几个基本条件

（1）选矿厂年工作日；

（2）选矿厂年处理矿量；

（3）采矿逐年出矿量和出矿品位，以及矿石可磨度的变化；

（4）输入磨矿功率的变化与回收率的关系图表；

（5）采矿成本；

（6）选矿成本（磨矿功耗、球耗和衬板消耗除外）；

（7）冶炼和精矿运输费用；

（8）可变动的生产成本包括：

动力成本（元/(kW·h)）、衬板消耗量（kg/(kW·h)）、衬板费用（元/t）、介质消耗（kg/(kW·h)）、介质的费用（元/t）。

（9）磨矿作业的投资。

4.6.1.4　球磨机和棒磨机生产能力计算方法

球磨机和棒磨机生产能力计算方法基本相同。目前常用的方法有容积法、邦德功指数法、汤普森比表面法和能量效率法。

最近研究用模拟算法进行磨机的比例放大和磨矿流程的计算。

A　容积法

容积法是按磨矿机单位容积每小时所处理的新给矿量或按新形成的某级别矿量进行磨矿机生产能力计算；一般以 -0.074mm（-200 目）作为计算级别基础。

在设计中，磨矿机的生产能力是按试验所得矿石可磨度并参照处理类似矿石的企业生产指标，以及选用的磨矿机的形式、尺寸、给矿粒度、产品粒度和其他操作条件的不同加以校正。

设计磨矿机按新形成 -0.074mm 计算的单位生产能力以 q_{-74} 表示，按原矿计算则以 q 表示。

a　一段磨矿流程中的磨机能力计算

磨机单位生产能力（利用系数）$q_x(t/(m^3 \cdot h))$ 可按下式计算：

$$q_x = q_{st} K_G K_T K_D K_F K_P K_E K_\delta \tag{4-126}$$

式中　q_x，q_{st}——分别为设计所处理矿石及基准矿石按新生成指定粒级（通常用 -0.074mm）计算的利用系数，$t/(m^3 \cdot h)$；

K_G——矿石磨矿难易度系数（由试验确定）；

K_T——磨矿机形式校正系数（表4-125）；

K_D——磨矿机直径校正系数，按式（4-127）计算或查表4-126数据：

$$K_D = \left(\frac{D_x - 2b_x}{D_{st} - 2b_{st}} \right)^{0.5} \tag{4-127}$$

D_x, D_{st}——磨矿机直径，m；

b_x, b_{st}——磨矿机衬板厚度，m；

K_F——给矿粒度修正系数；

K_P——产品粒度修正系数；

K_E——磨矿动力相似系数，即由于设计中选用的磨机转速率 ψ 和介质充填率 ϕ 与试验或参考（标准）磨机不同而引入的修正系数；

K_δ——介质密度修正系数。

表 4-125　磨矿机形式校正系数 K_T 值

磨矿机形式	格子型球磨机	溢流型球磨机	棒磨机[①]
K_T	1.0	0.9	1.0~0.85

① 粗磨时（大于0.3mm）K_2 取大值，细磨时取小值；由基准磨机为格子型得出。

表 4-126　磨矿机直径校正系数

设计 D_x ＼ 生产 D_{st}	900mm	1200mm	1500mm	2100mm	2700mm	3200mm	3600mm
900mm	1.0	1.19	1.34	1.66	1.85	2.07	2.10
1200mm	0.84	1.0	1.14	1.40	1.63	1.74	1.76
1500mm	0.74	0.81	1.00	1.22	1.46	1.52	1.55
2100mm	0.60	0.71	0.81	1.00	1.17	1.25	1.30
2700mm	0.51	0.61	0.70	0.85	1.00	1.09	1.17
3200mm	0.47	0.57	0.64	0.80	0.92	1.00	1.07
3600mm	0.46	0.55	0.62	0.76	0.86	0.94	1.00

上述几种修正系数的选取方法：给矿粒度对磨机特别是球磨机产量的影响是一个很复杂的问题，它不仅与矿石性质有关，而且与磨机结构形式和操作条件有关。因此，虽然国内外不少人对此做过研究并提出不少算法，但所得结果并不一致，有时差别甚大。目前，解决这一问题的最好方法是做试验。由于在其他条件相同的情况下，所要求的磨矿产品粒度不同，给料粒度对其影响也不一样，因此有时二者可合并考虑，构成一个修正系数 K_{FP}。

（1）给料和产品粒度修正系数的计算方法。

1）拉祖莫夫计算方法。前苏联的拉祖莫夫所著《选矿厂设计》一书，推荐 K_F、K_P 计算式为：

$$K_F（或 K_P） = \frac{m_x}{m_{st}} \tag{4-128}$$

式中　　m_x，m_{st}——分别为待设计及基准矿石的磨机给矿粒度和产品粒度系数，可由表
　　　　　　　　　　（4-127）或表（4-128）查得。

表 4-127　不同给料和产品粒度时磨机的粒度系数 *m* 值

磨矿产品中	给料最大粒度 d_{95}								
-200 目占比	40mm	30mm	25mm	20mm	15mm	12mm	10mm	8mm	5mm
	给料中 -200 目占比								
	3%	4.5%	5.3%	6%	8%	9.2%	10%	14%	20%
15%	4.56	5.21	5.64	6.08	7.81	9.43	10.94	—	
25%	2.49	2.67	2.78	2.88	3.22	3.46	3.65	4.97	10.94
40%	1.48	1.54	1.58	1.61	1.71	1.78	1.82	2.10	2.71
48%	1.22	1.26	1.28	1.30	1.37	1.42	1.44	1.61	1.95
60%	0.96	0.99	1.00	1.01	1.05	1.08	1.09	1.19	1.38
72%	0.79	0.81	0.82	0.83	0.85	0.87	0.88	0.94	1.05
85%	0.67	0.68	0.69	0.69	0.71	0.72	0.73	0.77	0.84
95%	0.56	0.60	0.61	0.62	0.63	0.64	0.64	0.68	0.73

表 4-128　按新生成 -0.074mm 计算的不同给料和产品粒度的磨机相对生产能力 *m* 值

磨矿产品中	给料最大粒度 d_{95}						
-200 目占比	40mm	25mm	20mm	15mm	10mm	5mm	3mm
	给料中 -200 目占比						
	3.0%	5.3%	6.0%	8.0%	10.0%	20.0%	23.0%
30%	0.76	0.87	0.90	0.98	1.06	1.23	1.30
40%	0.86	0.96	0.99	1.07	1.13	1.28	1.32
48%	0.90	0.99	1.02	1.09	1.14	1.26	1.29
60%	0.92	1.00	1.02	1.07	1.11	1.17	1.18
72%	0.90	0.96	0.98	1.01	1.03	1.06	1.06
85%	0.89	0.94	0.96	0.98	1.00	1.01	1.01
95%	0.87	0.90	0.91	0.93	0.94	0.94	0.94

　　2）奥列夫斯基计算方法。前苏联的奥列夫斯基于 1953 年曾提出计算给料粒度修正系
数 K_F 的经验公式，后来又提出改进算式：

$$K_F = \left(\frac{d_{st}}{d_x} \right)^{0.25} \tag{4-129}$$

$$K_{FP} = \left(\frac{d_{st}}{d_x} \right)^{0.25} \left(\frac{\beta_x - \alpha_x}{\beta_{st} - \alpha_{st}} \right) \tag{4-130}$$

式中　　β_x，β_{st}——分别为设计和基准矿石磨矿产品中 -0.074mm 级别含量，% ；

　　　　α_x，α_{st}——分别为两种矿石不同入磨粒度中 -0.074mm 级别含量，% 。

表 4-129 列出了以 $d_{st}=25mm$ 为基准按式（4-129）算出的 K_F 值、表 4-130 列出了按式（4-130）算出的 K_{FP} 值。

表 4-129　给料粒度修正系数 K_F

d_X/mm	40	30	25	20	15	12	10	8	6
K_F	0.889	0.955	1.0	1.057	1.136	1.200	1.257	1.330	1.495

表 4-130　给料粒度的改进修正系数 K_{FP}

磨矿产品中 −0.074mm 占比/%	磨机给料名义尺寸 d_{95}							
	40mm	30mm	25mm	20mm	15mm	12mm	10mm	8mm
	给料中 −0.074mm 占比							
	3.0%	4.5%	5.3%	6%	8%	9.2%	10%	14%
15	0.195	0.183	0.18	0.17	0.15	0.13	0.12	0.02
25	0.357	0.358	0.36	0.37	0.35	0.35	0.34	0.27
40	0.60	0.62	0.63	0.66	0.67	0.68	0.69	0.63
48	0.73	0.76	0.78	0.81	0.83	0.85	0.87	0.83
60	0.93	0.97	1.0	1.05	1.08	1.11	1.15	1.12
72	1.12	1.18	1.22	1.28	1.33	1.38	1.42	1.41
85	1.33	1.41	1.46	1.53	1.60	1.66	1.72	1.72
95	1.49	1.58	1.64	1.72	1.80	1.88	1.95	1.97

表 4-127、表 4-128 及表 4-130 的数据均以给料粒度 $d_{95}=25mm$ 及磨矿产品粒度中 −0.074mm 占 60% 为基准。根据上述三个表的数据可以得出不同磨矿粒度时不同入磨粒度对磨机产量影响的修正关系 K_F 值（表 4-131 ~ 表 4-133）。

表 4-131　计算的不同给料粒度修正系数 K_F 值（按表 4-127 中数据）

磨矿产品中 −200 目占比	给料最大粒度 d_{95}								
	40mm	30mm	25mm	20mm	15mm	12mm	10mm	8mm	5mm
	给料中 −200 目占比								
	3%	4.5%	5.3%	6%	8%	9.2%	10%	14%	20%
15%	0.80	0.92	1	1.08	1.38	1.67	1.94	—	—
25%	0.89	0.96	1	1.04	1.16	1.24	1.31	1.79	3.93
40%	0.94	0.97	1	1.02	1.08	1.13	1.15	1.33	1.73
48%	0.95	0.98	1	1.02	1.07	1.11	1.13	1.26	1.52
60%	0.96	0.99	1	1.01	1.05	1.08	1.09	1.19	1.38
72%	0.96	0.99	1	1.01	1.04	1.06	1.07	1.15	1.28
85%	0.97	0.99	1	1.01	1.04	1.04	1.06	1.12	1.22
95%	0.97	0.99	1	1.01	1.04	1.04	1.04	1.11	1.20

表 4-132　按新生成 −0.074mm 计算的不同给料粒度修正系数 K_F 值（按表 4-128 中数据）

磨矿产品中 −200 目占比	给料最大粒度 d_{95}						
	40mm	25mm	20mm	15mm	10mm	5mm	3mm
	给料中 −200 目占比						
	3.0%	5.3%	6.0%	8.0%	10.0%	20.0%	23.0%
30%	0.87	1.0	1.03	1.13	1.22	1.41	1.40
40%	0.90	1.0	1.03	1.11	1.18	1.33	1.33
48%	0.91	1.0	1.03	1.10	1.15	1.27	1.30
60%	0.92	1.0	1.03	1.07	1.11	1.17	1.18
72%	0.94	1.0	1.02	1.05	1.07	1.10	1.10
85%	0.95	1.0	1.04	1.04	1.06	1.07	1.07
95%	0.96	1.0	1.01	1.03	1.04	1.04	1.04

表 4-133　计算的不同给料粒度修正系数 K_F 值（按表 4-130 中数据）

磨矿产品中 −200 目占比	给料最大粒度 d_{95}							
	40mm	30mm	25mm	20mm	15mm	12mm	10mm	8mm
	给料中 −200 目占比							
	3.0%	4.5%	5.3%	6%	8%	9.2%	10%	11%
15%	1.10	1.04	1	0.98	0.82	0.72	0.65	0.14
25%	0.99	1.00	1	1.02	0.98	0.96	0.96	0.74
40%	0.95	0.98	1	1.04	1.05	1.07	1.09	1.00
48%	0.94	0.98	1	1.04	1.07	1.09	1.12	1.06
60%	0.93	0.97	1	1.05	1.08	1.11	1.15	1.12
72%	0.92	0.97	1	1.05	1.09	1.13	1.17	1.16
85%	0.92	0.97	1	1.05	1.10	1.14	1.18	1.18
95%	0.91	0.97	1	1.05	1.11	1.15	1.19	1.20

3）邦德计算方法。根据邦德计算磨矿功耗的公式可推导出不同给料粒度和不同产品粒度时的修正系数 K_{FP} 的算式：

$$K_{FP} = \left(\frac{d_{Fx} \cdot d_{Px}}{d_{Fst} \cdot d_{Pst}} \right)^{0.5} \frac{d_{Fst}^{0.5} - d_{Pst}^{0.5}}{d_{Fx}^{0.5} - d_{Px}^{0.5}} \tag{4-131}$$

式中　d_{Fx}，d_{Fst}，d_{Px}，d_{Pst}——分别为设计矿石和基准矿石按限定尺寸（80% 物料过筛的筛孔尺寸）表示的给料和产品粒度，μm。

由式（4-131）可得到磨矿产品粒度相同时，不同给料粒度修正系数 K_F 的计算公式：

$$K_F = \left(\frac{d_{Fx}}{d_{Fst}} \right)^{0.5} \frac{d_P^{0.5} - d_{Fst}^{0.5}}{d_P^{0.5} - d_{Fx}^{0.5}} \tag{4-132}$$

式中，$d_P = d_{Px} = d_{Pst}$。

按式（4-131）算出的 K_{FP} 值见表 4-134。表 4-135 列出了给料粒度 $d_{95} = 25mm$ 为基准、不同磨矿粒度时的给料粒度修正系数 K_F 值。

表 4-134 按邦德功指数公式（4-131）计算的粒度修正系数 K_{FP} 值

（以给料粒度 $d_{95} = 25mm$，产品中 0.074mm 占 72% 为基准）

产品 粒度			最大给矿粒度 d_{95}					
最大粒度（按95%过筛计）/mm	d_{80}（按80%过筛计）/μm	−200目含量/%	40mm	25mm	20mm	15mm	10mm	5mm
			d_{80}（按80%过筛计）					
			30000μm	19000μm	15000μm	11500μm	7500μm	3800μm
2.20	1240		4.10	4.39	4.58	4.92	5.50	7.62
2.00	1125		3.86	4.11	4.28	4.53	5.08	6.82
1.80	1010		3.61	3.83	3.98	4.18	4.66	6.08
1.60	900		3.37	3.56	3.69	3.87	4.26	5.42
1.40	790		3.12	3.27	3.38	3.53	3.86	4.79
1.20	675	17	2.84	2.97	3.06	3.18	3.44	4.16
1.00	560	20	2.54	2.64	2.72	2.81	3.02	3.56
0.80	450	24	2.24	2.33	2.38	2.45	2.61	3.00
0.60	340	31	1.91	1.97	2.02	2.06	2.17	2.44
0.50	280	36	1.72	1.77	1.79	1.84	1.92	2.13
0.40	225	43	1.52	1.56	1.58	1.62	1.68	1.84
0.30	170	52	1.31	1.34	1.35	1.38	1.43	1.53
0.25	140	59	1.18	1.20	1.22	1.24	1.27	1.45
0.20	115	67	1.06	1.08	1.09	1.10	1.14	1.28
0.18	100	72	0.98	1.00	1.01	1.02	1.05	1.11
0.15	85	76	0.90	0.92	0.92	0.93	0.96	1.07
0.125	70	85	0.81	0.83	0.84	0.85	0.86	0.96
0.100	56	90	0.72	0.73	0.74	0.75	0.76	0.79
0.074	42	95	0.61	0.62	0.62	0.63	0.64	0.66
0.063	35	96	0.56	0.57	0.57	0.58	0.59	0.61
0.053	30	97	0.52	0.53	0.53	0.54	0.54	0.56
0.044	25	98	0.47	0.48	0.48	0.49	0.49	0.50
0.030	18		0.40	0.41	0.41	0.41	0.14	0.42

表 4-135 按表 4-134 中数据计算的给料粒度修正系数 K_F 值

产品 粒度			最大给料粒度 d_{95}					
最大粒度（按95%过筛计）/mm	d_{80}（按80%过筛计）/μm	−200目含量/%	40mm	25mm	20mm	15mm	10mm	5mm
			d_{80}（按80%过筛计）					
			30000μm	19000μm	15000μm	11500μm	7600μm	3800μm
2.20	1240		0.93	1	1.04	1.12	1.25	1.74
2.00	1125		0.94	1	1.04	1.10	1.24	1.66
1.80	1010		0.95	1	1.04	1.10	1.22	1.60
1.60	900		0.95	1	1.04	1.09	1.20	1.52
1.40	790		0.95	1	1.03	1.08	1.18	1.46
1.20	675	17	0.96	1	1.03	1.07	1.15	1.40
1.00	560	20	0.96	1	1.03	1.06	1.14	1.35
0.80	450	24	0.96	1	1.02	1.05	1.12	1.29
0.60	340	31	0.97	1	1.02	1.05	1.10	1.24
0.50	280	36	0.97	1	1.01	1.04	1.08	1.20
0.40	225	43	0.97	1	1.01	1.04	1.08	1.18

产 品 粒 度			最大给料粒度 d_{95}					
最大粒度 （按95% 过筛计） /mm	d_{80}（按80% 过筛计） /μm	-200目 含量/%	40mm	25mm	20mm	15mm	10mm	5mm
			d_{80} （按80%过筛计）					
			30000μm	19000μm	15000μm	11500μm	7600μm	3800μm
0.30	170	52	0.98	1	1.01	1.03	1.07	1.14
0.25	140	59	0.98	1	1.01	1.03	1.06	1.21
0.20	115	67	0.98	1	1.01	1.02	1.06	1.18
0.18	100	72	0.98	1	1.01	1.02	1.05	1.11
0.15	85	79	0.98	1	1.01	1.02	1.04	1.16
0.125	70	85	0.98	1	1.01	1.02	1.04	1.16
0.100	56	90	0.98	1	1.01	1.02	1.04	1.08
0.074	42	95	0.98	1	1.00	1.02	1.03	1.06
0.063	35	96	0.98	1	1.00	1.02	1.03	1.07
0.053	30	97	0.98	1	1.00	1.02	1.02	1.06
0.044	25	98	0.98	1	1.00	1.02	1.02	1.04
0.030	18	—	0.98	1	1.00	1.00	1.00	1.02

　　具体物料的名义尺寸 d_{95} 和限定尺寸 d_{80} 之间的关系，可用实际粒度分布曲线求得，当无实际数据时，可用下式概算：

$$d_{80} = \beta d_{95} \tag{4-133}$$

式中　β——矿石硬度系数，对于软矿石，$\beta = 0.6 \sim 0.65$；对于中等硬度矿石，$\beta = 0.66 \sim 0.7$；对于硬矿石，$\beta = 0.71 \sim 0.78$。

　　对比表 4-131、表 4-129 中的数据可以看出，按式（4-129）算出的修正系数 K_F 值仅与表 4-131 中磨矿产品粒度为 -0.075mm 占 25% 左右时接近，而其他产品粒度 K_F 值的差别均较大；即使在这种条件下，当给料粒度 $d_{95} < 10mm$ 时，二者的 K_F 值相差也很大。

　　对比表 4-132、表 4-133 及表 4-135 中的数据可以明显看出，按新生成 -0.074mm 计算 K_F 时，按奥列夫斯基方法算出的修正系数值与按拉祖莫夫和邦德方法算出的值具有截然相反的变化规律：按拉祖莫夫、邦德方法算出的 K_F 值具有相似的变化规律，但在同样磨矿粒度下，K_F 值都随给料粒度的减小而增大，总趋势是随着磨矿产品粒度的变细，K_F 值随给料粒度的变小而增加的幅度也逐渐变小；按奥列夫斯基方法的计算值，当磨矿产品中 -0.074mm 含量小于 25% 时，K_F 值随给料粒度的减小而变小，当磨矿产品中 -0.074mm 含量大于 25% 时，K_F 值虽然随给料粒度的减小而增大，但也随磨矿产品粒度的变细而增大，后一种算法与前两种算法的结果截然相反。

　　目前还不能确切地判断哪种算法更符合实际。但根据实践经验可初步得出结论：磨矿产品粒度为 -0.074mm 占 40% ~72%、给料粒度 d_{95} 为 25 ~10mm，当缺乏实际试验数据时，可用三种方法概算，然后取其平均值；随着磨矿粒度的变细，给料粒度变化对按新生成 -0.074mm 计算的影响越来越小，这说明按新生成 -0.074mm 计算的磨矿效率趋于稳定。

　　按邦德功指数推导的公式（4-131）算出的修正系数 K_{FP} 值，见表 4-134（以给料粒度 $d_{95} = 25mm$、产品中 -0.074mm 占 72% 为基准）。

　　以给料粒度 $d_{95} = 25mm$ 为基准，按表 4-134 算出的不同给料粒度修正系数 K_{FP} 值，见表 4-135（以给料粒度 $d_{95} = 25mm$、产品中 -0.074mm 占 72% 为基准）。

以给料粒度 $d_{95} = 25\text{mm}$ 为基准，按表 4-135 中数据算得的不同给料粒度修正系数 K_F 值，见表 4-135。

由于上述三种算法都存在一定的缺陷，还可采用以下两种算法。

4）按粒度分布特性进行计算。

$$K_F = \frac{(1 - \alpha_{st}) \sum\limits_{i=1}^{N} \alpha_{xi} k_{fi}}{(1 - \alpha_x) \sum\limits_{i=1}^{N} \alpha_{sti} k_{fi}} \tag{4-134}$$

式中　α_x，α_{st}——分别为设计矿石及基准矿石中 -0.074mm 含量（小数）；

α_{xi}，α_{sti}——分别为上述两种矿石相应窄粒级 $-i$ 的产率；

k_{fi}——i 粒级的按新生成 -0.074mm 计算的相对可磨度，由实测得出。如无实测数据可按表 4-136 中数据概算。

表 4-136　工业磨机给料的窄粒级相对可磨度值

给料窄粒级/mm	45 ~ 30	30 ~ 25	25 ~ 16	16 ~ 6	6 ~ 3	3 ~ 0.07
相对可磨度 k_{fi}	0.90	0.97	1.02	1.08	1.21	1.32

5）按磨矿动力学公式进行计算。根据连续磨矿动力学公式可以推导出计算给料粒度和产品粒度的修正系数 K_{FP} 的公式：

$$K_{FP} = K_F \cdot K_P = \frac{q_x}{q_{st}} = \frac{K_x^{\frac{1}{n_x}} \left(\ln \dfrac{R(0)_{st}}{R(t)_{st}} \right)^{\frac{1}{n_{st}}}}{K_{st}^{\frac{1}{n_{st}}} \left(\ln \dfrac{R(0)_x}{R(t)_x} \right)^{\frac{1}{n_x}}} \tag{4-135}$$

式中　　K_x，n_x，K_{st}，n_{st}——分别为设计处理矿石和基准矿石的磨矿动力学参数；

$R(0)_x$，$R(t)_x$，$R(0)_{st}$，$R(t)_{st}$——分别为原矿及磨矿时间为 t 时两种矿石的某指定粒级的筛上产率。

利用式（4-135）可方便地推导出给料粒度修正系数 K_F 或磨矿产品粒度修正系数 K_P 的计算公式。例如当磨矿产品粒度相同时，即 $R(t)_x = R(t)_{st} = R(t)$，则给料粒度修正系数的计算公式为：

$$K_F = \frac{q_x}{q_{st}} = \frac{K_x^{\frac{1}{n_x}} \left(\ln \dfrac{R(0)_{st}}{R(t)} \right)^{\frac{1}{n_{st}}}}{K_{st}^{\frac{1}{n_{st}}} \left(\ln \dfrac{R(0)_x}{R(t)} \right)^{\frac{1}{n_x}}} \tag{4-136}$$

根据试验可方便地求出具体矿石的粒度分布和磨矿动力学参数，这样，利用式（4-134）或式（4-135）可求出较为准确的粒度修正系数值。

关于磨矿产品粒度的修正系数 K_P 的计算与 K_F 相仿。表 4-137 ~ 表 4-140 分别列出了相同给料粒度时产品粒度变化的修正系数 K_P 值。

表 4-137　相同给料粒度时产品细度变化的修正系数 K_P 值（按表 4-125 数据）

磨矿产品中 -200 目占比	给料最大粒度 d_{95}								
	40mm	30mm	25mm	20mm	15mm	12mm	10mm	8mm	5mm
	给料中 -200 目占比								
	3%	4.5%	5.3%	6%	8%	9.2%	10%	14%	20%
15%	4.75	4.26	5.64	6.02	7.44	8.73	10.03	—	—
25%	2.57	2.70	2.78	2.85	3.07	3.20	3.35	4.18	7.93
40%	1.54	1.56	1.58	1.56	1.63	1.65	1.67	1.76	1.99
48%	1.27	1.31	1.28	1.29	1.30	1.31	1.32	1.32	1.41
60%	1	1	1	1	1	1	1	1	1
72%	0.80	0.82	0.82	0.82	0.81	0.81	0.81	0.76	0.76
85%	0.70	0.69	0.69	0.68	0.68	0.67	0.67	0.61	0.61
95%	0.58	0.61	0.61	0.61	0.60	0.59	0.59	0.53	0.53

注：以磨矿产品中 -0.074mm 含量占 60% 为基准。

表 4-138　按新生成 -0.074mm 计算的磨矿产品粒度修正系数 K_P 值（按表 4-126 数据）

磨矿产品中 -200 目占比	给料最大粒度 d_{95}						
	40mm	25mm	20mm	15mm	10mm	5mm	3mm
	给料中 -200 目占比						
	3%	5.3%	6.0%	8.0%	10.0%	20.0%	23.0%
30%	0.83	0.87	0.88	0.92	0.95	1.05	1.10
40%	0.93	0.96	0.97	1.0	1.02	1.09	1.12
48%	0.98	0.99	1.0	1.02	1.03	1.08	1.09
60%	1	1	1	1	1	1	1
72%	0.98	0.96	0.96	0.94	0.93	0.91	0.90
85%	0.97	0.94	0.94	0.92	0.90	0.86	0.86
95%	0.95	0.90	0.89	0.87	0.85	0.80	0.80

注：以被磨矿石中 -0.074mm 含量占 80% 为基准。

表 4-139　按表 4-130 中数据计算的产品细度修正系数 K_P 值

磨矿产品中 -200 目占比	给料最大粒度 d_{95}							
	40mm	30mm	25mm	20mm	15mm	12mm	10mm	8mm
	产品中 -200 目占比							
	3.0%	4.5%	5.3%	6%	8%	9.2%	10%	14%
15%	0.21	0.19	0.18	0.16	0.14	0.12	0.10	0.018
25%	0.38	0.37	0.36	0.35	0.32	0.32	0.30	0.24
40%	0.65	0.64	0.63	0.63	0.62	0.61	0.60	0.56
48%	0.78	0.78	0.78	0.77	0.77	0.76	0.75	0.74
60%	1	1	1	1	1	1	1	1
72%	1.20	1.22	1.22	1.22	1.23	1.24	1.23	1.26
85%	1.43	1.45	1.46	1.46	1.48	1.49	1.49	1.53
95%	1.60	1.63	1.64	1.64	1.66	1.69	1.69	1.76

注：以磨矿产品中 -0.074mm 含量占 60% 为基准。

表 4-140 按表 4-135 数据计算的产品粒度修正系数 K_P 值

磨矿产品中 −200 目占比	最大给矿粒度 d_{95}					
	40mm	25mm	20mm	15mm	10mm	5mm
	限定尺寸（按80%过筛计）					
	30000μm	19000μm	15000μm	11500μm	7500μm	3800μm
15%	2.41	2.48	2.51	2.25	2.71	2.87
20%	2.15	2.20	2.23	2.27	2.38	2.46
24%	1.90	1.94	1.95	1.98	2.06	2.07
31%	1.62	1.64	1.66	1.66	1.71	1.68
36%	1.46	1.48	1.47	1.48	1.51	1.47
43%	1.29	1.30	1.30	1.31	1.32	1.27
52%	1.11	1.12	1.11	1.11	1.13	1.06
59%	1	1	1	1	1	1
67%	0.90	0.90	0.89	0.89	0.90	0.88
72%	0.83	0.83	0.83	0.82	0.83	0.77
79%	0.76	0.77	0.75	0.75	0.76	0.74
85%	0.69	0.69	0.69	0.69	0.68	0.66
90%	0.61	0.61	0.61	0.60	0.60	0.54
95%	0.52	0.52	0.51	0.51	0.50	0.46
96%	0.47	0.48	0.47	0.47	0.46	0.42
97%	0.44	0.44	0.43	0.44	0.43	0.39
98%	0.40	0.40	0.36	0.40	0.39	0.34

注：以磨矿产品中 −0.074mm 含量占 59% 为基准。

对比表 4-137、表 4-138 和表 4-140 中数据可以看出，三表中产品粒度修正系数 K_P 的变化规律相似，即给矿粒度相同时，随着产品粒度的变细，修正系数 K_P 值变小，这符合实际情况；表 4-139 中的数据与此相反。

【实例】东鞍山选矿厂以 $\phi 3.2m \times 3.1m$ 球磨机处理假象赤铁矿，当给料粒度 $d_{95} = 44mm$ 时，磨机产量为 40t/h，当给料粒度为 $d_{95} = 23mm$ 时，磨机产量为 50t/h。磨矿产品粒度为 −0.074mm 含量占 30%，给料粒度分布见表 4-141 和图 4-189。用不同方法计算给料粒度修正系数 K_F 之值。

表 4-141 东鞍山铁矿选矿厂球磨机给料粒度分布

粒级/mm	−0.07	−3+0.07	−6+3	−16+6	−25+16	−30+25	−45+30
产率/%（曲线1）	5	3	3	27	22	10	24
产率/%（曲线2）	6	11	13	41	29	—	—

1）实际值：

$$K_F = \frac{Q_{23}}{Q_{44}} = \frac{50}{40} = 1.25$$

2）按奥列夫斯基公式（4-129）：

$$K_F = \left(\frac{d_{44}}{d_{23}}\right)^{0.25} = \left(\frac{44}{23}\right)^{0.25} = 1.18$$

相对偏差　　　　　　　　　$\Delta K_F = \dfrac{1.25 - 1.18}{1.25} = 5.6\%$

3）按邦德公式（4-131）。由图 4-189 可求得按 80% 过筛计的给料粒度分别为 34mm 及 19mm，产品粒度 - 0.074mm 含量占 30% 相当于按名义尺寸（95% 物料过筛）的 0.54mm；取 $\beta = 0.75$，求得按 80% 过筛计的产品粒度为 0.41mm。

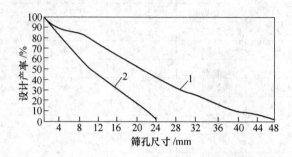

图 4-189　东鞍山选矿厂 ϕ3.2m × 3.1m 球磨机给料粒度分布
1—产量 40t/h；2—产量 50t/h

将以上数据代入式（4-132），求得：

$$K_F = \left(\frac{19}{34}\right)^{0.5}\left(\frac{0.41^{0.5} - 34^{0.5}}{0.41^{0.5} - 19^{0.5}}\right) = 1.05$$

相对偏差　　　　　　　　　$\Delta K_F = \dfrac{1.25 - 1.05}{1.25} = 16\%$

4）按给料粒度分布计算式（4-134）：

利用表 4-136 中窄级别相对可磨度值和表 4-141 中相应产率值，按式（4-134）计算：

$$K_F = \frac{(1 - 0.05)(0.11 \times 1.32 + 0.13 \times 1.21 + 0.41 \times 1.08 + 0.29 \times 1.02)}{(1 - 0.06)(0.03 \times 1.32 + 0.03 \times 1.21 + 0.27 \times 1.08 + 0.22 \times 1.025 + 0.10 \times 0.97 + 0.24 \times 0.90)}$$

$$= \frac{0.95 \times 1.0411}{0.94 \times 0.9049} \approx 1.16$$

绝对偏差　　　　　　　　　$\Delta K_F = \dfrac{1.25 - 1.16}{1.25} = 7.1\%$

（2）磨矿动力相似系数 K_E 的计算：

$$K_E = K_{\psi\phi}\frac{f_i(\psi,\phi)_x}{f_i(\psi,\phi)_{st}} \tag{4-137}$$

式中　$f_i(\psi,\phi)_x$，$f_i(\psi,\phi)_{st}$——分别为设计处理矿石磨机和基准磨机生产或试验时磨机的功率系数值。

（3）介质密度修正系数 K_δ 的计算：

$$K_\delta = \frac{\delta_x}{\delta_{st}} \tag{4-138}$$

式中　δ_x，δ_{st}——分别为设计处理矿石和基准矿石的介质密度，t/m^3。

将上述各系数值代入式（4-131），求得按新生成某粒级计算的利用系数 q_x 后，可用下式求得所选用磨机的产量（t/h）：

$$Q_x = \frac{V_x q_x}{(\gamma_P - \gamma_F)} \tag{4-139}$$

式中　V_x——选用某规格磨机的有效容积，m^3；

　　γ_P，γ_F——分别为设计待处理矿石磨机给料和产品某指定粒级的产率，%。

　　b　两段连续磨矿流程中的磨机能力计算

　　由于矿石性质不同，所以很准确地计算是相当困难的。一般采用一段计算方法算出所需磨矿机的容积，也可分段计算磨矿机的容积。

　　（1）一段算法。适用于第一段磨矿粒度对选矿没有特殊要求的两段连续闭路磨矿流程。两段磨矿所需磨矿机的总容积按下式计算：

$$V_{总} = \frac{Q_0(\beta_2 - \alpha_x)}{\overline{q_x}} \tag{4-140}$$

式中　$V_{总}$——两段磨矿所需磨矿机的总容积，m^3；

　　Q_0——磨矿车间生产能力，t/h；

　　α_x——第一段磨矿机给矿中小于 $-0.074mm$ 级的含量，%；

　　β_2——第二段磨矿产品中小于 $-0.074mm$ 级的含量，%；

　　$\overline{q_x}$——两段磨矿机按新形成级别计算的平均单位生产能力，$t/(m^3 \cdot h)$。

　　（2）分段算法。为了使一、二段磨机都能达到最高的生产能力，必须使两段磨矿设备负荷均衡，所以要解决两段磨矿总容积的分配问题。通常对两段闭路流程所需磨机总容积均等分配：

$$V_I = \frac{V_{总}}{2} = V_{II} \tag{4-141}$$

式中　V_I——第一段磨矿机所需的容积，m^3；

　　V_{II}——第二段磨矿机所需的容积，m^3。

　　然后，根据两段磨机容积及单位生产能力的比值，按下式计算出第一段磨矿产品粒度：

$$\beta_1 = \alpha_x + \frac{\beta_2 - \alpha_x}{1 + Km} \tag{4-142}$$

式中　α_x——第一段磨机给矿中小于 $-0.074mm$ 级的含量，%；

　　β_1——第一段磨机产品中小于 $-0.074mm$ 级的含量，%；

　　β_2——第二段磨机产品中小于 $-0.074mm$ 级的含量，%；

　　K——两段磨机单位生产能力的比值，一般取 $K = \dfrac{q_{II}}{q_I} = 0.8 \sim 0.85$；

　　m——两段磨机容积之比，当计算两闭路磨矿流程时，$m = 1$；当计算第一段为开路的磨矿流程时，$m = 2 \sim 3$。

　　二段算法适用于矿石泥化较大，选别作业对第一段磨矿粒度有要求或第一段为开路磨矿的两段磨矿流程。在实际应用中有的很难做到，例如白银选矿厂，为了减少第一段磨矿负荷，在配置上曾考虑把第一段分级返砂分给第一段磨矿一部分，由于实际调整不易，未能实现。

根据试验资料及经济比较确定第一、二段最佳磨矿粒度，再计算出一、二段磨机单位生产能力。可按下式计算出各段磨机的容积：

$$V_{\mathrm{I}} = \frac{Q_0(\beta_1 - \alpha_{\mathrm{x}})}{q_{\mathrm{I}}} \qquad (4\text{-}143)$$

$$V_{\mathrm{II}} = \frac{Q_0(\beta_2 - \beta_1)}{q_{\mathrm{II}}} \qquad (4\text{-}144)$$

式中　q_{I}，q_{II}——分别为第一段和第二段磨机按新形成级别计算的单位生产能力，t/m³·h。

(3) 多段磨矿计算法。对混合精矿、中矿及尾矿再磨的生产能力计算，至今还没有一个较完善的公式。所以在设计中一般按实际或试验资料来确定。如果没有实际资料，有时按下式概算所需要的磨机容积：

$$V_{\mathrm{n}} = \gamma_{\mathrm{n}}(V_2 - V_1) \qquad (4\text{-}145)$$

式中　V_{n}——所需再磨球磨机容积，m³；

　　　V_1——把矿石全部磨到再磨前磨矿产品粒度时所需磨机容积，m³；

　　　V_2——把矿石全部磨到再磨后磨矿产品粒度时所需磨机容积，m³；

　　　γ_{n}——所需再磨矿石的产率，%。

该公式是假定再磨矿石和原矿可磨性相同的情况下得出的，所以与有色金属选矿厂的尾矿再磨情况较为接近，而对粗精矿和中矿或其他类型的矿石，偏差可能大些。

对于铁矿石，当缺少中矿可磨度数据时，可用下式概算：

$$q_{\text{中矿}} = q_{\text{原矿}} K_{\mathrm{G}} K_{\delta} \qquad (4\text{-}146)$$

式中　$q_{\text{中矿}}$，$q_{\text{原矿}}$——分别为中矿和原矿按生产确定粒级（例如 $-0.074\mathrm{mm}$）计算的单位生产率，t/(m³·h)；

　　　K_{G}——考虑中矿与原矿性质差异而引入的可磨度系数：

$$K_{\mathrm{G}} = \frac{t_{\text{原矿}}}{t_{\text{中矿}}} \qquad (4\text{-}147)$$

　　　$t_{\text{原矿}}$，$t_{\text{中矿}}$——分别为原矿和中矿磨到相同粒度时所需的磨矿时间；

　　　K_{δ}——考虑中矿与原矿密度差异而引入的修正系数。

物料密度系数按下式计算：

$$K_{\delta} = \frac{\gamma_{\text{中矿}}}{\gamma_{\text{原矿}}} \qquad (4\text{-}148)$$

式中　$\gamma_{\text{中矿}}$，$\gamma_{\text{原矿}}$——分别为中间产品和原矿的松散密度，t/m³。

B　邦德功指数法

由磨矿理论邦德公式：

$$W_{\mathrm{x}} = W_{\mathrm{st}}\left(\frac{10}{\sqrt{d_{\mathrm{P}}}} - \frac{10}{\sqrt{d_{\mathrm{F}}}}\right)$$

式中　W_{x}，W_{st}——分别为计算及试验求得的磨矿（球磨或棒磨）功指数，kW·h/t；

d_P，d_F——分别为计算的某矿石的磨矿产品粒度和给矿粒度（按 80% 过筛计），μm。

上式乘上一系列修正系数后即过渡为工业生产中选用磨机的功指数 W_{IX}（kW·h/t）：

$$W_{IX} = W_{st}\left(\frac{10}{\sqrt{d_P}} - \frac{10}{\sqrt{d_F}}\right)\prod_{i=1}^{f} K_i \tag{4-149}$$

式中　f——修正系数个数，对于球磨机 $f=6$，对于棒磨机 $f=7$。

a　球磨机的计算

K_1 为磨矿方式系数。对于湿式球磨，$K_1 = 1.0$，对于干式球磨，$K_1 = 1.3$。

K_2 为磨矿回路修正系数。对于球磨，开路磨矿时由于要控制产品粒度，故其磨矿功耗比闭路磨矿高，K_2 值与开路磨矿中需要控制的产品粒度有关，可按表 4-142 中数据选取。

表 4-142　球磨机开路磨矿修正系数 K_2 值

小于控制产品粒度的含量/%	K_2	小于控制产品粒度的含量/%	K_2
50	1.035	90	1.40
60	1.05	92	1.46
70	1.10	95	1.57
80	1.20	98	1.70

K_3 为磨机直径修正系数。可按下式计算：

$$K_3 = \left(\frac{2.44}{D_x}\right)^{0.2} \tag{4-150}$$

式中　D_x——选用的工业磨机有效内径，m，当 $D_x > 3.81$ m 时，$K_3 = 0.914$。

K_4 为给料粒度过大修正系数。为考虑不同矿石性质应有一适宜给料粒度而引入该系数，当矿石的球磨功指数 $W_{st} < 7$ 时，不考虑；当 $W_{st} \geqslant 7$ 时，按下式计算：

$$K_4 = \frac{\left[R_8 + \left(\dfrac{W_{st}}{1.102} - 7\right)\dfrac{d_{FX} - d_{FO}}{d_{FO}}\right]}{R_B} \tag{4-151}$$

式中　R_B——破碎比，$R_B = \dfrac{d_{FX}}{d_{PX}}$；

　　d_{FX}——工业磨机给料粒度，μm；

　　d_{FO}——磨机适宜给料粒度，μm：

$$d_{FO} = 4000\sqrt{\frac{14.33}{W_{Ist}}} \tag{4-152}$$

K_5 为磨矿产品粒度修正系数，当磨矿产品中 $\gamma_{-200} < 80$ 时，不考虑。

$$K_5 = \frac{d_{PX} + 10.3}{1.145 d_{PX}} \tag{4-153}$$

K_6 为破碎比修正系数，当磨矿破碎比 $R_B \geqslant 6$ 时，不考虑；当 $R_B < 6$ 时，按下式计算：

$$K_6 = \frac{2(R_B - 1.35) + 0.26}{2(R_B - 1.35)} \tag{4-154}$$

工业磨机所需总功率 N_t（kW）按下式计算：

$$N_t = Q_0 W_{IX} \tag{4-155}$$

式中 Q_0——工业磨机处理的总矿量，t/h；

　　　W_{IX}——工业磨机的磨矿功指数，kW·h/t。

所需工业磨机台数 n，按下式计算：

$$n = \frac{Q_0 W_{IX}}{M_B G_B} \tag{4-156}$$

式中 G_B——工业磨机加球质量，t；

　　　M_B——选用的某规格磨机中每吨磨矿介质所具有的能量，kW/t。

b 棒磨机的计算

磨矿方式系数 K_1 值与球磨机相同。

对于棒磨机，$K_2 = 1.0$。

棒磨机直径修正系数 K_3 仍按式（4-150）计算。

给料粒度修正系数 K_4 按式（4-151）计算，但应分别代入棒磨功指数 W_{IR}；棒磨机适宜给料粒度 d_F（μm）按下式计算：

$$d_{FO} = 16000 \sqrt{\frac{14.33}{W_{Ist}}} \tag{4-157}$$

式（4-152）及式（4-157）中 W_{Ist} 为试验所得棒磨功指数。

磨矿产品粒度修正系数 $K_5 = 1.0$。

棒磨机破碎比修正系数 K_6 按下式计算：

$$K_6 = 1 + \frac{(R_r - R_0)^2}{150} \tag{4-158}$$

式中 R_r——棒磨机实际生产的破碎比；

　　　R_0——适宜破碎比，按下式计算：

$$R_0 = 8 + 5\frac{L_r}{D} \tag{4-159}$$

式中 L_r——棒的长度；

　　　D——棒磨机有效内径（与 L_r 取相同长度单位）。

磨矿回路修正系数 K_7 的计算分以下两种情况：

（1）单段棒磨回路：

1）棒磨机给料为开路破碎的产品时，$K_7 = 1.4$；

2）棒磨机给料为闭路破碎的产品时，$K_7 = 1.2$。

（2）棒磨-球磨回路：

1）给料为开路破碎的产品时，$K_7 = 1.2$；

2）给料为闭路破碎的产品时，$K_7 = 1.0$。

工业棒磨机所需总功率 N_t 及磨机台数 n 分别按式（4-155）及式（4-156）计算，两式中每吨棒所具有的能量 M_R 按式（4-157）计算。

C 计算实例

【实例4-1】　某地磷矿石试验室试验求得球磨功指数 $W_{Ist} = 11.8$ kW·h/t，试验室利用 $\phi 450$mm × 600mm 球磨机进行湿式模拟闭路磨矿试验，介质充填率 $\phi = 30\%$，其松散密度 $\gamma =$

4.85t/m³；磨机有效内径 $D = 450mm$，有效容积 $V = 0.093m^3$；磨机转速率 $\psi = 80\%$。在上述条件下，求得按新生成 $-0.15mm$ 计算的利用系数 $q_{st} = 0.518t/(m^3 \cdot h)$，试按容积法和邦德功指数法计算工业磨机处理量为 66t/h 磷矿石所需的磨机规格及拖动电机安装功率。

（1）按容积法计算。根据式（4-131）计算工业磨机按新生成 $-0.15mm$ 计算的利用系数 q_x。

矿石可磨度系数 $K_1 = 1.0$；因试验室采用批次模拟连续闭路磨矿试验，故磨机形式修正系数 $K_2 = 1.0$。

根据式（4-153）算出的不同规格磨机的直径修正系数 K_3 值列于表 4-143 中（工业磨机衬板厚度 b 按 100mm 计）。

表 4-143　选用的工业磨机直径放大系数 K_3 值

工业磨机内径 D/m	3.0	3.2	3.4
容积法	2.494	2.582	2.666
邦德功指数法	0.969	0.956	0.944

磨机给料粒度修正系数 K_1 值，由于各种计算方法所得的值不一样，该实例试验采用磨矿动力学及线性叠加原理，通过试验室试验求出与工业磨机给料和产品相同条件下的适宜加球尺寸和配比，这样就避免了给料粒度和产品粒度修正系数的选用。故该实例中 $K_F = 1.0$，$K_P = 1.0$ 或 $K_{FP} = 1.0$。

根据以上相应公式及表中功率系数值，按式（4-136）计算工业磨机不同 ψ、ϕ 工作条件下的动力相似系数 K_6；计算结果列于表 4-144。

表 4-144　工业磨机不同 ψ 和 ϕ 工作条件下的动力相似系数 K_6 值

转速率 ψ	介质充填率 ϕ				
	30%	35%	38%	40%	42%
76%	约 1.0	1.150	1.235	1.289	1.342
78%	1.003	1.157	1.246	1.303	1.360
80%	1.000	1.157	1.250	1.309	1.368

注：基准磨矿条件 $\psi = 80\%$，$\phi = 30\%$。

如果工业磨机采用钢球的松散密度与试验采用的一样，则 $K_7 = 1.0$。

将以上修正系数值代入式（4-125）可求出不同直径、不同操作条件下工业磨机的利用系数 q_x 值。根据该实例所述条件，可得出计算工业磨机利用系数 q_x 的通式：

$$q_x = q_{st}\left(\frac{D_x - 2b_x}{D_{st} - 2b_{st}}\right)^{0.5}\frac{f(\psi,\phi)}{f(0.8,0.3)} = 0.518\left(\frac{D_x - 0.1}{0.45}\right)^{0.5}\frac{f(\psi,\phi)}{1.9769}$$

由式（4-138）求得所需磨机的有效容积 V_x 为：

$$V_x = \frac{Q_x(\gamma_x - \gamma_y)}{q_x}$$

已知 $Q_x = 66t/h$，给料中 $-0.15mm$ 含量 $\gamma_x = 11.91\%$；产品中 $-0.15mm$ 含量 $\gamma_P = 76.74\%$。

求出所需的磨机容积后，按下式计算磨机的长度 L_x（m）：

$$L_x = \frac{Q_o(\gamma_P - \gamma_F)}{0.785(D_x - 2b_x)^2 q_x} \tag{4-160}$$

根据上述方法计算出所要求的不同规格的磨机（见表4-145）。

根据生产经验，对于处理磷矿石的球磨机，当要求开路工作时，适宜长径比为 $L/D \approx$ 1.5～1.6。考虑到磨机应有一定的富余能力，故选用 $\psi = 78\%$，$\phi = 30$，$L/D \approx 1.58$ 的生产条件的磨机，由表4-145查得合乎上述条件的磨机规格为 $\phi = 3.1\text{m} \times 4.91\text{m}$。

根据上述条件计算有用功率 $N_{有}$ 值：

$$N_{有} = \Delta V D^{0.5} f_3(\psi, \phi) = 267.93 f_3(\psi, \phi)$$

考虑到工业生产中磨机充填率有可能达到40%～42%，因此按介质充填率 $\phi = 42\%$ 选用拖动电机。查得功率系数 $f_3(0.78, 0.42) = 2.6876$。由此算得 $N_{有} = 267.93 \times 2.6876 = 720\text{kW}$，考虑到传动效率，可采用800kW电动机。如果装入40%的球，则功率系数 $f_3(0.78, 0.40) = 2.5768$，则可采用760kW电动机。

表4-145　采用容积法算出的工业磨机参数

$\psi/\%$	$\phi/\%$	磨机筒体直径 D_x/m	磨机筒体长度 L_x/m	长径比 L/D	有效容积 $/\text{m}^3$	按新生成-100目计 $q_x/\text{t} \cdot (\text{m}^3 \cdot \text{h})^{-1}$	生产能力 $/\text{t} \cdot \text{h}^{-1}$
76	30	3.0	5.38	1.79	33.11	1.2921	
		3.1	4.93	1.59	32.54	1.3150	66
		3.3	4.17	1.26	31.47	1.3596	
	38	3.0	4.35	1.45	26.8	1.5957	
		3.1	3.99	1.29	26.35	1.6240	66
		3.3	3.38	1.02	25.48	1.6791	
	42	3.0	4.01	1.34	24.68	1.7340	
		3.1	3.97	1.18	24.25	1.7647	66
		3.3	3.11	0.94	23.45	1.8246	
78	30	3.0	5.36	1.79	33.02	1.2960	
		3.1	4.91	1.58	32.44	1.3189	66
		3.3	4.16	1.26	31.38	1.3637	
	38	3.0	4.32	1.44	26.58	1.6100	
		3.1	3.95	1.28	26.12	1.6385	66
		3.3	3.35	1.01	25.26	1.6941	
	42	3.0	3.95	1.32	24.35	1.7573	
		3.1	3.62	1.17	23.93	1.7884	66
		3.3	3.07	0.93	23.14	1.8490	
80	30	3.0	5.38	1.79	33.11	1.2921	
		3.1	4.93	1.59	32.54	1.3150	66
		3.3	4.17	1.26	31.47	1.3596	
	38	3.0	4.30	1.43	26.49	1.6151	
		3.1	3.94	1.27	26.03	1.6438	66
		3.3	3.34	1.01	25.18	1.6995	
	42	3.0	3.93	1.31	24.21	1.7676	
		3.1	3.60	1.16	23.79	1.7989	66
		3.3	3.05	0.92	23.00	1.8599	

（2）按邦德功指数法计算。已知实验室球磨功指数 $W_{IB} = 11.18 kW \cdot h/t$，按邦德功指数法计算不同规格及不同操作条件下的工业磨机功指数。

工业磨机给料粒度 $d_F = 19.20 mm$，产品粒度 $d_P = 0.16 mm$。

因采用湿式球磨，故磨矿方式系数 $K_1 = 1.0$。

对于开路磨矿，查表得 $K_2 = 1.2$。

如果选用 $\phi = 3.1 m \times 4.91 m$ 的工业磨机，其有效内径 $D_x = 2.9 m$。求得直径修正系数 $K_3 = \left(\dfrac{2.4}{2.9}\right)^{0.2} = 0.963$。

按式（4-152）计算磨机适宜给料粒度 d_{FO}（mm）：

$$d_{FO} = \sqrt{\frac{14.33}{11.18}} = 4.53$$

破碎比

$$R_B = \frac{19.2}{0.16} = 120$$

按式（4-151）计算给料粒度修正系数 K_4：

$$K_4 = \frac{120 + \left(\dfrac{11.18}{1.102} - 7\right)\dfrac{19.2 - 4.53}{4.53}}{120} = 1.085$$

因磨矿产品 $\gamma_{-200} < 80\%$，故产品粒度修正系数 $K_5 = 1.10$。

按式（4-154）计算破碎比修正系数 K_6：

$$K_6 = \frac{2(4.24 - 1.35) + 0.26}{2(4.25 - 1.35)} = 1.045$$

将以上各值代入式（4-149）得工业磨机操作功指数 W_{IX} 为：

$$W_{IX} = 11.18 \times 10\left(\frac{1}{\sqrt{160}} - \frac{1}{\sqrt{19200}}\right) \times 1.0 \times 1.2 \times 0.963 \times$$

$$1.085 \times 1.0 \times 1.045 = 10.40 kW \cdot h/t$$

需用功率：

$$N_t = 66 \times 10.40 = 689 kW$$

按以下方法计算磨机小齿轮功率 N_B：

已知转速率 $\psi = 0.78\%$，介质充填率 $\phi = 0.42\%$，得每吨介质所具有的功率 M_B 为：

$$M_B = 1.376 \times 7.0615 = 9.72 kW/t$$

装球量按下式计算：

$$G_B = V_B \phi \Delta = 32.44 \times 0.42 \times 4.85 = 66 t$$

由此得磨机所具有的磨矿能力 N_B 为：

$$N_B = G_B M_B = 9.72 \times 66 = 641 kW$$

按邦德公式算出的功率比实际功率低 8% ~ 10%，这样磨机所具有的功率为 1.1 × 641 ≈ 700kW。

对比以上计算结果，两种计算方法所得功率相差 10%。

（3）按汤普森比表面法计算。按汤普森比表面法计算矿石可磨度已有专业书籍介绍，这里仅介绍利用该方法选择和计算球磨机和棒磨机。

按汤普森法计算磨机的功指数：

$$W_{Ix} = W_{Ist}K_{GS}K_F \tag{4-161}$$

式中　　W_{Ix}，W_{Ist}——分别为设计待磨矿石和基准矿石的汤普森功指数，kW·h/t；

　　　　K_{GS}——按相比表面计的可磨度系数，按式（4-162）计算；

　　　　K_F——给料粒度修正系数，按式（4-163）计算。

$$K_{GS} = 1 + \frac{S_{RAS} - S_{RAX}}{S_{RAS}} \tag{4-162}$$

式中　　S_{RAS}——基准相对比表面积，可查表选取；

　　　　S_{RAX}——待测矿石新生成的比表面积，可按汤普森可磨度测定程序求出。

$$K_F = 1 + (K_{Fst} - K_{Fx}) \tag{4-163}$$

式中，K_{Fst}、K_{Fx} 分别为基准矿石和待测矿石入磨粒度系数，二者均可由图 4-190 所示入磨粒度修正值曲线查得。该图中纵坐标表示在同样磨矿条件下给料粒度减小、磨机产量增加的百分数。

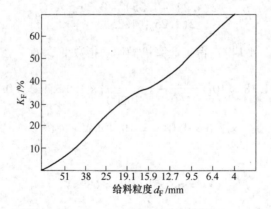

图 4-190　不同给料粒度的可磨度修正值

表 4-146 ~ 表 4-148 分别列出了格子型和溢流型球磨机、溢流型棒磨机的标准可磨度。

例如，要求待测矿石磨矿产品粒度为 0.208mm，相应的给料粒度为 25mm，求其给料粒度系数 K_F 值。如果进行球磨机计算，根据表 4-147（或表 4-148），对于基准矿石，当磨矿产品粒度为 0.208mm 时，标准给料粒度相应为 12.7mm。由图 4-190 查得，给料粒度为 12.7mm 时，K_{Fst} = 43%，给料粒度为 25mm 时，K_{Fx} = 25%。将数据代入式（4-163）求得：

$$K_F = 1 + (0.43 - 0.25) = 1.18$$

表 4-146　格子型球磨机基准汤普森功指数　　　　　　　　　　　　（kW・h/t）

磨机内径 D	给矿粒度 d_F							
	19.1mm	12.7mm	12.7mm	9.5mm	9.5mm	6.4mm	6.4mm	6.4mm
	产品粒度 d_P							
	0.417mm	0.295mm	0.208mm	0.175mm	0.147mm	0.104mm	0.074mm	0.043mm
1.52m	7.71	9.04	11.35	14.77	18.18	22.59	28.98	36.48
1.83m	7.16	8.37	10.36	13.11	16.86	20.72	27.00	34.05
2.13m	6.72	7.93	9.92	12.56	15.76	19.50	25.12	31.62
2.44m	6.28	7.38	9.15	11.79	14.88	18.40	23.58	29.25
2.74m	6.06	7.16	8.82	11.35	14.33	17.63	22.37	28.21
3.05m	5.84	6.83	8.37	10.80	13.66	16.86	21.82	27.44
3.35m	5.62	6.50	8.15	10.47	13.11	16.20	21.05	26.56
3.66m	5.40	6.28	7.82	10.03	12.67	15.65	20.17	25.68

注：产品粒度是指筛上产率为 2%~5% 的粒度。

表 4-147　溢流型球磨机基准汤普森功指数　　　　　　　　　　　　（kW・h/t）

磨机内径 D	给矿粒度 d_F							
	19.1mm	12.7mm	12.7mm	9.5mm	9.5mm	6.4mm	6.4mm	6.4mm
	产品粒度 d_P							
	0.417mm	0.295mm	0.208mm	0.175mm	0.147mm	0.104mm	0.074mm	0.043mm
1.52m	8.15	9.37	11.68	15.21	18.62	23.03	29.31	36.48
1.83m	7.49	8.70	10.69	13.44	17.30	21.16	27.22	34.05
2.13m	7.05	8.26	10.25	12.89	16.09	19.95	25.35	31.63
2.44m	6.61	7.71	9.48	12.12	15.21	18.73	23.80	29.75
2.74m	6.39	7.49	9.04	11.68	14.66	17.96	22.59	28.21
3.05m	6.17	7.16	8.59	11.13	13.99	17.19	22.04	27.44
3.35m	5.95	6.72	8.37	10.80	14.44	16.53	21.37	26.56
3.66m	5.73	6.50	8.04	10.36	13.00	15.98	20.39	25.68
3.96m	5.40	6.28	7.82	9.92	12.56	15.76	20.17	25.01
4.27m	5.18	6.06	7.60	9.70	12.23	15.54	19.95	24.46
4.57m	5.07	5.95	7.38	9.59	11.90	15.32	19.72	24.02
4.88m	4.96	5.84	7.27	9.48	11.79	15.21	19.61	23.69
5.33m	4.85	5.73	7.16	9.37	11.57	14.99	19.28	24.35

注：产品粒度是指筛上产率为 2%~5% 的粒度。

表 4-148　溢流型棒磨机标准可磨度 G_{st}　　　　　　　　　　　（kW·h/t）

磨机内径 D	给矿粒度 d_F							
	25.4mm	25.4mm	25.4mm	25.4mm	25.4mm	25.4mm	25.4mm	25.4mm
	产品粒度 d_P							
	4.699mm	2.362mm	1.168mm	0.833mm	0.589mm	0.417mm	0.295mm	0.208mm
1.52m	2.98	3.42	3.97	4.63	5.18	5.73	6.94	9.26
1.83m	2.86	3.31	3.86	4.41	4.96	5.51	6.72	8.93
2.13m	2.75	3.19	3.75	4.3	4.85	5.29	6.39	8.59
2.44m	2.64	3.08	3.64	4.19	4.74	5.18	6.28	8.37
2.74m	2.64	3.08	3.53	4.08	4.63	5.07	6.17	8.15
3.05m	2.53	2.97	3.42	3.97	4.52	4.96	6.06	8.04
3.35m	2.53	2.86	3.42	3.86	4.41	4.85	5.84	7.82
3.66m	2.42	2.86	3.31	3.75	4.3	4.74	5.73	7.71
3.96m	2.42	2.86	3.31	3.75	4.19	4.63	5.62	7.49
4.11m	2.42	2.75	3.31	3.75	4.19	4.63	5.62	7.49
4.42m	2.31	2.75	3.19	3.64	4.08	4.63	5.51	7.38

注：产品粒度是指筛上产率为 2% ~5% 的粒度。

【**实例 4-2**】　某矿利用汤普森法进行可磨度试验，当要求给料粒度为 -15.9mm，产品粒度为 0.212mm（65 目）时，需磨 20min，筛上剩余量为 1.2%。相对可磨度因子为 0.902，即此矿样比标准矿石难磨，其硬度比标准矿石高 9.8%。可磨度修正系数为 1.098。标准矿石可磨度是在给料粒度为 12.7mm、产品粒度为 0.212mm 条件下求得的，因此应求出给矿粒度修正系数。要求用汤普森算法求需用的磨机规格、形式和台数。

由图 4-190 可知，给料粒度 -15.9mm 时，给料粒度影响系数值为 $K_F = 37\%$；给料粒度为 12.7mm 时，$K_F = 43\%$。故生产中给料粒度为 12.7mm 时，可磨度系数为 43% - 37% =6%，即待测矿石比标准矿石硬 6%。可磨度修正系数 $K_F = 1.06$。

由表 4-147 可知，当 $D = 2.74$m 的溢流型磨机用于磨碎标准矿石时，其可磨度为 $G_{st} = 9.04$kW·h/t。由此可求出磨碎待测矿石时需用的总功率 N_t：

$$N_t = 9.04 \times 1.098 \times 1.06 \times 90.5 = 952.2\text{kW}$$

查产品目录，当选用 $D \times L = 2.7\text{m} \times 2.7\text{m}$ 溢流型球磨机时，其轴功率为 260kW，所需台数 n 为：

$$n = \frac{952.2}{260} = 3.7 \text{ 台}$$

可选用 4 台磨机。

当选用 $D \times L = 3.6\text{m} \times 5.0\text{m}$ 溢流型球磨机时，其轴功率为 850kW，求得需用总功率 N_t 为：

$$N_t = 8.04 \times 1.098 \times 1.06 \times 90.5 = 846.9\text{kW}$$

故选用一台即可。

采用邦德法与汤普森法所得的计算值与工业实际值的对比见表 4-149。

表 4-149 磨矿能耗试验的计算值与工业实际值的对比

磨机内径 D /m	给料粒度 /mm	产品粒度 /mm	矿石种类	功耗/kW·h·t⁻¹						
				实际值	邦德法		汤普森法		两种算法的平均值	
					计算值	误差/%	计算值	误差/%	计算值	误差/%
3.81	14.3	0.417	钼	5.02	8.00	+59.2	5.39	+7.24	6.70	+33.33
2.74	14.3	0.417	钼	5.93	8.54	+44.1	5.87	-0.93	7.21	+21.56
3.10	15.9	0.417	铜	6.71	11.21	+67.0	6.63	-1.15	8.93	+33.00
3.51	12.7	0.417	铜	4.33	7.69	+77.61	4.74	+9.41	6.21	+43.51
3.66	6.4	0.208	铜	14.17	20.28	+43.08	12.31	-13.14	16.26	+14.27
4.27	4.75	0.295	铜	8.11	10.34	+27.45	7.16	-11.68	8.75	+7.88
3.66	4.75	0.295	铜	8.24①	7.79①	-5.48①	8.68①	+5.38①	8.24①	0

① 球磨开路结果，其他为球磨闭路结果。

表 4-149 所示数据说明邦德法向工业过渡（进行比例放大）所得结果与实际值对比，其偏差比汤普森法大得多。此外，邦德法还存在以下缺陷：1) 磨矿介质具有磨矿能量的计算值与实际值有 5% ~ 10% 的偏差；2) 磨机直径过渡系数的参数 n 不适用于 $D > 3.81\text{m}$ 的大型磨机，主要原因是邦德利用回归技术建立公式时没有进行大型磨机的试验，而回归方程建立的经验模型不能任意外推；3) 按邦德法对磨机进行比例放大，完全根据一系列经验公式进行计算，经验公式的计算结果接近于平均值，而对于每一具体生产值都会有偏差；对于某些具体情况还会有较大的偏差。

（4）按能量效率法计算。

磨机能量效率 e 定义为：在磨矿过程中每消耗单位电能（按小齿轮计）所产生的按指定粒级计算的矿石质量，即：

$$e = \frac{Q_P}{N_f} \tag{4-164}$$

式中 e——磨机能量效率，t/(kW·h)；

Q_P——按新生成指定粒级计算的磨机处理能力，t/h；

N_f——磨机的小齿轮功率，kW。

按能量效率 e 计算得到的按原矿计磨矿机的处理能力 Q_e (t/h) 为：

$$Q_e = \frac{eN_f}{\gamma_P - \gamma_F} \tag{4-165}$$

按能量效率进行比例放大的公式为：

$$e_x = e_{st} K_G K_F K_P \tag{4-166}$$

式中　e_x，e_{st}——分别为待测矿石和基准矿石的能量效率，$t/(kW \cdot h)$；

　　　　K_G——试验测得的可磨矿系数；

　　K_F，K_P——给料粒度和产品粒度系数。

按能量效率计算的方法较简单。

4.6.1.5　自磨机生产能力的计算方法

自磨机生产能力与所处理的矿石性质、磨矿产品粒度以及自磨的操作条件等因素有关。在新建选矿厂设计中，都以半工业试验或试验资料为依据来确定其生产能力。国外半工业试验的自磨机尺寸，对于干式自磨机，要求 $D \geqslant 1.5m$；对于湿式自磨机，要求 $D \geqslant 1.8m$。我国江西德兴试验厂自磨机，$D = 2.4m$。

国内自磨机生产能力常用按比例放大的计算公式：

$$Q = Q_{st} \left(\frac{D}{D_{st}} \right)^K \frac{L}{L_{st}} \tag{4-167}$$

式中　Q——设计自磨机生产能力，t/h；

　　Q_{st}——试验自磨机生产能力，t/h；

　　D——设计自磨机筒体直径，m；

　　D_{st}——试验自磨机筒体直径，m；

　　L——设计自磨机筒体长度，m；

　　L_{st}——试验自磨机筒体长度，m；

　　K——系数，设计湿式自磨机时，一般采用 2.6 左右；设计干式自磨机时，为 2.5 ~ 3.1，或参考试验资料确定。

国外自磨机生产能力，一般也用按比例放大公式计算。但不是直接用小型自磨机的生产能力来换算设计自磨机的生产能力，而要做完善的功率测定试验，以求得处理某种矿石的净功耗。在此基础上，不同的研究单位和生产设备的厂家，在计算公式中引入矿石松散密度、自磨机转数、矿石的充填率、传动效率等系数，计算出设计自磨机的总功率（详见第 2 章介绍的自磨机功率测试和计算），然后求出自磨机的生产能力。

我国从 20 世纪 50 年代中后期开始研究矿石自磨机，70 年代初开始在工业上应用自磨机，至 80 年代初期，自磨技术发展较快，已有 60 多个厂矿安装了 150 多台自磨机，取得了一定的经济效益，积累了宝贵的经验。现在最大规格的自磨机发展到了直径 12.19m，应用于中信泰富的澳大利亚铁矿，装机功率为 28000kW。

自磨技术在工业上应用经过了两个发展阶段。第一阶段：20 世纪 70 年代以前，大多采用一段自磨，一段半自磨、自磨 + 球磨、半自磨 + 球磨、自磨 + 球磨；第二阶段：90 年代以前，大多采用一段自磨 + 破碎、一段自磨 + 破碎 + 干洗、自磨 + 球磨 + 破碎、半自磨 + 球磨 + 破碎、自磨 + 球磨 + 破碎、自磨 + 球磨 + 破碎 + 干洗。90 年代以来，半自磨的组合流程占主导地位。

表 4-150 ~ 表 4-152 分别列出了 70 年代国内外自磨机/半自磨机生产实例。

表 4-150　国内湿式自磨厂实例

序号	厂名	矿石性质	投产时间	破碎设备/m(×m)	磨矿段数	第一段磨机					第二段磨机			
						规格/m×m	数量/台	有效容积/m³	电机/kW	转速/r·min⁻¹	规格/m×m	数量/台	有效容积/m³	电机/kW
1	歪头山	鞍山式贫磁铁矿 $f=12\sim16$	1972年	φ1.2 旋回破碎机	2	φ5.5×1.8	9	41.8	900	15	φ3.2×4.5 溢流型球磨	9	32.0	750
2	石人沟	鞍山式贫磁铁矿 $f=10\sim12$	1974年	1.2×1.5 颚式破碎机	1	φ5.5×1.8	3	41.8	900	15				
3	潘洛	矽卡岩多金属铁矿床 $f=6\sim7$	1974年	0.6×0.9 颚式破碎机	2	φ4.0×1.4	2		245	17	φ2.1×3.0 溢流型球磨	2	9.0	210
4	东山	高、中温热液贫磁铁矿床氧 $f=3\sim6$; 原 $f=10\sim12$	1973年	0.9×1.2 颚式破碎机	2	φ5.5×1.8	2	41.8	900	15	φ2.7×3.6 格子型球磨	2	17.7	400
5	吉山	高温汽化热液贫磁铁矿床 $f=10\sim12$	1973年	1.5×2.1 颚式破碎机	1	φ5.5×1.65 φ5.5×1.8	1 3	38.0 41.8	800 900	16 15				
6	漓渚	矽卡岩型铁矿床东矿 $f=8\sim11$, 西矿 $f=10\sim12$	1973年	0.6×0.9 颚式破碎机	2	φ5.5×1.65	2	38.0	800	16	φ2.7×3.6 格子型球磨	2	17.7	400
7	东鞍山	鞍山式赤铁矿 $f=12\sim18$	工业试验	φ1.2 旋回破碎机	2	φ5.5×1.8	8	41.8	900	15	φ3.2×4.5 格子型球磨	8	32.0	900
8	金山店	镁矽卡岩型铁矿床 $f=6\sim10$	试生产	0.9×1.2 颚式破碎机	2	φ5.5×1.8	4	41.8	900	15	φ3.2×3.1 φ3.6×4.0 格子型球磨	2 3	22.6 36.0	600 1300
9	大广山	矽卡岩型铜铁矿床 $f=11\sim16$		0.6×0.9 颚式破碎机	1	φ4.0×1.4	2		245	17				
10	大冶	大冶式矽卡岩含铜磁铁矿床 $f=12\sim16$	1969年	1.5×2.1 颚式破碎机	2	φ5.5×1.65	1	38	800	16	φ3.2×3.1 格子型球磨	1	22.6	600
11	中条山	细脉浸染斑岩铜矿 $f=10\sim12$	1974年	φ0.9 旋回破碎机	2	φ5.5×1.8	1	41.8	900	15	φ3.6×4.0 格子型球磨	1	36.0	1300
12	凤凰山	矽卡岩型铜铁矿床 $f=10\sim12$	1969年	三段破碎	2	φ2.9×3.96 棒磨机	1		459.4		φ4.5×4.8 砾磨机	1		992.3
13	德兴	细脉浸染斑岩铜矿 $f=5\sim7$	1973年	0.6×0.9 颚式破碎机	1	φ2.4×0.9	1	3.6	55	22				

续表 4-150

序号	选厂规模/万吨·年⁻¹	自磨处理能力/t·h⁻¹		矿石粒度-200目占比/%			分级设备	
		设计	实际	给矿	自磨排矿	最终粒度	第一段磨矿	第二段磨矿
1	500	97	80	-250	35~40	65~70	—	φ2.4m沉没式双螺旋
2	150	75	73~76	-350		50	φ2.4m高堰式双螺旋	—
3	40	25	30~35	-150	34~40	70	φ2.0m高堰式双螺旋	φ1.2m沉没式双螺旋
4	100	67.5	70~80	-350	40	氧57 原54.5	φ2.0m高堰式双螺旋	φ2.0m高堰式双螺旋
5	200	65	33~42	-400		60	φ2.4m高堰式双螺旋	—
6	100	63	39~49	-350	设计-0.88mm 实际-0.4mm	80	1.5m×5.5m直线振动筛	φ2.0m沉没式双螺旋
7	300	50		-350	70~80	85		φ2.4m沉没式双螺旋
8	350~400	100~139		-350	30	70	圆筒筛	φ2.4m高堰式双螺旋2台；φ3.0m高堰式双螺旋3台
9	50	33.6		-300		58	φ2.0m高堰式单螺旋	φ2.0m高堰式双螺旋
10			50	-400	55	80	1.5m×5.5m直线振动筛，φ500水力旋流器	φ2.4m沉没式双螺旋
11	2000t/d	83	80	-250	40	65~70	1.5m×5.5m直线振动筛	φ3.0m高堰式双螺旋
12	2000t/d	83	83	-25	砾磨排矿40	65~70		φ500mm水力旋流器4台；φ5.5m浮选槽分级机
13			闭路2.24~2.34 开路3.14~3.88	-250	30	70	φ1.2m高堰式单螺旋	

表4-151 国外黑色金属湿式自磨厂实例

序号	国名	厂名	投产时间	生产规模/万吨·年⁻¹	矿石性质	粗碎设备/mm(×mm)	第一段磨矿（自磨机）			
							数量	规格/m×m	转速临界/%	电机功率/kW
1	加拿大	莱克琼宁	1960	2000	粗粒嵌布镜铁矿	一段2100×1670 颚式一台 二段760×1780 旋回二台	12	$\phi5.5\times1.5$	$70(n=12.7)$	441(600Hp)
2	加拿大	克雷塔赛奥斯	1961		镜铁矿	1165×1219 颚式一台	1	$\phi6.7\times2.14$	$85(n=14.7)$	1500kW
3	加拿大	瓦布什	1965	1300	粗粒嵌布镜铁矿，性脆	1375×1880 旋回一台	6	$\phi7.33\times2.44$	$72(n=11.5)$	12863(1750Hp)
4	加拿大	谢尔曼	1968	350	磁铁矿	1370 旋回一台	3	$\phi8.24\times3.05$		2535.75(3450Hp)
5	加拿大	格里菲斯	1968	470	细粒嵌布磁铁矿	1524 旋回一台	2	$\phi9.76\times3.66$	$77(n=10.4)$	5000kW
6	加拿大	卡尔提臣	1975		细粒镜状赤铁矿，10%磁铁矿	1524×2770 旋回一台	6	10.5×3.6		
7	澳大利亚	萨维奇里费尔	1976		磁铁矿	1375 旋回一台	2	9.76×3.66	$(n=13)$	2×220.5(2×300Hp)
8	利比里亚	帮格	1965 1970 1973	1188(1976年实际)	磁铁矿 赤铁矿	1540 旋回一台	6 2 2	$\phi6.7\times2.1$ $\phi6.7\times2.4$ $\phi7.3\times2.4$	70	2×600kW 2×780kW
9	挪威	摩和腊纳采选公司	1964	170	赤铁矿40%，磁铁矿60%	圆锥破碎机	1	$\phi5.3\times5.4$		
10	美国	诺勃试验厂	1958		磁铁矿，少量赤铁矿	1070×1220 坑内颚式	1	8.25 添加钢球		
11	美国	恩派尔	1961 1963		磁铁矿，铁燧岩	1524×2261 旋回一台	6 10	$\phi7.33\times2.44$	72~75($n=11.9$) $n=11.3$	1120kW
12	美国	派勒特·诺布	1968	3000t/d	天然磁铁矿	1070×1220 坑内颚式	1	$\phi8.23\times1.8$		2×3675(2×5000Hp)
13	美国	新蒂尔登	1974	28840t/d	赤铁矿（氧化铁燧岩）	1524×2771 旋回一台	6	$\phi8.23\times4.42$		2×2133kW
14	美国	希宾	1977		磁性铁燧岩		9	$\phi10.97\times4.59$		2×4480kW
15	美国	莱特山铁矿	1977				6	DEW9.76×3.5		4470kW
16	前苏联	英古列茨二期	1969	1200(设计)	贫磁铁石英岩	KKД-1500 旋回一台	16	$\phi7.0\times2.3$ (MMC70-23)	81	
17	前苏联	列别金斯克		3000(设计)	磁铁矿	KKД-1500/180 旋回二台	32	$\phi7.0\times2.2$ (MMC70-22)		

续表4-151

序号	给矿粒度/mm	处理能力/t·h⁻¹	磨矿粒度/mm	分级设备	第二段磨机		最终磨矿粒度	选矿方法
					规格(m×m)及型式	数量		
1	300~0	200	-1.65	振动筛	无			螺旋选矿机
2	200~0	280	-0.59	振动筛,高频筛				螺旋选矿机+浮选
3	380~0	285(设计) 450(实际)	-0.59	高频振动筛	无			螺旋选矿机+电选
4	180~0	150		弧形筛	3.75×7.62砾磨机	3	90%-0.044mm	磁选
5	300~0		-3.18	振动筛,水力旋流器	4.30×8.50砾磨机	4	93%-0.044mm	磁选+反浮选
6				双螺旋分级机				
7	300~0	200	-6.35	振动筛	3.95×8.82球磨机	2	85-325目	磁选
8	300~0	150~200 175		振动筛	3.2×4.3球磨机	6 2 2	90%-0.1mm	螺旋选矿机+磁选
9	300~0	300	-0.8	圆筒筛	3.0×4.0球磨机	1		磁选
10	150			振动筛,旋流器	4.22×3.65砾磨机	1	75%-0.074mm	磁选
11	200~250	78~80	-0.83 (30%-0.074mm)	振动筛,弧形筛	3.8×7.3砾磨机	16	90%~92%-500目	磁选+反浮选
12				振动筛	4.25×3.65 3.2×6.1 球磨机	各1		磁选
13	250~0	230		振动筛	5.0×9.0砾磨机	12	35-500目	絮凝浮选
14				自带圆筒筛旋流器				
15								
16	300~0	70~90	75%~80% -0.074mm	单螺旋分级机	4.0×5.0砾磨机	16	95%~98%-0.074mm	磁选
17	300~0		60%-0.074mm	分级机	4.0×7.5砾磨机	32	98%-0.074mm	磁选

表4-152 国外有色金属矿湿式自磨实例

序号	国名	厂名	矿石性质	投产时间	生产规模/t·d⁻¹	磨矿段数
1	加拿大	法拉第	铀矿	1957		1
2	加拿大	艾兰德(铜岛)	铜钼矿	1971	设计33000,实际38000	2
3	加拿大	洛奈克斯	斑岩铜钼矿	1972	34500	2
4	加拿大	希米尔卡敏	斑岩铜矿	1972	设计13600,实际17000	1
5	美 国	皮 马	铜钼矿	1971	设计12700,实际17000	2
6	美 国	享德森	钼 矿	1975	27000	1
7	美 国	U. V. Industries	铜 矿			
8	美 国	桑曼奴尔				2
9	美 国	巴格达	斑岩铜矿	1977	40000	
10	瑞 典	瓦斯堡	高硬度铅锌矿	1962	800	2
11	瑞 典	艾蒂克(Ⅱ期)	黄铜矿	1972	设计11000,1973年13000	1
12	澳大利亚	柯 巴	铜铅锌矿	1967	75万吨/年,2500	1
13	澳大利亚	坎曼图	铜 矿	1971	2400	
14	澳大利亚	沃里戈	铜 矿	1973	50万吨/a,2000	1
15	扎伊尔	卡莫托	铜钴矿	1972	12000	
16	扎伊尔	吉 卡	铜 矿			
17	土耳其	黑 海	铜 矿	1973	设计9000,实际9300	1
18	印 尼	俄尔茨堡	铜 矿	1973	6500	
19	刚 果	加丹加杜—豪特矿业公司	铜钴矿	1966		
20	罗马尼亚	巴亚—马雷中央选厂含金矿石自磨系统	含金黄铁矿	1962	每系统1200 全厂6000	
21	多米尼加	罗萨里奥资源公司普韦布洛维约矿	金银矿		7250	

序号	第一段磨矿(自磨机)						处理能力/t·(台·时)⁻¹
	规格/m×m	数量	容积	功率/kW	转速/r·min⁻¹	加钢球/mm	
1	$\phi5.5×1.5$	1		450		—	50
2	$\phi9.76×4.27$	6	320	2×2205 (2×3000hp)	72%	7%~8% $\phi77.70$ $\phi10.130$	
3	$\phi9.76×4.27$	2	350	2×2980	10	8% $\phi12520$ $\phi10080$	
4	$\phi9.76×4.27$	3	320	2×2205 (2×3000hp)	76%	8% $\phi100mm$	200~240
5	$\phi8.54×3.65$	2	210	2×2235	75%	6% $\phi10.1$ 锻钢	
6	$\phi8.85×4.27$	3	265	2×2375		6% $\phi100~125$	

续表 4-152

序号	第一段磨矿（自磨机）						处理能力 /t·(台·时)⁻¹
	规格/m×m	数量	容积	功率/kW	转速 /r·min⁻¹	加钢球 /mm	
7	φ6.7×2.14	1		1102.5(1500hp)			
	φ7.97×3.05	1		2205(3000hp)			
8							
9	φ9.76×3.96	3					
10	φ6.7×2.14	1	71	2×330	71%		38 开路
11	φ6.1×10.68	2	310	2×1800	12.7 (70%)		250
12	φ6.7×2.14	2		920	12		50
13	φ6.7×2.14	1		930			100
14	φ5.3×5.6	1	108	1680			
15	φ8.24×3.05	4	185	2×1285			110~120
16	φ8.5×3.05	2					
17	φ7.93×3.05	3 2	155	2500 2205(3000hp)			138
18	φ9.76×3.66	2	275	2×2235 2×1286.3(2×1750hp)			
19	φ8.5	2					
20	φ5.0×2.0	3					
21	φ5.5×1.83			448			

序号	分级设备	第二段磨矿		矿石粒度		
		规格	数量	给矿/mm	第一段产品	最终粒度
1				-250	-1.56mm	
2	水力旋流器	φ5.03×6.7 球磨	3	-300	65% -200 目 (70% -200 目)	
3	振动筛	φ5.03×7.0 球磨	4	-350	45% -100 目	55% -200 目 5% +0.2mm
4	φ2.4 单螺旋, 圆筒筛, 旋流器			-300	65% -200 目 实际60%	90% -200 目
5	振动筛, 水力旋流器	φ5.03×5.8 球磨	2	-250	50% -200 目	
6	水力旋流器			-300	40% -200 目 (65% -100 目)	
7						
8						
9		φ4.73×6.71	3			
10		2.4×3.0 砾磨	2	-250	52% -325 目	52.5 -325 目
11	φ1.1 螺旋, φ800 水力旋流器	φ4.58×4.98	2	-200	24% -325 目	35% -325 目
12	φ50 水力旋流器			-150	75% -200 目	
13	弧形筛					

序号	分级设备	第二段磨矿		矿石粒度		
		规格	数量	给矿/mm	第一段产品	最终粒度
14	圆筒筛旋流器			−300	85% −200 目	
15				−150 (−250)	65% ~70% −200 目	
16						
17				−250	62% −200 目	
18	筛子与旋流器			−250		
19	旋流器				80% −200 目	
20	螺旋、水力旋流器（一段开路）	二、三段为 φ3.6×4.0 砾磨	4	−250	40% −200 目	90% −200 目
21	筛子，水力旋流器			−400		

序号	选别指标/%			自磨机耗电量 /kW·h·t⁻¹	备 注
	原矿品位	精矿品位	回收率		
1					
2	Cu 0.52 Mo 0.017	Cu 23 ~25		22.5	钢耗 1.1kg/t
3	Cu 0.44 Mo 0.014	Cu 33.2 Mo 54	Cu 90 Mo 80		
4	Cu 0.53	Cu 28	Cu 90	20 ~25	设计时将 −75mm +75mm 采用细碎机破后返回自磨，生产时钢耗 2.0kg/t，球耗 1.2kg/t
5	Cu 0.50			12.8	
6	Mo 0.295			16.3	
7					
8					
9	Cu 0.49	28 ~30			
10					
11	Cu 0.5 S 2.0	Cu 28 S 50	90 ~92		
12		Cu 20、Pb 45 Zn 50			
13					
14	Cu 2.5				
15	Cu 1.98				
16					
17	Cu 1.26	Cu 17.0、S 45.0	Cu 91.0		分 +100mm 及 −100mm 二级给矿，钢耗 0.8kg/t
18	Cu 2.5				
19					
20	含 Au <10g/t	含 S 48%、含 Au 40 ~100g/t	55 ~60		
21					

表 4-153 列出了 20 世纪 80 年代以来部分国内外自磨/半自磨技术应用情况。表 4-154
列出了中国近 10 年来自磨技术应用情况。

表 4-153   国内外自磨/半自磨技术应用情况

矿　山	国　家	金　属	规模/t·d⁻¹	运转率/%	磨矿工艺
Copperton	美　国	Cu	112000	94.5	SAH
Ray	美　国	Cu	30000	92	SABC
		Cu, Au	5880	95	SABC
Northparkes	澳大利亚		9600(10400)	95	SABC
Mount Isa	澳大利亚	Cu, Pb, Zn	24000(Cu)		SAB
Ernest Henry	澳大利亚	Au, Cu	32600		SAB
Cadia Hill	澳大利亚	Cu, Au	49560	94	SABC
Batu Hijau	印度尼西亚	Cu	120000～160000		SABC
冬瓜山铜矿	中　国	Cu	13000		SAB
Collahuasi	智　利	Cu	73000		SAB
Kemeas	加拿大	Cu, Au	56000		SAB
Miduk	伊　朗	Cu	15000		SAB
Antamina	秘　鲁	Cu, Zn	88000		SAB
EI Teniente	智　利	Cu	24000		SABC
Los Brances	智　利	Cu	12000		SABC
Escondida	智　利	Cu	35000	92	SAB
Mt Keith	澳大利亚	Ni	31400	95	SAB
Fimiston	澳大利亚	Au	30000	94.9	SABC
			6480	94.9	SAB
Glamis	墨西哥	Au	5856		SAB
Omai	圭亚那	Au	21000		SAB
David Bell		Au	1300		SAB
Century	澳大利亚	Pb, Zn, Ag	14500		SAB
大红山铁矿	中　国	Fe	14520		SAB
Freeport C3 + C4	印度尼西亚	Cu	175000		SABC
Hendenson	美　国	Mo	30000	92	AC
Chino	美　国	Cu	34000	90	SAB
Los Pelambres	智　利	Cu, Mo	175000		SABC
Phu Kham	老　挝	Cu, Au	42000	91.3	SAB
Yanacocha	秘　鲁	Au	16000	92	SAG

表 4-154 中国近 10 年来自磨技术应用情况

年份	规格/m×m	功率/kW	台数/台	应 用 厂 家	矿 石	备 注
2004	φ8.53×3.96	4850	1	铜陵冬瓜山铜矿	铜 矿	半自磨机
2005	φ5.20×5.20	2000	1	贵溪冶炼厂渣选厂	铜炉渣	半自磨机
2006	φ5.03×5.79	2300	1	贵州锦丰金矿	金 矿	半自磨机
2007	φ5.03×5.79	2300	1	山东阳谷冶炼厂渣选厂	铜炉渣	半自磨机
2007	φ8.00×2.80	3000	1	凌钢保国铁矿	磁铁矿	自磨机
2007	φ8.53×4.27	5000	1	昆钢大红山铁矿	磁铁矿	半自磨机
2008	φ6.00×3.00	1250	2	鲁中矿业公司	磁铁矿	半自磨机
2009	φ8.80×4.80	6000	2	中国黄金乌山一期	铜钼矿	半自磨机
2010	φ10.36×5.18	2×5586	1	江西铜业德兴铜矿	铜 矿	半自磨机
2010	φ8.80×4.80	6000	1	昆钢大红山铁矿二期	磁铁矿	半自磨机
2011	φ12.19×10.97	28000	6	中信泰富 SINO 铁矿	磁铁矿	自磨机
2012	φ10.36×5.49	2×5500	3	太钢袁家村铁矿	磁赤混合铁矿	半自磨机
2012	φ8.53×4.27	5000	1	攀钢白马铁矿二期	磁铁矿	半自磨机
在建	φ9.75×4.27	2×4250	2	云铜集团普朗一期	铜钼矿	半自磨机
在建	φ10.37×5.19	2×5500	2	西藏天圆矿业雄村铜矿	铜 矿	半自磨机

4.6.1.6 砾磨机生产能力计算

由于磨矿机的生产能力与磨矿介质的密度成正比，所以砾磨机要比球磨机生产能力低。一般球介质密度为 $7.8t/m^3$，砾石的密度为 $2.6 \sim 4t/m^3$。在磨矿介质工作体积不变、磨矿机尺寸相同的条件下，砾磨机生产能力要比球磨机低 25% ~ 40%。当然，磨矿机的功率也会降低。如果把砾磨机规格放大，保持砾磨机介质质量与球磨机介质质量相等，且功率消耗也变化不大，则球磨机与砾磨机的生产能力相近。

砾磨机生产能力计算公式：

$$L_P D_P^{2.5 \sim 2.6} = \frac{\delta_B}{\delta_P} L D^{2.5 \sim 2.6} \tag{4-168}$$

式中　L_P, D_P——分别为砾磨机筒体长度和直径，m；

　　　L, D——分别为球磨机筒体长度和直径，m；

　　　δ_P——砾石的密度，t/m^3；

　　　δ_B——球的密度，t/m^3。

在设计中，砾磨机生产能力有时也用功率法来计算。

砾磨机与球磨机生产能力之间的关系为：

$$\frac{Q}{Q_P} = \frac{\delta L D^{2.5 \sim 2.6}}{\delta_P L_P D_P^{2.5 \sim 2.6}} \tag{4-169}$$

式中　Q——球磨机的台·时生产能力，t；

　　　Q_P——砾磨机的台·时生产能力，t。

此外还有磨机的总体平衡动力学模拟算法。该法的基本指导思想是通过试验求得破裂

函数 B、选择函数 S、物料在磨机中滞留分布函数 RID，闭路磨矿时还需求分级函数 C，然后根据磨矿总体平衡动力学进行磨机的模拟计算。

4.6.2　磨机的操作

磨机良好的安装、维护和操作是提高磨机的产量、作业率、产品质量及降低消耗的必要条件。

首先必须保证磨机有较高的运转率和作业率。运转率是衡量磨机是否完好工作的指标，可按下式计算：

$$M_1 = \frac{\Sigma h}{H} \times 100\% \tag{4-170a}$$

式中　M_1——磨机运转率，%；

　　　Σh——全年磨机实际运转的累积时数；

　　　H——全年日历时数。

作业率 M_2 表示磨机负荷运转的状况，即衡量磨机设备是否完好和外部供矿是否正常、及时的指标，可按下式计算：

$$M_2 = \frac{\Sigma h_{负}}{H} \times 100\% \tag{4-170b}$$

式中　M_2——磨机作业率，%；

　　　$\Sigma h_{负}$——磨机全年负荷（即给矿）运转的累积时数；

　　　H——全年日历时数。

通常，$M_1 \geqslant M_2$，二者差值大，说明磨机设备完好，但外部影响因素多。

操作是一个很重要的因素。制订出合理的操作制度、提高工人的操作水平、及时调整变化了的磨矿操作参数，是获得好的磨矿和选矿指标的重要保证。

影响磨矿效率的因素很多，除了所安装的磨矿设备的形式、规格、材质及处理原矿的性质外，还有磨矿方式（干式、湿式磨矿）、给矿速度、介质添加制度（尺寸、配比及充填率）、磨矿机转速、磨矿浓度、分级机溢流浓度和粒度、球料比和返砂比等。

4.6.2.1　给矿速度

磨矿机的给矿可由人工控制或自动控制。人工控制时，一般用矿仓下面的给矿机和给矿皮带秤控制磨矿机的给矿量。给矿机的工作参数调整好之后，磨矿机的给矿量应保持恒定，或者在一个很窄的范围内变化；湿磨时更应如此，以便控制加水量，确保合适的磨矿浓度和粒度。试验研究表明：当磨矿机内的研磨介质表面处于紧密接触状态，而其空隙又被某种流动的物料全部充满时，磨机的有效作用才可达到最佳值，此时磨矿机生产能力最高。磨矿机转速在一定范围内，给矿速度加快，则物料充填率增加，磨矿机生产率增大。但是，当溢流型球磨机内的物料量超过磨矿机的通过能力时，将会出现磨矿机排出钢球、吐出大块矿石，格子板还会发生磨矿被阻塞的现象。因此，磨矿机的给料必须均匀一致。

由磨矿动力学分析可知，随着给矿速度的提高，磨矿机排矿中合格粒级的含量将减少，而产出的合格粒级的绝对数量却增加，比功耗降低，磨矿效率显著提高。所以，当矿石性质发生变化时，应及时调整磨矿机的工作条件。

4.6.2.2 矿浆浓度

在湿磨时，矿浆浓度影响物料在磨矿机的停留时间、生产率和功率。一般来说，在一定范围内，随着矿浆浓度的增大，磨矿机的生产率也随之提高。合适的磨矿浓度应是既能使固体物料均匀地沿研磨介质表面移动，同时又便于物料从磨机的给矿端向排矿端流动。矿浆太浓，则黏性增大，磨矿介质受浮力影响也较大，其有效密度变小，冲击力减弱，甚至钢球会被带出磨矿机，或堵塞格子板，这时磨机的生产率将急剧下降。当矿浆太稀时，细粒矿石易下沉，如果采用溢流型磨机，此时产品将变细，且易产生过粉碎。一般来说，当给矿粒度较大，循环负荷较高时，磨矿浓度以接近80%为宜。当原矿含有较多的矿泥时，需用较低的磨矿浓度，以使矿浆有较好的流动性。在第二段磨矿机中由于被磨物料粒度较小，而且需要细磨，矿浆浓度一般为65%～75%。砾磨比球磨要求更稀的矿浆浓度。当处理给矿粒度粗、密度大的矿石，产品粒度在0.15mm以上时，应保持较浓的矿浆，一般为75%～82%。棒磨机常用于第一段开路磨矿，其矿浆的平均浓度比球磨机低。磨矿机转速较高时，磨矿浓度应较低。当原矿含泥较多时，矿浆的黏性和浓度会增高，为了改善矿浆的流动性和稳定性，在不影响选矿作业（如浮选）的情况下，可以适当地添加分散剂或凝聚剂，如水玻璃、碳酸钠和石灰等。

在再磨超细磨时，矿浆浓度可适当低些，在立磨机中磨矿浓度为45%～65%，如果用于擦洗再磨作业，磨矿浓度可为20%～45%。

4.6.2.3 磨矿产品粒度

磨矿产品粒度与磨矿机生产能力的关系因矿石性质不同而异。对于非均质矿石，磨矿机的生产能力一般随着磨矿产品粒度变细而减少。因为非均质矿石易于产生选择性磨矿，矿石中的易磨成分在粗磨阶段已经粉碎，细磨时物料中的难磨粒子相对增多，所以产量受到影响。对于均质矿石，磨矿机生产能力随着被磨矿石粒度变细而有时增高，因为这种矿石到了磨矿过程的后期，其平均粒度越来越小，故磨矿机生产能力越到后期越增高。

4.6.2.4 磨机的转速

关于磨机转速对磨矿生产率的影响，国内外已做过很多研究工作。当装球率保持一定时，磨碎矿石的有用功率因磨矿机的转速率不同而异，因此也相应地影响到磨矿机的生产率。不同类型的矿石对磨矿机的转速率的适应情况是不同的。但总的来说，当前制造厂规定的转速率一般为66%～85%，多数在80%以下，磨机转速稍偏低，很难达到高的生产率。我国某些选矿厂的经验表明，适当提高磨矿机转速（例如超临界转速），其产量有一定的提高，但增加幅度很小，且能量和衬板的消耗严重，磨矿机的振动也加剧。

棒磨机运转时，机内的钢棒以滚动的方式产生运动。因此，棒磨机的转速应比球磨机转速低些。

4.6.2.5 磨矿介质添加制度

在磨矿机工作过程中，钢球或钢棒的消耗量占磨矿总钢耗的85%～90%，衬板耗量占10%～15%。磨矿介质的材质、金相组织状态、尺寸及添加制度对磨矿机的工作效率有着重要的影响。研磨介质主要为球、短圆柱和棒。开始时配好的研磨介质将在生产中被逐渐磨损，尺寸和质量在不断变小，对矿石粒度的适应性逐渐变差，最后将影响磨矿效率。介质的消耗量与被磨矿石的给矿粒度、可磨性、给料速度、矿浆浓度和化学性质（腐蚀性等）、衬板表面性质以及介质的尺寸和材质有关。

经验证明，对于一定尺寸的钢球，其磨损量与其质量成正比，亦即与 d^3（球径）成正比。磨矿机低速运转时，主要靠磨剥作用磨矿，此时的钢球的磨损与 d^2 成正比，这与磨矿运动力学原理的分析是一致的，即磨碎矿石所做的功取决于研磨体的接触表面的大小。

$$球的耗量(g/t) = \frac{最初装球量 + 补加球量 - 清除的碎球量}{处理矿量}$$

棒磨机的合理装棒与补棒的方法与球磨机类似。棒磨机在生产过程中应定期进行钢棒的清理和分级，把废棒和直径小于 40mm 的钢棒清除掉，以免磨细了的钢棒弯曲变形以及质量减小，从而影响磨机的效率。

棒磨机的研磨介质与球磨机不同，生产操作中对于钢棒的质量和磨矿机筒体要求较严。钢棒的成分应严格控制，必须有足够的强度，确保在使用期内不易变形和断裂。筒体应耐磨，防止筒壁上的螺栓孔过早磨损，孔径变大，引起衬板螺栓松动，增加拧螺栓的时间，从而影响磨矿机的作业率。

钢棒长度应比棒磨机筒体长度短 150mm 左右，出厂前应进行矫直。

为了及时加球和达到磨矿效果均匀一致，应采用自动加球机。由于钢棒质量大，应采用加棒机。

4.6.3 磨机的维护

磨机运转是否正常，除了与设备、安装质量有关外，日常的正确维护具有重要的作用。严格遵守磨机的安全操作和维护规程是确保磨机正常运转的首要条件。

（1）磨机启动前。应仔细检查各连接螺栓是否拧紧，齿轮、联轴节（或皮带轮、链轮）等的键以及给矿器的泥勺头或其他固接螺栓是否固紧，及砂槽内有无异物，油箱中的油位是否达到指示器的上部标线位置（磨机运转时油位应不低于油位指示器的下部标线）；在设有几种润滑站的情况下，应检查油泵及油管是否良好（开动油泵），指示仪表及安全保护装置是否良好。磨矿、分级机组周围有无妨碍设备运转及工人操作的杂物。在停车超过 8h 后，再开车时应先用吊车盘转磨机一周，松动机内的负荷并检查小齿轮与大齿圈的啮合情况，有无异常声响。用油环润滑时，应检查冷却水管供水是否正常。

（2）磨机启动。启动之前应与磨矿机组工作有联系的生产工段进行联络，然后启动磨矿机的润滑油泵。待油压达到 49 ~ 196.13kPa（0.5 ~ 2 工程大气压）。冷却水压力正常，低于油压 24.5 ~ 49kPa（0.25 ~ 0.5 工程大气压），确信油流正常并已流至各润滑点之后，才可启动磨机，而后启动分级机或砂泵（有水力旋流器时）。磨机空转 2 ~ 3min，待机组各部分运转正常后即可启动磨机的给料设备。磨机在未给料的情况下运转时间不允许过长，一般不可超过 10 ~ 15min，以免损伤衬板和多耗钢球。

（3）磨机运转。在此期间应经常注意观测和检查，主轴承的温度不能超过 50 ~ 65℃；必须随时注意轴承和减速机的给油量，确保各润滑点油流正常，油箱内的油温不超过 35 ~ 40℃；带有冷却水的轴承，应保证冷却水流畅通无阻；经常检查大、小齿轮、主轴承、分级机减速器等传动部件的润滑情况。当采用人工润滑时，需及时往轴承及油杯内装油；注意观察磨机前后端盖、筒体、排矿箱、分级机溢流槽和返砂槽是否漏矿或堵塞；根据矿石性质变化情况及时调整磨机的作业条件。

（4）磨机停车。计划停车前应通知相邻的生产工段。待磨机内的矿石处理完（一般在 10~12min 内），停止给水。当室温在 0℃ 以下时，应放出轴承套（油环润滑）内的冷却水，防止冻结而损坏轴承；将螺旋分级机的螺旋提升超出分级机内的砂面后停止分级机（或砂泵），防止磨机给料器被返砂堵塞。在停车准备工作完成后即可停止磨机的电动机，此后，停止油泵。

当遇到突然停电时，必须立即停止给矿和给水，并切断电源，关停其他设备。为了防止以后启动困难，最好用水冲洗磨矿机内部。

（5）日常检查维护。这是减少磨机事故的重要措施。每次交接班时要检查磨机组的所有连接螺栓的紧固情况，如发现有松动必须停车拧紧。筒体衬板螺钉如有折断应及时更换，防止擦伤筒体或矿浆外漏。定期检查衬板磨损情况，磨至一定程度时应予以更换。使用油杯润滑时，传动轴承中的油至少每旬更换一次；滤油器的滤网不应沾污，每隔 2~3 周应清洗一次；减速机 6 个月检查一次。介质装入量不能超过规定值。操作中如发现设备有不正常现象，应立即停机处理。经常清擦机器表面的油污，做到文明生产。

（6）磨机的维修。合理的维修是确保磨机有较高的运转率和较长的使用寿命的重要条件。磨机的维修工作应与操作维护结合起来，经常进行。磨机的维修除了日常维护检查外，还应定期进行小修、中修和大修。

1）小修：1~3 个月进行一次，其主要检修项目是检查、修复或更换已磨损的零部件，如磨机衬板，给矿器的泥勺头，小齿轮，联轴器及胶垫，进、出料槽，电动机轴承等；检查各紧固件；油泵和润滑系统的检修、清洗和换油；临时性的事故修理及磨损件的小调、小换和补漏。

2）中修：一般为 6~12 个月进行一次。其工作内容除了包括小修的全部项目外，还要对设备各部件做较大的清理和调整，如修复传动大齿轮等，同时更换大量的易磨部件。

3）大修：周期一般为 5 年左右，检修项目除包括中修的全部项目外，还有更换主轴承和大齿轮，检查、修理或更换筒体、端盖，对基础的调整、修理、找正等。

我国选矿厂生产实践中球磨机易损件的材质、使用寿命和备用量见表 4-155。常见故障、原因和排除方法见表 4-156。

表 4-155 球磨机易损件的材质、使用寿命和备用量

零件名称		通用材料	使用寿命/月	每台磨机最少备用量
衬板	筒体衬板	高锰钢	6~12	2 套
	端盖衬板	高锰钢	8~10	2 套
	进、出料管	铸铁	24~36	1 套
	格子板	锰钢	6~8	2 套
给矿器勺头		高锰钢	2	2 个
给料器壳体		碳钢或铸铁	48	1 个
主轴承轴衬		巴氏合金	48~60	1 套
传动轴承轴衬		巴氏合金	18	2 套
小齿轮		合金钢	6~12	1 个
齿圈		铸钢	48~96	1 个
衬板螺栓		碳钢	6~8	0.5 套

表4-156　球磨机常见故障、原因和排除方法

故　障	原　因	排除方法
主轴承温度过高;轴颈磨损主轴承冒烟或熔化;轴承跳动或电机跳闸	(1)主轴承润滑油量太少或中断;矿浆或粉粒落入轴承、轴颈内; (2)主轴承安装不正;筒体或传动轴有弯曲;轴颈与轴瓦接触不良; (3)润滑油不纯或黏度不合格; (4)主轴承冷却水少或水温过高	(1)立即停机清洗轴承,更换润滑油; (2)修理主轴承、筒体、轴颈和传动轴,调整主轴承位置;刮研轴瓦和修理轴颈; (3)更换新油或调整油的稠度; (4)增加冷却水量或降低供水温度
润滑油压过高或过低	(1)油管堵塞; (2)油的黏度不合格;过脏、油过滤器堵塞	消除引起油压变化的因素
磨机振动;齿轮传动有撞击声或突然发生强烈震动和撞击声	(1)齿轮啮合不良或磨损过甚; (2)地脚螺丝或轴承螺丝松动; (3)大齿轮联接螺丝或对开螺母松动; (4)传动轴承磨损过甚; (5)齿轮打坏;小齿轮轴窜动	(1)调整齿间隙,拧紧松动螺母;修整或更换轴瓦; (2)停机消除齿间杂物;检查并消除隐患
磨矿机排料量减少,生产量过低	(1)给矿器堵塞或折断; (2)给量不足; (3)给矿粒度增大或矿石可磨性变差; (4)介质不足或磨损过多; (5)干磨时入料水分大,磨机内气流循环不良或算板孔被堵塞	(1)检查修理给矿器; (2)调整给矿量,消除隐患; (3)调整介质配比;调整矿仓的排矿点,改变给矿粒度组成; (4)补充磨矿介质; (5)降低入磨料温或水分;清扫通风管路及算孔
基础破坏引起螺栓断裂;传动轴折断,传动装置和减速机振动;轴承外壳漏油并引起基础破坏;传动轴在小齿轮配合处断裂	(1)大齿圈与小齿轮啮合不良;齿磨损过甚;轴承安装、配合不良; (2)基础螺帽松脱;联轴节有毛病;轴中心定位不良,连接销负荷不均匀; (3)密封垫状态不良; (4)固定链松脱和配合不良	(1)检查清洗齿圈和小齿轮,必要时予以修理或更换;调整轴承及轴的安装关系; (2)拧紧基础螺帽;修理联轴节; (3)更换轴承密封垫; (4)紧固齿轮键,调整配合状况
管磨矿机内研磨体工作时声音弱而发闷	(1)喂料过多或粒度突然增大; (2)干磨时,物料水分过大黏附在介质及衬板工作表面上,堵塞算孔	(1)减少喂料量; (2)降低水分,加强通风,停磨清理算孔
电动机电流不稳定或过高;起动磨机时电动机超负荷过大,或超负荷时间过久	(1)泥勺头活动,给矿器松动; (2)返砂中有杂物;排矿浓度过高; (3)中空轴润滑不良;齿轮过度磨损; (4)筒体衬板磨损不均匀,电机线路故障; (5)机内潮湿物料长久积存,球荷失去抛落或泻落能力而使电机负荷加大;给矿过多	(1)固紧泥勺头或给矿器; (2)清除杂物,调整操作; (3)更换或修理齿轮改善润滑; (4)更换衬板,排除电气故障; (5)卸出磨机内部分钢球;对保留在机内的钢球混搅、松动;调整给矿量
磨机工作过载;安培表读数不稳	(1)机内装载量过多;轴承润滑油不足; (2)传动系统有过度磨损或故障	(1)调整装载量,加大给油量; (2)检查、修理传动系统(轴承、轴、齿轮)
磨机筒体螺栓处渗漏矿浆或料粉	(1)衬板螺钉松动; (2)密封垫圈磨损; (3)衬板螺钉被打断	(1)拧紧或更换衬板; (2)添加密封垫圈; (3)更换衬板螺钉
干磨机内温度过高	(1)磨矿机通风不良,粉磨效率低; (2)筒体冷却不良; (3)入磨物料温度太高; (4)介质配比不当或给矿粒度组成变粗或仓室长度分配不合理	(1)清扫通风管路及算孔; (2)加强筒体的冷却; (3)降低入磨物料的温度; (4)调整和加大第一、二室的介质配比及各室的长度

在处理量大、磨机台数多的选矿厂，磨机修理工作一般都在现场进行。中小型选矿厂通常也设置检修用的起重设备。当吊车起重吨位较小时，可用两台电动或油压千斤顶辅助起重，以便对磨机进行就地检修；大型部件一般送至机修厂修理。现场修理时，需要停车一段时间，但比较经济。无论采用哪一种修理方法，在停机修理之前都应根据机组修理记事本中的记录、事故报告表、磨矿机交接班记录和设备检查记录，编制设备缺陷明细表，然后编制设备修理进度表；并规定各部件或机台的修理顺序及可能平行进行的修理作业。

在停机以前应仔细检查磨机的空转情况，将所有发生噪声、撞击和振动现象的零部件和部位记录下来。有振动的零、部件可用振动计来测量。在准备过程中和拆卸磨机时，应把有关部件和零件的状况及摩擦部件的间隙值记录在修理簿内。部件或机器修理完毕，也应将其状况（间隙、公差、修理时未消除的磨损、定心的准确程度等）记入修理簿内，供使用时或下次修理时参考。

4.6.4 磨机的安装

各种磨机的安装方法和顺序大致相同。只有正确安装才能保证磨机正常、可靠地运转，从而使磨机使用寿命长和运转率高。

基础要求：为了使磨机平稳而安全地运转，基础必须延伸到稳定、坚实的基土层。基础应能承受静负荷和磨机运转中产生的振动负荷；基础应有足够大的底盘和体积，基础底盘应与厂房柱子底盘分开，至少相距 50mm。基础的质量应比磨机的质量大 1.5 ~ 2 倍。

磨机安装之前，必须检查基础与建筑物及相邻机组等的配置关系是否正确，基础的标高及各主要部位的尺寸是否符合机组安装图中所规定的尺寸，同时应仔细地检查基础的施工质量。

基础如果符合设计要求，即可清理基础表面，用风铲或手动工具除去基础顶面的疏松浮物，并标出安装处的基础中心线和标高。基础表面如有油脂残存，应该用苛性钠及中和剂处理，或者铲除足够的深度，以免影响砂浆和基础之间的黏合。

设备及基础检查、准备完毕，即可着手安装基础螺栓，主轴底盘水平度公差为 0.10/1000；两底盘的相对标高一般宜用液体连通器测量，高差应不大于 0.5mm，并使进料端高于出料段。主轴承座与底盘四周应均匀接触，局部间隙不大于 0.1mm。主轴瓦的球面与轴承座的球面的接触应良好，转动必须灵活。两配合球面的四周应留有楔形间隙，其斜向深度为 25 ~ 50mm，边缘间隙为 0.2 ~ 1.5mm，接触面上的接触点数，在每 50mm × 50mm 的面积内不应少于一个点。装配主轴瓦与轴承座时，在配合的球面上应均匀地涂上掺有石墨的润滑油。两主轴承底盘中心线间的距离偏差应符合冶金机械设备安装工程施工及验收规范的有关规定。

装配主轴瓦与中空轴时应使接触弧面为 70° ~ 90°，接触面上的接触点数在每 25mm × 25mm 面积内不应少于 2 个点。两侧间隙的总和应为轴颈直径的 0.15% ~ 0.20%。

筒体与端盖在组装前应进行检查，筒体表面应平直，沿轴线方向的弯曲应不大于筒体总长的 0.1%，端面最大直径与最小直径差应不大于筒体直径的 0.15%，两端法兰止口的同轴度和平行度公差应符合原冶金部颁发的选矿设备安装规范允许的数值。组装筒体与端盖时，应将结合面上的毛刺飞边和油漆等清除干净，并涂上铅油，结合面应紧密接触，其间不应加入任何调整垫片。按标记进行组装，定位销必须全部装入，合格后应立即将螺栓均匀地拧紧。

筒体及端盖往主轴上安装时，两中空轴的轴肩与主轴承间的轴向间隙，应符合设备技术文件的规定；两中空轴上的母线应在同一水平面上，其高差应不超过 1mm，且使进料端高于出料端。两中空轴的中心线应在同一直线上，主轴的端面圆跳动应符合安装规程的规定。安装中复查两中空轴与轴瓦的接触情况，应符合安装规程。

整体的齿圈应先安装在筒体上，然后再将筒体装在主轴承上。拼合的齿圈一般应在筒体装到主轴承上以后，再装在筒体上；组装前应将毛刺、防锈油漆和污物等清除干净。齿圈端面与筒体法兰应贴合紧密，间隙应不大于 0.15mm。拼合齿圈的对接处的齿节距应符合设备技术文件的规定，其偏差应不超过 ±0.005 模数。齿圈的径向圆跳动，每米节径应不超过 0.35mm。圈的端面圆跳动，每米节径应不超过 0.35mm。

衬板在筒体内的排列不应构成环形间隙。装配具有方向性的衬板时，其方向和位置应符合设备技术文件的规定。端衬板与筒体衬板、中空轴衬套之间所构成的环形间隙应用木楔（湿法作业）、铁楔或水泥（干法作业）等材料堵塞；衬板与衬板的间隙应不大于 15mm。固定衬板的螺栓应垫密封垫料和垫圈，以防漏出矿浆和矿粉。隔仓板箅孔的大口朝向出料端。

主机安装好之后，应检查与调整轴颈和筒体的中心线。其同心度误差每米长度内不允许超过 0.25mm，磨机的纵、横向中心线偏差应不超过 ±3mm；标高偏差不超过 ±5mm，非自位调心轴承磨机的水平度公差不超过 0.10/1000。最后安装传动装置。应使传动轴的轴线与磨机轴线的平行度公差不超过 0.15/1000。大、小齿轮啮合的接触斑点沿齿高应不小于 40%，沿齿长应不小于 50%，且应趋于齿侧面的中部。大、小齿轮的啮合除应符合前述大齿轮安装的有关要求外，啮合的侧间隙应符合选矿设备安装规程。

干式磨机的进料漏斗或风扫式磨机的进料管组装时，接触处应密封良好，不得有跑漏粉尘现象发生；当采用旋转式接触时，转动应灵活。

磨机安装完毕应空转（不加介质和物料）8h，传动齿轮不得有不正常的响声；衬板不得有敲击声；减速机振幅不超过 0.05mm；传动轴振幅不超过 0.08mm；主轴承振幅不超过 0.1mm。主轴承端面圆跳动应符合安装要求。空转合格后，进行负荷试运转。启动前应向筒体内装入 20% ~30% 的研磨介质，启动后加入物料，每运转 2h 补加 10% ~25% 的介质，直至满负荷，继续运转 24h。如一切正常，即可投入正式使用。

4.7　磨矿分级工艺流程

4.7.1　磨矿分级工艺流程的类型及应用

现代矿业选矿技术的进步，先进磨矿技术和高效磨矿分级装备的发展，大型半自磨机 + 球磨机、高压辊磨机、立磨机和艾萨磨机等超细磨矿设备的成功应用，使磨矿分级工艺流程发生了较大变化。20 世纪 60 年代以后，自磨/半自磨流程以及常规磨矿与自磨/半自磨相结合的联合磨矿流程得到了广泛的应用。目前，选矿厂常用的磨矿流程可分为两大类型，即常规磨矿流程和自磨/半自磨流程。每一种类型又可细分为不同的组合形式，见表 4-157。

表 4-157 选矿厂磨矿工艺流程分类

常规磨矿流程	自磨/半自磨流程
一段棒磨	干式自磨
一段球磨	湿式自磨
棒磨-球磨	湿式自磨/半自磨-球磨
球磨-球磨	湿式自磨-砾磨
棒磨-砾磨	破碎-湿式自磨/半自磨-球磨
	破碎-湿式自磨-砾磨
	半自磨-球磨
	块磨-砾磨

选矿厂各种磨矿分级工艺流程的结构类型、特点及适用范围见表 4-158 和表 4-159。

表 4-158 常规磨矿分级工艺流程的类型、特点及适用范围

项 目	编 号		
	1	2	3
流程结构	 棒磨	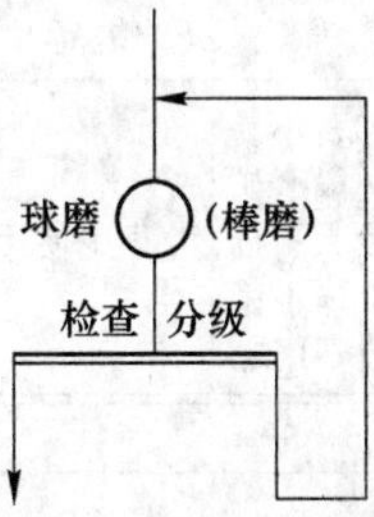 球磨 (棒磨) 检查 分级	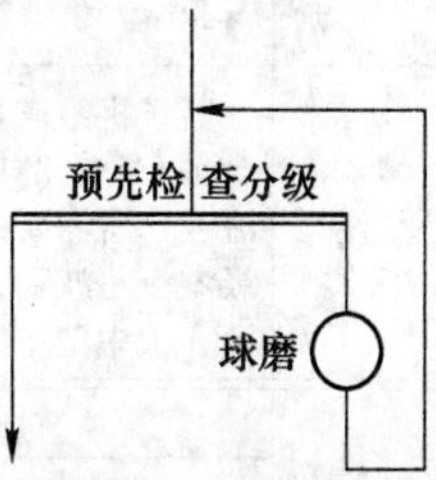 预先检查分级 球磨
适用范围	1. 重选厂处理粗粒嵌布矿石； 2. 处理含泥含水多的矿石时可代替破碎机，减少堵矿； 3. 用来增大矿石的破碎比，为球磨机提供细粒给矿； 4. 为烧结提供细粒原料	1. 处理粗粒均匀嵌布矿石； 2. 小型选矿厂也可用于较细的磨矿（-200 目占 60%～70%）以便简化流程	1. 给矿中含有 15% 以上的合格产品时应预先分级； 2. 给矿粒度一般应小于 6～8mm
特 点	粗磨时产品粒度均匀，过粉碎现象较少；给矿粒度较球磨机粗；排矿粒度较粗（3mm）时，磨矿效率高于球磨机	1. 闭路磨矿可提高磨矿机生产能力；产品粒度较均匀，减少矿石泥化； 2. 流程简单，建设费用较低	1. 减少矿石泥化，提高磨矿机生产能力； 2. 预先分级与检查分级合并，少占厂房面积，节省设备和基建投资
备 注	细磨时（-0.5mm）台时产量和磨矿效率低于球磨机；钢棒材质和加工要求严格；作业率稍低于球磨机	1. 不适于细磨（-200 目占 70% 以上），否则过粉碎严重，磨矿介质消耗较多； 2. 棒磨闭路磨矿时产量低	不适宜于细磨

项　目	编　号		
	4	5	6
流程结构			
适用范围	1. 用于小型选矿厂，以简单的一段磨矿流程获得较细的产品； 2. 用于粗磨后须进行阶段选别的选矿厂	用来降低返砂中的合格产品含量	当原矿中含有泥质或可溶性盐类影响选别时，须预先分出，或单独处理
特　点	以一台磨矿机代替两段磨矿设备，减少了磨矿机台数，并可兼有细磨和防止过粉碎、提高磨机能力之效果。产品细度可达－325目占80%	1. 分级设备较多； 2. 如果第二段分级浓度不变时，两段分级机溢流回收合格产品的总数量以及磨机生产能力增加不多（约提高1.5%）	本流程为3号流程的展开，但预先分级溢流可以分开处理，也可以与二次分级溢流合并处理；有利于提高磨矿机产量
备　注	磨矿机给矿粒度很不均匀，不易合理布球；磨机效率低于两段磨矿流程；所需要的分级面积较大；分级溢流易波动，二段分级工作不稳定；大中型厂磨机较多，故不用之	很少使用	分级设备较多； 对某些矿石，预先分出了细粒级物料，有可能影响磨矿机的工作效率

项　目	编　号		
	7	8	9
流程结构			
适用范围	产品粒度小于0.15（－200目占55%~70%左右）的大中型选矿厂适用；原矿含泥、含水较多时用棒磨机代替细碎破碎机	用于磨矿细度为－200目占55%~80%的大型选矿厂	用于大型选矿厂
特　点	给矿粒度比球磨机要求的粗（25~30mm，软矿石可达50~70mm），减轻破碎系统的堵塞现象；并可为球磨机提供较细的粒度均匀的给矿，提高磨矿效率，无负荷分配问题，易调节	可分出原矿中的泥质、可溶性盐类，或易碎矿砂，供混合处理或单独处理；无磨机负荷分配问题，生产调节简单；产品粒度较细	具有7号和8号流程的特点，但比7号流程的产品细，当两者能力相同时，本流程可多产出3%以上的最终粒级的产品
备　注	第二段磨矿机容积大大超过第一段磨机容积；开路磨矿产品自流需要坡度较大；不便管理，大型厂用得较多	处理含粉矿较少的结晶矿石时，第二段分级只处理粒状物料，将会恶化其分级过程	需分级面积较多； 控制分级易波动

项 目	编 号		
	10	11	12
流程结构			
适用范围	矿石含原生矿泥超过 15%，或所含可溶性盐类较多，须分出，单独处理	处理含贵重金属的矿石、或有色、稀有金属矿石	原矿泥中含有部分粗砂时细粒嵌布矿石或粗细不均嵌布矿石适用
特 点		无磨矿负荷分配问题，各段磨矿机均可得到任意的循环负荷，生产调整简单；在粗磨比重大的晶体矿石时，可避免沉降快的重粒子在第一段磨矿回路中聚积而产生泥化。产品粒度较均匀	一、二段均为闭路磨矿，磨矿产品粒度较细；两段磨矿之间应合理分配负荷
备 注	产品粒度较粗，产品中 -200 目可达 60%～80% 左右	一、二段磨矿之间返砂输送需较大的坡度或专用设备；当次生矿泥少时，第二段分级机工作欠稳，影响分级效率	同 9 号流程

项 目	编 号		
	13	14	15
流程结构			
适用范围	用于处理细粒嵌布的硬矿石或粗细不均嵌布矿石的大中型选矿厂；产品细度可达 -200 目占 80%～85%；细磨或阶段磨矿阶段选别也可用（改变第二段分级为选别作业）	适用范围同 7 号流程	原矿中含有妨碍分级作业，而易于浮选的大量矿泥
特 点	可以减少比重大的矿物或矿石于分级槽内聚积，提高分级效率；两段磨矿之负荷用溢流传递，自流管槽的需用坡度较小，设备易配置	当原矿较细时，粉矿量大，增加中间一段分级作业，便于提高磨矿机之能力	对某些矿石预先排除矿泥可以改善选择性磨矿和分级作业，提高磨矿分级效率
备 注	两个磨矿段之间负荷调节较困难；全部矿石两次通过分级，所需分级面积较大，投资高	当矿石的次生矿泥较少时，第二分级机工作可能不稳定，影响分级效率	分级设备多，投资高，占厂房面积较多

项　目	编　　号		
	16	17	18
流程结构			
适用范围	处理细粒嵌布或粗细不均嵌布矿石	处理细粒嵌布或粗细不均嵌布矿石	有用矿物粒度嵌布极不均匀，其中有些呈浸染状。最终产品细度达 – 200 目占 97% 以上的矿石，进行二段以上磨选抛除尾矿
特　点	粗磨之后可进行磁选抛尾，可丢弃30% 左右的粗粒尾矿；磨矿产品粒度较均匀	阶段磨矿阶段选别，粗粒抛尾	多阶段磨矿选别，效率较高
备　注			设备多，管理复杂

项　目	编　　号		
	19（二段细筛再磨半闭路）	20（细筛自循环）	21（细筛自循环）
流程结构			

续表4-158

项　目	编　号		
	19（二段细筛再磨半闭路）	20（细筛自循环）	21（细筛自循环）
适用范围	处理同一矿山中生产的结构不同，具有粗粒、细粒及微细嵌布的铁矿石，其中部分矿石易磨，另一部分难磨。我国弓长岭铁矿选矿厂用	处理含铁石英岩矿石。有用矿物呈粗、细不均匀嵌布；矿石较易磨易选，硬度系数 $f = 10 \sim 12$。我国南芬铁矿选矿厂用	处理大冶式矽卡岩磁铁矿石，有用矿物呈粗细不均匀嵌布，磨矿细度：-200 目占60%。武钢程潮铁矿选矿厂用
特　点	阶段磨选；粗磨抛尾；节能增产，可提高选矿经济效益，属于细筛再磨流程类型	阶段磨选，采用细筛后提高铁精矿品位和选矿厂生产能力；因细筛上循环负荷大，浓度低，致使二次磨矿浓度低，通常达不到20%	采用细筛自循环再磨工艺后，磨矿粒度放粗，磨机台时产量大大提高，精矿品位提高。粗磨粗选，减少过磨，回收率提高，尾矿品位降低
备　注	一般情况下，当选矿厂原有磨矿机能力较不足时，可以采用细筛再磨流程来改善选矿指标	属于细筛自循环流程，一般用于第二段磨矿机能力较有潜力的选矿厂	细筛筛分效率低，再磨循环量大，精矿的细筛带回磨机易过粉碎，增高再选作业的尾矿品位，造成恶性循环

表 4-159　自磨/半自磨磨矿流程的类型、特点及适用范围

项　目	流　程　编　号		
	1. 单段闭路自磨	2. 单段闭路（半）自磨	3. 单段闭路自磨
流程结构			
适用范围	处理中硬以下的有用矿物呈粗粒均匀嵌布的矿石；产品粒度较粗，-200 目占60%左右	适于有用矿物呈粗粒嵌布的矿石，例如瑞典利维阿尼迈铁矿选矿厂；半自磨：加拿大艾兰铜矿选矿厂	基建费用比其他流程低；磨矿费用较省，如美国希宾铁燧岩选矿厂
特　点	流程简单；设备配置简单	同1号流程。半自磨磨矿须往磨机中加入占磨机容积3%～8%的钢球	自磨回路之间设粗粒抛尾作业
备　注	1. 对磨矿产品粒度控制较差，只适于粗磨； 2. 磨矿效率很差	同1号流程。半自磨用的钢球及衬板必须耐冲击；要求给矿能自动调节和控制	

项　目	流 程 编 号		
	4. 单段干式自磨	5. 开路自磨-砾磨	6. 开路自磨-砾磨
流程结构			
适用范围	毛里塔尼亚格尔布斯铁矿干选厂	适于处理有用矿物浸染粒度较细，自磨介质能力较好，极其坚硬的矿石。磨矿细度：－325 目占 55％，如瑞典瓦斯堡铅锌矿选矿厂	瑞典艾蒂克铜矿 B 选矿厂
特　点		自磨-砾磨直连续磨矿；砾石取自原矿破碎系统；金属磨耗低，生产费用较低；电耗较低	自磨-砾磨直连续磨矿；砾石取自首段磨矿回路
备　注		提取砾石较复杂；砾磨产品较粗，需将其中的较粗与较细的返砂分别返回自磨和砾磨机中，流程复杂化；砾磨机产量较低，需要设备较多	提取砾石较复杂；砾磨产品较粗，需将其中的较粗与较细的返砂分别返回自磨和砾磨机中，流程复杂化；砾磨机产量较低，需要设备较多

项　目	流 程 编 号		
	7. 闭路自磨-砾磨	8. 块矿砾磨	9. 开路自磨-砾磨
流程结构			
适用范围	对有用矿物浸染粒度不均匀，有一部分很细，自生介质能力强，硬度很高的矿石较适用； 例如美国恩派尔铁矿选矿厂	适用于原矿自生介质能力较强，粉矿含量较高，或减少铁质污染；例如芬兰克列蒂铜矿选厂等	适于中等规模的硫化矿浮选厂；或同 5 号流程； 例如菲尔若铜矿选矿厂

续表 4-159

项 目	流 程 编 号		
	7. 闭路自磨-砾磨	8. 块矿砾磨	9. 开路自磨-砾磨
特 点	强化各段磨矿前的选别，抛出大量废石（粗粒尾矿）； 磨矿介质的尺寸和比例需要严格控制； 阶段磨矿的砾石取自首段自磨产品	块磨机为一般棒磨机或球磨机，介质为 +100mm，处理 -50mm 物料；-100mm +30mm 物料作为砾磨介质，中破碎机处理多余 -100 + 30mm 物料及块磨机产品该粒级多余量	砾石取自粗碎产品
备 注	提取砾石较复杂；砾磨产品较粗，需将其中的较粗与较细的返砂分别返回自磨和砾磨机中，流程复杂化；砾磨机产量较低，需要设备较多	通称奥托昆普型碎磨流程，80年代后在北欧推广应用	通称奥托昆普型碎磨流程，80年代后在北欧推广应用

项 目	流 程 编 号		
	10. 开路自磨-砾磨	11. 自磨-破碎	12. 闭路自磨-破碎-砾磨
流程结构			
适用范围	处理细粒不均匀嵌布磁铁矿，硬度 $f = 8 \sim 12$；磨矿最终产品细度：-200目占80%。例如，我国漓渚铁矿阮江选矿厂之试验流程	处理密度大、硬度高有用矿物呈中、粗粒嵌布的矿石，或处理较软的矿石时，可用半自磨磨矿。例如加拿大希米尔卡铜矿选矿厂	处理坚硬的贫磁铁矿，硬度 $f = 8 \sim 16$，密度 $2.6 \sim 2.9$ g/cm³。例如美国巴格达选矿厂，通称 A·B·C 流程
特 点	阶段磨矿阶段选别，粗粒抛尾砾石取自首段开路自磨回路	用破碎机处理难磨矿石，可提高磨矿机生产能力；该流程电耗和钢耗低于半自磨磨矿流程	用破碎机消除难磨矿石后，自磨机处理能力可提高，操作稳定
备 注	通称奥托昆普型碎磨流程，80年代后在北欧推广应用		流程较复杂，发展和应用受到一定限制

项 目	流 程 编 号		
	13. 闭路自磨-破碎-砾磨	14.（半闭路 ABC 流程）	15.（开路 ABC 流程）
流程结构			

续表 4-159

项　目	流　程　编　号		
	13.（闭路自磨-破碎-砾磨）	14.（半闭路 ABC 流程）	15.（开路 ABC 流程）
适用范围	处理结构致密、硬度较高，有用矿物浸染粒度很细的矿石；磨矿产品细度为 $-26\mu m$ 占 80% 以上。例如处理假象赤铁铁燧岩的美国蒂尔登铁矿选矿厂	处理有用矿物嵌布粒度细，硬度大，韧性强的矿石，例如加拿大海蒙特铜矿选矿厂	处理花岗斑岩和蚀变千枚岩铜矿石，例如我国德兴铜矿选矿厂（二期）
特　点	大块砾石除用作砾磨介质外，多余部分用细破碎处理，提高自磨机产量；砾石耗量为入磨矿量的 3% 左右	该类闭路 ABC 磨矿流程要求有较高的自动控制水平；三段破、磨作业运转协调时，可以具有投资省、生产费用低，设备效率高的特点	自磨机开路作业，格子板孔为 $45\sim60mm$ 避免了顽石积累，可充分发挥自磨机的生产能力；细破碎机处理顽石较经济，球磨机前设粉矿仓可以调节磨机的给矿量，矿石可入球磨机，也可返回自磨机，保持平衡而稳定生产
备　注	流程较复杂，发展和应用受到一定限制	流程较复杂，发展和应用受到一定限制	流程较复杂，发展和应用受到一定限制

项　目	流　程　编　号		
	16. 球磨-砾磨	17. 棒磨-砾磨	18. 闭路自磨-球磨
流程结构			
适用范围	处理有用矿物呈不均匀嵌布，脉石矿物嵌布粒度较粗，中硬、难磨矿石用作第二、三段磨矿介质。产品细度 -200 目占 85%～90%。例如漓渚铁矿阮江选矿厂	处理含铜矽卡岩矿石，硬度 $f=12\sim16$，密度 $3.2\sim3.6g/cm^3$，磨矿细度：-200 目占 65%。例如我国凤凰山铜矿选矿厂	矿石较松软，但有一定数量的大块；有用矿物嵌布粒度较细，例如墨西哥佩奈·克拉达选矿厂
特　点	本流程实质上属于中间自磨流程的第二、三段磨矿；阶段磨矿阶段选别；砾磨介质取自首段磨矿顽石，节省钢球，电耗低于球磨机；产品粒度均匀	生产操作稳定；对矿石的适应性较强；砾磨介质从粗碎产品中分出，砾磨中的难磨粒子间断返回棒磨机处理	较常规磨矿流程节省投资约 25%；生产费用降低 12%～15%。占用厂房面积较少；减少粉矿堵塞料斗和矿仓现象
备　注		砾石的提取系统复杂	

项 目	流程编号			
	19. 开路自磨-球磨	20. 闭路自磨-球磨	21. 开路半自磨-球磨	22. 干式自磨-球磨
流程结构	自磨　螺旋 分级　球磨	湿式自磨　-80　圆 筒 筛　+15　-15　干 选　尾矿　球磨　分级　球磨　入脱水槽	半自磨　圆 筒 筛　磁力脱水　尾矿　分级　（螺旋）　入选 球磨	干式自磨　分级　分级　干选 干选　球磨　磁选　尾矿　弧 形 筛　-0.4　+0.4　尾矿　入选
适用范围	处理有用矿物呈粗粒或细粒嵌布的矽卡岩型磁铁矿石，硬度 $f=10\sim16$；磨矿细度 -200 目占 55% ~ 75%。例如我国伍家子玉石洼选矿厂和大东山选矿厂	处理热液交代磁铁矿或接触交代的矽卡岩矿石；有用矿物呈细粒嵌布；硬度 $f=6\sim12$；磨矿细度 -200 目占 74% ~ 80%。例如武钢金山店铁矿选矿厂	处理条带或致密块状构造的矿石。有用矿物呈中、细粒嵌布，密度大硬度高（$f=10\sim16$）；磨矿细度：-200 目占 85%。例如我国歪头山铁矿选矿厂	处理致密块状磁铁矿石英岩，矿石密度 $3.3g/cm^3$，硬度 $f=10\sim12$，铁矿嵌布粒度较粗；磨矿细度：-200 目占 35% ~ 40%。例如北京铁矿选矿厂过去流程
特 点	流程结构简单；对于含粉矿多的湿粘矿石可不必设置洗矿作业	流程结构简单；自磨砾石窗排除的粗粒物料经干选抛尾可提高自磨机的处理量 10% ~ 20%	开路自磨，省去了闭路设备，流程简单，操作维护容易，作业率较高；半自磨加球（$\phi150mm$）占磨机容积 4% ~ 6%。产量提高 15% ~ 20%。产品粒度较细、较均匀	阶段磨选，两段磨矿回路中均进行粗粒抛尾，可抛出 80% 以上的尾矿；中矿入球磨，可使干选尾矿品位降低，磨矿机能力发挥较好
备 注				该流程不完全适应北京铁矿矿石性质，因此其中的一、二系列正在改为湿式自磨，仅第三系列使用干磨

4.7.2　磨矿分级工艺流程选择

4.7.2.1　磨矿分级工艺流程选择的影响因素

岩矿与矿石性质的差异与其成因和结构、构造有关。火成岩和某些变质岩的岩石或矿物的结晶之间往往彼此直接联系着，没有夹带其他物质，因而矿块强度大，坚硬而难粉碎；沉积岩中的矿物和岩石颗粒的形状及大小不一，两者胶粘在一起，颗粒之间常含有各种胶结物质，如硅质石灰质或黏土质、白垩等，质软易碎；造岩矿物颗粒之间的接触边缘光滑平整，结合松弛或节理发育的矿石易碎易磨。例如条带状粗粒浸染矿石一般容易解离。如果矿物的接触边缘呈锯齿状或呈细小连生体紧密结合或互相穿插，或形成包裹结构、乳浊状结构、交代残余结构、微细粒结构，或者形成同心环带的鲕状结构时，采用一般磨矿使矿物解离较困难；矿石的层理和裂隙发育情况影响其碎磨产品的粒度均匀性和解离度；对于中等硬度的粗粒而均匀嵌布的矿石，可以采用一段磨矿流程；对于硬度高、有用矿物嵌布粒度细、解理不发育、韧性强的难磨矿石，宜采用多段磨矿流程。

矿石的泥化程度、物质组成及其中的有益或有害元素的赋存状态对磨矿流程的选择也有较大影响。当原矿含泥多或含有较多的可溶性盐类而影响浮选过程时，需在磨矿作业前设置预先分级，除去矿泥。矿石中的有益和有害元素如以类质同象状态结合在一起，则磨矿细度宜适可而止，进一步细磨对降低精矿中有害元素的含量作用不大。

矿石性质对磨矿的影响一般通过其可磨度反映出来。坚硬的矿石一般较难破碎，但不一定难磨，有时较软而易碎的矿石却往往难磨。

如果要求磨矿细度 $-0.074mm$ 占 $70\% \sim 80\%$，或者粗磨后需进行选别，则可采用两段一闭路磨矿流程；如要求磨矿细度为 $-0.074mm$ 占 $80\% \sim 85\%$ 以上，则可用两段全闭路磨矿流程。如果矿石为细粒不均匀嵌布，要求最终磨矿产品粒度极细，需达到较高的解离度，则可用多段磨矿流程，例如，选矿厂生产供造球用的铁精矿时，往往要求很细的磨矿产品，有时甚至需将精矿再磨至 $-0.038mm$ 占 $90\% \sim 95\%$ 或更细。有些铁矿或有色金属矿（铜矿等）需要磨至 P_{80} 为 $10\mu m$，就要超细磨矿。

大型选矿厂为了取得良好的技术经济效果，可以通过多方案的比较来确定最佳的磨矿流程，必要时，两段或多段磨矿流程都有可能采用。小型选矿厂在处理细粒或粗粒不均匀嵌布的矿石时，有时从经济角度考虑，常常采用简单的一段磨矿流程，以便简化操作和管理，从而降低基建投资和生产成本。

对于有用矿物呈粗细不均匀嵌布或细粒嵌布的矿石，大型选矿厂常采用预选，即在粗磨作业之前或以后进行粗粒抛尾，因而采用阶段磨矿阶段选别流程。例如美国伊里选矿厂从棒磨排矿（ $4 \sim 0mm$ ）中磁选抛除的尾矿占原矿量的 47%，我国金山店铁矿选矿厂 $80 \sim 10mm$ 的自磨机的排矿中抛除尾矿 $5\% \sim 6\%$。对于有用矿物呈细粒嵌布的铁矿石，除仍可用预选抛除粗粒废石外，还可采用细筛再磨流程，适当放粗前段磨矿产品的粒度，粗精矿经细筛再磨之后，精矿品位可大幅度提高，同时也可提高磨矿机的产量。我国南芬、程潮、弓长岭等铁矿选矿厂采用该类流程（表4-158中19 ~ 21号流程），均取得明显的经济效益。

磨矿试验资料是选择磨矿流程的重要依据。对于常规磨矿流程的结构、性能以及介质的类型和作用，现在已经有了较清楚的认识。但对于不同矿石采用不同的磨矿设备的磨矿效果、生产能力、能耗和钢耗等均无确切的现成规律可循，尤其是在采用自磨/半自磨流程时，必须事先摸清矿石对自磨的适应情况，自磨介质的适应性基准值越大，则矿石对自磨的适应性越强。如果该值小于1，则矿石不适于自磨；如果矿石的功指数比率值太小，则说明介质不足。在对试验室测定的有关参数进行多方面的综合比较的基础上，进行半工业或工业性自磨/半自磨试验，是合理选择自磨/半自磨磨矿流程的必要途径。

选矿厂建设，在进行磨矿流程选择时，还应了解建厂地区的技术、经济、地理和运输条件，磨矿介质、衬板和电能的来源及价格。此外，选用磨矿流程还应兼顾设备操作管理方便，运转可靠，便于维修检查，并尽量降低粉尘、噪声及电磁波等因素对环境的污染。

总之，影响磨矿过程的因素较多，相互之间的关系较复杂，通过常规的研究手段一般很难全面掌握。目前主要根据在选矿厂进行的半工业或工业试验对比各流程的基建投资和生产费用，最后，才能选择出最合适的磨矿流程，并得到最佳的预期效果。由于碎磨过程数学模型的建立，电子计算机的应用和发展，国内外正在逐步积累这方面的经验。

根据各种矿石的磨矿分级技术指标，以及磨矿流程和操作过程的技术参数，可建立电算程序。在应用时，只需将矿石的最基本的磨矿技术数据（有时是用批次磨矿试验数据）输入电子计算机内，通过数字模拟可以较准确地评价和选择磨矿流程（参见 4.2.7 磨矿数值模拟）。

4.7.2.2 常规磨矿流程

常规磨矿流程，除含泥多、湿度大的矿石外，都可采用。

A 一段开路磨矿流程

开路磨矿流程产品的粒度上限及粒度分布无严格限制。由于被磨矿石仅通过磨矿机一次，故产品粒度较粗。这类流程常用在单段棒磨磨矿流程或第一段用棒磨的两段磨矿流程的首段磨矿作业，可将矿石从 20 ~ 25mm（软矿石可达 50 ~ 75mm）一次磨到 3mm 左右。处理钨锡矿石的选矿中间产品时，可以磨到 0.5mm 左右。球磨机很少采用一段开路磨矿流程。开路磨矿流程简单，生产能力大，不需要任何分级和返砂设施，建设速度快，生产操作与维护都容易，一般用于粗磨。尤其是用棒磨机作为第一段磨矿时，开路磨矿更为常见。

B 一段闭路磨矿流程

当要求磨矿产品粒度 – 0.074mm 含量不大于 60% ~ 70% 时，可采用一段闭路磨矿流程。

闭路磨矿时，分级机返砂大都比原矿粒度细。返砂与新给入磨机内的矿石混合，使磨矿机内矿粒的平均粒径减小，接近磨矿产品粒度的矿粒含量增多，粗粒矿石周围的间隙被细粒砂子充填，有利于破碎介质与矿粒之间形成较有利的啮合。沿磨矿机的整个长度，球的尺寸与矿粒平均直径的比例较为稳定，物料在磨矿机内的流动速度较快，因此，闭路磨矿机的生产率一般比开路磨矿高，产品粒度较细，粒度均匀，过粉碎较少。闭路磨矿还可以提高对重矿物的选择性磨矿的作用。

闭路磨矿流程虽然设备配置和操作管理较复杂，但是磨矿机效率高，而且闭路磨矿通过改变磨矿机的循环负荷量可使产品粒度得以控制，生产能力得以提高，从而带来一系列的有利于改善选矿指标的好处。

C 两段磨矿流程

在每个磨矿段内，磨矿比有一适宜值，一段常规球磨的磨矿比一般为 80 ~ 100 左右。一次磨矿比过大是不经济的，其磨矿效率低、能耗高，产品易过粉碎，影响选别效果和经济效益。实践表明，越是难磨的矿石，使用一段磨矿流程细磨的经济合理性越差。两段磨矿流程可以克服一段磨矿流程的缺点。它可针对各段磨矿机内物料的粒度和耐磨物料性质的差异，合理分配负荷，并易于根据两段磨机不同的给料和产品粒度选择合适的介质尺寸及配比。

一般当选矿厂要求磨矿产品 – 0.074mm 含量占 70% 以上或大型选矿厂处理硬而难磨的矿石，并要求磨矿产品粒度较细时，可以采用两段磨矿流程。

　　棒磨-球磨流程在钨锡和其他稀有金属重选厂或磁选厂使用较多。在大型铁矿、有色金属矿及磷灰石选矿厂也采用。将20~30mm的矿石磨碎到3mm时，与采用闭路细破碎的常规磨矿流程相比，配置简单，生产成本低，并可减少破碎车间除尘设施。在两段磨矿流程中，如第一段采用棒磨，将矿石由20mm磨碎到3~1mm，其生产能力比用球磨时大，磨矿效率也较高。棒磨产品粒度较均匀，过粉碎轻。因此，棒磨是为球磨机、跳汰机以及磁性矿石粗粒预选等作业提供合适给矿粒度的良好手段。棒磨-球磨流程更具有广泛的适应性。

　　国外工业生产测定表明，采用棒磨-球磨流程与球磨-球磨流程处理性质相近而磨矿细度相同的矿石时，前者磨矿效率高、生产能力大。测定结果还表明，棒磨机的电能消耗仅为球磨机的60%左右。前苏联巴尔哈什（Балахащ）选矿厂（表4-160）与阿尔玛雷克（Армалык）选矿厂处理含铜硫化矿，两种矿石硬度系数接近（$f=12~16$），磨矿细度均为 $-0.074mm$ 占45%左右。前者用棒磨-球磨流程，电耗比后者用球磨-球磨回路低30%。

表4-160　巴尔哈什铜矿选矿厂棒磨-球磨产品粒度分布

粒级/mm	产率/%			
	棒磨机给矿	棒磨机排矿	球磨机给矿	球磨机排矿
+25	4.60			
25~15	26.30			
15~10	14.70			
10~4.0	13.40			
4.0~2.0	20.60			
2.0~0.21	13.40	34.70	48.00	15.50
0.21~0.15	1.20	11.40	17.00	16.60
0.15~0.10	0.80	9.00	9.90	13.10
0.10~0.074	0.80	9.20	7.30	12.00
-0.074	4.20	35.70	17.70	42.80
合　计	100.00	100.00	100.00	100.00

　　根据前苏联克里沃罗格矿区的经验，在第一段磨矿中采用棒磨的选矿厂，磨矿介质的单位消耗量比用球磨机的选矿厂低，一般为0.33~0.56kg/t原矿。

　　D　多段磨矿流程和阶段磨矿流程

　　当矿石的可磨性很差，而且要求磨矿粒度极细时，或者要求精矿品位很高而矿石又属于细粒嵌布或不均匀嵌布时，或者旧选矿厂欲提高原有磨矿作业的生产能力时，可以采用三段或多段磨矿流程。对于极易泥化的矿石，为了提高磨矿和选矿效率，防止过粉碎，尽早地回收已解离的有用矿物，则可采用阶段磨矿和阶段选别流程。这样利用选择性磨矿，能最大限度地回收有用矿物。采用阶段磨矿流程的大型铁矿选矿厂，在铁矿性质适合的情况下可在一段磨矿之后进行选别抛除粗粒尾矿，或直接获得粗粒最终精矿。多段磨矿流程和阶段磨矿流程的结构类型见表4-158。

　　常规磨矿流程优点是工作稳定可靠，作业率较高，一般超过90%，有的高达96%~98%；其缺点是设备数量多，基建投资高，处理黏土质或湿黏矿石时，与之配套的中、细破碎作业易产生堵塞。常规磨矿系统中，磨机给矿的粒度偏析小，因为经过多段破碎、贮运和取料之后，矿石已得到混匀。采用该自磨/半自磨流程时，对于第一段磨机，往往由于给料粒度偏析而引起磨机处理能力波动。

4.7.2.3 自磨/半自磨流程

根据国内外生产实践经验，与常规磨矿流程比较，自磨流程的优缺点可大致归纳如下：

（1）节省了中、细碎作业，简化了流程，提高了劳动生产率。

（2）自磨机具有一定的选择破碎作用，有用矿物有可能按界面解离。据报道，自磨流程产品经选别铁精矿品位比常规磨矿流程高 0.5% ~ 1.5%。

（3）并不是任何矿石都适合采用自磨作业，最适合自磨的矿石必须在自磨过程中能形成足够数量的介质。根据前苏联的经验，最适合采用湿式自磨的矿石是普氏硬度 6 ~ 12 的矿石。当处理矿泥高的矿石时，可免去洗矿作业，使碎磨流程大大简化。如前苏联的雅库塔尔马斯（Якуталмаз）、塔谢耶尔（Тасеевская）、下库兰纳赫（Ниже-Куранахская）等选矿厂处理含泥矿石，其电耗及加工成本均低于常规磨矿；这些含泥矿石很难用常规碎磨流程处理，而采用自磨流程处理时，自磨机处理量很高；我国马鞍山东山铁矿和大冶铜绿山铜矿的应用情况也是这样。

（4）自磨机产量随矿石性质的变化而有很大波动。据统计自磨机产量的波动范围为 ±(25 ~ 50)%，这对于选别作业是很不利的，特别是浮选。为了解决因矿石性质的波动对自磨机产量的影响问题，前苏联多采用在采矿场设置较大的矿堆栈对矿石进行中和混匀的方法。

（5）自磨作业率较低，一般为 78% ~ 88%，比常规磨矿流程低 6% ~ 10%，这主要因为自磨机的衬板使用寿命较短。

（6）自磨流程的生产费用有得有失，优点是节省钢球，缺点是其衬板消耗和电耗均高于常规磨矿流程。通常其电耗比常规流程高 10% ~ 35%，每处理一吨矿石多耗电约 2 ~ 5kW·h。

（7）自磨机的料位对自磨机产量有很大影响，因此生产过程中应严格控制自磨机的料位，使之不发生较大波动。要做到这一点，必须实现自动控制，这对于半自磨来说更为重要，因为维持适宜料位，不仅保证自磨机产量高，而且可降低钢球对衬板的冲击，从而减少衬板和钢球的消耗。

（8）奥托昆普型块磨-砾磨流程具有较大的优越性。这种流程的特点是：第一段粗破碎产品经筛分后分为三种产品：+100mm 作为块磨介质，-100 +30mm 作为砾磨介质，-30mm 进入块磨机；块磨机产品经筛分后分为三种产品：-8mm 入砾磨机，-30 +8mm 经圆锥破碎机破碎后返回块磨机；-100 +30mm 作为砾磨介质，多余部分破碎后返回块磨机。这种流程由于入块磨前筛去难磨颗粒（-100 +30mm），故可提高块磨机产量；矿石性质的变化反映在循环负荷上，而循环负荷又可用圆锥破碎机调节，故整个系统处理量稳定；第一段块磨机的尺寸比一般自磨机小得多，且长径比大，故可提高产量。

综上所述，在选择碎磨流程时，应对矿床大小、矿石性质、选矿厂规模及地区条件等因素进行综合考虑，比较它们的基建投资和生产费用，最后决定采用何种流程。一般来说，处理含泥多、湿度大的矿石，可采用自磨流程。20 世纪 70 年代后期至现在，超细碎机逐步成熟并得到推广应用，大大降低了球磨机的生产费用。因自磨流程有不少缺点，近 10 多年来国内外并不倾向于优先选用自磨流程。

4.7.2.4　砾磨流程

采用砾磨的流程主要有自磨加砾磨、球磨加砾磨及棒磨加砾磨。这些流程的应用主要取决于矿石性质及砾磨过程本身的特点。砾磨机结构本身与球磨机无什么区别，两者可以互相换用；砾磨机产量比球磨机低得多，因为当其他条件一样时，磨机产量与磨矿介质的密度成比例。钢球的密度 δ_B 一般为 $7.8t/m^3$，砾石密度 δ_P 一般为 $2.7 \sim 4.0t/m^3$，这样可得砾磨机台时处理能力 Q_P 与球磨机台时处理能力 Q_B 之比为：

$$\frac{Q_P}{Q_B} = \frac{\alpha\delta_P D^n L}{\alpha\delta D^n L} = \frac{\delta_P}{\delta_B} = \frac{2.7 \sim 4.0}{7.8}$$

$$\approx 0.35 \sim 0.51 \qquad (4\text{-}171)$$

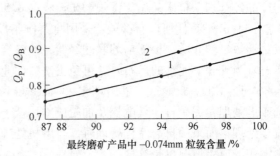

图 4-191　砾磨、球磨处理能力之比与
最终产品粒度的关系
1—砾石磨耗量未计入；2—计入砾石磨耗量

实践证明，砾磨机的处理能力与矿石性质和产品粒度有密切关系；图 4-191 所示为不同产品细度时砾磨机处理量与同规格球磨机处理量的比值。

由此可以得出，如果考虑砾石介质耗量，当其他条件相同时，磨矿细度的不同对 $\dfrac{Q_P}{Q_B}$ 的影响大致为：

产品粒度 $-0.074mm$ 占比/%	Q_P/Q_B
$55 \sim 60$	$0.31 \sim 0.43$
$84 \sim 94$	$0.82 \sim 0.96$
$96 \sim 97$	约 0.94

也就是说，细磨时采用砾磨才是合适的。砾磨时矿物的解离性质有所不同，连生体单体解离较好，矿物颗粒晶棱较规则，泥化少，故有利于选别。这主要由于砾石与矿石颗粒间的摩擦系数大于钢球，因此细磨矿时可以考虑以砾磨代球磨。一般砾磨过程中加入 $-80mm +60mm$ 的砾石介质，其消耗量为给入到砾磨机中待磨矿石的 $5\% \sim 12\%$。因此考虑到这部分量，则砾磨机的产量将更高一些。此外，砾磨还有以下优点：

（1）节省大量钢球，特别是细磨时，这对于忌铁物料和工艺特别合适，例如下段需进行化工处理的铀矿、氰化处理的金矿、易于粉碎的金刚石等；

（2）降低噪声；

（3）减少电耗。

砾磨的主要缺点：

（1）磨矿浓度低，一般为 $60\% \sim 65\%$；

（2）必须保证定量、定时添加砾磨介质，以保证砾磨机中适宜的砾石介质充填率，为此必须采用自动控制；

（3）砾石的制取、贮存、供给、多余砾石的处理、砾磨机排出的砾石碎块的处理等较麻烦，为此必须设计专用系统，这样就使流程复杂化。例如棒磨加砾磨或球磨加砾磨流程的砾磨介质，来自于中碎产品经筛分后的筛上部分（筛孔20mm左右），筛下部分进细碎；多余介质也进细碎处理。如果为棒磨加砾磨流程（我国的凤凰山铜矿、瑞典波立登公司的艾蒂克选矿厂的早期流程），则细碎采用开路；如为球磨加砾磨流程，则细碎采用闭路。生产实践表明，棒磨加砾磨流程的适应性较差，因此很少应用。

如为自磨加砾磨流程，砾石介质可用两种方法制取：

（1）全部由自磨供给（瑞典波立登公司史蒂根约克选矿厂、艾蒂克选矿厂）；

（2）由自磨机供给，但需由中碎供给一部分，并有砾石贮存仓以调节砾磨机需求量的变化。

前一方法的缺点是矿石性质变化时，砾石的供应不能适应；优点是流程简单，且可提高自磨机产量。后一方法的优点是根据需要提供砾磨机足够的磨矿介质，且可提高自磨机产量；其缺点是流程复杂。

采用砾磨后节省的钢球和电能费用能否补偿扩大的基建投资和生产费用，要做具体分析。总的来说，如果要求磨矿细度 -0.074mm 占80%以上，或忌铁工艺可以考虑采用包括砾磨在内的磨矿流程，还是适宜的。否则是不适宜的，因为采用半自磨方案比从自磨机排出砾石的方法（包括 ABC 流程）优越。

4.7.2.5　高压辊磨工艺流程

多年的应用经验表明，高压辊磨机最适合处理低、中磨蚀性的硬而碎的矿石，不适合处理软的、塑性的和湿黏的物料（例如黏土和石膏）。

在现有金属矿碎磨流程中，高压辊磨机常取代第三段细碎破碎机或置于第三段破碎机之后进行第四段超细碎，以提高产量、降低后续球磨单位电耗和降低操作成本。

在新建金属矿碎磨流程中，高压辊磨机可用作第三段细碎破碎机或第四段超细碎机，优点是生产能力大，单位能耗低，达产进度快（调试期2~3个月），操作参数少，控制效率高，辊子磨损后仍能保持处理量，后续球磨介质消耗低，有助于矿物解离等。

在自磨（半自磨）流程中，高压辊磨机可用于处理磨机排出的砾石。辊磨机本身的单位能耗为 $1.2~1.8$kW·h/t。矿石经高压辊磨机处理后 Bond 球磨指数会减小5%~10%，这主要是由高压辊磨机产品中残留的微裂缝造成的。然而，这不是高压辊磨机产生的全部节能效果。高压辊磨机产品中含有较多细粒，是减少后续球磨能耗的另一个原因。因此，高压辊磨机能使后续球磨单位能耗总共降低20%~30%。辊子磨损寿命对操作成本有重要影响。另外，高压辊磨机规格越大，操作成本越低。

高压辊磨机工业应用的典型破碎工艺流程有开路流程和闭路流程，其中闭路流程又分带边料返回的闭路流程和带检查筛分的闭路流程，其典型破碎工艺流程如图 4-192 所示。

高压辊磨机在金属矿山中采用开路破碎流程的代表矿山有金堆城钼业公司、马钢和尚桥铁矿选厂、三山岛金矿等。开路流程的优点是流程简单、顺畅，系统稳定，操作管理方便。缺点是这种应用流程，忽略了高压辊磨机的边缘效应，把侧漏和没有碎到的矿石作为高压辊磨机破碎最终产品，造成产品粒度范围宽，粗细不均，部分物料未得到充分辊压，破碎效果不好。

高压辊磨机在金属矿山中采用带边料返回闭路流程的代表矿山有司家营铁矿、赛普鲁

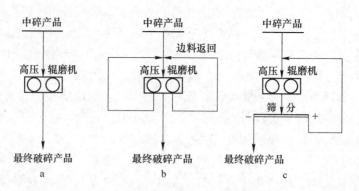

图 4-192　高压辊磨机典型破碎工艺流程

a—开路流程；b—带边料返回的闭路流程；c—带检查筛分的闭路流程

塞尔雷它铜矿等。带边料返回闭路流程同样具有流程简单、顺畅，系统稳定，操作管理方便等优点，同时又考虑到了边缘效应和侧漏情况，通过切边法，把部分没有经过辊压的粗粒矿物返回高压辊磨机，循环返回量可以根据现场情况调节。采用边料返回循环工艺时，应选择合适的边料循环量，以满足高压辊磨机处理能力和粉碎产品的粒度要求。

高压辊磨机在金属矿山中采用带检查筛分闭路流程的代表矿山有重钢西昌矿业有限公司太和铁矿、马钢矿业南山铁矿、山东黄金集团昌邑铁矿、智利 CMH 公司、西澳的 BGM 公司等。高压辊磨机的闭路工艺流程实现了对给矿各粒级的高效破碎，最终碎矿产品粒度范围更窄，粉矿含量高，颗粒内部微裂纹丰富，已解离或准解离状态的有用矿物比例更高，后续磨矿更容易，有利于改善精矿品位和有用矿物回收率。最大的优点是节能、降耗、增产和提高质量、简化后续磨选流程。这种工艺流程的问题在于细颗粒物料筛分一直存在着处理量偏低的问题。高压辊磨机的产品多是料饼形式，若选用闭路干式筛分作业，则筛分前一般需设打散工艺。筛分设备的筛孔尺寸选择很关键，其对筛分效率和高压辊磨机的处理能力影响较大。

4.7.3　磨矿分级工艺流程计算

磨矿流程计算的目的在于求出流程中各产物的质量 $Q(t/h)$ 和产量 $\gamma(\%)$，用以作为选择计算磨矿和分级设备的依据，并为编制选矿工艺流程的各项技术数据或正确评价选矿厂的生产状况提供基础资料。按照磨矿流程中各作业的给料和排料质量平衡的原则，可以进行磨矿分级流程的各项计算。通常是以作业的各产物中含有所要求的某一粒度范围内物料的数量作为计算的对象。这种特定的粒度范围称为计算级别，并用物料含计算级别的数量来表示物料的细度。一般用 -0.074mm 作为计算级别。在粗磨或极细磨矿时可分别用 -0.15mm 和 -0.0140mm 作为计算级别。

选矿厂磨矿产品适宜的细度由选矿试验确定。在矿石成分单一、矿石性质比较明确的情况下，也可参考处理同类矿石选矿厂的生产经验确定。

4.7.3.1　磨矿分级流程计算需用的原始资料

A　磨矿车间的生产能力 $Q(t/h)$

处理原矿的磨矿车间，其生产能力与选矿厂生产能力相同，即选矿厂全年处理的干矿量除以磨矿机全年作业的小时数。如果在磨矿之前设有洗矿或预选抛尾作业，则应扣除抛弃的尾矿或细泥，再计算磨矿机生产能力；设置在选矿工艺过程之间的磨矿机，其生产能力等于流程中每小时实际进入磨矿作业的干矿量。

B 给矿和产品的粒度分布

由于磨机的选择和计算通常按新生成的某一特定粒级计，因此应有磨机给料和产品粒度分布的数据。一般来说，磨矿给矿及产品（包括分级溢流及返砂）中某一细粒级含量与该产品的名义尺寸（按95%过筛筛孔尺寸计算）存在一定关系。表4-161、表4-162所示为由实际得到的上述关系的统计数据，当缺乏具体的实际数据时，可按表中有关数据概算。

表 4-161 给矿中 −0.074mm 粒级的含量

给矿粒度/mm	40	20	10	5	3
难碎矿石	2	5	8	10	15
中等可碎矿石	3	6	10	15	23
易碎矿石	5	8	15	20	25

表 4-162 不同磨矿细度时分级溢流中的最大粒度

项 目		分级溢流含计算级别的数量									
计算级别粒度	−0.074mm 含量/%	10	20	30	40	50	60	70	80	90	95
	−0.040mm 含量/%	5.6	11.3	17.3	24.0	31.5	39.5	48	58	71.5	80.5
	−0.020mm 含量/%			9	13	17	22	26	35	46	55
分级溢流中最大粒度/mm					0.43	0.32	0.24	0.18	0.14	0.094	0.074

对于密度为 2.7 ~ 3.0g/cm³ 的中硬矿石，表4-163所示为溢流产物的粒度与分级机返砂中 −0.074mm 级别含量的关系。对于密度大的矿石（如致密状硫化矿），返砂中 −0.074mm 级别的含量将增大 1.5 ~ 2.0 倍。对于预先分级或溢流控制分级，如分级机给矿中 −0.074 级别含量超过 30% ~ 40%，则返砂中 −0.074mm 级别的含量应采用表中数值的上限。当用水力旋流器分级时，溢流最大粒度与溢流中 −0.074mm 级别含量的关系，可参考有关水力旋流器的资料。

表 4-163 分级机溢流粒度与返砂中 −0.074mm 级别含量的关系

分级机溢流产物的粒度/mm		−0.4	−0.3	−0.2	−0.15	−0.1	−0.074
产物中 −0.074mm 级别的含量/%	分级机溢流中	35 ~ 40	45 ~ 55	55 ~ 65	70 ~ 80	80 ~ 90	95
	分级机返砂中	3 ~ 5	5 ~ 7	6 ~ 9	8 ~ 12	9 ~ 15	10 ~ 16

可按下式概算名义尺寸 d_{95}：

$$d_{95} = \frac{1}{100}\exp(4.85 - 3.0\gamma_{-200}) \qquad (4\text{-}172)$$

式中，γ_{-200} 为 −0.074mm 的含量，以小数表示。

C　闭路磨矿合适的循环负荷 c 值

最终合适的循环负荷由工业应用实践来确定，设计时可采用同类选矿厂的生产实际资料或统计资料来确定。合适的循环负荷可以使磨矿达到较高分级效率，产生的经济效益高。由于磨矿机通过矿浆处理能力有限，因此，选定的循环负荷必须保证给入本段磨矿机单位容积的矿石总量（包括新给矿量和返砂量）不能大于该磨机的实际通过能力（$t/(m^3 \cdot h)$），否则将会引起磨机工作失常。磨机的通过能力与磨机规格、形式及操作条件有关；例如 $\phi 2.7 \times 3.6m$ 格子型球磨机处理南芬铁矿石时，其通过能力为 $16 \sim 18t/(m^3 \cdot h)$。

此外，磨机还应维持适宜球料比，通常球料比为 $0.6 \sim 1.2$ 时，磨矿效果较好。

基于以上原因，闭路磨矿中，特别是球磨机应有较适宜的返砂比，在此返砂比范围内磨机处理能力最高。表 4-164 列出了生产中得到的不同条件下球磨机闭路作业时适宜的返砂比范围。

表 4-164　球磨机闭路作业时适宜的返砂比 c 范围

磨矿机组配置方式		磨矿产品粒度/mm	c 值/%
磨矿机与分级机联合工作	第一段	0.5 ~ 0.3	150 ~ 350
		0.3 ~ 0.1	250 ~ 600
	第二段	由 0.3mm 磨到 0.1mm 以下	200 ~ 400
磨矿机与水力旋流器联合工作	第一段	0.4 ~ 0.2	200 ~ 350
		0.2 ~ 0.1	300 ~ 500
	第二段	由 0.3mm 磨至 0.1mm 以下	150 ~ 350

D　m 值与 K 值计算

两段磨矿时，矿石中易磨的部分将在第一段磨矿机首先被磨碎；较难磨的部分将进入第二段磨矿机。因此，第二段磨矿机的单位生产能力通常比第一段磨机低；第二段磨矿机容积也比第一段磨机大，尤其是第一段为开路磨矿或用棒磨机时更是如此。

两段磨矿时第二段磨矿机容积与第一段磨矿机容积之比 m 值为：

$$m = \frac{V_2}{V_1} \tag{4-173}$$

当第一段为开路（或采用棒磨机）的两段磨矿流程时，$m = 2 \sim 3$；当第一段为闭路的两段磨矿流程时，$m = 1$。

按新生成的计算级别计算的第二段磨矿机单位容积生产能力与第一段磨矿机单位容积生产能力之比 K 值为：

$$K = \frac{q_2}{q_1} \tag{4-174}$$

生产实际资料表明，K 值不仅与矿石性质有关，而且与最终产品的粒度和各段间磨机容积的分配有关。但在大多数情况下，K 值的变动范围不大，一般 $K = 0.7 \sim 0.85$。

4.7.3.2　磨矿分级流程计算

磨矿分级流程计算的基本原则是物料平衡。一段磨矿分级流程的计算很简单，其计算方法和公式见表 4-165，两段磨矿分级流程的计算见表 4-166。

表 4-165　一段磨矿分级流程的类型及计算公式

流程类型	计算公式	符号说明
（流程图：Q_1，Q_2，Q_3，Q_4，Q_5，c）	$Q_1 = Q_4$ $Q_5 = cQ_1$ $Q_2 = Q_3 = Q_1 + Q_5$	$Q_1, Q_2, \cdots, Q_8$——分别为各产物矿石量，t/h； $\beta_1, \beta_2, \cdots, \beta_9$——分别为各产物中计算级别的含量，%； K——第二段磨矿机按新生级别计算的单位生产能力与第一段磨矿机产生同一级别的单位生产能力之比值。没有试验资料时，取 0.8～0.85； m——第二段磨矿机容积（m³）与第一段磨矿机容积（m³）之比值； c, c_1——磨矿机返砂比，%
（流程图：Q_1，Q_2，Q_3，Q_4，Q_5，Q_6，Q_7，Q_8，c）	$Q_4 = Q_1 \cdot \dfrac{\beta_6 - \beta_7}{\beta_4 - \beta_7}$ $Q_7 = Q_4 - Q_6 = Q_4 - Q_1$ $Q_8 = cQ_1 ; Q_5 = Q_8 - Q_7$ $Q_2 = Q_3 = Q_1 + Q_8 ; Q_6 = Q_1$	

表 4-166　两段磨矿分级流程的类型及计算公式

流程类型	计算公式	符号说明
（流程图：Q_1，Q_2，Q_3，Q_4，Q_5，Q_6，Q_7，Q_8，Q_9，c）	$\beta_2 = \beta_1 + \dfrac{\beta_9 - \beta_1}{1 + Km}$ $Q_8 = Q_2 \cdot \dfrac{\beta_2 - \beta_4}{\beta_3 - \beta_4} = Q_1 \cdot \dfrac{\beta_2 - \beta_4}{\beta_3 - \beta_4}$ $Q_4 = Q_7 = Q_1 - Q_5 ; Q_1 = Q_2 = Q_9$	$Q_1, Q_2, \cdots, Q_9$——分别为各产物矿石量，t/h； $\beta_1, \beta_2, \cdots, \beta_9$——分别为各产物中计算级别的含量，%； K——第二段磨矿机按新生级别计算的单位生产能力与第一段磨矿机产生同一级别的单位生产能力之比值。没有试验资料时，取 0.8～0.85； m——第二段磨矿机容积（m³）与第一段磨矿机容积（m³）之比值； c, c_1, c_2——磨矿机返砂比，%
（流程图：Q_1，Q_2，Q_3，Q_4，Q_5，Q_6，Q_7，Q_8，Q_9，c_1，c_2）	$\beta_4 = \beta_1 + \dfrac{\beta_7 - \beta_1}{1 + Km} ; Q_5 = c_1 Q_1$ $Q_2 = Q_3 = Q_1(1 + c_1)$ $Q_8 = Q_9 = Q_1 \dfrac{\beta_7 - \beta_4}{\beta_1 - \beta_8}(1 + c_{\text{II-机}})$ $Q_6 = Q_1 + Q_8 ; Q_1 = Q_4 = Q_7$ 第二种计算方法见陈丙辰算法	

　　两段磨矿流程的计算较复杂，特别是预先分级和检查分级作业合一的流程。因为给入该段磨矿机的矿量是由新的给矿和返砂共同组成的，而磨矿机的生产能力只能按给入磨矿机的新给矿量来计算，不应计入返砂。第二段磨矿机的新给矿量既非 Q_4，又非 Q_8。因为 Q_5 中的细粒级物料绝大部分已进入分级溢流中（不进磨矿机）。对于 Q_8，其中又包含磨矿机的排矿 Q_9 经过检查分级后的返砂（磨矿机的非新给矿）。实际上参与该段磨矿机生产能力计算的新给矿只能是 Q_4 经过预先分级后分出来的返砂。两段全闭路磨矿流程的第二段磨矿作业的形式如图 4-193 所示。图中 Q_8' 即为进入第二段磨矿机的新给矿量。

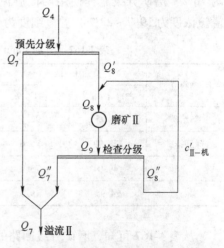

图 4-193　两段连续磨矿第二段磨矿流程

4.7.3.3　磨矿分级工艺模拟

磨矿过程是选矿厂能耗最多的环节，所以对磨矿分级工艺流程进行优化以节能降耗，从而实现选厂的可持续发展。对磨矿分级流程进行模拟仿真是一个好的方法，它可以帮助现场管理人员找出生产流程中的瓶颈，从而有针对性地进行优化。

典型的磨矿分级工艺流程如图 4-194 所示，主要包括球磨机模型和分级机模型，其他还有泵和泵池等辅助设施。

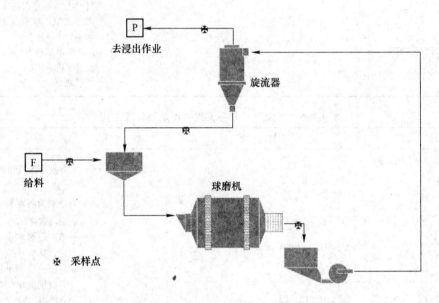

图 4-194　典型的磨矿分级工艺流程

下面以"El Pilon"矿山的磨矿分级回路为例来说明如何使用选矿模拟软件 JKSimMet 进行新流程的选择。

目前，该矿山磨矿分级回路中磨机入料粒度为 -9.53mm 占 96%，磨机充填率为 40%，转速为临界转速的 70%，钢球比例为 76.2mm 占 70%，50.8mm 占 30%，矿浆浓度为 76%。磨矿分级流程使用两段旋流器分级，旋流器直径为 508mm，给矿浓度为 48%，溢流浓度为 19%~22%，溢流细度为 -200 目（-75μm）占 58%。

表 4-167　"El Pilon"矿磨矿分级回路各项参数（1998 年）

物料流	固体		水/t·h⁻¹	矿浆密度 /t·m⁻³	流量 /m³·h⁻¹	-75μm 占比 /%
	产量/t·h⁻¹	占比/%				
新给矿	24.95	96.5	0.91	2.63	9.81	3.50
球磨排矿	173.99	75.6	56.16	1.95	118.30	11.09
沉　砂	149.04	73.7	53.19	1.90	106.42	3.40
溢　流	24.95	19.0	106.36	1.14	115.27	57.00

从表 4-167 可知，磨矿分级回路的返砂比为 5.97，球磨机排矿中固体体积占比达到了 52.7%，所以球磨机排矿粒度较粗。

为了增加产量，同时提高磨矿分级产品细度，该矿山决定增加一台球磨机，有三个方案可供选择：

（1）两台球磨机平行安装；

（2）两台球磨机半串联安装；

（3）两台球磨机串联安装。

使用 JKSimMet 软件对这三个方案分别进行流程模拟，图 4-195 所示为两台磨机平行安装模拟结果，图 4-196 所示为两台磨机半串联安装模拟结果，图 4-197 所示为两台磨机串联安装模拟结果。表 4-168 所示为新旧流程处理量和产品细度对比。

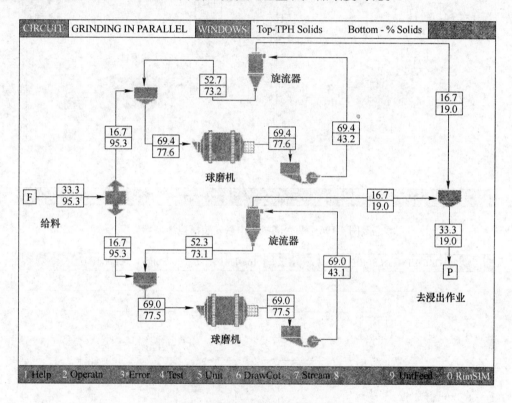

图 4-195 两台磨机平行安装模拟结果

表 4-168 新旧流程处理量及产品细度对比

项 目	旧 流 程	新 流 程		
处理量/t·d⁻¹	600		700	800
产品细度 −75μm 占比/%	58	磨机平行安装	66.0	57.0
		磨机半串联安装	66.6	56.6
		磨机串联安装	76.0	74.3

从模拟结果可知，整个流程的处理量从 600t/d 增大到 700t/d，三种工艺流程都可以既提高整个流程的处理量，又提高产品细度，但是两台磨机串联安装的流程效果最好。当处理量继续增大到 800t/d 时，两台磨机平行安装和半串联安装的流程的产品细度与旧流程

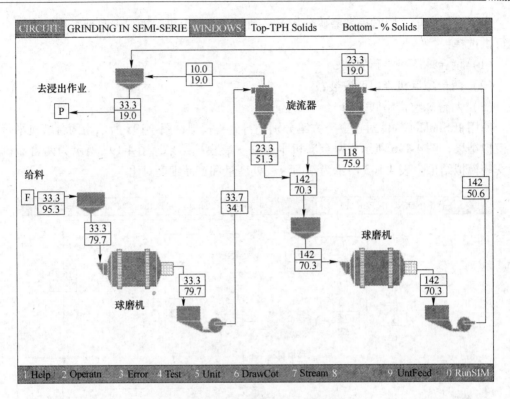

图 4-196　两台磨机半串联安装模拟结果

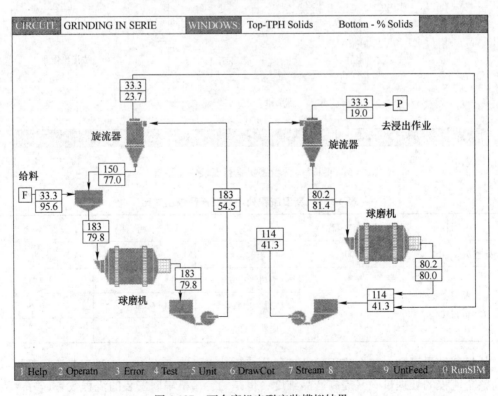

图 4-197　两台磨机串联安装模拟结果

基本相同，而两台磨机串联安装的工艺流程的产品细度比旧流程增加了 16.3%。由此可见，选择两台磨机串联的安装方式比较好，既能增加磨矿分级流程的处理量，又能大幅度提高产品细度。

现场按照模拟结果采用两台磨机串联安装的方式，从新流程取样进行分析，整个流程的处理量为 800t/d 时，产品细度 $-75\mu m$ 达到了 76%。图 4-198 所示为现场流程产品粒度与模拟的产品粒度的对比。

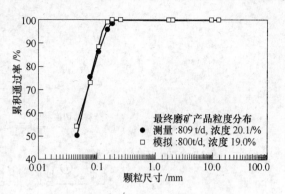

图 4-198 新流程产品细度与模拟产品细度对比

4.7.4 典型金属矿山选厂的磨矿分级流程应用

20 世纪 80 年代，具有代表性的碎矿流程是"三段破碎 + 球磨机"和"粗碎 + 自磨机/半自磨 + 球磨机"的碎磨流程。以"多碎少磨"占有主导地位来选择使用较为成熟的"三段破碎 + 球磨机"的碎矿流程。进入 20 世纪 90 年代，自磨机制造技术成熟和使用效果提高，一些矿山企业开始注重综合效益，选用"粗碎 + 自磨机/半自磨 + 球磨机"的碎磨流程，并在生产实践中创造了较大的经济效益。碎磨流程中，以高压辊磨机取代第三段细碎破碎机或置于第三段破碎机之后进行第四段超细碎，用以处理低、中磨蚀性的硬而碎的矿石，实现节能降耗。

4.7.4.1 铁矿选矿厂的磨矿分级流程

与常规碎磨工艺相比，自磨/半自磨可接受更大的给矿粒度，因此可取代中、细碎及粗磨作业，从而可大大地简化流程，减少生产环节及车间组成；自磨可不消耗或少消耗磨矿介质；自磨还有一定的选择性破碎作用；对含泥较多的黏矿石，采用自磨（湿式）可以避免常规流程中破碎、筛分等环节发生堵塞的问题。由于上述特点，自磨工艺受到青睐，国外有许多矿山成功地采用了自磨。在我国，它也正成为一种成熟的磨矿工艺，得到较广泛的应用。

国内的铁矿石自磨试验研究始于 20 世纪 50 年代，最初是干式自磨，20 世纪 60 年代中期开始研究湿式自磨。1970 年，密云铁矿建成了我国第一个采用干式自磨的选矿厂，1972 年，本钢歪头山铁矿建成了我国第一座采用湿式自磨流程的大型选矿厂，到 20 世纪 90 年代，先后有南京吉山铁矿、新余良山铁矿、安徽黄梅山铁矿、浙江漓渚铁矿、唐钢石人沟铁矿、马钢南山选矿车间、福建潘洛铁矿等采用湿式自磨流程。

A 云南大红山铁矿选矿厂 SAB（半自磨 + 球磨）磨矿工艺流程

云南大红山铁矿选矿厂在国内首次成功应用大型半自磨机。在设计前进行了自磨半工业试验，确定该矿不需要设顽石破碎设施，因此可采用半自磨 + 球磨磨矿流程。半自磨机为 $\phi 8.53m \times 4.27m$ 湿式半自磨机，球磨机为 2 台 $\phi 4.8m \times 7m$ 溢流型球磨机。图 4-199 为昆钢大红山铁矿 400 万吨/年选厂半自磨 + 球磨磨矿分级流程设备联系图。

选厂于 2006 年 12 月底建成，2007 年为试产期，2008 年处理量超过设计规模，2012 半自磨机大齿圈出现啃齿现象，在等待配件的过程中，选厂压产运行，影响了全年原矿处

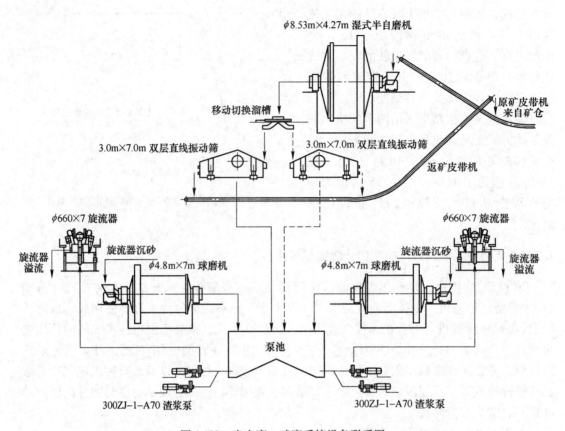

图 4-199　半自磨 + 球磨系统设备联系图

理量指标。历年半自磨生产统计结果见表 4-169。

表 4-169　历年半自磨生产统计结果

指　标		2007 年	2008 年	2009 年	2010 年	2011 年	2012 年
原矿处理量	t/a	2542464	4716365	4560118	4825047	4782783	3547290*
	t/h	434.3	633.3	591.4	619.9	626.2	456.8
原矿品位(设计)/%		40.03	4.03	40.03	40.03	40.03	40.03
原矿品位(实际)/%		32~35	32~75	32~35	32~35	32~35	32~35
全年生产时间/h		5854	7447	7711	7783	7638	7766
作业率/%		66.82	85.01	88.03	88.85	87.19	89.64
直线筛筛孔规格/mm		5×12	8×16	8×16	8×16	8×16	8×16
年生产消耗	电耗/kW·h·$t_{原矿}^{-1}$		8.8~9.5	8.8~9.5	8.8~9.5		
	钢球/kg·$t_{原矿}^{-1}$		0.94	1.13	1.26	0.63	0.81
	衬板/kg·$t_{原矿}^{-1}$		约0.1	约0.1	约0.1		

　　为了增加半自磨处理量，2008 年 8 月将直线筛筛孔 5mm × 12mm 改为 8mm × 16mm，采取增大渣浆泵规格及采用半自磨机衬板机械手等一系列针对性措施，连续 4 年原矿处理量超过设计规模，最高达到 482.5 万吨/年。

由于原矿实际品位低于设计要求，选厂只能靠提高原矿处理量来确保精矿产量，半自磨介质填充率长期维持在12%甚至更高，造成半自磨的钢球、衬板消耗过大，同时钢球质量不稳定也造成了半自磨球耗高。

B Empire 铁矿 SABR（半自磨球磨高压辊磨）工艺流程

Empire 铁矿属于 Cleveland-Cliffs 公司，曾进行扩大的试验室试验、半工业试验、工业试验，1963 年开始自磨回路的投产试车。并根据半工业试验和工业试验的结果做了修改，使得自磨机的能力有了很大的改善。

Empire 选矿厂共有 24 个独立的自磨系列，自从 1963 年一期 6 个系列投产以后，又扩建了三次。图 4-200 所示为已经增加顽石破碎的自磨系列。表 4-170 所示为自磨机（第一段）和砾磨机（第二段）的规格和安装功率。

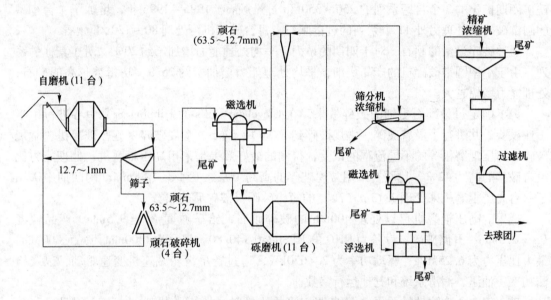

图 4-200 Empire 铁矿有顽石破碎的选矿流程（11~21 系列）

表 4-170 自磨机和砾磨机的规格及安装功率

设 备	规格/m×m	数量/台	功率/kW·台⁻¹	设 备	规格/m×m	数量/台	功率/kW·台⁻¹
自磨机	$\phi7.32\times2.44$	16	1660	砾磨机	$\phi3.81\times7.77$	16	1045
	$\phi7.32\times3.81$	5	2575		$\phi4.72\times7.77$	5	1790
	$\phi9.75\times5.03$	3	6340		$\phi4.72\times9.75$	6	1975

所有的自磨机排矿都是通过格子板上 63.5mm 的方形砾石窗口排出，矿浆排入双层振动筛分离。振动筛上层筛的筛上产品粒度为 63.5~12.7mm，用于砾磨机的磨矿介质。多余的砾石在没有顽石破碎机的系列中，则和振动筛下层筛的筛上产品（12.7~1mm）一起返回自磨机；在有顽石破碎机的系列中，则被顽石破碎机破碎后返回自磨机。振动筛的筛下产品（小于1mm）用泵送到第一段磁选作业，抛弃约50%的产率（尾矿），磁选的精矿进入旋流器给矿泵池，用泵送到旋流器。旋流器的溢流作为磨矿回路的最终产品给至精选作业，旋流器底流自流入砾磨机，砾磨机排矿给旋流器给矿泵池。旋流器溢流细度为90%~95%小于25μm（500目），通过粒度分析仪监控。

　　自从最初的流程投产以来，已经进行了大量的试验以改善磨矿效率，所做的改进包括顽石破碎、矿石分类处理、减少顽石和高压辊磨机试验。

　　顽石破碎的半工业试验于 20 世纪 70 年代早期在 Cleveland-Cliffs 密歇根的半工业试验室进行，采用了 $\phi 3.05\text{m} \times 1.22\text{m}$ 的试验型磨机。试验表明，通过破碎临界的颗粒，处理能力可以增加 30% ~ 60%，得到的改善很大程度上是取决于所试验矿石的硬度。可以预计，所得到的最大的改善是采用功指数最高的矿石。由于在 20 世纪 70 年代所处理的矿石相对较软，根本不需要顽石破碎，后来随着矿石逐渐变硬，处理量开始降低。1981 年，决定进行工业试验来验证半工业试验的结果。在工业试验期间，通过破碎过量的顽石，给矿量提高了 15% ~ 25%，增加的幅度取决于矿石的硬度。由于从 20 世纪 80 年代早期到中期，铁矿石工业低迷，直到 1988 年才安装了一台 2.13m（7ft）短头破碎机，处理 Empire 铁矿四期扩建的 3 个自磨系列的 250 ~ 350t/h 过量顽石。1995 ~ 1996 年，增加了 4 台小型的圆锥破碎机处理另外 11 个系列的过量顽石，每台破碎机可处理 80 ~ 120t/h 顽石。

　　通过破碎过量的顽石，对于四期的系列，平均处理能力增加了约 20%，对于其他的系列，由于小型圆锥破碎机的产品更细，平均处理能力增加了约 25%，功指数越高的矿石，处理能力增幅越大。

　　为了确定过量顽石更细的破碎效果，在 Cleveland-Cliffs 的 Hibbing 研究中心进行了半工业试验，共进行了没有破碎、常规破碎到 $P_{80} = 12.7\text{mm}$、常规破碎 + 旋盘破碎机、常规破碎 + 高压辊磨机等的不同流程的试验，得到的最好效果是采用高压辊磨机，处理能力比没有破碎的高约 42%，比顽石采用常规破碎的高约 16%。因此，在 Empire 的四期中选用了一台高压辊磨机来处理 2.13m（7ft）的短头破碎机破碎后的顽石。

　　选用的高压辊磨机可以处理 400t/h 的破碎顽石，给矿粒度 $F_{80} = 9.5\text{mm}$，产品粒度 $P_{50} = 2.5\text{mm}$，开路破碎。设备为 KHD 的 RPSR7.0-140/80，辊径为 1400mm，宽为 800mm，最大比压力为 6.25MPa，驱动功率为 $2 \times 670\text{kW}$，通过行星齿轮减速机变速驱动，以及检测功率、油压、润滑系统和其他运行参数。

　　破碎辊由 4 个滚动轴承及 2 个自调心滚柱止推轴承支撑在机架上，一个辊是可移动的，另一个是固定的。可移动辊可向固定辊靠近或远离，以满足矿石破碎过程中辊面所需压力要求。系统中包括 2 个带有球形活塞的液压缸、蓄能器和其他设备。在辊的边缘装有颊板以防止矿石从辊面旁路通过，颊板可以调节以保持辊边缘之间的间隙最小。

　　高压辊磨安装后的流程如图 4-201 所示。

　　最初的破碎辊采用带辊钉的拼装辊胎，辊胎采用螺栓固定在辊面上，螺栓表面采用碳化钨保护层。辊胎表面辊钉之间塞满所破碎的物料层，形成了自保护表面，购买时提供的运行保证是 12000h。这个使用寿命应当能够达到，但持续不断的螺栓破损导致在第一套衬板完全磨损之前就以整胎衬板取代了拼装衬板。第二套衬板则预期运行。

　　高压辊磨机于 1997 年 8 月投入运行，当时的运转率超过了 93%。给矿量达到了 325t/h，当时的限定条件不是设备本身，而是给矿量不足。由于这个原因，实际的利用率约 55%。功率输入为 1.7kW·h/t（保证数为 2.5kW·h/t），产品粒度 $P_{50} = 2.5\text{mm}$。Empire 四期破碎的顽石 80% 被高压辊磨机处理，2000 年运行的数据表明，随着高压辊磨机的运行，自磨机的平均处理能力至少提高了 20%，在处理一些不同类型的矿石时，甚至提高了 40%。相应的自磨机的比能耗也降低了，降低的幅度约为处理能力幅度的 2/3。

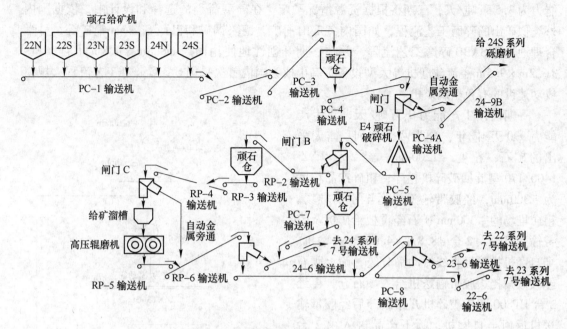

图 4-201　Empire 铁矿高压辊磨安装后的设备联系图

　　详细的选矿厂取样分析结果已经表明，采用高压辊磨除了增加处理能力外，还使自磨机回路筛下产品的粒度分布变粗了，基本上小于 1mm 的达 100%，小于 25μm（500 目）的含量降低了 5%~10%。这就使得磁粗选的性能得到了改善，特别是提高了磁性铁的回收率（尽管品位较低）。同时也表明在该阶段整体的解离度有稍微的降低，这并不意味着最终的品位或回收率会受影响，因为后续的工艺会相应地调整。但这确实意味着增大了砾磨机回路的工作负荷，需要相应地改进工作。

　　采用半工业试验的高压辊磨机对 Cliff 的不同矿山矿石进行的试验表明，对矿石可磨性的影响是不可预测的。与许多预期的结果相反，在可磨性上有时根本没有变化。作为在 Empire 推广使用高压辊磨机的研究的一部分，在 Empire 四期采用破碎的顽石进行了给入高压辊磨机之前和之后的可磨性试验。结果表明这些矿石的可磨性有很大的增加，越难磨的矿石，增加越明显。

　　随着不断的实践和改进，拼装辊胎已经被整体辊胎代替。这就消除了螺栓破损的问题。后来，又改进了物料输送系统，增加了给矿能力，提高了高压辊磨机的连续运转时间。同样，自磨机的循环负荷及高压辊磨机产品循环的改善，使得设备的运转率、自磨机的处理能力提高和能耗降低得到了进一步的改善。

　　Empire 自磨回路破碎顽石的高压辊磨机的安装使得自磨机回路达到了要求的处理能力，所有制造商所提供的性能保证也全部实现。随着物料输送系统不适应所导致的限定条件的消除，系统的效益已经大为改善。

4.7.4.2　有色金属矿选矿厂的磨矿分级流程

A　中国黄金乌努格吐山铜钼矿 SABC 磨矿工艺流程

乌努格吐山铜钼矿（简称乌山）隶属于中国黄金集团内蒙古矿业有限公司，于 2007 年开发。一期建设规模为 3 万吨/天，经技术改造后处理量达到 4 万吨/天，二期设计处理能力为 3.5 万吨/天,三期将根据资源情况酌定。在碎磨流程的选择和设计中,依据国内外类似矿山的碎磨工艺流程,如国内冬瓜山铜矿、德兴铜矿和巴西 Sossego 铜矿等,科学合理地选择 SABC 碎磨工艺流程,并在一期开创性地使用国产 ϕ8.8m × 4.8m 半自磨机、ϕ6.2m × 9.5m 溢流球磨机等大型设备,乌山成为国内首次采用 SABC 碎磨工艺流程大规模成功建设的有色金属矿山。

　　一期设计生产能力 3 万吨/天,年生产能力 990 万吨/年,分为两个系列。露天采出的矿石,粒度 –1200mm,经 2 台 PXZ-1400/170 型旋回破碎机粗碎,粗碎产品粒度为 –300mm,经胶带输送机运至粗矿堆场。粗矿堆场的 –300mm 矿石经重板给矿机及胶带输送机给入 2 台 ϕ8.8m × 4.8m 半自磨机。半自磨机排矿经直线振动筛分级,筛上顽石经大倾角挡边胶带输送机给入顽石仓,再经 2 台 HP800 圆锥破碎机开路破碎后经胶带输送机返回半自磨机;筛下产品进入由 2 台 ϕ6.2m × 9.5m 溢流球磨机及 ϕ660mm 旋流器组成的一段闭路磨矿系统,旋流器溢流细度为 –74μm 占 65%,沉砂返回球磨机。顽石破碎除铁采用磁力弧加电磁除铁器(图4-202)。

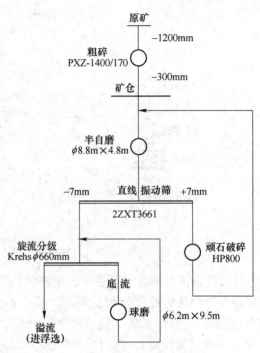

图 4-202　乌山铜钼矿磨矿分级工艺流程

　　2009 年 9 月选矿厂建成投产,2010 年 1 月达到设计生产指标。虽然 SABC 碎磨流程能够达到预期生产需求,但是半自磨机的衬板磨损严重,顽石破碎机不能有效地发挥其应有的功效,使 SABC 流程没有完全达到设计的初衷。经过一年多的生产实践,通过采取改变半自磨机给矿粒度组成、格子板的孔径、装球率和钢球配比,调整直线筛的筛板和冲洗水的大小,调整球磨机的钢球尺寸及破碎机 HP800 的排矿口等措施,使球磨机内的矿石粒度组成明显改善,在额定生产能力和满足指标要求的条件下,半自磨机钢球的单耗可达到 0.6kg/t 原矿,筒体衬板使用周期可达 3 ~ 4 个月。

　　在半自磨机钢球充填率为 8% ~ 10%、转速率 78% 的工况条件下,磨矿功率为 3000 ~ 3500kW(不含系统变压器功率),设计功率为 6000kW,磨机利用系数为 1.4t/(m³·h)(按新生成 –74μm 粒级计);在球磨机钢球充填率为 20% ~ 24% 时,磨矿功率为 5200kW 左右,设计功率为 6000kW,磨机利用系数为 0.95t/(m³·h)(按新生成 –74μm 粒级计)。目前单系列 SABC 碎磨流程的生产能力由设计值 1.5 万吨/天提升至 1.6 万 ~ 1.9 万吨/天。

　　虽然 SABC 碎磨流程的生产能力已经超过设计值,达到 1.6 万 ~ 1.7 万吨/天,但由于设计时,并未做半工业试验,SABC 碎磨流程设备选择主要依据国内外类似工艺流程的情况推理计算,因此选择的设备系统中一些设备匹配性较差,对 SABC 磨流程的磨矿效果和生产稳定性有一定影响:

（1）半自磨机运行状态不佳。半自磨机给矿粒度较大，时常能听到清脆的撞击声，并且衬板损坏严重，多为断裂和击碎；磨矿功率闲置较大，半自磨机磨矿功率3000~3500kW，设计功率6000kW，磨矿功率只有设计值的50%~60%。

（2）水力旋流器分级效率低。由于水力旋流器的给矿浓度过高，造成旋流器沉砂中-74μm含量较多，分级效率较低，只有56%，有时低于50%，循环负荷过大。

（3）球磨机作业负荷过大，磨矿效果较差。球磨机的入料为旋流器的沉砂，由于水力旋流器的分级效率较低，造成球磨机的返砂量较大。球磨机磨矿功率为5200kW左右（安装功率为6000kW）。球磨机作业负荷过大，从而使磨矿效果较差和局部过磨。

（4）顽石破碎机配置过大，不能发挥应有的功效。设计顽石率为35%~40%，顽石破碎机配置为HP800，处理能力为350~500t/h，而实际顽石率只有6%~15%，迫使HP800间断作业，顽石破碎90min内仅开20min，有、无顽石破碎时半自磨给矿粒度组成变化较大，使得半自磨给矿粒度不稳定。

（5）由于实践经验有限，整个SABC系统的功率配置，在系统匹配的设计上略有不足。例如自磨机功率设置为6000kW，球磨机功率也为6000kW。而从国内外实践经验来看，球磨机功率应大于半自磨机功率。

B 铜陵有色冬瓜山铜矿选矿厂SAB磨矿工艺流程

冬瓜山铜矿选矿厂是我国第一个采用半自磨机+球磨机工艺的大型选矿厂，由中国有色工程设计研究总院设计，设计处理能力1.3万吨/天，于2004年10月投产。

冬瓜山铜矿选矿厂碎磨工艺流程见图4-203。井下采出的矿石采用一台42-65MK-Ⅱ旋回破碎机作粗碎，粗碎后的矿石硬度系数在13左右，密度为3.2t/m³，矿石松散系数为1.6。矿石粒度为-250mm，小于150mm占60%以上，小于0.01mm泥矿占2%左右。由1.4m胶带运输机送入由美卓提供的ϕ8.53m×3.96m格子型半自磨机。半自磨机配用容量4850kW和变频调速机构，转速n为0~11.6r/min；高静压油膜主轴承；筒体衬板厚度75mm，用高出衬板160mm的压条固定；有效内径R_a为4.19m，费氏临界转速N_c为14.65r/min。半自磨机排矿端设有圆筒筛，筛上产物通过皮带再返回半自磨机。粗磨球磨机为中信重机生产的两台ϕ5.03m×8.3m溢流型球磨机，由3300kW低速同步电机驱动，磁性筒体衬板厚度70mm。半自磨机筛下产物和球磨机的排矿给入粗磨泵池，通过两台16/14渣浆泵分别给入两组ϕ660mm旋流器组进行分级，旋流器溢流进入浮选，沉砂给入粗磨球磨机再磨，半自磨机给料粒度为-250mm，设计排料粒度为-2.5mm。旋流器最终

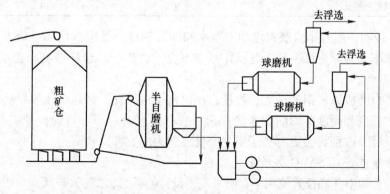

图4-203 冬瓜山铜矿磨矿工艺流程示意图

溢流浓度为 30% ~ 35%，磨矿细度 -0.074mm 含量占 70% ~ 75%。

试生产初期，半自磨机按设计等量装 ϕ130mm、ϕ110mm、ϕ90mm 钢球共 120t，每天按 0.5kg/t 单耗补加 ϕ130 钢球，装球率 12% 左右，负荷 4400kW 左右，实际充填率 22% 左右。后来，装球率 12%、11.6r/min 全速运转和用高出筒体衬板 160mm 的压条不变。电机负荷逐步由 4400kW 增加到 4800kW，实际充填率由 22% 逐步增加到 35% 以上，钢球由 ϕ130mm 加大到 ϕ200mm；处理量由 270t/h 增加到 580t/h，产品过粉碎和钢球砸筒体衬板现象有所缓解。对衬板材料及格子孔径进行改进，格子板孔径由 20mm 逐步提高到 50mm，同时改进衬板硬度，防止卷边，提高磨细物料的通过能力。球磨机等量装 ϕ80mm、ϕ65mm、ϕ50mm 钢球，装球率 30% 左右。在投产初期，开 1 台球磨机，磨矿产品粒度小于 0.074mm 含量只有 63% 左右，未能达标。后来，开 2 台球磨机，合格矿粒含量只增加 5% 左右，产品粒度小于 0.074mm 含量达到 65% 以上才达标（表 4-171）。

表 4-171　冬瓜山铜矿半自磨加球磨生产流程数据

考察日期		2005.10.12	2006.9.14	2006.11.15	2007.5.10	2011.4 底
半自磨机给矿量/t·h^{-1}		270	340	420	540	580
半自磨机负荷/kW		4400	4700	4700	4800	4800
半自磨机最大钢球/mm		ϕ130	ϕ130	ϕ150	ϕ180	ϕ200
实际填充率/%		21 左右	32 左右	32 左右	35 左右	>35
钢球砸衬板响声		大	基本消失	基本消失	消失	消失
半自磨产品浓度/%		72.5	75	74.3	75.6	75
半自磨产品浓度/%	粒度 <12mm	94.5	96.5	97	100	100
	粒度 <0.2mm	62.1	50.2	50.8	52.1	52.6
	粒度 <0.074mm	42.1	32.2	32.4	33.0	33.4
半自磨单耗/kW·h·t^{-1}		16.3	13.8	11.2	8.9	8.3
半自磨机破粉碎比		750	455	470	500	510
开 2 台球磨机负荷/kW		5900	5950	6000	6060	6100
球磨单耗/kW·h·t^{-1}		21.8	17.5	14.3	11.3	10.5
磨矿产品浓度/%		30 左右	30 左右	30 左右	30 左右	30 左右
磨矿产品 -0.074mm 粒度		68 左右	63 左右	63 左右	63 左右	63 左右
球磨机破粉碎比		3.1	4.9	4.8	4.5	4.5

表 4-171 说明，随着半自磨机增加充填率和加大钢球，处理量增加一倍多；球磨机钢球大小、装球率和实际充填率等工况操作基本不变，磨矿产品合格粒度的含量只减少 3% 左右。

通过对半自磨机添加钢球种类、数量，排矿格子板开孔、修边等采取措施，以及对半自磨机的给矿粒度和硬度等影响因素的探索，较有效地解决了半自磨机排矿不畅的问题，今后衬板的设计及改型将会更有利于半自磨处理能力的发挥。

C　德兴铜矿选厂 SABC 磨矿工艺流程

德兴铜矿于 2010 年底投入使用半自磨系统，设计能力为 2.25 万吨/天，台效为 937.5t/h。其工艺流程为 SABC 流程。主要设备半自磨机（10.37m×5.19m）和球磨机（7.32m×

10.68m），均由中信重工制造。半自磨系统投入运行近一年来，1~11月份处理矿石量565万吨，实际平均台效为912t/h。

半自磨系统工作流程为：从粗矿堆来的矿石通过1号、2号、3号铁板给矿机给矿到1号-2号-3号皮带，进入半自磨机。磨后的矿石到1号或2号振动筛，筛上顽石经4号、5号、6号、7号皮带进入圆锥破碎机破碎后回到3号皮带循环。筛下产品进入泵池泵到旋流器组件，合格产品经管路输送浮选，粗颗粒进入球磨机再磨，球磨机再磨后进入泵池循环，如图4-204所示。

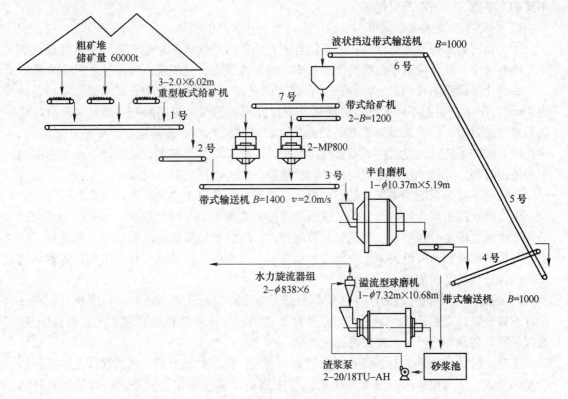

图4-204　德兴铜矿半自磨系统流程

半自磨系统运行现状分析如下：

（1）处理难磨矿石时台效偏低。矿石性质对半自磨流程的处理能力有重要影响。矿石性质因矿体、矿段、成因不同，致使半自磨机的磨矿效率有很大的波动性，特别是矿石硬度的变化，严重影响了磨机的生产稳定性。对于自磨机和半自磨机来说，当矿石可磨度改变时，给矿量必须大幅度调整，以免处理软矿石时发生过磨和硬矿石发生欠磨。因此，处理难磨的铜厂矿区的矿石时，半自磨机的负荷很高，球磨机的负荷偏低，台效下降；相反，在处理易磨的富家坞矿区的矿石时，半自磨机的负荷偏低，球磨机的负荷很高，台效提高。

（2）系统设备的运转率不高。由于衬板制造质量不稳定和钢球砸筒体衬板的双重原因，造成整套衬板在使用寿命周期内，有断裂和固定螺栓松动现象，必须停机检修，严重影响系统设备的运转率的提高。

（3）钢球、衬板消耗指标不理想。由于处理难磨矿石时，混合充填率低，存在钢球砸筒体衬板的现象，钢球消耗量大，同时严重降低了半自磨机衬板的使用寿命。同时，顽石破碎机的效率发挥不佳，系统运行成本较高。

提高系统的台效及运转率的措施：

1）提高矿石性质的稳定性是保证设备台效及运转率的关键。由于该系统设备运转速度是固定的，不可调节，因此对矿石性质的稳定性要求高。一是在供矿方面要尽量保证铜厂和富家坞均衡供矿；二是确保粗矿堆下料的 3 个下矿点正常，根据不同的矿石性质选开不同的下矿点，以便能及时配矿。

2）保证半自磨的混合充填率是稳定半自磨工艺生产的关键：

①优化实验和探索磨矿介质，寻求适合矿石性质的最佳磨矿介质充填率，重新确认磨矿介质的大小，从而提高半自磨的生产效率。掌握充填率、处理量、能耗等之间的关系。

②优化振动筛的孔网尺寸，保持一台振动筛孔网尺寸 10mm × 25mm 不变，另一台改为 8mm × 20mm，根据不同的矿石性质选开不同孔网的筛子，提高顽石循环量，充分发挥顽石破碎的效率，以提高难磨矿石时的充填率。定期检查顽石破碎机破碎矿石产品粒度，优化顽石破碎系统。通过增加砾石窗开口面积，加快顽石排出速度，减少顽石在半自磨机中的停留时间，并进一步优化圆锥排矿口的控制范围，保证顽石有效破碎。

③确定半自磨系统的操作控制点，稳定半自磨机的磨矿功率和旋流器的给矿压力。

④开展处理不同性质矿石时的系统流程考察。掌握原矿来料的性质，如铜厂和富家坞的供矿比例、硬度、含水量、含泥量及粒度特性，测定和计算磨矿流程中矿石的浓度、细度，分析磨矿机和分级设备的生产能力、负荷率、效率等。校准流量计、浓度计等现场仪表，确保最佳的磨矿浓度。

3）优化半自磨机衬板的设计选型与制造，提高设备运转率。现有半自磨机衬板存在设计不够合理，安装尺寸控制不严，以及材质选用、冶炼质量和热处理工艺方面的问题，造成衬板开裂及螺栓松动，并出现漏浆现象。

①合理设计（改进）衬板结构，改进衬板材质，提高衬板质量。改进筒体及端盖衬板的结构形式，使之在铸造、热处理工艺过程中能更好掌控和便于安装；同时从原材料入手，控制杂质含量，提高产品质量。

②制定衬板铸造质量检验标准并严格检查，控制不合格产品进入安装程序。要求：铸造衬板安装面的变形量控制在 5mm 以内，衬板的硬度控制在 HRC32 ~ 36，冲击值不小于 50J/mm，抗拉强度不小于 900MPa。

③将部分端衬板更换为橡胶衬板，减小其质量，便于安装，容易紧固，有效提高其使用寿命，避免由于螺栓松动而造成漏浆现象的发生。

④保证底部衬胶的平整度，以增加衬板的接触面积，提高稳固性。

⑤严格控制衬板安装螺栓的紧固扭矩，由专用空压机为风动扳手供风，以稳定风量和风压。整套衬板安装使用 24h 后，必须停机重新紧固，确保螺栓不松动。

4.7.4.3　其他矿选矿厂的磨矿分级流程

Lefroy 金矿（SAC 流程）属于 St. Ives 黄金矿业公司。该公司是南非金田公司的子公司。St. Ives 黄金矿业公司是澳大利亚的第三大黄金生产矿山，经营着 Lefroy 选矿厂和一个堆浸系统，选矿厂每年处理约 480 万吨高品位金矿石，生产约 13.6t（48 万盎司）黄金。

堆浸系统每年处理250万吨低品位金矿石，生产约1.275t（45000盎司）黄金。

在 St. Ives 的矿床中，沿着矿物的晶粒边界，金矿石大都呈中等颗粒或自然金存在。金的合金（如银金矿）、金的矿物（如碲金矿和黑铋金矿）在大多数的地方都能观察到，尽管比例很小。矿床中有些地方10%～20%的金呈细粒包裹在硫化矿物（如黄铁矿和磁黄铁矿）中。单体金由于粒度较粗易于从脉石中解理。采用重选、硫化物精矿细磨和氰化工艺即可得到较高的回收率。

Lefroy 选矿厂碎磨回路的配置如图4-205所示。

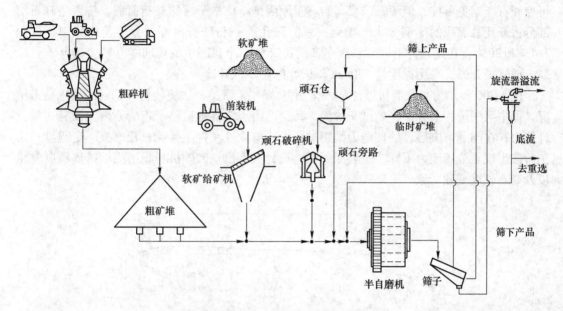

图 4-205　Lefroy 选矿厂碎磨工艺流程

采场过来的矿石直接给入粗碎机，过量的矿石则分开堆放。软矿石的物料通过一个软矿石仓和一个板式给矿机绕过粗碎机和粗矿给至磨机，这就减少了由于黏性矿石造成堵塞而导致的停车，保证了粗碎机的能力。也可以作为备用给料，当粗矿堆料位低时使用。

粗矿堆总容量为77000t，粗矿堆下有3台板式给矿机，每台的给矿能力800t/h，每台给矿机在受矿溜槽处都装有摄像头监控堵塞情况。磨机的给矿皮带装有一个 VisioRock 图像分析系统，以监控半自磨机的给矿粒度。

磨矿采用一台10.72m×5.48m半自磨机，半自磨机排矿通过一台8.6m×3.7m的振动筛分级除去大的顽石。半自磨机排矿筛的筛下产品给至一组10台直径为508mm的 Krebs 的 gMax 型旋流器分级，旋流器底流的约30%被给至两个单独平行的重选回路。所有的旋流器底流汇集到磨机的给矿。重选回路包括两个平行的 SB2500Falcon 选矿机、两个平行的 IPJ2400 压力跳汰机回收硫化物，1台 SB1350Falcon 选矿机用于精选 IPJ 的精矿，1台 VTM-500 立磨机对跳汰的精矿进行再磨，以解理硫化物中的细粒包裹金。重选回路所有的尾矿都汇集到半自磨机的给矿箱。

该矿于2005年试车，湿式试车采用全自磨（FAG）模式启动，然后钢球充球率从4.2%增加到6.2%，然后再增加到8.0%。处理能力随着充球率的增加而增加，在充球率8.0%的情况下，处理能力达到546t/h，略低于设计的551t/h。到这个阶段，排矿格子没有更换。顽石产率，不管是占新矿的比例还是绝对量，都随着充球率的增加而降低。在FAG 模式下，顽石产率非常高，超过 100%。在达到 8.0% 的充球率后，顽石的循环量占新给矿的比例为 47%，即 269t/h，远高于设计值。由于顽石产量超过顽石破碎机的处理能力，必须经旁路过去。半自磨机转速不能超过 9.3r/min，否则会进一步增大顽石产率。太高的顽石产率会造成半自磨机排矿筛阻塞，筛面失灵，导致大量的过大颗粒旁路到旋流器给矿漏斗，阻塞旋流器给矿管和砂泵，导致长时间回路停车。由于这些原因，半自磨机不能按设计的 10.4r/min（转速率 80%）转速试车，除非顽石的产率能够可控。高的充球率可使顽石产率更可控，但顽石产率高的真正原因是排矿格子板的开孔面积，特别是砾石窗部分占开孔总面积的比例太大。随后，总的开孔面积和砾石窗部分分阶段地分别降低到7.4% 和 20%，在此条件下，顽石产率降低到 28%，半自磨机的处理能力超过 600t/h。

矿浆提升器，采用深度量 430mm 辐射状的矿浆提升器。

图 4-206 所示为半自磨机性能从试车到 2006 年 4 月第一次更换衬板期间的处理能力情况，图中第一段为上升期，是试车阶段，特别是由于磨机排矿格子板的原因，没有达到设计能力；在问题解决后，处理能力则超过了设计值，且一直维持到衬板磨损一定程度；第三阶段出现了处理能力下降，主要原因是磨机衬板磨损、破碎机衬板磨损后排矿粒度变粗以及矿石硬度变硬所致。

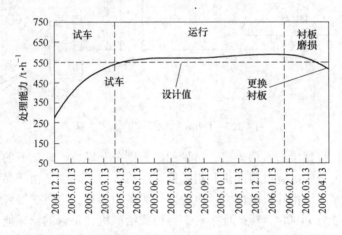

图 4-206　半自磨机第一次更换衬板期间的处理能力情况

半自磨机衬板除了给矿端的中部和外圈衬板外，其余的磨损程度都很好。给矿端衬板在处理了 210 万吨矿石后，必须更换。对给矿端的提升棒形状做了改进，增加了高度。第二套衬板安装后一直用到磨机整体换衬板。筒体衬板、排矿端衬板和格子板到更换时共运行了 15 个月，处理了 560 万吨矿石。给矿端衬板和提升棒的形状需要重新改进，目标是要使所有的内部衬板一起更换。延长衬板使用寿命的两个因素是球的充填率相对小和磨机在相对高的矿球比下运行。这台半自磨机通常在约 8% 的充球率和 28% 的总充填率情况下运行。

半自磨机的排矿筛由 Shenck 公司提供，在筛面上，前三排是防冲击板，其余的是筛板。筛板是柔性自清洁型。防冲击板和前四排筛板由于受冲击作用而磨损严重，过早损坏，导致大量的顽石进入筛下漏斗，阻塞了旋流器给矿泵和管路。对防冲击板和筛板的改进明显地延长了使用寿命，消除了非计划停车。

给矿粒度对半自磨机处理能力的影响见图 4-207。

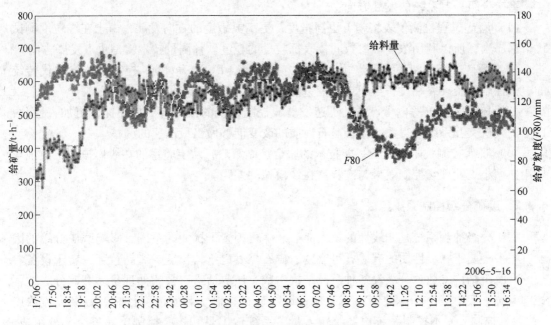

图 4-207 给矿粒度对半自磨机处理能力的影响

4.8 磨矿分级的自动控制

4.8.1 磨矿分级自动控制的意义和方向

我国的选矿工业是传统的基础产业，存在的突出问题是能耗高，效率低，自动化水平低，劳动强度大，选矿技术经济指标较低，而且因矿石性质及操作条件的变化，指标不稳定。选矿厂靠人工操作很难使生产维持在最优状态。解决这些问题的重要途径之一就是研发选矿工业生产过程的关键技术、装备、仪器仪表，实现选矿工业生产过程的自动化。实现自动控制可以使产品质量提高而且稳定，达到节能减排、降本增效的作用；而且在选矿厂生产工艺流程中磨矿分级回路是一个非常关键的环节。磨矿分级作业在选矿厂的基建投资和生产费用（电耗、钢耗）中占有很大比例。同时磨矿分级回路的处理能力制约着整个选矿厂的处理能力；磨矿产品质量（包括产品粒度、产品粒度分布、单体解离度和磨矿浓度等）与后续浮选、磁选等选别流程的分选效果有直接关系，磨矿分级回路的效果影响着选矿厂的技术经济指标。

磨矿分级控制系统应使磨矿分级过程在稳定或最佳状态下工作，充分发挥和提高磨矿的分级效率，使有用矿物与脉石达到充分单体解离，保证溢流产品质量，以便获得更高的经济效益。磨矿分级是选厂耗能最多、成本最高的环节，也是直接关系到产品质量和产量的重要环节。磨矿分级自动化控制系统是采用先进的控制方式，通过对磨机负荷和给矿性质等因素的综合分析判断，实现对磨机给矿、磨矿浓度、分级溢流浓度和粒度的优化控制，磨机球荷球比的分析和调整，磨机油路润滑系统的安全保护等。同时，系统还能实现磨矿分级作业参数的自动检测、显示和各种故障报警，最终使磨矿分级作业始终处在最优的运行状态。

磨矿分级控制系统的发展方向：

（1）磨矿过程检测仪表将朝着更高精度、更高灵敏度的方向发展，由于在线粒度测试仪价格昂贵，所以利用浓度等参数间接表征粒度的粒度软件测量技术就是重点发展方向。

（2）磨矿分级控制系统朝着更集中的方向发展，DCS、Profibus 控制总线将取代传统的电气控制系统，终端设备与中央集控室的联系更紧密，反应更迅速。

（3）随着触摸屏等电子设备的迅速发展，控制系统的操作将更加便捷，更加人性化；良好的人机交互系统使得系统对于矿石性质的改变能够做出最迅速的调整。

（4）现代控制技术与人工智能技术的联合控制策略，从实验室的在线模拟到工业现场应用，缩小工业现场控制效果与实验室在线模拟的差距。

4.8.2　磨矿分级控制系统组成

磨矿分级控制系统是非线性的、大滞后、随机因素干扰大的系统。影响磨矿分级的因素有很多，属于物料性质的有矿石可磨度、矿石黏度、给料粒度、产品粒度，属于设备参数的有磨机结构参数、分级设备种类及结构参数，还包括给矿泵的处理量。磨矿分级过程控制系统一般由三个基本控制环节组成，即给矿量控制、磨矿浓度控制、分级溢流浓度（粒度）控制。基本控制系统由系统输入量、系统输出量和核心控制单元三个部分组成，磨矿分级控制系统的系统输入量和输出量框图见图 4-208。

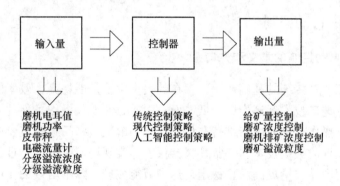

图 4-208　磨矿分级控制系统输入量和输出量框图

系统输入量主要靠磨矿分级过程仪表进行检测，目前在选厂应用的有给矿量、矿浆流量、矿浆浓度、矿浆粒度、矿仓料位、磨机负荷量六种检测仪表。系统输出量控制主要集中在给矿量控制、磨矿浓度控制、磨机溢流浓度控制等方面。主要通过调节给矿皮带速度、磨矿给水阀门开度、给矿泵转速等手段来进行控制。磨矿分级自控系统见图 4-209。

磨矿分级过程控制系统，由 3 个基本控制环节组成：给矿量控制，磨矿浓度控制，分级溢流浓度（粒度）控制，如图 4-210 所示。

控制系统输入量主要有：

（1）磨机电耳。它主要选取磨机运转时其内部声音的强度及频率，然后转变成电信号，传送给控制器（PLC 等），作为判断磨机是否"胀肚"或空转的依据，也可作为给矿

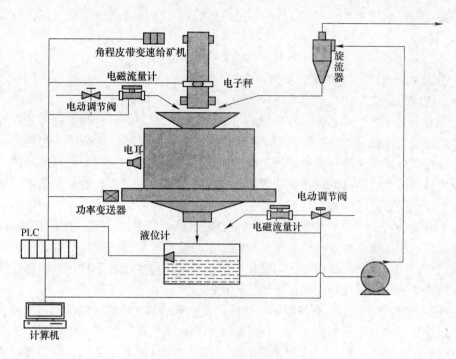

图 4-209 磨矿分级自控系统示意图

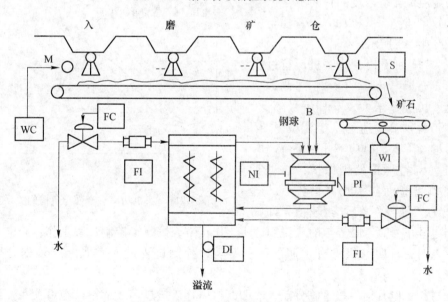

图 4-210 磨矿分级过程控制系统基本组成

M—给矿机；N—磨音；C—控制；F—流量；P—功率；S—给矿机切换；
D—浓度；W—质量；I—变送；B—钢球量

量控制的外设定值。

（2）磨机功率（电压和电流）。它能反映出磨机运行是否处于最佳状态。磨机功率大，说明磨机效率高。

（3）皮带秤（核子秤或电子秤）。用于反映矿石进入磨机瞬间的流量、累计台·时处理量。

（4）电磁流量计。用于返砂水与排矿水流量的监测。

（5）分级溢流浓度（或粒度）检测。

控制系统输出量主要有：

（1）给矿量控制。"恒定给矿"矿量的给定值是人工设定的。这种控制方式在有色金属矿山浮选厂采用比较多；"变值控制"矿量的给定值是根据磨机负荷的变化随时自动修改的。这种控制方式在大部分黑色金属矿山选矿厂采用比较多。控制器根据矿量的设定值与实测值比较，调节给矿电机转速，从而控制磨机的给矿量。在多台给矿机给矿时，可采用给矿机自动切换方式。

（2）磨矿浓度控制。磨矿中的给水量直接影响着磨矿效率和质量。由于在磨机内直接测量矿浆浓度比较困难，所以一般采用磨机前加水与总给矿量成一定比例的控制方案。磨机内矿浆浓度的控制对象主要取决于向磨机内添加总给矿量（新给矿量＋返砂量）和新加水量，系统根据总给矿量按一定的固液比进行控制。

（3）磨机排矿浓度控制。系统根据总给矿量及磨机前加水量综合发出相应的控制信号来改变磨机排矿给水调节阀的给水量，使排矿给水成比例地跟踪磨机总给矿量，达到溢流排矿浓度的稳定；还有一种方式，就是用浓度计直接测量溢流矿浆浓度，调节排水量，从而达到稳定溢流排矿浓度的目的。

磨矿效率监测。磨机功率、音强与负荷关系如图 4-211 所示。

从图 4-211 可看出，球磨机运行过程中，当矿石充填率低时，电耳信号高，功率小；随着填充率增大，电耳信号降低，同时功率消耗增高；达到一定充填率时，电耳信号继续降低，但功率开始下降。磨机"胀肚"与空砸预处理保护：通过实物标定可以将磨机"胀肚"趋势点的电耳信号作为"胀肚"信号比较值，即临

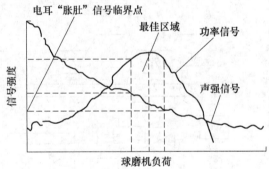

图 4-211　磨机功率、音强与负荷的关系

界点。当电耳信号高于临界点时，说明磨机工作正常，按原定控制过程工作；当电耳信号接近临界点时，说明磨机具有"胀肚"的趋势，控制过程进入"胀肚"预先处理保护部分。

保护过程：电耳信号接近临界点，表明磨机内存矿量过多，或给矿粒度变粗，或矿石硬度升高的趋势发展，可控制给矿信号减小或控制给矿停止一段时间（在特殊情况下），直到电耳信号升高，接近某个定值后再恢复原给矿量。正常情况下，原给矿量是球磨机能力所允许的。导致"胀肚"的原因一般是原矿性质的变化造成的。

磨机空砸保护原理与"胀肚"保护过程类似。仅保护球磨机不发生"肚胀"和空砸的现象，不能大幅度提高磨机处理量，控制溢流粒度满足要求，还必须保证球磨机始终运行在磨矿效率较高的状态。系统通过对功率、电耳的对比分析以及变化趋势（通过模糊计算）确定矿石的性质、球荷等外部情况。当矿石粒度均匀、加球适当时，可以自动调节台

时处理量高于常规值，实现自动寻优给矿。

4.8.3 磨矿分级过程检测仪表

近年来，随着电子元器件技术和计算机的快速发展，矿物检测仪表从分立元件到大规模集成电路，从模拟仪表到数字化、智能化仪表，经历了不同的发展阶段，实现了一次又一次质的飞跃。在选矿领域中，不断涌现出一批性能先进、质量可靠的矿物测控设备和检测仪表，如品位分析仪、粒度分析仪、电子皮带秤、核子秤、浓度计、矿物水分测定仪、矿仓料位计、自动加球机、磨机负荷检测仪等。这些选矿测控设备和仪表在选矿厂的推广使用，大大地推动了选矿过程自动化的进程，也显著降低了工人劳动强度，提高了劳动生产率和选矿技术指标，改善了工作环境，对提高选厂经济效益和促进企业技术进步起到了不可估量的作用。

下面分别介绍给矿量、矿浆流量、矿浆浓度、矿浆粒度、矿仓料位、加球机和磨机负荷量七个方面的工业应用检测仪表。

4.8.3.1 给矿量检测

我国 20 世纪 50 ~ 60 年代，散装物料的连续计量基本上采用机械式皮带秤，没有电输出信号，且准确度低。70 年代，开发出单托辊的电子皮带秤，压力传感器直接将质量信号转换为电信号，为磨矿控制提供了较为先进的计量控制手段，但是受皮带机架和皮带输送机工作环境及变化条件影响较大，准确度仅能达到 ±2.0%，且秤的电路部分大多采用分立元件，故障率高、功能单一、维护工作量大。80 年代，国内外开发出多托辊、微机电子皮带秤，克服了上述缺点，多托辊基本消除了机械因素的干扰和影响，为微机秤提供了多种功能，实现了自动调零、自动去皮、自动校正等功能，大大提高了计量准确度。与此同时，国外在 70 年代末研制出核子皮带秤，我国在 80 年代中期也开始研制核子秤。它的最大特点是非接触式计量，传感器不与皮带机及机架接触，也不与物料接触，最大限度地消除了各种机械干扰因素的影响，加之它采用了微机作信号处理，具有电子皮带秤的各种功能，可靠性高，基本没有维护量，最大动态累计误差在新安装时可达 ±0.5% ~ 1.0%，而且可做到一机多秤。目前，无论是电子皮带秤还是核子皮带秤，都在我国各领域的散装物料的连续计量中扮演着越来越重要的角色。

4.8.3.2 矿浆流量检测

目前工业上所用的流量计大致可分为两大类：

(1) 速度式流量计。以测量流体在管道内的流速作为测量的依据来计算流量，例如电磁流量计、漩涡流量计、涡轮流量计、激光流量计、冲击式流量计等。

(2) 容积式流量计。以单位时间内所排出的流体固定容积的数量作为测量的依据。例如椭圆齿轮流量计、腰轮流量计、盘式流量计、刮板式流量计、活塞式流量计等。

在选矿生产过程中，矿浆负荷的分配、精矿计量、矿浆管道输送等方面都要用到矿浆流量检测，但真正能用并用好的矿浆流量检测设备并不多见。

电磁流量计除了用来测量单相导电液体的流量外，还经常用来测量矿浆、泥浆、纸浆、纤维浆等液固两相流体介质的流量。当液固两相流体介质中含有铁、钴、镍等磁性物质时，称为铁磁性矿浆；反之，不含有铁、钴、镍等磁性物质的液固两相流体介质称为非磁性矿浆。电磁流量计通过测量管道中磁通量的变化来测定矿浆流量的大小。

4.8.3.3　矿浆浓度检测

选矿厂湿式选矿作业是在一定矿浆浓度的条件下进行的，所以选矿过程中矿浆浓度是必须检测和控制的重要工艺参数之一。矿浆浓度测试方法有手工测试和仪器自动测试两种。其中手工测试有烘干法和浓度壶法。其优点是简单、准确、便宜，所以目前许多选矿厂仍使用这种方法测量浓度。但不能实现在线实时检测和工艺过程自动控制。而用浓度计的优点是可以实时、自动、连续地监测矿浆浓度并对浓度实行自动控制。矿浆浓度计根据测量原理的不同分为 γ 射线式、超声波式、静压力式、重力式、浮子式、振动式、电磁感应式等。其中 γ 射线式又分为电离室式和闪烁计数器式；超声波浓度计又分为声强式、声速式和声阻式；静压力式浓度计又分为水柱平衡式、双管气泡差压式和隔膜侧压密封式；浮子式浓度计又分为漂浮浮子式和浸液浮子式；振动式浓度计又分为单管振动式和双管音叉振动式等。

早在 20 世纪 80 年代，辽宁八家子铅锌矿就研制出差压浓度计，并在生产中应用。由于这种浓度计测量反应速度快、结构简单、成本低、无射线防护问题，因此，它在矿浆浓度的在线检测方面仍具有一定的生命力。该仪器的特点是结构简单、成本较低，一般选矿厂依靠自己的力量就可以加工制造。但其体积大，比较笨重，安装不方便。

4.8.3.4　矿浆粒度检测

粒度测量和分析一直是选矿领域中重要的研究课题，粒度大小及组成是物料重要的性质之一。因此，无论是在实验室内的物料粒度分析，还是在线粒度测试，都是矿物加工的试验研究及生产过程的检查控制所必需的。随着科学技术的飞速发展，人们对各种测试技术的要求越来越高，已从传统的测试技术朝高科技方向发展。

在线粒度分析仪是矿物加工连续生产过程中关键参数的自动检测装置，在有色与黑色金属、黄金、水泥、化工等工业得到广泛应用。目前，有代表性的仪器是美国丹佛（DENVER）自动化公司的 PSM400 超声波粒度分析仪、芬兰奥托昆普公司 PSI200 粒度分析仪、马鞍山矿山研究院研制的 CLY-2000 型在线粒度分析仪、北京矿冶研究总院研制的 BPSM 系列在线粒度分析仪等，其中 PSM400 与 CLY-2000 都是基于超声波原理研制的产品，而 PSI200 与 BPSM-Ⅱ 型都是基于线性检测原理、直接测量粒度分布的仪器。近几年。芬兰奥托昆普公司新研制了一种基于矿物颗粒散射光的浓度分布测量原理的 PSI500 新型粒度分析仪，我国永平铜矿选矿厂已应用这种分析仪。

4.8.3.5　矿仓料位检测

随着选矿生产过程自动化水平和控制系统可靠性要求的提高，料位测量控制的作用日益突出。按生产工艺要求，料位测量装置有两类：一是极限料位检测，即料位开关，一般有上、下限 2 个检测点。一旦料面达到预先设定的料位，就发出控制信号，使给料、布料或卸料设备进行相应的动作。二是连续料位测量，有定时测定和需要时进行测定两种工作方式，用于较精确掌握料面高度的场合。有时为较好满足工艺要求，在一个料库上既设置连续测量的料位计，又配置固定高度的料位开关，两种料位计互相补充。电容式、阻旋式、γ 射线料位式、音叉式、膜式一般作为料位开关使用；重锤式、雷达式、超声波式一般用于连续式料位检测；而称重式则用于体积不大的金属仓的连续料位或限位检测。

超声波料位计的工作原理是利用一定条件下超声波在空气中的传播速度是一定的，所以通过测量超声波从探头传播至料位表面并返回到探头所用的时间来计算出探头到料位的距离，再用料仓的总高减去这个距离即可得实际料位。其中超声波在空气中的传播速度（C 参数）是关键的数据，它的准确与否直接关系到测量结果的精确度。超声波料位计出厂时内设的 C 参数只适用于通常的空气介质，但是否适用于实际的工况条件、温度补偿是否准确都是需要考虑的。

目前江西德兴铜矿泗洲选矿厂第三段破碎工段、中钢集团马鞍山矿山研究院先后在上海梅山集团（南京）矿业有限公司选矿厂细碎车间、马钢南山矿凹选车间碎矿工段与超细碎工段等矿仓料位检测中采用了超声波料位计，并实现了破碎机有效监控。

在梅山铁矿选厂原矿输出系统中，应用超声波料位计测量矿仓中矿石料位。生产运行效果表明：超声波料位测量值能较好地反映矿仓内的实际料位。定量布料准确，杜绝了矿仓空砸、溢仓损坏布料车的设备事故；同时改善了操作人员的环境，提高了设备运转率，经济和社会效益显著。

4.8.3.6 磨机负荷量检测

球磨机负荷是指磨机中球的负荷、物料负荷以及水量的总和，它是磨矿过程一个重要参数，直接影响到磨矿的效果。在实际生产过程中，由于矿石性质的波动以及一系列外界因素的干扰和操作水平的差异等，球磨机的负荷难以维持在最佳水平，不能充分发挥球磨机的功效，因此，在磨矿过程自动控制中球磨机负荷的检测和控制是球磨机自动控制的重要内容。能否准确地检测出球磨机的负荷，是整个球磨机优化控制成败的关键。

传统的单因素检测包括声响法、有用功率法、振动法、压力传感法；双因素检测方法包括功率-声响双信号检测、声响-振动双信号检测。另外，还有功率-振动双信号检测球磨机负荷等方法（如昆钢罗茨铁矿、山东焦家金矿、金川公司选矿厂等）。但总体来说，双信号检测球磨机负荷虽然比单因素检测前进了一步，但仍然不能确定球磨机的内部工作状态（即介质充填率、料球比和磨矿浓度），因此，难以实现球磨机的最优控制。目前磨机负荷量检测方法的另一个发展方向是非仪表检测方法，包括基于磨机外部响应信号的测量方法以及融合多源信号的软测量方法等，非仪表检测方法目前在实验室离线检测中效果良好，如何将实验室结果应用于工业控制，仍需进一步检验。

4.8.3.7 水力旋流器分级自动控制

水力旋流器是一种应用广泛的离心分级设备。其结构简单，本身无运动部件，操作容易，体积小，处理量大，分级效果好，占地面积小，矿浆在其内停留的数量和时间少，维护方便。然而，在生产过程中影响水力旋流器工作效率的因素很多，如水力旋流器的固有参数（内径、给矿口尺寸、溢流管直径、沉砂口直径、溢流管插入深度、柱体高度、锥角等）和外部参数（如矿石性质、给矿压力、矿浆浓度、给矿量等）。这些参数均会影响到水力旋流器的分级率。但就水力旋流器自身的工艺而言，固有参数和矿石性质不可控的情况下，给矿压力和给矿浓度直接影响到水力旋流器的分级效率。随着选矿自动化的发展，水力旋流器自动化正是解决这些问题的关键所在，传统的人工调节方式既不准确也不及时。而水力旋流器自动控制系统的应用，不但克服了人工调节的缺点，而且还可以改善水力旋流器的分级性能，为选矿厂带来直接的经济效益。同时，减轻了岗位工人的劳动强度。

水力旋流器控制的主要目的是保证其溢流粒度、沉砂浓度及其处理量，在结构参数固定及矿石性质不可控的情况下，控制系统将给矿压力和给矿浓度作为控制水力旋流器的主要控制对象。

（1）水力旋流器给矿浓度控制。当水力旋流器压力一定时，给矿浓度对溢流粒度及分级效率有重要影响。给矿浓度高、矿浆浓度大、含泥量高时，矿浆黏度和密度将增大，矿粒在水力旋流器中运行的阻力增大，而使分离粒度变粗，分级效率低。反之，当给矿浓度低时，阻力变小，分离粒度变细，分级效率高，所以对于给矿浓度的控制非常关键。选用浓度计实时监测给矿浓度的变化情况，通过调节水力旋流器矿浆池的补水来控制给矿浓度，从而保证水力旋流器的分级效率。

（2）水力旋流器给矿压力控制，给矿压力是水力旋流器中矿浆产生速度的原因，它直接影响水力旋流器的处理量和分级粒度。当压力增大时，可以提高分级效率，但是这将增加动力消耗和设备磨损，所以利用增大压力来提高分级效率是不经济的。但在必要的情况下，也可以通过稳定浓度适当调节水力旋流器给矿压力来提高水力旋流器的分级效率。

（3）水力旋流器给矿量控制。水力旋流器沉砂浓度的大小直接影响磨机的磨矿效率。当浓度一定时，通过在一定范围内调节水力旋流器的给矿压力，使水力旋流器的沉砂浓度保持在工艺要求的范围内，否则就会出现磨矿分级过程"死循环"的现象。在这个意义上，水力旋流器的控制又必须将水力旋流器沉砂浓度的控制作为水力旋流器控制的重点之一。

（4）水力旋流器的矿量控制。在水力旋流器给矿管道安装流量计来监测水力旋流器的给矿量，根据工艺流程中水力旋流器的处理能力，当水力旋流器的给矿量加大时，需根据流量和水力旋流器的处理量进行分析、判断，增加水力旋流器的开启数量，反之，减少水力旋流器组的开启数量。

水力旋流器的控制是一个复杂的控制过程，主要体现在三个方面：1）泵池液位、给矿浓度、给矿压力发生变化，均会导致水力旋流器原有控制平衡被破坏；2）给矿浓度、给矿压力均影响水力旋流器溢流粒度指标，当溢流粒度指标发生变化时，无论调节给矿浓度还是调节给矿压力（往往是同时调节），调节幅度均无法精确定义，并且要考虑泵池液位、球磨机负荷的变化；3）磨矿生产工艺过程的时变性和不确定性，导致水力旋流器各个工艺参数的时变性和不确定性。

如果采用单纯的 PID 控制方式（浓度不适合就控制浓度，压力不适合就控制压力）来控制水力旋流器，不仅达不到控制效果，还会造成生产混乱。为此，可采用 Fuzzy + PID 对水力旋流器进行控制。水力旋流器控制原理见图 4-212。

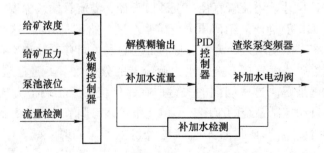

图 4-212　水力旋流器控制原理

控制系统将检测到的水力旋流器给矿浓度、给矿压力及矿浆池液位的信号作为水力旋流器模糊控制输入，模糊控制器经过模糊运算和模糊推理，并根据推理结果，给出一种适合此时水力旋流器工作的控制方案。

该控制系统在传统的闭环负反馈 PID 控制系统基础上，引入对动态的、随机的因素适应性更强的模糊控制器，进行 Fuzzy + PID 复合控制，起到适应 PID 控制器参数自校正的作用。这样即可保持 PID 控制的无静差，稳定信号的特点。实践证明，该控制方法应用于水力旋流器的控制，结果是令人满意的。

4.8.3.8 自动加球机

球磨机在进行磨矿作业时，需要定时、定量、按比例地补充各种规格的钢球，以使磨机的填充率和球径比保持在要求的范围内，从而保证球磨机高效低耗地运行。

A Magotteaux 自动加球机

美国 Magotteaux 国际公司是一家专门向世界各地矿物、水泥、染料及回收工业提供优质铸造磨矿衬板及其他耐磨件的集团公司。该公司开发的球磨自动添加系统有助于改善磨矿过程和提高效益，这种自动加球机（ABC）采用球径为 12.7 ~ 127mm 的混合球，每一次加球量较小，通常为 100kg；而人工加球系统通常加球量为每次 1000 ~ 10000kg（过去的加球量）。它连续地监测磨机的驱动功率、给矿量和球耗量，然后算出可维持最佳磨矿功率的适宜加球量，从而实现通过功率控制，减少操作者的参与程度以及根据磨机给矿的磨蚀性实时调节球耗来优化整个磨矿过程。

为了简化安装 Magotteaux 的自动加球机而设计成单一结构，由以下四部分构成：一个 2.13m 直径的圆柱形衬有橡胶的储球漏斗。漏斗支撑在 4 条腿上，容量为 10t，如果使用 3.5m 的环形件漏斗，其容量可增加 4.7t。1 台重型电磁振动给球机（设计成可处理各特定球径）将球从漏斗排出。给球机控制器安装在附接的电气箱内。磨球被给入带有可活动门并衬有橡胶的称重漏斗内，漏斗悬在 3 个 567kg 承载量的传感器上，利用一电子称量模块进行称量。自动加球的运行由一可编程逻辑控制器（PLC）控制，通过局部显示器与现场操作者沟通，利用远程机来跟踪磨机功率并计算加球量。自动加球机连续运行，极少需要操作介入，只需定期补充球源。远程计算机确定何时加球，并通知现场设备。

智利的 EI Teniente 铜矿有座日处理 5 万吨矿石的选矿厂，该厂有 8 生产序列，1998 年第 7 生产线安装了 1 台自动加球机样机。美国钢铁公司的 Minnte 铁矿，在二段球磨机安装了自动加球机样机。工业应用经验表明，自动加球机运行中操作者参与甚少，只需定期充填储球漏斗仓，加球速度的调节使磨机功率保持在操作者选定的功率值大的范围，可瞬时获取球耗及磨机性能数据。

B JQ 系列自动加球机

JQ 系列自动加球机是马鞍山矿山研究院于 1990 年研制的，并于 1991 年在上海梅山矿山公司铁矿通过原冶金部科学技术成果鉴定。采用该加球机自动加球可稳定磨机球荷，提高磨矿效率，降低磨矿电耗和节约钢球量。

该自动加球机已是第三代产品。它采用西门子 PLC S7-200 为控制器、S7-200 专用触摸屏 K-TB178 作为人机界面（HMI），通过扩展口与上位机连接，把自动加球机的数据上传到上位机组态画面中，可以通过组态画面对自动加球机进行控制。

该自动加球机分为手动、自动和全自动 3 种状态。通过触摸屏画面可显示状态。在手动状态下，可以通过触摸屏按钮直接控制加球电机和挡板电机的启停，控制补加钢球。

在自动状态下，用户需通过触摸屏预先设定每次加球个数以及间隔时间，控制器按照用户设定值，自动定时定量补加钢球。在全自动状态下，可以通过上位机传送的实时矿量及现场工艺条件等数据自动算出每小时的加球量，实现自动加球。

JQ 系列自动加球机具有定时定量均匀加球、累计加球量、无球报警等功能，具有不蓬料、不卡球、结构简单、便于维护的特点，有利于保持磨机内合理的球径配比和钢球充填率，从而提高磨矿率，降低球耗和电耗。以 $\phi2.7m \times 3.6m$ 球磨机为例，使用自动加球机后，1 台球磨机每年可节约钢球 20.4t，节电 109000kW·h。同时，它还能减轻工人劳动强度，有利于生产管理。它被广泛应用于冶金、煤炭、建材、电力等行业球磨作业过程中的钢球自动添加。

C　攀钢矿业公司自行研制的新型自动加球机

攀钢矿业公司密地选矿厂作为全国最大的钒钛磁铁矿生产基地，现有 16 条球磨分级生产线，年处理原矿 1600 万吨。由于没有适合现场要求的自动加球设备，球磨机一直沿用传统人工加球方式，不但工人劳动强度大，而且难以达到定时、定量、按比例地补充各种规格钢球的要求，影响了球磨机性能的良好发挥。2002 年，该公司综合运用光、机、电一体化技术，设计出一款通过安装在滚筒上的球爪进行随机取球，通过光电检测进行非接触检测，并由可编程序控制器进行智能辨识和控制的智能型自动加球装置，从根本上解决了以往加球机存在钢球卡、堵现象，对直径 40mm 以上的任意钢球均能顺利补加，并能准确识别钢球的类型和数量，实现了多规格钢球混装补加和控制，加球机结构示意图见图4-213。

检测与控制的结构及工作原理。球磨机需要按比例补加不同直径的钢球。以攀钢矿业公司密地选矿厂球磨系列为例，需要补加 125mm、100mm 和 80mm 钢球，比例分别为 25%、41%、34%。基于现场空间限制以及成本考虑，不可能为 3 种钢球分别配置 1 台加球机。为此，采用随机取球、精确控制的自动加球方案，成功实现了一机加多球。其基本思路是，将各种规格的钢球混装在 1 台加球机内，有加球滚筒随机抓取钢球放入球槽内，然后通过在球道上安装钢球类型检测和计数装置，精确计量和控制进入球磨机的钢球量和钢球配比，从而实现钢球自动、定时、定量、按比例补加。

控制系统采用 PLC 作为中心控制，通过控制程序完成电机的启停控制、检测信号处理、钢球类型的判断和加球量的统计，控制系统如图 4-214 所示。同时，为了加强人机交互功能，系统设计了中文界面操作人员屏幕。操

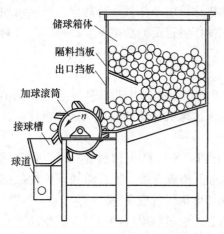

图 4-213　加球机结构示意图

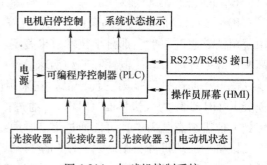

图 4-214　加球机控制系统

作人员可在屏幕上进行加球量、加球周期、钢球单重等参数设置，并可通过屏幕随时了解加球机累计加球的质量、各种规格钢球的数量等数据，实现钢球量和钢球配比的精确管理。

该新型自动加球机于2002年研制成功，2003年在攀钢矿业公司选矿厂16条球磨系统生产线全部得到应用，彻底结束了该选厂30多年人工加球的历史，对优化磨机补加球工艺，降低钢球消耗，充分发挥磨机效能起到了重要的作用。

4.8.3.9 操作系统控制界面及数据存储

磨矿控制系统界面可根据工艺的要求设计，从界面上可以直观地监控运行数据。同时数据会自动存储，以便日后查询。如图4-215所示为北京华德创业环保设备有限公司磨矿分级自动控制系统的界面。

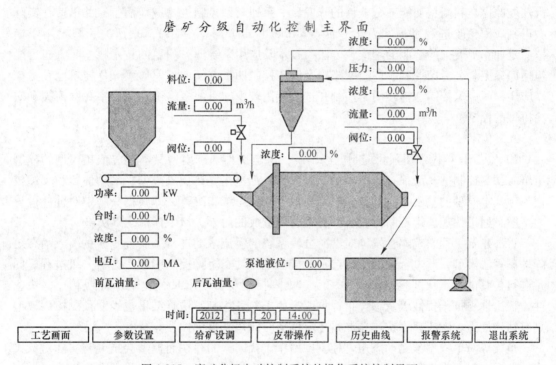

图 4-215 磨矿分级自动控制系统的操作系统控制界面

4.8.4 磨矿分级控制策略

磨矿分级控制系统能够起到良好的控制作用，除了使用先进的过程检测仪表外，还需要有一个正确的，并且适合于这个过程的控制策略。随着控制技术与手段从传统的 PID 控制发展到现代的人工智能控制，控制策略有了极大的进步，越来越多的控制策略被应用在工业现场。下面介绍磨矿分级控制系统目前采取的控制策略。其中，部分控制策略已在工业生产过程中应用，而部分控制策略目前仍停留在实验室或者半工业试验设备水平上，还有一些先进的控制策略经过计算机进行仿真分析，也取得了一定的成果。

4.8.4.1 传统控制策略

传统控制策略主要是闭环 PID 控制、Smith 控制、解耦控制。其中，PID 算法的最大缺点是不适用于大时间滞后的控制对象及参数变化较大的场合，因此 PID 控制不能使磨矿分级过程处于最理想的状态。Smith 预估控制能够在理论上使控制对象的时间滞后得到完全补偿。解耦控制是多变量控制的核心，其基本思想是设计一个解耦补偿器来消除多变量系统中各有关输入-输出变量间的关联作用，使一个控制输入只对其相应的输出有影响，以便把多变量系统分解成几个单变量系统。然后在已解耦的控制回路中，认为各控制器只对其相应的被控变量施加控制作用，从而可采用相应的单变量控制策略。传统控制策略由于其自身控制理念的局限性，不能完全满足磨矿分级控制系统非线性的、大滞后、随机因素干扰大的要求，因此现代控制策略和人工智能控制策略的引入，将克服这些缺点。

4.8.4.2　现代智能控制策略

随着现代控制理论、系统理论的形成与发展，过程模拟与仿真技术的应用，尤其是微机性能的提高和新型功能齐全软件的开发，一系列新型控制策略应运而生，并迅速在实际中得到应用、改进和发展。人工智能（artificial intelligence，AI），是研究、开发用于模拟、延伸和扩展人的智能的理论、方法、技术及应用系统的一门新的技术科学。人工智能包括模糊控制、专家控制、神经网络以及混沌控制四个方面。目前模糊 PID 技术已在选矿厂应用，而专家控制、神经网络控制在选厂应用较少，目前多停留在实验室在线模拟和实验机型的控制。

A　预测函数控制

20 世纪 70 年代中期预测控制已经出现，这是一种基于模型又不过分依赖模型的控制策略。预测控制的算法很多，但不论形式如何，都是建立在预测模型、滚动优化和反馈校正 3 项基本原理的基础上。其基本思想类似于人的思维和决策，即根据头脑中对外部世界的了解，通过快速思维不断比较各种方案可能造成的后果，从中择优予以实施。

青岛建筑工程学院顾善发等对磨矿分级系统的溢流浓度进行了研究。尝试引入动态矩阵控制算法模型，通过合适的参数选定，成功地将动态矩阵控制应用于磨矿分级过程。同时进行仿真试验。从试验结果来看，动态矩阵控制与传统 PID 控制响应曲线相比，快速性、稳定性、抗干扰性以及综合指标均明显优于 PID 控制。仿真结果也表明预测控制模型具有适应性强、响应速度快、超调量小、调节时间短、鲁棒性强等特点。

董飞等对单模型预测动态矩阵控制中由于干扰因素的存在而模型会出现与实际对象失配的情况，引入多模型动态矩阵控制算法，根据干扰因素——矿石性质的变化来建立模型集合，生产过程中根据矿石性质变化切换到相应的模型进行控制。仿真试验中根据矿石性质如高硬度、普通硬度、低硬度三种模型，仿真结果表明，多模型动态矩阵控制由于采用了与矿石硬度相匹配的模型，系统响应与单模型的控制相比，得到明显改善，控制效果大大提高，系统的鲁棒性也更好。

B　模糊 PID 控制

模糊控制是用语言归纳操作人员的控制策略，运用语言变量和模糊集合理论形成控制算法的一种控制。1974 年 Mamdani 首次用模糊逻辑和模糊推理实现了控制，开始了模糊控制在工业中的应用。模糊控制不需要建立控制对象精确的数学模型，只要求把现场操作人员的经验和数据总结成较完善的语言规则，因此它能绕过对象的不确定性、噪声以及非线性、时变性、时滞等的影响，系统性强，尤其适用于非线性、时变、滞后系统的控制。

江西理工大学的罗小燕等根据模糊控制理论，建立了模糊控制算法模型，在模型中分别设计了给料及主轴转速的模糊控制器，并采用并行连接的方法组成了一个两输入两输出的模糊控制系统。以江西理工大学研制的 RM500 预磨机为样机进行 Matlab 仿真，仿真结果表明，与常规的 PID 控制相比，模糊 PID 控制系统明显改善了预磨机的静态和动态性能，并且具有更强的自适应能力。在进一步的钨矿石预磨试验中，在模糊 PID 控制系统控制下，预磨机工作电流稳定，产品质量优异。

南华大学的唐耀庚对某铀矿石磨矿回路中引入自磨机拖动功率模糊控制系统，采用一种改进型控制规则自调整算法的模糊控制方案来改善控制系统性能。在某水冶厂铀矿石湿法自磨过程应用，结果表明扰动作用时控制系统响应快，超调量小，调节平稳，对系统的变化具有较好的适应能力。与传统 PID 控制比较，采用模糊控制，磨机产量得到了提高，粒度得到了控制，功耗有所降低，取得了较好的控制效果，满足了生产需要。

C　专家系统

专家系统是一个基于知识的智能推理系统。它拥有某个特殊领域内专家的知识和经验，并能像专家那样运用这些知识，即具有专家级水平的知识、经验和能力，通过推理作出智能决策。专家系统善于处理那些不能完全用数学模型精确描述的问题。应用专家系统，能够把技术人员及操作人员的经验结合起来，编制成计算机软件，组成专家控制系统，去控制磨矿过程，使磨矿生产获得好的指标，这是人工操作和其他计算机控制方法所不能比拟的。这种新型的控制方法改变了过去传统的控制系统设计中单纯依靠数学模型的局面，解决了在磨矿分级过程控制中，难以用精确数学模型表达的、模糊的、时变的、非线性和多干扰因素的复杂控制系统的问题。

周平针对磨矿分级过程的关键工艺指标——磨矿粒度难以用常规控制方法进行有效控制的难题，将智能设定方法与常规控制相结合，提出了基于案例推理的磨矿分级系统智能设定控制方法。以粒度指标的区间控制为目标，依据边界条件和运行工况等信息，由智能设定模型自动更新各基础控制回路的设定值，避免了人工设定的主观性及随意性，各控制回路跟踪更新的设定值，从而将粒度控制在目标范围内。该方法已成功应用于某赤铁矿选厂的磨矿分级过程，应用效果表明，提出的方法是有效的。向波针对磨矿分级过程中磨矿粒度难以在线检测和直接闭环控制的难题，采用案例推理技术建立了磨矿粒度的在线软测量模型，并在此基础上设计了对磨矿粒度进行闭环控制的先进推断控制系统。该系统能够根据磨矿分级作业的运行工况对底层 PID 控制器的设定值进行自动调节，然后通过 PID 控制回路对调整后的设定值进行跟踪，从而实现对磨矿粒度的闭环控制。在某选矿厂的工业应用表明，该先进控制系统能够对磨矿粒度进行较好的在线估计和控制。

D　神经网络

神经网络是用来模拟脑神经的结构和思维、判断等脑功能的一种信息处理系统。20世纪 80 年代以来，神经网络理论取得了突破性进展，并以它的一系列优异性能而迅速成为智能控制的一支新的生力军。神经网络在矿业工程中的应用是从 90 年代才开始的。采用的神经网络一般为多层前馈的 BP 神经网络，但 BP 神经网络存在局部最优问题，并且训练速度慢、效率低，而 RBF 神经网络在一定程度上克服了这些缺点，它在逼近能力、分类能力和学习速度等方面均优于 BP 神经网络。Rough Sets 理论（简称 RS 理论）在操作时无须提供除问题所需处理的数据集合之外的任何先验信息，可以直接对多维数据实施基于属性和元组两个方向上的一致数据浓缩或不一致数据浓缩，从中发现隐含的知识，是一种重要的数据挖掘工具。在选矿过程磨矿分级系统中，水力旋流器溢流粒度分布的测量具有十分重要的意义，但现场缺乏直接测量水力旋流器内部状况的仪表和条件，同样，球磨机内部状态也无法直接测量，所以必须借助现有的可以测量的有关参数。

近年来，许多学者已经研究其在磨矿分级过程控制中的应用，取得了满意的结果。为提高控制性能，江西理工大学的任金霞在模糊控制方法的基础上引入神经网络，对磨矿分级溢流浓度进行控制。神经网络具有强鲁棒性、自学习、逼近非线性关系等特点，在解决非线性和不确定系统控制方面有很大的潜力，很好地解决了模糊控制在提取完整的、合适的控制规则上的困难，以及稳态精度差、难以消除稳态误差等问题。

4.8.4.3　多种控制策略联合控制

由于单一控制策略不能完全解决控制系统初始参数设定准确等问题，两种及以上控制策略联合控制的磨矿分级控制系统成了研究趋势。

中南大学的张守元等在模糊控制中引入动态矩阵控制的预测及反馈校正功能，并以分级机溢流浓度控制为实例进行研究。控制对象选取河北铜矿使用的 1.2m 高堰式双螺旋分级机，仿真实验采用北京矿冶研究总院对河北某铜矿分级机测定的传递函数，随机加入干扰。从仿真结果来看，在开始阶段预测磨矿控制和模糊控制二者的响应曲线重合，在其后的过程中，预测模糊控制显示出较好的控制效果。整体仿真结果表明，预测模糊控制上升时间较短，稳态误差小，超调量小，能有效干扰，并且排除外来干扰迅速，控制效果良好。对于大滞后，随机干扰多的磨矿分级过程，预测模糊控制可使控制过程鲁棒性好，抗干扰能力强，控制效果优于模糊控制。

4.8.5　典型矿山的磨矿分级自动控制

丹东东方测控技术股份有限公司、北京矿冶研究总院自动化所和湖南易控自动化工程技术有限公司等单位均对选矿厂的磨矿分级自动控制系统进行了大量的工业应用实践，促进了我国磨矿分级自动化水平的提高。

4.8.5.1　太钢尖山铁矿选矿厂

太钢矿业公司铁矿是太钢重要的原料基地，该矿设计处理量为 400 万吨/年，其最终产品铁精矿采用 102.487km 的长距离管道输送到太钢原料场。由于该厂的矿石嵌布粒度（0.02 ~ 0.2mm）较细，因此过程产品的粒度（单体解离程度）就成为制约铁精矿产量和质量的主要因素。为了确保铁精矿的产量和质量，特别是保证铁精矿长距离管道输送对粒度的要求，对一、二段磨矿分级实施生产过程的自动控制。

尖山铁矿选矿生产工艺采用了三段球磨机的阶段磨矿及五次磁选、两次细筛的生产流程。其中，一段格子型球磨机 $\phi3600\text{mm} \times 4500\text{mm}$ 和 $\phi3000\text{mm}$ 双螺旋分级机构成一段闭路磨矿分级组，一次矿浆池、水力旋流器与二段 $\phi3600\text{mm} \times 4500\text{mm}$ 溢流型球磨机构成二段闭路磨矿分级组。

A　一、二段磨矿分级过程系统

在一段闭路磨矿分级机组中，监测球磨机的给矿量、球磨机的功率及磨矿音量强度（间接反映球磨机内矿的填充量）、球磨机的给水（返砂水）流量、分级机的补加水（排矿水）流量、分级机溢流矿浆流量及矿浆体积浓度。通过调节圆盘给料机的转速控制球磨机的给矿量；调节砂水流量控制磨矿体积浓度；调节排矿水流体积浓度以间接地控制溢流产品的粒度。在二段闭路磨矿分级组中，监测球磨机的磨音强度、电功率，监测一次矿浆池的液位、水力旋流器给矿浓度的流量及矿浆体积浓度，水力旋流器入口压力以及水力旋流器溢流矿浆粒度。通过调节矿浆池的加水量控制水力旋流器的给矿体积浓度；调节砂泵的转速控制矿浆池的液位高度。水力旋流器的溢流通过控制水力旋流器的给矿体积浓度及水力旋流器的给矿量（干矿量）来保证。

对一、二段磨矿分级实施过程控制项目：（1）一段球磨机的给矿量；（2）一段磨矿体积浓度；（3）螺旋分级机溢流体积浓度；（4）水力旋流器的给矿体积浓度；（5）一次矿浆池液位高度。这5个项目的自动控制可以保证达到平均台时处理量153.2t/h的设计要求。在生产稳定的情况下，台时处理量提高10%；达到螺旋分级的溢流产品粒度为−0.074mm占50%的要求，为一次磁选提供合格的矿浆流；同时达到工艺上对水力旋流器分级溢流粒度−0.074mm占85%的要求，为后续的磁选、细筛以及三段球磨机创造有利的条件，最终达到铁精矿的质量和粒度要求。

B　控制系统的特点

该磨矿分级过程控制系统的特点是一段球磨机临近过负荷时的超驰控制（即"胀肚"保护）。实现球磨机给矿量自动控制的暂态超驰调节系统见图4-216。

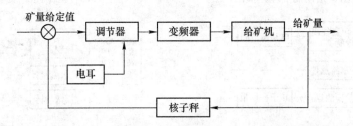

图 4-216　一段球磨机给矿量控制的暂态超驰调节系统

实现球磨机给矿量自动控制的暂态超驰调节采用电耳过载保护的方法。具体过程：经实际标定可以确定球磨机"胀肚"时电耳测量值的大小，并设定一个临界值，电耳测量值高于临界值后，调节器控制输出维持矿量的正常给定值，即进行恒定给矿的调节过程；当电耳测量值低于临界值时，调节器就开始保护动作，控制输出自动降低、减少或暂停给矿一段时间。之后，球磨机的声音逐渐增强，电耳测量值也逐渐升高。当电耳的测量值高于临界以上某个设定值时，再逐渐恢复到正常的给矿量，这样就防止球磨机"胀肚"的发生。该项目自动控制的实现，为使球磨机生产处于最佳负荷状态、挖掘球磨机处理量的最大潜力创造了有利的条件。

尖山铁矿选矿一段球磨系统实现自动控制（基于数学模型）后，在生产实践中发现：当原矿的性质即矿石的软硬、粒度大小发生微小的变化时，已建立数学模型所对应的参数就不能很好地适应，出现球磨机的磨矿效率变低、分级机溢流粒度难以稳定等问题。为了解决上述问题，尖山铁矿又将模糊控制理论应用于磨矿自控。结果表明，该系统自适应能力强，在同样的条件下，台时处理量较数学模型控制要多8~10t，且发生"胀肚"的次数很少，有效地提高了球磨机的利用系数，效果非常显著。

4.8.5.2　河北钢铁棒磨山选矿厂

棒磨山铁矿厂于1989年建成投产，年处理矿石150万吨。矿石属于鞍山式沉积变质磁铁石英岩，矿物组成简单，金属矿物以磁铁矿为主，脉石矿物以石英为主。磁铁矿嵌布粒度较粗，以 0.8 ~ 0.15mm 为主，大于 0.15mm 的占 80% 左右，矿石密度为 3.52g/cm³，普氏硬度系数 $f = 9 ~ 16$，入磨品位在 34% 左右，属易磨矿石，磨选工艺采用阶段磨矿、阶段选别的单一磁选流程。一段磨矿为 ϕ2700mm × 3600mm 格子型球磨机与 ϕ2000mm 高堰式双螺旋分级机组成闭路，二段磨矿机与高频振动细筛构成闭路，选别为 4 次弱磁选。

磨矿分级自动控制系统组成：自动控制系统安装于一段磨矿分级作业，主要包括 PLC 可编程序控制器、电耳、工业控制机、电动调节阀、电磁流量计、变频调速器、在线浓度计等，通过对球磨机给矿量、磨矿浓度和分级溢流的自动监测和调节，确保磨矿分级产品合格和稳定，实现一段磨矿分级作业过程的自动化。一段磨矿分级作业自动控制系统工作原理如图 4-217 ~ 图 4-220 所示。

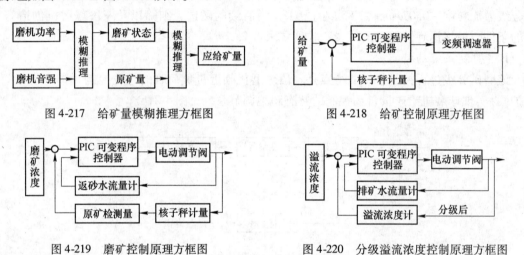

图 4-217　给矿量模糊推理方框图　　　　　　图 4-218　给矿控制原理方框图

图 4-219　磨矿控制原理方框图　　　　　　图 4-220　分级溢流浓度控制原理方框图

应用效果：该矿采用控制系统后，改变了岗位工靠"耳听声音，眼看电流"的原始操作方法，消除了人工操作所造成的球磨机台时处理量忽高忽低的弊端，避免磨机"胀肚"及"跑粗"、"跑矿"现象，不但减轻了操作岗位的劳动强度，也改善了后续选别作业的工艺条件，并能保证精矿品位的稳定性。采用自动控制的 1 系列与人工操作 2、3 系列相比，磨机台时处理量提高了 3.25t，提高幅度略高于实验中的 5.2%，按其磨机作业率 92%、平均选比 2.25 计，1 系列每年可多处理原矿石 2.62 万吨，多产铁精粉 1.16 万吨。

4.8.5.3　攀钢集团矿业公司选矿厂

攀钢集团矿业公司密地选矿厂是我国原矿处理量最大的铁矿石选矿厂之一，共有 16 个磨选生产系统。该厂的球磨-分级作业一直存在着生产效率不高、生产波动较大、人为因素影响操作的问题。要解决这些问题，使整个工艺过程的技术指标和管理水平有较大的提高，仅凭生产工艺过程的改进和严格的管理是远远不够的，还需要从技术装备上入手，提高工艺过程的自动化控制水平，以取得最佳的技术指标和经济效益。为此，攀钢矿业公司密地选矿厂应用丹东东方测控技术有限公司的磨矿分级自动控制技术，先在选矿厂的 1 号、2 号球磨分级系统进行了工业试验，取得成功后又将该技术在 3 ~ 8 号磨矿分级系统进行推广，并取得了较为满意的结果。

磨矿分级自动控制系统运用了先进的模糊控制技术。它采用了磨机功率加磨机电耳双因素检测,适用于矿石性质多变、球荷变化大的工业现场,对磨机效率和原矿性质进行自动分析;采用了在线式浓度计对分级溢流浓度进行直接检测;采用了世界领先水平的美国AB公司的PLC,实现了真正的集散控制。具有辅助控制功能齐全、用户界面优化、接口完善等优点。

磨矿分级自动控制系统设备联系图如图4-221所示,磨矿分级自动控制系统工艺流程通过使用变频控制柜、电耳、功率变送器、电磁流量计、浓度计、仪表控制柜、工业控制机、计量工控机等的有序组合,对选矿厂的磨矿-分级作业进行自动控制。整个控制系统由三个控制闭环组成,即磨矿给矿量自动控制闭环、磨矿浓度自动控制闭环、分级溢流浓度自动控制闭环。磨矿分级控制系统是建立在这三个控制闭路循环基础上的专家寻优系统。

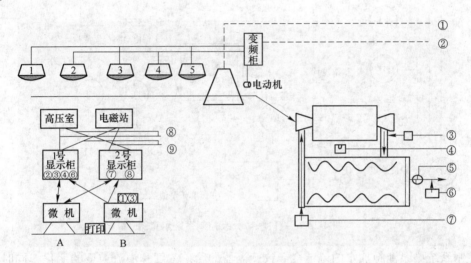

图4-221 磨矿分级自动控制系统流程

①—核子秤信号;②—变频器信号;③—排矿水量电磁阀信号;④—电耳信号;⑤—浓度计信号;
⑥—入选加水量电磁阀信号;⑦—返矿水量电磁阀信号;⑧—球磨机功率信号;⑨—分级机电流信号

磨矿分级自动控制系统在攀钢选矿厂的工业应用是成功的。自控系统与人工操作系统相比,操作稳定可靠,磨机效率有大幅度提高,磨矿产品质量和分级溢流产品质量更为优化,在选别系统状况基本相同的条件下,能确保精矿质量。

4.8.5.4 鞍钢集团弓长岭选矿厂

弓长岭选矿厂三选车间球磨机-旋流器组成的一段磨矿分级回路,采用以下控制回路:

(1) 通过调节给矿机变频器频率输出控制给矿机速度来控制一段磨矿给矿量。

(2) 通过调节磨机入口加水流量来控制磨矿浓度。

(3) 通过调节一段磨矿泵池的补加水流量来控制旋流器的给矿浓度。

(4) 通过调节一段旋流器给矿渣浆泵变频器频率输出控制渣浆泵转速来控制旋流器给矿压力。

(5) 通过调节旋流器的给矿浓度、给矿压力来控制旋流器的溢流粒度。

根据磨矿控制目标以及过程指标要求,建立一段磨矿分级自动控制系统,控制系统示意图见图4-222。

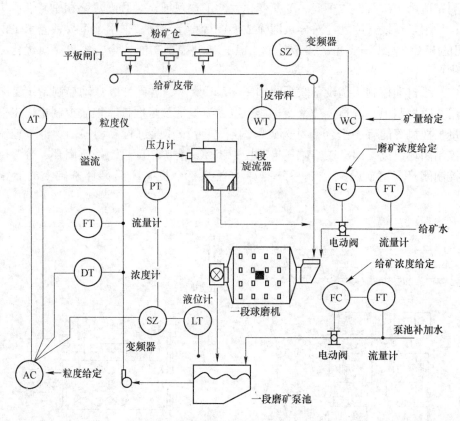

图 4-222　一段磨矿分级控制系统示意图

控制系统中泵池补加水的调节会导致旋流器的给矿浓度和溢流粒度的变化，同时也会影响泵池液位的变化；给矿压力的调节会导致旋流器的溢流粒度的变化，同时也会影响泵池液位的变化。另外，旋流器的控制效果不仅直接关系到产品的质量（粒度的合格率），还关系到球磨机的循环负荷，影响磨机的磨矿浓度与磨机负荷，进一步改变旋流器的入选粒度组成与浓度。因此在对任一控制回路进行调节时，都必须考虑到对其他控制回路产生的影响。一段磨矿分级控制系统程序见图 4-223。

弓长岭选矿厂三选车间中的球磨机-旋流器实现自动化控制后，旋流器的溢流粒度的合格率提高 1% ~3%，泵池抽空和泵池"跑冒"的生产事故减少 80%。保证了磨矿分级生产过程稳定可靠运行。

4.8.5.5　江西铜业德兴铜矿

A　泗洲选矿厂

磨矿回路的设备配置及其流程见图 4-224。其工艺过程是：矿仓中的矿石经给矿机到皮带运输机送入球磨机，经磨矿后矿浆从球磨机排出进入砂泵池，再由砂泵送入旋流器分级，溢流产品进入浮选作业，沉砂返回球磨机再磨。磨矿浓度和细度是衡量球磨机是否正常工作的两个因素，台效低，球磨机欠负荷运行，造成电耗和球耗增加；处理量过高会发生球磨机"胀肚"现象。砂泵速度和旋流器顶部压力是影响溢流产品质量的主要因素，泵速太快，易抽空泵池矿浆，造成旋流器"气喘"现象，分级效果不佳；泵速太慢，旋流器

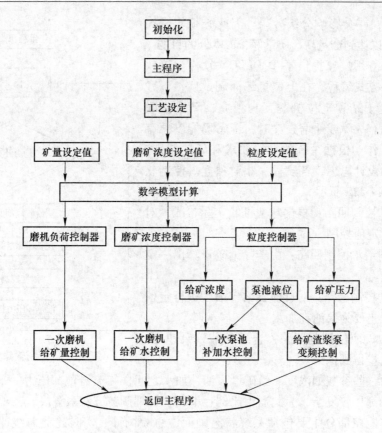

图 4-223 一段磨矿分级控制系统程序

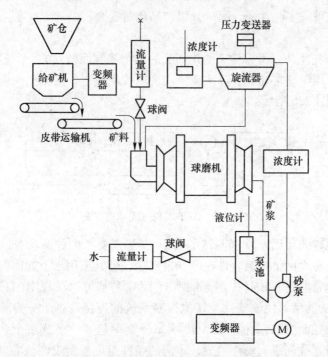

图 4-224 磨矿回路设备配置及流程

顶部压力太低，亦会影响分级效果。因此必须实时控制这些参数，以达到产量高、质量好、成本低的目的。

控制软件应用厂家提供了 TOOLBOX 软件。该软件采用梯形图方式编程，在上位机编译调试后，下载入子站运行。子站和上位机既互相独立，又互相联系，当上位机有故障或通信失灵时，子站仍能以原有的程序进行工作。根据系统的功能要求和硬件特点，采用模块化的设计思想，各段程序相对独立。控制软件主框图如图 4-225 所示。

（1）给矿控制回路：根据球磨机的实际状况，对其给矿量实行定值控制。

（2）比例给水控制回路：由实际给矿量算出一定比例的给水量。

（3）浓度控制回路：对旋流器给矿浓度进行定值控制，被调量主要为泵池补加水。

（4）压力、液位控制回路：合理调节砂泵速度，使溢流产品质量得到保证。

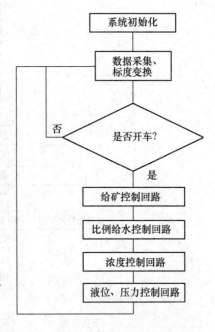

图 4-225　控制软件主框图

系统中的一些参数如浓度、给矿量泵池补加水之间，旋流器顶部压力、泵速、液位之间，相互关系都比较复杂，为此运用比例、串级和解耦调节方法来解决。

系统操作监控部分主要包括系统状态画面、总貌画面、实时趋势曲线、历史趋势曲线、控制图、报表自动打印、历史数据自动存盘、再现、设置口令、修改时钟等多种功能。经过运行，该系统实时性强，磨矿分级产品质量提高。

B　大山选矿厂

ACT 是芬兰奥托昆普公司为易于创建高级的监督控制而研发的一个过程控制开发应用平台。该软件主要用于超常规 PID 算法无法实现的控制过程，是基于规则的智能控制，其实现过程原理如图 4-226 所示。

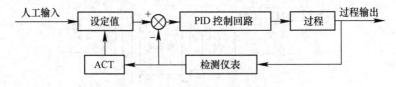

图 4-226　ACT 实现过程原理框图

目前，奥托昆普公司已开发和测试的 ACT 控制主要有两种实现方法：状态逻辑控制和模糊逻辑控制。神经网络控制软件也已开发出来，但其应用远不如前两种方法。ACT 与HMI 软件集成得非常紧密，HMI 中组态的所有 TAG 名都可以在规则中直接使用。POC 客户/服务器等方式的通信，使该软件与其他控制系统的连接变得十分容易。状态逻辑控制是一种基于规则的控制方法，在一个 ACT 状态控制中包含一个或多个状态，而每一个状态均由条件、延时、优先级、动作组成，不同的条件组成控制规则核心。条件是使用各种变量、函数、逻辑和技术运算组成的表达式，条件和状态值只能是真或假，状态延时用于定义多长时间后条件必须为真，以便适时激活状态。在规则组内给每个状态分配优先级，用于定义状态的值位1是最优先级，比它大的数表示更低的优先级，高优先级的状态会影响低优先级的状态。如在一个状态逻辑控制中，有2个优先级为1的状态和2个优先级为2的状态，当任何一个优先级为1的状态被激活时，优先级为2的状态也会被激活，但2个优先为1的状态是同一个时间激活的。

江西铜业公司德兴铜矿大山选矿厂 ACT 控制系统，目前仅使用了状态逻辑控制方法，通过 OPC 技术从 DeltaV 分散控制系统中采集数据，经 ATC 状态控制环节作出判断后，修改 DeltaV PID 控制回路的设定值，从而实现对过程参数的智能优化控制。

ACT 在大山选矿厂的应用基本达到预期效果，但是还受到下列因素的制约：

（1）大山选矿厂设计时，一段浮选机的设计浮选时间不足，为了保证指标，在矿石好磨的情况下，对磨机的给矿量也不得不加以限制，此时 ACT 控制投运后，给矿量基本控制在上限值，ACT 控制所起的作用不是很大；

（2）该厂浮选系统未能实现自动控制，主要是浮选机的液位波动（俗称"翻花"）太大，液面的准确测量困难。因此操作人员更喜欢采用恒定给矿控制，以最大限度地降低磨矿过程的波动对浮选过程和指标的影响；

（3）由于该厂矿石的难磨程度波动不大，操作人员通过对粒度仪提供的数据进行观察，人工修正给矿设定值已基本可使磨机处于最佳运行状态，又可避免因某台仪表尤其是粒度仪的故障使 ACT 运行对给矿进行误调节，实为一种较好的折中操作控制方法，同各国试验对比，ACT 应用前后，球磨机月平均台效可以提高 1%~2%，系统运行平稳。

综上所述，用 ACT 对磨矿过程进行控制从技术上来说是可以实现的，且能取得一定的效果，它比其他的控制方法（如澳大利亚 Mintech 公司的多变量预估控制）易于组态和调试，也可以消除磨矿系统设备磨损导致系统特性变化对多变量预估控制系统运行稳定性和准确性的影响，但系统能否真正达到预期效果，还取决于多方面因素，需要在论证过程中加以综合考虑。

4.8.5.6 柿竹园多金属矿选厂

柿竹园有色金属有限责任公司磨矿分级工艺流程如图 4-227 所示，矿石送入一段磨

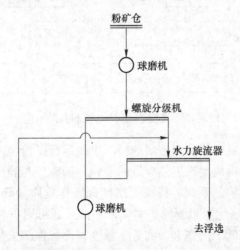

图 4-227　柿竹园多金属矿选厂磨矿分级工艺流程

机，磨矿后的矿浆送入一次分级机（旋流器）进行分级，分级返砂（粗矿）返回一段磨机再磨。一次分级溢流矿浆送入二次分级机（旋流器），二次分级溢流矿浆作为磨矿最终产品送往下道工序（浮选），分级返砂则送入二段磨机再磨。选矿磨矿的主要技术指标为：处理量 95t/（台·h），二段溢流浓度（溢流浓度是指矿浆中矿物的质量分数）为 40% 左右，二段溢流粒度（溢流粒度是指矿物颗粒直径小于 0.074mm 所占的比例）为（82±2）%。

磨矿分级 PLC 控制系统结构如图 4-228 所示。控制系统分三层，分别为信息层、现场设备控制层和设备层。控制系统在 PLC 编程的基础上，结合模糊控制算法，监测磨机的磨声和传动电动机的功率，确定给矿量设定值。磨声和功率均为磨机工作状态的表征参数，双输入量的设计保证了设定值的给定精度。以 PID 控制为核心的给矿量闭环调节系统，通过电子皮带秤实时测量给矿量，并与给矿量设定值进行比较，由 PID 控制程序发出调频指令，调节带式输送机的运行速度，从而调节给矿量。运行效果表明，系统给矿量波动范围稳定在 ±1% 以内。系统采用组态软件 WinCC，操作面板是 PID 控制屏幕，如图 4-229 所示。

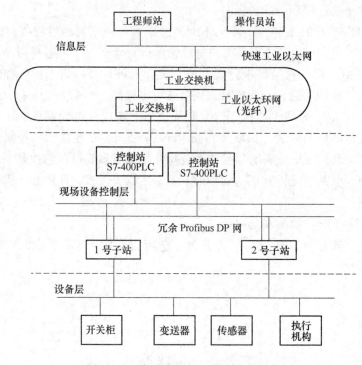

图 4-228　磨矿分级 PLC 控制系统结构

磨矿分级控制系统已在柿竹园多金属选矿厂投入运行，传统的磨矿分级作业由人工监测生产数据，不能实时准确地反映工艺参数的变化。选矿厂与湖南易控工业自动化有限公司合作，引进先进的自动控制系统，提高了磨矿分级作业质量和效率，稳定了工艺参数。如表 4-172 所示，不仅实现生产过程的集中监控，而且还可以方便地观察过去一段时间内设备的运行状态，大大降低了操作人员的劳动强度，使操作工人从高粉尘的作业环境中脱离出来。

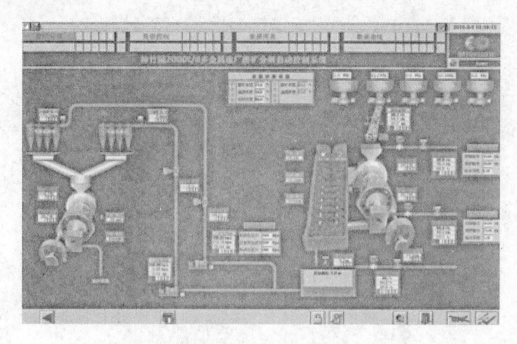

图 4-229 磨矿分级控制屏幕显示

表 4-172 柿竹园多金属选厂磨矿分级工艺指标对比

工艺指标	改造前生产数据	改造后生产数据	工艺指标	改造前生产数据	改造后生产数据
平均给矿粒度/mm	14	14	分级机溢流细度/%	49	54.6
平均小时处理量/t	89.3	93.0	旋流器溢流浓度/%	45	43
分级机溢流浓度/%	54	49	旋流器溢流细度/%	80	83.7

4.8.5.7 中铁资源伊春鹿鸣矿业有限公司

中铁资源伊春鹿鸣矿业有限公司位于黑龙江省伊春市铁力林业局鹿鸣林场，拥有位居国内前列的单一钼矿资源，钼金属资源储量75.18万吨。鹿鸣矿业磨矿部分采用SABC工艺，矿山生产规模为5万吨/天原矿，年处理矿石1500万吨。采用了大型先进的破碎机、半自磨机、球磨机、浮选机、高效浓密机、粉体干燥机等选矿设备，并采用DF-PSM超声波粒度仪、DF-5700-ⅢX荧光品位仪等在线监测仪器实现同步在线监测。

自动化系统工程EPC由丹东东方测控技术股份有限公司完成，其控制思路为：（1）针对破碎工艺特点，实现皮带、破碎机等设备的连锁控制；通过破碎机料位检测、破碎机功率检测采用模糊控制算法实现破碎机的负荷优化控制。（2）通过给矿量检测、磨机电流检测、磨机磨音检测、旋流器给矿压力检测、旋流器给矿浓度检测、溢流粒度检测等采用神经元网络、模糊控制等智能化控制技术，实现磨机给矿的优化控制、旋流器溢流粒度的优化控制等。

通过采用该破碎磨矿自动控制系统，在稳定旋流器溢流粒度合格率的前提下提高磨机处理量5%以上；在稳定给矿量的前提下提高分级溢流粒度合格率5%以上；提高了生产自动化水平，有效减少了现场操作人员，节约了人力成本。

图4-230和图4-231为鹿鸣矿业的破碎、磨矿自动控制系统运行界面。

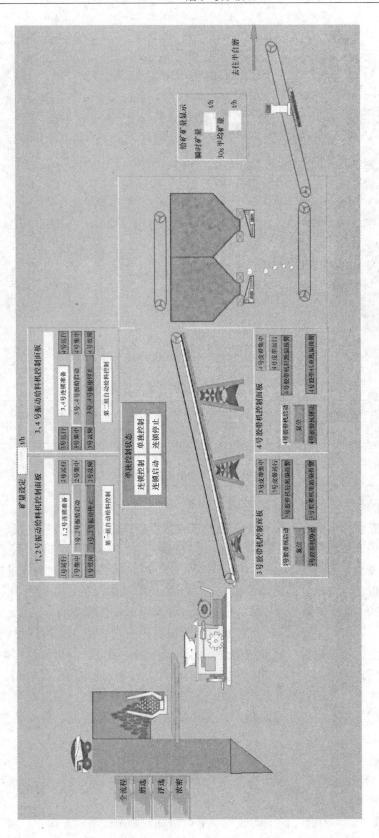

图 4-230　鹿鸣矿业破碎自动控制系统界面

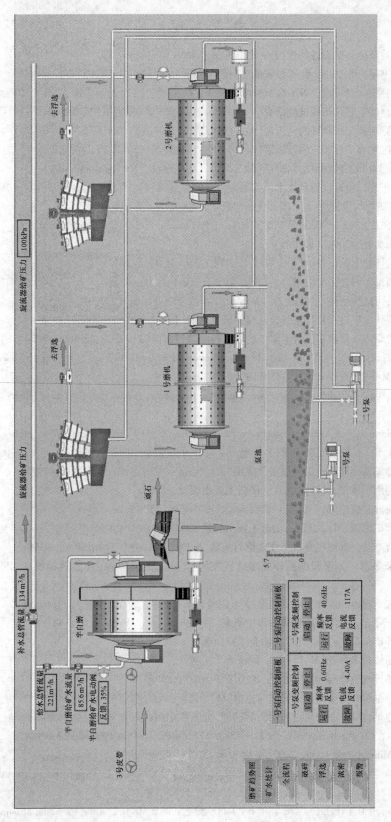

图 4-231　鹿鸣矿业磨矿分级自动控制系统界面

参 考 文 献

[1] 赵昱东. 高效节能磨矿设备综述[J]. 矿山机械, 1999(10): 18~20.

[2] 叶贤东, 文书明, 张文彬. 磨矿设备的发展趋势[J]. 金属矿山, 2002(3): 128~131.

[3] 刘洪均, 孙春宝, 赵留成, 等. 乌努格吐山铜钼矿选矿工艺[J]. 金属矿山, 2012(10): 82~85.

[4] 朱月锋. 半自磨工艺可行性试验研究[J]. 中国矿山工程, 2009, 38(1): 19~24.

[5] 吴建明. 国际粉碎工程领域的新进展[J]. 有色设备, 2007(1): 5~7.

[6] 吴建明. 国际粉碎工程领域的新进展(续一)[J]. 有色设备, 2007(2): 1~3.

[7] 吴建明. 国际粉碎工程领域的新进展(续二)[J]. 有色设备, 2007(3): 10~13.

[8] 房丽娜, 马正先. 粉碎设备及技术的发展历程与研究进展[J]. 有色矿冶, 2005(7): 178~180.

[9] F. 法巴什. 矿物加工简史[J]. 国外金属矿选矿, 2007(4): 7~11.

[10] B. A. Wills, T. J. Napier-Mumm. Will's Mineral Processing Technology (Seventh edition) [M]. 长沙: 中南大学出版社, 2008 (影印版)

[11] 张长森. 粉体技术及设备[M]. 上海: 华东理工大学出版社, 2007.

[12] 张国旺. 超细粉碎设备及应用[M]. 北京: 冶金工业出版社, 2005.

[13] 许时. 矿石可选性研究 (第二版) [M]. 北京: 冶金工业出版社, 2007.

[14] 曾云南. 现代选矿过程粒度在线分析仪的研究进展[J]. 有色设备, 2008(2): 5~9.

[15] 王俊鹏, 曾荣杰. 新型多流道矿浆浓度粒度检测装置研制[J]. 矿冶, 2009, 18(2): 84~88.

[16] Thermo Scientific PSM-400MPX-Particle Size Monitor for Mineral Slurries. From http://www.thermo.fr/eThermo/CMA/PDFs/Product/productPDF_52141.pdf.

[17] PSI 500™ Advanced slurry particle size analyzer. Brochures, from: http://www.outotec.com/37745.epibrw.

[18] PSI 300™ Particle Size Analyzer. Brochures, from: http://www.outotec.com/37744.epibrw.

[19] 曾凡, 胡永平. 矿物加工颗粒学[M]. 徐州: 中国矿业大学出版社, 1995.

[20] 郑水林. 超细粉碎原理、工艺设备及应用[M]. 北京: 中国建材工业出版社, 1993.

[21] 李凤生. 超细粉体技术[M]. 北京: 国防工业出版社, 2000.

[22] 吴一善. 粉碎学概论[M]. 武汉: 武汉工业大学出版社, 1993.

[23] 陈炳辰. 磨矿原理[M]. 北京: 冶金工业出版社, 1989.

[24] 段希祥, 曹亦俊. 球磨机介质工作理论与实践[M]. 北京: 冶金工业出版社, 1999.

[25] 孟宪红, 宋守志. 关于超细粉碎的理论研究[J]. 东北大学学报(自然科学版), 1996, 17(5): 461~464.

[26] 刘建远. 关于粉碎的能耗与能量效率[J]. 国外金属矿选矿, 1993, 30(9): 24~32.

[27] 王介强, 宋守志. 关于料层粉碎的理论研究[J]. 中国矿业, 1998, 7(5): 48~50.

[28] 李启衡. 碎矿与磨矿[M]. 北京: 冶金工业出版社, 2002.

[29] 陆厚根. 粉体技术导论[M]. 上海: 同济大学出版社, 1998.

[30] 李启衡. 粉碎理论概要[M]. 北京: 冶金工业出版社, 1993.

[31] 郑水林, 袁继祖. 非金属加工技术与应用[M]. 北京: 冶金工业出版社, 2005.

[32] 韦鲁滨, 边炳鑫. 矿物分离过程动力学[M]. 北京: 中国矿业大学出版社, 2002.

[33] Frandrich R, Gu Y, Burrows D, et al. Modern SEM-based Mineral Liberation Analysis[J]. International Journal of Mineral Processing, 2007, 84: 310~320.

[34] Yoshiteru K, Naoya K. Chapt 12-Comminution Energy and Evaluation in Fine Grinding. In Agba D S, Michael J H, Mojtaba G. Particle Breakage Handbook: 537~538.

[35] Doll A, Barratt D. Grinding: Why so Many Test? 43# Annual Meeting of the Canadian Mineral Processors,

Ottawa, Canada, 2011.

[36] JK Drop Weight Test. From http：//www. jktech. com. au/jk-drop-weight-test.

[37] 吴建明. 用于自磨（半自磨）流程设计的现代试验方法[J]. 有色设备, 2009(6)：1~4.

[38] Using the SMC TEST® to Predict Comminution Circuit Performance. from http：//www. smctesting. com/documents/Using_ the_ SMC_ Test. pdf.

[39] Morrell S. A method for predicting the specific energy requirement of comminution circuits and assessing their energy utilisation efficiency[J]. Minerals Engineering, 2008, 21(3)：224~233.

[40] Shi F, Kojovic T, Larbi-Bram S, et al. Development of a rapid particle breakage characterisation device - The JKRBT[J]. Minerals Engineering, 2009, 22：602~612.

[41] Shi F, Kojovic T, Larbi-Bram S, et al. Validation of the JKMRC Rotary Breakage Tester (JKRBT) Ord Breakage Characterisation Device. XXV Internarional Mineral Processing Congress (IMPC), Brisbane, Australia, 2010.

[42] Starkey J, Dobby G. Application of the Minnovex SAG Power Index at Five Canadian SAG Plants. From http：//sagdesign. com/Papers_ for_ Website/04% 20% 20Application% 20of% 20 the% 20Minnovex% 20Sag% 20Power% 20Index% 20at% 20Five% 20Canadian% 20Plants. pdf.

[43] SAGDesign™ Test. From http：//sagdesign. com/home/products-and-services/sagdesign-test.

[44] Lichter J K H, Davey G. Selection and Sizing of Ultrafine and Stirred Grinding Mills[M]//In：Kawatra S. K. eds, Advances in comminution：69~84.

[45] 王薛芬. 从 Karara 磁铁矿项目设计看细磨设备的发展[J]. 现代矿业, 2009, 484(8)：50~56.

[46] 选矿手册编辑委员会. 选矿手册[M]. 第二卷第一分册. 北京：冶金工业出版社, 1993.

[47] 孙时元. 中国选矿设备实用手册(上册)[M]. 北京：机械工业出版社, 1992.

[48] 母福生. 破碎粉磨技术进展[C]. 2003 年全国破碎、磨矿及选别设备研讨与技术交流论文集, 2003：12~26.

[49] 段希祥. 破碎与磨矿[M]. 北京：冶金工业出版社, 2006.

[50] 唐敬麟. 破碎与筛分机械设计选用手册[M]. 北京：化学工业出版社, 2001.

[51] Kyran Casteel. Manufacturing sand：crusher design trend[J]. World Mining Equipment, 1999, 23(5)：55~61.

[52] 张长久. HP 型圆锥破碎机提高碎磨效率生产实践[C]. 2004 年全国选矿新技术及其发展方向学术研讨与技术交流会论文集, 2004：237~242.

[53] Mike Woof. Crushing and screening innovarion[J]. World highways, 2012, 21(5)：37~42.

[54] 夏晓欧, 罗秀建. 惯性圆锥破碎机研究及应用[C]. 金属矿山, 2004 年全国选矿新技术及其发展方向学术研讨与技术交流会论文集. 金属矿山, 2004：242~247.

[55] 赵经国, 万树春, 邵爱平. 新型高效辊式破碎机的研发[J]. 矿山机械, 2004(1)：34~36.

[56] 伏雪峰, 王春, 施爱加, 等. HP 型高效液压圆锥破碎机及其在铜矿的应用[J]. 中国矿山工程, 2007, 36(2)：32~35.

[57] 唐威, 夏晓鸥, 罗秀建. 惯性圆锥破碎机在金属矿山应用的前景[C]. 2002 年全国铁精矿提质降杂学术研讨及技术交流会议集, 2002：200~203.

[58] 郝志刚, 徐毅茹, 刘婧. 柱磨机在铁矿选矿工艺中的应用研究[C]. 2006 年全国金属矿节约资源及高效选矿加工利用学术研讨与技术成果交流会论文集, 2006：306~309.

[59] Sandvik Rock Processing：Foremost crushing & screening[J]. Mining Magazine, 2003, 188(6)：14~20.

[60] 徐冬林, 张纪云. H-8800 型圆锥破碎机和 HP-800 型圆锥破碎机在齐大山选矿厂的应用[C]. 2004 年全国选矿新技术及其发展方向学术研讨与技术交流会论文集, 2004：260~262.

[61] 刘国富，谭春华. 铁矿山破碎工艺流程的技术改造案例[C]. 2006 年全国金属矿节约资源及高效选矿加工技术利用学术研讨与技术成果交流会论文集，2006：317~319.

[62] 乔明堂，王宗葳. 外动颚式破碎机在鑫宇磁铁矿的应用[C]. 2006 年全国金属矿节约资源及高效选矿加工技术利用学术研讨与技术成果交流会论文集，2006：310~311.

[63] 吴建明. 四种世界先进圆锥破碎机的技术进展[C]. 2008 年全国矿山难选矿及低品位矿选矿新技术学术研讨与技术成果交流暨设备展示会论文集，2008：97~105.

[64] 杨菊，饶绮麟. 新型外动匀摆颚式破碎机生产应用实践[C]. 2005 年全国选矿高效节能技术及设备学术研讨会与成果推广交流会论文集，2005：257~259.

[65] 王宏勋，刘永平. 破碎筛分理论工艺及设备进展[J]. 金属矿山，2003(增刊)：17~25.

[66] Sandvik Rock Processing-A New, Powerful Company within the Crushing and Screening Sector[J]. Bulk Solids Handling, 2001, 21(5)：542~543.

[67] 李昤值. 高压辊磨技术——节能降耗的有效途径[C]. 2004 年全国选矿新技术及其发展方向学术研讨与技术交流会论文集，2004.

[68] 李永亭，战洪泰. HP400SX 破碎机在黄金选厂的应用实践[J]. 黄金，2001(2)：36~39.

[69] Terex Earthmoving-construction, crushing and screening[J]. Mining Engineering, 2001, 53(6)：87.

[70] 任德树. 粉碎筛分原理与设备[M]. 北京：冶金工业出版社，1984.

[71] 夏菊芳. 半自磨工艺在我国矿山的应用现状[J]. 中国矿山工程，2004(5)：37~39.

[72] New crushing and screening plant for Glendinning[Online]. http：//www. agg-net. com/news/new-crushing-and-screening-plant-for-glendinning. 2012. 5. 31.

[73] 谭兆衡. 国内筛分设备的现状和展望[J]. 矿山机械，2004(1)：34~36.

[74] 王峰. 筛分机械的发展与展望[J]. 矿山机械，2004(1)：37~39.

[75] Metso Minerals to Supply Crushing and Screening Equipment to Codelco[J]. Bulk Solids Handling, 2006, 26(6)：380~390.

[76] 蒋文利，张宏珂. MVS 陆凯高频振动筛在首钢矿山选矿厂的应用实践[C]. 2004 年全国选矿新技术及其发展方向学术研讨与技术交流会论文集，2004：309~315.

[77] Metso-Crushing, Screening, Grinding, Pyro Processing, Separation, Filtration and Materials Handling for Mineral Processing[J]. Coal age, 2011, 116(12)：8.

[78] 张宏珂，李传增. MVS 型电磁振动高频振网筛及其工业实践(上)[J]. 金属矿山，2004(1)：35~38.

[79] 周洪林. 德瑞克高频振动细筛在矿物分级和脱水中的应用[J]. 金属矿山，2002(7)：45~47.

[80] Ellen Smith, Melanie Aclander. MSHA can inspect crushing, screening operations at asphalt plant[J]. Pit & Quarry, 2006, 99(3)：20~30.

[81] 王立兴，刘方明，刘承帅. 惯性圆锥破碎机在铜渣破碎流程中的应用研究[J]. 现代经济信息，2013(15)：408~409.

[82] Crushing &amp. screening hard and brittle copper slag in Zambia[J]. Mining Magazine, 2004(2)：29~30.

[83] 赵明，胡春晖，郑成美. GYX31-1207 高频振动细筛的研究与应用[C]. 2004 年全国选矿新技术及其发展方向学术研讨与技术交流会论文集，2004：319~321.

[84] Murrow R. Mobile Aggregate Production—Crushing and Screening at Kenyan Dam Project[J]. Bulk Solids Handling, 2009, 29(8)：462~463.

[85] 方志刚. 旋流细筛的研究与应用[J]. 矿山机械，1997(1)：13~18.

[86] Extec has a Lot in Petto-The Latest Developments in Mobile Crushing and Screening[J]. Bulk Solids Handling, 2003, 23(2)：124~130.

[87] 黄云平. 闭路湿磨中斜窄流分级设备研发与应用[D]. 昆明：昆明理工大学，2003.

[88] Terex's New: Crushing, Screening Equipment[J]. Construction, 2006, 73(14): 12 ~ 20.

[89] 王剑彬. 王湘江. 选矿厂粗碎设备工况参数优化研究[J]. 机械设计，2004，21(z1): 140 ~ 141.

[90] 刘学军. 选矿厂破碎系统改造、扩建实践[J]. 黄金，2010，31(3): 45 ~ 47.

[91] 刘洪均，孙春宝，赵留成，等. 乌努格吐山铜钼矿 SABC 碎磨流程的设计与应用[J]. 有色金属(选矿部分)，2013(3): 64 ~ 66.

[92] Latest mobile crushing and Screening equipment[J]. AT, 2011, 52(7/8): 46 ~ 47.

[93] 兰希雄，尹启华. 大山选矿厂碎矿工艺和设备的改进[J]. 有色金属(选矿部分)，2005(2): 17 ~ 21.

[94] 兰希雄，董家辉. 大山选矿厂生产技术的不断进步和发展[J]. 有色金属(选矿部分)，2004(3): 24 ~ 28.

[95] 张德良，郝建贞，王金法，等. 鑫汇公司选矿厂破碎工艺改造实践[J]. 金属矿山，2009(12): 170 ~ 171.

[96] 夏晓鸥，罗秀建. 破碎领域的新革命——惯性圆锥破碎机[J]. 金属矿山，2003(增刊): 145 ~ 149.

[97] 瓦伊斯别尔格 A A. 选矿前矿石准备技术与工艺新进展[J]. 国外金属矿选矿，2002(9): 34 ~ 39.

[98] 王宏勋，陈炳辰. 选矿手册(第二卷)[M]. 北京：冶金工业出版社，1993.

[99] 周恩浦. 选矿机械[M]. 长沙：中南大学出版社，2014.

[100] 杨小生，陈荩. 选矿流变性及其应用[M]. 长沙：中南工业大学出版社，1995.

[101] Barry A. Wills, Tim Napier-Munn. Mineral Processing Technology 7th[M]. Oxford: Elsevier Science & Technology Books, 2006.

[102] Kawatra S K. Advances in comminution[M]. Colorado USA: Society for Minging, Metallurgy, and Exploration, Inc (SME), 2005.

[103] King R P. Modeling and Simulation of Mineral Processing Systems[M]. Massachusetts, USA: Butterworth-Heinemann Linacre House, 2001.

[104] Fuerstenau M C, Han K N. Principles of Mineral processing[M]. Society for Minging, Metallurgy, and Exploration, Inc(SME), 2002.

[105] 刘建远. 国外几个矿物加工流程模拟软件述评[J]. 国外金属矿选矿，2008(1): 4 ~ 12.

[106] Lynch A J, Morrison R D. Simulation in mineral processing history, present status and possibilities[C]. Western Cape Branch Conference: Mineral Processing, 1999.

[107] 莫列尔. 总体平衡模型在塔磨机超细磨中的应用[J]. 国外金属矿选矿，1994(5): 10 ~ 17.

[108] Sinnott M, Cleary P W, Morrison R. Slurry flow in a tower mill[J]. Minerals Engineering, 2011, 24: 152 ~ 159.

[109] Sinnott M, Cleary P W, Morrison R. Analysis of stirred mill performance using DEM simulation: Part 1-Media motion, energy consumption and collisional environment[J]. Minerals Engineering, 2006, 19: 1537 ~ 1550.

[110] Cleary P W, Sinnott M, Morrison R. Analysis of stirred mill performance using DEM simulation: Part 2-Coherent flow structures, liner wear, mixing and transport[J]. Minerals Engineering, 2006, 19: 1551 ~ 1572.

[111] Morrison R D, Cleary P W. Using DEM to model ore breakage within a pilot scale SAG mill[J]. Minerals Engineering, 2004, 17: 1117 ~ 1124.

[112] Bwalya M M. Using the discrete element method to guide the modeling of semi and fully autogenous milling [D]. University of the Witwatersrand: A thesis of Doctor of Philosophy, Johannesburg, 2005.

[113] Powell M S, Morrison R D. The future of comminution modeling[J]. Int. J. Miner. Process, 2007, 84:

228 ~ 239.

[114] Venugopal R, Rajamani R K. 3D simulation of charge motion in tumbling mills by the discrete element method[J]. Powder Technology, 2001, 115: 157 ~ 166.

[115] Cleary P W. Recent advances in DEM modelling of tumbling mills[J]. Minerals Engineering, 2001, 14 (10): 1295 ~ 1319.

[116] 赵魏, 邹声勇, 姬建钢, 等. 离散元法在磨机设计中的应用[J]. 矿山机械, 2013, 41(2): 66 ~ 70.

[117] 田瑞霞, 焦红光, 白璟宇. 离散元法在矿物加工工程中的应用现状[J]. 选煤技术, 2012(1): 72 ~ 75.

[118] Matthew D. Sinnott, Paul W. Cleary, Rob D. Morrison. Slurry flow in a tower mill[C]. Seventh International Conference on CFD in the Minerals and Process Industries. CSIRO, Melbourne, Australia, 2009.

[119] 夏恩品. 球磨机介质运动数值分析及介质直径实验研究 [D]. 昆明: 昆明理工大学, 2010.

[120] He M Z, Wang Y M, Forssberg E. Parameter effects on wet ultrafine grinding of limestone through slurry rheology in a stirred media mill[J]. Powder Technology, 2006, 161: 10 ~ 21.

[121] Bbosa L S, Govender I, Mainza A N, et al. Power draw estimations in experimental tumbling mills using PEPT[J]. Minerals Engineering, 2011, 24: 319 ~ 324.

[122] Govender I, Mangesana N, Mainza A N, et al. Measurement of shear rates in a laboratory tumbling mill [J]. Minerals Engineering, 2011, 24: 225 ~ 229.

[123] Govender I, Cleary P W, Mainza A. Comparisons of PEPT derived charge features in wet milling environments with a friction-adjusted DEM model[J]. Chem Eng Sci, 2013, 97: 162 ~ 175.

[124] Kallon D V V, Govender I, Mainza A N. Circulation rate modelling of mill charge using position emission particle tracking[J]. Minerals Engineering, 2011, 24: 282 ~ 289.

[125] Barley R W, Conway-Baker J, Pascoe R D, et al. Measurement of the motion of grinding media in a vertically stirred mill using position emission particle tracking (PEPT) [J]. Minerals Engineering, 2002, 15: 53 ~ 59.

[126] Barley R W, Conway-Baker J, Pascoe R D, et al. Measurement of the motion of grinding media in a vertically stirred mill using positron emission particle tracking (PEPT) Part II[J]. Minerals Engineering, 2004, 17: 1179 ~ 1187.

[127] A P van der Westhuizen, Govender I, Mainza A N, et al. Tracking the motion of media particles inside an IsaMill™ using PEPT[J]. Minerals Engineering, 2011, 24: 195 ~ 204.

[128] Jayasundara C T, Yang R Y, Guo B Y, et al. CFD-DEM modelling of particle flow in IsaMills-Comparison between simulations and PEPT measurements[J]. Minerals Engineering, 2011, 24: 181 ~ 187.

[129] Ding Z Y, Yin Z L, Liu L, et al. Effect of grinding parameters on the rheology of pyrite-heptane slurry in a laboratory stirred media mill[J]. Minerals Engineering, 2007, 20: 701 ~ 709.

[130] 邓善芝, 王泽红, 程仁举, 等. 助磨剂作用机理的研究及发展趋势[J]. 有色矿冶, 2010, 26 (4): 25 ~ 27.

[131] 韩跃新, 田兰, 王泽红, 等. 助磨剂的作用及作用机理研究[J]. 有色矿冶, 2004, 20 (1): 11 ~ 14.

[132] 谢恒星, 张一清, 李松仁, 等. 矿浆流变特性对钢球磨损规律的影响[J]. 武汉化工学院学报, 2001, 23(1): 34 ~ 36.

[133] 任向东, 同继锋. 氧化铝研磨介质的磨耗分析[J]. 陶瓷, 1991(1): 8 ~ 12.

[134] 薛晓成. 磨机衬板材料的发展[J]. 矿山机械, 1999(7): 35 ~ 36.

[135] 李显明. 磨矿机衬板材料评述[J]. 沈阳黄金学院学报, 1996(1): 82 ~ 89.

[136] 陈海辉，张小平. 磨矿机用耐磨橡胶衬板的发展[J]. 国外金属矿选矿，1999(5)：14～17.

[137] 江旭昌. 管磨机[M]. 北京：中国建材工业出版社，1992.

[138] 杨松荣，蒋仲亚，刘文拯. 碎磨工艺及应用[M]. 北京：冶金工业出版社，2013.

[139] Atasoy Y, Price J. Commissioning and optimisation of a single stage SAG mill grinding circuit at Lefroy Gold Plant-St. Ives Gold Mine-Kamgalda/Australia[C]. SAG 2006. Vancouver：Department of Mining Engineering University of British Columbia，2006(Ⅰ)：51～68.

[140] 张光烈. 自磨技术50年的发展及述评[C]. 第四届全国矿山采选技术进展报告会. 2001.

[141] 张光烈. 自磨/半自磨技术的新进展[C]. 中国选矿技术高峰论坛暨设备展示会. 2009.

[142] Dowling E C, Korpi P A, McIvor R E, et al. Application of high pressure grinding rolls in an autogenous-pebble milling circuit[C]. SAG 2001. Vancouver：Mining and Mineral Process Engineering, University of British Columbia，2001(Ⅲ)：194～121.

[143] 曾野. 云南大红山铁矿400万t/a选矿厂半自磨系统设计[J]. 工程建设，2013，45(3)：41～46.

[144] 李冬. 大型半自磨机在冬瓜山选矿厂的应用[J]. 矿业快报，2008，476(12)：107～108.

[145] 金建国. 提高半自磨系统运转效率的分析及措施[J]. 铜业工程，2012，113(1)：54～56.

[146] 姚佳祥，唐新民. 周油坊铁矿破磨系统生产节能改造[J]. 矿业装备，2011(7)：96～98.

[147] 衣德强，夏国忠，于留春. 棒磨旋流分级工艺在梅山铁矿的应用[J]. 矿业研究与开发，2004，24(2)：38～40.

[148] Greg Rasmussen, Tommy Do, Michael Larson, et al. Evolution of the IsaMill into magnetite processing[DB/OL]. www. isamill. com.

[149] B. D. Burford, L. W. Clark. IsaMill technology used in efficient grinding circuits[DB/OL]. www. isamill. com.

[150] 卢红，崔长志. 南芬选矿厂磨矿分级作业现状及优化的初步探讨[J]. 矿业工程，2003(1)：23～25.

[151] Graham Davey. Fine grinding applications using the metso vertimill grinding mill and the metso stirred media detritor (SMD) in gold processing[C]. Proceedings of the 38th Annual Meeting of the Canadian Mineral Processors Conference. Ottawa, Ontario，2006：251～261.

[152] 杨家文. 碎矿与磨矿技术[M]. 北京：冶金工业出版社，2006.

[153] 冯守本. 选矿厂设计[M]. 北京：冶金工业出版社，2002.

[154] 魏德洲. 固体物料分选学[M]. 北京：冶金工业出版社，2000.

[155] 俞章法，乔文存. 我国大型矿山装备的创新与展望[J]. 矿山机械，2014，12(9)：1～6.

[156] 姬建钢，潘劲军，董节功，等. 功耗法在半自磨机选型中的应用[J]. 矿山机械，2013，41(2)：83～86.

冶金工业出版社部分图书推荐

书　名	作　者	定价(元)
选矿手册(第1卷至第8卷共14分册)	《选矿手册》编辑委员会	637.50
选矿工程师手册(第1册)	孙传尧	218.00
选矿工程师手册(第2册)	孙传尧	239.00
选矿工程师手册(第3册)	孙传尧	265.00
选矿工程师手册(第4册)	孙传尧	228.00
选矿设计手册	《选矿设计手册》编辑委员会	140.00
采矿手册(第1卷~第7卷)	《采矿手册》编辑委员会	927.00
现代金属矿床开采技术	古德生　李夕兵　等	260.00
采矿工程师手册(上)	于润沧	196.00
采矿工程师手册(下)	于润沧	199.00
乳化炸药(第2版)	汪旭光	150.00
非金属矿加工技术与应用手册	郑水林　袁继祖	119.00
中国冶金百科全书·采矿	采矿卷编辑委员会	180.00
中国冶金百科全书·安全环保	安全环保卷编辑委员会	120.00
中国冶金百科全书·选矿	选矿卷编辑委员会	140.00
中国典型爆破工程与技术	汪旭光	260.00
浮选机理论与技术	沈政昌	66.00
柱浮选技术	沈政昌	58.00
蓝晶石矿中性浮选理论及应用	张晋霞　牛福生	36.00
难采矿床地下开采理论与技术	周爱民　等	90.00
矿山废料胶结充填(第2版)	周爱民　等	48.00
金属矿山露天转地下开采理论与实践	王运敏	100.00
地下金属矿山大直径深孔采矿技术	孙忠铭　等	56.00
地下装载机	高梦熊	99.00
现场混装炸药车	冯有景	78.00
铜冶炼渣选矿	周松林　耿联胜	80.00
矿业权与矿业权评估	李英龙　等	50.00
贵州铝土矿成矿规律	刘幼平　等	52.00
现代选矿技术丛书		
铁矿石选矿技术	牛福生　等	45.00
提金技术	张锦瑞　等	48.00
金属矿山尾矿资源化	张锦瑞　等	42.00
矿物化学处理(高等教材)	李正要	38.00
选矿知识600问	牛福生　等	38.00